游戏研发系列

Unity3D/2D 游戏开发从 0 到 1

（第二版）

刘国柱　编著

電子工業出版社
Publishing House of Electronics Industry
北京 · BEIJING

内 容 简 介

本书为第二版，采用 Unity 2017。全书分为实战项目篇与开发理论篇进行系统讲解。

实战项目篇由浅入深提供四个教学案例：2D 小游戏两个和两款 3D 大型教学案例。通过本篇的认真学习，读者可以达到优秀开发者的水平。

开发理论篇，从初学者容易入门的角度把全书分为上、下两篇各 15 章。上篇完全是为零基础游戏爱好者或者在校大学生所准备，采用“案例化”教学思路，所学知识点与游戏案例紧密结合。下篇是理论进阶篇，主要学习 3D 数学、3D 图形学（3D 图形渲染/贴图/PBS 材质/Shader）、TimeLine & Cinemachine、Unity 2017 新导航寻路、项目优化策略、游戏移植与手指触控、对象缓冲池、网络 Socket、AssetBundle 资源动态加载与 AssetBundle 框架设计等。

本书适合游戏开发爱好者、游戏研发人员、在校大学生，以及大专院校师生教学与国内 Unity 专业培训机构参考使用。

图书在版编目（CIP）数据

Unity3D/2D 游戏开发从 0 到 1 / 刘国柱编著. —2 版. —北京：电子工业出版社，2018.2

（游戏研发系列）

ISBN 978-7-121-33499-3

Ⅰ. ①U… Ⅱ. ①刘… Ⅲ. ①游戏程序－程序设计 Ⅳ. ①TP311.5

中国版本图书馆 CIP 数据核字（2018）第 010966 号

策划编辑：张　迪（zhangdi@phei.com.cn）
责任编辑：张　迪
印　　刷：三河市良远印务有限公司
装　　订：三河市良远印务有限公司
出版发行：电子工业出版社
　　　　　北京市海淀区万寿路 173 信箱　邮编　100036
开　　本：787×1 092　1/16　印张：32.75　字数：838 千字
版　　次：2015 年 7 月第 1 版
　　　　　2018 年 2 月第 2 版
印　　次：2022 年 1 月第 12 次印刷
定　　价：99.00 元

凡所购买电子工业出版社图书有缺损问题，请向购买书店调换。若书店售缺，请与本社发行部联系，联系及邮购电话：（010）88254888，88258888。

质量投诉请发邮件至 zlts@phei.com.cn，盗版侵权举报请发邮件至 dbqq@phei.com.cn。

本书咨询联系方式：（010）88254469，zhangdi@phei.com.cn。

前　言

2004 年，Unity 公司诞生于丹麦的阿姆斯特丹，2005 年将总部设在了美国的旧金山，并发布了 Unity 1.0 版本。起初它只能应用于 MAC 平台，主要针对 WEB 项目和 VR（虚拟现实）的开发。这时的它并不起眼，直到 2008 年推出 Windows 版本，并开始支持 iOS 和 Wii，才逐步从众多的游戏引擎中脱颖而出，并顺应移动游戏的潮流而变得炙手可热。2009 年，Unity 的注册人数已经达到了 3.5 万，荣登 2009 年游戏引擎的前五名。2010 年，Unity 开始支持 Android，继续扩散影响力。其在 2011 年开始支持 PS3 和 XBOX360，则可看作全平台的构建完成，截至笔者发稿目前 Unity 已经支持 Windows、Mac OS X、web browsers、iOS、Android、PlayStation 3、Xbox 360、Xbox One、Windows Store、Windows Phone、Linux、Blackberry 10、Wii U、PlayStation 4、PlayStation Vita、PlayStation Mobile、Samsung Tizen、Xbox One 等几乎所有的主流平台。

如此的跨平台能力，很难让人再挑剔，尤其是支持当今最火的 Web、iOS 和 Android 平台。另据国外媒体《游戏开发者》报道：在游戏引擎里哪种功能最重要的调查中，“快速的开发时间”排在了首位，很多 Unity 用户认为这款工具易学易用，一个月就能基本掌握其功能。

根据 Unity 官方（2014 年 8 月）最新公布的数据，全世界有 6 亿的玩家在玩使用 Unity 引擎制作的游戏，用 Unity 创造的应用和游戏目前的累计下载量达到了 87 亿次！

Unity 中国区的开发者数量、用户活跃度和终端安装量均已经成为全球第一。 Unity 引擎占据全功能游戏引擎市场 45%的份额。全球用户已经超过 330 万人，每月活跃用户数高达 60 万！惊人的详细数据如下：

1. 市场份额 45%居全球首位

在世界范围内，Unity 占据全功能游戏引擎市场 45%的份额，居全球首位。最接近 Unity 的竞争对手的市场份额只有其 1/3。

2. 6 亿玩家，87 亿次下载

Unity 通过使用我们的引擎制作的游戏吸引了遍布世界各地的 6 亿游戏玩家。相比之下，Facebook 拥有 8.29 亿的日常用户。用 Unity 创造的应用和游戏目前的累计下载量达到了 87 亿次。

2012 年，Unity 正式进入中国市场，短短两年的发展，已经成就了业务量 10 倍的增长。无论是开发者的数量、活跃度、终端安装量，还是 Unity 引擎在 3D 游戏市场的占有率，

Unity 中国都是当之无愧的全球第一，以下是中国区 Unity 市场创造的 3 项世界第一！

1. 中国注册用户数全球第一

Unity 目前的开发者注册人数已经超过 330 万，在 2017 年的 4 月份，中国区的开发者数量已经超越美国，成为全球第一。

2. 中国活跃用户量全球第一

Unity 的每月全球活跃用户超过 60 万。中国区每个月 Unity 编辑器被使用的次数总和高达 180 万次，居全球首位。美国以 150 万次使用次数居全球第二。

3. 中国区 3D 手机游戏市场全球第一

Unity 中国区在 3D 手机游戏市场的占有率已经达到 75%，超越日本成为世界第一。也就是说，在最畅销的前 100 款 3D 手机游戏中，平均每 10 款就有 7.5 款是使用 Unity 引擎制作的。

本书特点

1. 书籍采用 Unity 2017 版本进行教学，在第一版的基础上，60%的内容按照新版本进行重写。理论篇增加所有 Unity 2017 重要知识点：基于 Progressive Lightmapper 新光照引擎的光照烘焙、光照预览 Light Explorer 技术、Unity2D 新的 Sprite Mask 功能、2D 关节系统、精灵效应器组件（Buoyancy Effector2D、PlatformEffector2D 等），TimeLine& Cinemachine 技术，基于 Unity 2017 版本 AssetBundle 资源动态加载理论及 AssetBundle 实用框架设计等。

2. 根据第一版广大读者的反馈情况，实战项目篇由第一版 1 个项目的讲解，扩充为 4 个项目循序渐进地阐述。进一步强化读者对 Unity 知识点的灵活运用，做到举一反三，让学员零基础开始起步,真正通过一本书成为游戏开发高手！

3. 本书讲解通俗易懂，循序渐进，且对于 Unity 技术点讲解全面、完整、深入，可以成为读者值得长期珍藏的书籍。

4. 本书配套下载资料包含海量教学资料（采用 Unity 2017 版），方便大专院校与国内外广大培训机构讲师与学员使用。

5. 为进一步方便国内外广大游戏开发爱好者与读者学习，书籍附录部分提供如下实用学习资料："国内游戏开发企业面试与笔试真题集锦"、"Unity 开发常见错误与分析"、"游戏开发职位简历模板"、"Unity4.x/5.x/2017.x 升级差异总结"、"Unity 特殊文件夹一览表"、"Unity 对 C#语言的知识点基本要求列表"等。

本书配套资料下载与联系作者

为了更好地服务广大 Unity 学员，进一步提高服务质量，特提供书籍配套教学资料下载链接地址与作者沟通渠道：

- 出版社下载链接：www.hxedu.com.cn（进入该网页后免费注册登录，然后在网页最上方的搜索栏中输入本书书名或者书号，或者作者姓名，这样即可查询到本书配套资料）

- 百度云下载链接：http://pan.baidu.com/s/1jHCy5vC　密码：wmcj

- 作者微博：http://weibo.com/liuguozhu1

（注：如果以上下载链接失效或者有技术疑问，欢迎在作者微博与 QQ 群中留言交流）

- QQ 群交流：群(1): 480518095　　群(2): 497429806

- 编者联系邮箱：public_liuguozhu@163.com

第二版本整体说明

第二版本的改版整体突出三个“更”字：更新、更多、更实用！ 详细描述如下。

1. “更新”

全书采用最新 Unity 2017.x 版本进行讲解，其中涉及 Unity 2017 最新的光影效果、光影调试 LightExplorer 窗口预览技术、强大的影视动画编辑 Timeline& Cinemachine 功能、全新的动态烘焙 NavMesh 技术等。

2. “更多”

本版本针对广大高校与培训机构的反馈意见，对于重要核心章节都提供了实战项目练习，以供广大学员更有针对性地巩固学习。

本版本相对第一版，在游戏案例项目上增加到了 4 个项目的讲解，且最后两个大型游戏项目，换装了全新的场景与道具素材，更具观赏性与可玩性。

3. “更实用”

针对老读者而言，第二版本相对第一版，还着重强化了 2D 游戏开发中大量实用组件与核心 API 的讲解、3D 图形学中基于 PBS 材质系统与 Shader，以及 Unity 2017.x 版本资源动态加载 AssetBundle 的讲解深度与广度。尤其对于 AssetBundle 技术，本书还提供了商业级的 AssetBundle 框架封装。不仅对初学者，对于广大 Unity 研发人员也具有很高的实用与参考价值。

针对广大高校与培训机构老师的意见，对部分章节的讲解顺序与内容做了更加合理的安排，以期达到更佳的学习体验。

致谢

感谢电子工业出版社张迪老师的专业修改意见与鼓励。同时感谢家人的支持，以及吴翔等朋友对技术支持的帮助与汗水付出。最后，祝电子工业出版社越办越好，为祖国 IT 人才的培养贡献更大的力量。

参加本书编写的还有彭振宇、张光超、范少敏、臧大磊、赵晋伟、毛广超、韦节宾、刘传辉、郭义华、魏吉芳和郭义芳。

由于编者水平有限，且书中涉及知识点较多，难免有错误疏漏之处，敬请广大读者批评指正，并提出宝贵意见。

目录

项目实战篇

开发理论篇　上篇

开发理论篇　下篇

实战项目篇

书籍温馨提示

本书整体分为两大部分：实战项目篇与开发理论篇。

1. 实战项目篇

面向基本掌握开发理论篇（书籍第二部分）技能的读者。通过介绍几款市面上流行游戏的整体策划与功能实现，让读者融会贯通 Unity 的开发知识点与游戏开发技巧。通过不断地练习与模仿，使读者灵活运用所学技能，达到举一反三、触类旁通之目的。

2. 开发理论篇

适合完全零基础的游戏开发爱好者、学生群体、在职研发人员学习。本书使用 30 个章节对 Unity 核心基础理论的方方面面做了详细介绍与探讨。认真学习之后可以达到全面掌握 Unity 核心技能的水平，完全看懂与理解实战项目篇中讲解的所有游戏开发要点。

由于篇幅所限，本篇通过 4 个游戏项目，由浅入深地递进讲解，针对不同游戏类型项目的分析，让读者真正了解与掌握每款游戏项目的开发精髓所在。具体描述如下。

- 实战项目 1：“记忆卡牌”

游戏类型：2D 益智类游戏

开发要点：学习 2D 项目布局、脚本基础功能编写、随机数、协程、资源静态加载技术（Resource.Load）等

- 实战项目 2：“Flappy Bird”

游戏类型：2D 休闲游戏

开发要点：“精灵”贴图与动画的使用、2D 层的运用、单例模式在多脚本传值的应用、2D 刚体与 2D 碰撞体、UGUI 等知识点

- 实战项目 3：“不夜城跑酷”

游戏类型：3D 跑酷游戏

开发要点：动态资源生成技术、面向对象应用、委托的灵活运用、静态字段的跨场景传值、差值计算、对象缓冲池等技术

- 实战项目 4：“生化危机”

游戏类型：3D 射击游戏

开发要点：导航寻路、射线、角色控制器、AI、UGUI 等

实战项目 1
记忆卡牌

1. 策划

1.1 游戏背景

记忆卡牌是一种休闲小游戏，通过短暂的翻牌要求玩家记忆多张连续牌，在最少时间看谁能准确配对翻牌最终获胜。此类游戏近年也会被嵌入到大型手游中，如“植物大战僵尸”中就有记忆翻牌游戏的身影。此游戏主界面如下所示。

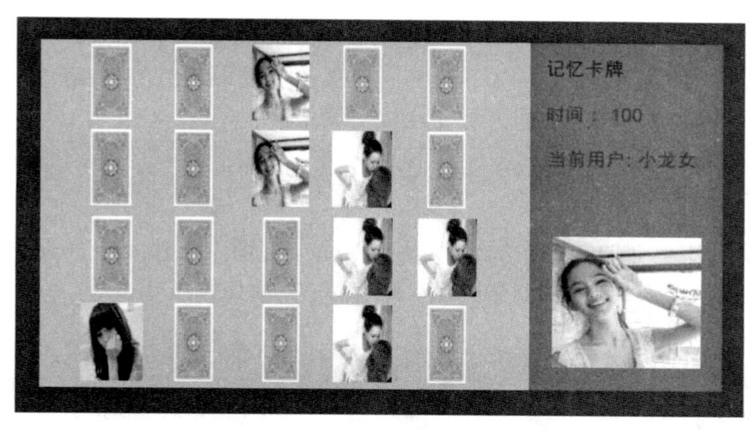

项目 1(1) 游戏运行界面

1.2 功能与玩法介绍

游戏开始后，在规定时间内把界面中所有的卡牌单击配对翻开。每次玩家只能翻开两张牌，如果两张牌相同，则卡牌发灰显示。如果单击翻开的两张牌不一样，则系统会自动翻转回背面。

1.3 技术架构

本游戏是该书最简洁的一个小项目。整个项目为了初学者容易上手入门，所以只设计了一个脚本，完成规定功能。

❖ 温馨提示

上面图[项目 1(1)]中，游戏运行图中显示的“时间:100”仅是一个美观设计，为了保持该项目的简单性，所以时间的计时功能是暂不实现的。

2. 场景搭建

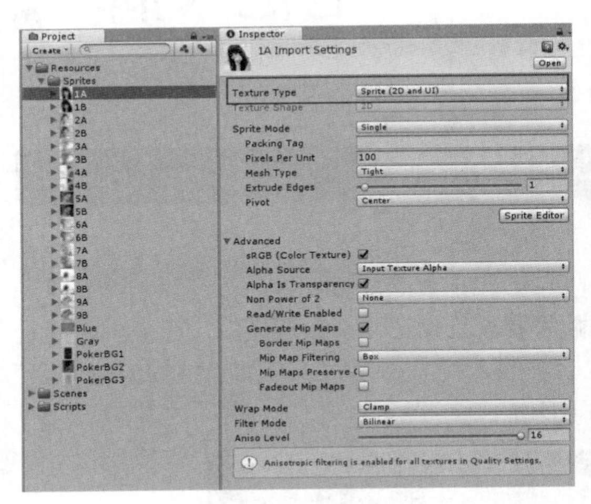

项目 1(2)　更改贴图类型

2.1　资源导入

本项目的资源都是贴图，笔者提供了 9 组不同的人物贴图，以及 3 种卡牌背面图。新建一个空 Unity 项目，建立 2D 游戏类型。在随后打开的 Unity 界面中，在项目视图（Project）中新建一个 Resources（注：这个 Resources 是特殊文件夹名称，拼写不能错）目录，然后直接把相关素材贴图资源拖曳到本目录即可。

首先在项目视图中选择所有贴图，然后在属性视图（Inspector）中的 Texture Type 属性中选择更改为“Sprite(2D and UI)”类型，最后单击视图下方的“Apply”按钮确认更改即可。

2.2　UI 场景设置

游戏界面全部使用 UGUI 技术构建，项目 Scenes 视图中新建 4 行 5 列的 Button 控件，采用“PokerBG1”贴图作为控件背景贴图。如下图[项目 1(3)]所示。

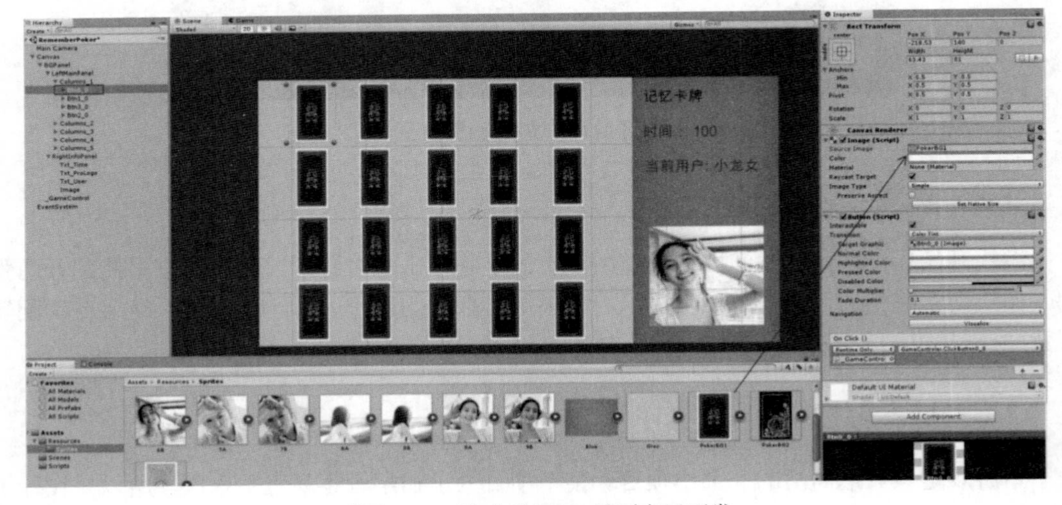

项目 1(3)　游戏项目 UI 界面布局开发

3. 游戏核心逻辑

本小游戏非常简单，仅一个脚本即可完成项目开发，整体设计思路如下。

- 定义二维数组字段，存放 20 张 4 行 5 列的卡牌。
- 游戏开始后二维数组进行初始化，脚本会分配给每个数组下标一个随机数字。随机数值的范围是 1～9 之间，正好与素材中提供的贴图种类个数相同。
- 二维数组初始化的每个数值（1～9 之间）代表不同的卡牌。如果玩家先后单击两张相同的卡牌，则卡牌翻转为灰色，表示已经无法再次单击。反之如果先后单击不同的两张卡牌，则卡牌会翻转为开始前的背面，表示本次单击配对无效。
- 脚本使用协程间隔 1～2 秒扫描一次全部卡牌，对玩家的单击结果做出正确的逻辑处理。

为了更好地使读者透彻理解，现分以下几步进行逐项解释。

➢　第 1 步骤

定义二维数组字段，存放 20 张 4 行 5 列的卡牌，见下图 58 行代码所示。为了判断玩家先后两次的不同单击，字段中定义了两个 Button 控件与对应整形数字字段（见代码 59～62 行），分别表示两次玩家的不同单击。

```
31 -public class GameControler : MonoBehaviour {
32 +    定义20个控件（牌）
57      //学习二维数组
58      private int[,] CardsArray = new int[4, 5];          //4行5列，存放游戏内部“数字牌”
59      private int intFirstNumCard = -1;                    //第1张数字牌
60      private int intSecondNumCard = -2;                   //第2张数字牌
61      private Button BtnFirstNumCard;                      //第1张数字牌控件
62      private Button BtnSecondNumCard;                     //第2张数字牌控件
63      private bool boolIsFirstClick =true;                 //是否为第1次点击牌面
64
65
66 -    void Start () {
67          //初始化二维数组,准备游戏相关后台数据
68          StartPrepareGameData();
69          //使用"协程", 2秒进行轮询检测
70          StartCoroutine(JudgePuker(1.5F));
71      }
72
73      //使用"协程"轮询检测卡牌
74 -    IEnumerator JudgePuker(float floTime){
75          while (true){
76              yield return new WaitForSeconds(floTime);
77              JudgePukerEquals(BtnFirstNumCard, BtnSecondNumCard, ref intFirstNumCard, ref intSecondNumCard);
```

项目 1(4)　GameControler 脚本字段定义

➢　第 2 步骤

游戏开始后，二维数组要进行初始化，脚本会分配给每个数组下标一个随机数字（见下图 179～191 行代码）。随机数字也是有严格要求的，就是随机产生的数字必须是 10 套配对的随机数字，且随机数字分布在二维数组的随机下标中。见图 [项目 1(6)] 中 CreateRandomDoublePlayCard() 方法的逻辑处理。

```
176    private void  StartPrepareGameData()
177    {
178        //得到“10对”乱序数字牌。
179        ArrayList al = CreateRandomDoublePlayCard();
180        IEnumerator ietor=al.GetEnumerator();                //得到一个“迭代器”接口
181
182        for (int i = 0; i < 4; i++)                          //行
183        {
184            for (int j = 0; j < 5; j++)                      //列
185            {
186                if(ietor.MoveNext())
187                {
188                    CardsArray[i, j] = (int)ietor.Current;
189                }
190            }
191        }
192
193        //添加“初始牌”的背景图
194        btn0_0.GetComponent<Image>().overrideSprite = Resources.Load("Sprites/PokerBG3", typeof(Sprite)) as Sprite;
195        btn0_1.GetComponent<Image>().overrideSprite = Resources.Load("Sprites/PokerBG3", typeof(Sprite)) as Sprite;
196        btn0_2.GetComponent<Image>().overrideSprite = Resources.Load("Sprites/PokerBG3", typeof(Sprite)) as Sprite;
197        btn0_3.GetComponent<Image>().overrideSprite = Resources.Load("Sprites/PokerBG3", typeof(Sprite)) as Sprite;
198        btn0_4.GetComponent<Image>().overrideSprite = Resources.Load("Sprites/PokerBG3", typeof(Sprite)) as Sprite;
199
200        btn1_0.GetComponent<Image>().overrideSprite = Resources.Load("Sprites/PokerBG3", typeof(Sprite)) as Sprite;
201        btn1_1.GetComponent<Image>().overrideSprite = Resources.Load("Sprites/PokerBG3", typeof(Sprite)) as Sprite;
202        btn1_2.GetComponent<Image>().overrideSprite = Resources.Load("Sprites/PokerBG3", typeof(Sprite)) as Sprite;
```

项目 1(5)　二维数组初始化阶段

```
228    /// <summary>
229    /// 创建“随机”出现的“10对”数字“牌”
230    /// </summary>
231    /// <returns>要求的集合</returns>
232    private ArrayList CreateRandomDoublePlayCard()
233    {
234        ArrayList al=new ArrayList();
235        //产生10对“数字牌”。
236        for (int i = 0; i < 10; i++)
237        {
238            al.Add(GetRandom(1,9));
239        }
240        //得到成对出现
241        for (int i = 0; i < 10; i++)
242        {
243            int intTemp=(int)al[i];
244            al.Add(intTemp);
245        }
246        //要求乱序排列
247        for (int i = 0; i < al.Count; i++)
248        {
249            int intRandomPosition = GetRandom(1,al.Count);
250            int intTemp = (int)al[i];
251            al[i] = al[intRandomPosition];
252            al[intRandomPosition] = intTemp;
253        }
254
255        return al;
```

项目 1(6)　产生 10 对随机数字牌

➢ 第 3 步骤

玩家先后单击两张相同的卡牌，则卡牌翻转为灰色，表示已经无法再次单击。反之，如果先后单击不同的两张卡牌，则卡牌会翻转为开始前的背面，表示本次单击配对无效。

见下图[项目 1(7)]中 357 行代码，因为“intFirstNumCard”与“intSecondNumCard”字段的初始值分别为-1 与-2（见上图项目 1(4)中 59、60 行代码），所以 357 行代码的功能就是阻止玩家在界面上连续翻看多张牌。

下图 366、374 行代码的“DisplayPokerCardByNumber()”方法，就是显示玩家单击的对应“图形卡牌”，即玩家单击后卡牌翻转为美女贴图的功能实现。

```
349    /// <summary>
350    /// 处理用户的响应
351    /// </summary>
352    /// <param name="butObj">点击的按钮</param>
353    /// <param name="rowsNumber">行数字</param>
354    /// <param name="columnsNumber">列数字</param>
355    private void ProcessUserClick(Button butObj,int rowsNumber,int columnsNumber){
356        //不能点击第3张牌
357        if (intFirstNumCard !=-1 && intSecondNumCard!=-2){
358            return;
359        }
360
361        //第1张牌
362        if (boolIsFirstClick){
363            boolIsFirstClick = false;
364            intFirstNumCard = CardsArray[rowsNumber, columnsNumber];
365            //显示对应的图形牌（动态加载图片）
366            DisplayPokerCardByNumber(butObj, intFirstNumCard);
367            BtnFirstNumCard = butObj;
368        }
369        //第2张牌
370        else {
371            boolIsFirstClick = true;
372            intSecondNumCard = CardsArray[rowsNumber, columnsNumber];
373            //显示对应的图形牌（动态加载图片）
374            DisplayPokerCardByNumber(butObj, intSecondNumCard);
375            BtnSecondNumCard = butObj;
376        }
```

项目 1(7)　处理玩家单击卡牌核心逻辑

➢ 第 4 步骤

以上 3 个步骤实现了卡牌的初始化与相应玩家单击的动作，但是对于玩家单击的卡牌是否配对成功则是由专门的协程完成功能实现的。

下图[项目 1(8)]中的 72 行代码定义协程，间隔 1～2 秒调用一次“JudgePukerEquals()”方法，这个方法就是具体负责配对与否的检测方法（由于此方法较长，因此请感兴趣的读者查阅本书籍的配套项目源码部分）。

```
68    void Start () {
69        //初始化二维数组,准备游戏相关后台数据
70        StartPrepareGameData();
71        //使用"协程"，指定间隔时间进行轮询检测
72        StartCoroutine(JudgePuker(1.5F));
73    }
74
75    //使用"协程"轮询检测卡牌
76    IEnumerator JudgePuker(float floTime){
77        while (true){
78            yield return new WaitForSeconds(floTime);
79            JudgePukerEquals(BtnFirstNumCard, BtnSecondNumCard, ref intFirstNumCard, ref intSecondNumCard);
80        }
81    }
82
83    /// <summary>
84    /// 判断牌是否相同。
85    /// 功能：
86    ///     如果两张牌，相同则变成灰色。
87    ///     如果不相同，牌再反转会去。
88    ///
89    /// </summary>
90    /// <param name="btn1">第1个按钮</param>
91    /// <param name="btn2">第2个按钮</param>
92    /// <param name="numberCard1">数字牌1</param>
93    /// <param name="numberCard2">数字牌2</param>
94    private void JudgePukerEquals(Button btn1,Button btn2,ref int numberCard1,ref int numberCard2) ...
```

项目 1(8)　协程轮询检测部分

实战项目 2

Flappy Bird

1. 策划

1.1 游戏背景

根据百度百科介绍，“Flappy Bird”是一款由来自越南的独立游戏开发者 Dong Nguyen 所开发的作品，游戏于 2013 年 5 月 24 日上线，并在 2014 年 2 月突然暴红，在 100 多个国家/地区的榜单一跃登顶，尽管没有精细的动画效果、没有有趣的游戏规则、没有众多的关卡，却突然大火了一把，下载量突破 5000 万次。下图为 Flappy Bird 游戏开始的截图。

项目 2(1)　Flappy Bird 游戏截图

1.2 功能与玩法介绍

游戏中玩家必须控制一只小鸟，跨越由各种不同长度水管所组成的障碍。如果一旦碰触管道道具或者落到地面，则就直接 Game Over，即只有一次机会。

1.3 技术架构

本游戏为入门级学员必备的学习项目，整个项目共 7 个脚本，功能非常简单，每个脚本及其含义解释如下。

❍ 核心功能脚本

主角控制脚本	HeroControl.cs
游戏管理器控制	GameMgr.cs

❍ 道具类脚本

■ 道具公共类

音频管理器插件	AudioManager.cs

■ 普通功能道具

地面移动	LandMoving.cs
管道移动	PipeMoving.cs
一列道具	ColmnsPips.cs

管道道具	Pipe.cs

2. 场景搭建

2.1　资源导入

本项目提供了贴图与音频两组资源，以及一个音频脚本插件（AudioManager.cs）。首先新建一个空 Unity 项目，建立 2D 游戏类型。在随后打开的 Unity 界面中，在项目视图（Project）中新建一个 Resources 目录，再新建两个文件夹，专门存放音频与贴图资源，最后把相关素材拖曳到相应目录即可。

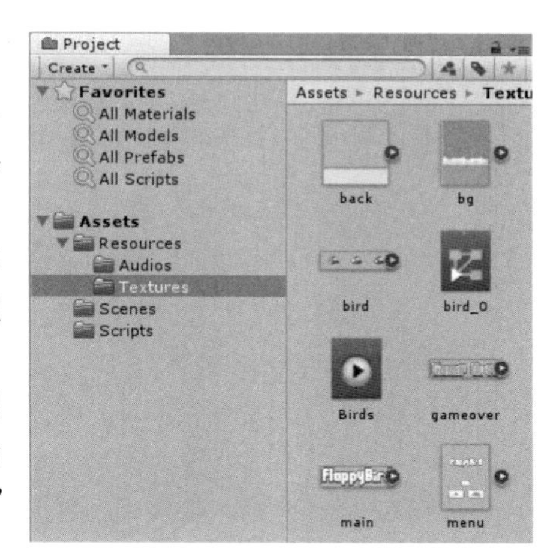

项目 2(2)　资源素材导入

首先在项目视图中选择所有贴图，然后在属性视图（Inspector）中的 Texture Type 属性中选择更改为“Sprite(2D and UI)”类型，最后单击视图下方的“Apply”按钮确认更改即可。

2.2　场景设置

本游戏场景整体可以分为 5 部分（如下逐项讲解），参见图[项目 2(3)和项目 2(4)]中游戏对象布局与整体开发界面效果图。

项目 2(3)　游戏对象布局

➢　背景层

层级视图（Hierarchy）中建立名称为“BG”的精灵(Sprite)对象，对应属性视图（Inspector）中 Sprite Rendere 组件的 Sprite 属性赋值贴图 bg.jpg。

➢　地面层

层级视图中建立名称为“Lands”的精灵对象，对应属性视图中 Sprite Rendere 组件的 Sprite 属性赋值贴图 back.png。

➢　管道道具组

层级视图中建立名称为“Pipes”的空对象（使用鼠标右击菜单“Create Empty”），在其子节点中建立多个“ColumsPipe_x”的空对象，然后再在子节点添加 2 个上下对应排列的“Pipe”精灵对象。其属性视图中 Sprite Rendere 组件的 Sprite 属性赋值贴图 Pipe.png。

➢　界面 UI

层级视图鼠标右键 UI-->Panel，首先建立“MainUI”与“PrepareUI”的面板，这是负责游戏开始先后出现的两组显示图像。然后依照游戏画面要求，在其子节点中添加各种 Image 与 Text 控件赋值不同的精灵贴图等。更加详细的布局设置请参考书籍中配套项目源代码中的内容。

➢　音频插件

游戏中需要播放背景音频与音效等，所以引入了音频插件。这个脚本插件的主要目的是简化音频处理的烦琐与复杂性。

层级视图中首先建立一个“AudioMgr”的空对象，其属性视图中添加 AudioManger.cs 脚本。在“Audio Clip Array”中填写 4，表示缓存 4 个音频剪辑（把导入的 4 个音频素材进行赋值）。随后按照音频插件要求单击“Add Component” 按钮，添加 Audio Listener 组件与 3 个 Audio Source 组件。

注意：关于这个音频脚本插件进一步的详细讲解，参见本书籍 24.2 节内容。

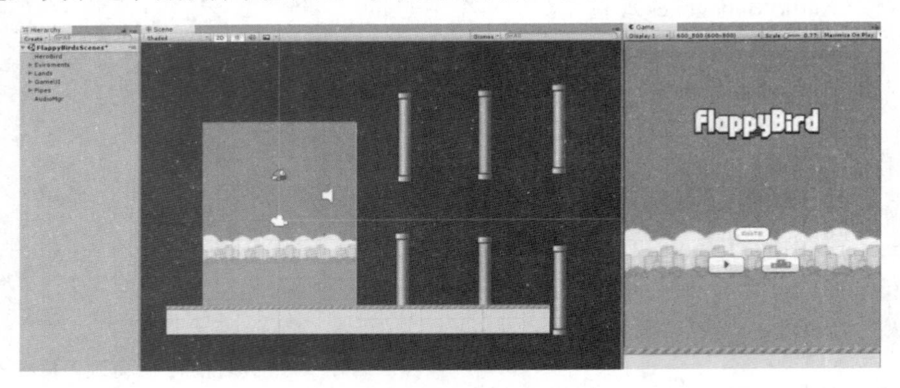

项目 2(4)　游戏 2D 场景搭建

3. 主角

3.1　主角的动画管理

2D 游戏常用“帧动画”来处理。相对于 3D 来说，无论制作还是应用，都相对比较简单。首先在项目视图中找到“Bird.png”贴图，对应其属性视图把 Sprite Mode 属性设置为“Multiple”，然后单击“Sprite Editor”按钮，见图[项目 2(5)]。

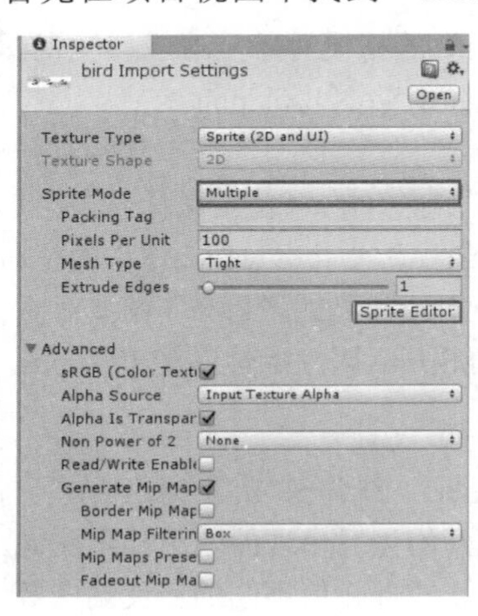

项目 2(5)　2D 精灵设置

在弹出的“Sprite Editor”编辑窗口中，单击左上角菜单“Sprite Editor”→“Sprite Editor”确定每个小鸟图案切割完全相同，单击右上角的“Apply”确认退出弹出窗口，如图[项目 2(6)]所示。

接下来直接拖曳“Bird.png”到层级视图中，这时 Unity 编辑器系统会侦测到你拖曳了多张被切割的图集，则会弹出对话框要求你创建一个*.anim 的动画剪辑文件（笔者命名为 Birds.anim）。这个文件就是一种 2D 动画剪辑，此时运行项目，会看到不断扑打翅膀的动画效果。如果对于此动画效果不满意，可以使用 Animation 窗口（顶部菜单 Window→Animation）做二次编辑（本质修改编辑的就是这个*.anim 文件）。如图[项目 2(7)]所示。

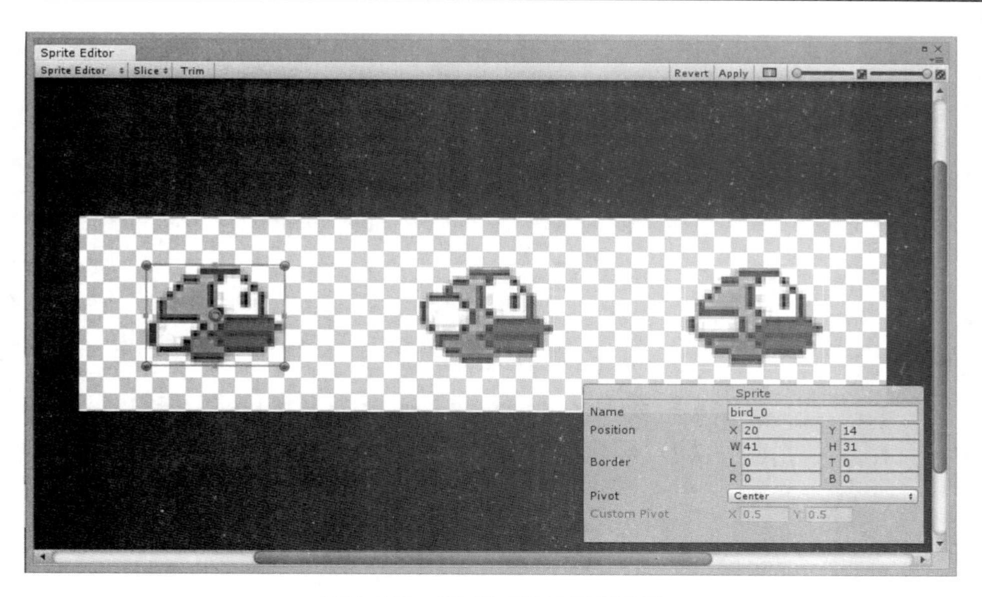

项目 2(6)　2D 精灵贴图切割编辑

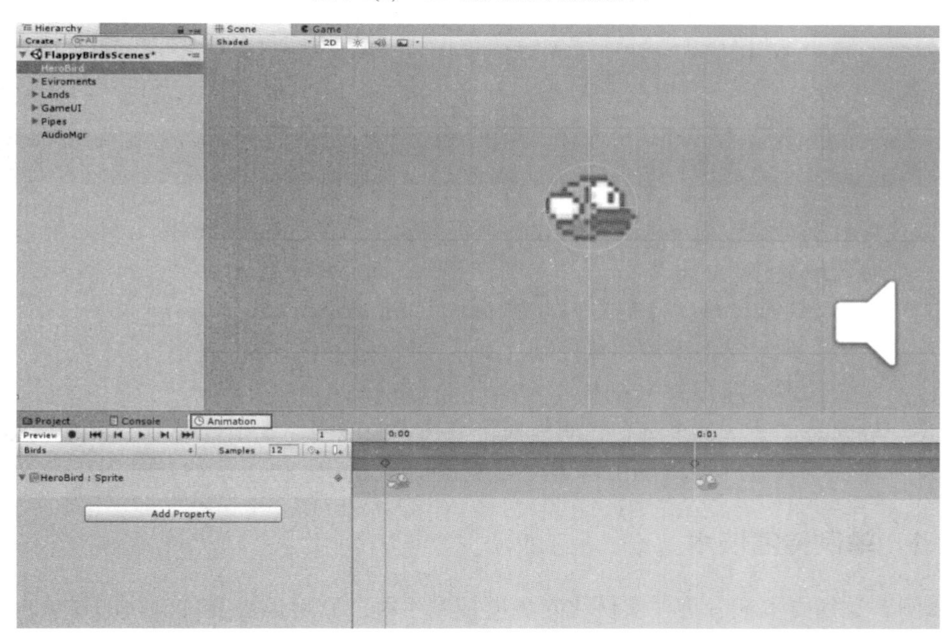

项目 2(7)　Animation 窗口编辑动画

3.2　主角的动作控制

主角小鸟的动作控制主要是响应鼠标或者移动平台上手指的单击操作。所以当检测到玩家动作后，给带有 2D 刚体的小鸟精灵一个升力，使其维持不断的动态平衡不至跌落地面。新建一个 HeroControl.cs 脚本，源代码如下所示。

```
19 public class HeroControl : MonoBehaviour {
20     //向上的升力
21     public float floUpPower = 1F;
22     //2D刚体
23     private Rigidbody2D rd2D;
24
25
26     void Start () {
27         rd2D = this.gameObject.GetComponent<Rigidbody2D>();
28     }
29
30     void Update () {
31         //鼠标左键
32         if(Input.GetKey(KeyCode.Mouse0)) {
33             AudioManager.PlayAudioEffectA("Fly");
34             //给一个向上的升力
35             rd2D.velocity = Vector2.up * floUpPower;
36         }
37     }
38 }
```

项目 2(8)　主角小鸟控制脚本源代码

主角精灵还需要在对应属性窗口添加 2D 刚体和 2D 碰撞体。为了一开始小鸟精灵固定在游戏开始界面中，其 Rigidbody 2D 组件的 Body Type 属性设置为“Kinematic”。为了主角与道具碰撞后阻止主角的旋转，要锁定旋转，即勾选 Rigidbody 2D 组件 Constraints 下的 Freeze Rotation 属性。

4. 道具开发

本游戏项目相对比较简单，在道具设计上仅有 4 个脚本控制。

第一：负责地面移动的脚本　　LandMoving.cs

第二：负责管道整体移动控制的脚本　　PipeMoving.cs

第三：负责一列道具上下偏移量控制的脚本　　ColmnsPips.cs

第四：复杂管道碰撞检测的脚本　　Pipe.cs

值得一提的是，关于各个脚本之间数据传值技术的应用，本项目采用了两种方式：第 1 种是“单例模式”；第 2 种为 Untiy 内置传值 SendMessage 技术。

4.1　单例传值技术

“单例”是指脚本或者类，实例化对象的控制手段。它可以控制实例化的对象永远只有一个实例对象，从而给数据之间的传值或者进行其他操作带来便利性。

例如，本项目的 Pipe.cs 是赋值给所有单个管道道具的脚本，主要做碰撞检测。一旦主角碰触，就立即触发游戏结束的逻辑，同时恢复场景的道具布局，使得玩家再次单击开始下一次的游戏。Pipe.cs 源代码如图[项目 2(9)]所示。

```
19 public class Pipe : MonoBehaviour {
20
21     /// <summary>
22     /// 2D 碰撞检测
23     /// </summary>
24     /// <param name="col"></param>
25     void OnCollisionEnter2D(Collision2D col){
26         if(col.gameObject.tag=="Player"){
27             AudioManager.PlayAudioEffectA("Dead");
28             //道具停止移动
29             PipeMoving.Instance.GameOver();
30             //显示游戏"提示"界面，主角复位。
31             GameMgr.Instance.GameOver();
32         }
33     }
34
35 }
```

项目 2(9) （单个）管道道具源代码

图[项目 2(9)]中，第 29 和 31 行代码均使用了单例的模式，来调用其他脚本的公共方法。这里笔者以 29 行的“PipeMoving.Instance.GameOver()”为例进行详细说明。先看如下 PipMoving.cs 脚本的源代码，如图项目 2(10)所示。

在图[项目 2(10)]中，代码 20 行定义了静态字段“public static PipeMoving Instance;”，这里的 Instance 就代表本脚本的实例。代码 27～29 行进行了“Instance=this”的操作。这样，这个 Instance 就在游戏开始的 Awake 阶段得到了唯一实例对象（注：Awake 事件函数在游戏生命周期中只执行一次）。

结合上面 Pipe.cs 脚本中的 29 行代码，就完成了以下逻辑处理：在主角小鸟碰触 Pipe 管道道具时，被 Pipse 脚本的 OnCollisionEnter2D（2D 碰撞检测函数）函数检测执行。随后执行“PipeMoving.Instance.GameOver()”指令，这样就调用了 PipMoving 脚本的 GameOver() 公共方法。这个方法会停止所有管道道具的运行，且立即恢复到游戏开始前的原始方位。

```
19 public class PipeMoving : MonoBehaviour {
20     public static PipeMoving Instance;       //脚本的实例
21     public float floCirclePosition = -10F;   //转换临界点
22     public float floMovingSpeed = 1F;        //管道道具移动的速度
23     public GameObject GoBroadcastMsg;        //向下广播消息
24     private Vector2 _VecOriginalPosition;    //管道的原始位置
25     private bool _IsStartGame = false;       //是否开始游戏（移动）
26
27     void Awake(){
28         Instance = this;
29     }
30     void Start()[...]
34     void Update()[...]
47     //游戏开始
48     public void GameStart(){
49         _IsStartGame = true;                 //表明开始管道移动
50     }
51
52     //游戏结束
53     public void GameOver(){
54         _IsStartGame = false;                //表明停止管道移动
55         ResetPipesPostion();                 //管道回到原始方位
56     }
57
58     //管道回到原始方位
59     private void ResetPipesPostion(){
60         this.gameObject.transform.position = _VecOriginalPosition;
```

项目 2(10) 管道道具整体移动源代码(A)

4.2 SendMessage 技术

本项目为了让游戏更具挑战性，管道道具在每次循环出现的过程中，其上下方位是随机变化的。实现原理就是在每对管道（由上下两个管道组成）对象上添加 ColmnsPips.cs 脚本，此脚本在整体管道每次循环时，进行上下方位随机偏移控制，整体布局如图[项目 2(11)]所示。

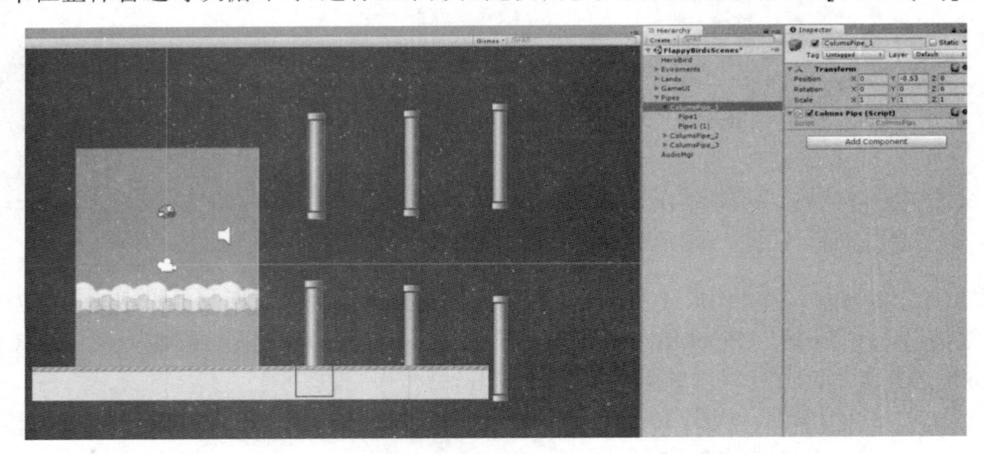

项目 2(11)　ColmnsPips 脚本控制管道上下随机偏移

图[项目 2(12)]中，第 23 行代码“public GameObject GoBroadcastMsg; ”就是要进行广播的对象定义字段。41 行代码是 Unity 内置 BroadcastMessage()广播消息传递技术，可以实现一对多的消息发送，即消息可以被 6 个管道道具 Pipe.cs 脚本接收且执行。从 41 行代码最后可以看出，发送的消息名称是“ GetNewRandomPosition”，这个就是接收方脚本需要执行的方法名称。

```
19 public class PipeMoving : MonoBehaviour {
20     public static PipeMoving Instance;         //脚本的实例
21     public float floCirclePosition = -10F;     //转换临界点
22     public float floMovingSpeed = 1F;          //管道道具移动的速度
23     public GameObject GoBroadcastMsg;          //向下广播消息对象
24     private Vector2 _VecOriginalPosition;      //管道的原始位置
25     private bool _IsStartGame = false;         //是否开始游戏（移动）
26
27     void Awake(){
28         Instance = this;
29     }
30     void Start()[...]
34     void Update(){
35         //控制游戏是否开始的标志位
36         if (_IsStartGame){
37             //如果“管道”移动的一个“临界值”，则立即移动到原始方位。
38             if (this.gameObject.transform.position.x < floCirclePosition){
39                 this.gameObject.transform.position = _VecOriginalPosition;
40                 //管道每列随机Y轴移动
41                 GoBroadcastMsg.BroadcastMessage("GetNewRandomPosition");
42             }
43             //移动陆地
44             this.gameObject.transform.Translate(Vector2.left * Time.deltaTime * floMovingSpeed);
45         }
46     }
```

项目 2(12)　管道道具整体移动源代码(B)

图[项目 2(13)]中，33～36 行代码就是“GetNewRandomPosition()”方法的定义部分，本方法使得一列道具 Y 轴进行正负 3 的偏移量处理。

```
21 public class ColmnsPips:MonoBehaviour{
22     //原始位置
23     private Vector2 _VecOriginalPostion;
24 
25     public void Start(){
26         //保存原始位置
27         _VecOriginalPostion = this.gameObject.transform.position;
28     }
29 
30     /// <summary>
31     /// 得到一个新随机方位
32     /// </summary>
33     public void GetNewRandomPosition(){
34         this.gameObject.transform.position = new Vector3(_VecOriginalPostion.x,
35                                              _VecOriginalPostion.y + GetRandomNumberByY());
36     }
37 
38     private int GetRandomNumberByY(){
39         int intResult = 0;
40         intResult = Random.Range(-3, 3);
41         return intResult;
42     }
```

项目 2(13)　控制一列管道道具偏移设置源代码

❖ **温馨提示**

上面提到的 BroadcastMessage()方法是 Untiy 的 Message 传值技术的一个组成部分，实现向下广播传值。除此之外，还有向上广播 SendMessageUpwards()方法等。详细见本书籍“开发理论篇”的 15.2 节内容。

5. UI 界面与游戏周期管理

由于本游戏项目比较简单，所以仅使用 GameMgr.cs 一个脚本就可以完成 UI 界面与游戏周期管理两大功能。

UI 界面方面，本项目使用内置 UGUI 技术构建。层级视图上定义了“MainUI”对象，表示游戏的开始界面，“PrepareUI”对象则是玩法说明界面。两者不允许同时显示，需要在 GameMgr 脚本中控制。

游戏周期管理是指当游戏主角碰撞道具后，本游戏回到游戏玩法说明界面。当再次单击后游戏再次开始，周而复始无限循环下去的机制。

如图[项目 2(14)]所示，24 与 25 行代码定义为 public 公共类型字段，分别表示接收层级视图“MainUI”与“PrepareUI”对象的赋值。44～60 行代码定义 4 个方法，目的就是分别控制层级视图“MainUI”与“PrepareUI”对象的开启与隐藏显示。

如图[项目 2(15]所示，64 与 76 行代码定义了游戏开始与结束的两个公共方法。这两个方法分别是在玩家单击 UI 开始界面，以及主角碰触道具与地面时自动调用。

64 行的 StartGame() 方法表示游戏正式开始。功能是允许土地与管道道具移动、主角小鸟去除 Kinematic 属性（这个属性表示小鸟不受 2D 物理学的影响），以及允许接收 HeroControl 脚本的控制。

76 行的 GameOver() 方法表示游戏结束。执行逻辑为显示“游戏提示”UI 界面、主角小鸟复位，以及添加 Kinematic 约束和去除 HeroControl 脚本的控制。

```
22 public class GameMgr : MonoBehaviour {
23     public static GameMgr Instance;                          //本脚本实例
24     public GameObject goMainGameUI;                          //游戏主UI
25     public GameObject goGameTipsUI;                          //游戏玩法提示
26     private GameObject goHeroBird;                           //主角小鸟
27     private Vector2 vecHeroOriginalPosition;                 //小鸟初始位置
28
29     void Awake()...
33
34     void Start() ...
44     #region  游戏UI界面控制
45     //显示游戏主UI界面
46     public void DisplayMainUI(){
47         goMainGameUI.SetActive(true);
48     }
49     //关闭（不显示）游戏主界面
50     public void CloseMainUI(){
51         goMainGameUI.SetActive(false);
52     }
53     //显示游戏玩法提示界面
54     public void DisplayTipsUI(){
55         goGameTipsUI.SetActive(true);
56     }
57     //关闭（不显示）游戏玩法提示界面
58     public void CloseTipsUI(){
59         goGameTipsUI.SetActive(false);
60     }
```

项目 2(14)　GameMgr 脚本 UI 界面控制

```
63     //游戏开始
64     public void StartGame(){
65         AudioManager.PlayAudioEffectA("Hurt");
66         //道具开始移动(土地与管道道具)
67         PipeMoving.Instance.GameStart();
68         LandMoving.Instance.StartMoving();
69
70         //去除“小鸟”的一些属性。
71         goHeroBird.GetComponent<Rigidbody2D>().isKinematic = false;
72         goHeroBird.GetComponent<HeroControl>().enabled = true;
73     }
74
75     //游戏结束
76     public void GameOver(){
77         //显示游戏“提示”界面
78         DisplayTipsUI();
79         //主角（小鸟）复位
80         goHeroBird.transform.position = vecHeroOriginalPosition;
81         //处理主角（小鸟）的属性
82         goHeroBird.GetComponent<Rigidbody2D>().isKinematic = true;
83         goHeroBird.GetComponent<HeroControl>().enabled = false;
84     }
85 }
```

项目 2(15)　GameMgr 脚本周期管理控制

实战项目 3 不夜城跑酷

1. 策划

1.1 游戏背景

跑酷游戏可以追溯到 2012 年 7 月发布的《神庙逃亡》游戏，之后由于这款 3D 跑酷游戏的火热，使得跑酷类型成为当今最为火热的手游（手机游戏）开发类型之一。笔者在这里仿照《神庙逃亡》手游，开发“不夜城跑酷”游戏，界面如图[项目 3(1)]所示。

项目 3(1)　游戏开始界面

1.2 功能与玩法介绍

“不夜城跑酷”作为一款教学所用的游戏项目，权衡初学者考虑，仅使用一个场景。本游戏采用游戏道具的“动态加载”与“无限循环”技术，使得游戏中所有的“场景道具”与“游戏道具”都具备无限加载与循环，游戏玩家可以一直不断地“跑”下去，直到 GameOver。小伙伴们工作之余、闲暇之时可以好好“比试”一下，看谁眼疾手快、控制更灵活，艺高人胆大。

此款游戏笔者开发了常见功能：奔跑、跳跃、俯身、变换跑道等主角技能。不仅如此，在游戏中还设置了多种魔法道具：“吸引魔法”、“金币翻倍”、“无敌魔法”等（见图[项目3(1)]中关于游戏魔法道具 Logo 的说明），使得游戏玩法多变容易上瘾。

游戏控制输入主要分为两种平台：

❍ PC 平台

对于 PC 平台，笔者采用最常见的“A”、“S”、“D”、“W”，分别代表“左移”、“俯身”、“右移”、“跳跃”等动作输入。

❍移动平台

对于移动平台（智能手机端/iPad 等平板电脑），则采用“手势识别”技术的“上、下、左、右”滑屏来控制主角动作。

项目 3(2)游戏进行界面

1.3 技术架构

本游戏项目采用“插件化”开发思想，每个脚本仅完成规定的单一功能。通过脚本之间的协作配合，完成复杂功能实现。因此本项目中的大量脚本可以在游戏需求升级或者再开发类似项目中进行复用。

本项目的重要脚本及解释如下：

❍核心功能脚本

项目全局定义	Global.cs
主角控制	PlayerCtrl.cs
主角动画管理器	PlayerAnimationMgr.cs
场景创建管理器	ScenesCreateMgr.cs
界面管理器	UIMgr.cs
游戏管理器脚本	GameMgr.cs

❍对象缓冲池插件

缓冲池管理器　　PoolManager.cs
缓冲池　　Pools.cs

❍ 道具类脚本

■ 道具公共类

音频管理器插件　　AudioManager.cs
音效脚本　　AudioEffect.cs
道具基类　　BasePropItem.cs
生成场景道具触发检测脚本　　CreateBuildTriggerPos.cs

■ 普通功能道具

奖励道具　　AwardObj.cs
销毁自身　　DestorySelf.cs
移动道具　　MoveingObj.cs
障碍物道具　　ObstacleObj.cs
旋转道具　　RotateObj.cs

■ 英雄魔法道具

英雄粒子特效　　HeroParticleEffect.cs
吸引道具　　MagnetItem.cs

2. 场景搭建

2.1 资源导入

导入本项目所提供的资源文件（CityNightParkour.unitypackage）及对应脚本插件（AudioManager.cs、PoolManager.cs、Pools.cs），如图[项目 3(3)]所示。

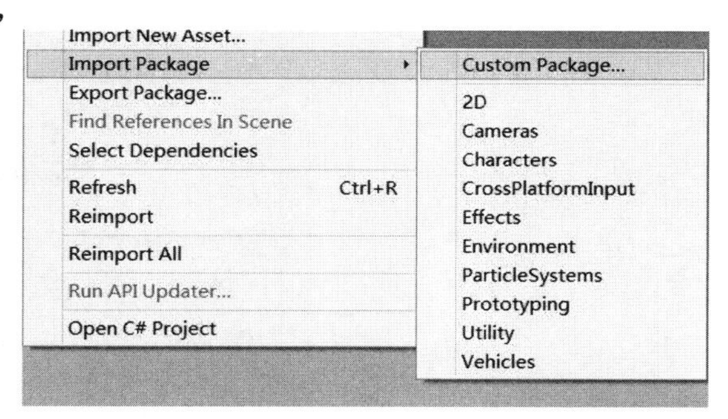

项目 3(3)　导入资源包

2.2 场景设置

导入资源后在项目视图（Project）中增加了很多跑酷资源，拖动“主角”预设与“场景建筑”预设到 Scenes 视图中。(路径分别是:Resources-->Prefabs-->SetStartPlatform-->StaterPlatform.prefab 与 Resources--> Prefabs-->haracter-->Player.prefab)，如图[项目 3(4)]所示。

按照图[项目 3(4)]所示，无论在 Scene 还是 Game 视图，显示的光影效果都不正常。因此需要对场景环境进行配置参数。

❍ 第 1 步

单击 Scene 视图中的主摄像机，先把主摄像机作为主角的一个子节点。这样游戏运行后，主角的影像可以一直在摄像机范围内显示。

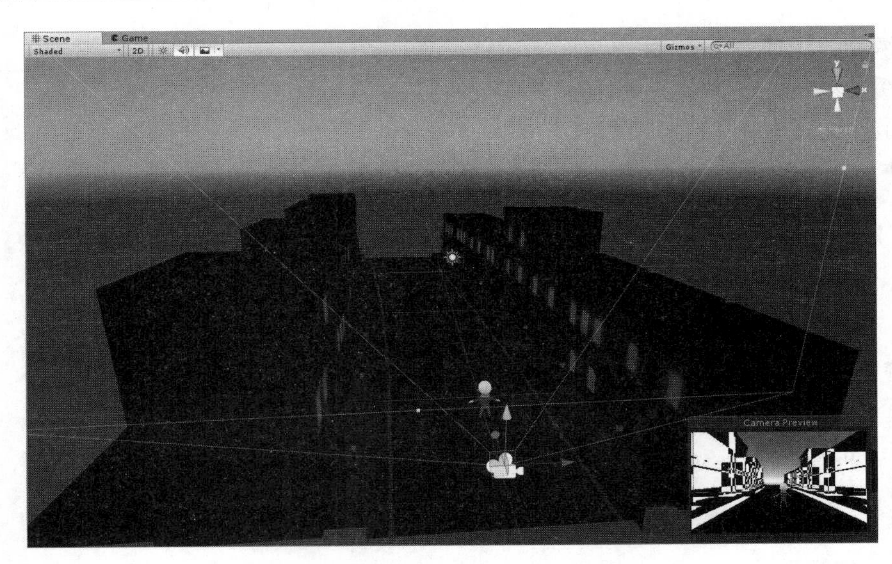

项目 3(4)　初始在 Scene 视图中添加资源

❍ 第 2 步

单击主摄像机，在 Inspector（属性）窗口中，设置与修改如下参数。

A:　天空盒子背景色（Background）改为纯黑色。

B:　去掉勾选的 Allow HDR 选项。

C:　主摄像机的 Clipping Planes 由默认的 1000 改为 60 即可，这个参数表示摄像机的“可视远度”。

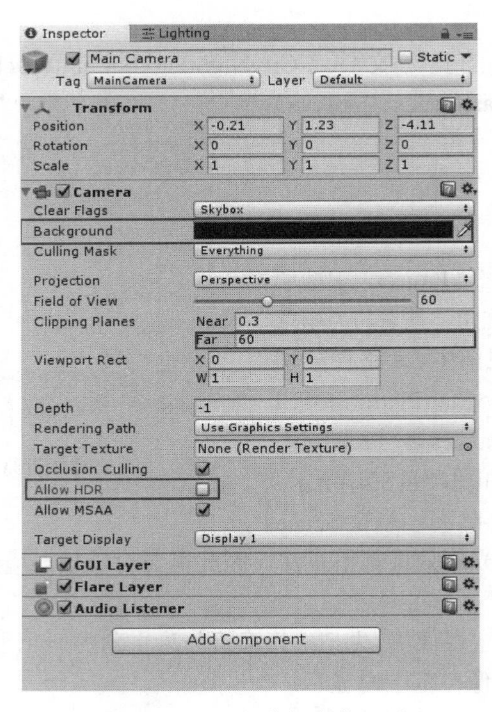

项目 3(5)　主摄像机参数设置

❍ 第 3 步

在 Lighting 窗口去掉天空盒子，把环境色“Ambient Color”改为浅黄色，具体参数如下。

Brightness: 0.536、 R:0.531、G:0.536、B:0.439。

设置完毕后，我们可以在 Game 窗口中看到比较正常的光影效果，如图[项目 3(6)]所示。

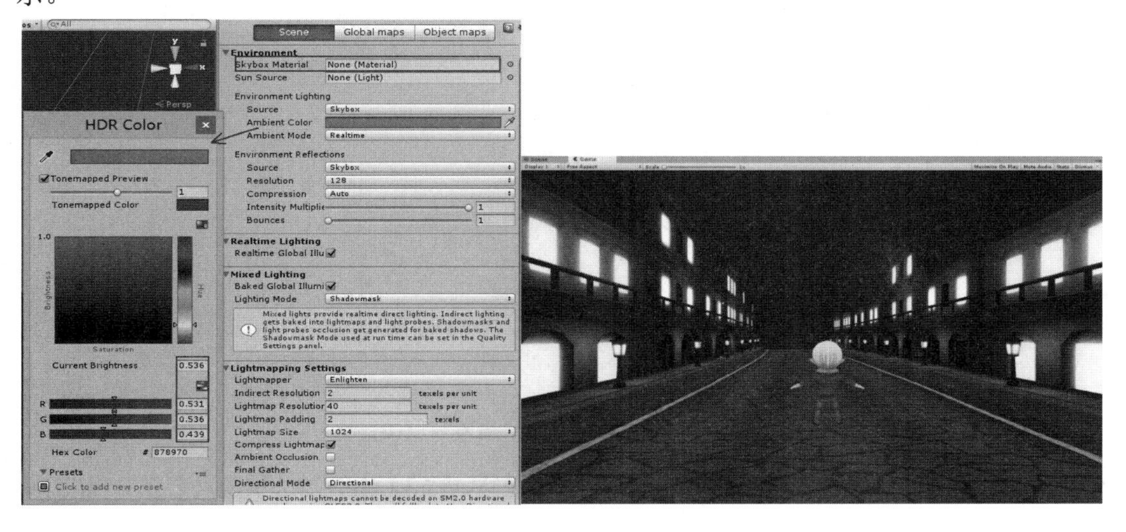

项目 3(6)　Lighting 窗口参数设置

3. 主角

接下来我们开发主角的动作系统。本阶段主要开发目标是使得主角可以不断地向前奔跑，且加入各种输入控制与对应动画效果。为了提高脚本的独立性，降低耦合性，笔者开发两个核心脚本配合完成本阶段任务。

3.1　主角的动作控制

主角的动作控制，笔者建立 PlayerCtrl.cs 的脚本，使用“角色控制器”(CharacterController)进行处理移动、跳跃等动作如图[项目 3(7)]所示。为进一步功能分层，笔者把主角控制分为三大部分，分别进行编码处理。

```
213            /* 综合移动处理 */
214            _VecMoving.z = 0;
215            _VecMoving += this.transform.TransformDirection(Vector3.forward * Global.PlayerCurRunSpeed);
216            //重力模拟
217            _VecMoving.y -= Global.Gravity * Time.deltaTime;
218            //角色控制器移动
219            _CC.Move(_VecMoving * Time.deltaTime);
220        }
```

项目 3(7)　PlayerCtrl.cs 脚本片段(A)

❍ 第 1 步

键盘输入检测功能实现。

❍ 第 2 步

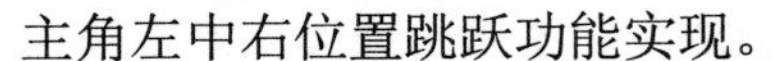

主角左中右位置跳跃功能实现。

❍ 第 3 步

主角前进移动、跳跃与俯身动作的功能实现。

以上 3 步分别对应 3 个方法，在 Update()方法中统一调用，详细如图[项目 3(8)]所示。

```
54        void Update(){
55            if (Global.CurrentGameState==GameState.Playing){
56                //键盘输入检测
57                InputInfoByKeyboard();
58                //判断英雄(左中右)位置,播放动画
59                JudgeHeroPosition();
60                //无敌状态速度加倍
61                if (Global.HeroMagState == HeroMagicState.Invincible) {
62                    Global.PlayerCurRunSpeed = Global.PlayerInitRunSpeed*2;
63                }
64                else{
65                    Global.PlayerCurRunSpeed = Global.PlayerInitRunSpeed;
66                }
67
68                //英雄前进移动处理，包含（跳跃、翻滚等动作处理）
69                MoveForwardProcess();
70            }
71        }
```

项目 3(8)　PlayerCtrl.cs 脚本片段(B)

关于主角的左右摆动跳跃，其是通过三维向量 Vector3.Lerp()方法实现功能的，如图[项目 3(9)]中的 131～133 行。

```
118                //英雄中间位置-->右边位置
119                else if (_CurDirectionInput == DirectionInput.Right){
120                    if (_CC.isGrounded) {
121                        //停止当前动画播放
122                        this.GetComponent<Animation>().Stop();
123                        //播放“右移”动画
124                        _playerAnimeMgr.DelAnimationPlayState = _playerAnimeMgr.TurnRight;
125                    }
126                    _CurrentHeroPos = CurrentPosition.Right;
127                    //播放移动音频
128                    //todo....
129                }
130                //插值位移处理
131                transform.position = Vector3.Lerp(transform.position,
132                    new Vector3(Global.HeroZeroPos.x, transform.position.y, transform.position.z),
133                    Global.HeroLerpMultipe * Time.deltaTime);
```

项目 3(9)　PlayerCtrl.cs 脚本片段(C)

❖ **温馨提示**

由于 PlayerCtrl.cs 脚本源代码超过 200 行，为了节约篇幅，只给出了必要片段代码截图。如果读者需要完整源代码，请查阅本书所附带电子教学资料相关内容，后面其他脚本源代码截图同理。

3.2　主角的动画管理

对于主角的动画，笔者通过开发专门的动画管理器（PlayerAnimationMgr.cs）脚本统一管理。这样做的好处是，尽量让每一个脚本只从事单一功能的实现，从而提高源代码的清晰性与可复用性，即“单一职责原则”。

```
24 -namespace CityNightParkour{
25 -    public class PlayerAnimationMgr : MonoBehaviour{
26           //委托实例_动画播放状态
27           public AnimationPlayStateHandle DelAnimationPlayState;
28           //动画剪辑结构体(跑动，左转，右转，跳跃，俯身翻滚，结束)
29           public AnimationClipSet Runing, TurnLeftClip, TurnRightClip, Jumping,Rolling, DeadClip;
30           //英雄动画
31           private Animation _HeroAnimation;
32
33
34 -         void Start(){
35               _HeroAnimation = this.GetComponent<Animation>();
36               DelAnimationPlayState = Run;
37           }
38
39           //委托循环调用
40 -         void Update(){
41               if (DelAnimationPlayState!=null){
42                   DelAnimationPlayState.Invoke();
43               }
44           }
```

项目 3(10)　PlayAnimationMgr.cs 脚本片段(A)

在图[项目 3(10)]中，笔者定义了委托实例“DelAnimationPlayState”在事件函数 Update()中被不断进行检测与调用，这样做的目的是提高脚本的封装性。在图[项目 3(9)]中的第 124 行，其就是 PlayerCtrl.cs 脚本通过 PlayerAnimationMgr.cs 脚本的引用实例“_PlayerAnimMgr”来对方法进行调用。

在图[项目 3(10)]中所定义的委托与结构体类型，其内容定义都统一放在名为 Global.cs 的文件中，详细如图[项目 3(11)]所示。

```
24 -namespace CityNightParkour{
25 +    枚举定义
81
82 -    #region 委托定义
83 -    /// <summary>
84       /// 动画播放状态
85       /// </summary>
86       public delegate void AnimationPlayStateHandle();
87       #endregion
88
89 -    #region 结构体类型定义
90 -    /// <summary>
91       /// 动画剪辑组
92       /// </summary>
93       [System.Serializable]
94 -    public struct AnimationClipSet
95       {
96           //动画剪辑
97           public AnimationClip AnimaClip;
98           //动画剪辑播放速度
99           public float ClipPlaySpeed;
100      }
101      #endregion
```

项目 3(11)　Global.cs 脚本片段(A)

Global.cs 文件中定义了游戏项目中所有的“枚举”、“委托”、“结构体”、“常量”、“静态字段”等，这样做的好处是进一步提高项目的可读性，使得项目后期维护更加容易。如图[项目 3(12)]所示，列举出了项目中定义的部分静态字段。

```
103    public class Global
104    {
105        //当前游戏状态
106        public static GameState CurrentGameState=GameState.None;
107        //主角魔法状态
108        public static HeroMagicState HeroMagState = HeroMagicState.None;
109        //主角时候俯身翻滚
110        public static bool IsRolling = false;
111
112        /* 主角数值 */
113        //主角Tag 名称
114        public static string HeroTagName = "Player";
115        //主角初始跑动速度
116        public static float PlayerInitRunSpeed = 10;
117        //主角当前跑动速度
118        public static float PlayerCurRunSpeed = 0F;
119        //主角当前已经跑完里程
120        public static float RuningMileDistance = 0;
121        //主角当前分数
122        public static int CurrentScoreNum = 0;
123        //主角(历史)最高分数
124        public static int HightestScoreNum = 0;
125        //主角重力模拟
126        public static float Gravity = 15F;
```

项目 3(12)　Global.cs 脚本片段(B)

图[项目 3(12)]中定义的都是静态字段，这些字段可以在游戏项目中"跨场景"使用，即游戏的场景转换后字段内容不会丢失。如果是定义不允许再次修改的字段，那就可以加关键字"const"或者 "readonly"从而约束字段不能再次修改，也就是"常量"了。

综上所述，关于主角（本书有的地方也称为"英雄"）的控制与动画显示，主要是通过 PlayerCtrl 与 PlayerAnimationMgr 的配合完成的，前者主要负责得到用户输入信息与"跑动"、"跳跃"、"俯身翻滚"、"左右跳跃"等动作的位移实现，而后者是这些具体动作信息的动画实现，即播放动画剪辑。

4. 道具开发

一款优秀的游戏项目，总是缺少不了大量道具系统的灵活运用。在本项目中，笔者开发两类道具系统："普通道具"和"魔法道具"，具体道具外观模型如图[项目 3(13)]所示。

项目 3(13)　游戏项目中各种道具展示

图[项目 3(13)]中最后排的典型道具有“小汽车”、“墓碑”、“栅栏”、“金币”等，这些道具都需要主角“跳跃”或者“俯身翻滚”动作予以通过，否则就 GameOver。中间 3 个是“金币翻倍”、“无敌魔法”、“吸引魔法”道具，主角通过时就会短暂获取超能力。最前排展示的是一种粒子特效，这种特效是主角获取“魔法道具”的同时，会在主角身体上释放本粒子特效，目的就是通知玩家。粒子特效也同时起到了增强画面感和提高可玩性的目的，下面笔者就这两类道具分别进行详述。

4.1　普通道具

一般商业中的大型游戏项目，都会涉及大量道具的使用与开发。如果一种特定道具就编写与之对应的一个脚本，则大型游戏成百上千的道具，就需要海量脚本的开发。这显然是一种不可取的做法，且大量脚本中一定存在大量重复的功能实现。

所以笔者本着“单一职责”、“开放-封闭”等设计原则，把所有道具脚本的功能抽离出来。只针对特定功能效果，而不是具体道具本身来开发脚本。以“小汽车”道具为例，笔者使用了 4 个脚本，通过组合的方式实现其道具功能，如图[项目 3(14)]所示。

❖ 温馨提示

关于本书籍中提到的“开放-封闭原则”、“单一职责原则”、“高内聚、低耦合”等都是设计模式的一些技术概念。需要进一步了解其内涵的读者可以参考专门的设计模式书籍，这里为保持书籍的连贯性，其概念内涵不在进一步研讨范围之内。

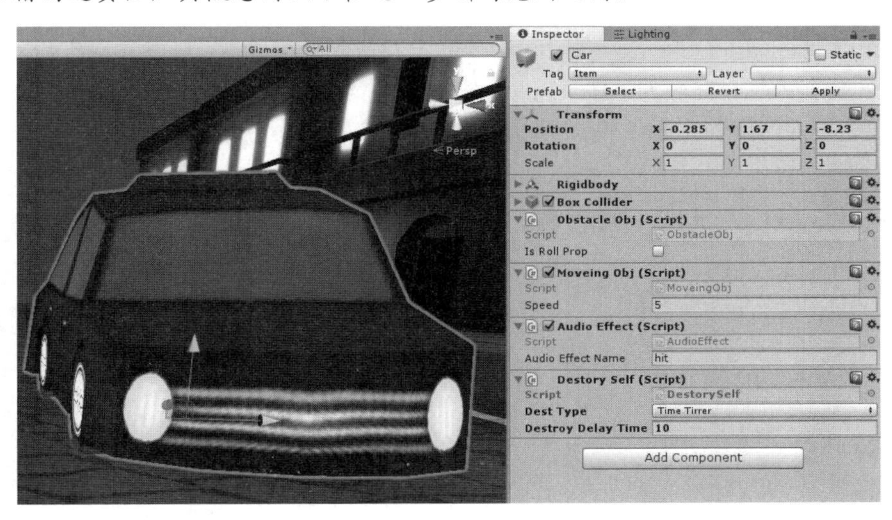

项目 3(14)　“小汽车”道具所属脚本

“小汽车”道具的功能由 4 种脚本组合而成，分述如下。

- 1：ObstacleObj.cs　　　　碰撞体脚本。
- 2：MoveingObj.cs　　　　移动脚本
- 3：AudioEffect.cs　　　　音频音效脚本
- 4：DestorySelf.cs　　　　销毁功能脚本

图[项目 3(15)]是 ObstacleObj.cs 源代码。

```
24  public class ObstacleObj : BasePropItem
25  {
26      //是俯身翻滚道具吗
27      public bool IsRollProp = false;
28
29      void Awake(){
30          base.m_PropTriggerHandle = HitObstacle;
31      }
32
33      //遇到障碍物
34      public void HitObstacle(){
35          //处理英雄暂时无敌状态
36          if (Global.HeroMagState==HeroMagicState.Invincible){
37              base.EnableDestory(this.gameObject);
38              return;
39          }
40
41          //是俯身翻滚道具
42          if (IsRollProp){
43              if (Global.IsRolling){
44                  return;
45              }
46          }
47          Global.CurrentGameState = GameState.End;
```

项目 3(15)　ObstacleObj 脚本源代码

功能逻辑描述：对于障碍物脚本来说，首先需要检测主角是否经过本道具，然后判断主角当时是否有“无敌魔法”。如果有，则销毁自身；没有，则进行下一个判断。考虑“栅栏”等需要主角“俯身翻滚”才能通过的道具，则需要判断当前道具是否为“IsRollProp”类型。如果是则需要主角经过时必须按下“S”键俯身翻滚通过，否则游戏就会 GameOver 结束。

在阅读以上 ObstacleObj 源代码中，读者一定发现其障碍物的“触发检测”、“销毁功能”等方法实现都定义在一个名为“BasePropItem”的父类脚本中。这主要是考虑减少大量道具脚本中重复冗余的代码所设计，父类脚本源码如图[项目 3(16)]所示。

```
29  public class BasePropItem:MonoBehaviour{
30      //委托： 道具触发检测
31      protected Action m_PropTriggerHandle;
32
33      /// <summary>
34      /// 道具（接触英雄）触发检测
35      /// </summary>
36      /// <param name="col"></param>
37      protected void OnTriggerEnter(Collider col){
38          if (col.tag.Equals(Global.HeroTagName)){
39              if (m_PropTriggerHandle != null)
40                  m_PropTriggerHandle.Invoke();
41          }
42      }
43
44      /// <summary>
45      /// 销毁自身
46      /// </summary>
47      /// <param name="destoryTarget">销毁目标对象</param>
48      /// <param name="destoryDelay">销毁延迟时间</param>
49      protected void EnableDestory(GameObject destoryTarget,int destoryDelay=0){
50          if (destoryTarget!=null)
51              Destroy(destoryTarget,destoryDelay);
52      }
```

项目 3(16)　BasePropItem 脚本片段

在以上代码中，笔者通过定义系统委托 Action，把触发检测定义与触发检测的方法实现

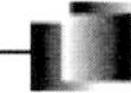

（即触发检测后续的功能）相分离。这种开发思想有助于提高脚本或者类的“内聚性”。

关于 MoveingObj.cs 脚本的源代码如图[项目 3[17]所示。

```
26     [RequireComponent(typeof(Rigidbody))]
27     public class MoveingObj:BasePropItem{
28         //速度
29         public float speed = 5F;
30 
31         private void Awake(){
32             base.m_PropTriggerHandle = StopPropMoving;
33         }
34 
35         void Start(){
36             GetComponent<Rigidbody>().velocity = -transform.forward * speed;
37         }
38 
39         //停止道具运动
40         private void StopPropMoving(){
41             GetComponent<Rigidbody>().isKinematic = true;
42         }
43     }//Class_end
44 }
```

项目 3(17)　MoveingObj 脚本源代码

上述脚本代码中，其 40 行代码也是通过父类的触发检测，如果发现主角已经接触“小汽车”道具，则就会给 Rigidbody 组件施加 isKinematic=true 的效果，即保持道具原地不动。

更多普通道具的脚本实现原理类似，不再赘述。感兴趣的读者可以参考本书所附电子资料中相关项目的源代码，做进一步学习掌握。

4.2　魔法道具

魔法道具比上面讲解的普通道具的功能实现要复杂一些，主要是因为它要包含两方面的功能实现。第一：道具外观与特效功能的实现；第二：主角获取魔法道具后，其在场景中表现出来的不同效果。例如，无敌、磁铁吸引（金币）、金币翻倍等。

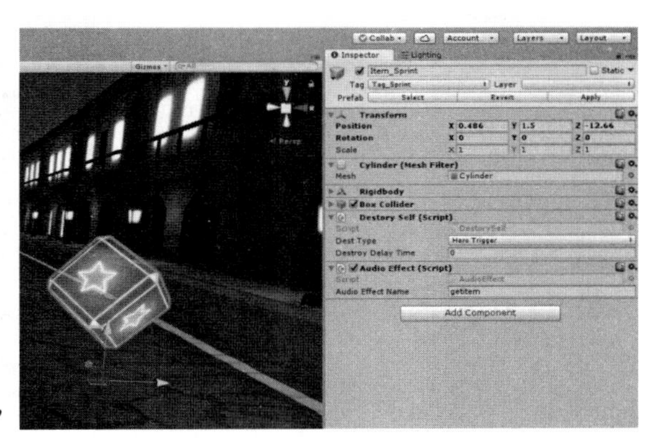

项目三(18)　无敌魔法道具附属脚本

如图[项目 3(18)]所示，“无敌魔法”道具所附属的是 DestorySelf.cs 与 AudioEffect.cs 两个脚本。前者功能是检测主角经过后销毁自身，表示主角已经“吃”到了这个道具。后者是开发的一个音频播放脚本，只要主角获取本道具，则播放指定的音频剪辑。这两个脚本的源代码如图[项目 3(19)]所示。

DestorySelf.cs 脚本的主要功能是道具接触主角后就立即销毁。当然，图[项目 3(19)]中源码 40 行采用了“对象缓冲池”的技术，对脚本中的大量道具进行了优化处理。关于“对象缓冲池”技术的细节，笔者在第 27 章“预加载与对象缓冲池技术”将会详细讲解，这里不再赘述。

```
25 namespace CityNightParkour
26 {
27     public class DestorySelf: BasePropItem
28     {
29         //是否为英雄碰触触发
30         public bool IsHeroTrigger = true;
31 
32         void Awake(){
33             if (IsHeroTrigger)
34                 base.m_PropTriggerHandle = StartDestorySelf;
35         }
36 
37         //得到奖励
38         public void StartDestorySelf(){
39             //对象缓冲池方式
40             PoolManager.PoolsArray["PropItemPools"].RecoverGameObjectToPools(this.gameObject);
41         }
42 
43     }//Class_end
44 }
```

项目 3(19)　DestorySelf 脚本源码

AudioEffect.cs 脚本是针对音频的一种再次封装。通过图[项目 3(20)]中的源代码不难看出，本脚本是在 AudioManger.cs 音频管理器的基础之上，又再次做进一步封装。其功能就是当主角接触脚本所挂载的道具时，播放指定的音频剪辑。这样做的目的是采用插件化思想的“软编码”方式减少道具脚本内部编写音频播放的“硬编码”，降低各脚本之间的耦合性，方便游戏项目需求的不断扩充与升级。

❖ **温馨提示**

AudioManager.cs 音频管理器的基本开发原理，在本书第 24 章“软件重构思想”中将会重点讲解，这里不再赘述。

```
25     public class AudioEffect:BasePropItem
26     {
27         //音频名称
28         public string AudioEffectName = null;
29 
30         private void Awake(){
31             base.m_PropTriggerHandle = PlayAudioEffect;
32         }
33 
34         private void Start(){
35             //设置音效音量
36             AudioManager.SetAudioEffectVolumns(1F);
37         }
38 
39         /// <summary>
40         /// 播放道具音效
41         /// </summary>
42         private void PlayAudioEffect() {
43             if (!string.IsNullOrEmpty(AudioEffectName))
44                 AudioManager.PlayAudioEffectB(AudioEffectName);
45             else
46                 Debug.LogError(GetType() + "/PlayAudioEffect()/道具音效文件不存在，请检查！");
47         }
48     }//Class_end
```

项目 3(20)　AudioEffect 脚本源码

截至目前，我们已经讲解了关于“魔法道具”在外观功能的部分实现原理，现在笔者再来论述“魔法道具”在场景中表现出的不同特效与粒子效果。

如图[项目 3(21)]所示，主角所挂载的脚本中还有一个名为 HeroParticleEffect.cs 的脚本。

这个脚本主要负责“魔法道具”显示粒子特效与各种场景技能（主角的超能力）的部分，源代码片段截图如图[项目 3(22)]所示。

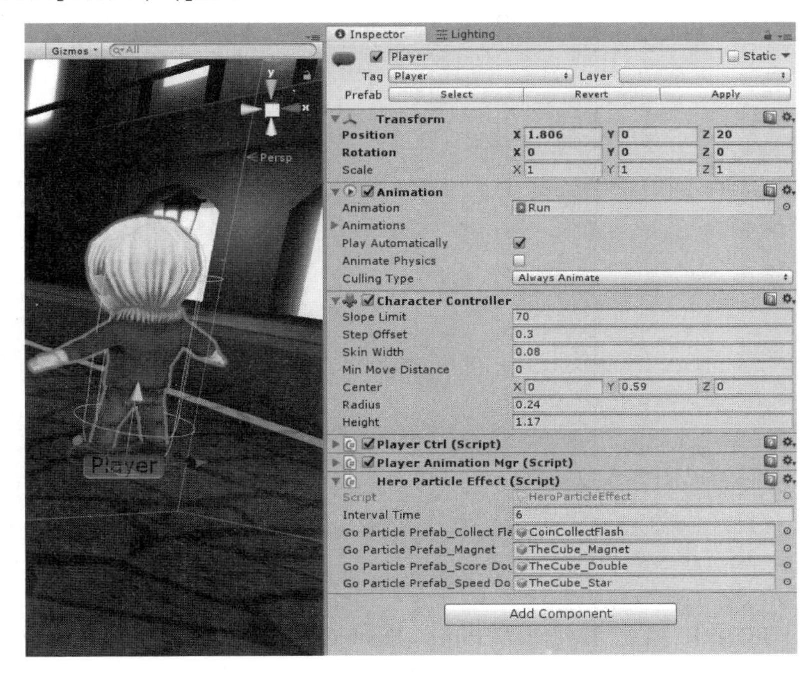

项目 3(21)　主角所挂载脚本截图

```
27   public class HeroParticleEffect : BasePropItem{
28       //魔法生效时间段数值
29       public int IntervalTime = 3;
30
31       //粒子特效预设体
32       public GameObject GoParticlePrefab_CollectFlash=null;
33       public GameObject GoParticlePrefab_Magnet = null;
34       public GameObject GoParticlePrefab_ScoreDouble = null;
35       public GameObject GoParticlePrefab_SpeedDouble = null;
36
37       //英雄对魔法道具的触发检测
38       new void OnTriggerEnter(Collider col){
39           //吸引魔法
40           if (col.gameObject.tag.Equals(Global.Tag_Magnet)){
41               StartEffect(GoParticlePrefab_Magnet);
42               ProcessMagnetItem();
43           }
44           //加倍分数魔法
45           else if (col.gameObject.tag.Equals(Global.Tag_Multiply)){
46               StartEffect(GoParticlePrefab_ScoreDouble);
47               ProcessDoubleScore();
48           }
```

项目 3(22)　HeroParticleEffect 源码片段(A)

HeroParticleEffect.cs 第 38 行使用了 new 关键字，这里表示对父类触发检测方法的“显示方法覆盖”。因为我们的道具模型在后期开发时要使用“对象缓冲池”技术进行优化处理，所以不能用名称做判断，全部使用 Tag 标签做比较判断处理。

第 41 行源码的 StartEffect() 方法，是通过调用父类的“EnableParticleEffect()”方法，最终释放粒子特效（例如，无敌、金币范围等粒子特效），如图[项目 3(23)]中的 62 和 63 行代

码所示。在 OnTriggerEnter() 触发检测方法中，除了释放粒子特效外，还针对不同的魔法道具类型做相应处理。

```
62        private void StartEffect(GameObject particlePrefabType){
63            base.EnableParticleEffect(particlePrefabType, this.transform.position, this.transform);
64        }
65
66        //加倍分数魔法
67        private void ProcessDoubleScore() {
68            Global.HeroMagState=HeroMagicState.ScoreDouble;
69            StopCoroutine("ReturnInitStateByInterval");
70            StartCoroutine("ReturnInitStateByInterval");
71        }
72
73        //处理无敌魔法
74        private void ProcessInvincible(){
75            Global.HeroMagState = HeroMagicState.Invincible;
76            StopCoroutine("ReturnInitStateByInterval");
77            StartCoroutine("ReturnInitStateByInterval");
78        }
79
80        //处理磁铁吸引魔法道具
81        private void ProcessMagnetItem()
82        {
83            Global.HeroMagState = HeroMagicState.Magnet;
84            StopCoroutine("ReturnInitStateByInterval");
85            StartCoroutine("ReturnInitStateByInterval");
```

项目 3(23) HeroParticleEffect 源码片段(B)

图[项目 3(23)]中，第 67 行代码的“ProcessDoubleScore()”方法就是通过 Global 类的 HeroMagState 静态枚举类型进行控制传值，然后指定几秒之后，再回复空状态（None 状态)。这段代码的理解需要配合 AwardObj.cs 脚本来理解，如图[项目 3(24)]所示。

```
25    public class AwardObj:BasePropItem{
26        //奖励（金币）数值
27        public int ScoreNum = 1;
28
29        void Awake(){
30            base.m_PropTriggerHandle = GetAward;
31        }
32
33        //得到奖励
34        public void GetAward(){
35            if (Global.HeroMagState == HeroMagicState.ScoreDouble)
36                Global.CurrentScoreNum += ScoreNum * 2;
37            else
38                Global.CurrentScoreNum += ScoreNum;
39        }
40    }//Class_end
41 }
```

项目 3(24) AwardObj 源代码

从上面两幅截图可以看出，HeroParticleEffect.cs 脚本是通过 Global.HeroMagState 协调其他脚本的，最终实现其魔法效果。Global.HeroMagState 的定义如图[项目 3(25)]所示。

```
65        /// <summary>
66        /// 主角魔法状态
67        /// </summary>
68        public enum HeroMagicState
69        {
70            //无
71            None,
72            //分数加倍特效
73            ScoreDouble,
74            //速度加倍冲刺无敌特效
75            Invincible,
76            //引力魔法特效
77            Magnet
78        }
79
80        #endregion
81
82        委托定义
88
89        结构体类型定义
102
103       public class Global
104       {
```

项目 3(25)　Global 文件中“主角魔法状态”枚举定义

5. 场景与道具的动态生成算法

在前面的两个“记忆纸牌”与“Flappy Bird”小游戏项目中，游戏所用的各种道具都是在游戏运行之前都已经确定的，游戏运行期间只是一些道具行为的改变（道具的位移、旋转、替换等），这种游戏道具的加载模式我们可以定义为：游戏对象（道具模型）“静态加载模式”。

游戏对象的“静态加载模式”唯一的好处就是简单，容易理解，但是对于中大型项目却不太适用。中大型项目的一个场景就需要加载很多资源（游戏对象），这对于手游是一个很大的瓶颈。所以，一个场景中如何进行动态加载资源是一个非常必要的技术，也就是说在游戏进行的过程中，根据游戏剧情的需要逐步加载资源（也包含卸载资源），这就是“动态资源加载”模式。

在本游戏中，笔者需要一个无限长度的场景跑道，以及无限道具的生成算法。如图[项目 3(26)和图[项目 3(27)]所示，我们可以看到本游戏在运行前与开始运行后的两张截图。

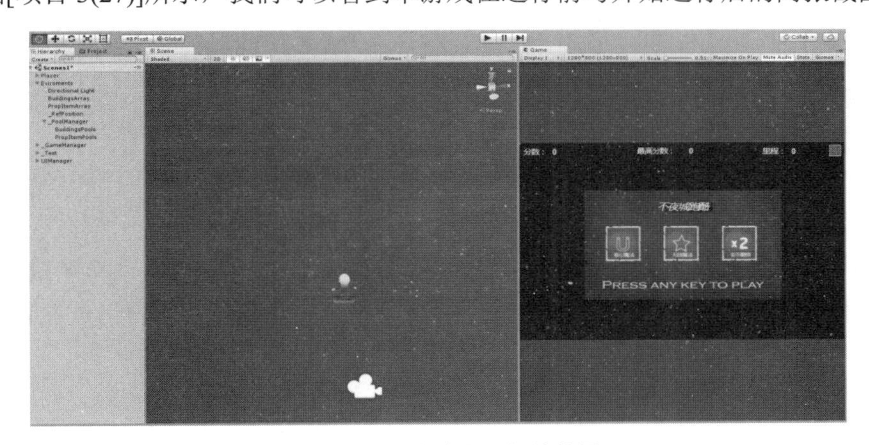

项目 3(26)　本游戏运行前截图

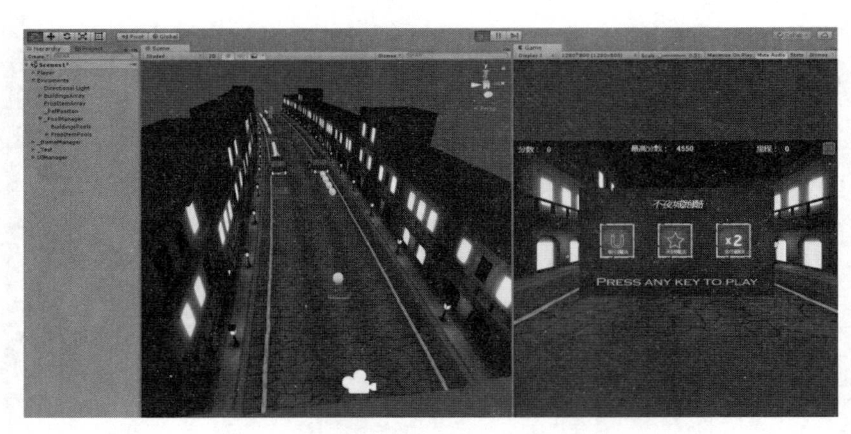

项目 3(27)　本游戏单击运行后截图

通过上面两幅游戏截图我们不难发现，本项目除主角与 UI 外，几乎所有的资源都是动态加载出来的，且会随着游戏进度的推进不断产生与销毁各种道具对象。这其实就是一种动态资源加载的算法，而且还加入了“对象缓冲池”技术，这样就进一步降低了对系统（注：这里指手机或者 PC 等游戏平台）性能的消耗。关于缓冲池技术，笔者在本项目的第 7 部分进行进一步详细描述。

现在我们分析一下“动态资源加载”的算法脚本。

图[项目 3(28)]中，第 61 行与第 62 行代码分别表示加载道具与场景建筑道具，60 行代码使用 Global.IsCreateBuilding 的布尔值变量控制产生道具的频率。

```
28    public class ScenesCreateMgr : BasePropItem
29    {
30        字段定义
50        void Start()...
59        void Update(){
60            if (Global.IsCreateBuildings==true){
61                CreateProps();
62                CreateBuildings();
63                Global.IsCreateBuildings = false;
64            }
65        }
66
67        //生成场景建筑物道具预设
68        private void CreateBuildings()...
89
90        /// <summary>
91        /// 生成道具预设
92        /// 核心算法:
93        ///        A:  一个“建筑物群”，长度32米。一次生成2个，所以就一次生成64米的“场景道路”。
94        ///        B:  一般以6米作为一个生成道具的基础单位。 所以每一次生成道具，都循环10次。64/6=10（次）
95        ///        C:  每个跑道，对于金币、道具(障碍物/魔法道具)都各占1/3的生成概率。
96        /// </summary>
97        private void CreateProps()...
```

项目 3(28)　ScenesCreateMgr 源码片段(A)

图[项目 3(29)]展现了项目运行后加载的建筑群道具。其中，Scene 视图中绿色的线框就是一个控制触发器，在主角到达时会计算产生下一批建筑物道具，使得场景道具无限延伸。

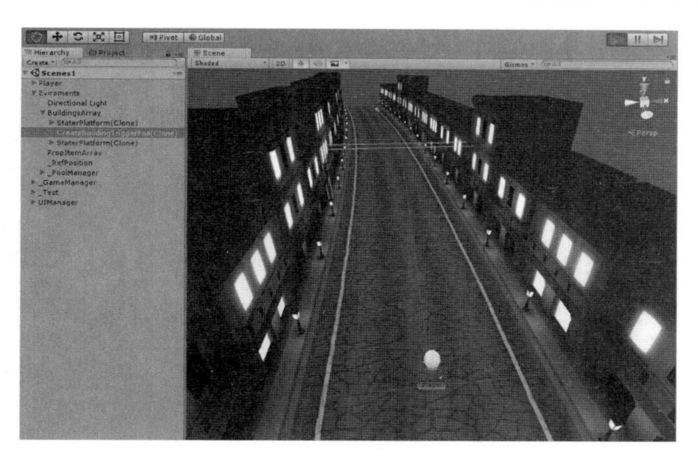

项目 3(29)　动态加载的 Scene 视图视角

图[项目 3(30)]就是绿色触发器上加载的控制脚本源码，比较好理解，所以不再赘述。

```
24  public class CreateBuildTriggerPos : BasePropItem
25  {
26      void Awake() {
27          base.m_PropTriggerHandle= CreateBuilding;
28      }
29
30      /// <summary>
31      /// 允许创建各种建筑等道具
32      /// </summary>
33      public void CreateBuilding(){
34          Global.IsCreateBuildings = true;
35      }
36
37  }//Class_end
```

项目 3(30)　CreateBuildTriggerPos 控制场景道具加载频率

关于建筑物详细的生成算法如图[项目 3(31)]中的 68～87 行代码。这里值得读者注意的是，图[项目 3(31)]中的 70 行中的代码循环次数为什么定义为“2”？ 原因是一个“建筑物群”道具大约为 32 米（建筑物道具预设的 *Z* 轴长度），为了让玩家看不到生成的道具尽头，所以一次动态生成 2 个合计 64 米的建筑物道具。再结合前面图[项目 3(5)]中定义主摄像机远裁剪面 Clipping Plane 的 Far 参数定义的是 60，所以从理论上讲玩家是无论如何都看不到建筑物场景的尽头的。

```
67      //生成场景建筑物道具预设
68      private void CreateBuildings(){
69          //产生两批建筑物道具
70          for (int i = 1; i <= 2; i++) {
71              GameObject goBuildingClone=Instantiate(BuildingPrefab,
72                  new Vector3(0, 0, Global.ZposByCurrentBuilds + Global.ZLengthByBuildPrefab*i),
73                  Quaternion.identity);
74              //确定父子节点
75              if (ParentNodeByBuildPrefab!=null){
76                  goBuildingClone.transform.parent = ParentNodeByBuildPrefab;
77              }
78              //在第一批生成的建筑物间，增加一个“控制触发器”，控制建筑物生成频率。
79              if (i == 1){
80                  GameObject goBuildTriggerPosClone = Instantiate(BuildingCreatePrefab,
81                          new Vector3(0, 0, Global.ZposByCurrentBuilds + Global.ZLengthByBuildPrefab * i),
82                          Quaternion.identity);
83                  goBuildTriggerPosClone.transform.parent = ParentNodeByBuildPrefab;
84              }
85          }
86          //更新建筑物当前长度数值
87          Global.ZposByCurrentBuilds += Global.ZLengthByBuildPrefab*2;
88      }
```

项目 3(31)　ScenesCreateMgr 源码片段(B)

再来讲一般小型道具的生成算法，图[项目 3(32)]定义了 CreateProps()方法。其中循环的次数及道具之间的间隔等核心算法思想，在方法注释中已经有详细的描述。此方法的 104～170 行代码是定义左、中、右三跑道的生成算法。

```
90   /// <summary>
91   /// 生成道具预设
92   /// 核心算法：
93   ///      A:  一个“建筑物群” ，长度32米。一次生成2个，所以就一次生成64米的“场景道路”。
94   ///      B:  一般以6米作为一个生成道具的基础单位。 所以每一次生成道具，都循环10次。64/6=10（次）
95   ///      C:  每个跑道，对于金币、道具(障碍物/魔法道具)都各占1/3的生成概率。
96   /// </summary>
97   private void CreateProps(){
98       for (int i = 0; i < 10; i++){
99           //(本循环)道具Z轴长度数值
100          float floZLengthNumber=0F;
101
102          _IsProduceCoin = false;
103          floZLengthNumber=Global.ZposByCurrentBuilds + 30F + i * Global.ZLengthEveryFloor;
104          左边跑道
135
136          中间跑道
169
170          右边跑道
194      }
195  }
```

项目 3(32)　ScenesCreateMgr 源码片段(C)

这里需要注意的是，每一“跑道”都要随机产生道具，但又不能生成叠加道具（两个道具重合在一起）。图[项目 3(33)]中展示了“左边跑道”的源码定义。

还有一个需要注意的问题是，不能在跑道上布满道具，需要有一定“空地”的存在才够“真实”。所以图[项目 3(34)]中定义的 switch 中 122 行代码会故意留空，且 switch 语句使用随机数，使得道具的产生具有一定随机特性。

```
104  #region 左边跑道
105  switch (base.GetRandomNum(0, 3))
106  {
107      case 0:
108          if (!_IsProduceCoin)
109          {
110              //生成金币道具
111              ProduceCoins(base.GetRandomNum(2, 4), new Vector3(Global.LeftTrackX, _PropRefPostion.position.y,
112              _IsProduceCoin = true;
113          }
114          break;
115      case 1:
116          //生成障碍物道具
117          ProduceObstaclesProp(new Vector3(Global.LeftTrackX, _PropRefPostion.position.y, floZLengthNumber));
118          //生成魔法道具
119          ProduceMagicProp(new Vector3(Global.LeftTrackX, _PropRefPostion.position.y, floZLengthNumber));
120          break;
121      case 2:
122          break; //这里就是什么也不生成，空场地。
123      case 3:
124          if (!_IsProduceCoin)
125          {
126              //生成金币道具
127              ProduceCoins(base.GetRandomNum(3, 4), new Vector3(Global.LeftTrackX, _PropRefPostion.position.y,
```

项目 3(33)　ScenesCreateMgr 源码片段(D)

6. UI 界面与游戏周期管理

每一款成熟的手游都必须有 UI 界面的支持，常有“开始”、“暂停”、“结束”等 UI 基本功能。本游戏项目的 UI 采用官方内置 UGUI 技术开发。因为 UI 界面与游戏的周期管理（游戏的准备、开始、暂停、结束等）密不可分，所以笔者定义了 UIMgr.cs 与 GameMgr.cs 两个脚本，前者主要负责 UI 的展现，后者主要负责游戏周期管理及 UI 逻辑的处理。

6.1 UI 界面

图[项目 3(34)]、[项目 3(36)]和[项目 3(37)]展示了“游戏准备”、“结束”、“暂停”的 UI 面板，其 UIMgr.cs 的内部源码逻辑相对简单，都是围绕控件内容展示，以及 UI 面板显示与隐藏等功能实现。图[项目 3(37)]和图[项目 3(38)]展示了 UIMgr.cs 脚本的总体源码逻辑。

项目 3(34)　游戏准备阶段

项目 3(35)　游戏结束阶段

项目 3(36)　游戏暂停阶段

```
27 -    public class UIMgr : MonoBehaviour{
28 +        字段定义
49
50 -        void Start() {
51              //循环调用委托
52              InvokeRepeating("RunCurrentHeroInfo", 1F, 0.5F);
53          }
54
55          /// 显示当前英雄信息
56 -        public void RunCurrentHeroInfo()
57          {
58              TxtCurrentScoreNum.text = Global.CurrentScoreNum.ToString();
59              TxtHightestScoreNum.text = Global.HightestScoreNum.ToString();
60              TxtMileNum.text = Mathf.RoundToInt(Global.RuningMileDistance).ToString();
61          }
62
63          //显示倒计时数字
64 +        public void ShowCountdownNumber(int countdownNum=2)...
75
76          //隐藏倒计时数字
77 +        public void HideCountdownNumber()...
81
82          //显示"游戏准备"面板
83 +        public void ShowUiGamePreparePanel()...
```

项目 3(37) UIMgr.cs 源码片段(A)

UIMgr.cs 中基本都是控件赋值（例如，图[项目 3(37)]中的 58～60 行代码）与控制 UI 面板是否显示的逻辑。例如，控制游戏“准备面板”显示的 ShowUiGamePreparePanel() 与 HideUiGamePreparePanel()方法。

```
82          //显示"游戏准备"面板
83 -        public void ShowUiGamePreparePanel()
84          {
85              if (UiGamePrepareTip != null && !UiGamePrepareTip.activeSelf)
86              {
87                  UiGamePrepareTip.SetActive(true);
88              }
89          }
90
91          //隐藏"游戏准备"面板
92 -        public void HideUiGamePreparePanel()
93          {
94              if (UiGamePrepareTip != null && UiGamePrepareTip.activeSelf)
95              {
96                  UiGamePrepareTip.SetActive(false);
97              }
98          }
```

项目 3(38) UIMgr.cs 源码片段(B)

6.2 游戏周期管理

“游戏周期管理”就是专门针对游戏的“准备”、“开始”、“暂停”、“结束”等状态进行管理的概念。本项目中笔者定义 GameMgr.cs 脚本来做统一管理。图[项目 3(39)]中的 CheckGameProjectState() 方法给出了游戏各个状态的检测，这个方法在 Start()方法中使用“InvokeRepeating("CheckGameProjectState", 1F, 0.2F); ”语句进行循环调用。

GameMgr 脚本使用了 UIMgr 与 PlayerAnimationMgr 的引用来配合控制 UI 界面与部分动画效果的展现。

```
27      public class GameMgr : MonoBehaviour{
28          public AudioClip AudioBG=null;
29          public UIMgr UIMgrObj = null;                                //引用类_界面UI管理器
30          private PlayerAnimationMgr _playerAnimeMgr = null;           //引用类_英雄动画管理器
31          private int _IntCountdownNumber = 3;                         //倒计时数字
32
33          void Start()...
53
54          //检测玩家鼠标按下
55          private void Update()...
74
75          //循环检查当前游戏状态
76          private void CheckGameProjectState(){
77              switch (Global.CurrentGameState){
78                  case GameState.Prepare:
79                      break;
80                  case GameState.Playing:
81                      PlayingGame();
82                      break;
83                  case GameState.Pause:
84                      //空
85                      break;
86                  case GameState.End:
87                      EndGame();
```

项目 3(39)　GameMgr.cs 脚本片段(A)

例如，在图[项目 3(40)]中，第 154 与 162 行分别是在游戏结束的状态下，处理播放主角结束动画与显示游戏结束 UI 面板的业务逻辑。

在“游戏进行中”状态（142 行 PlayingGame() 方法）下，第 144 行代码计算当前游戏主角已经跑动了多少距离，然后这个数值就会在 UIMgr 脚本中赋值给控件显示出来，参见图[项目 3(37)]中的第 60 行代码。

```
141         //游戏进行中
142         private void PlayingGame(){
143             //前进距离的统计
144             Global.RuningMileDistance += Global.PlayerCurRunSpeed*Time.deltaTime;
145             //最高分数的判断
146             if (Global.CurrentScoreNum>Global.HightestScoreNum){
147                 Global.HightestScoreNum = Global.CurrentScoreNum;
148             }
149         }
150
151         //游戏结束
152         private void EndGame(){
153             //播放英雄结束动画
154             _playerAnimeMgr.DelAnimationPlayState = _playerAnimeMgr.Dead;
155             //“最高分”数据更新且持久化
156             if (Global.CurrentScoreNum >= Global.HightestScoreNum){
157                 Global.HightestScoreNum = Global.CurrentScoreNum;
158                 print("存储最高分数");
159                 PlayerPrefs.SetInt("HighestSocre", Global.HightestScoreNum);
160             }
161             //显示游戏结束界面
162             UIMgrObj.ShowGameOverPanel();
163         }
```

项目 3(40)　GameMgr.cs 脚本片段(B)

关于游戏准备阶段“倒计时”效果实现原理（参见图[项目 3(34)]），是 GameMgr 脚本的 StartTimeCountdown() 方法被调用。这个方法调用 EnableTimeCountdown() 的协程方法，配合 UIMgr.cs 脚本的 ShowCountdownNumber() 与 HideCountDdownNumber() 方法完成间隔一秒显示一个 UI 精灵的效果（参见图[项目 3(41)]代码）。

```
117         /// <summary>
118         /// 开始倒计时
119         /// </summary>
120         private void StartTimeCountdown(){
121             StopCoroutine("EnableTimeCountdown");
122             StartCoroutine("EnableTimeCountdown");
123         }
124
125         /// <summary>
126         /// 显示倒计时数字
127         /// </summary>
128         /// <returns></returns>
129         private IEnumerator EnableTimeCountdown(){
130             while (_IntCountdownNumber>0)
131             {
132                 _IntCountdownNumber -= 1;
133                 UIMgrObj.ShowCountdownNumber(_IntCountdownNumber);
134                 yield return new WaitForSeconds(1F);
135             }
136             _IntCountdownNumber = 3;
137             UIMgrObj.HideCountdownNumber();
138             Global.CurrentGameState = GameState.Playing;
139         }
```

项目 3(41)　GameMgr.cs 脚本片段(C)

7. 对象缓冲池管理

使用对象缓冲池目的是为了改善游戏项目性能，通过复用大量游戏对象，大幅提高项目的“帧速率”（FPS）以及长时间游戏的稳定性。

关于“对象缓冲池”技术原理，笔者在本书第 27 章中有详细讲解。本节针对缓冲池脚本插件在本项目中的实际应用作针对性介绍。

7.1　对象缓冲池的配置方法

在项目的层级视图中（Hierarchy），定义了 Eviroments 节点，下面有_PoolManager 节点，再下层存在 BuildingsPools 节点与 PropItemPools 节点。当游戏刚开始运行时，我们发现 PropItemPools 节点下出现了大量克隆道具对象，且很多是“发灰”显示，这就是“对象缓冲池”的预加载实现（见图[项目 3(42)]）。

项目 3(42)　运行阶段中的 Hierarchy 与 Scene 视图

关于对象缓冲池配置方法，首先在层级视图中定义一个空节点，命名为"_PoolManager"，然后根据分类，再定义若干子节点。这里笔者仅定义"建筑物道具池"（BuiddingsPools）与"道具池"（PropItemPools）。如果读者自己的项目分类很多，则这里需要建立更多个子节点。

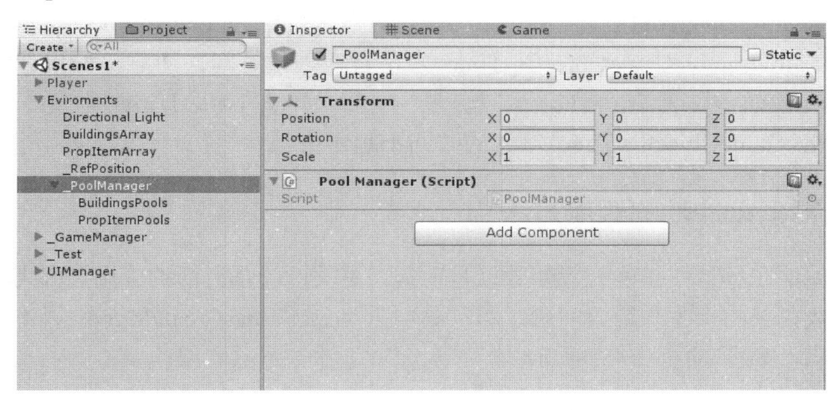

项目 3(43)　PoolManager 配置信息(A)

❖ 温馨提示

层级视图（Hierarchy）中下画线开头的命名是作者个人习惯，表示提醒开发者下画线开头的节点都是手工开发需要特别注意的地方，读者是否采用随个人习惯。

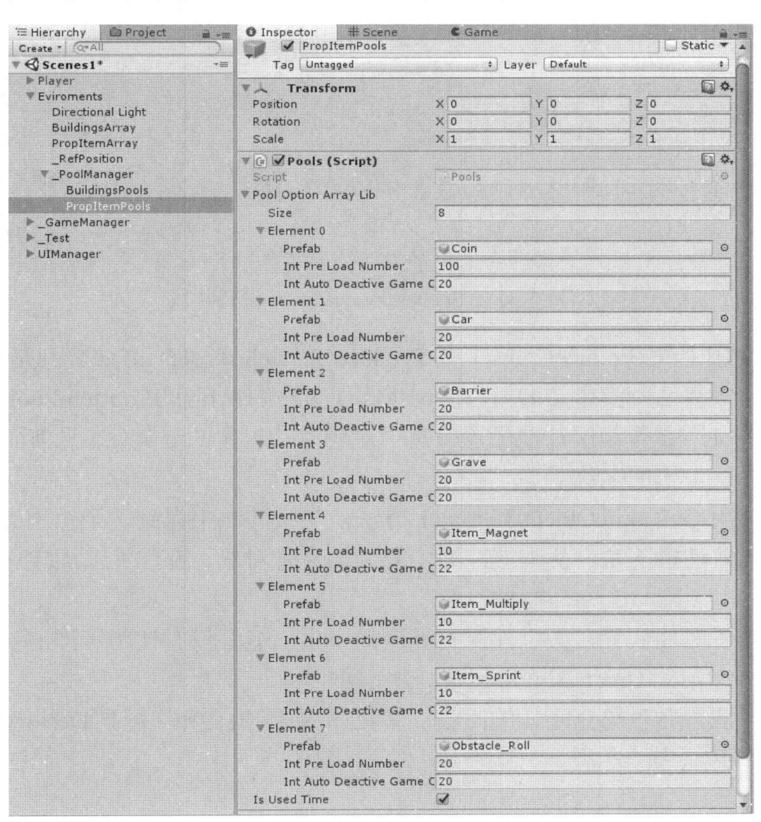

项目 3(44)　PoolManager 配置信息(B)

本着读者更好理解的目的，在 Hierarchy 层级视图的“BuildingsPool”（建筑物池）节点空着不应用缓冲池技术（注：这里的目的是为了做比较）。而“PropItemPools”节点则配置缓冲池信息，本项目有“金币”（coin）、“小汽车”（Car）、“障碍物”（Barrier）等 8 种道具。

Size 表示应用缓冲池的数量、Prefab 是道具预设、IntPreLoadNumber 表示初始化加载的数量、IntAutoDeactiveGameObjectByTime 表示自动失效时间。注意，如果让缓冲池插件使用自动失效时间，一定勾选最下面的“IsUsedTime”选项，否则 IntAutoDeactiveGameObjectByTime 填入的时间不起作用。

7.2 对象缓冲池的调用方法

对象缓冲池在场景中正确配置参数仅是前提，更关键的是灵活的应用。因为对象缓冲池主要控制游戏对象的产生与销毁问题，所以我们重点看 ScenesCreateMgr.cs 脚本中关于产生道具的源代码，如图[项目 3(45)]所示。

```
203    private void ProduceCoins(int produceNum, Vector3 pos){
204        //参数检查
205        if (CoinPrefabs == null || pos == Vector3.zero || produceNum <= 0 || ParentNodeByProp == null)
206            Debug.LogError(GetType() + "/ProduceCoins()/参数有误， 请检查。");
207        for (int i = 0; i < produceNum; i++){
208            //使用缓冲池技术(产生)
209            PoolManager.PoolsArray["PropItemPools"].GetGameObjectByPool(CoinPrefabs,
210                new Vector3(pos.x, pos.y+1.4F, pos.z + i*Global.IntervalOfCoins), Quaternion.identity);
211        }
212    }
213    //生成障碍物道具
214    private void ProduceObstaclesProp(Vector3 pos){
215        //参数检查
216        if (ObstaclesPrefabsArray == null || ParentNodeByProp == null || pos == Vector3.zero){
217            Debug.LogError(GetType() + "/ProduceObstaclesProp()/参数有误， 请检查。");
218            return;
219        }
220        else if (ObstaclesPrefabsArray.Length < 3){
221            Debug.Log(GetType() + "/ProduceObstaclesProp()/障碍物道具数量少， 请检查。");
222            return;
223        }
224        //使用缓冲池技术(产生)
225        PoolManager.PoolsArray["PropItemPools"].GetGameObjectByPool(ObstaclesPrefabsArray[base.GetRandomNum(0, 3)],
226            new Vector3(pos.x, pos.y + 1.4F, pos.z), Quaternion.identity);
```

项目 3(45) ScenesCreateMgr.cs 源码片段

图[项目 3(45)]中的 ProduceCoins() 与 ProduceObstaclesProp() 方法分别是“金币”与“障碍物”道具的生成算法，其中 209 行“PoolManager.PoolArray[“PropItemPools”].…”语句中的“PropItemPools”参数是缓冲池配置信息中对应游戏对象的分类。参见前面图[项目 3(44)]中层级视图中相同节点的名称。

这里笔者调用 GetGameObjectByPool() 方法，从缓冲池中得到一个空闲的游戏预设对象克隆体。这里需要注意的是，从本缓冲池中得到的克隆对象，都作为前面定义的节点的子节点而存在。

为了方便读者对比研究，关于建筑物预设的产生，笔者没有使用缓冲池技术。读者可以参见图[项目 3(31)]中的 CreateBuildings()方法实现。

关于从缓冲池得到对象克隆体的回收，参见图[项目 3(19)]中关于 DestorySelf.cs 脚本中的 StartDestorySelf() 方法实现。

实战项目 4
生化危机

1. 策划

1.1 游戏背景

3D 射击游戏一直以来就是一个热门大类，早些年有火热的“半条命：反恐精英”、“穿越火线”等爆款大作，近些年有“守望先锋”、“现代战争”等神作。这里，我们的教学体系也增加 3D 射击类的教学项目，笔者在这里仿照“半条命”等游戏类型，开发“生化危机”游戏，界面如图[项目 4(1)]所示。

项目 4(1) 生化危机开始界面

1.2 功能与玩法介绍

本项目是书籍 4 款游戏中最“燃”（可玩性很高）的一款 PC 端 3D 射击项目。本游戏作为一款模拟中大型单机教学用例游戏项目，因为考虑读者前面已经学习了 3 个中小项目的开发流程，则本项目不再进行详细到代码指令的讲解。

本实战项目力图在构建整体游戏框架的基础之上给出项目整体的开发脉络与核心开发技巧。希望广大读者可以在本项目的学习与研究中获得更多有意义的开发技巧。

此款游戏构建了 3 个场景：开始场景、加载过渡场景、核心战斗场景。3 个场景的功能

与主要玩法介绍如下。

➢ 开始场景

开始场景中玩家可以随意滑动“枪械展示墙”，选择自己喜爱的枪支类型，以及升级改造枪支（由于是教学项目，没有做解锁处理）。枪支选择完毕后，玩家可以单击主界面的“武器改造”按钮，调节背景与音效音量、选择项目难度等，如图[项目 4(2)]所示。

项目 4(2)　枪支展示与改造升级

➢ 加载过渡场景

项目使用异步加载方式，建立过渡场景，使得玩家可以在明确的提示界面下等待战斗场景的加载完成如图[项目 4(3)]所示。

项目 4(3)　资源加载过渡场景

➢ 核心战斗场景

故事背景是建立在一个遭到大规模生物武器侵害的未来城市。主角特种兵需要娴熟的枪支射击技巧、丰富的作战经验、英勇无畏的战斗精神，要克服重重艰难，最终赢得战斗的胜利。

本游戏中的场景画面细致、细节繁多、真实代入感强。道具系统十分丰富：僵尸怪物超过 15 种、10 款各式枪支，除此之外还包括子弹夹、医药包等。但最值得说明的是“智能炮台”武器的应用，它可以与主角并肩作战自动射击各类敌人，灵活使用此道具可以对付突然增多的海量敌人的包围。

作为一款常规 3D 射击游戏，主角的 A、D、W、S 键代表上、下、左、右的移动，空格键代表跳跃，鼠标左键代表射击，遇到高级枪支，鼠标右键可以直接发射榴弹炮。数字键 1～9 表示可以使用的枪支（但要拾取拥有之后才有意义），单击键盘的 Q/E 按键表示切换当前可用的枪支类型。

每款枪支的子弹夹装弹量是有限的，所以可以使用 R 键来换弹夹。“智能炮台”是一款帮助玩家赢得胜利的强大道具，所以可以使用 G 键放置炮台。游戏战斗场景如图[项目 4(4)]所示。

项目 4(4)　战斗射击场景

1.3　技术架构

本游戏作为教学项目比较庞大，脚本超过 50 个，按照脚本的重要性质与类别划分如下：

➢ 核心功能脚本

■ 主角控制　　RoleController.cs
（作用：主角位移、旋转、跳跃控制）

■ 主角生命值管理　　HeroLifeValue.cs
（作用：加血、受伤逻辑）

■ 主角射击管理器　　Weapons.cs
（作用：键盘换枪控制、枪支各种动画控制）

■ 主角枪支控制与属性　　AssaultRifle
（作用：键盘装填弹药、鼠标右键榴弹发射控制等）

■ 失血与爆炸触发检测　　Explode.cs

■ 游戏管理器脚本　　Game Controller.cs
（作用：定时刷怪/游戏暂停与恢复）

➢ 开始 UI 场景专属脚本

- ■ UI 面板上下移动控制　PanelMove.cs
- ■ UI 面板左右滑动控制　SlidePanel.cs
- ■ 武器道具改造按钮控制　Weapon_1....Weapon_9.cs
- ■ 旋转道具　SinceRotation.cs
  - ❍ 道具类脚本
    - ■ 道具公共类
    - ■ 音频管理器插件　AudioManager.cs
    - ■ 设置音频大小　AudioPlanyControl.cs
    - ■ 道具包　PropExpend.cs
（作用：包含增加生命、子弹与炮塔）
    - ■ 控制游戏暂停/继续　ESC.cs
  - ❍ 主角枪支道具类
    - ■ 武器道具拾取　PropsWeapon.cs
（作用：检测主角拾取武器道具）
    - ■ 射击推弹壳粒子特效　vulcan_shell
    - ■ 矩形触发器　MeleeTrigger
    - ■ 射击开火特效控制　F3DRandomize.cs
    - ■ 爆炸特效　Explode.cs
    - ■ 狙击步枪　SniperRifle
  - ❍ NPC 道具类
    - ■ 新建炮台　NewTurret.cs
    - ■ 智能射击炮台　Battery.cs
    - ■ 炮台机枪　MachineGun.cs
    - ■ 摄像机视野控制　CameraVision.cs
    - ■ 自动射击机枪　Prop_battery .cs
    - ■ 爆炸特效　Explosives.cs
    - ■ 僵尸抛投的石头道具　Stone.cs
    - ■ 普通子弹弹道控制　Ballistic_bullet
    - ■ 病毒僵尸榴弹弹道　Pinball_2.cs
    - ■ 病毒僵尸弹性弹道　Pinball_1.cs
    - ■ 敌人目光锁定主角目标　Lock.cs
    - ■ 弹性弹道　Ballistic_pinball.cs
    - ■ 榴弹弹道控制　Ballistic_grenade.cs
  - ❍ 僵尸怪物类 NPC
    - ■ 僵尸生命数值　Life Value.cs
（作用：受伤与死亡控制）
    - ■ 普通攻击僵尸　Floow.cs
（作用：僵尸导航、攻击行为控制）

- ■ 僵尸死亡掉落物品控制　DeathLegacy.cs
- ■ 僵尸控制　Zombie.cs
  （作用：僵尸导航、攻击行为控制，等同“Floow.cs”）
- ■ 僵尸控制　Floow_Elude.cs
  （作用等同 “Floow.cs”）

子弹打击物体的音频管理　Whop.cs

❍ Boss 僵尸类

- ■ Boss 僵尸　Boss_1.cs
  （作用：可以向主角投掷攻击物）
- ■ 投毒僵尸　Boss_2.cs
  （作用：可以向主角投掷攻击物）
- ■ 投石僵尸　Boss_3.cs
  （作用：可以向主角投掷攻击物）
- ■ 利爪僵尸　Boss_4.cs
- ■ 铁拳僵尸　Boss_5.cs
  （作用：可以把英雄击飞）

2. 场景搭建

2.1 开始场景搭建

“生化危机”项目共 2 个大型场景，前者是玩家选择枪支与系统设置的 UI 界面开始场景，后者是主角与僵尸小怪的战斗场景。

开始场景为了获得更好的视觉感受，笔者采用 3D 模式开发伪 2D 界面（参见图[项目 4(6)]所示）。这样做而不是直接采用 2D 模式开发，最直接的好处就是更加容易处理大量 3D 枪支对象与 UI 界面之间的混合显示处理。

开始界面下方有 3 个按钮，分别是“武器改造”、“开始游戏”、“系统设置”，详细如图[项目 4(1)]所示。“系统设置”按钮的单击，触发层级视图 UGUI 中“SysSetingPanel”面板（图[项目 4(5)]）的上下移动，这个运动主要由 PanelMove.cs 脚本控制完成。

“武器改造”按钮的功能是选择与展示枪支。枪械面板的左右滑动功能由“SlidePanel.cs”脚本控制，而具体的改造升级枪支功能由“Weapon_1”～“Weapon_9”九个相似脚本完成控制。

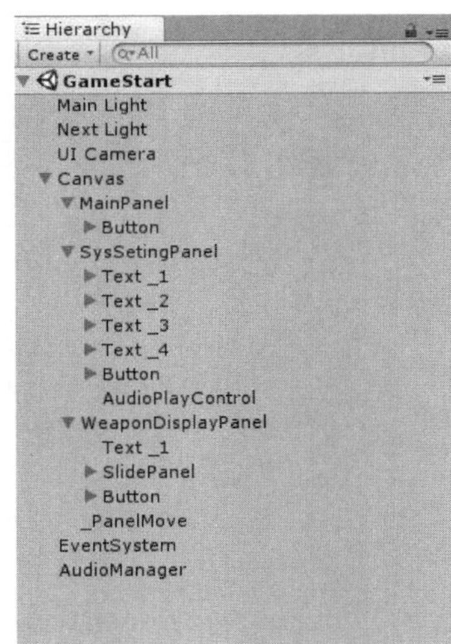

项目 4(5)　开始场景层级视图

单击“开始游戏”按钮后触发场景的异步加载，最终进入战斗场景，如图[项目 4(6)]所示。

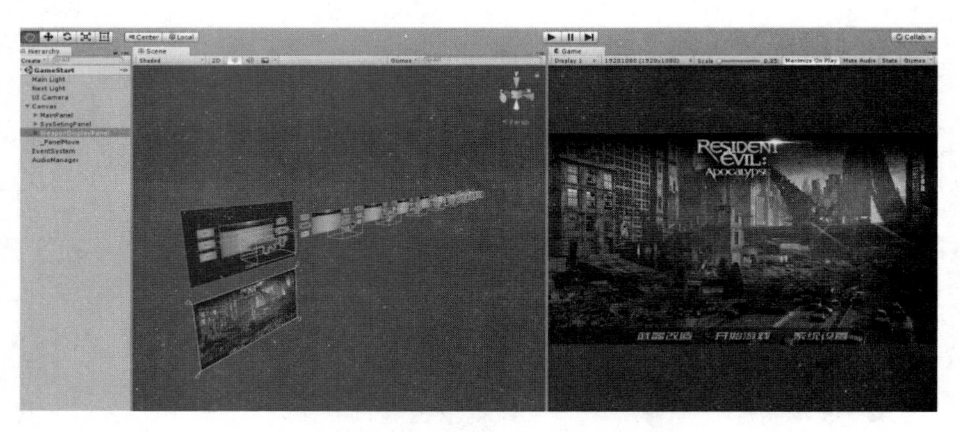

项目 4(6) 开始场景由 3D 模式构建

2.2 战斗场景搭建

战斗场景整体采用大量 LOD 特性建筑与细节模型，以及“层消隐”技术构建，最终保证游戏高“帧速率”（FPS）的顺畅运行。场景建筑之外使用 Unity 内置的（1000×1000）Terrain 地形系统，作为野外场景构建技术。

战斗场景的层级视图“Plane”节点包含所有静态建筑与细节模型，如图[项目 4(7)]所示。层级视图“Game Controller”节点则包含所有静态设置的各种道具，如“子弹夹”、“加血包”、“枪支”、“智能炮台”等道具，如图[项目 4(8)]所示。

本游戏由于是教学性质，所以静态展示的道具模型更加直观，且容易理解，易于调试等。但在游戏开始后，层级视图上的“Game Controller”节点上挂载着“Game Controller.cs”（游戏管理器脚本），则负责按照一定时间间隔定时刷怪，也就是动态加载敌人与道具模型。这两种道具加载方式读者都要掌握，尤其是后者如图[项目 4(7)]和图[项目 4(8)]所示。

项目 4(7) 战斗场景所有静态建筑模型

项目 4(8)　战斗场景所有静态道具

3. 主角

战斗场景层级视图的“Hero”节点为主角对象，对象主要由摄像机、枪支组、角色控制器组件（Character Controller），以及主角控制脚本共同构建，如图[项目 4(9)]所示。

主角的移动主要由 RoleController.cs 脚本完成，包括位移、身体旋转、跳跃控制等。而生命值管理则由 HeroLifeValue.cs 控制。关于主角枪支控制（包括装填弹药、榴弹发射、狙击瞄准等）则由 AssaultRifle.cs 完成。当然，这个过程也少不了关于枪支的各种动画，以及特效管理，这个都是由 Weapons.cs 脚本进行的。感兴趣的读者可以结合随书项目源代码工程进行查阅与验证等。

项目 4(9)　主角内容构建

4. 道具开发

本游戏道具系统非常丰富，总体可以分为以下 4 部分进行描述。

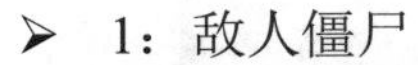

➢ 1：敌人僵尸

为了提高玩家的感官享受，本项目总共提供了 15 种怪物僵尸，总体可以分为小怪与 Boss 两类（小怪 10 种、Boss 僵尸 5 种），且小怪与 Boss 所设计的控制脚本有所差异。 小怪僵尸控制脚本主要为以下 3 种。

◆ Follow.cs 负责僵尸的导航、攻击与行为控制等。

◆ LifeValues.cs 负责僵尸的生命数值。控制小怪本身受伤与死亡控制逻辑。

◆ DeathLegacy.cs 负责僵尸死亡掉落物品控制。

对于 Boss 僵尸，为了表现更加复杂的角色行为逻辑，给每一个 Boss 都编写了对应的行为控制脚本，以替代小怪的简单 Follow.cs 行为控制脚本。

为了更好地表现不同小怪给主角带来不同的攻击行为，这里特地给出部分敌人的行为状态数值设计，供广大读者参考。各种小怪与 Boss 的行为表现，给出游戏运行截图[项目 4(10)]。

项目 4(10)　战斗场景各种僵尸大对决

■ 名称： 警察僵尸

项目视图中预设名称： Zombie_03

最大生命值(HP): 10

攻击距离： 2

攻击间隔时间： 1

掉落物品：

1>: 子弹、医药包道具。

2>：枪支： Prop_1/Prop_4/Prop_7 预设

■ 名称： 西服僵尸

项目视图中预设名称：Zombie_08

最大生命值(HP): 10

攻击距离： 3.5

攻击间隔时间： 1

掉落物品：

1>: 子弹、医药包道具。

2>：枪支：　Prop_1/Prop_4/Prop_7
3>：炮塔：　Prop_battery
4>: 狙击枪　Prop_X

■ 名称：恶狗僵尸

项目视图中预设名称：Dog
最大生命值(HP): 6
攻击距离：3
攻击间隔时间：1
掉落物品：

➢ 1：子弹、医药包道具

■ 名称：Boss 僵尸

最大生命值(HP): 50
攻击距离：10
攻击间隔时间：　4
掉落物品：
不包含医药与子弹的绝大多数道具

■ 名称：铁拳僵尸

最大生命值(HP): 80
攻击距离：5
攻击间隔时间：　2
掉落物品：
不包含医药与子弹的绝大多数道具

➢ 2：各式枪支

本游戏提供了 10 种不同类型的枪支系统。检测主角拾取武器这个功能主要使用枪支预设体添加的 PropsWeapon.cs 脚本做（主角）触发检测。当主角获取某一枪支后，玩家就可以使用数字键，或者 Q/E 键进行切换操作。一般除了默认低级枪支外，其余枪支都具备发射榴弹的功能，如图[项目 4(11)]所示是待拾取的枪支截图。对于枪支特效，本项目开发如下脚本进行各种特效控制。

■ 射击推弹壳粒子特效　　vulcan_shell
■ 射击开火特效控制　　F3DRandomize.cs
■ 爆炸特效　　Explode.cs
■ 狙击步枪　　SniperRifle

➢ 3：子弹夹、医药包

为使游戏更具真实感，主角的枪支载弹量与生命数值不能是无限的，所以在游戏过程中需要不断提供枪支弹夹与血包以进行不间断补充，如图[项目 4(12)]所示。

项目 4(11)　战斗场景枪支道具

项目 4(12)　战斗场景子弹夹与医药包

图[项目 4(12)]中的子弹夹等道具，发出的光辉用线渲染器（Line Renderer 组件）制作，内部包含 PropExpend.cs 脚本。这个脚本可以通过在属性视图勾选不同选项，为弹夹、医药包、智能炮台这 3 种道具进行服务，提供给主角不同种类、不同数量的道具。

➢ 4：智能炮台

智能炮台是一种特殊的 NPC 道具，它可以自动识别敌人僵尸，开火射击的同时也给主角提供了远距离敌人预警提示的辅助功能。

智能炮台在拾取前只有一个 PropExpend.cs 脚本控制（没有其他实质功能），目的是标识主角获取了几个可以部署的炮台数量。而主角获取后，当玩家单击键盘“G”键，主角的 Weapons.cs 控制脚本会自动克隆具备自动发射功能的智能炮台（项目视图“turret 1”预设）放置指定地面。项目视图的“turret1”预设被克隆到场景后，其附属脚本 Battery.cs 负责智能瞄准与射击功能，而 Explosives.cs 脚本则负责射击爆炸特效。智能炮台如图[项目 4(13)]所示。

项目 4(13)　战斗场景中智能炮台

5. UI 界面与游戏周期管理

游戏开始场景主要由 UGUI 配合 3D 枪支道具完成界面开发，详细内容在前面 2.1 部分已经讲过，这里不再赘述。战斗场景的 UI 界面同样由 UGUI 构成，主要显示时间、主角生命值、弹药量、炮台数量等。本游戏为简化操作，UI 控件由多个脚本共同管理，说明如下。

- 战斗场景 UI 显示："生命值"，由 HeroLifeValue.cs 控制管理。
- 战斗场景 UI 显示："智能炮台数量"，由 Weapons.cs 控制管理。
- 战斗场景 UI 显示："当前弹药"和"最大弹药量"，由 AssaultRifle.cs 控制管理。
- 战斗场景 UI 显示："时间"，由 GameController.cs 控制管理。

战斗场景 UI 数值的具体显示可以参考图[项目 4(14)]下方与左上角时间的显示。

"游戏周期管理"是针对游戏的"准备"、"开始"、"暂停"、"结束"等状态进行管理的概念，前面"实战项目 3"中的 6.2 节已经讲过。具体到本游戏中，笔者主要定义了 ESC.cs 脚本来做周期管理控制。当玩家在战斗场景中如果想暂时离开，或者调节音量的设置操作，都可以单击键盘上的 Esc 键调出 UI 界面，如图[项目 4(14)]所示。同样，游戏 HeroLifeValue 脚本一旦检测到主角生命值耗尽状态，则会唤出 GameOver 的 UI 面板。玩家单击"回到主页"或者"退出游戏"也同样是执行 Esc 脚本的 ReturnInterface()与 ExitGame()方法完成功能实现的。

项目 4(14)　战斗场景中周期管理 UI

项目 4(15)　战斗场景游戏结束 UI

开发理论篇

○ ○ ○ ○ ○

上 篇

第1章 游戏历史与Unity发展概述

本章学习要点

本章是全书开发理论篇的第一章，主要向读者阐述游戏开发的无限前景与广阔空间。Unity 是什么?为什么学习游戏开发？为什么选用 Unity 引擎作为游戏开发的首选？最后介绍 Unity 游戏引擎开发工具的下载与安装方法等。

本章主要内容

- “钱途”无限的游戏开发领域
- 电子游戏发展史
- 游戏引擎与 Unity 的发展历程
- Unity 下载与安装

1.1 “钱途”无限的游戏开发领域

继文学、绘画、雕塑、建筑、音乐、舞蹈、戏曲、电影这八大艺术形式之后，被称为“第九艺术”的电子游戏也在逐渐被人们所接受。根据国外游戏开发者组织 GunGame Developer 2013 年统计，共有超过半数以上的研发团队采用 Unity 游戏引擎。CSDN 2013 年 11 月 22 日报道“日本手游收入榜 50%的手机游戏用 Unity 研发”。2013 年 5 月 22 日，CSDN 报道了北京著名手游企业“蓝港在线”是怎样月营收 2500 万基于 Unity 引擎的《王者之剑》作品。2014 年 03 月 27 日，CSDN 刊登署名文章：“开发者薪资调查：游戏行业问鼎开发者收入榜”！如图 1.1 所示，在此次调查活动中，来自独立软件开发商、互联网和制造三个行业的开发者所占比例位居前三，但在收入上位列前三的行业却分别是游戏、互联网、金融（银行/保险/证券），收入超过 1 万的人群比例分别为 33.19%、32.69%、26.34%。接下来是制造及系统集成，分别为 26.34%、23.91%、19.58%。

新技术都是有周期性的,Unity 技术也不例外。如果说十年前你没有赶上 J2EE、C#、嵌入式开发，那么五年前你又没有赶上 Android、iOS 开发，那么你就不要再错过这两年的 Unity 3D/2D 技术了。现在 Unity 技术的普及与发展已经进入快速上升通道，未来几年即将进入顶峰，开启全新的游戏开发新篇章。目前国内外 80%以上的游戏企业都在使用 Unity 引擎技术，这两年已经成为事实上的广大游戏企业开发新标准！

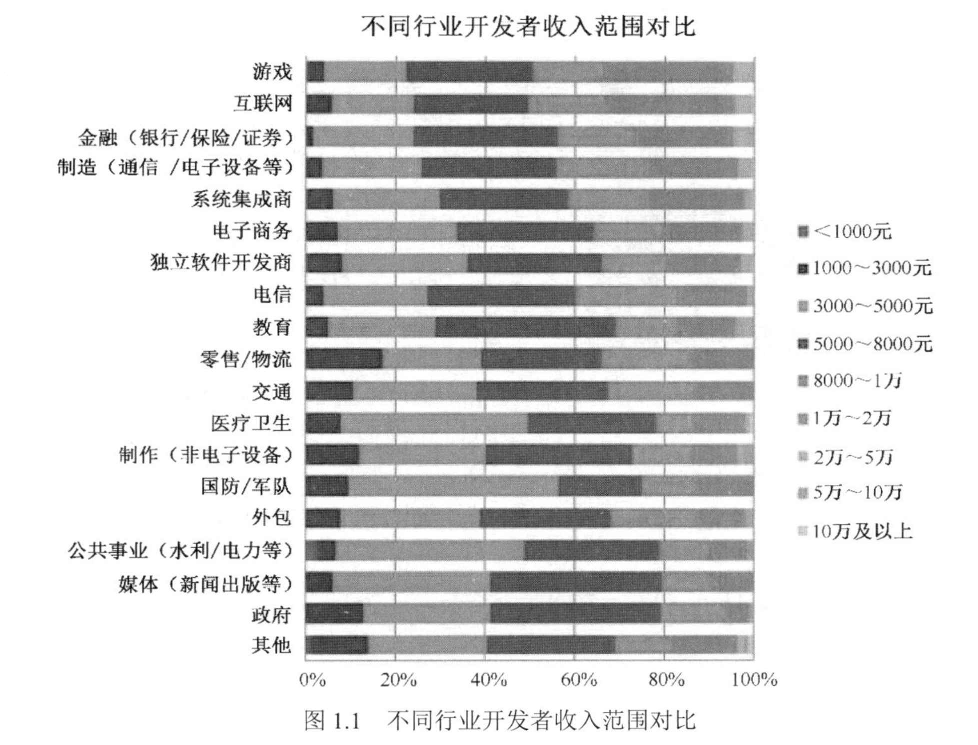

图 1.1　不同行业开发者收入范围对比

1.1.1　Unity 版本快速迭代升级

Unity 技术诞生于 2004 年的丹麦阿姆斯特丹，2005 年发布了 Unity1.0 版本。

2007 年 10 月，Unity 2.0 版本发布。增加了地形引擎、实时动态阴影，支持 DirectX 9，并具有内置的网络多人联机功能。

2009 年 3 月，Unity 2.5 发布。添加了对 Windows Vista 和 XP 的全面支持，所有的功能都可以与 Mac OS X 实现同步和互通。

2010 年 9 月，Unity 3.0 发布。添加了对 Android 平台的支持。

2012 年 4 月，Unity 上海分公司成立，Unity 正式进军中国市场。

2012 年 11 月，Unity 4.0 发布。加入了 Mecanim 动画系统，以及对 DirectX 11 的支持。

2013 年 6 月，Unity 在大中华区正式推出国际认证考试。

2013 年 11 月，Unity 4.3 版本全球发布 2D 工具，原生支持 2D 开发。

这将是 Unity 历史上具有划时代意义的一刻，标志着 Unity 不再是单一的 3D 工具，而是真正的能够同时支持二维和三维内容的开发与发布。

2014 年推出 Unity 4.6 版本。突出增强了系统的 UI 特性，后续版本的游戏、虚拟现实等项目的开发无须再借助第三方插件的形式即可开发出功能强大、易用、高效的系统 UI 界面。

2015 年年初，Unity 官网推出 Unity 5.x 版本。Unity 5 极大地增强了光影效果，引入了能够做到实时预览 Lightmaps，以接近实时的程度来烘焙 Lightmaps 的 Light Baking Previews 技术，提供 UnityCloud 服务、WebGL Support、推出 64 位编辑器等功能。按照 Unity 官方的说法，从 5.x 之后，Unity 已经真正成为一款全世界使用范围最广、最为著名的全方位开发引擎。

但是技术的发展永无止境。2017 年随着 Unity 5.6 的发布，Unity 公司正式宣布 Unity 5.x 已经成为“过去时”，Unity 2017 版本粉墨登场（见图 1.2）。按照 2016 年年底美国 GDC/E3 大会，以及 Unity 在国内举办的全球开发者大会上，透露出了很多令人期待的新特性！

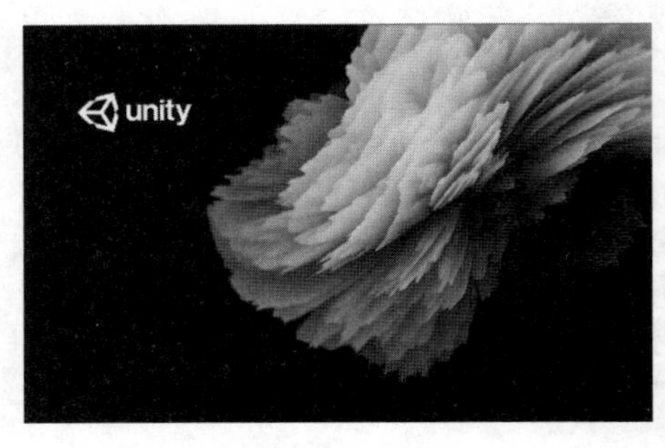

图 1.2　Unity2017 启动界面

Unity 公司从 Unity 5.6 版本之后，采用全新的命名规则。使用年份命名取代目前的数字命名。也就是说 Unity 5.6 之后的版本，不再是 Unity 6.x 而是 Unity 2017.x 的命名方式。

Unity 2017.x 版本最突出的三大特性：更加强大的图像处理能力；全新的动态烘焙 NavMesh 技术；全新的功能影视动画编辑器 Timeline 技术。

不仅如此，Untiy 2017.x 版本还在以下方面做了进一步扩充与优化：

- Unity2D 进一步优化完善。
- 对于 Google DayDream Vr 头盔的原生支持。
- 特效文字 UI 的改进。
- 支持 Vulkan（图形 API）。
- 图形改进，GPU Instancing。
- 新的后期处理（Post Processing Stack）。
- 具有 4k 视频播放能力的新视频播放器。
- 为 iOS 平台添加 Unity Performance Reporting 支持。
- 可视化调试物理。
- 物理引擎的反穿透方法和改进的编辑器 UI。
- WebAssembly 的实验性支持。
- 改进 Unity Multiplayer 多人联网。
- Unity Collaborate 多人协作新功能。

[注：进一步详情可以查询 Unity 官方网站：　http://unity3d.com/public-relations/news]

1.1.2　Unity 技术应用范围

适合游戏开发、多平台交互、虚拟现实、增强现实、科技创意、仿真、建筑可视化等各行各业。

1.1.3　强大的跨平台性

在已经发布的 Unity 2017.1 以上版本中，Unity 更是将支持 Windows、Mac OS X、web browsers、iOS、Android、PlayStation 3、Xbox 360、Xbox One、Windows Store、Windows Phone、Linux、Blackberry 10、Wii U、PlayStation 4、PlayStation Vita、PlayStation Mobile、Samsung Tizen、Xbox One 等几乎所有的主流平台，开发者可以通过一次开发，进而以极小的代价将自己的游戏作品发布到多个平台上去，如图 1.3 所示。

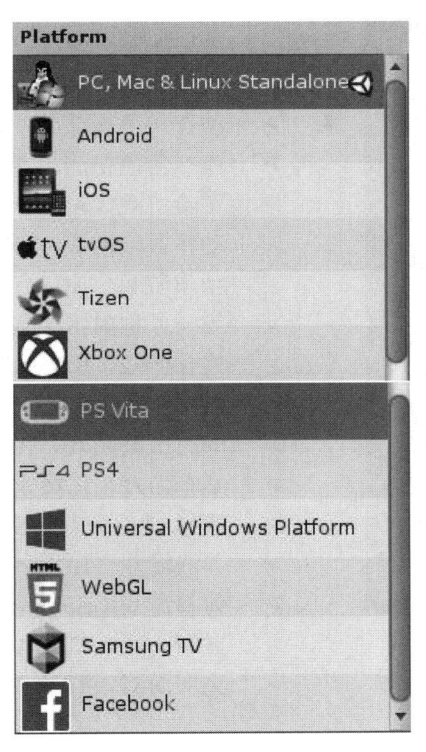

图 1.3　2017.x 版支持发布平台

1.2　电子游戏发展史

电子游戏（Electronic Games），又称为视频游戏或电玩游戏（简称电玩），是指人通过电子设备（如电脑/游戏机/手机等）进行的一种娱乐方式。

图 1.4　街机游戏

电子游戏按照不同的平台分可以分为：

- 街机游戏（见图 1.4）。
- 电视游戏（见图 1.5）。
- 电脑游戏（见图 1.5）。
- 便携游戏（掌中宝、手机、IPad）等（见图 1.5）。

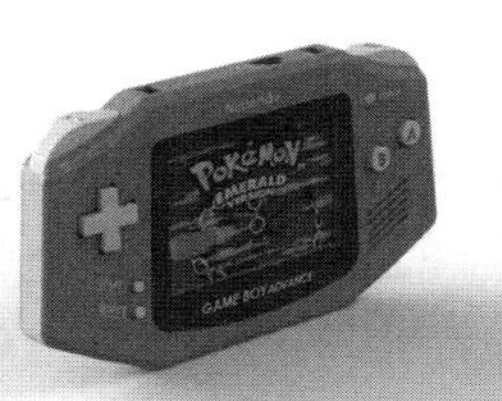

图 1.5　电视/便携式/电脑游戏

按照游戏人数，电子游戏可以分为单人或者多人游戏，多人互动网络游戏。依照游戏类

图 1.6 角色扮演/格斗/赛车游戏

型区分，常见如下：

- 角色扮演游戏，RPG（Role Playing Game）
- 动作角色扮演游戏，ARPG（Action RPG）
- 模拟角色扮演游戏，SRPG（Simulation RPG）
- 冒险游戏，AVG（Adventure Game）
- 动作冒险游戏，AAVG（Action Adventure Game）
- 动作游戏，ACT（Action Game）
- 第一人称射击游戏，FPS（First Person Shooting）
- 格斗游戏，FTG（Fighting Game）
- 射击游戏，STG（Shooting Game）
- 即时战略游戏，RTS（Real-Time Strategy）
- 赛车游戏，RAC（RACe Game）
- 模拟/战略游戏，SLG（SimuLation Game）
- 养成游戏，EDU（Education）
- 体育游戏，SPT（SPorT）
- 益智游戏，PUZ（Puzzle）
- 桌面游戏，TAB（TABle）游戏等（见图 1.6）。

电子游戏的发展历史：

- 1952 年，A.S 道格拉斯（As. Douglas）在剑桥大学用 EDSAC 电脑开发了第一款电子游戏井字棋。
- 1958 年，运行在示波器上的“双人网球“(Tennis For TWO)，如图 1.7 所示。
- 1980 年年初，开始出现各种经典游戏，Namco 推出吃豆人（见图 1.8）、Zork 推出创世纪、任天堂推出大金刚。其他电子大厂也加入，如飞利浦与 IBM，世界最大的游戏厂商美国的 EA 也是这个时候组建的。

图 1.7 示波器上“双人网球”

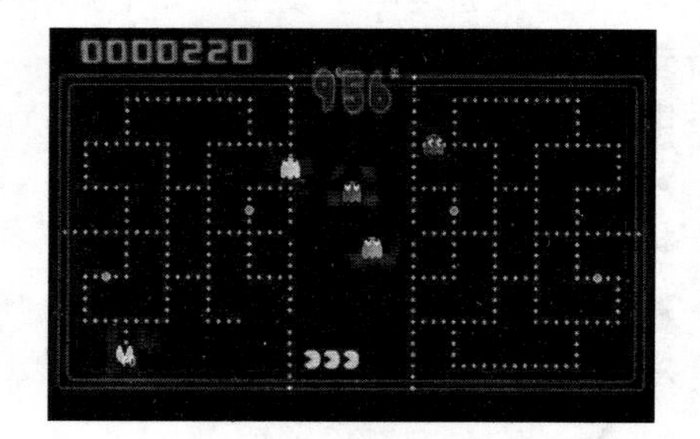

图 1.8 吃豆子游戏

- 1980 年年中任天堂、世嘉等厂商把战略重点转移到家用游戏机领域，推出新款家用游戏机。任天堂的“红白机”（Famicom）大获全胜，是世界上第一个规模成功的游戏主机。同时期推出的“超级马里奥”、”魂斗罗（Contra）”、“赤色要塞”、“冒险岛”成为至今（2017 年）70 后与 80 后中国一代人不可磨灭的经典传奇，如图 1.9 和图 1.10 所示。

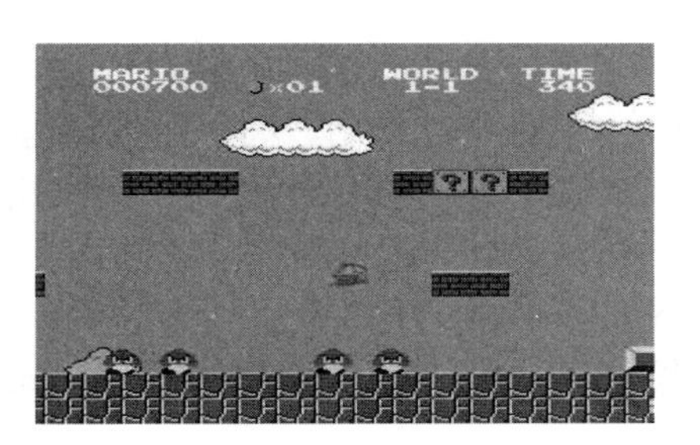

图 1.9　超级马里奥游戏

图 1.10　魂斗罗游戏

- 20 世纪 90 年代初，Pentlum 芯片面世，亚洲中文地区针对 IBM 兼容机开发出各种电子游戏产品，如仙剑奇侠传、炎龙骑士团、神奇传说等，如图 1.11 所示。

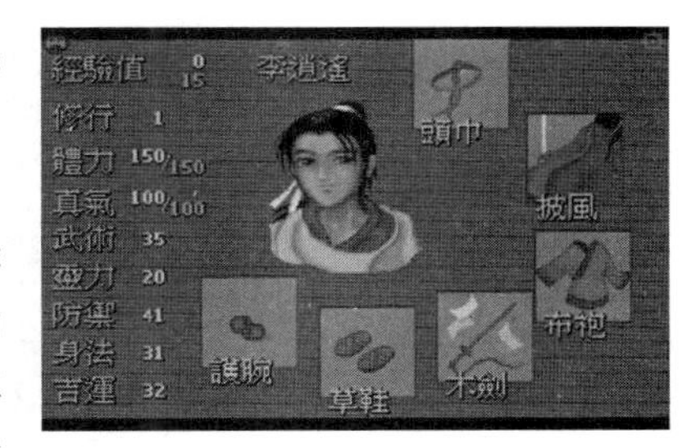

图 1.11　仙剑奇侠传（一代）

- 20 世纪 90 年代中期，次世代（高清晰画面）游戏机横空出世，索尼与世嘉分别推出重量级的 PlayStation 与 SegaSaturn，任天堂此时风光不再（后来推出 N64 游戏主机）。同时期推出的次世代单人家庭游戏“古墓丽影”、“生化危机（Blo Hazard)”（见图 1.12 和 1.13）也一同成为当时的经典之作。曾有人就仅仅是看了其中一款游戏的试玩展示，就决定倾其所有购买主机（当时主机价格相当于大学生刚毕业学生几个月的工资）。

图 1.12　古墓丽影（一代）游戏（A）

图 1.13　古墓丽影（一代）游戏（B）

- 20 世纪 90 年代末期，正当家用游戏机形成三足鼎立的时候，微软的视窗（Windows）系统已经垄断了家用电脑市场，此时推出的“红色警戒”（1/2）、“大富翁”、“模拟人生”、“黑暗破坏神”分别在电脑市场上粉墨登场，如图 1.14 和图 1.15 所示。

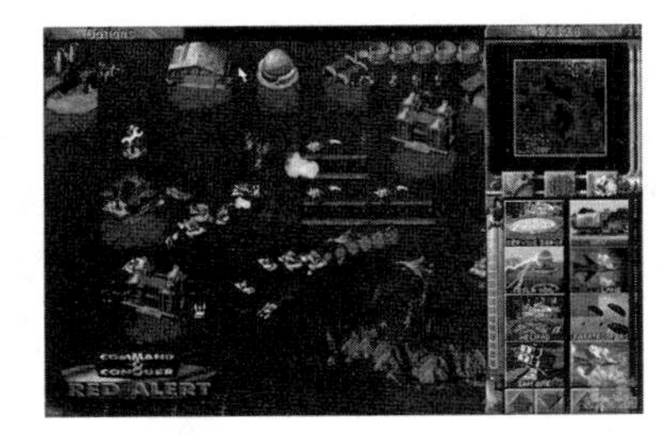

图 1.14　红色警戒（一代）

图 1.15　红色警戒（二代）

- 21 世纪初，索尼推出 PlayStation 2（PS2），同年微软推出首部家用游戏机 Xbox。
- 2006 年，家用机市场又风起云涌。微软推出 Xbox 360, 以强劲的电子运算能力远超其他主机。索尼推出 PlayStation 3，任天堂推出 Wii 主机，而世嘉则完全退出了家用机硬件市场，专攻游戏开发。
- 2010 年年后，随着以 iPhone 为代表的智能手机的异军突起，手机游戏（手游）利用零碎闲暇时刻进行“即时娱乐”，已经成为了一种重要的游戏形式，如图 1.16 所示。

图 1.16　手机游戏

1.3　游戏引擎与 Unity 的发展历程

1.3.1　什么是游戏引擎

游戏引擎是指一些已编写好的可编辑电脑游戏系统或者一些互交式实时图像应用程序的核心组件。这些系统为游戏设计者提供各种编写游戏所需的各种工具，其目的在于让游戏设计者能够容易且快速地做出游戏程序而不用由零开始[注：来自维基百科]。

图 1.17　早期的计算机

20 世纪 90 年代的游戏大都简单且容量大小都是以 M 计，一款游戏的开发周期为 8～10 个月，但是早期的游戏开发都需要从头开始编写代码，期间存在大量的重复劳动，耗时耗力。慢慢地一些聪明的游戏开发人员总结出一个规律：某些类型的游戏总是具有大量相同的代码，这样就可以在相同题材的游戏中进行复用代码，大大减少游戏开发的周期与研发经费（见图 1.17）。

由这些大量且通用的代码库逐渐就形成了游戏引擎的雏形，伴随着技术的发展，最终演变为今天的游戏引擎。其设计目的就是在于让游戏开发者能够容易、快速地开发出各式各样的、不用完全由零开始的各种游戏产品。一般大多数游戏引擎都支持多种操作平台，即跨平台性。例如，Windows、Windows Store、Android、Mac OS、WP 等。

一款比较完整的游戏引擎，一般都会给游戏开发者们提供一个稳定的底层框架与完善的可

视化创作工具。这样可以使得游戏开发者把更多的精力放在游戏创意和游戏内容上，不用过多地担心游戏框架底层的细节与稳定性等问题。这样，开发一款游戏较之前的效率就大大提高，并且缩短了整体的开发周期。所以人们就开始寻找与购买通用性强、功能强大、简单易用、容易上手、健全完整的游戏引擎以代替以前的全手工包含游戏全部底层的游戏开发旧模式。

1.3.2　游戏引擎的功能

通常来说，游戏引擎一般包含以下系统：渲染引擎、物理引擎、碰撞检测系统、音效、脚本引擎、动画、人工智能、网络引擎及场景管理等，如图 1.18 所示。

图 1.18　赛车引擎

游戏引擎可以比作赛车的引擎。大家知道引擎是赛车的心脏，决定赛车的性能与稳定性。赛车的速度、操纵感等直接与车手相关的指标都是建立在引擎的基础之上的。游戏也是如此，玩家所体验到的游戏剧情、关卡设计、美工、音效等内容都是由游戏的引擎直接控制的，它扮演着发动机的角色，把游戏中的所有元素连接在一起，在后台控制它们有序地工作。

简单地说，引擎就是控制所有游戏功能的主程序，从计算碰撞、物理模拟、游戏对象相对位置，接受玩家输入，以及音量输出等。

游戏开发过程中，游戏引擎是如何把游戏与显卡连接在一起，游戏中的各种特效是如何调用显卡实现的？我们可以用很简单的方式来解释一下。显卡是游戏的物理基础，所有游戏效果都需要一款性能足够强大的显卡才能实现，显卡之上是各种图形 API，目前主流的是 DirectX 和 OpenGL，我们所说的 DX10、DX9 就是这种规范，而游戏引擎则是建立在这种 API 基础之上，控制着游戏中的各个组件，以实现不同的效果。

在引擎之上，则是引擎开发商提供给游戏开发商的 SDK 开发套件，这样游戏厂商的程序员和美工就可以利用现成的 SDK 为自己的游戏产品建立相应的模型、动画及画面效果，最终的成品就是游戏产品。整个关系可用图 1.19 来表示。

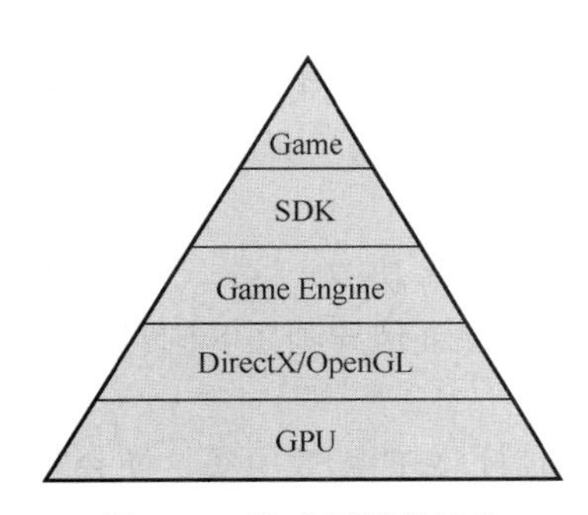

图 1.19　游戏引擎的地位

1.3.3　为什么需要使用游戏引擎

游戏引擎相当于游戏的整体框架，框架搭建好后，关卡设计师、建模师、动画师只向里填充内容就可以了。因此，在 3D 游戏的开发过程中，引擎的制作往往会占用非常多的时间。《马克思 • 佩恩》的 MAX-FX 引擎从最初的雏形 Final Reality 到最终的成品共花了四年多时间，LithTech 引擎的开发共花了整整五年时间，耗资 700 万美元，Monolith 公司（LithTech 引擎的开发者）的老板詹森霍尔甚至不无懊悔地说："如果当初意识到制作自己的引擎要付出这么大的代价，我们根本就不可能去做这种傻事。没有人会预料得到五年后的市场究竟是

怎样的。”

列一个公式，即为游戏=引擎（程序代码）+资源（图像、声音、动画等）。游戏引擎则是按游戏设计的要求顺序地调用这些资源。

1.3.4　游戏引擎的发展

经过十多年的发展，游戏引擎的功能也越来越强大，涌现出一批比较知名的引擎，除了 Unity 引擎外，如 DOOM/Quake、Unreal 虚幻（见图 1.20）等。

图 1.20　虚幻引擎

时至今日，游戏引擎已从早期游戏开发的附属变成了今日的当家角色。对于一款游戏来说，能实现什么样的效果，很大程度上取决于使用的引擎有多么的强劲。如果对什么才是优秀的游戏引擎做个基本判断，那么优秀的游戏引擎一定具有如下优点。

（1）完整的游戏功能。随着游戏要求的提高，现在的游戏引擎不再是一个简单的 3D 图形引擎，而是涵盖 3D 图形、音效处理、AI 运算、物理碰撞等游戏中的各个组件，组件设计也应该是模块化的，可以按需购买。以这两年最成功的虚幻 3 引擎为例，虽然全部授权金（不包括售后技术服务）高达几十万甚至上百万美元，但是可以分别购买相关组件，降低授权费用。

（2）强大的编辑器和第三方插件。优秀的游戏引擎还要具备强大的编辑器，包括场景编辑、模型编辑、动画编辑等，编辑器的功能越强大，美工人员可发挥的余地就越大，做出的效果也越多。而插件的存在，使得第三方软件，如 3DS Max、Maya 可以与引擎对接，无缝实现模型的导入与导出。

（3）简洁有效的 SDK 接口。优秀的引擎会把复杂的图像算法封装在模块内部，对外提供的则是简洁有效的 SDK 接口，有助于游戏开发人员迅速上手，这一点就如各种编程语言一样，越高级的语言越容易使用。

（4）其他辅助支持。优秀的游戏引擎还提供网络、数据库、脚本等功能，这一点对于面向网游的引擎来说更为重要，网游还要考虑服务器端的状况，要在保证优异画质的同时降低服务器端的极高压力。

以上 4 条对于今天的游戏引擎来说不成问题，当我们回头历数过去的游戏引擎，便会发现这些功能也都是从无到有慢慢发展起来的，早期的游戏引擎在今天看来已经没有什么优势，但是正是这些先行者推动了今日的发展。

1.3.5　Unity 游戏引擎的特点

Unity 是由 Unity Technologies 公司开发的跨平台专业游戏引擎，它打造了一个完美的游戏开发生态链，用户可以通过它轻松实现各种游戏创意和三维互动开发，创作出精彩的 3D 和 2D 游戏内容，然后一键部署到各种游戏平台上，并且还可以在 Asset Store（资源商店：http://unity3d.com/asset-store/）上分享和下载相关的游戏资源。Unity 还为用户提供了一个知识分享和问答交流的社区（http://udn.unity3d.com/），大大方便了用户的学习与交流。

[注：来自 Unity 官方网站]

1.3.6 Unity 引擎的主要特性

- 综合性的编辑：Unity 具有层级式的综合开发环境，以及可视化编辑，它详细的属性编辑器和动态的游戏预览使得 Unity 更多地用于制作游戏或者开发游戏原型（见图 1.21）。
- 多平台的导出功能：Unity 引擎不但可以开发微软 Microsoft Windows 和 Mac OS X 的游戏与应用，甚至可以通过 Unity Web Player 插件支持 Internet Explorer、Firefox、Safari、Mozilla、Netscape、Opera 和 Camino、Mac OS X 的 Dashboard 工具，Wii 程序和 iPhone 应用程序。

图 1.21　游戏原型

- 便捷的自动资源导入：项目中的资源会被自动导入，并根据资源的改动自动更新。虽然很多主流的三维建模软件为 Unity 所支持，但对于 3ds Max、Maya、Blender、Cinema 4D 和 Cheetah3D 的支持比较好，并支持一些其他的三维格式。
- 优质强大的图形动力：Unity 对 DirectX 和 OpenGL 拥有高度优化的图形渲染管线。支持 Bump mapping、Reflection mapping、Parallax mapping、Screen Space Ambient Occlusion。使用了 Shadow Map 技术实现动态阴影，并能够支持 Render-to-texture 和全屏 Post Processing 效果。
- 着色器：Unity 对 Shaders 的编写使用 ShaderLab 语言，同时支持自有工作流中的编程方式或 Cg.GLSL 语言编写的 Shader。一个 Shader 可以包含众多变量及一个参数接口，允许 Unity 去判定参数是否为当前所支持并适配最适合参数，并自己选择相应的 shader 类型以获得广大的兼容性。
- 物理系统：Unity 引擎内置对 NVidia 的 PhysX Physics engine 支持。
- 易用的脚本语言：游戏脚本使用了基于 Mono 的 Mono 脚本，这是一个基于.NET Framework 的开源语言，因此程序员可用 JavaScript、C#或 Boo 加以编写。
- 强大的资源服务器：The Unity Asset Server，一个支持各种游戏和脚本的版本控制方案，使用 PostgreSql 作为后端。
- 音频和视频：音效系统基于 Open AL 程式库，可以播放 Ogg Vorbis 的压缩音效。视频播放采用 Theora 编码。
- 地型编辑：Unity 内建地形编辑器，能够支持树木与植被贴片。
- 光影：Unity 提供了具有柔和阴影与 Beast 光照烘焙工具，使您的场景拥有更好的效果。
- 互联网：Unity 在多人网络连接中采用 Raknet，大量减小了网络游戏开发的工作量。

Unity 3.X 版本的发布代表了一个质的飞跃——内置的光照贴图（Lightmapping）、遮挡剔除（Occlusiculling）和调试器。编辑器经过了彻底革新，让您可以获得卓越的性能体验；Unity 4.X 版本的发布为您提供了强大的 Mecanim 动画系统，它允许同一段动画在不同身体比例的角色上使用，可以很容易地设置游戏中的角色、动画有限状态机，提高动画数据的使用率。使您的角色行为更为栩栩如生。

Unity 引擎作为一种开发环境，可以让您脱离传统的游戏开发方式，以一种更简单的方式专注你的游戏开发。开发网络游戏、移动游戏、单机游戏，Unity 都能完全胜任。

1.3.7 Unity 游戏引擎的发展历史

2004 年 Unity 诞生于丹麦的阿姆斯特丹，2005 年将总部设在了美国的旧金山（见图 1.22），并发布了 Unity 1.0 版本。起初它只能应用于 MAC 平台，主要针对 WEB 项目和 VR（虚拟现实）的开发。这时它并不起眼，直到 2008 年推出 Windows 版本，并开始支持 ios 和 Wii，才逐步从众多的游戏引擎中脱颖而出，并顺应移动游戏的潮流而变得炙手可热。2009 年的时候，Unity 的注册人数已经达到 3.5 万，荣登 2009 年游戏引擎的前五名。2010 年，Unity 开始支持 Android，继续扩散影响力，其在 2011 年开始支持 PS3 和 XBOX360，则可看作全平台的构建完成。

图 1.22　美国旧金山

如此的跨平台能力，很难让人再挑剔，尤其是支持当今最火的 Web、iOS 和 Android。另据国外媒体《游戏开发者》调查，Unity 是开发者使用最广泛的移动游戏引擎，53.1%的开发者正在使用。同时在游戏引擎里哪种功能最重要的调查中，“快速的开发时间”排在了首位，很多 Unity 用户认为这款工具易学易用，一个月就能基本掌握其功能。而目前，这款引擎的注册人数已经井喷般地增长到了八十万，其中移动游戏支撑了 Unity 公司差不多一半的利润。已知用 unity 开发的知名游戏有:

- 捣蛋猪（2012）
- 万舰穿星（2012）
- 神庙逃亡 2（2012）
- 废土 2（2013）
- 新仙剑奇侠传 Online(2013)
- Kingdom Knights—王国骑士团（2013）
- 酷游视界—酷酷英雄传（2013）
- 轩辕剑六：凤凌长空千载云（2013）
- 炉石传说：魔兽英雄传（2013）
- 王者荣耀 (2015)
- 球球大作战 (2016)
- 龙之谷 （2016）

如图 1.23～1.26 所示。

图 1.23　球球大作战

图 1.24　龙之谷

图 1.25　炉石传说

图 1.26　王者荣耀

1.4　Unity 下载与安装

1.4.1　Unity 下载与安装

- Unity 引擎官方网址：http://www.unity3d.com
- Unity 引擎下载地址：http://unity3d.com/unity/download

注：目前（2017 年）Unity 官方的最新版本为 Unity 2017.1 版本，首次打开 Unity 官方网址时，我们可以通过单击右上方的按钮切换页面的语言种类。

当我们登录 Unity 官方的下载地址后，单击图 1.27 中的“下载 Unity”按钮，网页会自动检测您的操作系统，根据不同的操作系统下载所对应的 Unity 版本。例如，你使用 Mac OS 操作系统浏览该网页时，下载 Unity 时即为 Mac OS 版本的程序包；如果使用 Windows 操作系统时，下载的即为 Windows 程序包。当然，我们也可以通过选择下载指定平台的程序包。

图 1.27　Unity 官网首页的新版 2017.1 版本下载与宣传截图

[编者注：Mac OS 可执行文件的后缀名为.app，Windows 可执行文件的后缀名为.exe。因此，如果未能下载对应平台版本的程序包，则会导致 Unity 引擎无法正常安装]

1.4.2 Unity 的资源商店（Asset Store）

为了方便用户的项目开发，Unity 的资源商店 Asset Store 拥有很多由 Unity Technologies 和社会成员创造的免费与商业的资源。各种可用的资源，包括有纹理、模型、动画甚至整个项目的例子、教程和用于编辑器扩展功能的插件等。您可以通过官方页面连接跳转至资源商店进行浏览，也可以通过 Unity 引擎菜单栏“Window”→“AssetStore”打开资源商店窗口，如图 1.28 所示。

图 1.28 “Asset Store”页面

在第一次访问时，会提示您创建一个免费的用户账户。创建完成后可以通过图 1.28 中的 Categories 分类一栏查找您所需要的资源，其中包括收费与免费的资源。

第 2 章 Unity 2017.x 安装与 3D 模型入门

❍ **本章学习要点**

本章为 Unity 基础入门，我们先从 Unity 的下载与安装讲起。然后讲解编辑器界面的基本布局、介绍编辑器中重要的开发视图与窗口、了解每个视图与窗口的基本作用与功能等。再者介绍 3D 模型的位移、旋转与缩放等基本操作，最后笔者通过一个“Hello World”的简单程序示例，向读者介绍一款游戏从开发到打包输出与测试运行的全过程，让读者了解原来学习 Unity 是这样的简单！

❍ **本章主要内容**

- Unity 2017.x 版本的下载安装
- 了解 Unity 编辑器界面
- 3D 模型入门操作
- 开发 Unity “Hello World”
- 本章练习与总结

本章我们正式开始 Unity 的学习之旅。首先学习 Unity 2017.x 版本的下载与安装过程，然后了解 Unity 编辑器的总体界面与相关重要视图（窗口）的分布布局。再者我们学习 3D 模型的入门基本操作，了解三维空间游戏对象（物体）的位移、旋转、缩放等，以及这些操作对应的快捷键操作。最后我们以一个 Unity 的“Hello World”的操作流程初步学习 Unity 从开发到发布的简易全流程。

2.1 Unity 2017.x 版本的下载安装

Unity 2017.x 版本基本延续 Unity 5.x 的下载与安装方式，但是为了初学者更加清晰明了地掌握全过程，笔者还是以完整的步骤给大家演示下载与配置安装的全过程，方便广大读者的无障碍学习。

❍ 步骤 1：首先在浏览器中键入“http://www.unity3d.com/”网址，进入官方首页。对于一些重大版本的发布期间，Untiy 官方一般会在首页就直接给出下载链接或者按钮。而对于其他时间，则可以通过首页右上角的“获取 Unity”等方式进入下载页面，如下图 2.1 所示。当然我们也可以键入下载链接地址 http://unity3d.com/unity/download 进行直接下载。

图 2.1　Unity 官网首页

- 步骤 2：进入下载页面后，我们可以看到 3 个版本的下载提示框，如图 2.2 所示。对于个人初学者而言，直接选择最左边的个人版即可。按照 Unity 要求，对于年收入超过 20 万美元的游戏公司，则必须购买加强版或者 Pro 专业版。我们以个人学习者的身份，单击“下载个人版”。

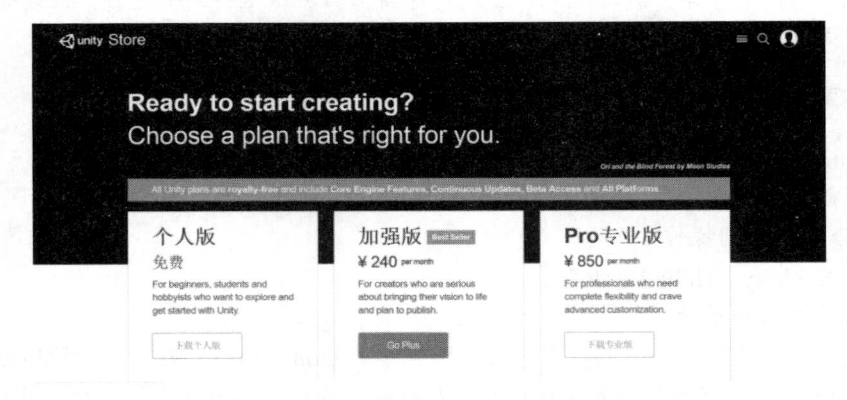

图 2.2　Unity 下载页面

- 步骤 3：如图 2.3 所示，单击“下载安装程序”，开始下载。

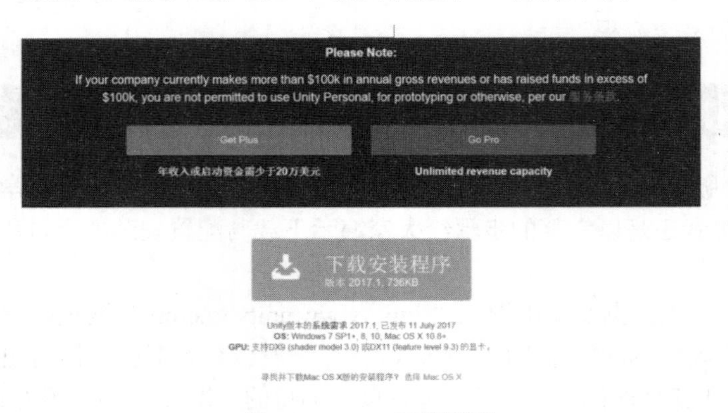

图 2.3　Unity 下载页面

- 步骤 4：Window 系统的弹出窗口，选择下载路径，如图 2.4 所示。

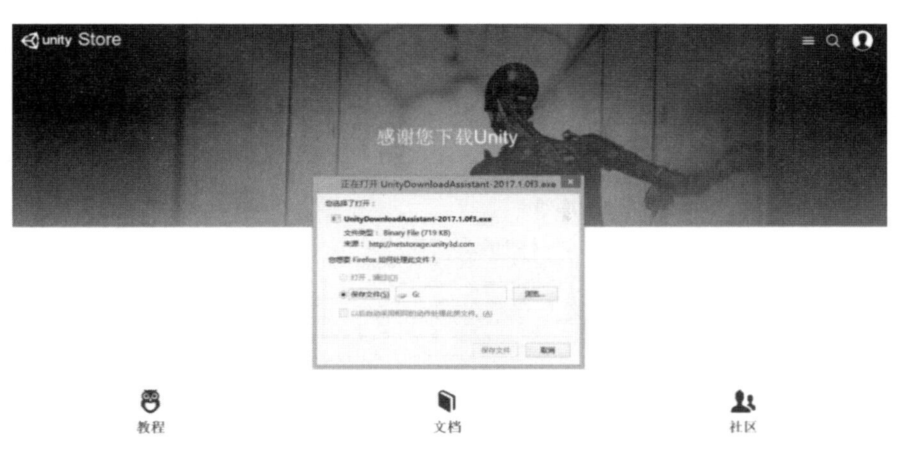

图 2.4　弹出下载“Unity 安装器”提示窗

- 步骤 5：下载到桌面的 Unity 2017.1 版本安装文件（文件名：“UnityDownloadAssistant-2017.1.0f3.exe”）只有 700 多 K 大小，显然这个初始文件只是一个“安装器向导”。它本身没有太多信息，只是负责后续在线下载用户需要的安装模块与配置说明等，如图 2.5 所示。

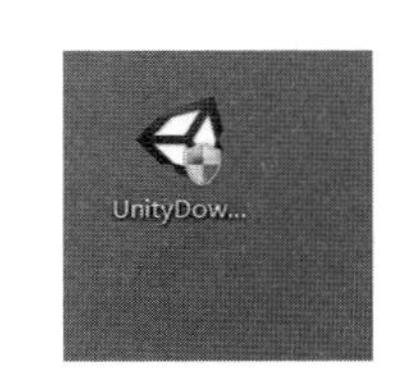

图 2.5　Unity 2017.1 版本安装器文件

- 步骤 6：双击 Unity 2017.1 版本的安装器文件，打开如图 2.6 所示的提示窗口，单击“Next”按钮进入下一步。

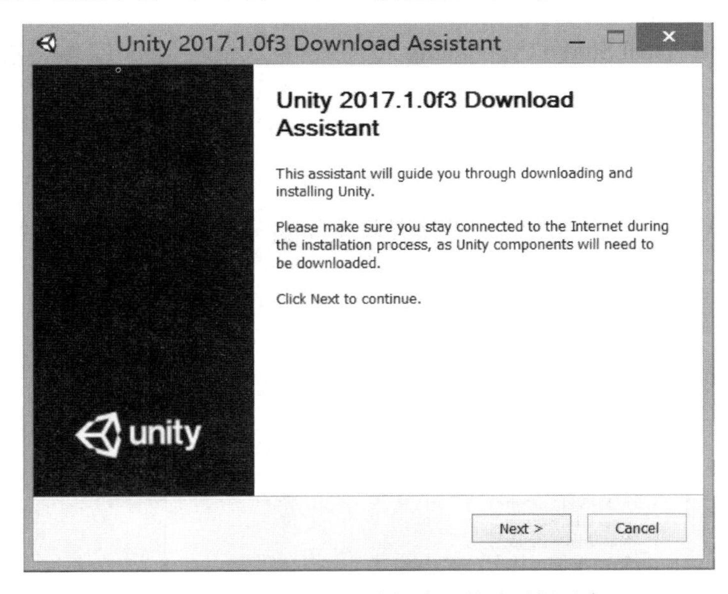

图 2.6　Unity2017.1 正式版本下载助手提示窗

- 步骤 7：图 2.7 为许可协议（License Agreement）内容，勾选“I accept the terms of the License Agreement”表明同意许可协议，单击“Next”按钮进入下一步，否则无法继续安装。

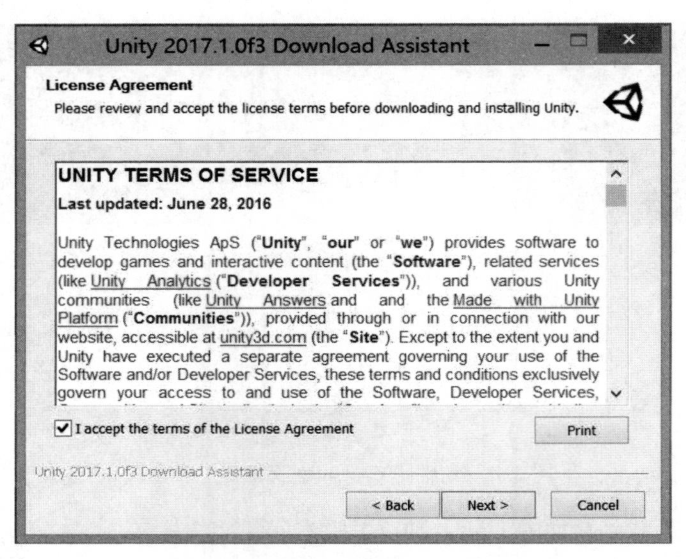

图 2.7　Unity 下载窗的许可协议

- 步骤 8：此时我们会看到 Unity 2017.1 版本安装向导中罗列出来的安装组件，如图 2.8 所示。在此笔者对常用安装组件说明如下：

- Unity 2017.1.0f3　　核心必备组件
- Standard Assets　　Untiy 标准资源包（推荐安装）
- Example Project　　示例项目包
- MicrosoftVisual Studio Community 2017　　微软最新 VS2017 编辑器
- Android Build Support　　Android 发布组件包
- ios Build Support　　iOS 发布组件包
- WebGL Build Support　　网页 WebGL 组件包

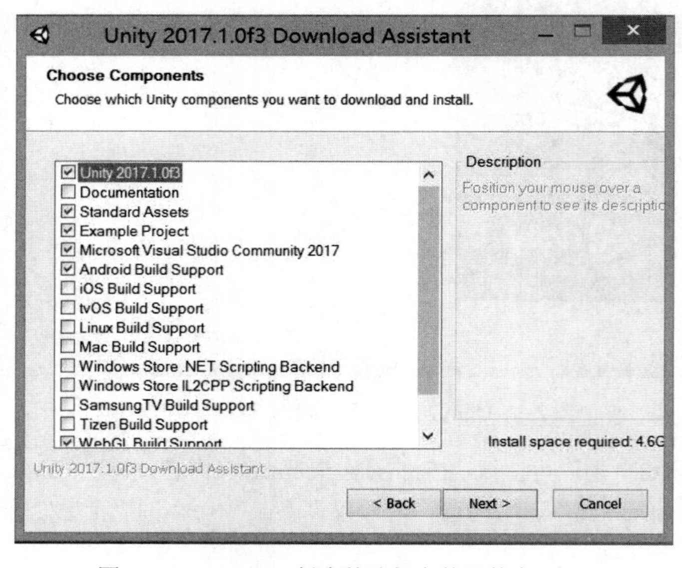

图 2.8　Unity 2017 版本的选择安装组件窗口(A)

❍　步骤 9：笔者强烈推荐初学者至少安装如图 2.9 所示的组件：

（1）Unity 2017.1.0f3　核心安装包。

（2）Standard Assets　标准资源包，这里的资源在本教学中使用。

（3）Android Build Support　本 Android 组件包主要就发布 Android 移动端提供支持。

用户选择需要安装的组件后，单击“Next”按钮进入下一步。

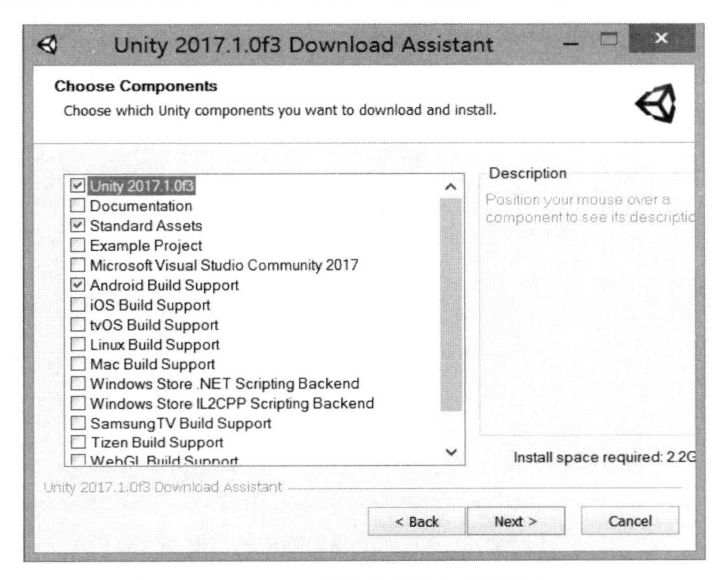

图 2.9　Unity 2017 版本的选择安装组件窗口(B)

❍　步骤 10：现在 Unity 安装器弹出安装路径的提示配置窗口，在“Unity install folder”中选择需要安装的路径，然后单击“Next”按钮进入下一步即可[备注：图 2.10 中显示的路径为笔者电脑中安装的上一个版本的路径信息，这里必须更改]。

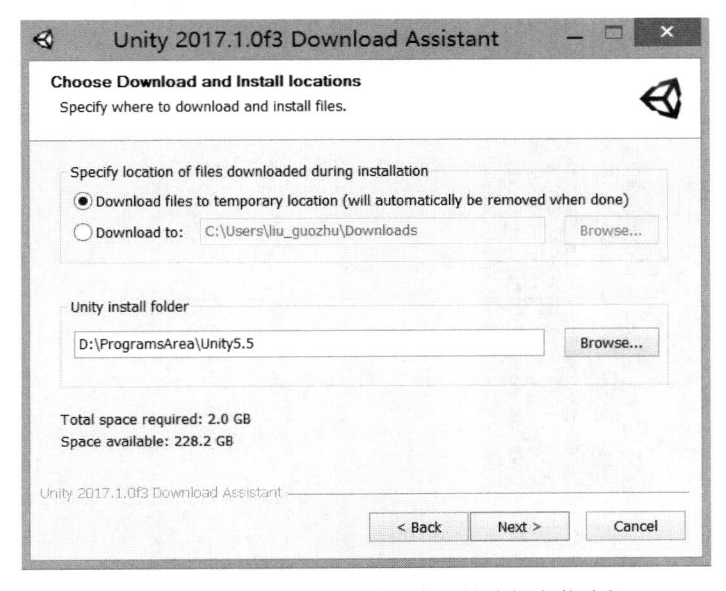

图 2.10　Unity 2017 下载助手窗口的选择安装路径

- 步骤 11：目前 Unity 安装器已经收集到了足够的用户安装信息，所以就开始下载与显示安装进度信息了。如果读者使用高配电脑与宽带网络，这个下载与安装过程一般几分钟即可完成，如图 2.11 所示。

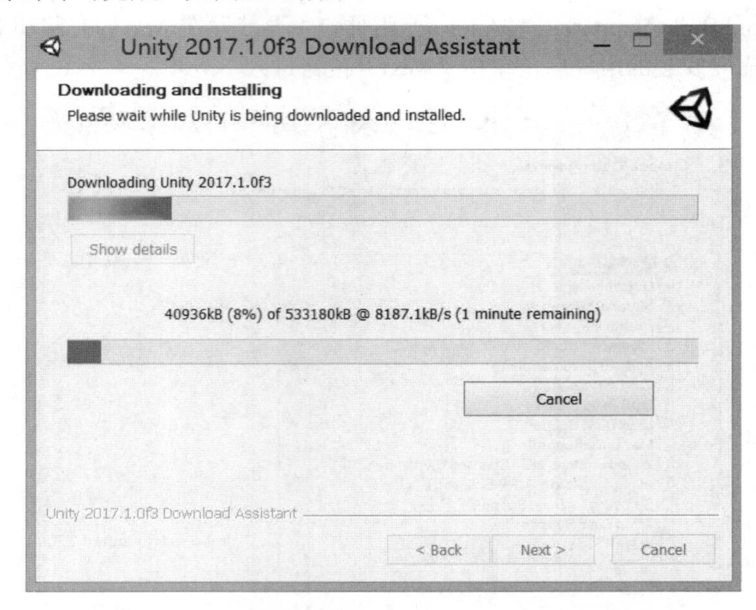

图 2.11　Unity 2017 下载助手窗口的下载进度与安装提示

- 步骤 12：如图 2.12 所示，我们的电脑已经完成安装 Unity。但是我们不要高兴太早，因为对于第一次安装与使用 Unity 的用户而言，后续还需要有一个较长的注册、登录、选择配置信息过程，这里我们单击“Finish”按钮结束下载与安装过程，进入下一步骤。

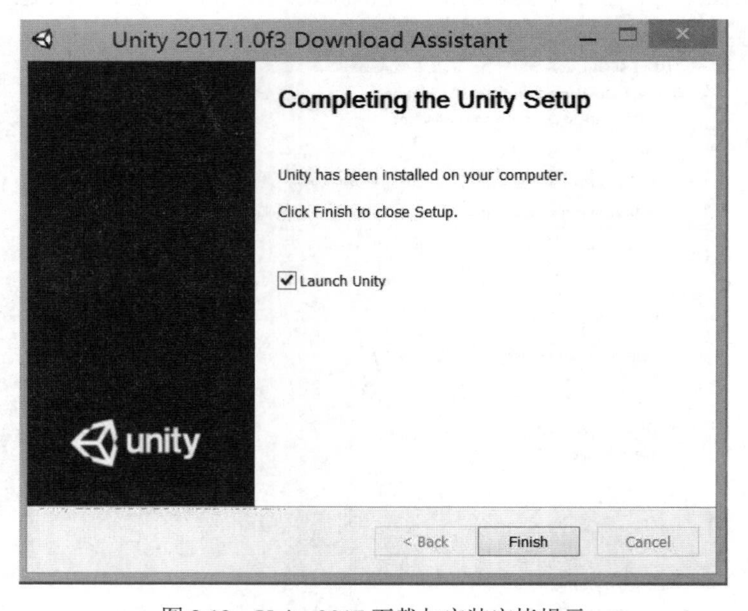

图 2.12　Unity 2017 下载与安装完毕提示

- 步骤 13：我们按照以上步骤完成安装 Unity 之后，在桌面上就会看到一个 Unity 2017 的图标，双击图标进入 Unity，此时可能会看到如图 2.13 所示的“许可错误”（License Error）提示窗口。这是由于我们初次使用 Unity，需要有一个账号与密码的缘故（Untiy 4.x 及以前版本没有这个在线“激活”过程），此时我们单击窗口右上角的“Sign in”按钮。

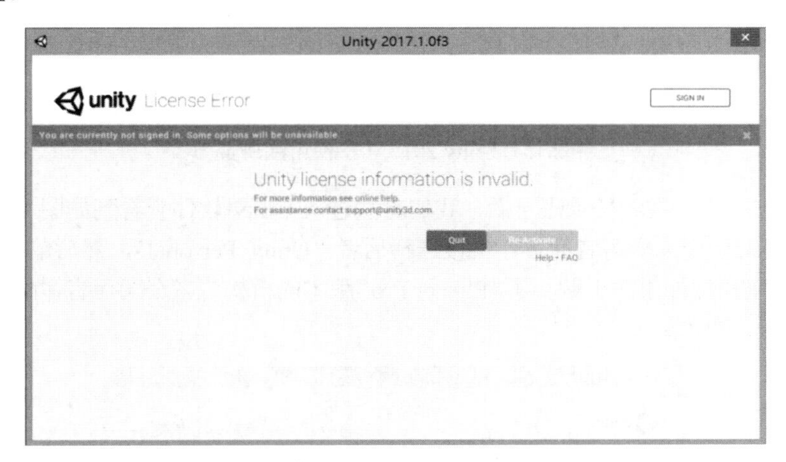

图 2.13　Unity 2017 许可错误提示页面

- 步骤 14：如图 2.14 所示，此时 Unity 需要我们填写在 Unity 官网上注册的账号与密码，即图 2.14 中的 Emall 与 Password。如果我们以前没有注册过，可以单击提示信息“If you don't have a Unity Account,please create one to access Unity services and resources.”中发蓝部分的“create one”链接，到注册页面（见图 2.15），否则单击“Sign in”按钮进入下一步[备注：如果之前安装过其他 Unity 5.x 版本软件，我们就已经注册过账号信息了]。

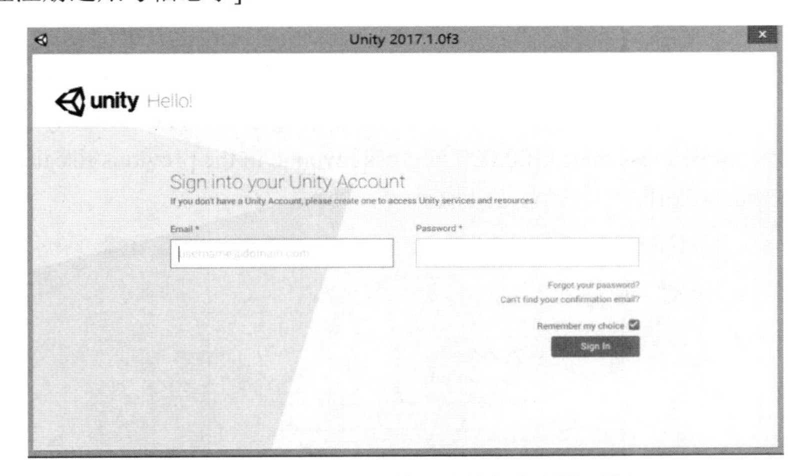

图 2.14　Unity 2017 输入账号与密码提示框

- 步骤 15：承接上一步骤，如果读者没有 Unity 官方的登录账号，则需要立即创建一个。详细见图 2.15，填写完合适信息后单击“立即注册”即可。

图 2.15　Unity 2017 初次使用注册页面

- 步骤 16：完成在线登录账号后，我们首次进入 Unity 软件会看到如图 2.16 所示的提示信息，对于个人学习者而言，直接选择后者“Unity Personal”，然后单击“Next”进入下一步即可。如果对于购买了“Plus or Pro”版本的机构或者公司而言，填入序列号（serial number）即可。

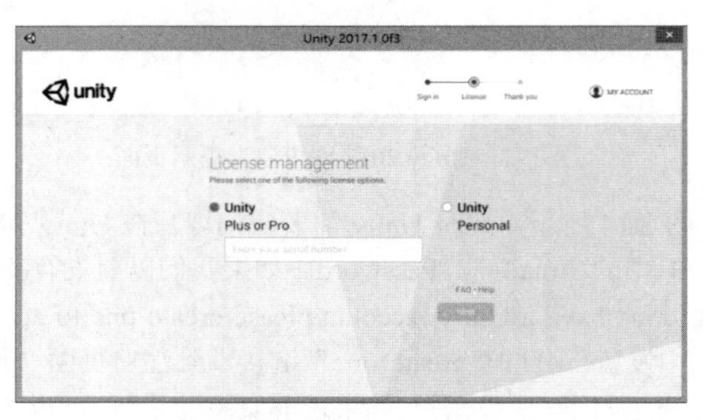

图 2.16　Unity 许可协议管理界面

- 步骤 17：此时我们看到“许可协议”（License agreement）选项。对于年收入 10 万美元以上的公司或者机构应该选择第 1 选项，这个选项是要求必须购买“Plus or Pro”版本。对于广大个人学习者而言，直接选择第 2 选项“The company or organization I represent earned less than $100,000 in gross revenue in the previous fiscal year.”，然后单击“Next”按钮即可。

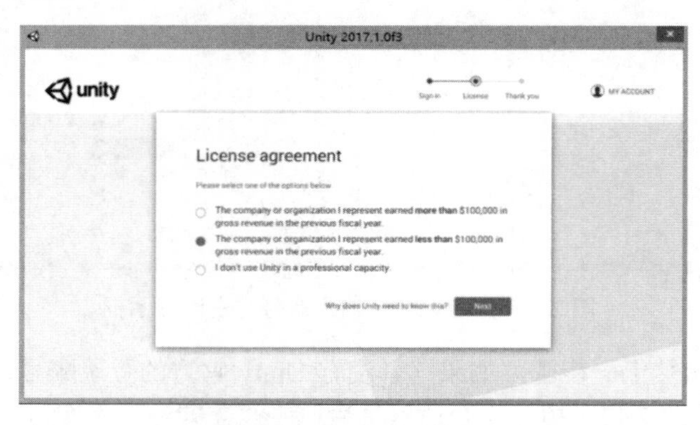

图 2.17　Unity 2017 的许可协议说明

- 步骤 18：此时我们的安装配置步骤才基本完成，Untiy 提示可以正式使用系统软件了。我们单击“Start using Unity”按钮，进入新建项目窗口，如图 2.18 所示。

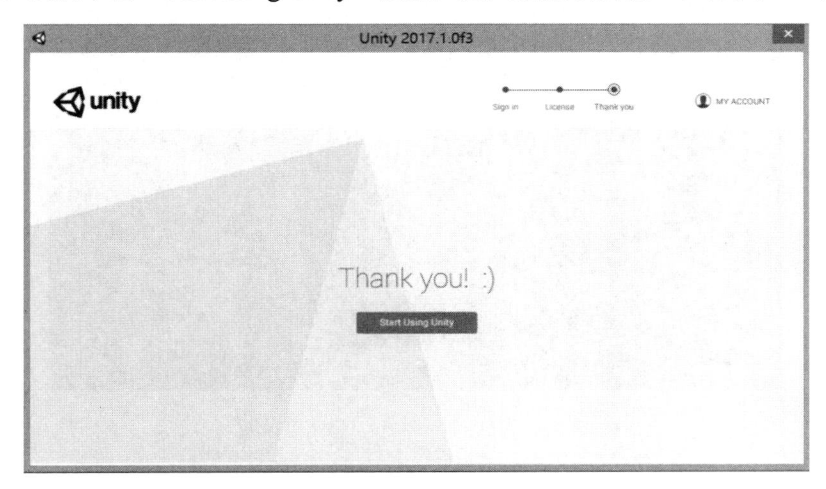

图 2.18　Unity 2017 完成安装配置成功提示

- 步骤 19：如图 2.19 所示为 Unity 创建新项、打开已有项目窗口，其含义比较好理解，笔者就不再一一赘述。

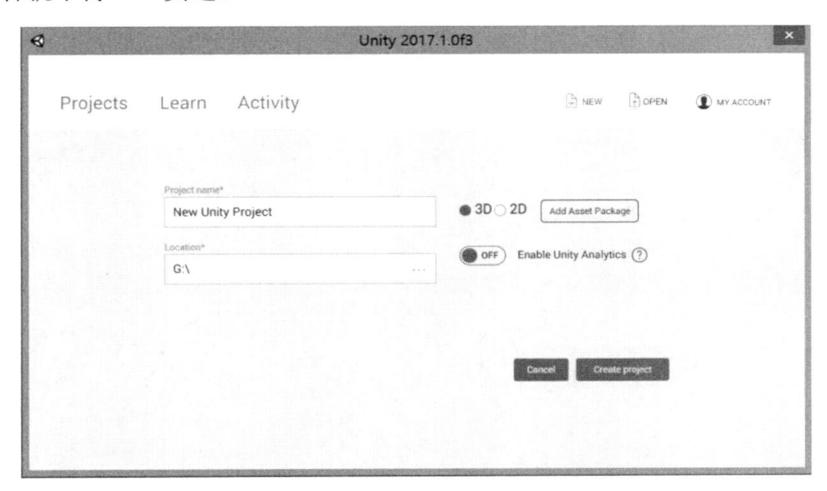

图 2.19　Unity 2017 创建与打开项目窗口

2.2　Unity 编辑器界面

Unity 的启动界面按照不同的版本，其启动界面都会有所不同。尤其是 Unity 公司发布一些重大版本更新的时候，一般都会启用全新的开始界面，给人以全新的视觉冲击力享受，如图 2.20 所示。

图 2.20　Unity 2017.1 的启动界面

当读者首次进入编辑器界面时，首先会弹出“项目导航”界面，本窗口是建立一个新项目或者打开已经存在的项目的“导航”窗口界面，如图 2.21 所示。右上方的“New”、“Open”对应新建项目与打开一个已经存在的项目。窗口左边的“Projects”、“Learn”、“Activity”分别对应“项目”、“学习”、“激活”功能实现。左边中部的“On Disk”、“In the Cloud”对应是“本地磁盘”项目还是“云”项目，对于后者，笔者认为适合需要在不同电脑间切换同一项目的个人与团队开发。窗口右边区域罗列了目前已经打开过的历史项目，用户可以方便地通过单击链接方式打开已有项目[备注：对于刚安装的 Unity 软件，右边区域应该是空的]。

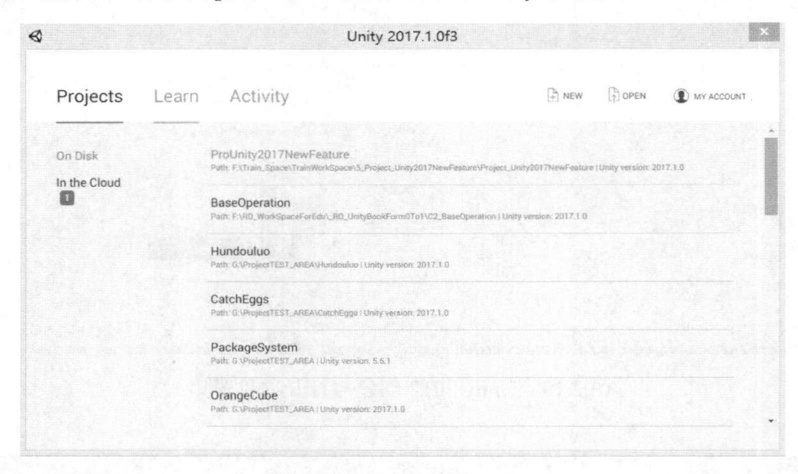

图 2.21　项目导航界面

单击图 2.21 所示窗口右上方的“New”按钮后，就出现新建项目，如图 2.22 所示。单击“Project Name”给新项目取名，“Location”右边的“…”按钮选择定位新项目路径。需要注意是，这个路径文件夹必须是空的。本窗口中的“Add Asset Package”代表在创建新项目的同时可以导入项目的一些示例资源。窗口右面的“3D”、“2D”单选框，功能是选择开发项目为 3D 项目还是 2D 项目。如果我们所开发的项目为 2D 项目，可以选择“2D”，否则保持默认即可。

图 2.22　项目导航界面

2.2.1　掌握 Unity 编辑器的布局与调整

建立项目后初次进入编辑器界面，如图 2.23。编辑器中分布着大小不同的各种视图与窗口，整体项目是以“白底黑字”为总体风格。关于每个窗口的布局，或者说所在的位置，都是可以灵活自定义的。

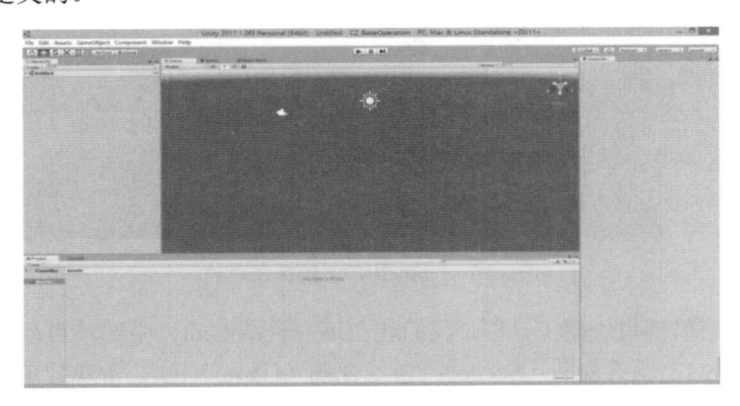

图 2.23　Unity 2017.1 默认布局

在 Untiy 2017 编辑器的右上角，有一个 Layout 的布局设置弹出框。我们可以按照自己的喜好调整自己编辑器各个窗体的布局样式，如图 2.24 所示。

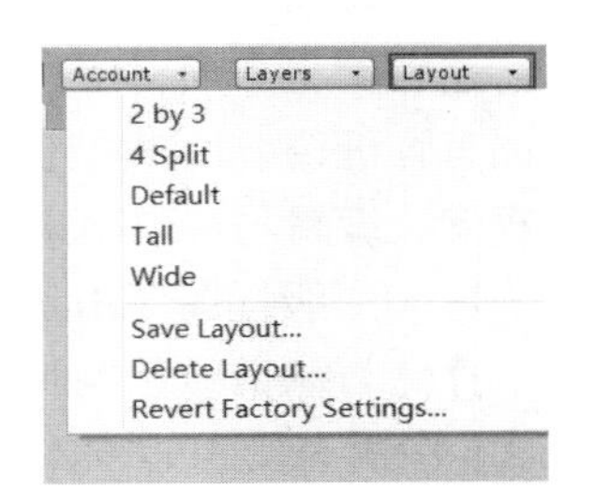

图 2.24　Unity 2017.1 布局设置

按照从上到下的顺序，依次为：

- 2by3 布局
- 4 Split 布局
- Default 布局
- Tall 布局
- Wide 布局

每一种布局模式都有自己的特点与适用范围，读者可以按照自己的喜好，选择不同的布

局模式。

2.2.2 了解 Unity 编辑器各个重要视图与作用

现在带领大家熟悉一下 Unity 2017 编辑器重要视图与窗口的作用。首先我们观察 Unity 编辑器的上方是系统的菜单栏，如图 2.25 所示）。菜单栏提供了系统几乎所有功能的实现方式，但是由于菜单栏中内容太多，无法区分重要功能的选项，所以这样就产生了“快捷工具栏”，如图 2.26 所示）。快捷工具栏的作用主要是提供在开发过程中被频繁使用的功能模块快捷操作方式。

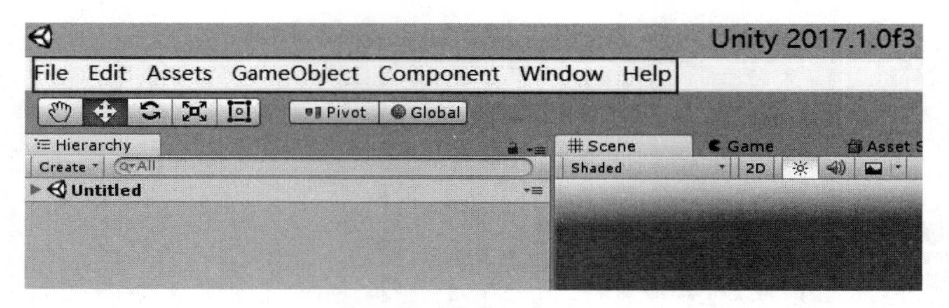

图 2.25 Unity2017.1 菜单栏

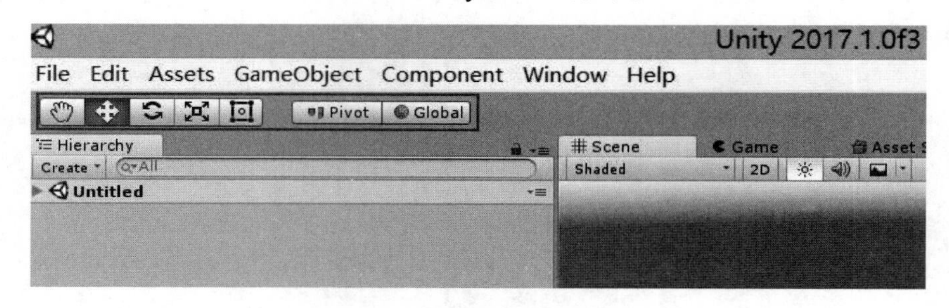

图 2.26 Unity2017.1 快捷工具栏

除了以上的菜单栏与快捷工具栏，我们现在逐一介绍 Unity 中的项目视图（Project）、层级视图（Hierarchy）、场景视图（Scene）、游戏视图（Game）[注：游戏视图有的书籍也叫作摄像机视图]、属性视图（Inspector）、控制台窗口（Console）这 6 个非常重要的视图与窗口。

➢ 项目视图（Project）

是存储整个项目所有资源的载体。项目中无论是从外部导入的包（Package）资源[注：后面有详细讲解]、模型资源、音频资源，还是自己建立的各种脚本、材质等都需要在本视图中存储、编辑与展现出来，如图 2.27 所示。

➢ 层级视图（Hierarchy）

存储与编辑项目当前“场景”[注：这里“场景”的概念就相当于拍摄电影过程中镜头的概念] 中所有资源的载体。 与项目视图的最大区别是“项目视图”负责整个项目的资源编辑与调配，而“层级视图”只负责当前场景资源的配置与编辑，如图 2.28 所示。

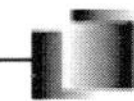

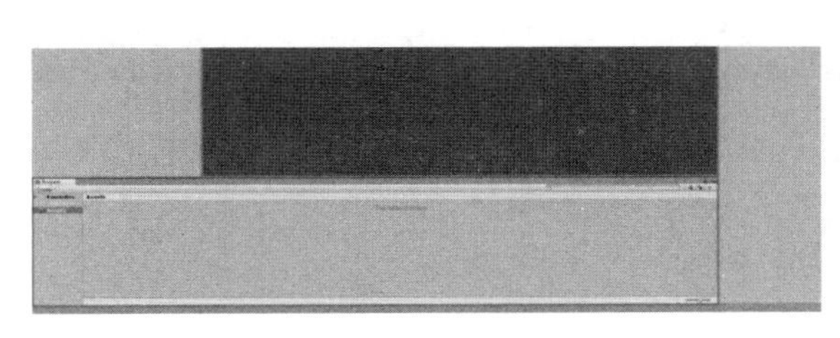

图 2.27　项目视图

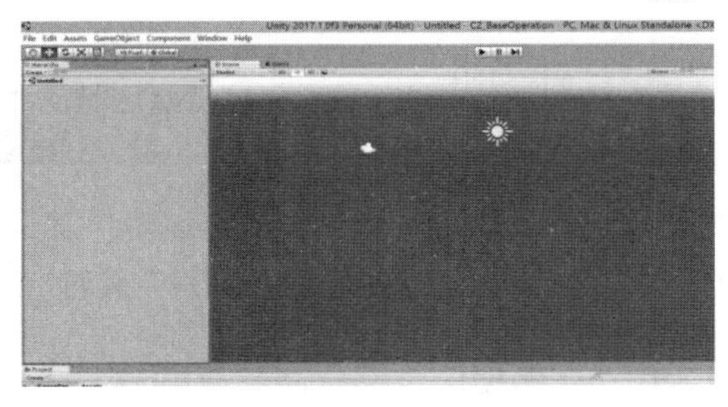

图 2.28　层级视图

➢　场景视图（Scene）

可视化展现与编辑当前场景中所有的游戏对象[注：笔者把场景中可见的所有物体统称为"游戏对象"]。本视图与上面层级视图的区别是，场景视图是可视化游戏对象编辑与调试窗口，而层级视图是不可视窗口，主要功能是配置与编辑当前游戏场景，如图 2.29 所示。

➢　游戏视图（Game）

可以把游戏视图认为是场景视图的一部分。游戏视图是场景视图中显示在主摄像机拍摄范围之内的内容。这也就是说如果游戏对象存在于主摄像机后方，则游戏视图中不能显示此对象，而场景视图中可以显示，如图 2.30 所示。

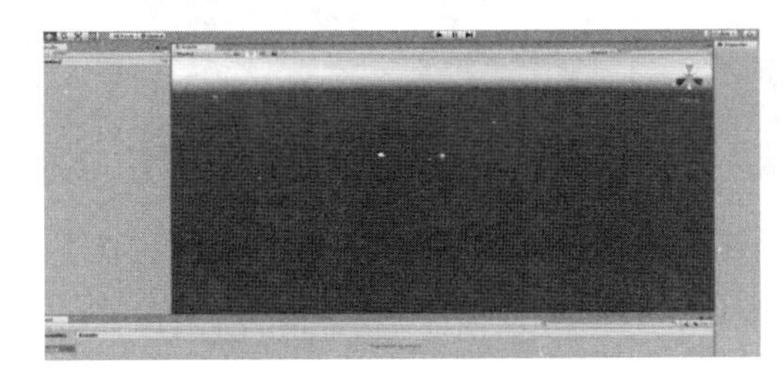

图 2.29　场景视图

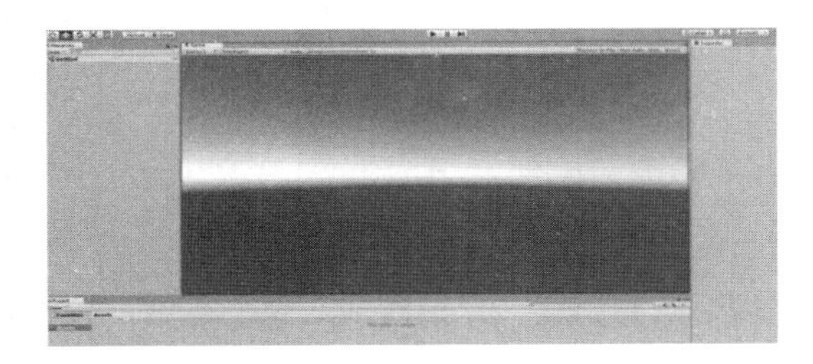

图 2.30　游戏视图

➢　属性视图（Inspector）

属性视图是每一个游戏对象必不可少的编辑窗口。主要对游戏对象的位置、旋转、缩放、是否显示、渲染方式、动画、音频、脚本等进行精细化编辑与调整的窗口，如图 2.31 所示。

➢　控制台窗口（Console）

控制台窗口主要是输出游戏对象运行过程中的调试信息、警告信息、错误信息的显示窗口，如图 2.32 所示。

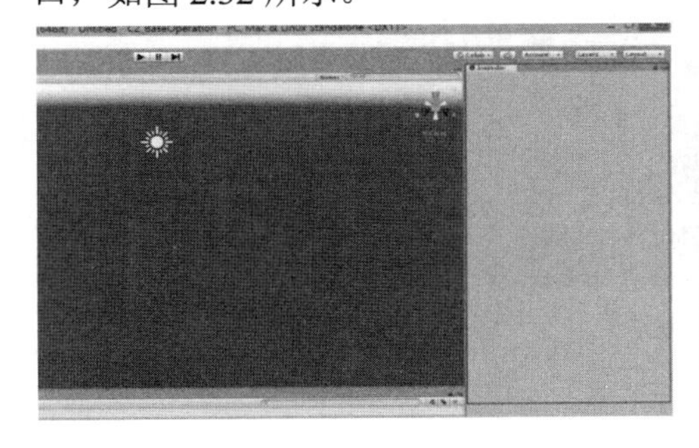

图 2.31　属性视图

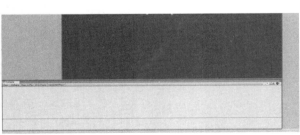

图 2.32　控制台窗口

2.3 3D 模型入门操作

了解了 Unity 编辑器的重要视图与窗口之后，现在开始学习 3D 模型最基础的操作与编辑方式。首先学习 3D 模型的位移、旋转、缩放、二维缩放等操作。

2.3.1 3D 模型的位移、旋转与缩放

首先在层级视图（Hierarchy）中建立一个 Cube（立方体）。如图 2.33 所示，新建一个 Cube，然后就可以在图 2.34 中的场景视图与层级视图中看到游戏对象。

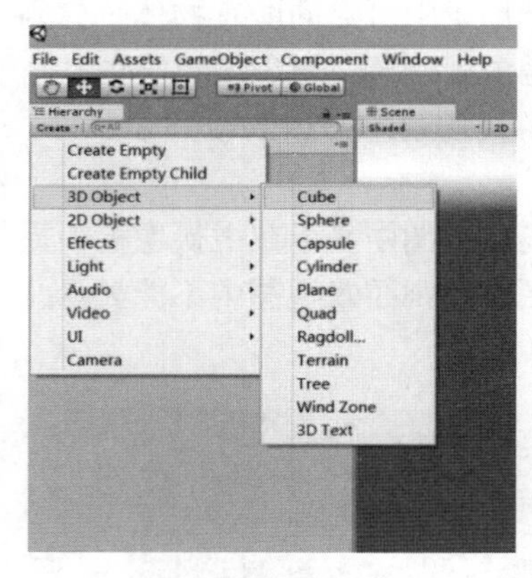

图 2.33 新建 Cube

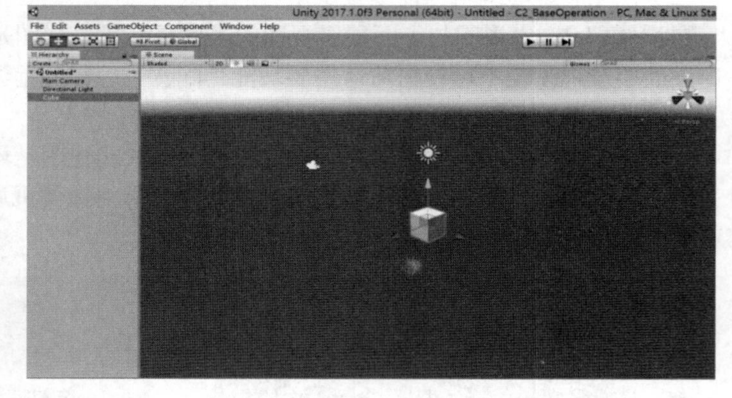

图 2.34 Cube 在 Scene 与 Hierarchy 视图中显示

下面我们逐一介绍游戏对象的查看、位移、旋转、3D 缩放、2D 缩放等常用操作。

➢ 查看与移动视图

快捷工具栏的左边有 5 个快捷操作按钮。第一个按钮是“查看与移动”的功能。单击此按钮的时候，此按钮会显示为一个“小手”图标，此时用户把鼠标在场景视图（Scene）中进行拖曳，则可以整体移动视图的视角。如果用户同时按下 Alt 按键不动，则按钮显示为小“眼睛”，意为可以旋转查看视图，如图 2.35 所示。

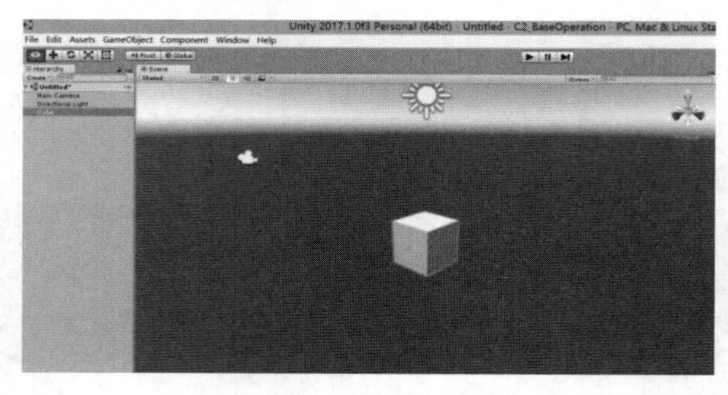

图 2.35 查看与移动

➢ 沿轴向位移

快捷工具栏第二个按钮就是沿着指定的坐标轴位移（移动）。单击 Scene 视图中 Cube（立

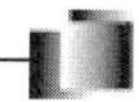

方体）的一个坐标轴，此时坐标轴就会变成黄颜色显示。如图 2.36 所示，按住鼠标左键不动进行移动，就会发现 Cube 沿着 *Z* 轴进行移动。

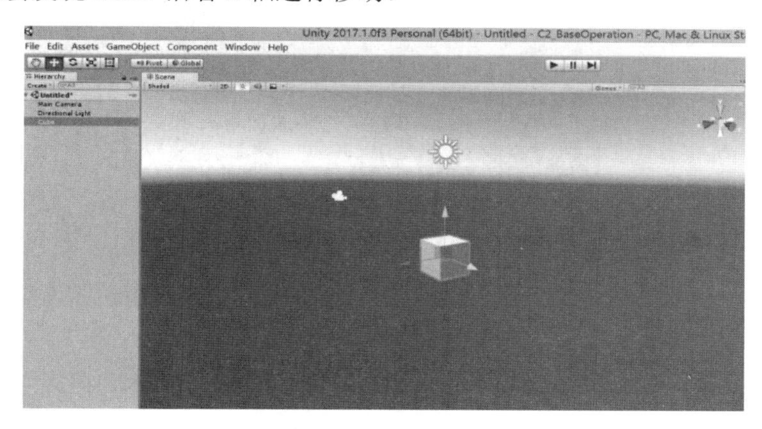

图 2.36　沿轴向位移

❖ 温馨提示

如果我们不单击 Scene 视图中的任何箭头，则图中立方体显示为红色、绿色、蓝色箭头，分别代表 *X*、*Y*、*Z* 轴。笔者在图中单击的是 *Z* 轴，则原来的 *Z* 轴由蓝色变成了黄色（黄色代表当前选择的坐标轴）。注意看图中黄色箭头是与“坐标陀螺”（右上角）的蓝色 *Z* 轴的方向一致的。

➢　沿轴向旋转

快捷工具栏第三个按钮是旋转按钮。单击按钮后，在 Scene 视图中发现 Cube 周围出现一些环绕的“圆圈”。这些“圆圈”就是控制旋转的轴向。单击其中一个带颜色的轴向，则变为黄色。如图 2.37 所示，单击的是 *X* 轴向，随着鼠标的移动我们可以发现 Cube 随之发生的沿 *X* 轴的旋转。

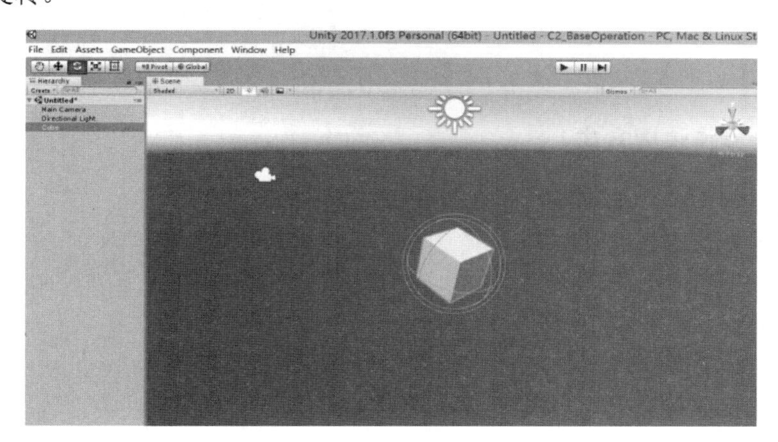

图 2.37　沿轴向旋转

➢　沿轴向缩放

第四个按钮是按照轴向（坐标轴）进行缩放按钮。在图 2.38 中单击 *Z* 轴沿 *Z* 轴进行放大处理。

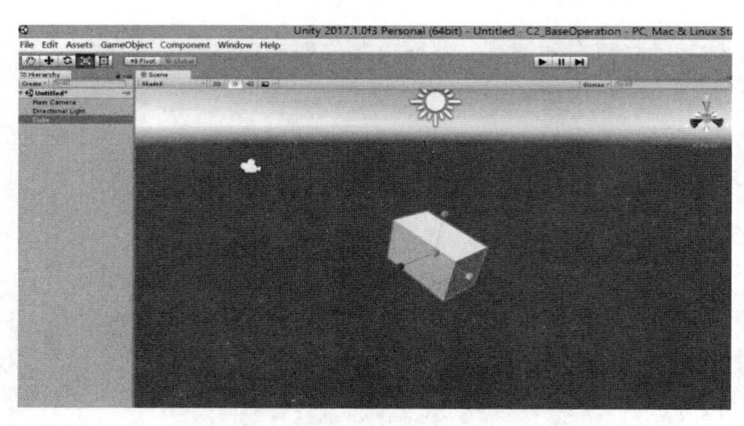

图 2.38　沿轴向缩放

➢　二维缩放

二维缩放是 Unity 4.6 以上版本添加的功能，本质是 uGUI（Unity GUI）的功能体现。但对于 3D 模型来说，这个二维缩放本质没有多少意义，如图 2.39 所示。

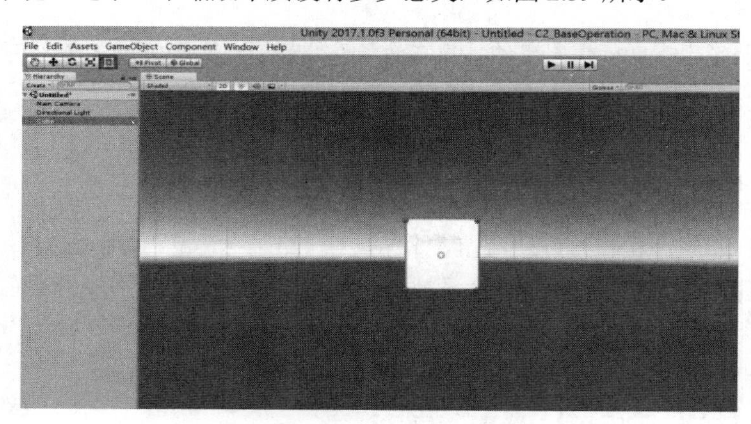

图 2.39　二维缩放

2.3.2　3D 模型操作快捷方式

图 2.35～2.39 中对应的键盘快捷操作键分别依次为:

➢　Q（查看与移动）
➢　W（沿轴向位移）
➢　E（沿轴向旋转）
➢　R（沿轴向缩放）
➢　T（二维缩放）

2.3.3　选择 3D 模型的“正”方向

不同于 2D 平面的开发。在三维的空间中，初学者很容易把游戏对象的坐标搞错，从而导致很多错误。所以我们需要先把三维世界的坐标给出个“正”的方向，如图 2.40 所示。

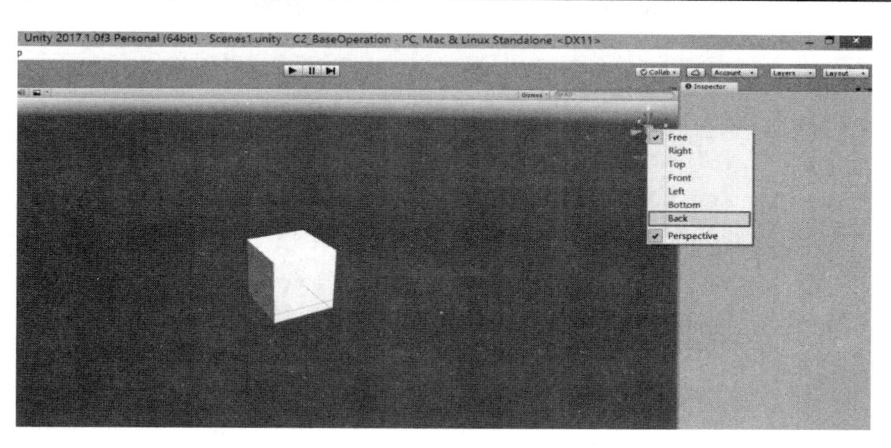

图 2.40　右键单击坐标陀螺选 Back

右击坐标陀螺的 Back 按键后坐标系的 *Z* 轴就完全对准用户，这样就看不见 *Z* 轴了，如图 2.41 所示。此时用户按住键盘的 Alt 键同时移动鼠标左键如图 2.42 与图 2.43 所示，坐标系的“正”方向就确立了。我们一般把三维坐标系中的向右（*X* 轴），向上（*Y* 轴），向前（*Z* 轴）确立为 Unity 三维空间的“正”方向。

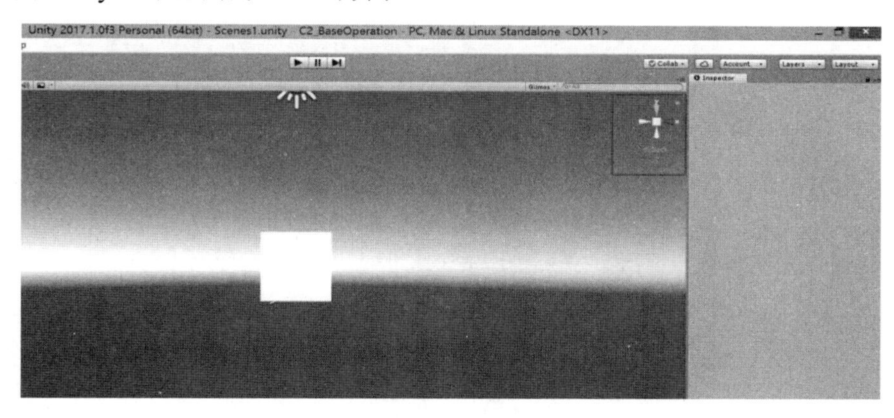

图 2.41　*Z* 轴完全对准用户情况

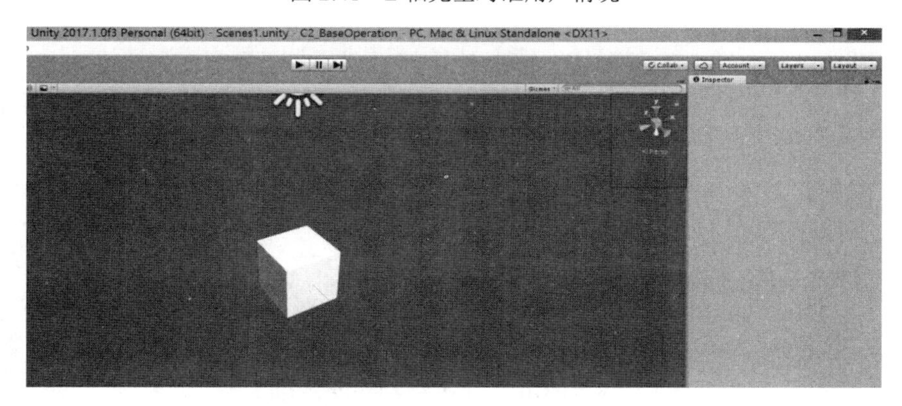

图 2.42　Unity 三维空间“正”方向（A）

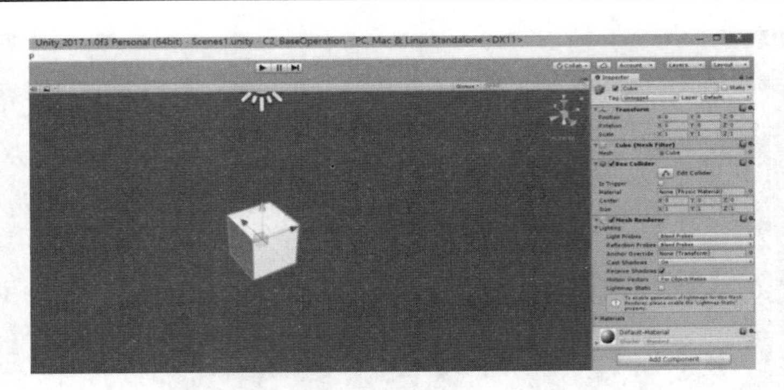

图 2.43　Unity 三维空间“正”方向（B）

2.3.4　使用属性窗口进行精确调整

在 Unity 的场景视图（Scene）中拖曳游戏对象进行定位的时候，一般都不会非常精准。所以一般都会利用 Unity 提供给我们的属性窗口（Inspector）进行细微调整。如果我们在调整游戏对象的过程中需要恢复坐标“原点”即 *X*、*Y*、*Z* 轴均为零，则我们在属性窗口（Inspector）中鼠标定位在 Transform 的组件上，单击鼠标右键弹出对话框选择“Reset”即可见图 2.44。

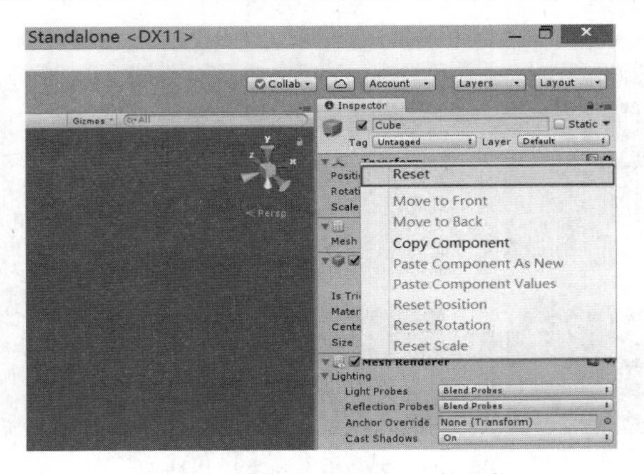

图 2.44　使用 Reset 进行参数复位

场景视图（Scene）中我们单击一个 Cube，然后在对应属性窗口中的 Transform 组件位置（Position）分别修改 *X*、*Y*、*Z* 的数值，同时查看场景视图（Scene）中 Cube 的位置变化。详情如图 2.45～图 2.47 所示。

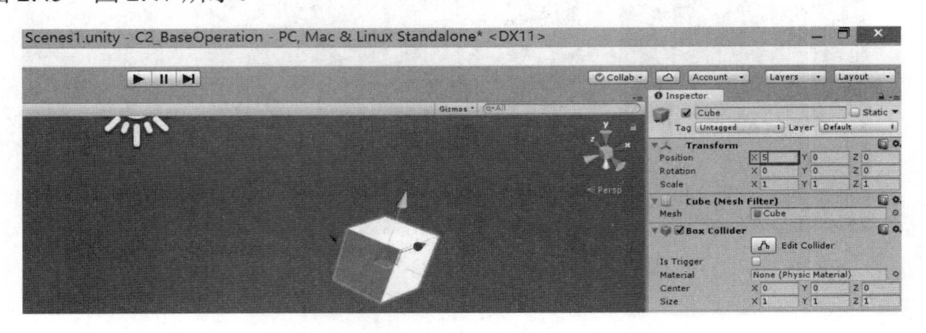

图 2.45　单独修改 Cube 的位置 *X* 轴属性

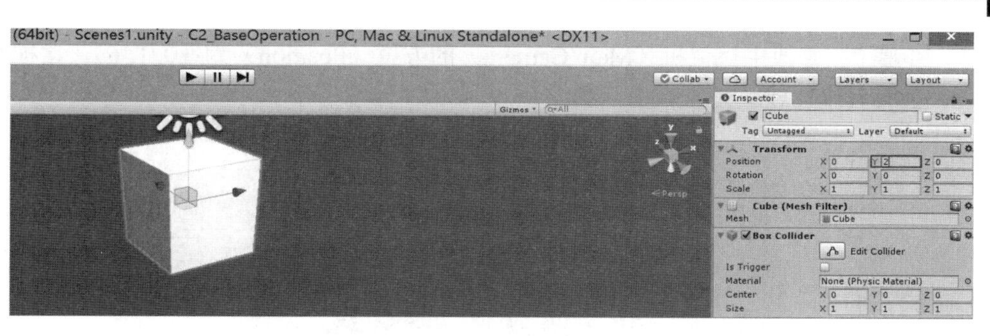

图 2.46　单独修改 Cube 的位置 *Y* 轴属性

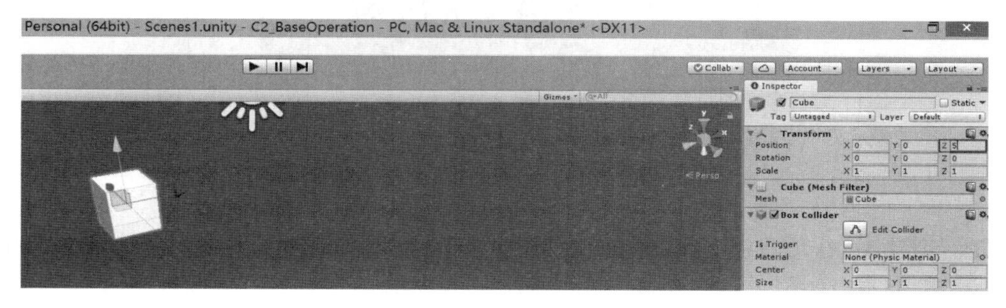

图 2.47　单独修改 Cube 的位置 *Z* 轴属性

2.4　开发 Unity “Hello World”

本节向大家介绍一个 Unity “Hello World”示例的编写与发布全过程，演示与介绍一个简单的 Unity 项目从游戏道具的操作、脚本的编写、项目的打包输出，直到项目运行的全过程。通过此示例，读者可以比较容易地在最短的时间内了解 Unity 游戏开发大体的全过程。

- 步骤 1：新建一个项目，在层级视图（Hierarchy）中创建一个 Cube 立方体，在属性窗口（Inspector）中修改它的 Position XYZ 为（0,0,0），如图 2.48 所示。

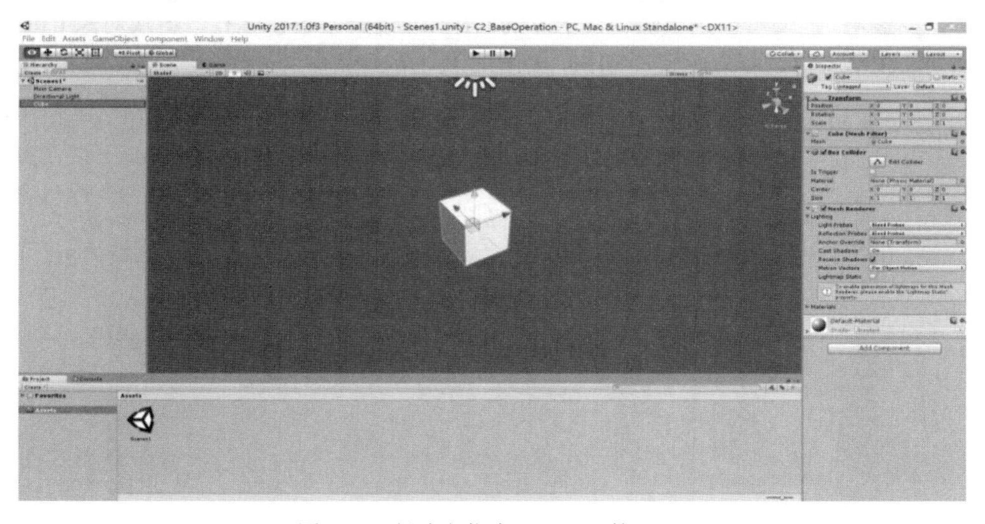

图 2.48　新建方位为（0,0,0）的 Cube

- 步骤 2：修改主摄像机（Main Camera）的方位（Position）为（0, 1,-6），这样 Cube 会看起来比较清楚与居中，如图 2.49 所示。

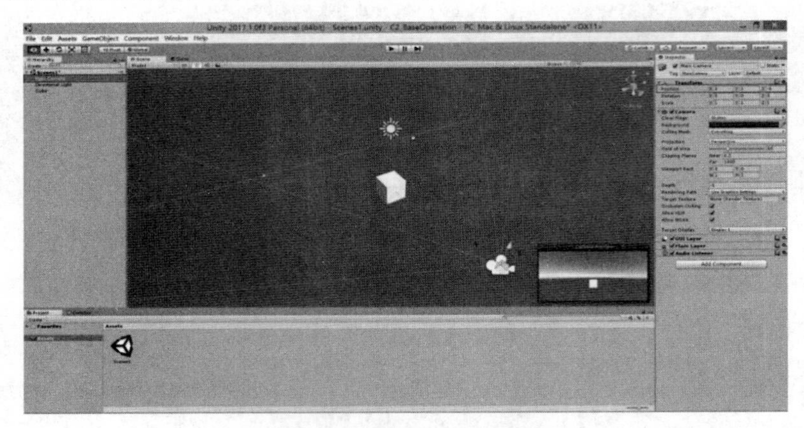

图 2.49　定位主摄像机的方位

- 步骤 3：在项目视图（Project）中创建一个 C# 脚本，编写一个可以旋转 Cube 的功能脚本，如图 2.50 所示。

```
1  using System.Collections;
2  using System.Collections.Generic;
3  using UnityEngine;
4
5  public class Demo1 : MonoBehaviour {
6
7      // Use this for initialization
8      void Start () {
9
10     }
11
12     // Update is called once per frame
13     void Update () {
14         this.transform.Rotate(Vector3.up, 1F);
15     }
16 }
```

图 2.50　控制 Cube 旋转的脚本

- 步骤 4：把脚本拖到层级视图的 Cube 上，使得脚本得以运行，游戏对象 Cube 就可以在单击“运行”后旋转起来，如图 2.51 所示。

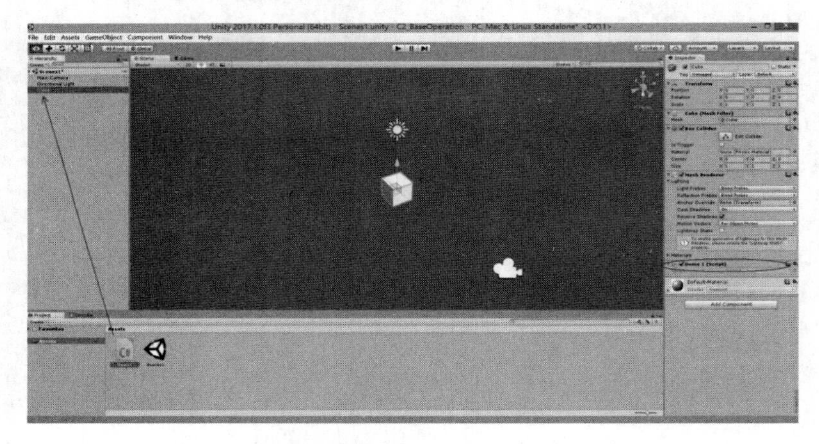

图 2.51　脚本加载到 Cube 对象上

- 步骤 5：在编辑器中单击快捷工具栏中的“运行”按钮，或者键盘中的快捷键 Ctrl+P，运行游戏。此时我们在 Scene 与 Game 视图都会看到 Cube 的自旋转，如图 2.52 所示。

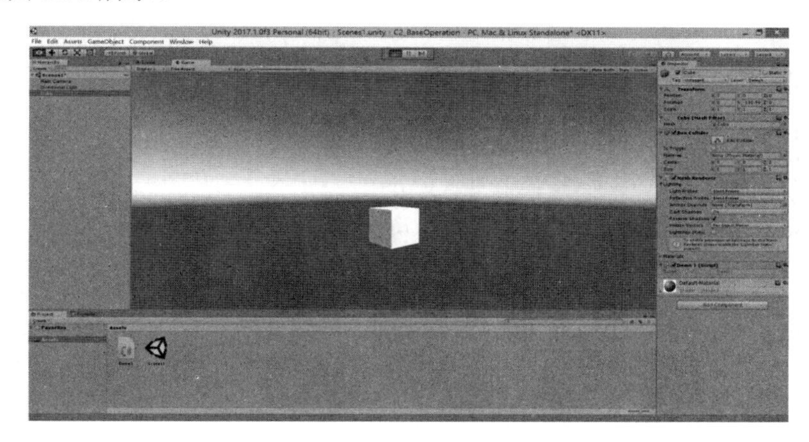

图 2.52　运行游戏

- 步骤 6：现在就可以发布我们的“产品”了。单击菜单栏 File→Build Settings...，如图 2.53 所示，打开“Building Setting” 的窗口，如图 2.54 所示。

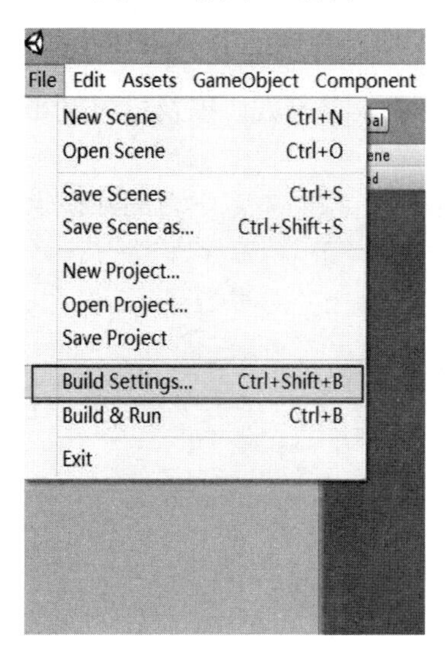

图 2.53　生成设置菜单

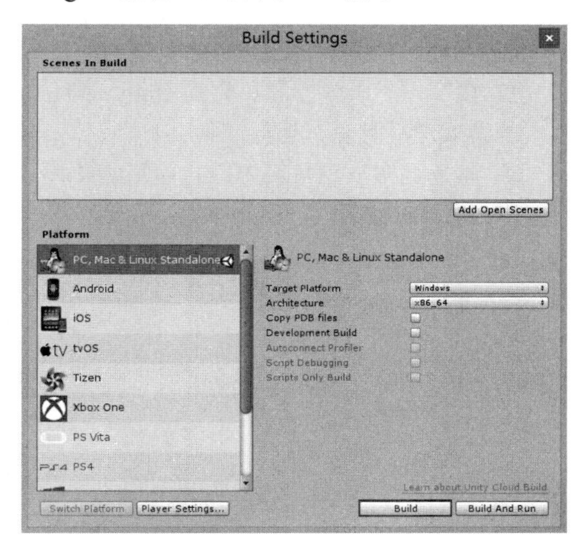

图 2.54　生成设置窗口

- 步骤 7：在图 2.54 所示窗口的左面可以看到 Unity 2017 可以支持的各种发布平台，目前我们只需要发布最简单的 PC 平台即可。单击右下角的“Build”按钮，进行打包发布。随后会出现一个打包的完成进度条，然后选择输出打包产品的路径就可以了，如图 2.55 所示为输出桌面的效果图。
- 步骤 8：单击桌面的“HelloWorld”程序，出现图 2.56 所示的运行参数配置窗口。该配置窗口主要让用户根据自己电脑的分辨率与性能选择合适的参数开始游戏。如果用户不熟悉配置参数，则直接使用默认参数，单击窗口下方的“Play”按钮即可。

然后用户就可以看到自己的“处女作”了，如果退出游戏界面，可以单击键盘的Alt+F4 组合键进行退出。

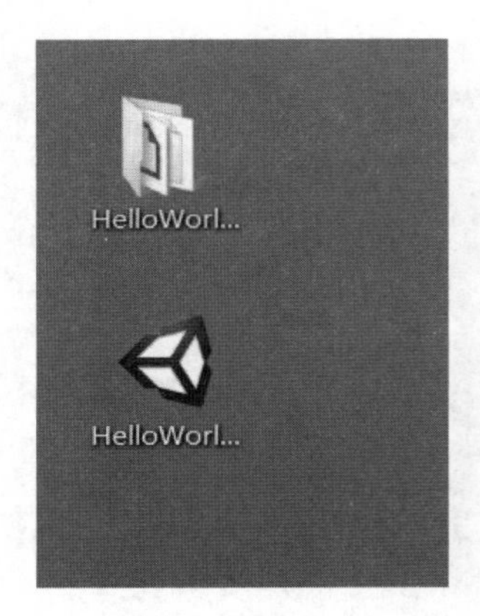

图 2.55　发布桌面

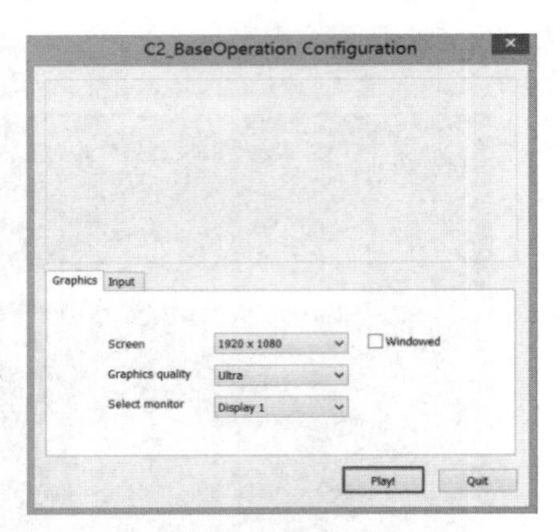

图 2.56　运行参数配置窗口

2.5　本章练习与总结

- 1：独立安装与配置 Unity 环境，新建一个空 Unity 项目。在 Scene 视图中显示一个立方体，分别进行移动、旋转、缩放这个模型。
- 2：按照以上教学步骤，完成 Unity “Hello World”的简易开发，以及打包发布自己的游戏产品且测试运行。
- 3：本书籍实战项目篇中，4 个实战项目任意挑选两个，按照本章学习的知识点把项目打包输出 EXE ，试玩游戏。

第 3 章 3D 模型基础

○ 本章学习要点

本章为 Unity 编辑器的进一步讲解，学习 Unity 基础理论部分中非常重要的概念：世界、局部、左手坐标系，以及 Unity 脚本入门知识点。

本章开始增加两种重要的学习形式："小项目开发"与"案例开发任务"。"小项目开发"环节主要是灵活运用本章学习的知识点开发微型项目，起到对学习知识点活学活用的目的。"案例开发任务"环节则是本书的一大特色，即"案例化教学"，要求读者跟着笔者的思路运用已经学习过的知识点，由点到线、由线到面地逐渐一步步完成本书所要求的 4 个随书开发任务。当读者学习完所有 Unity 章节知识点的时候，其要求的随书 4 个案例教学项目也一并开发完成。认真学习与"研磨"随书讲解的 4 个游戏开发教学案例后一定会让读者豁然开朗："原来游戏开发如此简单"！

○ 本章主要内容

- Unity 编辑器进一步讲解
- 世界、局部与左手坐标系
- 脚本知识入门
- 小项目开发：地球环绕太阳旋转
- 本章练习与总结
- 案例开发任务

学习完毕第 2 章的"Unity 界面与 3D 模型入门"之后，我们开始学习 Unity 的一些重要概念与理论知识点。首先进一步了解 Unity 菜单、项目视图、场景视图的更多知识点，然后学习 Unity 基础理论中非常重要的世界、局部、左手坐标系的概念。最后通过一个地球环绕太阳运行的微型小项目开发，了解游戏对象左手坐标系、父子游戏对象关系、脚本运行所需条件等知识点的学习。

3.1 Unity 编辑器进一步讲解

3.1.1 Unity 菜单

对于 Unity 菜单，我们一开始仅学习最重要的，也是使用频率最高的。按照功能分类，

Unity 菜单总体可以分为“File 文件”、“Edit 编辑”、“Assets 资源”、“GameObject 游戏对象”、“Component 功能”、“Tools 工具”、“Window 窗口”、“Help 帮助”，如图 3.1 所示。

图 3.1　Unity 2017 菜单系统

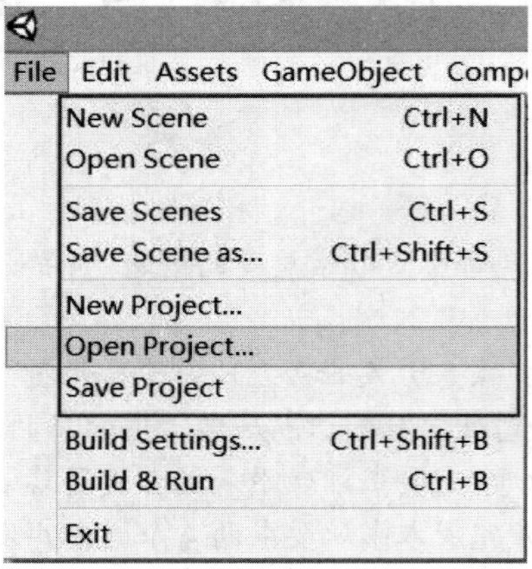

现在仅列出作为一个 Unity 初学者需要知道的重要内容。

➢　文件菜单

打开项目、打开场景、新建项目、新建场景、保存场景是我们在开发项目中常用的菜单项。

读者需要按照本章的要求，学会如何打开一个已经存在的项目、新建一个项目、新建一个场景、打开一个已经存在的场景、保存当前场景，以及场景另存为等菜单的具体含义与操作，如图 3.2 所示。

图 3.2　文件菜单

➢　编辑菜单

编辑菜单内容较多，并且很实用，我们先来介绍以下内容。

■　Duplicate（复制）

可以对制定的游戏对象做复制处理。读者可以在上一章介绍的“层级视图”（Hierarchy）中定义一个存在的游戏对象，然后使用本菜单。你就可以看到一个一模一样的“复制品”。当然，实际的操作中建议使用 Ctrl+D 的方式，更加高效与便捷，如图 3.3 所示。

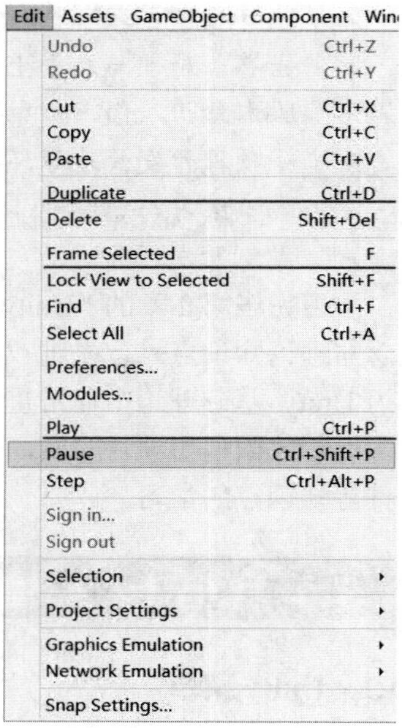

■　Frame Selected（聚焦选择）

作用是起到一个快速定位的功能。在中大型游戏项目的层级视图中必然包含了大量的游戏对象，我们在编辑的时候往往需要快速找到一个特定的游戏对象。这样一个需求就使得本功能非常重要了。为了更快捷操作，建议使用快捷键 F 键。当然，还有一个小的窍门就是直接在层级视图中双击一个游戏对象即可，如图 3.3 所示。

■　Play（播放）

这个功能就是使得当前的游戏场景从“编辑模式”进入“运行模式”，从而在开发工具环境下进行游戏的调试工作，快捷键为 Ctrl+P。当然，在 Unity 编辑器中间上方的“快捷工具栏”中有对应的快捷方式按钮，如图 3.3 和图 3.4 所示。

图 3.3　编辑菜单

➢　资源菜单（Assets）

资源菜单中比较重要的菜单项如下所示。

■　Import Package（导入包）

Unity 的很多资源文件，如模型资源、音频资源、脚本

资源都可以导出为 *.unitypackage 的包资源文件。当然，Unity 公司自己也提供了不少的内置包资源文件（我们后面会详细提到）这些文件必须使用本功能进行导入，然后就得到了想要的数据与文件等。

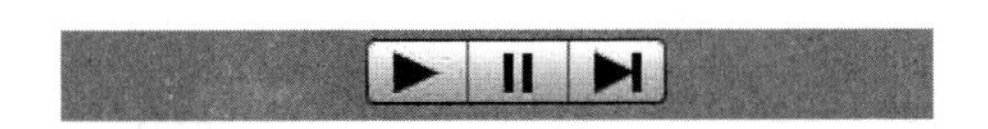

图 3.4　运行、暂停、单步按钮

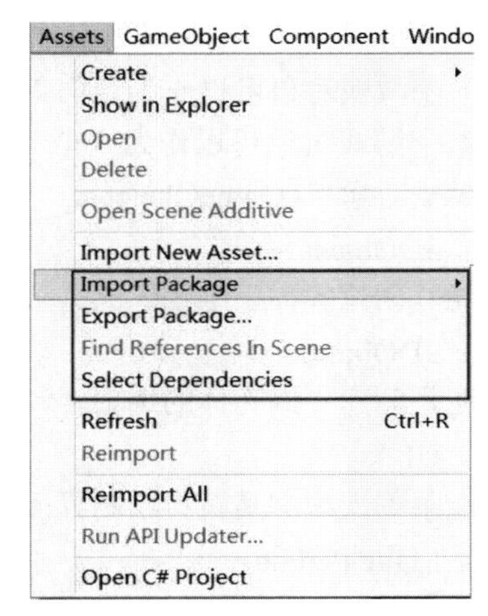

图 3.5　资源菜单

■　Export Package…（导出包）

我们可以把已经定义好的各种 3D 模型道具、脚本文件、视音频文件导出为扩展名为 .unitypackage 的包资源文件。目的是可以为以后的开发，以及游戏开发人员的相互交流提供很大的便利性。

■　Select Dependencies（选择依赖项）

本功能可以允许用户查找当前场景特定游戏对象的“依赖关系”，即查找这个游戏对象是由哪些组件或者模型组成的。

➢　游戏对象菜单（GameObejct）

Create Empty	创建空对象
Create Empty Child	创建空子对象
3DObject	创建三维立体对象
2DObject	创建二维对象
Effects	创建特效
Light	创建光源
Audio	创建音频
UI	创建项目界面
Camera	创建摄像机
Make Parent	使得游戏对象成为父对象

以上部分重要菜单项目解释如下。

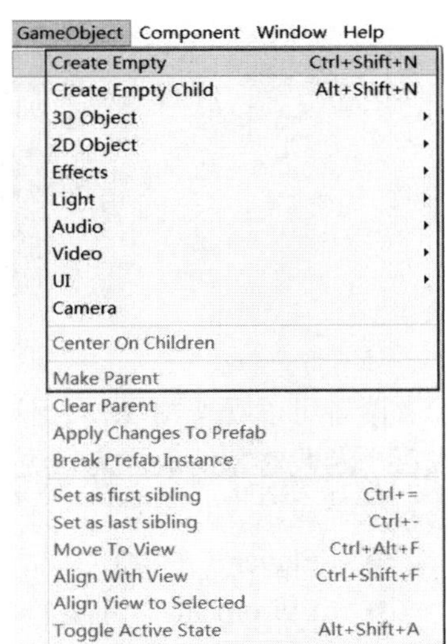

图 3.6　游戏对象菜单

■　Create Empty

功能为创建一个空的游戏对象。一般初学者都会有这样一个疑问：既然是一个空对象，没有显示的内容属性窗体

（Inspector）中也只有一个 Transform 组件，那它的具体作用是什么呢？ 其实创建一个空的游戏对象具有非常重要的作用：

（1）空游戏对象可以作为其他游戏对象（如 Cube）的父对象，既可以作为一个“容器”来使用，又可以很方便地对多个游戏对象进行控制管理或者整体移动等操作。

（2）空游戏对象可以作为专门“挂载”脚本的容器来使用。

（3）空游戏对象可以作为一个“容器”，然后通过不断添加各种组件形成新的特殊功能的新“游戏对象”（GameObejct）。

■ 3DObject

功能是创建各种三维物体的选项，读者在学习的过程中会经常用到。

■ 2DObject

功能是创建二维物体的选项，读者在开发 2D 游戏项目中会用到。

■ UI

功能菜单选项，是负责绘制界面的一种技术，我们会在第 9 章做详细讲解。

■ Make Parent

功能是使得一个游戏对象成为父对象。一般都是发灰不可用的选项，如果使用，必须在层级视图（Hierarchy）中同时选择两个游戏对象，然后才可以使用本选项。你会发现操作后一个游戏对象在层级视图中会“消失”，成为另外一个游戏对象的子对象。 这种父子对象的操作在我们的游戏项目研发过程中非常常见，如图 3.7 所示。

图 3.7　本书实战项目 3：不夜城跑酷

读者可以观察图 3.7 中不夜城跑酷项目层级视图（Hierarchy）的组织结构，当前场景由成百个游戏对象组成。为了更好地组织管理、显示的更有组织规律性，我们一般把海量的游戏对象分成以下几大类：

- Player（主角）
- Eviroments（环境）
- UIManager（界面）
- _GameManager（游戏管理）

这样，通过以上安排，整个场景的所有游戏对象都会显示地井井有条，查找方便。这也是“父子对象”的一个典型应用。

3.1.2　项目（Project）视图

项目视图（Project）是存放整个游戏项目所有资源的区域，与之对应相比较的是层级视图（Hierarchy），它是存放与编辑当前场景（Scenes）的编辑区域。所以项目视图是整个游戏项目中非常重要的视图，我们可以在本视图中进行各种重要操作，如图 3.8 所示。

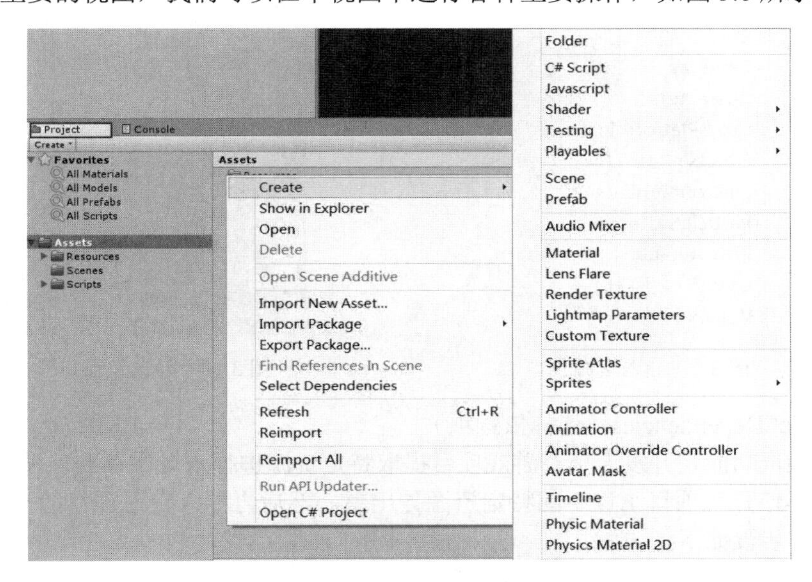

图 3.8　项目视图的操作项

➢　Create（创建各种资源）

创建目录（Folder）、脚本（C# Script）、材质（Material）、着色器（Shader）、动画状态机（Animator Controller）等

➢　Show In Explorer（显示当前资源所在目录）

如果你想获得特定目录所在计算机的目录结构位置，可以使用本功能来实现。

➢　Import New Asset（导入新的资源）

导入新的资源功能允许开发人员直接导入任意格式的文件类型。

➢　Import Package（导入包）

导入包功能允许开发人员导入 *. unityPackage 类型的文件。除了直接导入 Unity 公司内置资源包之外，还可以导入互联网，以及 Unity 公司提供的 AssetStore 上下载的第三方资源文件。

如图 3.9 所示，其中“Custom Package...”是导入本计算机硬盘中已经存在的 *.unityPackage 文件类型。这些特定资源其实都存在于 Unity 的安装路径中（注：“X:\（安装路径）\Unity2017.1\Editor\ Standard Assets”）。

➢　Export Package（导出包）

导出包功能是允许读者把一些优秀资源（例如，3D 模型、材质、脚本等）进行永久保存的一种机制。开发人员可以使用这种特性保存特定项目的全部或者部分资源，为自己的其

他项目所服务。具体操作读者需要在 Project 视图中选择特定的资源文件或者目录，然后单击鼠标右键在弹出的菜单中选择“Export Package”即可，如图 3.10 所示。

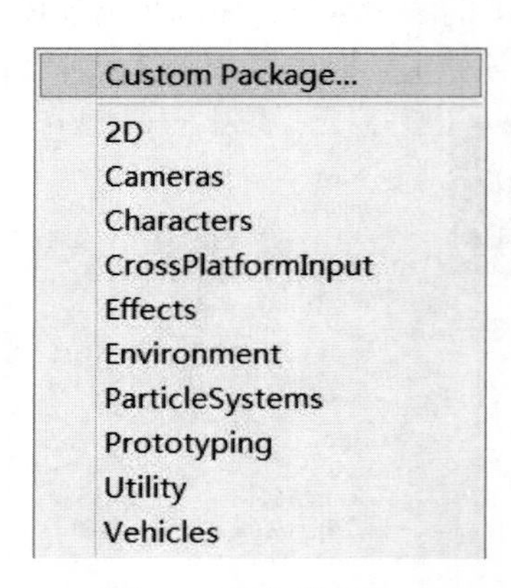

图 3.9　导入资源包

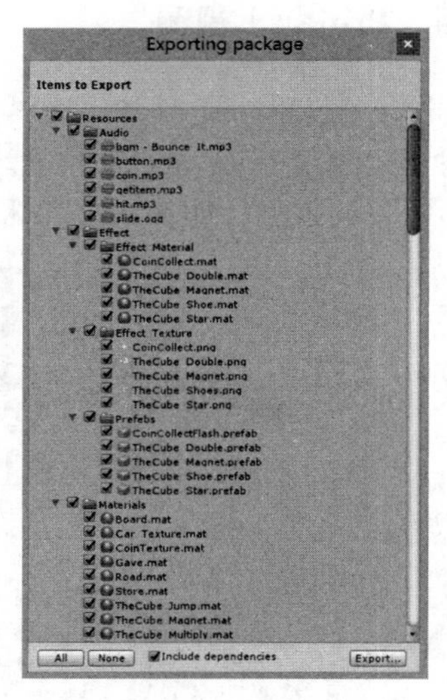

图 3.10　导出包窗口

➢　Select Dependencies（选择依赖项）

选择依赖项功能是开发人员对游戏项目提取特定资源进行永久保存的一种机制，它允许开发人员把其他开源项目工程中的特定资源导出后，然后再导入自己项目的一种方法实现。

具体操作步骤如下：

（1）选择一个资源（例如，“不夜城跑酷”项目中定位一个主角 3D 模型），如图 3.11 所示。

（2）鼠标右键选择“Select Dependencies”，然后就会发现项目视图中有多个资源被选中，即蓝色发亮显示，如图 3.12 所示。

（3）单击鼠标右键单击“Export Package”即可。

（4）把打包形成的*. unityPackage 文件保存到特定计算机的硬盘位置。

（5）打开自己的项目，可以使用“Import Package” 功能导入刚刚导出的资源，从而实现项目资源的转移与复用。

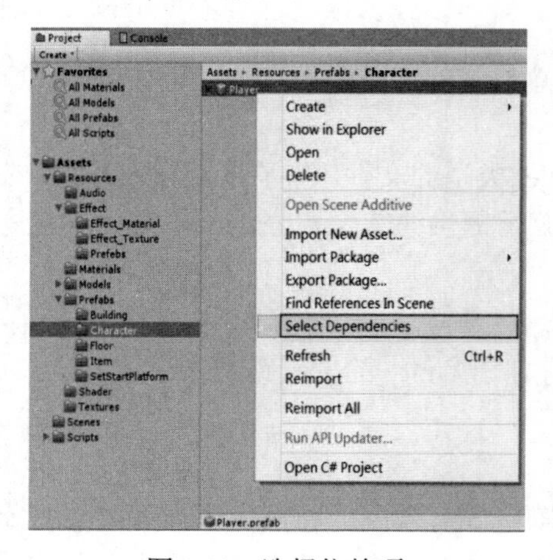

图 3.11　选择依赖项

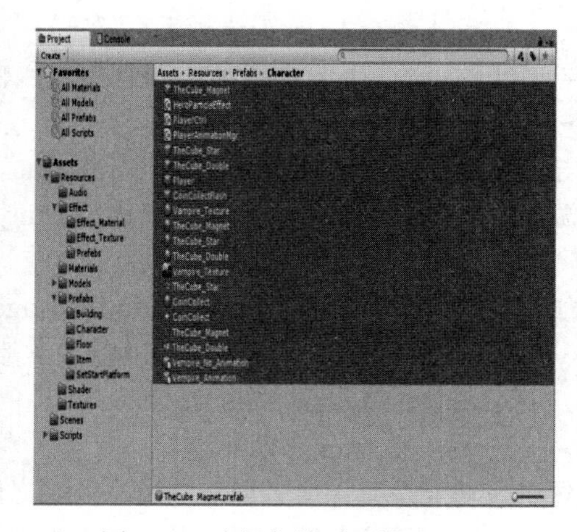

图 3.12　选择依赖项后的显示

➢　查找特定资源

如图 3.12 所示，读者可以在项目视图（Project）的最上方看到一个搜索栏，这个功能就是允许在一个较大项目中按照名称查找特定资源的一种手段。

3.1.3　场景（Scene）视图

场景视图的作用我们在第 2 章中简单介绍过，其作用就是提供给开发人员一个可视化的编辑界面。它与层级视图都是展现当前场景游戏对象的界面，不同之处是层级视图偏重于编辑功能（例如，修改游戏对象的名称），而场景视图的功能偏重于展现游戏对象的可视外观。

本节着重学习场景视图中的"快捷工具栏"（注：不是整个项目的快捷工具栏），如下图 3.13 所示。

图 3.13　场景视图的快捷工具栏

场景视图所属的快捷工具栏中有如下功能选项。

➢　Shaded（绘制模式设置）

Shaded（绘制模式设置）中有很多选项，几个常用重要选项如下所示。

■　Shaded　贴图模式

■　Wireframe　线框模式

■　Shaded Wireframe　贴图线框模式

■　Render Paths　渲染路径模式

■　Alpha Channel　透明度灰度数值通道

■　Mipmaps　模型贴图的渲染机制（通过对较远对象渲染较少纹理来提高渲染效率的机制）

其中，我们在开发过程中比较常用的模式是 Shaded 贴图模式，这也是默认显示模式。

Wireframe 线框模式允许开发人员可以看到一个只有线框组成的"世界"，这对于了解游戏对象本身组成的复杂度非常有用。因为我们所开发的游戏项目最终需要部署到 PC、手机、iPad 等游戏设备上，如果不注意游戏对象本身所组成的线框多少，则往往成为制约游戏运行"流畅度"最大的关键因素。这一部分的知识点我们会在后面的第 17 章着重进行讲解（见图 3.15）。

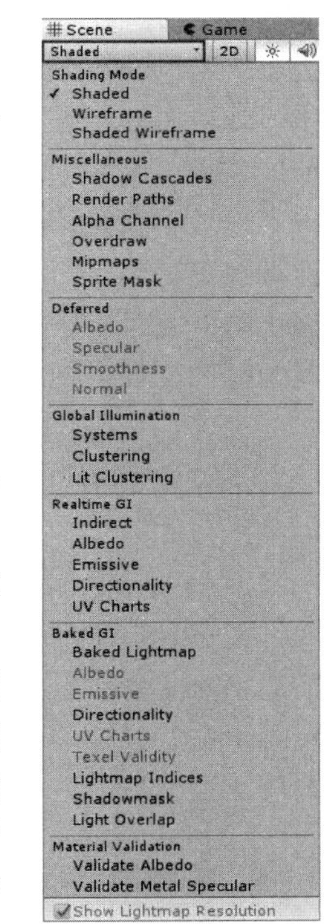

图 3.14　绘制模式

➢　3D 与 2D 模式转换

3D 与 2D 模式切换按钮最主要的作用就是在开发 2D 游戏或者 UI 项目的时候，大部分时候我们会使用 3D 的模式做 2D 场景，如图 3.16 所示。

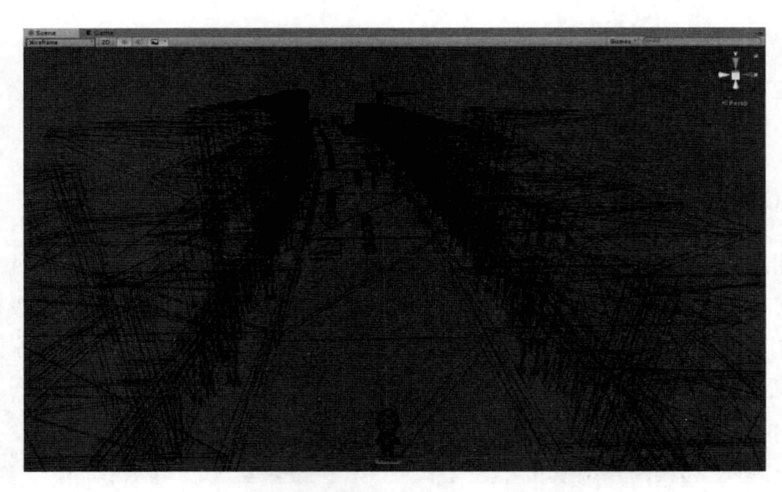

图 3.15　线框模式下的 3D 世界

图 3.16　3D 与 2D 模式转换

➢　特效显示开关

场景视图在编辑开发过程中，为了方便有时不需要显示部分内容，可以在场景视图中选择不显示。例如，我们给场景视图已经添加了“天空盒子”(注: 天空盒子的详细含义与使用详细参见第 4 章)，但编辑的时候有时候由于比较亮会影响其他游戏对象的显示，所以我们这个时候就可以选择不显示天空盒子，但是游戏视图（Game）中运行还是照样显示的（仅编辑的时候在场景视图中不显示），如图 3.17 所示。

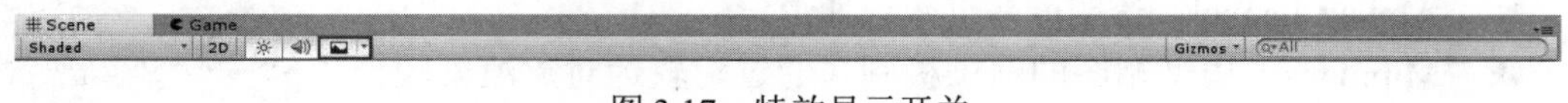

图 3.17　特效显示开关

➢　Gizmos 小物件设置

Gizmos 按钮可能是场景视图快捷工具栏中用得频率最多的工具按钮。我们可以通过调节 Gizmos 中 3D Gizmos 的滑动条在场景视图中放大与缩小场景中的光源与音频显示图标。我们也可以通过勾选“Show Grid”来控制场景视图中是否显示背景网格线等。参见图 3.18 与图 3.19 所示。

3.1.4　视图显示模式

场景视图中显示三维游戏对象，为了统一方位，Unity 给出了三维坐标陀螺的指示工具。此指示器不但提供游戏对象三维空间的方位，还可以切换 Perspective（透视）与 ISO（正交）显示模式。Perspective 是透视模式，也就是三维的一种显示方式，这也是默认显示方式。当我们需要以一种二维的视角去观察三维场景的时候，我们可以切换到正交模式进行查看，如图 3.20 所示。

图 3.18　Gizmos 设置

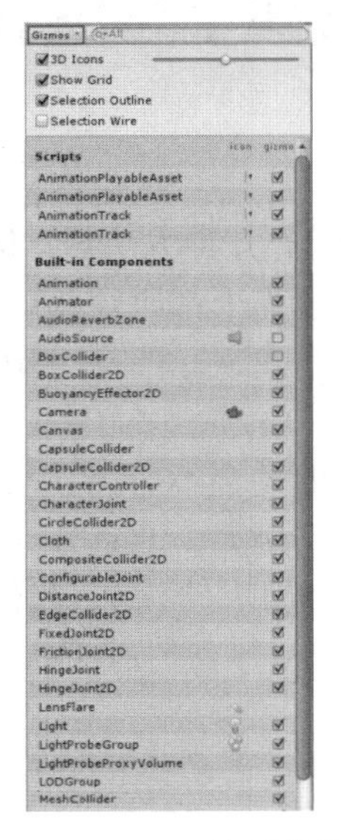

图 3.19　Gizmos 控制菜单

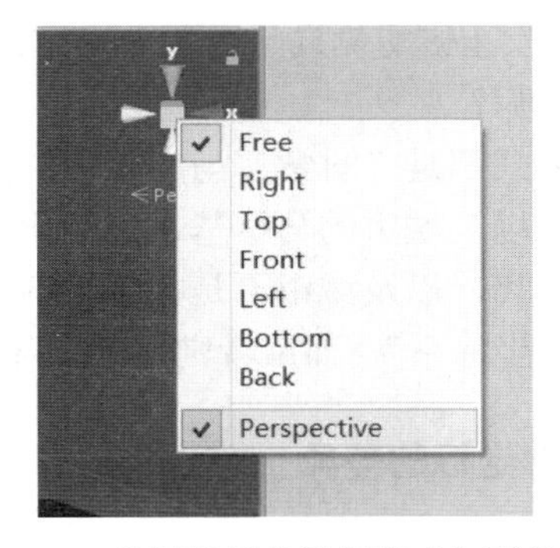

图 3.20　坐标陀螺的透视模式与正交模式

3.1.5　场景视图的查看与导航

为了更好地编辑与观察游戏场景，Unity 给出了如下编辑与查看手段。

➢　聚焦定位

我们可以在场景视图中双击一个游戏对象，或者单击一个游戏对象，按 “F”键进行聚焦定位。

➢　移动视图

在场景视图中使用鼠标左键整体移动整个场景，进行观察与编辑。

➢　缩放视图

如果我们需要把“镜头”拉近或者离远，可以使用鼠标中键或者使用 Alt+鼠标右键进行操作。

➢　旋转视图

Alt+鼠标左键或者直接用鼠标右键，可以旋转整个场景视图，以便于观察（注：两者的表现稍有不同，读者可以细心体会）。

➢　飞行穿越模式

Unity 提供了飞行穿越模式来更好身临其境地观察与查看我们已经做好的作品或者其他项目。方式是键盘的 W、S、A、D 键+鼠标右键。

3.2 世界、局部与左手坐标系

3.2.1 现实世界的“世界坐标”与“局部坐标”

在我们的日常生活中，如果需要给陌生人指路，一般都有几种方法呢？例如，外地人在北京的西单要去天安门，如何去呢？根据笔者的经验，一般男士都比较喜欢用“东南西北”给别人指路，而女士则更倾向于用“往前、左拐、右拐”等方式进行指路。哪种方式更加“正确”与“科学”呢？

其实两种方式都是“科学”与“正确”的，只是适用的场合不同。 一般前者比较适合有方向感的人，以及城市的马路基本都是正南正北的情况（例如，北京），而后者则比较适合指向较近的距离，以及城市不是完全正南正北的情况（例如，上海）。我们可以把前者理解为使用“世界坐标系”，而后者则是“局部坐标系”。

3.2.2 演示两种坐标的差异

在 Unity 中，关于 3D 游戏对象的位移与旋转也存在“世界坐标系”与“局部坐标系”之分。 我们来做如下实验。

实验步骤如下。

（1）新建一个场景，建立一个 Cube。

（2）给 Cube 旋转 45°，且为了增加可视性，添加一个直线光。

（3）选择项目“快捷工具栏”中“运行”按钮左边的显示 Global 与 Local 的按钮，分别单击 Global 与 Local 按钮，观察场景视图中 Cube 的不同变化。如图 3.21 与图 3.22 所示。

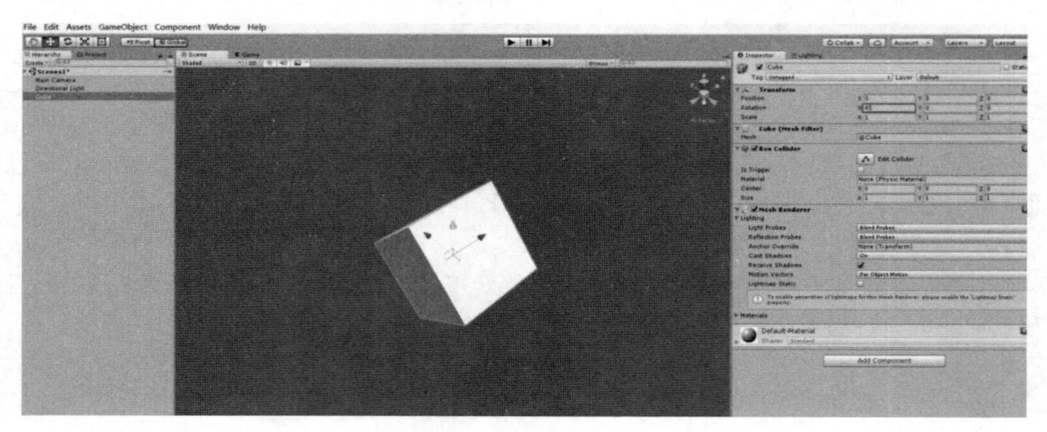

图 3.21　定义世界坐标系

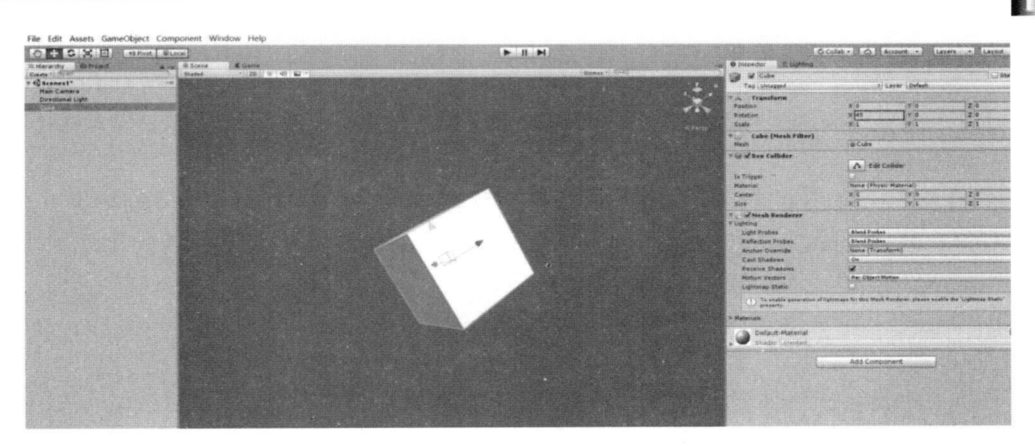

图 3.22　定义局部坐标系

（4）在两种模式下分别拖曳 Cube 进行位移，观察其不同的位移变化？以上的实验结果表明了什么？ 请读者跟随操作，做出合理的解释。

3.2.3　使用脚本方式演示差异

现在我们学习使用脚本程序的方式演示世界与局部坐标系的不同。

观察图 3.23 所示的脚本程序。指令“this.transform.Translate(new Vector3(0F,0F,1F), Space.Self);”为局部坐标系，指令“this.transform.Translate(new Vector3(0F,0F,1F),Space.World);”为世界坐标系。其不同之处在于，Space 这个“枚举”类型的参数运用（注：使用脚本程序的方式时，其场景视图中关于 Global 与 Local 的按钮同时失效，即程序控制游戏对象的优先级高）。

```
23      void Update()
24      {
25          /*    移动脚本,学习世界坐标系与局部坐标系 */
26          if (Input.GetKey(KeyCode.W))
27          {
28              //局部坐标系
29              this.transform.Translate(new Vector3(0F, 0F, 1F), Space.Self);
30              this.transform.Translate(new Vector3(0F, 0F, 1F)); //不写Space参数则默认为局部坐标系
31              //世界坐标系
32              this.transform.Translate(new Vector3(0F,0F,1F),Space.World);
33              //简化写法(使用Vector3 类的属性方式)
34              this.transform.Translate(Vector3.forward, Space.World);
35          }
36          else if (Input.GetKey(KeyCode.S))
37          {
38              //局部坐标系
39              this.transform.Translate(new Vector3(0F, 0F, -1F), Space.Self);
40              this.transform.Translate(new Vector3(0F, 0F, -1F));
41              //世界坐标系
42              this.transform.Translate(new Vector3(0F, 0F, -1F), Space.World);
43              //简化写法
44              this.transform.Translate(Vector3.back, Space.World);
```

图 3.23　世界与局部坐标系实现游戏对象移动

❖ 温馨提示

需要特别指出的是，以上脚本（见图 3.23）中关于使用键盘按键向前（W）与向后（S）两个 if 中的代码，4 行代码是不能同时出现的，在具体运行调试的时候需要注释掉其余三行指令。

3.2.4　什么是“左手坐标系”

学习“世界与局部坐标系”关于游戏对象发生位移的指令代码后，我们来学习关于游戏对象的旋转代码实现。

图 3.24 中给出的代码，测试运行后发现游戏对象进行了旋转运动（注：Input.GetMouseButtonDown(0)代码表示获取鼠标左键，详细参见第 3 章的 3.3 节脚本知识入门章节）。但是如何控制游戏对象旋转的方向呢？

```
47            //左手坐标系
48            if (Input.GetMouseButton(0))
49            {
50                this.transform.Rotate(Vector3.up, Space.World);
51            }
52            else if (Input.GetMouseButton(1))
53            {
54                this.transform.Rotate(Vector3.down, Space.World);
55            }
```

图 3.24　游戏对象的旋转

细心的读者一定会发现把代码“this.transform.Rotate(Vector3.up,Space.World);”中的 Vector3 类的属性如果分别改为 up、down、forword、back、left、right 则会得到不同的旋转方向的运行结果。 但是游戏对象与脚本代码之间是否有规律可循呢？经过一段时间会发现这个规律：左手坐标系规则，把你的左手抬起攥拳，且伸出大拇指。大拇指指向的方向与脚本中 Vector3 的属性相同，即 up 表示大拇指向上指向，down 则是大拇指向下指向，以此类推…，则左手 4 指弯曲的指向就是游戏对象旋转的方向。

3.2.5　使用控制台(Console)窗口进行代码调试

我们在开始学习写代码的时候，往往需要研究程序代码的运行顺序问题。在 C#语言中有 Console.WriteLine()可以做打印调试使用，但是 Unity 中能用吗？答案是否定的，但我们可以使用 Unity 提供给我们新的调试方式 Debug.Log()，如图 3.25。

```
47            //左手坐标系
48            if (Input.GetMouseButton(0))
49            {
50                Debug.Log("开始顺时针旋转");
51                this.transform.Rotate(Vector3.up, Space.World);
52            }
53            else if (Input.GetMouseButton(1))
54            {
55                Debug.Log("开始逆时针旋转");
56                this.transform.Rotate(Vector3.down, Space.World);
57            }
```

图 3.25　控制台输出代码

图 3.25 中的第 50 行与 55 行代码就是打印语句，我们可以在 Unity 中的 Console 输出控制台看到输出结果，如图 3.26 所示。

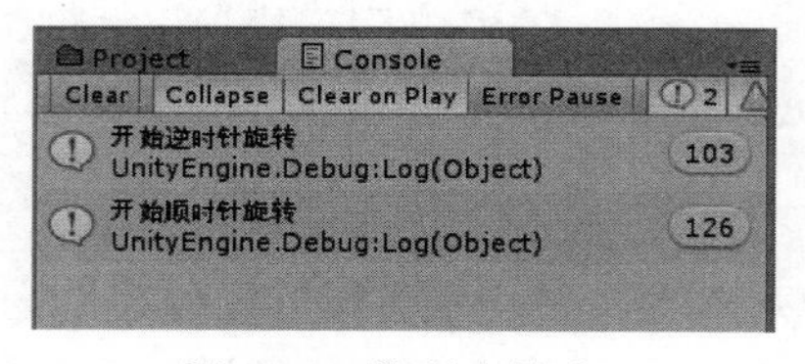

图 3.26　控制台输出

3.3　脚本知识入门

3.3.1　键盘与鼠标输入代码

我们在前面的两节课程中已经看到了部分关于键盘与鼠标的演示，现在就这部分再详细叙述。

键盘输入代码如表 3.1 所示。

表 3.1　键盘输入

代　码	含　义
Input.GetKey(KeyCode.W);	单击一直返回 True
Input.GetKeyDown(KeyCode.W);	键盘按下才返回 True
Input.GetKeyUp(KeyCode.W);	键盘按下松手后才返回 True

鼠标输入代码如表 3.2 所示。

表 3.2　鼠标输入

代　码	含　义
Input.GetMouseButton(0);	鼠标左键单击一直返回 True
Input.GetMouseButtonDown(0);	鼠标左键按下才返回 True
Input.GetMouseButtonUp(0);	鼠标左键按下松手后才返回 True

注：GetMouseButton 后的参数 0 还可以使用 1、2，分别表示鼠标右键与滚轮。

3.3.2　环绕旋转

RotateAround(v1,v2,angle)：元素围绕着世界坐标的 v1 点采用 v2 向量旋转 angle 角度。

案例：Update 中 transform.RotateAround(Camera.main.transform.position,Vector3.up,1F);

游戏对象围绕着摄像头进行环绕旋转运动。

例如，图中的代码表示此脚本所挂载的游戏对象环绕指定的游戏对象方位进行旋转。

```
12      public Transform TraTarget;                    //环绕旋转的目标对象
13
14      void Update ()
15      {
16          this.transform.RotateAround(TraTarget.position, Vector3.up, 1F);
17      }
```

图 3.27　环绕旋转代码示例

3.4　小项目开发：地球环绕太阳旋转

经过以上 3D 模型基础知识的学习与练习，相信大家已经具备了简单的脚本编程能力，那我们来做一个小项目开发，检验一下自己的能力吧。下面先来给出一个示例截图，如图 3.28

与图 3.29 所示。

图 3.28　地球环绕太阳旋转(A)

图 3.29　地球环绕太阳旋转(B)

具体开发步骤如下所示。

- 步骤 1：新建一个项目，在层级视图中添加 3 个 Sphere（球体），分别命名为 Sun（太阳）、Earth（地球）、Moon（月亮）。调整摄像机方位，保证在 Game 视图中可以看到 3 个球体。如图 3.30 所示。

图 3.30　建立基本模型

- 步骤 2：为了使得 3 个星体看起来比例协调，我们把 3 个球体 Sun、Earth、Moon 对象分别放大 10 倍、3 倍、1 倍，即修改游戏对象 Transform 组件中的 Scale 属性。
- 步骤 3：调整摄像机的远近，使得可以完整地拍摄 3 个游戏对象。把 Moon 对象作为 Earth 的子对象。
- 步骤 4：编写脚本 SelfRotation.cs 与 RotationAroundFromTarget.cs，如图 3.31 和图 3.32 所示。

```
1  /***
2   *
3   *  Title: 自转脚本
4   *
5   *
6   */
7
8  using System.Collections;
9  using System.Collections.Generic;
10 using UnityEngine;
11
12 public class SelfRotation:MonoBehaviour
13 {
14     //旋转的速度
15     public float FloRotationSpeed = 1F;
16
17     void Update()
18     {
19         this.transform.Rotate(Vector3.up * FloRotationSpeed, Space.World);
20     }
21 }//Class_end
```

图 3.31　自转脚本

```
1  /***
2   *
3   *  环绕旋转
4   *
5   *
6   */
7
8  using UnityEngine;
9  using System.Collections;
10
11 public class RotationAroundFromTarget : MonoBehaviour {
12     public Transform TraTarget;                  //环绕旋转的目标对象
13     public float FloRotationSpeed = 1F;          //环绕旋转的速度
14
15
16     void Update()
17     {
18         this.transform.RotateAround(TraTarget.position, Vector3.up, FloRotationSpeed);
19     }
20 }
```

图 3.32　环绕旋转脚本

- 步骤 5：SelfRotation.cs 脚本分别给 3 个“天体”都添加。RotationAroundFromTarget.cs 脚本给 Earth 与 Moon 添加。其中的公共字段需要在编辑器中进行赋值，否则会报“UnassignedReferenceException”错误（注：未分配引用异常），单击快捷工具栏中的“运行”按钮，进行测试，如图 3.33 所示。

图 3.33 游戏对象附加脚本运行结果

- 步骤 6：经过测试，我们的 3 大“天体”已经可以运行起来了，地球围绕太阳旋转、月亮环绕地球旋转，同时 3 大天体也在自旋转。
- 步骤 7：现在的“天体”可以运行，但是不够“完美”，我们需要进行美化处理。我们在项目视图中建立 Resources 目录，在其下分别建立 Materials 与 Textures 目录。一个放置“材质”，一个放置“贴图”（注：通俗地讲就是图片）。我们在硬盘中导入 3 张贴图，也可以在项目视图中单击鼠标右键，使用“Import New Asset…”来导入。
- 步骤 8：单击鼠标右键→Create→Material，定位到 Resources 下的 Materals 目录。分别建立三个材质，即 Sun、Earth、Moon，如图 3.34 所示。
- 步骤 9：分别给 3 个材质，在属性窗口（Inspector）的 Main Maps→Albedo 属性中，进行贴图赋值。

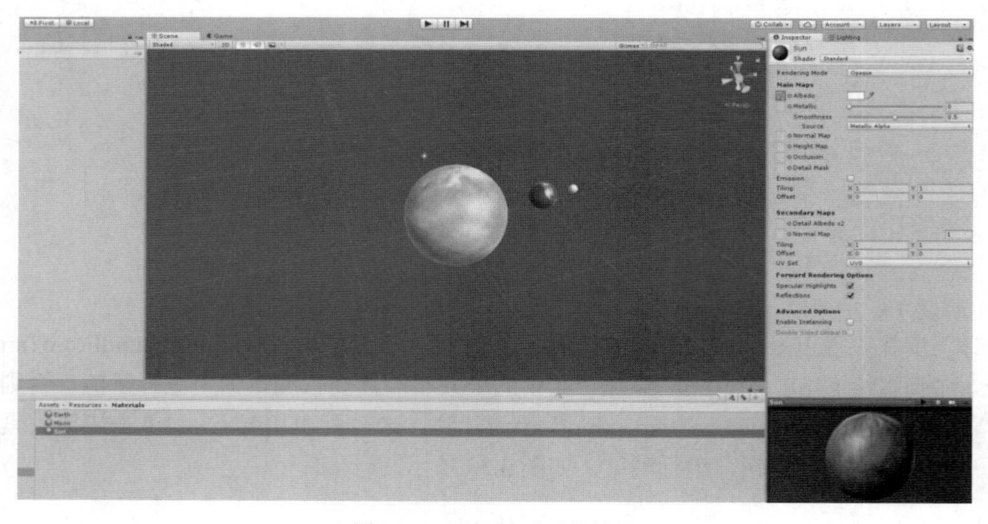

图 3.34 添加材质后的效果

- 步骤 10：运行程序，效果就大不同了，现在我们更上一层楼，做最后的美化处理。

（1）定位层级视图的 Sun 对象，然后在属性窗口中添加 Add Component→Effects→Halo 组件。

（2）调整 Halo 组件的 Color 与 Size 属性，以及摄像机的方位。

（3）鼠标定位层级视图中的 Main Camera，然后在属性窗口中调整 Background 为偏黑色。

（4）去掉天空盒子，单击 Window 菜单，打开 Lighting 窗口。定位 Environment-->Skybox Material 去掉默认的天空盒子贴图即改为 None。最后我们得到如图 3.35 的最终效果图。

图 3.35　最终的效果图

3.5　本章练习与总结

本章我们进一步学习了编辑器各项的功能，以及 3D 模型的基础操作，世界、局部左手坐标系等概念，最后使用脚本开发一个微型的小项目：　地球围绕太阳旋转。

经过本章的学习，读者应该对 Unity 的入门有了更加清晰的认识，好好努力，一鼓作气，继续把剩下的篇章学习完毕吧。读完全书，以及认真研磨书籍开头部分的实战项目篇（4 个项目），你就会蜕变成为合格的 Unity 开发工程师了！

3.6　案例开发任务

从本章开始读者就有新的“任务”了！笔者按照案例化教学的宗旨，给读者提供了 4 个大型游戏开发案例。通过本案例的跟随实际开发，你能学习到更多企业游戏项目开发经验。本书籍每章节的最后部分，就是综合学习已经掌握的知识点来开发中大型游戏案例的。

- 任务 1：通过本章学习的“视图显示模式（透视模式与正交模式）”分别观察本书配套资料实战项目中的“不夜城跑酷”与“生化危机”项目。了解这两个项目都属于什么类型的游戏项目？都使用了哪些技术？
- 任务 2：通过本章学习的“场景视图导航”技术对“不夜城跑酷”与“生化危机”项目进行场景导航观察。熟练运用聚焦定位、移动视图、缩放与旋转、飞行穿越等视图模式。参见实战项目篇中的“项目 3（27）”与“项目 4（7）”截图。

第 4 章
地形编辑器

❍ 本章学习要点

欢迎来到本章开始学习之旅，这一章开始带领大家在不编写代码的情况下毫不费力地建立属于自己梦想中的“阿凡达世界”：花草、树木、河流、山川、海洋、星球……

这得益于 Unity 内置强大完善的地形编辑器系统，再配合后面两章关于光源与音频系统的学习，我们梦想中的虚拟世界触手可得！

本章我们先从创建基本的地形系统开始学习如何构建常见的高山、高原、洼地、河流等地形系统，然后开始增加绚丽的天空、各种水型的比较使用、风力系统的模拟，以及地形系统的丰富设置等。

❍ 本章主要内容

- 创建基本地形
- 观察虚拟世界
- 扩展地形编辑
- 本章练习与总结
- 案例开发任务

4.1 创建基本地形

在开始学习创建自己地形系统的时候，先来欣赏一下用 Unity 地形系统开发出的美丽三维“虚拟世界”吧，如图 4.1～图 4.5 所示。

图 4.1　废弃的生化禁区

图 4.2　冰冷的世界

图 4.3　美丽的魔幻世界

图 4.4　美丽的海岛

图 4.5　虚拟现实技术

我们先从建立最基本的地形系统开始，从引入地形系统组件、绘制地形的贴图纹理、开发各种常见地形系统、种植树木与花草、使用第三或者第一人称观察虚拟的世界，这部分我们分 10 个步骤进行叙述讲解。操作步骤如下所示。

- 步骤 1：我们首先在层级视图中单击鼠标右键，创建 Terrain（见图 4.6）。
- 步骤 2：在场景视图中立即就能看到我们创建的 Terrain（地形系统组件）了，但是灰白色的（注：专业术语是“白模”），如图 4.7 所示。
- 步骤 3：我们需要绘制地形的纹理，即地形的材质，需要在项目视图中导入 Unity 的资源包，或者也可以使用第三方的资源纹理（见图 4.8）。
- 步骤 4：我们导入“Terrain Assets”后，在项目视图的 Standard Assets-->Environment 目录下出现了我们开发地形系统中所必需的资源文件（SpeedTree、Terrain Assets 、Water 等）如图 4.9 所示。

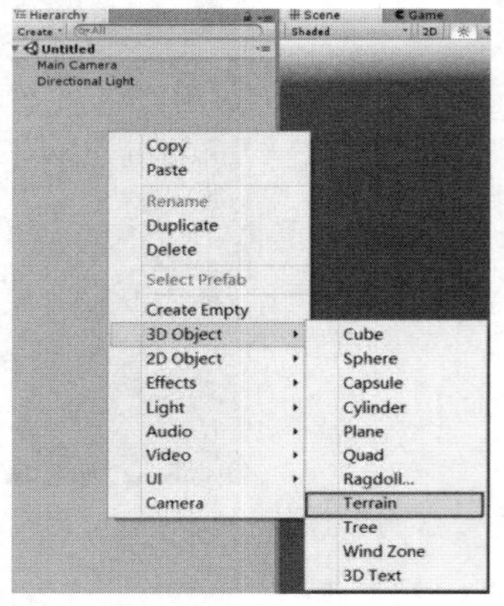

图 4.6　创建 Terrain 命令

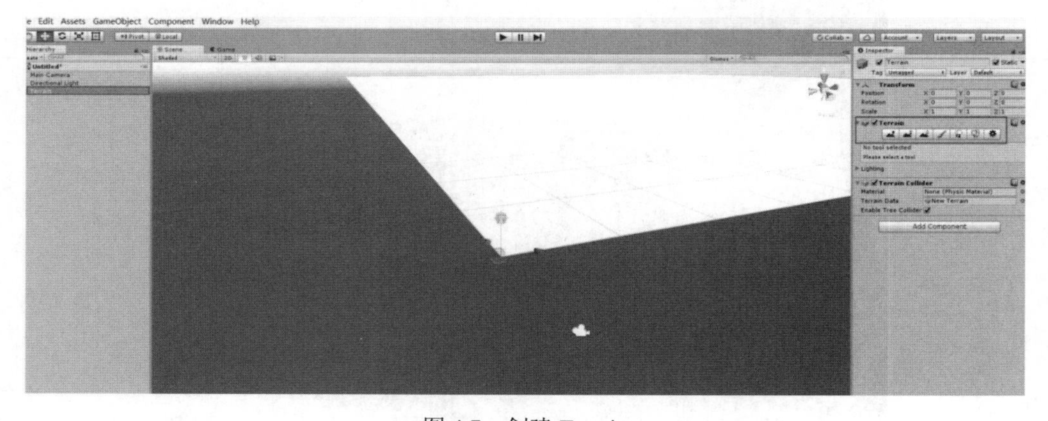

图 4.7　创建 Terrain

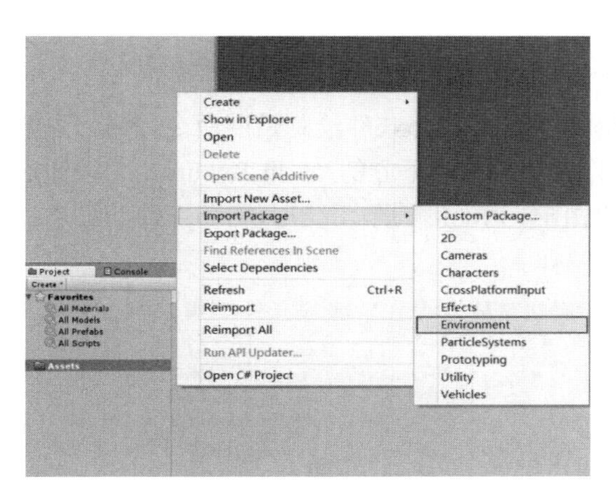

图 4.8　导入 Environment 包资源

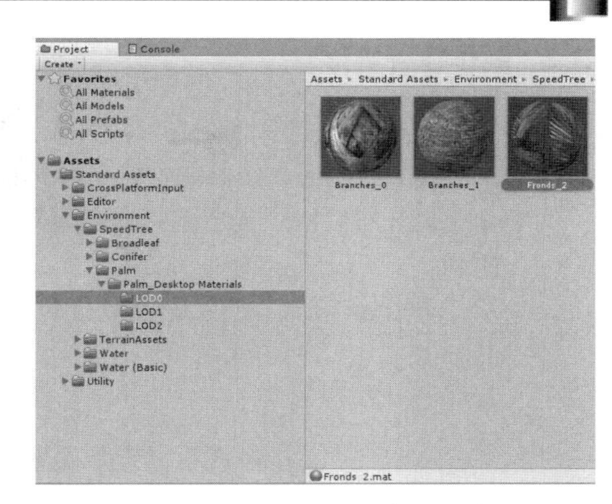

图 4.9　Environment 资源文件

4.1.1　绘制贴图纹理

- 步骤 5：单击层级视图中的 Terrain 组件，在其属性框中列出了并排的 7 个按钮，从左到右依次进行说明，如表 4.1 与图 4.10 所示。

表 4.1　Terrain 组件的 7 个重要属性按钮

按　　钮	含　　义
Raise/Lower Terrain	抬升与下陷地面
	单击抬升地形，同时按住 Shift 键则下陷地形
Paint Height	绘制高度
	同时按住 shift 键则绘制“等高度”地形
Smooth Height	平滑高度
	绘制且平滑（削平）山峰
Paint Texture	绘制贴图
	选择贴图，点击绘制
Place trees	放置树木
	同时单击 Shift 键清除树木。单击 Ctrl 清除指定选择的树木类型
Paint Details	绘制细节（主要为花草等）
	同时单击 Shift 键清除花草。单击 Ctrl 清除指定选择的花草类型
Terrain Settings	地形设置

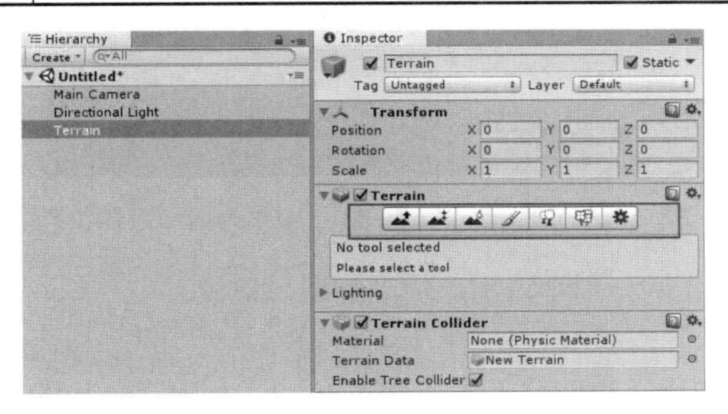

图 4.10　Terrain 组件属性按钮

4.1.2 制作各种地形

- 步骤 6：我们首先使用左数第 4 个按钮的“Paint Texture”绘制贴图命令按钮，先给“白模”的地形系统绘制特定的地形贴图纹理。单击下方的“Edit Textures...”按钮选择贴图，然后依照提示选择自己喜欢的贴图作为地形的贴图纹理，如图 4.11 与图 4.12 所示。

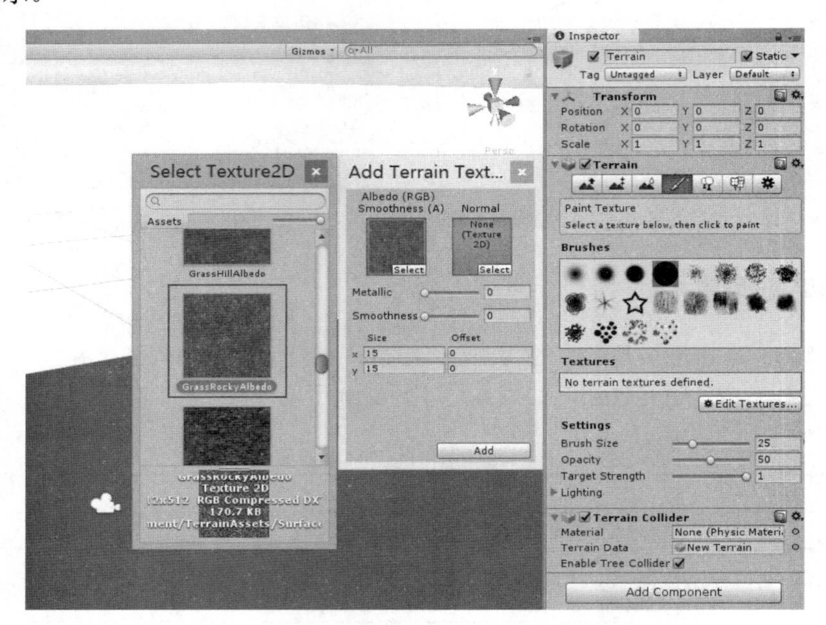

图 4.11 选择 GrassRockAlbedo 贴图作为地形贴图

图 4.12 选择 GrassRockAlbedo 贴图作为地形贴图纹理效果

- 步骤 7：现在我们分别学习制作常见的地形地貌。
- 高山类型

我们选择 Terrain 组件左数的第一个按钮“Raise/Lower Terrain”来制作高山。本按钮下方的 Settings→Brush Size 与 Settings→Opacity 分别代表画刷的粗细与强度（注：本部分需要读者反复多操作，才能灵活掌握使用技巧），如图 4.13 所示。

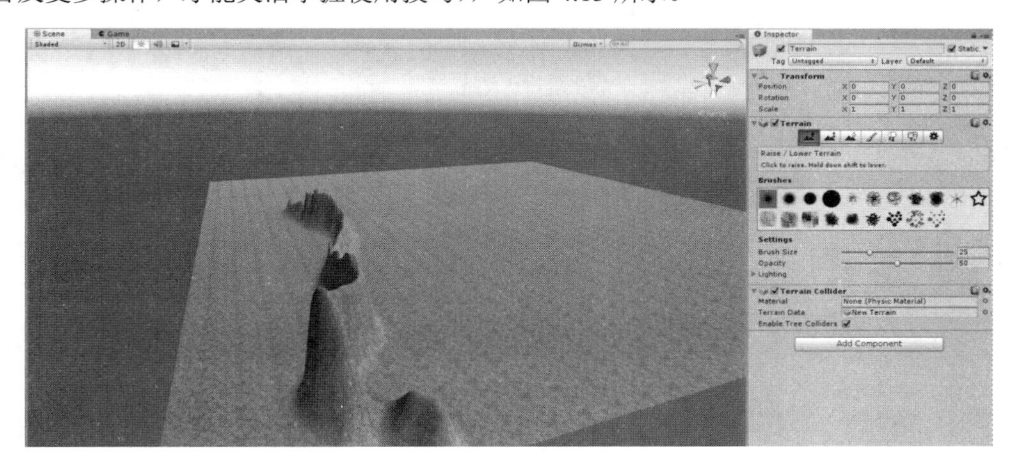

图 4.13　制作高山类型地形

● 高原、平原类型

选择 Terrain 组件左数的第二个按钮“Paint height”来制作高原、平原、梯田等这些具备“等高度”特性的地形系统。本按钮下方的 Settings→Heightd 代表需要制作的等高数值（单位为米）。需要特别注意的是，Height 属性右边的“Flatten” 按钮代表整个地形按照规定的数值做整体抬升，目前不要选择，否则前面做的地形将全部消失，如图 4.14 所示。

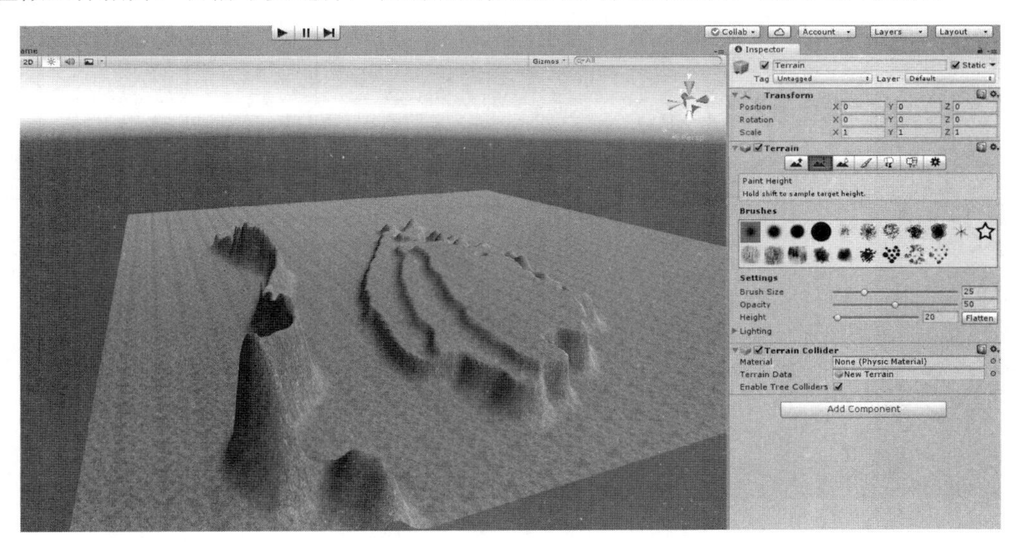

图 4.14　制作高原类型地形

● 洼地、盆地类型

综合使用“Raise/Lower Terrain”与“Paint height”两个按钮，就可以制作出我们需要的洼地与盆地地形，具体方法请读者思考来完成，如图 4.15 所示。

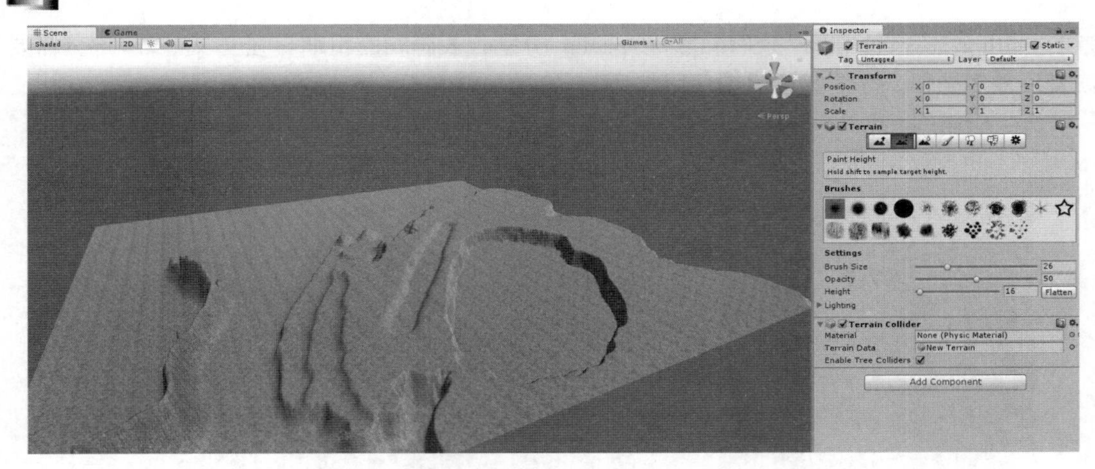

图 4.15　制作洼地与盆地类型地形

- 河流类型

制作河流类型的地形，其原理与上述基本相同，基本思路是先统一抬高地形，然后使用“Raise/Lower Terrain”按钮，同时按住 Shift 按键进行下陷处理且移动鼠标来完成，如图 4.15 所示。

- 海洋、湖水类型

制作海洋与湖水等大面积下陷地形，可以先使用“Paint height”按钮下方的“Flatten”整体抬升地形，然后使用“Raise/Lower Terrain”按钮同时按住 Shift 键进行勾勒地形的操作，最后导入 Unity 的水体包（注：“Water(Pro Only)”资源包）放置水体即可，如图 4.16 和图 4.17 所示。

图 4.16　制作海水、湖泊类型地形(A)

注：图 4.17 中导入的 Unity 水体包含多种类型，笔者选择“Water4Advanced”作为演示示例，读者可以多测试其他水体发现其不同的应用场景。需要注意的是，图 4.17 中我们的水体是放大 50 倍的，默认水体比较小。

图 4.17　制作海水、湖泊类型地形(B)

4.1.3　种植树木与花草

- 步骤 8：现在我们开始学习如何种植树木与花草，其操作方式两种比较接近。我们以种植树木进行讲解，首先选择左数第 5 个按钮的“Trees”，然后选择“Edit Trees”→“Add Trees”选择你要的树木类型。虽然 Unity 默认提供给我们的只有几种树木（与花草资源），但是 Unity 允许我们可以添加第三方的外部资源，所以读者可以使用完内置资源后，使用本章附送的更多花草资源进行练习，如图 4.18 所示。

图 4.18　种植树木与花草

4.2　观察虚拟世界

- 步骤 9：到目前为止，我们开发的地形系统只能远远地去看，但是近距离观察与感受是否对于了解我们制作的虚拟世界更有好处呢？答案是肯定的，我们接下来在项目视图中导入一个 Unity 内置的“Characters”角色包。我们定位这个角色包，发现 Unity 给我们提供了两种角色（第一与第三人称）与一个球体预制体。为了更好地观察这个虚拟世界，我们采用第三人称。需要特别注意的是，这里必须把主摄像机作为第三人称的子节点，当作角色的“眼睛”，随着角色的移动而观察世界。具体如图 4.19～4.21 所示。

图 4.19　添加第三人称角色

图 4.20　主摄像机作为第三人称的子节点

图 4.21　第三人称角色观察美丽海岛世界

4.3　扩展地形编辑

- 步骤 10：具体如下所示。
- 设置风力区域

步骤如下：

（1）在层级视图中单击鼠标右键，单击“3D Object”→“Wind Zone”（风力区域）。

（2）一般 Unity 新添加的组件的位置都在（0,0,0）位置点，即游戏对象的空间位置（0,0,0），所以要调整合理的方位到地形上方。

（3）一般受“WindZone”影响比较明显的是“树木”，调节 WindZone 组件属性中的“Main”为 1～10 之间的一个合理数值。

（4）测试效果，如果没有达到预想的理想效果，改变以上的相关参数到一个合理数值即可，如图 4.22 所示。

图 4.22　设置海岛的风力区域

- 地形设置窗口

单击 Terrain 组件属性窗口中的第 7 个“Terrain Settings”按钮，可以改变 Terrain 地形的各种属性信息，其中用得最多的是地形系统的长、宽与最大高度的设置，如图 4.23 所示。

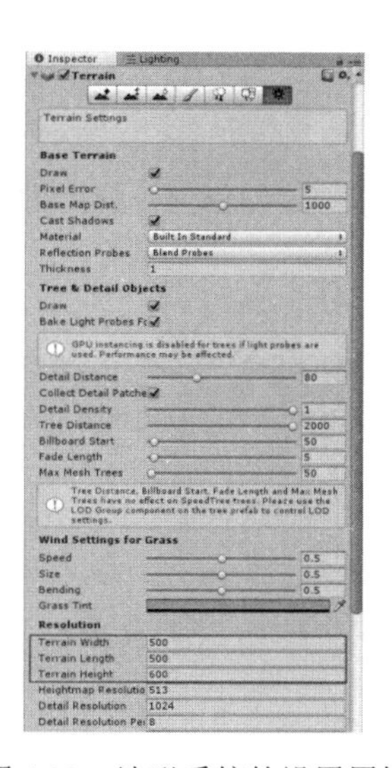

图 4.23　地形系统的设置属性

- 创建自定义树木

在层级视图中单击鼠标右键，单击“3D Object”→“Tree”。

一般树木的制作步骤如下。

（1）基本树干建立。选择树木的主干→主干上创建树木的枝干。Distribution 选择为“Whorled“（生长方式），设置 Frequency（数量）为 30。

（2）使得枝干向上生长。选择枝干节点，调节 Growth Angle（生长角度）的值为 0.6（注：向上生长），如图 4.24 所示。

（3）为枝杈添加树叶，且调节树叶的尺寸。

（4）分别为树皮、树叶添加材质（注意：Unity 没有内置的自定义树材质，请使用本章节附送的学习资源进行练习）。

分别选择树木的主干、枝干，以及叶子节点的属性 Branch Material、Material 添加准备好的材质，如图 4.25 所示。

图 4.24　自定义树木基本设置

图 4.25　自定义树木设置完毕

4.4　本章练习与总结

笔者带领大家先从地形组件（Terrain）介绍开始，介绍组件的基本属性与典型地形的制作方法。然后我们学习如何使用 Unity 提供给我们的第一人称/第三人称工具来观察我们开发制作的这个虚拟世界，最后我们学习风力区域、自定义树木、地形设置等内容。

通过本章的学习，读者基本了解了地形编辑组件的基本使用，剩下的时间大家开动脑筋结合目前市面常见的游戏类型（射击、冒险、RPG 等游戏）来制作自己理想的地形系统吧。

4.5　案例开发任务

结合目前学习的内容，以及本章附送的一些资源，开发属于你自己的“生化危机”项目地形系统，参考多张效果图，如图 4.26～4.28 所示。

图 4.26　“生化危机”项目白天野外场景 A

图 4.27　“生化危机”项目白天野外场景 B

图 4.28　“生化危机”项目黑夜野外场景

第5章 光 源

○ **本章学习要点**

上一章中我们学习了Unity地形系统的制作与相关方法等，然后在最后“案例开发任务”中要求读者开发出分属白天与黑夜的美丽海岛自然风景。

那么本章笔者开始介绍Unity的“光源”系统，进一步丰富与完善我们的虚拟海岛世界。

○ **本章主要内容**

- 概述
- 光源的分类与重要参数
- 典型光源场景制作
- 本章练习与总结
- 案例开发任务

5.1 概述

Unity 系统中内置了 4 种光源类型：直线光（Directional light）、点光源（Point）、聚光灯（Spot）、区域光（Area Light），每一种灯光类型的适用范围不同。

- 直线光（Directional light）

直线光可以照射无限空间范围，一般常用作模拟虚拟世界的太阳光线（见图5.1）。

- 点光源（Point）

点光源类似我们日常生活中的灯泡，光源可以向四面八方进行照射,它们是电脑游戏中最常用的灯光，通常用于爆炸、灯泡等（见图5.2）。

- 聚光灯（Spot）

聚光灯只在一个方向上，在一个圆锥体范围发射光线。它们一般用在手电筒、汽车的车头灯、路灯等（见图5.3）。

- 区域光（Area[baked only]）

该类型的光源无法应用于实时光照，仅适用于“光照烘焙”，具体参看第 6 章的“光照烘焙技术”（见图5.4）。

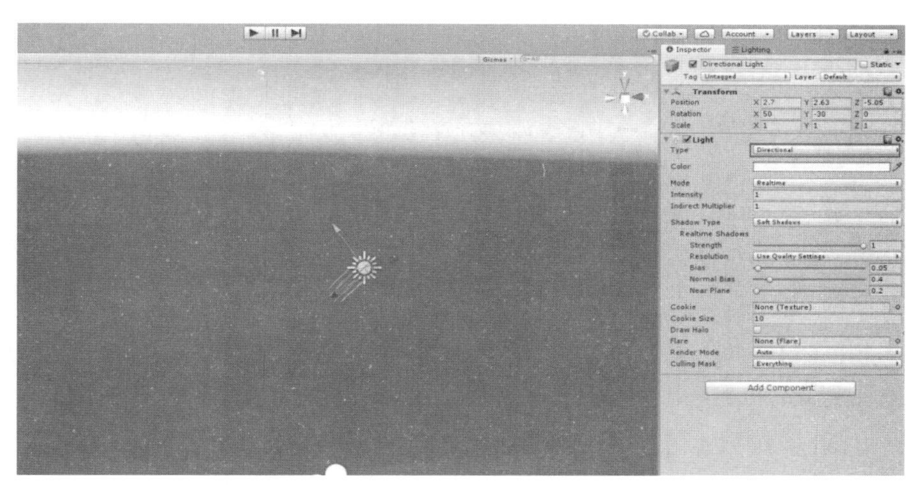

图 5.1　直线光（照亮整个区域）

图 5.2　点光源

图 5.3　聚光灯光源

图 5.4　烘焙光源

❖ 温馨提示

在 Unity 2017 版本中，在定位层级视图（Hierarchy）中单击鼠标右键，或者是打开菜单 GameObject→Light，还有“Reflection Probe”与“Light Probe Group”两个选项，分别是“反射探针”与“光照探头组”。这部分内容我们放在下一章（即第 6 章光照烘焙技术）进行详细讲解。

5.2　光源的分类与重要参数

Unity 内置的 4 种光源类型：直线光（Directional light）、点光源（Point）、聚光灯（Spot）、以及区域光（Area[仅用于烘焙]），其公共属性如表 5.1 所示。

表 5.1　光源属性

属　性	含　义
Type	光源类别 允许用户更改光源的类别
Range	范围 用于控制光线从光源对象中心发射的距离，只有点光源和聚光灯具备该参数
Spot Angle	锥形角度 用于控制光源的锥形范围，只有聚光灯有该参数
Color	用于调节光源的颜色 光线的强度可以很好地模拟自然世界的早晨、中午、晚间的不同光照效果
Intensity	光源强度 控制光源的强度、聚光灯，以及点光源的默认值是 1，方向光默认值是 0.5
Cookie	用于为光源指定拥有 alpha 通道的纹理，作用是光线在不同地方有不同的亮度 如果光源是聚光灯或方向光，可以指定一个 2D 纹理。而如果是一个点光源，必须指定一个 Cubemap（立方体纹理）
Shadow Type	光源投射的阴影类型 一般有 3 个选项： No Shadow、Hard Shadows、Soft Shadows，分别对应没有阴影、硬阴影、软阴影

续表

属　性	含　义
Flare	设置光源粒子效果
	—
Render Mode	光源的渲染模式
	—
Culling Mask	光照过滤
	通过层可设置某些贴图只接受指定“层”的光照影响
Lightmapping	设置光照贴图的模式
	—
Draw halo	是否在点光源中使用白雾效果

5.3　典型光源场景制作

光源的应用场景中一般分为以下 3 类：白昼场景、夜晚场景、封闭空间场景。我们现在重点就前两种场景对于光源的使用来做探讨。

➢　白昼场景

我们做射击、RPG、虚拟现实等项目的时候，用得最多的场景为室外白昼场景，其制作方法如下（效果见图 5.5 和 5.6）。

（1）添加直线光，调节直线光的角度、强度、颜色等（注：直线光的照射范围无限大，所以直线光的位置不重要）。

（2）添加白昼的天空盒子（Unity 2017 存在默认天空盒子，如果需要更改，则打开 Lighting 窗口的 Environment->Skybox Material 属性更换天空盒子）。

（3）必要的时候为了使得白昼更逼真，我们来添加“镜头耀斑”效果。

① 确保摄像机已经添加了 FlareLayer 组件。

② 导入 Unity 内置资源包“Effects”（注：具体导入包方法前面已经介绍过了，方法略）。

③ 把镜头耀斑资源（例： 50mm Zoom）赋值给直线光的“Flare”属性中。

④ 产生镜头耀斑的直线光对象需要在摄像机视锥体（摄像机的可视范围）内。另外，推荐导入第一人称，更好地观察耀斑效果。

❖ **温馨提示**

如果天空盒子中有“太阳”贴图，需要在场景视图中旋转直线光的角度，使其与“太阳”图像的位置重合，否则天空盒子中会出现两个“太阳”。

➢　夜晚场景

我们很多游戏与虚拟现实项目中也存在大量夜晚场景，夜晚场景一般需要做以下几步开发。

（1）一般夜晚如果有月亮，仍然需要添加直线光作为月光来使用，但光照强度可以适度调小些。

（2）夜晚场景中必须更换夜晚的天空盒子或者直接去除。

（3）为了更好地表现夜晚效果，可以添加雾效进一步增加逼真度，添加雾效的方式如下。

图 5.5　导入 Unity 内置第一人称资源

图 5.6　添加白昼的镜头耀斑

① 打开 Lighting 窗口的 Other Settings，勾选 Fog 属性。

② 雾效强度（Density）调节合理范围。

③ 其他雾效参数进行合理设置。

（4）夜晚场景中一定不会缺少点光源、聚光灯的合理使用，如图 5.7 所示。

图 5.7　夜晚海边的点光源建筑

5.4　本章练习与总结

本章我们主要学习了光源的不同种类、属性，以及具体光源种类的适用场合等。读者只要不断地练习与揣摩各种属性的运用与使用范围，就一定能熟练掌握本章的主要知识点。

5.5　案例开发任务

- 任务 1：结合本章所学知识点，开发“生化危机”项目在白昼场景中添加“镜头耀斑”特效。具体开发方法略，见前面的 5.3 节。
- 任务 2：给“生化危机”项目地形系统添加月光夜色场景。具体开发方法略，见前面的 5.3 节。

❖ **温馨提示**

以上具体的讲解截图与最终效果，在本书籍随书资料中都有参考项目，请大家自行查阅。

第 6 章 光照烘焙

❍ 本章学习要点

随着时代的不断发展，人们对于游戏的品质要求越来越高，不但是游戏的流畅度、可玩性，更重要的是对游戏的画面效果要求也越来越高。光照烘焙（Lightmapping）技术是 Unity 提供的静态场景效果增强技术，其目的是在消耗很少系统性能的前提下，制作出效果丰富、逼真、画面绚丽多彩的游戏场景。

光照烘焙技术从 Unity 4.x 提供的基于 Autodesk 的 Beast 技术实现。到了 Unity 5.x 则更新为 Geomerics 的 Enlighten 技术与基于 Imagination 的 PowerVR Ray Tracing 方法的混合方法实现。而最新的 Unity 2017.x 光影效果引擎则增加了 Progressive Lightmapper 技术，使得光照烘焙的质量与烘焙效率有了更进一步的增强。

❍ 本章主要内容

- 概述
- 光照烘焙
- 反射探针（Reflection Probe）
- 光照探头（Light Probe）
- 光照预览窗口（Light Explorer）
- 本章练习与总结
- 案例开发任务

6.1 概述

优秀的光影效果在游戏开发中的地位是毋庸置疑的，于是我们就需要加入多种光源提高画质。但是如果每次都实时地计算游戏对象的阴影、色彩、高光等图像效果，明显是不明智的。由于游戏场景中大多数游戏对象是相对固定不动的，所以我们可以采取某种手段使得这些不变对象的图像效果固化在场景中，这样就省去了大量计算，提高了运行效率。

光照烘焙技术就是用来解决这类问题的。它的基本原理是通过对场景静态物体（游戏对象）的“烘焙”，通过计算产生一种叫“光照贴图”的图像。这种贴图附加在场景中，可以很好地模拟出高相似度的光影效果，省去游戏运行期间大量的光影效果计算，起到以假乱真，大幅提高画质与运行效率的双重目的。

Unity 5.x 采用 Geomerics 的 Enlighten 技术与基于 Imagination 的 PowerVR Ray Tracing 方法的混合方法实现，基本解决了 Unity 4.x 中存在的烘焙效率慢、不直观、效果不够优秀的问题。到了 Unity 2017.x 版本，又加入了 Progressive Lightmapper 光影效果引擎、新灯光模式替换混合模式照明，以及光照预览窗口（Light Explorer）等技术，这样最新版的 Unity 光影效果则更上一层楼。

本章通过实验环节，分别讲解以下各类技术实现：

- 实时全局光照（GI）
- 实时光照贴图预览（预烘焙）
- 光照烘焙
- 反射探针（Reflection Probe）
- 光照探头（Light Probe）
- 光照预览窗口（Light Explorer）

6.2 光照烘焙

目前游戏与虚拟现实项目的开发过程中，光照烘焙应用主要还是集中在烘焙静态场景环境中，这样做的目的有两个：显著增强画面感；进一步降低由于绚丽画面对于实时灯光的依赖，从而提高性能。

现在通过以下 7 个步骤来开发一个示例项目，从而贯穿要讲解的诸多光影概念与应用。

- 步骤 1：场景搭建。

新建一个项目，使用 Unity 内建基本对象，搭建一个演示场景，如图所示。其他窗口与设置保持默认数值。此时我们使用的是系统默认的“实时全局光照引擎”，简称 GI（Real-time Global Illumination）。

GI 可以通过直接与间接光照影响对象，间接光照来源于场景中其他物体表面光线的反射，或者光线自身的反射。

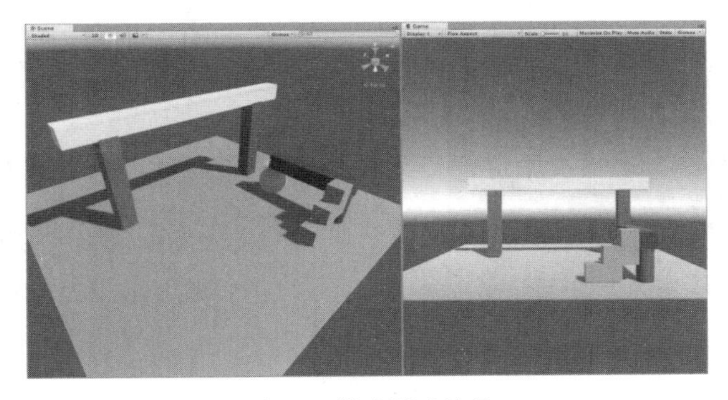

图 6.1　搭建测试场景

- 步骤 2：定义静态对象。

把项目层级视图中的所有静态游戏对象勾选为静态（Static），为进行光照烘焙做准备，如图 6.2 所示。

[备注：其实这里的静态包含许多，本质上我们仅需“Lightmap Static”，但为了简化读者

操作，直接选择“Static”即可（表示勾选了所有的静态选项）]。

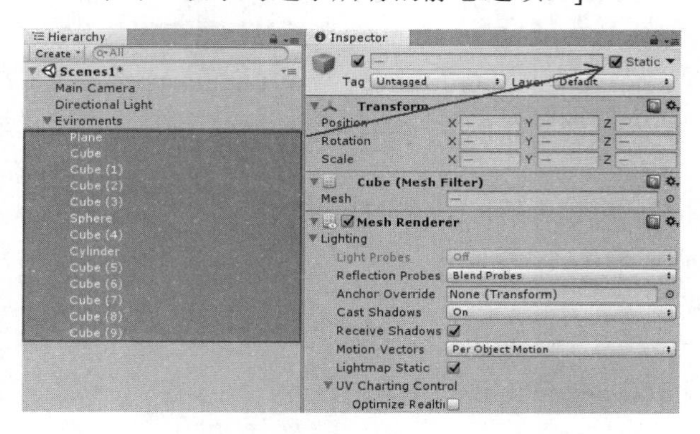

图 6.2　静态对象勾选“Static”标签

如果烘焙的场景中存在从第三方建模软件中导入的模型，则必须检查你要烘焙的模型是否存在一个合适的用来定位光照贴图的 UVs。你也可以从“Import settings”面板中勾选“Generate Lightmap UVs”选项生成一个用于定位光照图 UV 的图集，如图 6.3 所示。

❍　步骤 3：定义烘焙光。

定位项目层级视图（Hierarchy）的 Directional Light 对象，在属性窗口（Inspector）的“Light”组件 Mode 属性选择“Baked”，表示做烘焙光线（见图 6.4）。

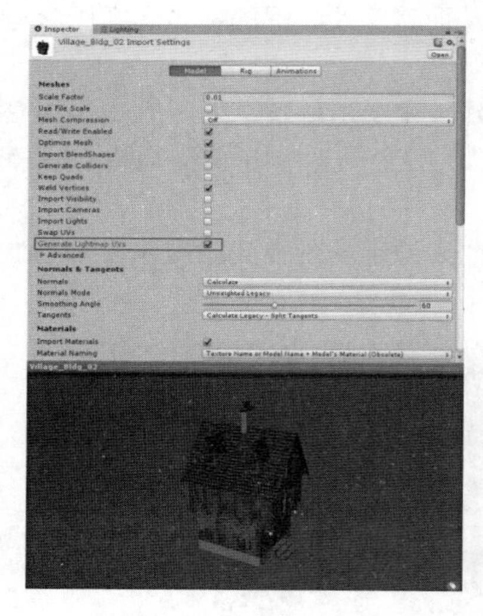

图 6.3　导入模型设置

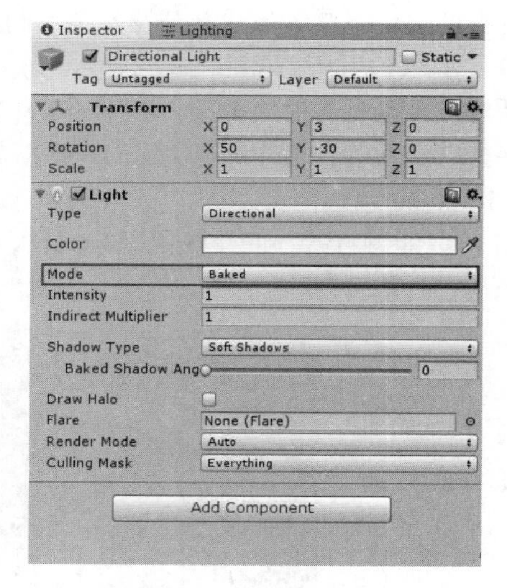

图 6.4　修改为烘焙光

❍　步骤 4：预烘焙处理。

为了更快地烘焙场景，且通过不断修改烘焙参数最终得到较为理想的场景光影效果，我们先使用“预烘焙”技术。

“预烘培”全称为“实时光照贴图预览”技术，它是基于 Imagination 的具有开创性的 PowerVR 光线追踪技术。其基本原理是全局辐射度的算法，能够实时计算 Lightmaps 和 LightProbes。

开启“预烘焙”选项：单击 Unity 2017.x 编辑器的 Window 的 Lighting→Settings 菜单，在弹出窗口的 Scene 选项下勾选 Debug Settings 的“Auto Generate”，如图 6.5 所示。

根据预烘培的全称“实时光照贴图预览”技术，我们就可以知道它是一种快速的烘焙效果预览技术。通过在编辑器的场景视图中显示最终游戏中光照的精确预览，此功能几乎可即时反馈全局光照贴图的更改。利用此技术，美工可不断迭代和细化关卡外观，同时在背景中更新和烘焙最终光照贴图，从而大量减少调整场景艺术效果所需的时间。

注意预烘焙与正式烘焙最大的区别，前者速度更快，可以为后者提供更快的参数修改效果预览，但是并不真正产生“光照贴图”。

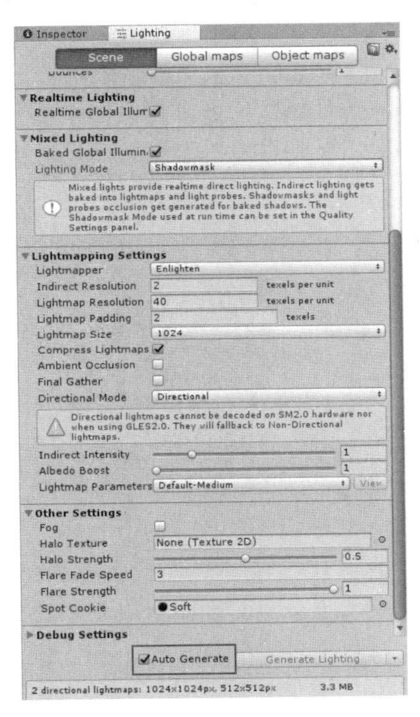

图 6.5　开启“预烘焙”

❍　步骤 5：使用 Progressive Lightmapper 光照引擎。

截至目前，我们一直使用的还是沿用 Unity 5.x 基于 Geomerics 公司的 Enlighten 技术。然而 Enlighten 不适用于烘焙照明的所有用例，因此我们需要 Progressive Lightmapper 提供解决方案。Unity 2017.x 增加了 Progressive Lightmapper 技术，使得光照烘焙的质量与烘焙效率有了更进一步的增强。

Enlighten 对某些参数、材质或几何形状的修改仍然需要进行重新烘焙，在此期间您不会得到任何反馈。使用 Progressive Lightmapper，你几乎可以得到即时的反馈，虽然一开始在场景渲染图上会看到很多噪点，但是图像质量很快就会得到改进。因此 Progressive 也叫作“渐进性渲染引擎”。

Progressive Lightmapper 光照引擎中有一种为 “新灯光模式”的选项，可以替换（Unity 5.x）混合模式照明。使得烘焙照明可以与实时照明相融合，包括烘焙和实时阴影，分为以下 3 部分。

■ Baked Indirect 模式：适用于间接光照为主的场景。
■ Shadowmask 模式：适用于动态阴影场景。
■ Subtractive 模式：适用于动态对象场景。

需要注意的是，截至 Unity 2017.1.0f3 版本，Progressive Lightmapper 光照引擎还是一种"预览"（Preview）技术，目前暂时只支持"Baked Indirect"模式，所以通过 Lighting 窗口改为 Progressive Lightmapper 光照引擎后，其 Lighting Mode 必须定义为"Baked Indirect 模式"，否则会有黄色警告"'shadowmask' and 'Distance Shadowmask' modes are not supported in this preview version of the Progressive Lightmapper"（翻译为"shadowmask" and "Distance Shadowmask"模式在 Progressive Lightmapper 预览版本中不支持）。如图 6.6 所示。

❍ 步骤 6：Progressive Lightmapper"预烘焙"处理。

使用 Progressive Lightmapper"预烘焙"处理，可以全程预览烘焙进度变化，且在编辑器右下角给出烘焙估算倒计时，这在很大程度上提高了烘焙质量与效率，如图 6.6 所示。

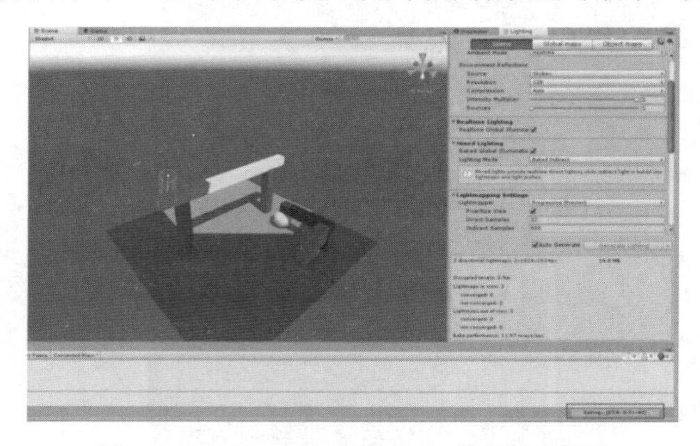

图 6.6 Progressive Lightmapper 烘焙进度提示

Progressive Lightmapper 预烘焙过程中，我们能够看到图像质量由粗糙到精细的变化全过程。新的"渐进性渲染引擎"在一开始的时候，暂时没有纳入摄像机拍摄范围的图像是不被优先烘焙的，往往呈现一些暗黑色。场景烘焙一开始我们也会看到一些噪点的出现，但很快就会消失，如图 6.7 和图 6.8 所示。

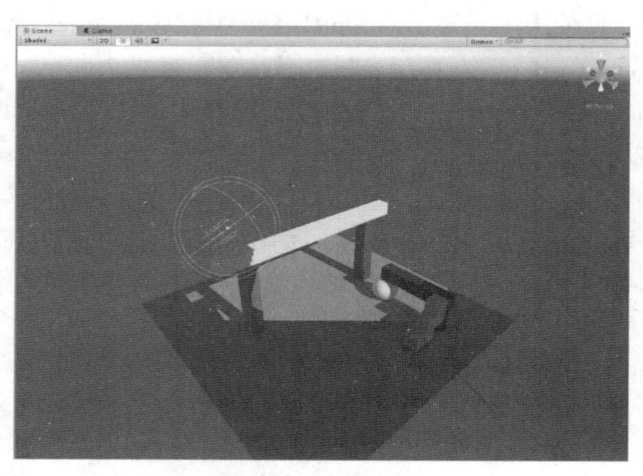

图 6.7 Progressive Lightmapper 预烘焙过程中的噪点与阴影

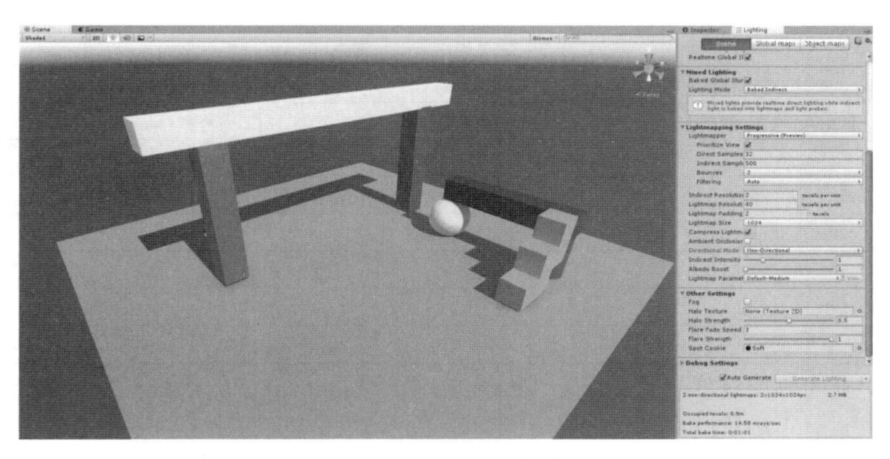

图 6.8　Progressive Lightmapper 预烘焙完后的效果

❍　步骤 7 ：　Progressive Lightmapper“正式烘焙”。

一般商业项目中，在正式烘焙场景之前，一般都经过一个反复修改烘焙参数的过程，以期达到一个良好的光影效果。因此熟悉常用烘焙参数非常重要，因此就 Lighting 窗口的 Scene 选项重要参数总结如下，如表 6.1 所示。

表 6.1　Lighting 窗口的 Scene 选项重要参数一览表

参　数	含　义
Environment	
Skybox Material:	天空盒子材质（会直接影响你的环境光）
Sun Source:	太阳光源
Environments Lighting:	环境光
Source:	环境光来源
Intensity Multiplier:	强度系数
Ambient Mode:	环境光的光照模式是实时光，还是烘焙光
Environments Reflections:	环境反射
Source:	环境源
Resolution:	分辨率
Compression:	压缩模式
Intensity Multiplier:	强度倍率，可以简单地理解为光的反射强度
Bounces:	光的反弹次数
Realtime Lighting	
Realtime Global Illumination:	实时全局光照
Mixed Lighting	
Baked Global Illumination:	
Lighting Mode:	光照模式
Lightmapping Settings	
Lightmapper:	
Indirect Resolution:	间接光分辨率
Lightmap Resolution:	光照烘焙分辨率（默认 40 表示每个单位上分布 40 个纹理元素）

续表

参　数	含　义
Lightmap Padding:	在 Lightmap 中不同物体的烘焙图的间距
Lightmap Size:	光照烘焙尺寸
Compress Lightmaps:	是否压缩光照贴图，在移动设备最好勾选上
Ambient Occlusion:	是否启用“环境遮挡”
Directional Mode:	
Other Settings	
Fog:	雾效

注意：光照烘焙速度与“Indirect Resolution”、“Lightmap Resolution”、“Lightmap Size”等参数有关系。当场景过大时，需要适当调整在兼顾烘焙质量的前提下，防止烘焙时间过于漫长。

经过多次“预烘焙”之后，如果感觉效果达到预定目标，此时就可以正式烘焙了，把烘焙的光影效果通过“光照贴图”的形式固定保存到系统中。这样，在项目发布后，我们就可以通过禁用（或者删除）大量光源，使用光照贴图的形式来表现绚丽的场景光影效果，且此时由于没有了大量光源的实时计算工作，使得系统“帧速率”（FPS）有一个较大的提升。

❖ 温馨提示

这里的“帧速率”（FPS）属于专业术语，表示单位时间内游戏项目刷新的次数。原理上数值越高，画面越流畅。

如图 6.9 所示，在 Lighting 窗口的 Scene 选项中，首先去除“Auto Generate”勾选。然后单击“Generate Lighting”按钮。

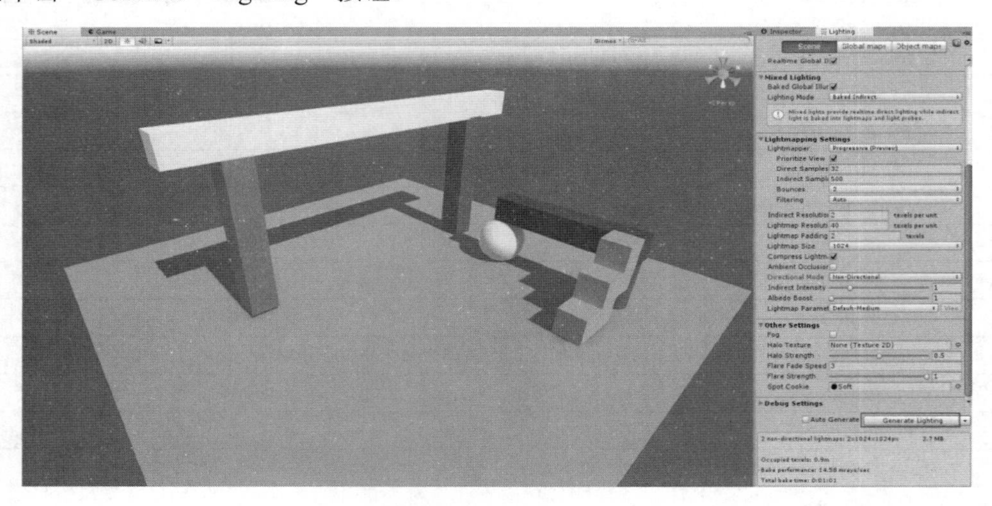

图 6.9　光照烘焙按钮

依据项目场景规模的不同，经过一段时间烘焙后，在项目视图下就会看到新增了一个与当前场景名称相同的文件夹，这个文件夹就是系统保存生成“光照贴图”的地方，如图 6.10 所示。

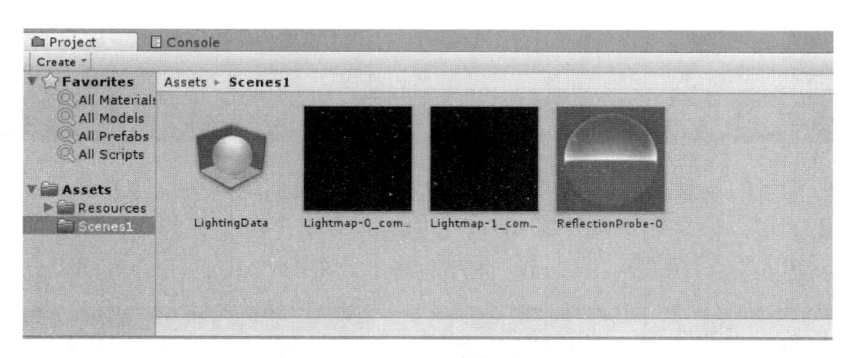

图 6.10　正式光照烘焙后产生的光照贴图

对比图 6.1 与图 6.9 两张烘焙的场景效果图，能够看出烘焙之后的场景更逼真、自然。我们这时可以禁用层级视图中的直线光，你会发现场景没有明显暗下来，说明场景中的光线已经保存到场景贴图中了，场景贴图都存在于与场景名称相同的目录下，如图 6.11 所示。

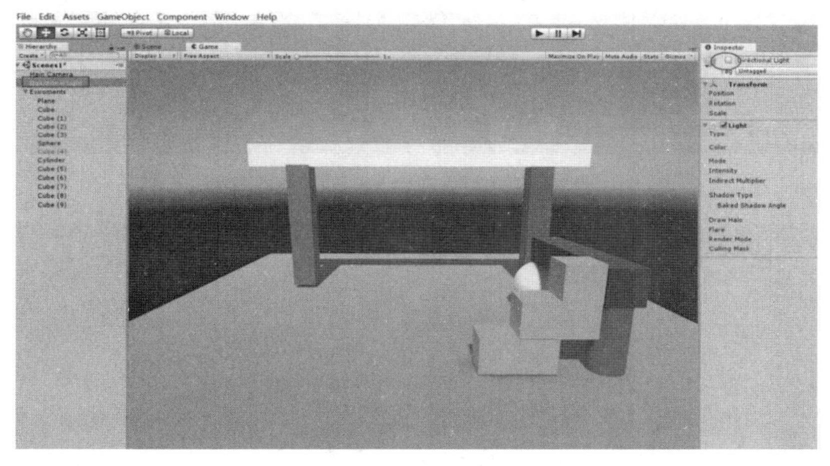

图 6.11　光照烘焙后禁用直线光效果

此时我们单击其中一个光照贴图，在属性窗口中可以看到所生成的是一种类型为“lightmap”的贴图格式文件，如图 6.12 所示。

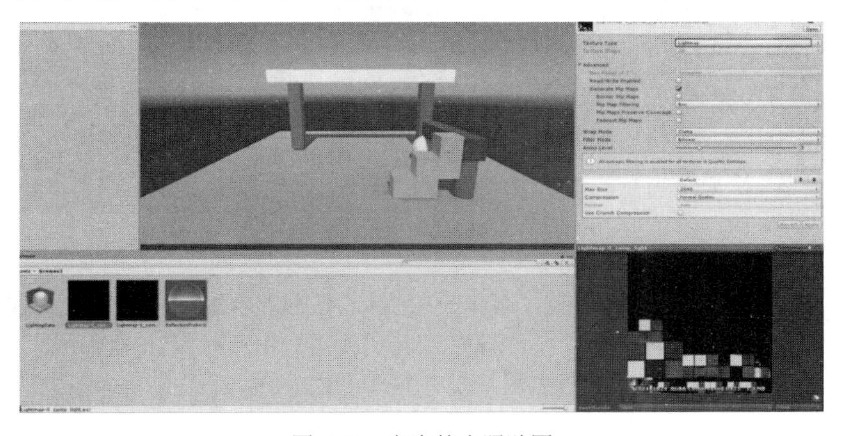

图 6.12　产生的光照贴图

6.3 反射探针（Reflection Probe）

在前面所构建的场景中（例如，如图 6.12 所示），虽然场景使用“光照贴图”构建出更加绚丽的光影效果，但是还不够“真实”。这里的“真实”特指光线对于物体的反射现象没有体现出来。图 6.13 与图 6.14 是 Unity 官方的演示效果图。

图 6.13　Unity 官方反射探针演示效果图(A)

图 6.14　Unity 官方反射探针演示效果图(B)

Unity 2017.x 版本其实已经内置了基本反射探针，仔细观察图 6.12 中的项目视图（Project），最后一个名为“ReflectionProbe-0”的光照贴图其实就是一个反射探针光照贴图。但是一开始反射间接光照的效果因为默认参数的限制没有显现出来。

我们选择直线光，在其属性框中的 Indirect Multiplier 由默认的 1 修改为 5，然后单击

Lighting 窗口的“Generate Lighting”按钮，再次正式烘焙后，就会看到如图 6.15 所示的间接光照效果图。

注意：此时如果用的是“预烘焙”技术，即勾选了 Lighting 窗口下的“Auto Generate”选项，则修改 Indirect Multiplier 后可以立即得到反馈结果。

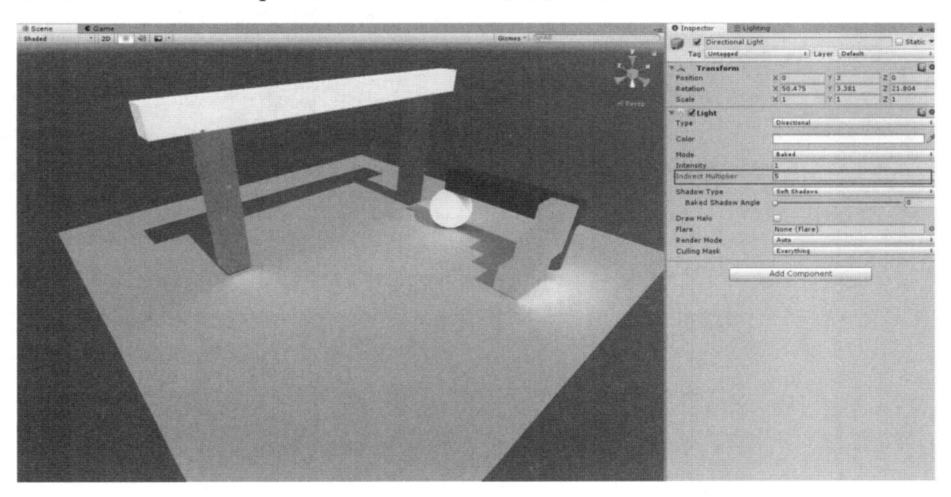

图 6.15　直线光属性 Indirect Multiplier 改为 5 再次烘焙后效果图

如果我们对于场景间接光照效果的范围、阴影距离等更多参数需要做更加精细化操作，则我们可以定义“反射探针”对象，如图 6.16 所示。

对于添加的 Reflection Probe 对象，我们在属性视图中，调节最上面的“Edit bounding volume”按钮，确定反射探头所要影响的光照范围，然后再调节其他参数后，就可以通过最下方的“Bake”进行烘焙处理，如图 6.17 所示。

当然，我们也可以通过 Lighting 最下方的 Debug Settings→Bake Reflection Probes 选项进行烘焙处理（见图 6.18）。

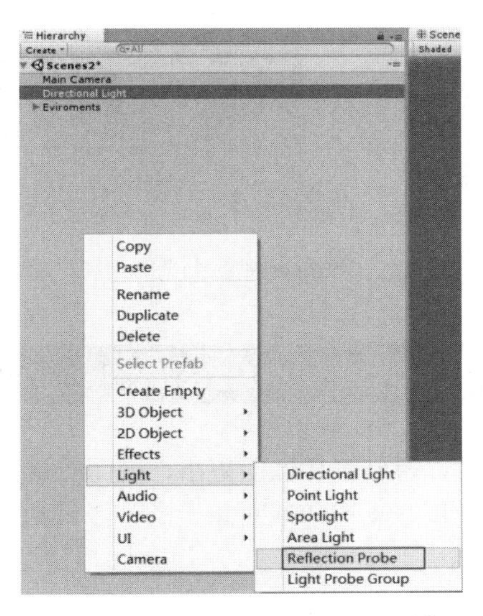

图 6.16　添加 Reflection Probe 对象

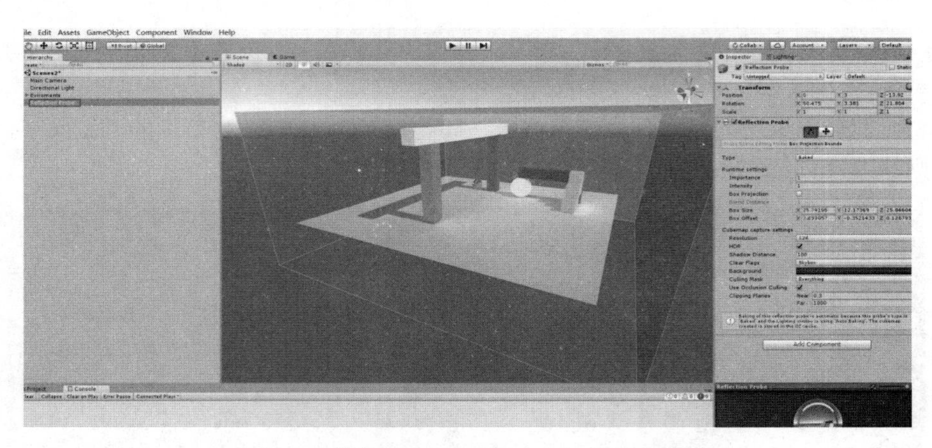

图 6.17　调节 Reflection Probe 包裹影响范围

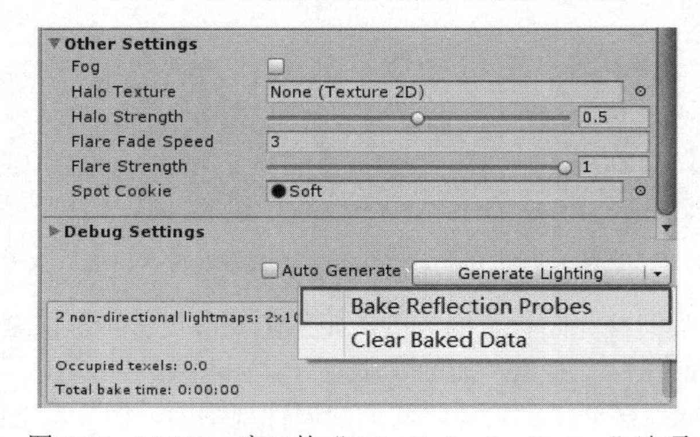

图 6.18　Lighting 窗口的“Bake Reflection Probes”选项

无论哪种方式，当我们烘焙完成时，应该可以在项目视图中看到多出来的反射探针光照贴图，如图 6.19 所示。

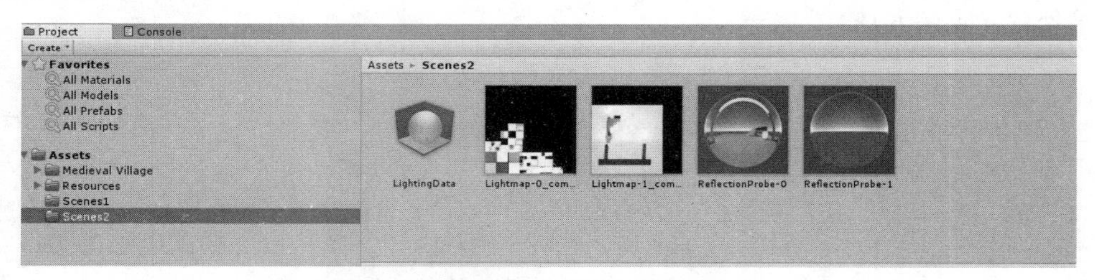

图 6.19　Project 视图中光照贴图一览

6.4　光照探头（Light Probe）

按照以上方式虽然已经可以得到消耗性能更小、画面质量更具真实感的场景效果，但是却有一个问题，那就是不能应用在动态游戏对象上。为了解决以上问题，Unity 引入了“灯光探测器”（Light Probe）技术。

现在分以下几个步骤演示灯光探测器技术。

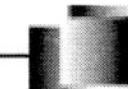

- 步骤 1：导入第三人称（导入具体方法本书 4.2 节有详细讲解，不再赘述），且把主摄像机作为第三人称的子节点，以方便观察场景世界，如图 6.20 所示。由于角色不能得到烘焙光线的影响，所以人物比较昏暗，与整体场景不协调。
- 步骤 2：项目的层级视图中添加“Light Probe Group”组件，如图 6.21 所示。

图 6.20　灯光探测器应用之前效果

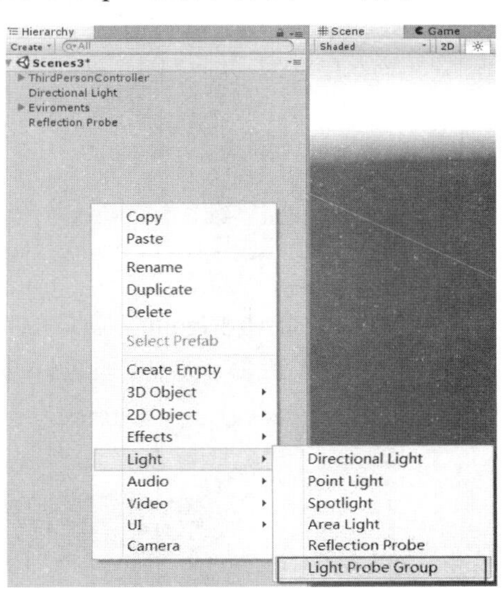

图 6.21　层级视图添加 Light Probe Group

- 步骤 3：单击“Light probe Group”中的“Edit Light Probes”按钮，然后分别通过“Add Probe”（增加光线探头）、“Duplicate Selected”（复制选择）等按钮，使得光线探头覆盖（第三人称活动到达的）整个场景区域，如图 6.22 和图 6.23 所示。

图 6.22　编辑光照探头数量与范围

图 6.23　光照探头添加完成

- 步骤 4：单击 Lighting 窗口的“Generate Lighting”按钮，对场景再次进行烘焙，这个过程一般都非常快，如图 6.24 所示。

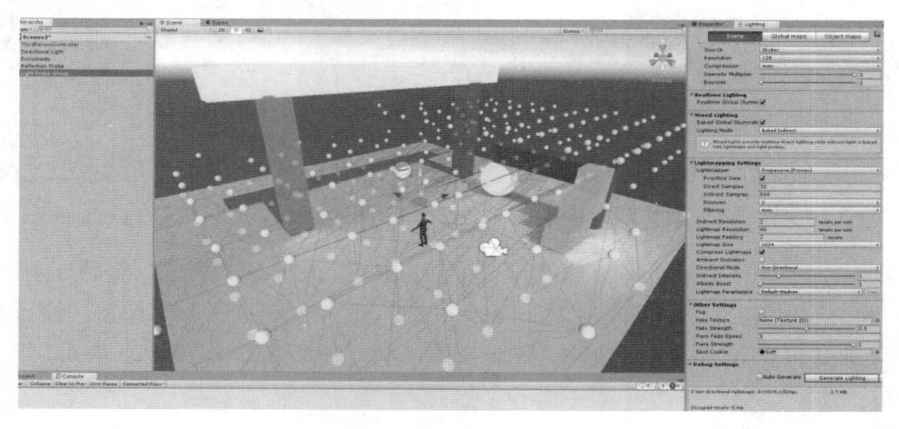

图 6.24　再次烘焙场景

- 步骤 5：烘焙场景后，第三人称由于可以接收到烘焙光线的作用，所以整体被提亮。运行项目后，场景效果如图 6.25 所示，读者可以对比图 6.20 与图 6.25 的差异。

图 6.25　最后运行场景效果

6.5　光照预览窗口（Light Explorer）

Unity 2017.x 版本引入了光照预览（Light Explorer）窗口，可以针对光线（Lights）、反射探针（Reflection Probes）、光照探头（Light Probes）等组件做复杂操作、极大地简化了技术美工对 3D 复杂场景的把控，如图 6.26 所示。

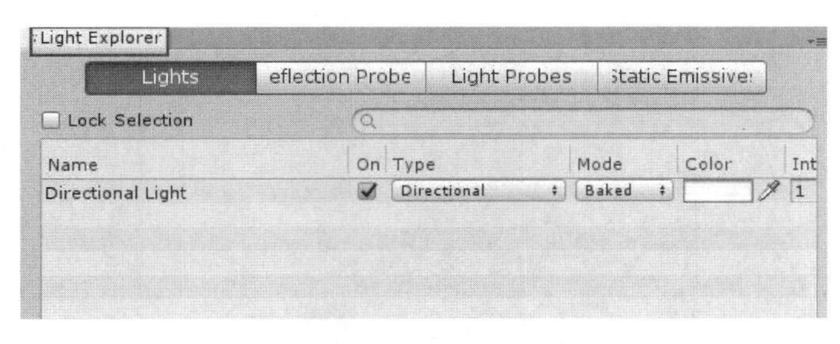

图 6.26　Light Explorer 窗口

为了更好地展现 Light Explorer 窗口的强大功能，笔者导入一个复杂场景，通过本窗口来调节复杂场景的光影效果。由于 Unity 版本问题，导入素材后（ActionRPG_Enviroments.unitypackage）会出现少量错误信息，此时可以通过简单分析，删除或者禁用某些资源的方法使得素材可用。

如图 6.27 所示的错误信息，经过简单分析确认为导入素材的 VW_ActionRPG_AssetPack/Editor/Image Effects/CameraMotionBlurEditor.js 文件出现异常，目前可以通过直接删除或者注释掉整个文件来消除错误信息。

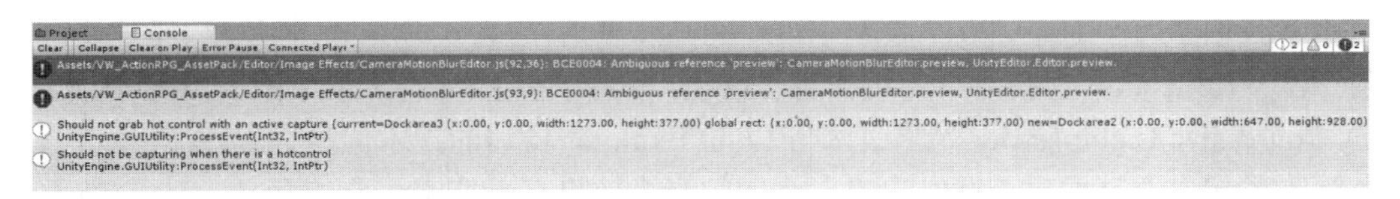

图 6.27　导入 ActionRPG_Enviroments.unitypackage 素材错误信息

由于本素材场景比较大，为了电脑的顺畅运行，建议先取消 Lighting 场景的“Auto Generate”勾选，也就是取消实时光照功能。把 VW_ActionRPG_AssetPack/Prefabs/Environment.prefab 预设文件拖到层级视图中，如图 6.28 所示。

图 6.28　层级视图导入 Environment 预设

由于场景庞大，笔者只选取“Module_10”的子节点作为演示部分，场景截图如图 6.29 所示。此场景相对比较复杂，我们打开 Light Explorer 窗口，查看信息。我们发现此窗口中出现了很多点光源（Point Light）的设定，通过本窗口游戏公司的专业技术美工可以很方便地调节复杂场景中光源的类型、颜色、强度、间接光强度等。

图 6.29　素材 Module_10 模块的场景

6.6　本章练习与总结

本章我们学习了 Untiy 2017 版本中最新的光照烘焙(包含实时光照、预烘焙、正式烘焙)、反射探头（Reflection Probe）、光照探头（Light Probe）等技术，讨论了关于 2017 版本新加入的 Progressive Lightmapper 光照引擎与 Light Explorer 窗口的技术优势等。

深入掌握本章技术对于开发出光彩绚丽的光影效果有着非常重要的意义。对于游戏公司的技术美工、游戏（包含 VR/AR）场景搭建等人员需要重点掌握。

6.7　案例开发任务

- 任务 1：把本章 6.5 节提及的素材 ActionRPG_Enviroments.unitypackage 导入场景。应用本章所学知识点，对场景分别进行实时光照、预烘焙、正式烘焙、应用 Progressive Lightmapper 光照引擎等，找出各项技术的优缺点，以及总结适用范围等。对于反射探头（Reflection Probe）、光照探头（Light Probe）技术，做到灵活运用，搭建出逼真、优秀的光影场景效果。最后建议读者导入第一或者第三人称，浏览自己搭建的场景模型。
- 任务 2：应用本章所学知识点，给“生化危机”夜色场景添加更多光源，且进行烘焙处理。

第7章 音频

○ **本章学习要点**

我们学习完地形编辑器与光源系统（包含光照烘焙）的时候，建立的虚拟世界是否还缺少什么？是的，还缺少声音，音频是游戏开发、虚拟现实等项目中不可或缺的重要一环。本章笔者将带领大家学习音频的格式、音频剪辑属性、音频混响与滤波系统、音频混音器等，为开发更加真实的虚拟世界打下坚实的技术基础。

○ **本章主要内容**

- 概述
- 音频剪辑属性
- 音频监听与音频源组件
- 音频混响器与滤波器组件
- 音频混音器
- 本章练习与总结
- 案例开发任务

7.1 概述

游戏音频的播放在游戏中占据非常重要的地位。音频可以分为两大类，一类为游戏背景音乐，一类为游戏的音效。前者适合较长的音频处理，如游戏背景音乐；第二类则适合较短的游戏音乐，如枪击声、走路声等一瞬间即可播放完毕的音效。

Unity 中目前支持的音频剪辑（Audio Clip）有 4 种音频格式。

- Mp3：适合较长音频，作为背景音乐。
- Ogg：适合较长音频，作为背景音乐。
- Wav：适合较短音频，作为环境音效。
- Aiff：适合较短音频，作为环境音效。

注：制作反应速度快的音效，适合使用不压缩的音频格式。

7.2 音频剪辑属性

音频剪辑是指我们导入 Unity 项目视图中的音频资源文件。例如，*.WAV 文件。本节讨论音频剪辑文件的属性如下，音频剪辑截图如图 7.1 所示。

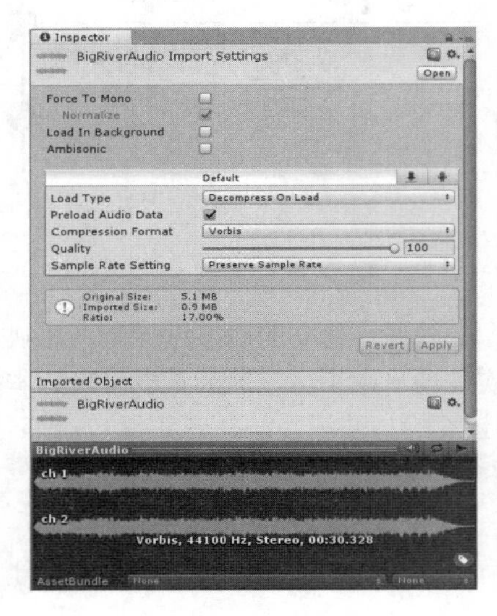

图 7.1　音频剪辑属性

- Force To Mono（强制单声道放音）

当启用此选项时，多声道音频将在打包之前混合到单声道，此选项适合在移动设备上开启。

- Load In Background（后台加载）

当启用此选项时，音频的加载将在一个单独的线程上以延迟的方式加载，而不会阻塞主线程。此选项适合较大尺寸背景音乐的加载。

- Ambisonic:（高保真度立体声响）

作为高保真立体音响保存。

- Load Type（音频加载方式）
  - 第一种方式：Decompress On Load，默认选项，加载时解压缩。使用此选项可用于较小的压缩声音，以避免即时解压缩的性能开销，所以不要使用此选项用于大文件。
  - 第二种方式：Compressed In Memory，在内存中压缩处理。使声音在内存中压缩并在播放时解压缩，此选项有轻微的性能开销。
  - 第三种方式：Streaming，快速解码音频，此方法使用最少的内存来缓存从磁盘上增量读取并压缩的数据。
- Preload Audio Data（预先加载音频数据）
- Compression Format（压缩格式）
  - PCM：这个选项提供更高的质量，以牺牲较大的文件大小，最好是非常短的声音效果。
  - Vorbis：文件更小但稍低的音频质量，这种格式最好适用于中等长度的音效和音乐。
  - ADPCM：适合需要大量演奏的声音，如背景音乐、脚步声等。
- Sample Rate Setting（采样率设置）
  - Preserve Sample Rate：保持采样率未修改（默认值）。
  - Optimize Sample Rate：该设置根据采样的最高频率自动优化采样率。
  - Override Sample Rate：允许手动设置采样率。

7.3 音频监听与音频源组件

音频监听（Audio Listener）组件与音频播放（Audio Source）组件是播放音频的必要条件。一般情况下，音频监听组件为主摄像机（Main Camera）的默认组件。

要想获得清晰的音频播放效果，有如下两种方式。

（1）在主摄像机（Main Camera）对象上加载音频播放（Audio Source）组件，音频播放组件加载音频剪辑即可。这种方式在一些简单 2D 小游戏中使用广泛且简单（见图 7.2）。

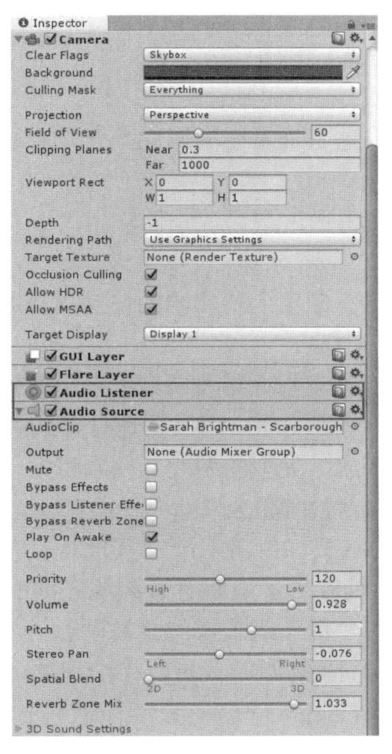

图 7.2　摄像机同时存在两种组件

（2）建立一个空对象，在此空对象上加载音频源（Audio Source）组件，保持此对象与具备音频监听组件的对象在一定范围之内。这种方式在一般的 3D 场景中用得非常广泛（见图 7.3）。

❖ 温馨提示：

暂时不用的摄像机（主要在场景中具备两个以上摄像机的情况下）需要把 Audio Listener 组件关闭，因为同一个场景中只有一个 Audio Listener 起作用。

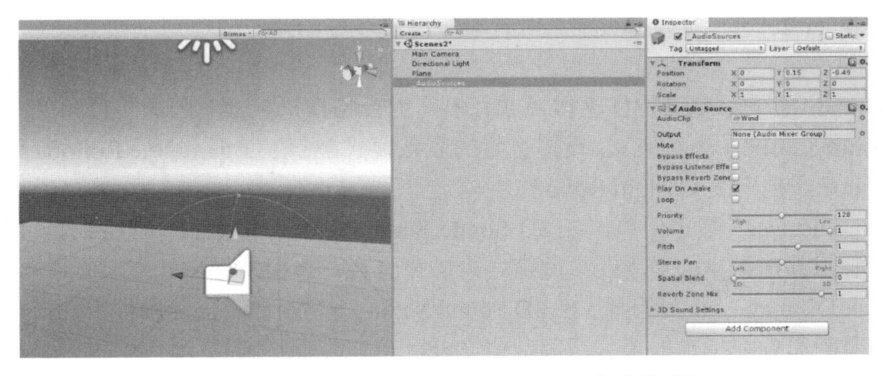

图 7.3　AudioListener 与 Audio Source 分离的情况

音频监听组件与音频源组件的属性如下所示。

➢ 音频监听（Audio Listener）组件

音频监听组件本身没有属性，它相当于人的一对耳朵。虚拟的游戏世界中有再多的音频源，如果没有监听，相当于嘈杂的环境中人没有耳朵一样，如图 7.2 所示。

➢ 音频播放（Audio Source）组件

音频播放组件有如下重要属性。

- Audio Clip: 音频剪辑。这是最重要的属性，开发者必须进行手工或者以脚本方式进行赋值。
- Output：输出。音频剪辑通过音频混响器输出。
- Mute：静音。
- Bypass Effect：忽略效果。应用到音频源的快速“直通”过滤效果，用来快速打开或者关闭所有特效。
- Bypass Listener Effects：忽略监听器效果。用来快速打开或者关闭监听器特效。
- Bypass Reverb Zone：忽略混响器。用来快速打开或者关闭混响器。
- Play on Awake：自动播放。大型的游戏开发项目中一般都会去掉这个勾选，而使用脚本的方式在程序中进行控制播放。
- Loop：是否循环播放。在 3D/2D 游戏开发背景音乐的时候，这个选项会进行勾选。
- Priority：确定优先级。确定场景中所有音频源之间的优先级（0：最重要，256：最不重要）。当资源不足时，优先级最低的会被剔除 。
- Volume：音量。调节具体音频源的音量，这个选项在场景中存在多个音频源的时候常用。
- Pitch：音调。改变音调数值，可以加速或者减速播放音频剪辑，默认为 1，是正常播放速度。
- Stereo Pan：立体声道。最小值为-1，表示采用左声道播放。最大数值为 1，采用由声道播放。
- Spatial Blend：空间混合。设置该音频剪辑能够被 3D 空间计算影响多少，为 0 时为 2D 音效，为 1 时为全 3D 音效。
- Reverb Zone Mix：混响器混合。设置该音频有多少从音频源传过来的信号会被混合进与混响器相关联的总体混响。
- Doppler Level：多普勒级别。对音频源设置多普勒效应的级别。如果是 0，则没有效果。
- Spread：扩散。设置 3D 立体声或者多声道音响在扬声器空间的传播角度。
- Volume Rollof：音频衰减。设置音量的衰减模式（对数 Logarithmic Rolloff、线性 Linear Rolloff、自定义 Custom Rolloff）。
- Min Distance: 最小距离。在 3D Sound Setting→Min Distance 属性表示音频源与音频监听组件在指定的最小距离数值之内，声音会一直保持最响。
- Max Distance：最大距离。在 3D Sound Setting→Max Distance 属性，表示音频源与音频监听组件在指定的最大距离数值之外，声音会听不到。

注：如图 7.4 所示，最下方的曲线为音频随着距离的延长出现的衰减图形。

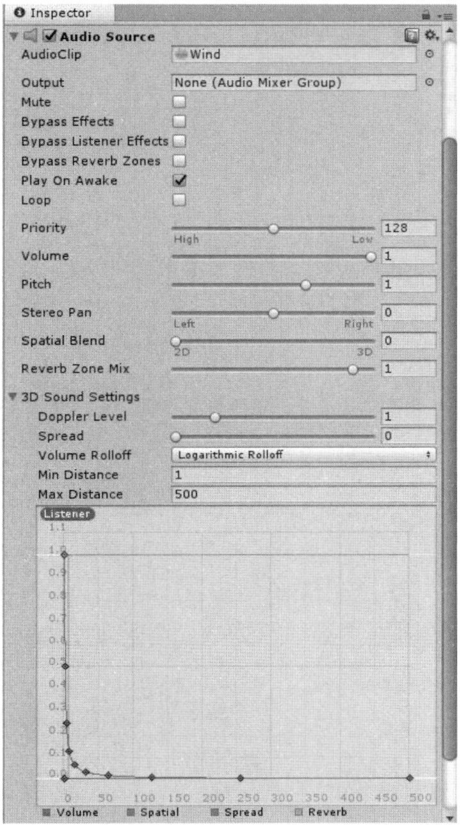

图 7.4　音频源属性

7.4　音频混响器与滤波器组件

为了能够更好地开发出音效系统，Unity 音频系统给我们提供了音频混响器（Audio Reverb Zones）组件与音频滤波器组件。

➢　音频混响器（Audio Reverb Zones）组件

音频混响器组件的目的就是提供给游戏项目中不同环境下逼真的音效模拟系统。例如，我们开发了一个赛车游戏，当赛车在普通赛道与高速上经过隧道时，音效会有明显不同。再例如，同样一个打雷的音效，在城市上空的效果与在高山流水的山谷中的音效，其回音系统是有很大不同的（山谷中雷声回声必然要大得多）。

我们应用音频混响器的方法很简单，只需要在音频源（Audio Source）组件所在的游戏对象上添加“Audio Reverb Zones”组件即可，如右图 7.5 所示。

➢　音频滤波器组件

如果我们对于 Unity 系统中提供给我们的音频混响器（二十几个不同环境下的音频模拟）还是不太满意，我们可以尝试使用更加细致的“音频滤波器组件”。 我们自己可以针对特定游戏环境中的音效细节进行更加精准的调节，直到满意，如图 7.6 所示。

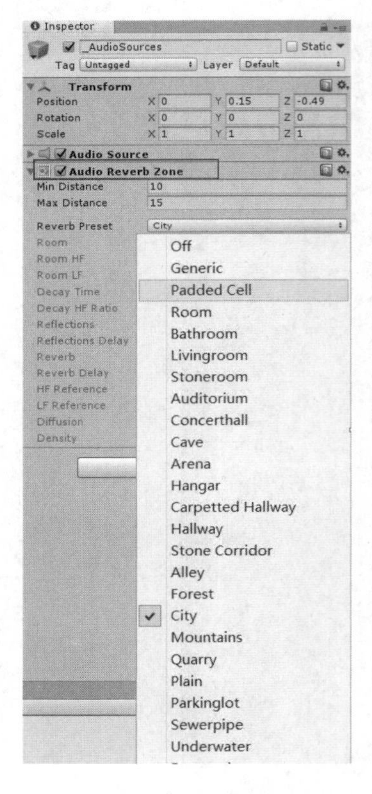

图 7.5　音频混响器组件

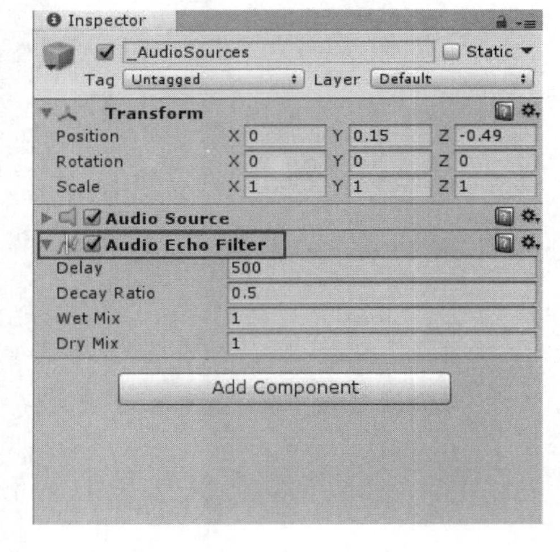

图 7.6　回声滤波器组件

① 低通滤波器（Audio Low Pass Filter），用于抑制高频信号，通过低频。例如，雷声近处尖锐，远处低沉。还有隔门听声的效果。

② 高通滤波器（Audio High Pass Filter），用于抑制低频，通过高频。例如，制作非常刺耳的声音。

③ 回声滤波器（Audio Echo Filter），给音频添加延迟效果（回声效果）。

④ 失真滤波器（Audio Distortion Filter），对音频的失真处理。例如，模拟低质量的收音机。

⑤ 混响滤波器（Audio Reverb Filter），对音频进行失真处理来产生混响效果。

⑥ 合声滤波器 （Audio Chorus Filter），合成由多个音频相同但略有不同的声音。例如，生活中的大合唱效果。

7.5　音频混音器（Audio Mixer）

Unity 从 5.x 之后为了获得更高的效率和灵活性，其内部整个音频管线均已重写。其中最大的革新变化莫过于增加了“混音器”（Audio Mixer）的技术，用于实现高度复杂的实时重定路线和丰富的音频场景效果。

“混音器”（Audio Mixer）是一种能够被音频源（Audio Sources）引用的资源，并将从音频源生成的音频信号进行复杂路由与混合的操作。其主要目的就是对音频信号进行数字信号加工处理的操作，以此达到所需复杂音频效果的开发。

“混音器”（Audio Mixer）技术在 Unity 2017.x 中基本延续了之前的技术体系。为了使广大读者更好地理解，现就以实验的形式分以下九个步骤详细讲解“混音器”技术各个功能的实现。

➢　步骤 1：创建 Audio Mixer 组件。

可以用两种方法创建 Audio Mixer 组件，一种是在项目视图中通过鼠标右键单击“Audio Mixer” 创建，另外一种是通过 Window 菜单的方式，如图 7.7 与图 7.8 所示。

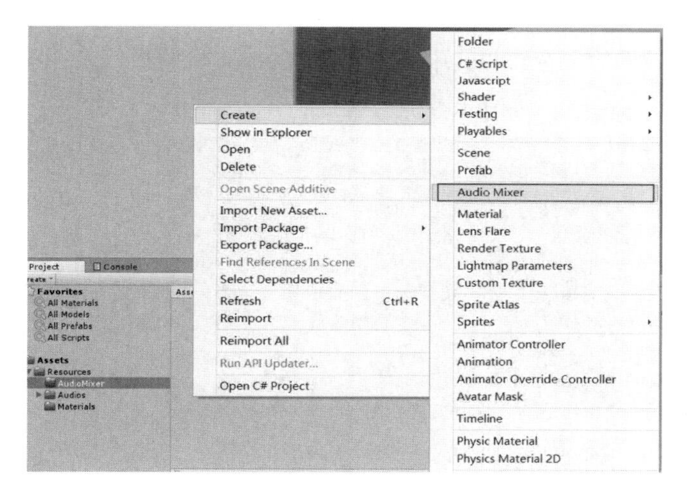

图 7.7　项目视图中创建 Audio Mixer 组件

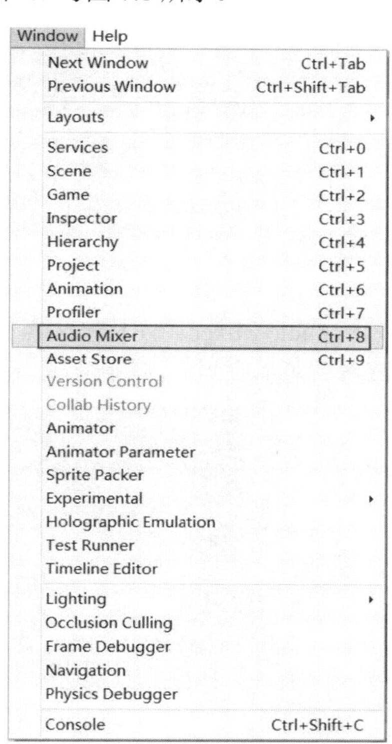

图 7.8　Window 菜单中创建 Audio Mixer 组件

➢　步骤 2：Audio Mixer 窗口编辑音轨。

双击项目视图中新建立的“NewAudioMixer.mixer”文件，进入 Audio Mixer 编辑窗口，如图 7.9 所示。

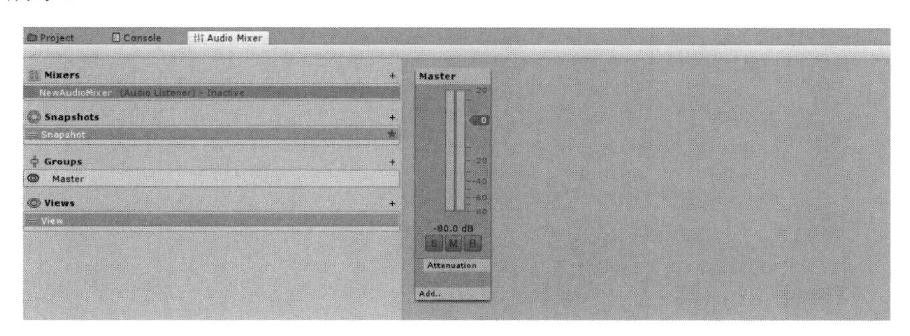

图 7.9　Audio Mixer 编辑窗口

➢　步骤 3：Audio Mixer 与 Audio Soures 属性的关联。

刚打开的 Audio Mixer 还不能发挥功能，需要先与 Audio Sources 组件做关联，如图 7.10 所示。

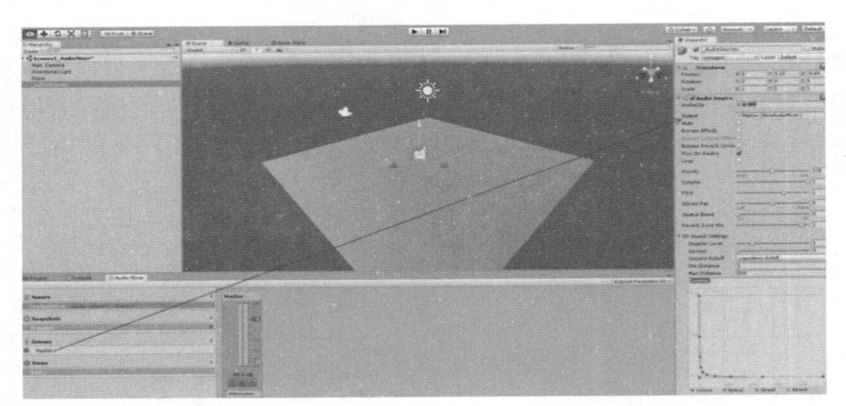

图 7.10　Audio Mixer Master 音频与 AudioSourc 做关联

Audio Mixer 中左边名称为“Master”的主音轨与其中一个 AudioSource 关联后，运行程序时就可以看到音频轨随着音乐播放，上下闪动波动（见图 7.11）。

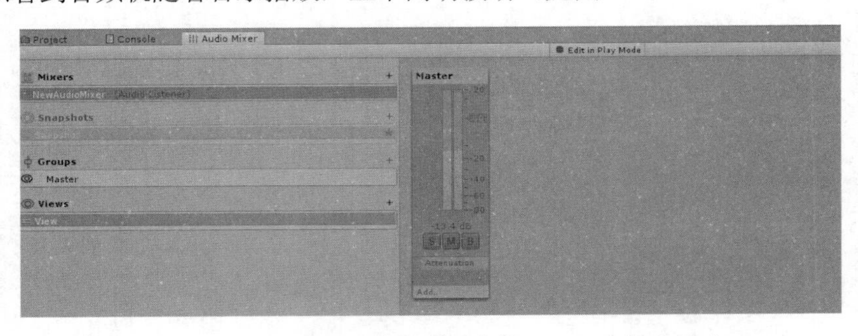

图 7.11　Audio Mixer 编辑窗口中的 Master 音轨在闪动

➢　步骤 4：增加“伴奏”音轨。

如果音频混音器只有一个音轨，则音频混音器就没有存在的意义。所以笔者开始增加伴奏的音轨，有两种添加方法：第一种，可以单击 Audio Mixer 左边 Groups 节点，鼠标右击“Add child group”增加辅助音轨。第二种，可以直接单击 Groups 右边的“+”符合添加。如图 7.12 所示。

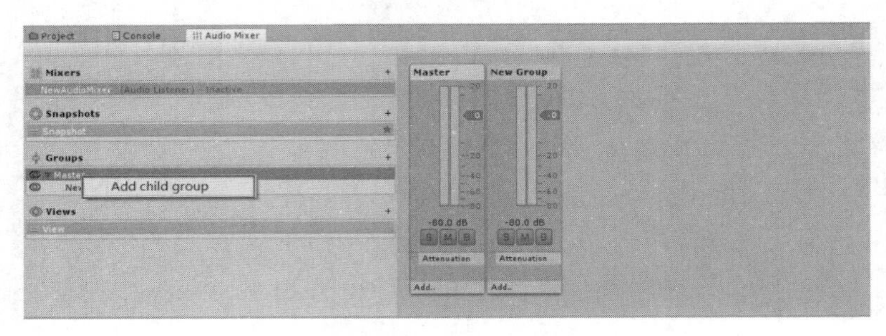

图 7.12　Audio Mixer 增加音频轨

增加辅助音轨“Accompany1”后，需要与一个 Audio Source 关联（必须是一个新的 Audio Source），其步骤与前面“步骤 3”完全相同，如图 7.13 所示。

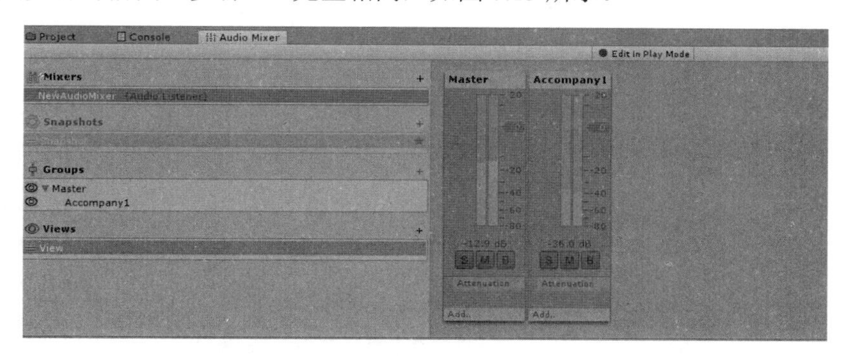

图 7.13　“Accompany1”音频轨关联 AudioSource 后运行状态

➢　步骤 5：编辑音轨之间的协作关系。

此时主音频轨（Master）与伴奏音频轨（Accompany1）已经可以同时演奏了。但是，实际中，游戏开发我们需要的是各种音频之间的协作与配合，所以我们来编辑音频轨之间的协作关系。

在运行状态下，单击图 7.13 中 AudioMixer 窗口上部的“Edit in Play Mode”按钮，即红色按钮。此时我们会发现两个音轨的调节箭头发亮显示，表示可以接受输入信息。笔者分别使用鼠标拖曳两个音频轨的上下调节箭头，可以感受不同音频之间的变化。

此时仔细观察，我们会发现每个音频轨上有 3 个字母：“S”、“M”、“B”，它们分别代表如下含义。

- S 按钮：只播放当前“音轨”，相当于“独奏”。S 是英文单词“Single”的首字母缩写。
- M 按钮：静音功能，本音轨静音。M 是英文单词“Mute”的首字母。
- B 按钮：忽略音轨附属的“音效滤波”功能（详细讲解见“步骤 8”）。

对于图 7.14 来说，由于打开了“Accompany1”音轨的 S 按钮，则 Master 音频是听不到的。

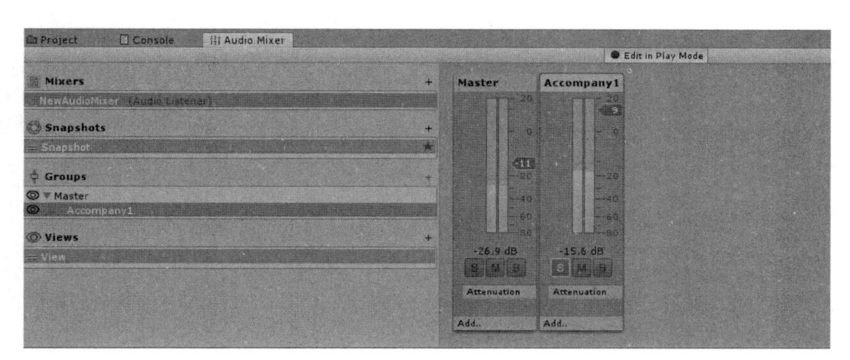

图 7.14　“Accompany1”音轨独奏

➢　步骤 6：Audio Mixer 的“快照”（snapshot）功能。

使用 Audio Mixer 的“快照”（Snapshot）功能，可以保存各个音频轨的状态信息，从而可以控制快照之间的切换。这样，随着场景的切换、游戏剧情的发展，我们就可以对音频信号进行不同的处理，从而达到改变游戏气氛的目的。图 7.15 中，圈出的部分保存了两个音频轨的两种不同状态。

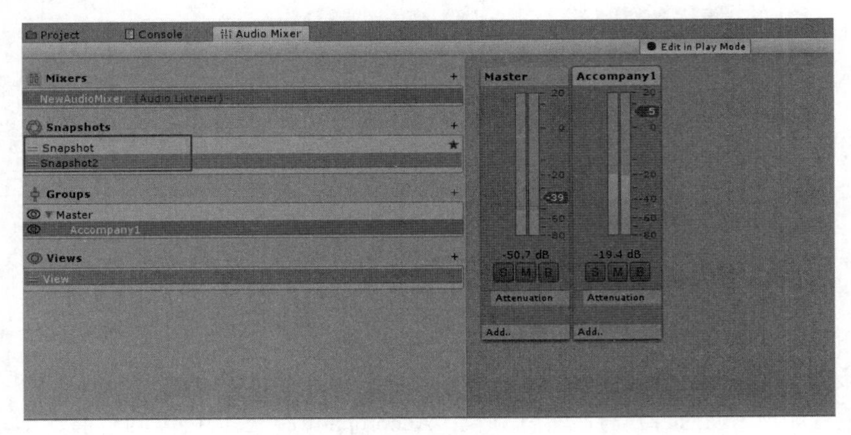

图 7.15 “Accompany1”音轨独奏

➢ 步骤 7：Audio Mixer 的视图（View）模式。

Audio Mixer 的“快照”（Snapshot）功能，可以保存不同的音轨状态，而 Audio Mixer 的视图模式（View）可以展现不同音频组的平面布局。

➢ 步骤 8：音轨增加“滤波器”组件。

对于复杂的音频管理，我们常常需要增加一些“音频滤波”组件。例如，LowPass 低通滤波器、Echo 回音滤波器等，以期达到更加丰富的音效处理。如图 7.16 所示，对于“Accompany1”伴音，笔者增加了两个滤波功能，其音效就有了细微变化。

如果读者想仔细分辨滤波音效的细微变化，可以通过反复单击音轨的“B”按钮感受不同滤波器组件对音频的变化。这里的“B”按钮代表是否忽略滤波器组件的意思（注：B 就是 Bypass 单词的首字母）。

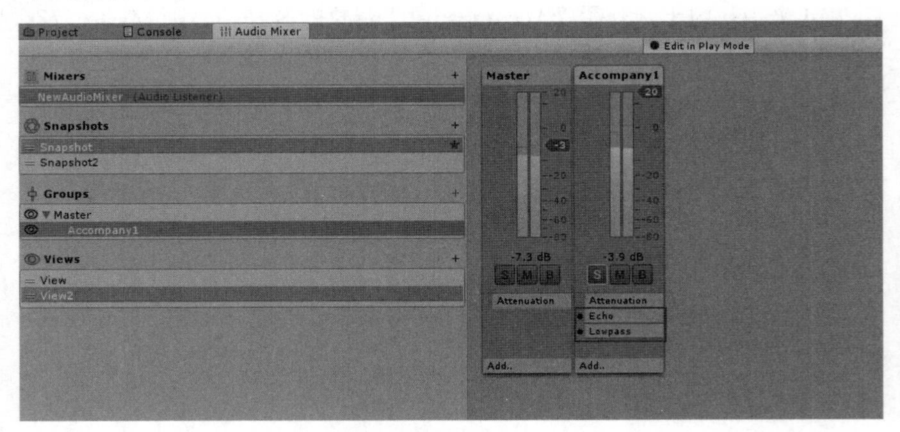

图 7.16 “Accompany1”音轨增加 Echo 与 Lowpass 滤波音效

➢ 步骤 9：使用脚本控制音频混音器（Audio Mixer）。

对于以上介绍的各种 Audio Mixer 的技术：快照、视图、滤波器等，我们在程序中更多时候需要用脚本动态地改变其音频状态，这样我们就需要程序来控制行为。

首先我们需要对某个音轨“暴露”参数给脚本才可以。在运行状态下，笔者单击 Master 音轨，在属性窗口的 Attenuation 处，鼠标右键弹出“Expose 'Volume(of Master)' to script”（见图 7.17）。

图 7.17　Master 音轨暴露参数给脚本

然后在 Audio Mixer 右上角处，可以重命名暴露的默认控制参数，如图 7.18 所示。

图 7.18　重命名 Master 音轨控制参数

编写如下脚本（见图 7.19），使用一个“UI 控件”控制播放音量的大小。

```
20 using UnityEngine.UI;
21 using UnityEngine.Audio;                                    //导入音频命名空间
22
23 public class ControlAudioMixer:MonoBehaviour
24 {
25     public Slider slVolumes;
26     public AudioMixer AudMix;
27
28     public void ChangeVolumes()
29     {
30         AudMix.SetFloat("MasterBGControl", slVolumes.value);
31     }
32
33 }//Class_end
```

图 7.19　音频混音器控制源码

以上代码需要特别注意的是，代码 30 行中的“MasterBGControl”参数必须与图 7.18 中重命名的音轨控制参数名称完全相同，否则无法达到预期效果。

层级视图建立一个空对象，命名为“_AudioMgr”添加上面定义的 ControlAudioMixer 脚本，且对 public 类型的 AudMix 与 slVolumes 字段赋值，具体如图 7.20 所示。

最后一步我们单击层级视图的Slider 控件，在属性窗口中把Slider组件下的“Min Value”由默认的 0 改为-80、“Max Value”由默认的 1 改为 20，如图 7.21 所示。

OnValueChanged 事件中，把层级视图中的“_AudioMgr”拖曳到 OnValueChanged 框的左下角，同时右上角选择我们上面编写脚本的公共方法“ChangeVolumes()”，如图 7.22 所示。

❖ **温馨提示**

本步骤操作较复杂，如有不明之处，推荐参考本书籍第 9 章“UI 界面开发”的内容。

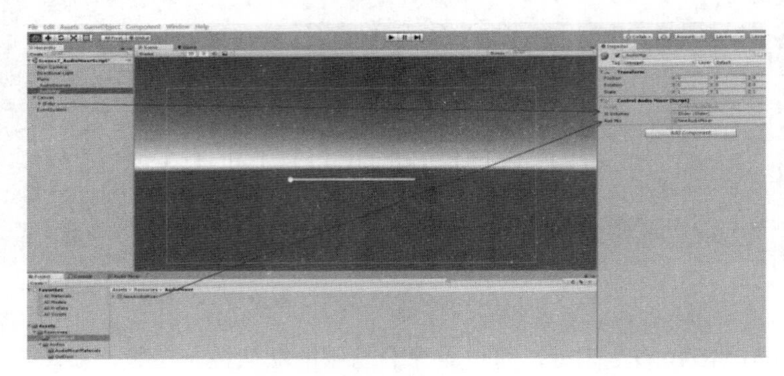

图 7.20　给 ControlAudioMixer 脚本赋值参数

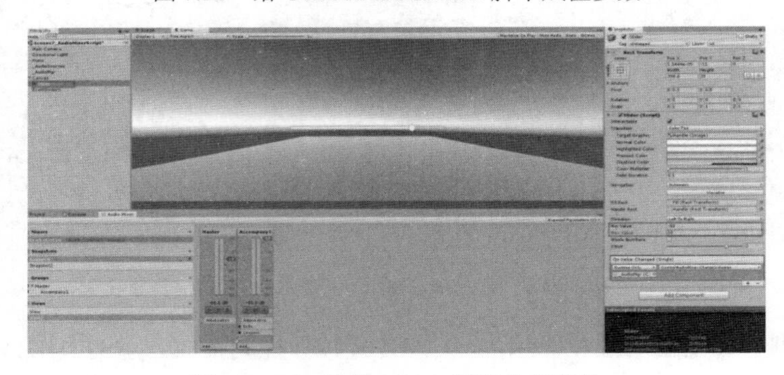

图 7.21　UI 控件 Slider 赋值各项参数

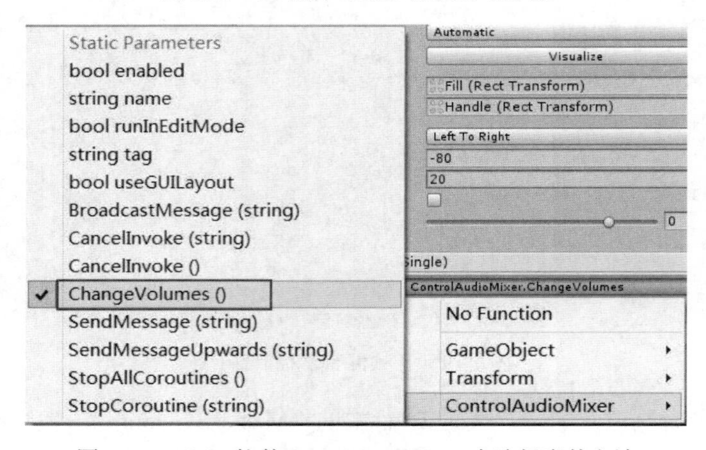

图 7.22　Slider 控件 OnValueChanged 中选择事件方法

按照以上步骤完成且运行程序后，我们会发现播放的混音音量会随着滑动条（即 Slider 控件）的移动而发生明显变化。

7.6　本章练习与总结

本章学习了 Unity 音频系统中音频剪辑的属性、音频源与音频监听器的关系、音频混响器、音频滤波器、音频混音器等概念。通过“地形编辑器”、“光源”、“光照烘焙”、“音频”4 个章节的学习，为我们构建一个绚丽、逼真的虚拟世界提供了强大且易用的技术手段与实现方式。

有部分初学者认为 Unity 是非常简单的，这是对的，但并不完全正确。因为 Unity 封装了 3D 图形学、3D 数学很多复杂技术的实现底层，同时提供给我们一个“干净“、“整洁”、“易用”的集成开发环境和丰富的脚本类库，所以给初学者一个印象就是 Unity 入门简单。应该说 Unity 正是通过一个良好的交互开发界面与高度封装的类库系统，给我们实现游戏项目（包括 VR 虚拟现实等）带来了前所未有的高效率与优秀开发体验！

随着学习的不断深入，大家就会发现其实才刚刚开始，目前只是学习了 Unity 的冰山一角，等待我们需要掌握的内容还有很多。

7.7　案例开发任务

任务：给“生化危机”项目海岛地形添加各种自然音效。

例如，给海岛地形添加“海水”、“河流声”、“风声”、“雷声”、“蛐蛐声”等，注意调节合理的音效大小与优先级关系等。为了减小读者开发与练习难度，笔者给出开发参考步骤。

- 步骤 1：导入音频资源，可以采用两种方式。

（1）在项目视图中单击鼠标右键，单击“Import New Asset”导入随书提供的音频教学资源文件。

（2）同时选择多个音频文件（例如，*.Wav、*.mp3 等文件类型），然后拖入事先在 Unity 项目视图中建立的目录（例如，Resources/Audios），如图 7.23 所示。

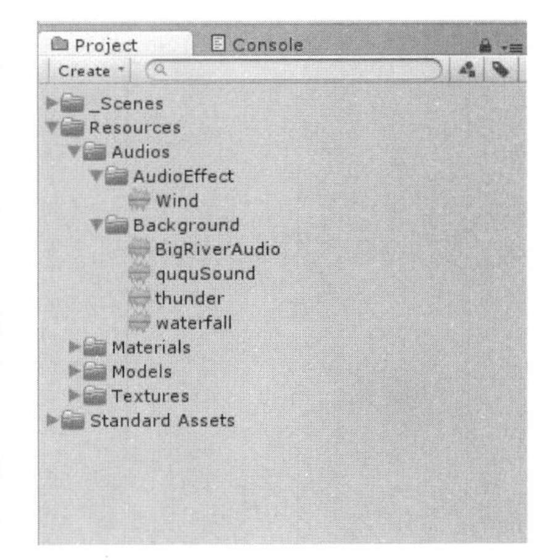

图 7.23　导入音频（剪辑）文件

- 步骤 2：在层级视图中单击鼠标右键，创建 Audio→Audio Source 游戏对象，添加对应的音频剪辑文件（例如，wind 风声、thunder 雷声）；重命名 Audio Source 对象名称，如改为 Wind 等；调节这些音频源对象中的 Audio Source 属性，Audio Source→3D Sound Settings→Min Distance 为 100 以上数值，默认“1”（“1”表示在 1 米范围内音频音量最大）太小可能听不清声音。
- 步骤 3：重复操作“步骤 2”多次，建立风声、雷声、河流、海水等音效，然后移动这些游戏对象到相应范围（例如，风声音频源放置在地形的上方区域，海水音频源放置海水上方等），如图 7.24 所示。

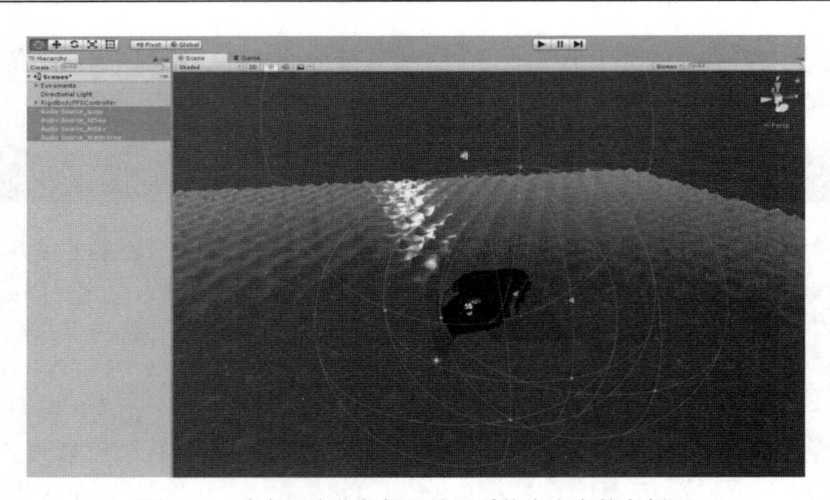

图 7.24　建立“生化危机”地形系统中丰富的音频源

第 8 章 Unity 脚本程序设计

❍ 本章学习要点

学习地形编辑器、光源、音频之后，我们就学会了如何使用 Unity 构建逼真、真实感强烈的虚拟世界的方法。读者也许会感觉 Unity 不难，这主要归功于 Unity 强大、人性化的编辑与开发工具。

以上构建的虚拟世界虽然不错，但它却是不能有交互特性的"静态"世界。我们在游戏开发过程中不可避免地需要给玩家设计如"菜单"、"人物对话"、"键盘、鼠标、触屏滑动等人物移动、旋转"等控制方式。这就涉及需要大量学习脚本（程序）的方式去控制人物、角色、虚拟世界的各种变化等。

不断地深入研究 Unity 的脚本类库、学好脚本（程序）设计才是真正掌握 Unity 平台进行游戏开发、虚拟现实、增强现实等项目开发的关键所在。

从本章开始我们就来深入研究 Unity 的脚本（程序）开发，笔者力图采用渐进式、缓慢逐渐提高、案例化教学的方式，给读者一个逐渐深入、不断探索的学习方式，从而避免"空洞"、"API"、"字典"式的讲解。

❍ 本章主要内容

- Unity 脚本编辑器介绍
- 脚本程序基础
- Unity 重要脚本函数
- Unity 脚本生命周期
- Unity 伪多线程揭秘
- Unity 重要应用类
- Unity 输入管理器
- Unity 脚本顺序窗口
- 本章练习与总结
- 案例开发任务

8.1 Unity 脚本编辑器介绍

8.1.1 什么是.Net 框架

.Net Framework 也称为.Net 框架，是由微软开发的一个致力于敏捷软件开发（Agile

图 8.1 .Net 标志

software development）、快速应用开发（Rapid application development）、平台独立性和网络透明化的软件开发平台。它包含许多有助于互联网和内部网络应用迅捷开发的技术。

.Net 框架（见图 8.1）是微软继 Windows DNA 之后的新开发平台。.Net 框架以一种采用系统虚拟机运行的编程平台，以通用语言运行库（Common Language Runtime）为基础，支持多种语言，如 C#、VB.NET、C++、Python 等开发。

8.1.2 什么是 Mono 与 MonoDevelop

Mono（见图 8.2）是一个由 Novell 公司，由 Ximian 发起并由 Miguel de lcaza 领导的，一个致力于开创.Net 在 Linux 上使用的开源工程，包含了 C#语言编译器、CLR 的运行、一组类库等。它也是.Net 的一个开源跨平台工具，类似 Java 虚拟机。Java 本身不是跨平台语言但运行在虚拟机上就能够实现跨平台。.Net 只能在 Windows 下运行，Mono 可以实现跨平台运行于 Linux、Unix、Mac OS 等。

图 8.2 Mono 标志

Unity 2017.x 的脚本语言目前（截至 2017 年）支持两种语言：C#、JavaScript 语言。两种语言都是基于 Mono 的.Net 平台上运行，可以使用.Net 类库，这也为 XML、数据库、正则表达式等问题提供了很好的解决方案。

Unity 里的脚本都会经过编译，它们的运行速度很快。由于两种语言在编译后都成为 Mono 的中间运行时语言，所以两种语言实际上的功能和运行速度是一样的，区别主要仅体现在语言特性上。

❖ **温馨提示**

Unity 2017.x 之前的版本还支持 Boo 语言，但因为全世界用的开发人员过少，新版本已经不再支持。

Unity 中支持的 JavaScript 和网页开发中的 JavaScript 其实不一样，它编译后的运行速度很快，语法方面也会有不少区别，所以正确的说法是 Unity JavaScript。由于语法没有 C#好用与易用，所以目前，全世界广大游戏开发工作者已经默认把 C# 作为主要的开发语言首选项。

8.1.3 什么是 Visual Studio

Microsoft Visual Studio（简称 VS）是微软公司推出的开发环境，是目前最流行的 Windows 平台应用程序开发环境（见图 8.3）。

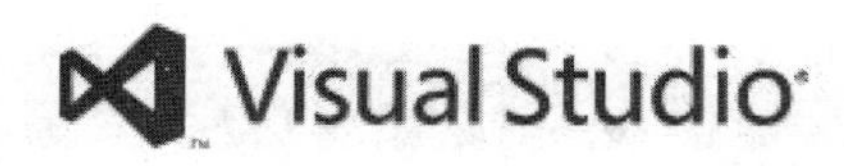

图 8.3 Visual Studio 开发工具

Mono Develop 默认在 Unity 3.x 以上的版本安装时一并安装，但由于其实际的编程易用性与表现上不如微软的 VS（Visual Studio）开发工具，所以目前国内很多游戏开发工作者都使用 VS 代替 MonoDevelp 作为游戏脚本的集成编辑工具（IDE）（见图 8.4）。

Unity 改变脚本的编辑工具需要进行如下设置。

（1）单击菜单栏的 Edit→Preferences 选项打开 Unity 偏好设置面板（Unity Preferences），如图 8.5 所示。

（2）在 Unity Preferences→External Tools→External Script Editor 中进行更改与设置你的默认编辑器，如图 8.6 所示。

图 8.4　MonoDevelop 开发工具

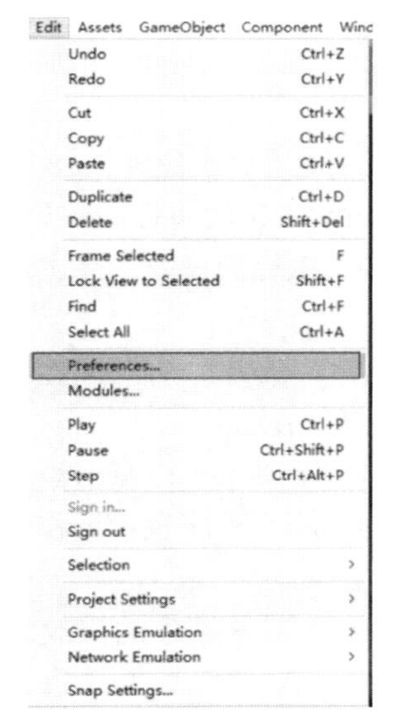

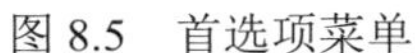

图 8.5　首选项菜单

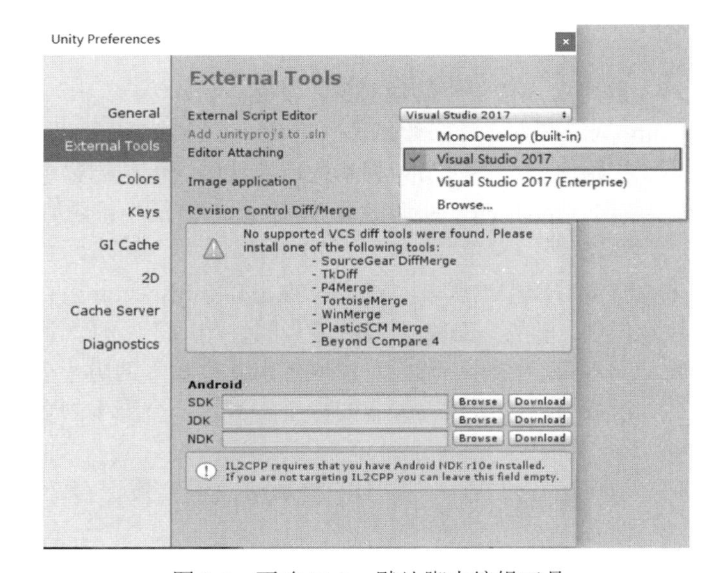

图 8.6　更改 Unity 默认脚本编辑工具

❖ 温馨提示

笔者推荐 Unity 2017.x 搭配最新的 VS 2017（Microsoft Visual Studio 2017）版本使用，本版本 VS 直接集成了 VS for Unity Tools（支持 Unity 开发与调试插件）及智能排错提示插件 Resharp 等。

8.2　脚本程序基础

脚本（Script）：简单说就是一条条的文字命令，这些文字命令是可以查阅、可以使用文本编辑器打开查看、编辑的指令集合。程序在运行时，系统编译器将一条条的脚本程序代码翻译成计算机可识别的指令并按程序顺序执行。

8.2.1　创建脚本注意事项

➢　脚本文件名称与类名必须相同。

在项目视图中新建 C#脚本，一般将所有脚本放到一个单独的文件夹中。为了项目的易读性与团队开发的需要，脚本建议取有意义的名字且脚本的名字与类名必须一致，否则报“Can't add script”错误，如图 8.7 所示，本错误是初学者最容易遇到的错误信息之一。

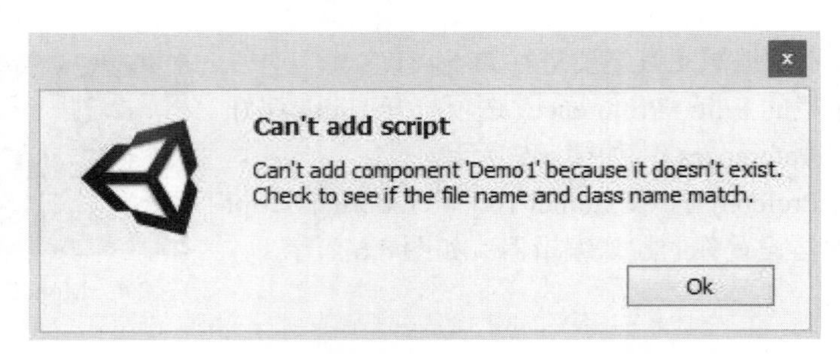

图 8.7　脚本文件名称与类名不同造成错误信息

➢ 脚本必须依附于游戏对象才能运行。

Unity 规定脚本文件必须赋值（拖到）在游戏对象上，运行项目后脚本才会执行。

➢ 初始化信息不能写到脚本构造函数中，而是应该定义在 Unity 规定的事件函数（注：有的书籍也叫“回调函数”）“Start”方法中，否则在 Unity 执行的过程中会出现意外错误。

➢ 游戏对象中的脚本可以在属性窗口（Inspector）中修改属性，get/set 写法属性不被识别，直接 public 字段就能当属性用，不写修饰符就是私有 private。

➢ 脚本只能依附于游戏对象或者由其他脚本调用才会运行。一个脚本可以赋值给多个游戏对象，即代表脚本的多个实例。一个脚本的多个实例之间，程序执行过程中互不干扰。

➢ 项目运行过程中，脚本的参数修改不会被保存。项目脚本“编辑期”的修改才能保存。

8.2.2 项目工程分层设计

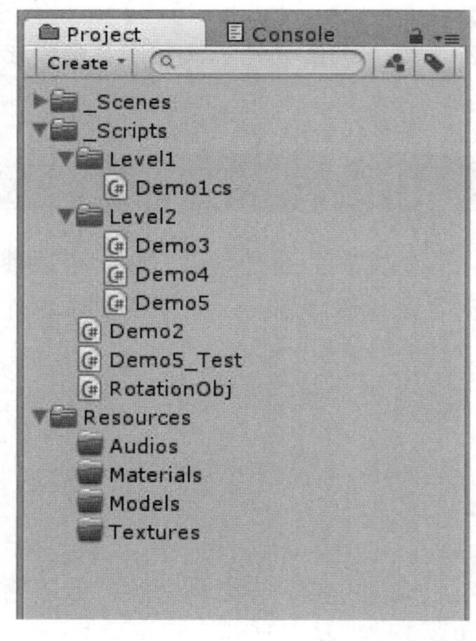

图 8.8　项目资源的分层设计原则

为了开发项目的易读、易维护、更好的进行团队开发，笔者建议项目视图中所有的资源都进行“分层”处理。例如所有的脚本放入“_Scripts”文件夹中,所有的场景文件放入”_Scenes”文件夹中，而贴图资源、材质资源、音频资源、模型资源等都放入对应好理解有意义化的文件夹目录中，例如图 8.8 所示。

❖ 温馨提示

（1）这里的所谓脚本，特指继承 MonoBehaviour 的类。

（2）上面带下画线的文件夹目录，如“_Scripts”，主要是为了更好地区别是否为导入资源（不带下画线）还是手工创作（开发）性资源（带下画线）。当然，这里的文件夹目录是否以下画线开头不是 Unity 规定的要求，而是个人编程习惯，读者可以自己裁量。

8.2.3　如何更改脚本模板

在使用 Unity 开发与编辑脚本的过程中，对于每个脚本都必须有公共的部分，我们可以通过修改“脚本模版”的方式，提高编程开发效率。

我们可以通过以下几个步骤，来更改脚本模版:

- 步骤 1：找到 Unity 安装路径中专门存放脚本模版的目录。

（Unit2017 的安装路径）\Editor\Data\Resources\ScriptTemplates

- 步骤 2: 使用一般的软件开发编辑工具（例如，VS、EditPlus、Notepad2）打开“81-C# Script-NewBehaviourScript.cs”文件。
- 步骤 3：更改后保存。

以下给出一个推荐参考模版格式（见图 8.9）。

```
1  /**
2   *
3   *  Title:  学习xx知识点
4   *  Description:
5   *  Author: (Your Name)
6   *  Date: 2015.01
7   *  Version:  0.1
8   *  Modify recoding:
9   *
10  */
11 using UnityEngine;
12 using UnityEngine.UI;
13 using System.Collections;
14
15 public class #SCRIPTNAME# : MonoBehaviour {
16
17     void Start () {
18
19     }//Start_end
20
21     void Update(){
22
23     }//Update
24
25 }//Class_end
```

图 8.9　推荐 C#语言模板格式

❖ 温馨提示

图 8.9 中的波浪线由于 VS 的自动错误检查机制造成，修改模板无须理会。

8.3　Unity 重要脚本函数

8.3.1　Unity 事件函数

首先我们介绍一下 Unity 事件函数（有的书籍也称为“回调函数”）的概念。Unity 中所有控制脚本的基类 MonoBehaviour 有一些虚函数用于绘制事件的回调，这就是事件函数。

对于初学者，先介绍最常用的两个。

- Start，在 Update 函数之前进行调用，本函数仅调用一次。
- Update，每帧都执行一次，这是最常用的事件函数，大约一秒钟执行 30～60 次，依

据个人电脑性能的不同而不同。

❖ 温馨提示

依据 Unity 的生命周期，Unity 的事件函数其实有很多：Reset()、Awake() 、Enable()、Start()、FixedUpdate()、Update()、LateUpdate()、OnGUI()、OnDisable()、Destroy()等，进一步的详细信息我们在本章 8.4 节 “Unity 脚本生命周期” 中进行更为详细的探讨。

8.3.2 Untiy 重要核心类学习

初学者认为 Unity 的学习非常简单，因为常常是拖一个控件，然后稍微做一些调整，这样就会实现其他游戏编程语言需要几十行甚至上百行才能完成的功能（例如，相对微软的 XNA 与 J2ME 等游戏开发技术）。

其实看似强大的游戏开发技术离不开 Unity 强大的类库支持，否则我们开发游戏又会回到“原始社会”。现在我们看看 Unity 给我们提供的类库 API 支持，如图 8.10 所示。

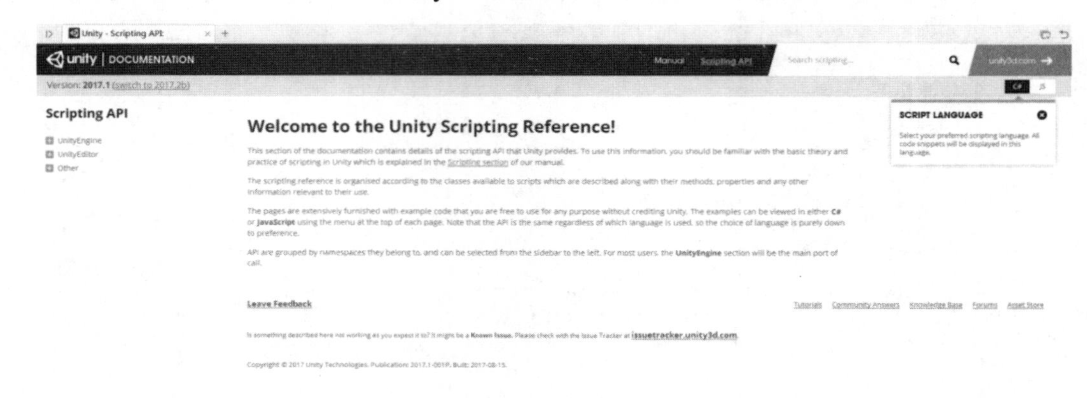

图 8.10 Unity 2017 类库 API 界面

读者可能惊讶于 Unity 提供的类库的庞大与复杂，不用担心，学习 Unity 类库不能“胡子眉毛一把抓”。 现在我们就 Unity 开发中使用到的最为核心的 4 个类进行讲解。

下面列出的内容是我们在开发过程中用到的最主要的 4 个类。

8.3.3 GameObject 类

GameObejct 类是所有 Unity 场景中的基类，但不是最终根类，它继承 Object 类，如表 8.1 所示。

表 8.1 GameObject 类重要字段与方法

属性与方法	含 义
字段	
rigidbody	附属于游戏物体上的刚体（只读）
renderer	附属于这个游戏物体上的渲染器（只读）

续表

属性与方法	含　义
Layer	游戏物体所在的层，一个层的范围是在 0～32 之间
actionSelf	表示特定对象是否为激活状态或禁用状态
tag	游戏物体的标签
实例方法	
AddComponent()	增加组件方法
AddComponent<T>	增加制定类型的组件方法
GetComponent()	获得组件方法
GetComponent<T>	获得指定类型的组件方法
静态方法	
CreatePrimitive()	创建原始类型游戏对象
Find()	查找游戏对象
FindGameObjectsWithTag()	游戏对象标签查找（返回多个游戏对象）
FindWithTag()	游戏对象标签查找（返回单个游戏对象）
SetActive()	设置激活状态
继承的静态方法	
Destroy()	销毁游戏对象
DestroyImmediate()	立即销毁物体 obj，建议使用 Destroy 代替
Don'tDestroyOnLoad()	加载新场景的时候使目标物体不被自动销毁
Instantiate()	克隆游戏对象

现在就 GameObject 类的重要属性与方法进行详细说明。

➢ 脚本的创建、克隆与销毁对象。

■ 创建游戏对象。

Eg: GameObject goCreatObj = GameObject.CreatePrimitive(PrimitiveType.Cube);

■ 克隆游戏对象。

Eg: goCloneObj = (GameObject)GameObject.Instantiate(goCreatObj);

■ 销毁游戏对象。

Eg: GameObject.Destroy(goCloneObj);

图 8.11 给出关于脚本创建、克隆与销毁对象的详细示例。

➢ 添加脚本组件。

Eg:　this.gameObject.AddComponent<Demo4>();

注：设定“Demo4.cs”是项目视图中存在的脚本。

下面给出关于添加脚本组件的使用示例，如图 8.12 和图 8.13 所示。

```
23  public class Demo2:MonoBehaviour{
24      //克隆的对象
25      private GameObject goCloneObj;
26
27      void Start(){
28          //创建游戏对象
29          GameObject goCreatObj = GameObject.CreatePrimitive(PrimitiveType.Cube);
30          //添加材质。
31          goCreatObj.GetComponent<Renderer>().material.color = Color.red;
32          //添加名称
33          goCreatObj.name = "CubeName";
34          //克隆对象
35          //goCloneObj = (GameObject)GameObject.Instantiate(goCreatObj);
36          //克隆对象(简化写法)
37          goCloneObj = (GameObject)Instantiate(goCreatObj);
38      }
39
40      void Update(){
41          //销毁对象
42          if (Input.GetKey(KeyCode.D)){
43              //简化写法，"2F"表示2秒后延迟销毁,没有参数就是立即销毁
44              Destroy(goCloneObj, 2F);
45          }
46      }
```

图 8.11　创建、克隆与销毁对象示例脚本

```
22  public class Demo3:MonoBehaviour{
23
24      void Update(){
25          //动态增加一个脚本
26          if (Input.GetKeyDown(KeyCode.A)){
27              this.gameObject.AddComponent<Demo4>();
28          }
29      }
30  }//Class_end
```

图 8.12　添加脚本组件

```
22  public class Demo4:MonoBehaviour{
23
24      void Update(){
25          this.transform.Rotate(Vector3.up, Space.World);
26      }
27
28  }//Class_end
```

图 8.13　被添加的脚本

应用场景解释：图 8.12 与图 8.13 中所编写的应用场景是在项目的层级视图中笔者建立一个Cube的立方体，然后在立方体上加载Demo3.cs脚本，本项目的项目视图中存在Demo4.cs的脚本文件，然后运行程序。当程序运行过程中，在游戏视图（Game）中按下键盘的“A”键，会发现原本不动的立方体旋转起来了。

➢　获取脚本组件。

Eg:　int intValue = this.gameObject.GetComponent<Demo6>().GetValues();

注：设定“Demo6.cs”是项目视图中存在的脚本，且本脚本中存在公共类型的方法“GetValues”。

下面给出关于获取脚本组件的使用示例，如图 8.14 和图 8.15 所示。

```
22 -public class Demo5: MonoBehaviour{
23
24      void Start(){
25          //使用GetComponet() 方法，做类之间的数值传递
26          int intValue = this.gameObject.GetComponent<Demo6>().GetValues();
27          string strReturn = this.gameObject.GetComponent<Demo6>().Str1;
28          Debug.Log("得到Demo6脚本组件中的字符串是：" + strReturn);
29          Debug.Log("得到Demo6脚本组件中的数值是：" + intValue);
30      }
31
32 }//Class_end
```

图 8.14　获取当前游戏对象的脚本组件

```
22 -public class Demo6:MonoBehaviour
23 {
24      public string Str1 = "大家好！";
25
26      public int GetValues()
27      {
28          return 10;
29      }
30 }//Class_end
```

图 8.15　被获取的脚本

应用场景解释：图 8.14 与图 8.15 中所编写的应用场景是：在项目的层级视图中新建了一个空游戏对象，且同时加载了 Demo5.cs 与 Demo6.cs 脚本组件。当程序在运行后，在项目的调试窗口（Console）中输出如图 8.16 所示的结果。

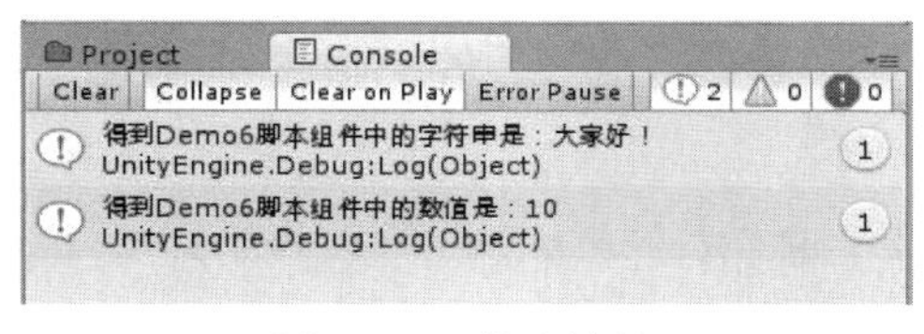

图 8.16　输出结果

➢　游戏对象的查找

■　按照“名称”查找。

Eg:　GameObject.Find("Cube_1");

注：设定“Cube_1”为层级视图中存在的游戏对象名称。

■　按照“别名”查找游戏对象。

Eg:　GameObject.FindWithTag("SphereTag");

注：设定“SphereTag”为层级视图中存在游戏对象的“别名”[Tag]。

■　按照“别名”查找游戏对象组。

Eg:　GameObject.FindGameObjectsWithTag("CapsuleTag");

注：设定“CapsuleTag”为层级视图中存在多个游戏对象的“别名”[Tag]。

下面给出关于获取脚本组件的使用示例，如图 8.17 所示。

```
20 -public class Demo9 : MonoBehaviour {
21 -    void Start ()
22      {
23          //按照“名称”基本查找（游戏对象）
24          GameObject goObj1=GameObject.Find("Cube_1");
25          goObj1.renderer.material.color = Color.blue;
26          //按照“别名”，查找游戏对象。
27          GameObject goObj2=GameObject.FindWithTag("SphereTag");
28          goObj2.renderer.material.color = Color.red;
29          //按照“别名”，查找游戏对象组。
30          GameObject[] goObjArray = GameObject.FindGameObjectsWithTag("CapsuleTag");
31          foreach (GameObject Goitem in goObjArray)
32          {
33              Goitem.renderer.material.color = Color.yellow;
34          }
35      }
36 }
```

图 8.17　游戏对象的查找脚本

应用场景解释：项目视图中添加了“Cube_1”、“Shpher_2”，“Capsule1”，“Capsule2”，“Capsule3”等基本游戏对象，且“Sphere_2”对象添加了名称为 “SphereTag”的标签，“Capsule1”等 3 个相同类型的游戏对象都添加了“CapsuleTag”的标签。程序运行后我们会发现所有的游戏对象都添加上了不同的颜色材质，如图 8.18 所示。

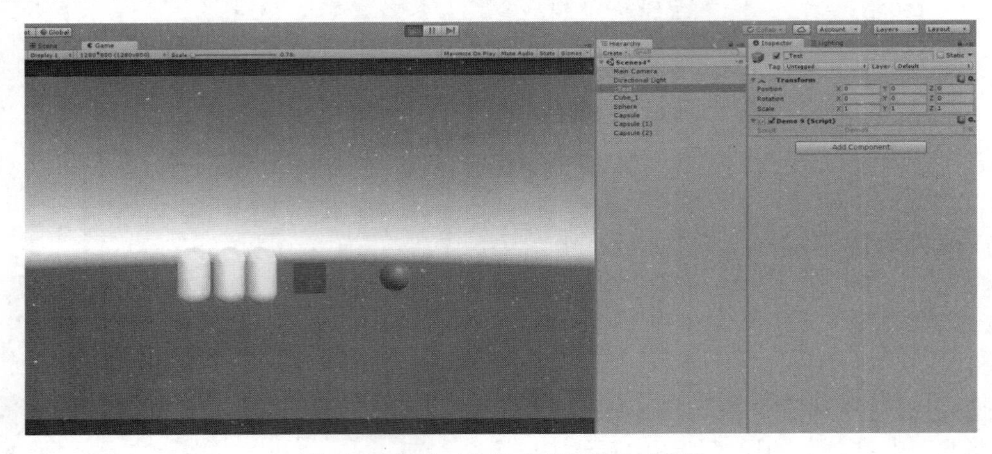

图 8.18　游戏对象脚本查询的运行结果

提示：

编写以上脚本的过程中，Untiy 的 Console 控制台中时常会出现“There are inconsistent line endings in the 'Assets/Scripts/xxx.cs' script. Some are Mac OS X (UNIX) and some are Windows.”的警告信息，如图 8.19 所示。

解决方法：单击 VS 编辑器的菜单文件→高级保存选项，在弹出框“高级保存选项”中的“行尾”处改动默认项“当前设置”为“Windows(CR LF)”即可，然后单击“确认”按钮，如图 8.20 所示。

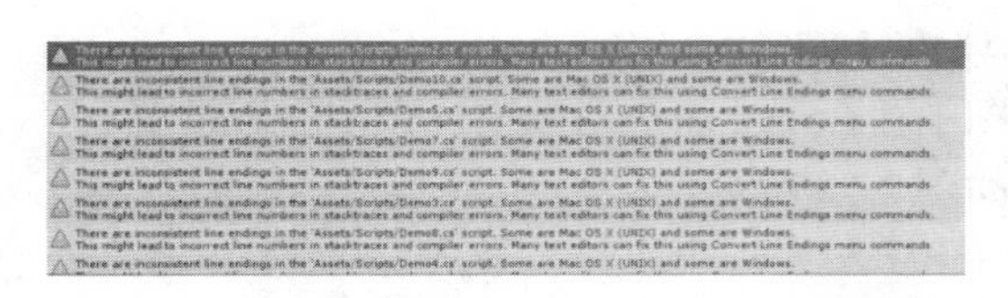

图 8.19　Console 控制台输出警告信息

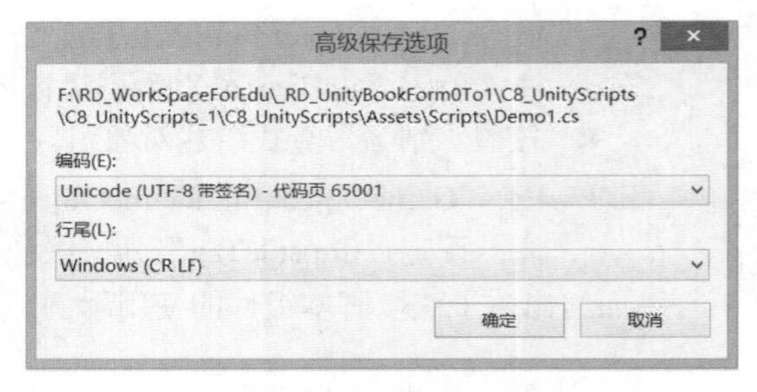

图 8.20　VS 编辑器“高级保存选项”

8.3.4　MonoBehaviour 类

每一个用户定义类都自动继承 MonoBehaviour 类，该类则继承 Behaviour 类。MonoBehaviour 类是基于 Unity 开发游戏过程中最常用、最重要的类之一，相关字段与方法如表 8.2 所示。

表 8.2　MonoBehaviour 类重要字段与方法

属性与方法	含　义
实例方法	
Invoke()	调用函数
InvokeRepeating()	重复调用函数
CancelInvoke()	取消 MonoBehaviour 类上的所有调用
IsInvoking()	指定的方法是否在等候调用
StartCoroutine()	开始协程
StopCoroutine()	停止协程
StopAllCoroutines()	停止所有的协程
静态方法	
Print()	后台打印输出消息 本方法是 Debug.Log()的二次封装，是一种简化写法，两者作用完全等价
Unity 事件函数（回调方法）	
Reset()	脚本生命周期中的事件函数，开发工具在编辑环境下，当脚本赋值给游戏对象时进行调用 （详细见 8.4 一节内容）
Awake()	脚本生命周期中的事件函数，在生命周期中仅调用一次，为最先调用的方法 一般用于特殊字段赋值等要求优先级最高的情形（详细见 8.4 一节内容）
OnEnable()	脚本生命周期中的事件函数，在启用脚本的时候进行调用 （详细见 8.4 一节内容）
Start()	脚本生命周期中的事件函数，在生命周期中仅调用一次，一般用于给脚本的字段赋予初始值 （详细见 8.4 一节内容）
FixedUpdate()	脚本生命周期中的事件函数，按照系统定义的固定时间频率（默认 0.02 秒）进行周期性循环输出的函数，一般用于物理系统模拟环境中 （详细见 8.4 一节内容）
Update()	脚本生命周期中的事件函数，为周期性循环输出的函数，每秒输出的“时间频率”不固定，一般用于脚本的逻辑代码处理 （详细见 8.4 一节内容）
LateUpdate()	脚本生命周期中的事件函数，为周期性循环输出的函数，每秒输出的“时间频率”不固定。输出总是在 FixedUpdate()、Update()方法的后面，一般适用于摄像机的处理代码 （详细见 8.4 一节内容）
OnGUI()	脚本生命周期中的事件函数，为周期性循环输出函数，每秒输出的“时间频率”不固定，在所有脚本生命周期中的函数中输出“时间频率”为最快。此函数为界面绘制函数，所有的 GUI 代码必须写在此函数中 （详细见 8.4）
OnDisable()	脚本生命周期中的事件函数，在禁用脚本的时候进行调用 （详细见 8.4）
OnDestroy()	脚本生命周期中的事件函数，在脚本所属游戏对象被销毁时进行调用。 （详细见 8.4）
OnMouseEnter()	当鼠标进入 GUIElement（GUI 元素）或 Collider（碰撞体）中时调用
OnMouseOver()	当鼠标悬浮在 GUIElement（GUI 元素）或 Collider（碰撞体）上时调用

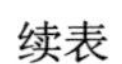

续表

属性与方法	含　　义
OnMouseExit()	当鼠标移出 GUIElement（GUI 元素）或 Collider（碰撞体）时调用
OnMouseDown()	当鼠标在 GUIElement（GUI 元素）或 Collider（碰撞体）上单击时调用
OnMouseUp()	当用户释放鼠标按钮时调用
OnMouseDrag()	当用户鼠标拖曳 GUIElement（GUI 元素）或 Collider（碰撞体）时调用
OnTriggerEnter	当 Collider（碰撞体）进入 trigger（触发器）时调用
OnTriggerStay	当碰撞体接触触发器时，OnTriggerStay 将在每一帧被调用
OnTriggerExit	当 Collider（碰撞体）停止触发 trigger（触发器）时调用 OnTriggerExit
OnCollisionEnter	当 collider/rigidbody 触发另一个 rigidbody/collider 时，OnCollisionEnter 将被调用
OnCollisionStay	当 collider/rigidbody 触发另一个 rigidbody/collider 时，OnCollisionStay 将会在每一帧被调用
OnCollisionExit	当 collider/rigidbody 停止触发另一个 rigidbody/collider 时，OnCollisionExit 将被调用
OnControllerColliderHit()	在移动的时候，当 controller 碰撞到 collider 时，OnControllerColliderHit 被调用
OnParticleCollision()	当粒子碰到 collider 时被调用
OnBecameVisible()	当 renderer（渲染器）在任何相机上可见时调用 OnBecameVisible
OnBecameInvisible()	当 renderer（渲染器）在任何相机上都不可见时，调用 OnBecameInvisible
OnLevelWasLoaded()	当一个新关卡被载入时，此函数被调用
OnDrawGizmos()	如果你想绘制可被点选的 gizmos，执行这个函数
OnDrawGizmosSelected()	如果你想在物体被选中时绘制 gizmos，执行这个函数
OnApplicationPause()	当玩家暂停时发送到所有的游戏物体
OnApplicationFocus()	当玩家获得或失去焦点时发送给所有游戏物体
OnApplicationQuit()	在应用退出之前发送给所有的游戏物体
OnPlayerConnected()	当一个新玩家成功连接时在服务器上被调用
OnServerInitialized()	当 Network.InitializeServer 被调用并完成时，在服务器上调用这个函数
OnConnectedToServer()	当你成功连接到服务器时，在客户端调用
OnPlayerDisconnected()	当一个玩家从服务器上断开时在服务器端调用
OnDisconnectedFromServer()	当失去连接或从服务器端断开时在客户端调用
OnFailedToConnect()	当一个连接因为某些原因失败时在客户端调用
OnFailedToConnectToMasterSer-ver()	当报告事件来自主服务器时，在客户端或服务器端调用
OnMasterServerEvent()	当报告事件来自主服务器时在客户端或服务器端调用
OnNetworkInstantiate()	当一个物体使用 Network.Instantiate 进行网络初始化时调用
OnSerializeNetworkView()	在一个网络视图脚本中，用于自定义变量同步

调用函数和重复调用函数示例如图 8.21 所示。

```
23 public class Demo7: MonoBehaviour{
24
25     void Start(){
26         //调用函数，其中参数"3F" 表示延迟调用时间
27         Invoke("DisplayInfo", 3F);
28
29         //重复调用函数
30         //参数含义：
31         //"5F" 表示延迟调用时间（单位：秒）
32         //"1F" 表示重复调用函数的间隔时间
33         InvokeRepeating("DisplayInfo_2", 5F, 1F);
34     }
35
36     void DisplayInfo(){
37         Debug.Log("DisplayInfo() 方法被执行了。");
38     }
39
40     void DisplayInfo_2(){
41         Debug.Log("DisplayInfo_2() 方法被执行了。");
42     }
43 }//Class_end
```

图 8.21　调用函数和重复调用函数代码示例

图 8.21 的运行结果如图 8.22 所示。

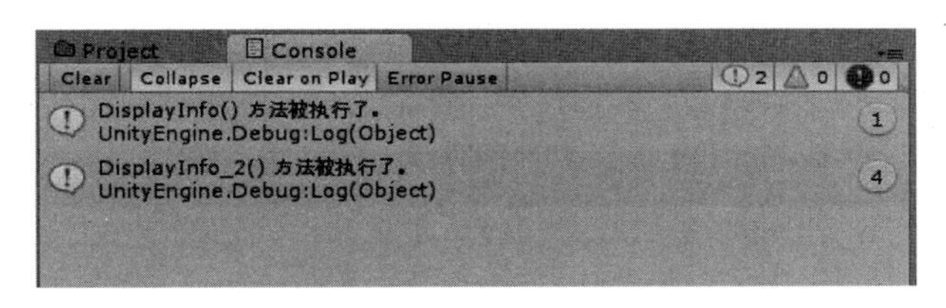

图 8.22　调用函数和重复调用函数的运行结果

8.3.5　Transform 类

Transform 类继承 Component 类，在场景中的每个对象，其属性窗口中都有一个变换，用来存储和处理游戏对象的位置、旋转和缩放信息，如表 8.3 所示为 Transform 类的重要字段与方法。

表 8.3　Transform 类重要字段与方法

属性与方法	含　义
字段	
Position	位置
localPosition	相对父级变换的位置
eulerAngles	欧拉角
localEulerAngles	相对于父级的变换旋转角度
localScale	相对于父级物体变换的缩放
localRotation	物体变换的旋转角度相对于父级物体变换的旋转角度
right	世界空间坐标变换的红色轴，也就是 *x* 轴
up	世界空间坐标变换的绿色轴，也就是 *y* 轴
forward	在世界空间坐标变换的蓝色轴，也就是 *z* 轴
实例方法	

续表

属性与方法	含　义
Rotate()	旋转游戏对象
RotateAround()	环绕旋转游戏对象
Translate()	使得游戏对象位移
LookAt()	旋转物体，这样向前向量指向 target 的当前位置
TransformDirection()	从自身坐标到世界坐标变换方向
InverseTransformDirection()	变换方向从世界坐标到自身坐标
	与 Transform.TransformDirection 相反
TransformPoint()	变换位置从自身坐标到世界坐标
InverseTransformPoint()	变换位置从世界坐标到自身坐标
	与 Transform.TransformPoint 相反
DetachChildren()	所有子物体解除父子关系
IsChildOf()	这个变换是父级的子物体吗
继承的方法	
CompareTag()	游戏物体有被标记标签吗
SendMessage()	数据传值技术中的常用技术
BroadcastMessage()	向下广播
SendMessageUpwards()	向上广播
GetInstanceID()	返回物体的实例 ID

前面我们已经讲过 Transform 类在表 8.3 中的部分实例方法，图 8.23 给出常用的属性示例代码，日常开发中也经常用到。

```
20 public class Demo8_Transform : MonoBehaviour {
21
22     void Start ()
23     {
24         //调整当前游戏对象的位置、旋转、缩放
25         this.transform.position = new Vector3(2F, 3F, 4F);
26         this.transform.eulerAngles = new Vector3(45F, 0F, 0F);
27         this.transform.localScale = new Vector3(3F, 3F, 3F);
28     }
29 }
```

图 8.23　Transform 类常用属性示例

8.3.6　Time 类

Time 类是 Unity 提供的时间类，用以记录和控制游戏项目中关于时间与时间缩放的相关操作，重要字段如表 8.4 所示。

表 8.4　Time 类的重要字段

属性与方法	含　义
字段	
deltaTime	间隔时间
time	从游戏开始到现在所用的时间（只读）
timeScale	传递时间的缩放，这可用于减慢运动效果
	游戏中常用于“暂停游戏”的场合处理
realtimeSinceStartup	以秒计，自游戏开始的实时时间（只读,不被 timeScale 所影响）

如图 8.24 所示为 Time 类的示例代码。

```
20 public class Demo10 : MonoBehaviour
21 {
22     //"Update" 事件函数特点：
23     //单位时间内运行的次数是不确定的，与计算机的性能和具体分配的资源有很大关系。
24     void Update()
25     {
26         print("Time.delteTime"+Time.deltaTime);  //表示“帧”的间隔时间。
27 
28         if (Input.GetKey(KeyCode.W))
29         {
30             this.transform.Translate(Vector3.forward * Time.deltaTime * 50, Space.World);
31         }
32         else if (Input.GetKey(KeyCode.S))
33         {
34             this.transform.Translate(Vector3.back * Time.deltaTime * 50, Space.World);
35         }
36     }
37 }
```

图 8.24　Time 类的示例代码

因为 Update() 事件函数的运行速度与计算机当前的资源分配和性能有很大关系，容易造成在 Update() 事件函数中控制游戏对象发生位移时运行不流畅的问题，所以我们使用 Time.deltaTime 函数来解决这个问题。

8.4　Unity 脚本生命周期

Unity 脚本的生命周期揭示了关于脚本引擎内部的基本原理与运作机制。通过本节的学习，读者能够对脚本中各个重要事件函数的具体含义与应用有一个更加深入的掌握。

Unity 中定义了十个重要的事件函数，按照执行的先后次序依次为以下内容。

（1）Reset：重置函数，编辑期当脚本赋值给游戏对象时触发，仅执行一次。

（2）Awake：唤醒函数，最先执行的事件函数，用于优先级最高的事件处理，仅执行一次。

（3）OnEnable：启用函数，当脚本启用的时候触发。随着脚本的不断启用与禁用可以执行多次。

（4）Start：开始函数，一般用于给脚本字段附初始值使用，仅执行一次。

（5）FixedUpdate：固定更新函数，以默认 0.02s 的时钟频率执行，常用于物理学模拟中处理刚体的移动等，每秒执行多次。

（6）Update：更新函数，执行的频率不固定。与计算机当前性能消耗成反比，常用于逻辑计算，每秒执行多次。

（7）LateUpdate：后更新函数，在其余两个更新函数之后运行，常用于摄像机的控制情形中，每秒执行多次。

（8）OnGUI：图形绘制函数，绘制系统 UI 界面，每秒执行多次。

（9）OnDisable：脚本禁用函数，当脚本禁用的时候触发。随着脚本的不断启用与禁用可以执行多次。

（10）OnDestroy：销毁函数，本脚本所属游戏对象销毁的时候执行本脚本，仅执行一次。

现在我们做一个演示实验，进一步研究脚本生命周期的各种规律，研究内容如下。

- Unity 事件函数调用顺序。

- 事件函数禁用与启用规律。

8.4.1 Unity 事件函数调用顺序

我们新建一个项目，然后写如下脚本，代码如图 8.25 与图 8.26 所示。

```
28 public class TestScriptsLiftTime : MonoBehaviour {
29     void Reset() {                                    //重置函数
30         print("Reset");
31     }
32     void Awake() {                                    //“唤醒”事件函数
33         print("Awake()");
34     }
35     void OnEnable() {                                 //“脚本启用”事件函数
36         print("OnEnable()");
37     }
38     void Start() {                                    //开始函数
39         print("Start");
40         //开启调用函数
41         InvokeRepeating("InvokeTest", 0F, 1F);
42         //开启协程
43         StartCoroutine("CoroutineTest");
44     }
45     void FixedUpdate() {                              //固定“步长”更新函数
46         print("FixedUpdate()");
47     }
48     void Update() {                                   //更新函数
49         print("Update()");
50         //停止调用函数
51         if(Input.GetKey(KeyCode.I)) {
52             CancelInvoke("InvokeTest");
53         }
```

图 8.25 脚本生命周期示例代码(A)

```
54         //停止协程
55         else if (Input.GetKey(KeyCode.C)) {
56             StopCoroutine("CoroutineTest");
57         }
58     }
59     void LateUpdate() {                               //延迟更新函数
60         print("LateUpdate()");
61     }
62     void OnGUI() {                                    //界面绘制函数
63         print("OnGUI()");
64     }
65     void OnDisable() {                                //禁用脚本函数
66         print("OnDisable()");
67     }
68     void OnDestroy() {                                //销毁函数
69         print("OnDestroy()");
70     }
71     void InvokeTest() {                               //被测试的调用函数方法
72         print("被测试的调用函数方法");
73     }
74     IEnumerator CoroutineTest() {                     //被测试的协程
75         while(true)
76         {
77             yield return new WaitForSeconds(1F);
78             print("被测试的协程");
79         }
80     }
```

图 8.26　脚本生命周期示例代码(B)

然后我们把 TestScriptsLiftTime.cs 脚本赋值给层级视图中的一个空对象，注意此时 Console 视图中就输出了一条结果，如图 8.27 所示。

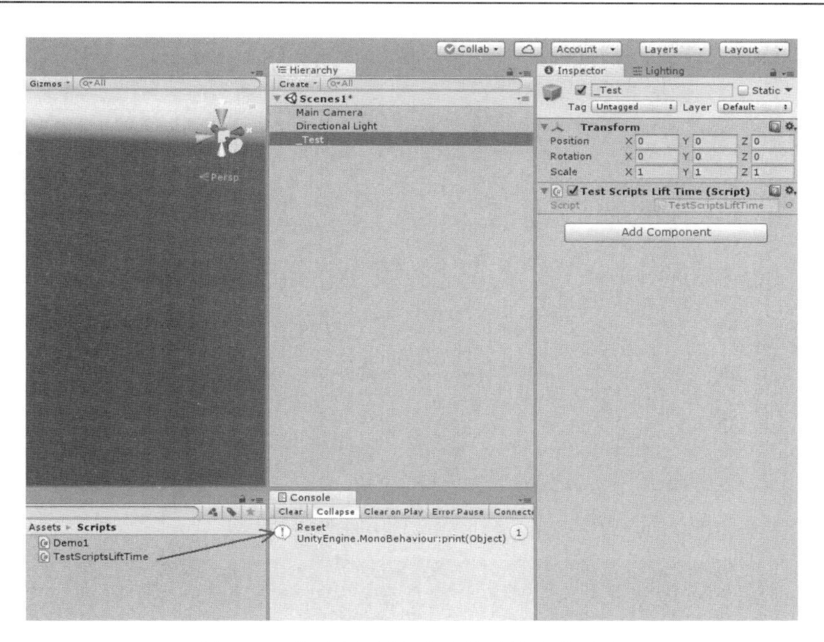

图 8.27 脚本赋值游戏对象时输出的内容

图 8.27 中输出的结果表示 Unity 生命周期函数中的 Reset() 函数是在编辑期间触发的。然后我们开始运行程序，运行 3s 后的结果如图 8.28 所示。

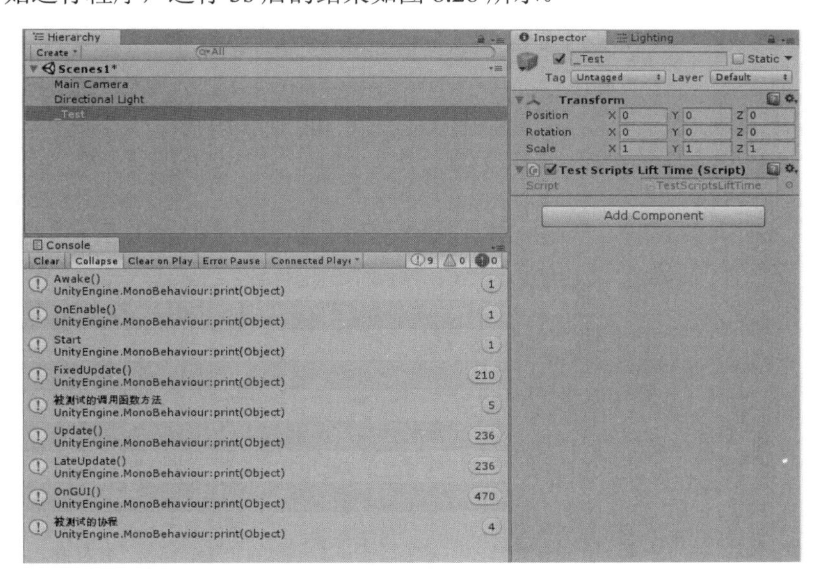

图 8.28 脚本运行 3s 后的输出结果

8.4.2 事件函数禁用与启用规律

从以上的运行结果中我们可以看到脚本中部分事件函数的运行顺序与执行次数，但是发现没有 OnDisable()与 OnDestroy()事件函数的输出。我们现在开始禁用与启用这个脚本，如图 8.29～图 8.31 所示。

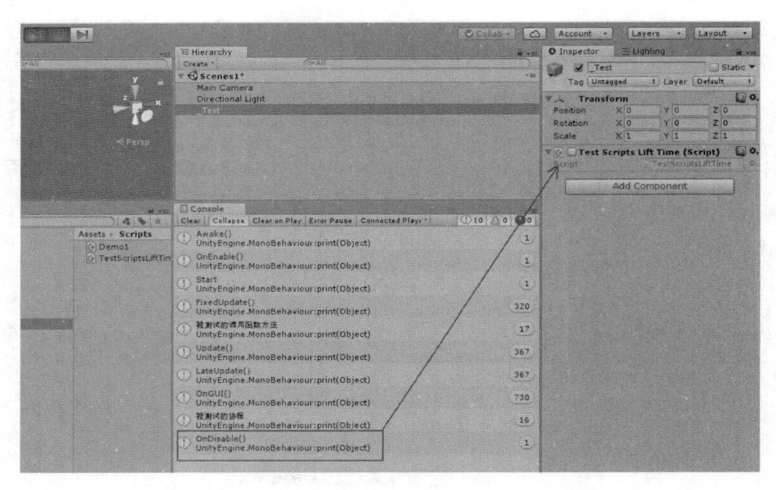

图 8.29　禁用脚本

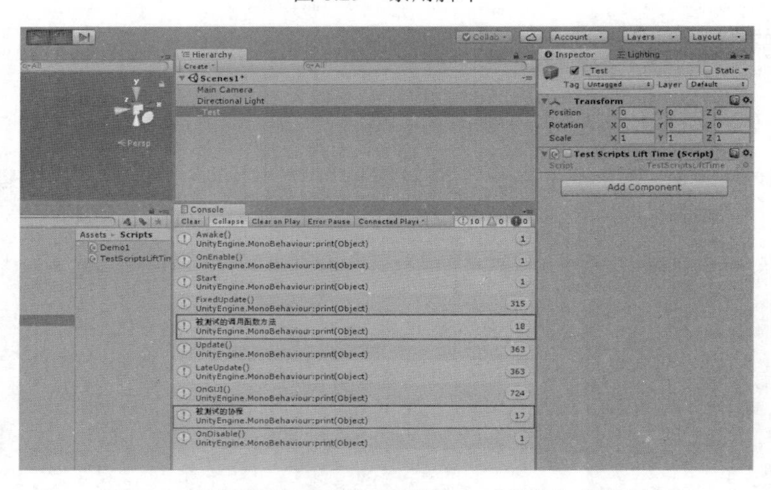

图 8.30　禁用脚本后“调用函数”与“协程”继续运行

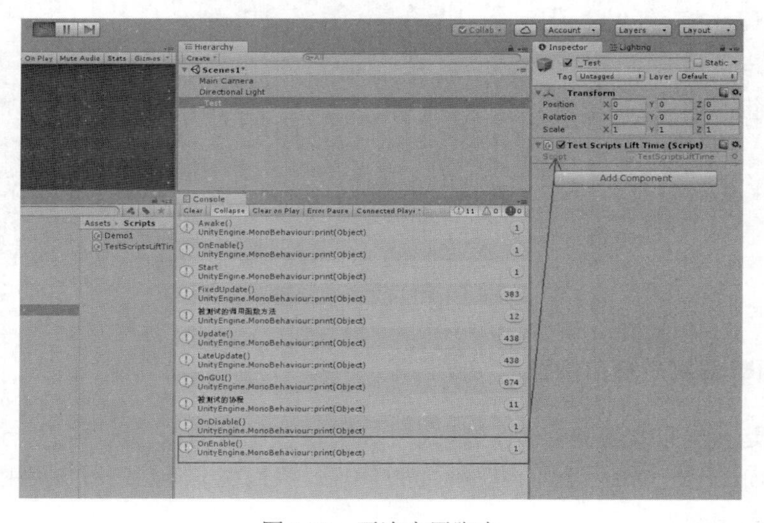

图 8.31　再次启用脚本

从图 8.29～图 8.31 可以发现禁用脚本后输出 OnDisable() 事件函数，再次启用脚本后输出 OnEnable() 函数。我们再仔细观察输出结果，还会发现虽然脚本被禁用，但是“调用函数”[InvokeTest()]与“协程”[CoroutineTest()]函数依然在运行，并不受脚本是否禁用的影响。所以我们在实际的游戏与虚拟现实开发的过程中，禁用脚本记得必须手工停用“调用函数”与“协程”。当然，聪明的读者一定能想到也可以自动完成这些步骤：就是当某个脚本在项目运行过程中如果需要反复禁用启用，则可以把“调用函数”与“协程”的发起调用写在 OnEnable() 函数中，而对于停止“调用函数”与“协程”可以写在 OnDisable() 函数中。

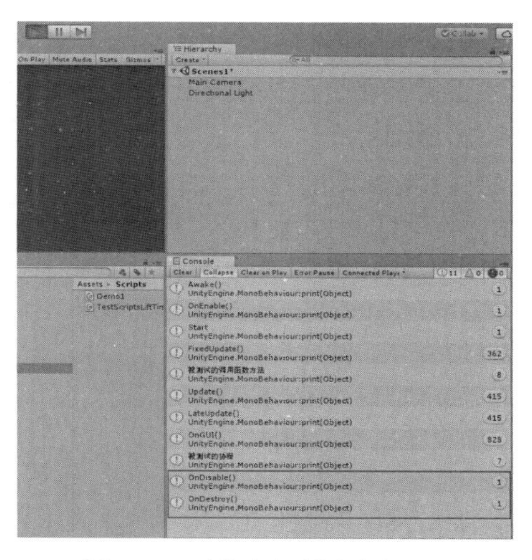

图 8.32　删除脚本所属游戏对象

我们现在发现 OnDestroy() 事件函数没有输出，这时我们只需要删除脚本所属游戏对象即可，如图 8.32 所示即删除脚本所属对象，脚本 OnDisable 与 OnDestroy 函数同时被调用。

如图 8.33 所示为 Unity 游戏引擎中关于脚本引擎执行顺序的简图。从图 8.33 中可以看出，脚本重要事件函数的执行顺序及脚本禁用对相关事件函数的影响，这样我们就有了比较直观的了解。

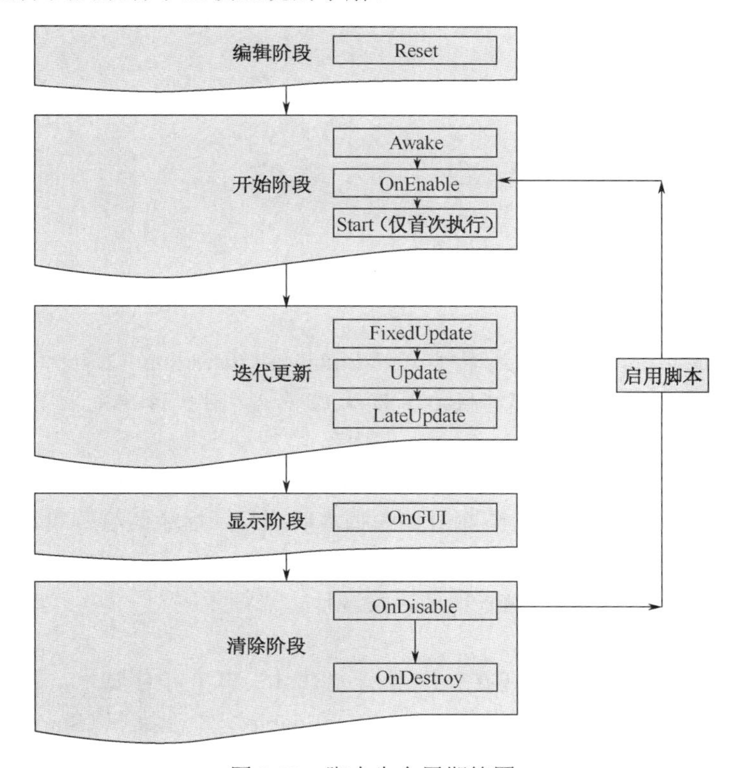

图 8.33　脚本生命周期简图

8.5 Unity 伪多线程揭秘

Unity 脚本的执行顺序是多线程的吗？这是 Unity 初学者经常提出的疑惑，因为从我们平时开发项目的体验来说是无法下准确结论的。所以我们不能盲目下结论，而是需要通过实验来进行验证。

首先我们新建一个场景，建立 3 个类似的脚本 VirtualMultithreading_A.cs、VirtualMultithreading_B.cs、VirtualMultithreading_C.cs。然后在项目的层级视图中添加 3 个空游戏对象 “_TestA”、“_TestB”、“_TestC”，最后把 VirtualMultithreading_A.cs 脚本赋值给 “_TestA” 对象，VirtualMultithreading_B.cs 脚本赋值给 “_TestB” 对象，以此类推。如图 8.34 与 8.35 所示。

```
26 public class VirtualMultithreading_A : MonoBehaviour{
27     void Reset(){                                    //重置函数
28         print("Reset A");
29     }
30     void Awake(){                                    //“唤醒”事件函数
31         print("Awake A");
32     }
33     void OnEnable(){                                 //“脚本启用”事件函数
34         print("OnEnable A");
35     }
36     void Start(){                                    //开始函数
37         print("Start A");
38     }
39     void FixedUpdate(){                              //固定“步长”更新函数
40         print("FixedUpdate A");
41     }
42     void Update(){                                   //更新函数
43         print("Update A");
44     }
45     void LateUpdate(){                               //延迟更新函数
46         print("LateUpdate A");
47     }
48     void OnGUI(){                                    //界面绘制函数
49         print("OnGUI A");
50     }
51     void OnDisable(){                                //禁用脚本函数
52         print("OnDisable A");
```

图 8.34 测试脚本

❖ **温馨提示**

注意，VirtualMultithreading_B.cs 脚本与 VirtualMultithreading_C.cs 脚本类似，它们的不同之处就是 print()函数中的 A 全部替换为了 B 及 C。另外，图 8.34 中定义了 10 个事件函数，受制于插图的大小没有显示出 OnDestroy() 函数来。

图 8.35 为层级视图中实验的赋值情况，特别注意的是，脚本赋值给游戏对象的顺序也是影响最终输出结果的，即先赋值给游戏对象的脚本后执行，后赋值给游戏对象的脚本先执行（注：这属于数据结构中“栈”的特性）。

运行程序后，输出结果如图 8.36 所示，发现什么规律了吗？

两个规则：

（1）按照脚本赋值游戏对象的顺序，先执行 C 脚本，再执行 B 脚本，最后执行 A 脚本。

（2）每个脚本内部先执行 Awake()与 OnEnable()然后执行 Start()，往下依次为 FixedUpdate()、Update()、LateUpdate()、OnGUI()、OnDisable()、OnDestroy()。注意，在测试

的时候，最后的 OnDisable()与 OnDestroy() 函数是在笔者停止运行程序的时候触发的。

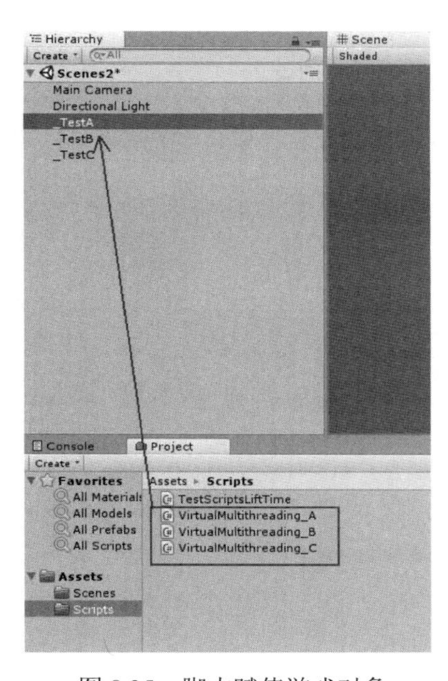

图 8.35　脚本赋值游戏对象

图 8.36　程序输出部分结果

❖ 温馨提示

（1）如果读者对 C#的多线程概念不甚了解，请参考本书第 28 章。

（2）这里探讨的主要是对象脚本的执行顺序问题。按照 Unity 官方说法，其自身内部从 Unity 5.x 后已经进行了很多轮优化，最明显的是自身的主线程与渲染线程进行了剥离，以利于更好地提升 Untiy 执行效率，即 Unity 内部使用了真正的多线程技术实现。

8.6　修改 Unity 脚本执行顺序

8.5 节我们了解到 Unity 脚本的执行顺序与脚本赋值的顺序相关。但是我们在开发项目时，往往需要按照自己的设计来改变脚本之间的执行顺序问题。

解决方法有多种，最简单的方式是使用 Unity 提供的“Script Execution Order”窗口来进行设置，一共分以下几步完成。

➢ 步骤 1：首先单击 Unity 的“Edit”→“Project Settings”→“Script Execution Order”菜单（见图 8.37）。

➢ 步骤 2：如图 8.38 所示，可以通过单击右下角的“+”号，给每一个脚本重新确定执行顺序。但必须需要注意的是，顺序编号必须以“-”（负数符号）开始，负数数值越小，优先级越高，最后需要单击“Apply”按钮确认。

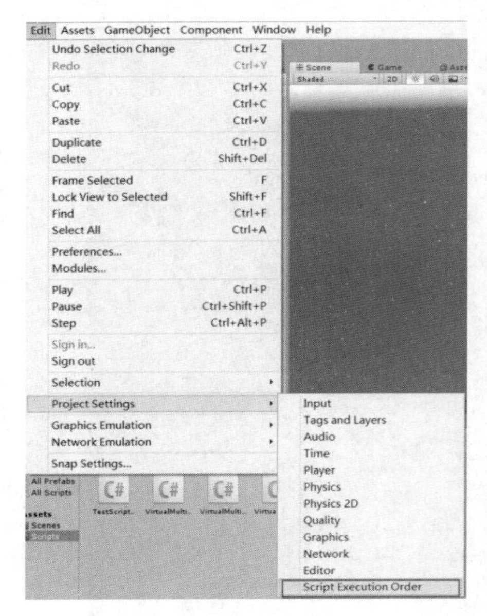

图 8.37　选择“Script Execution Order”命令菜单

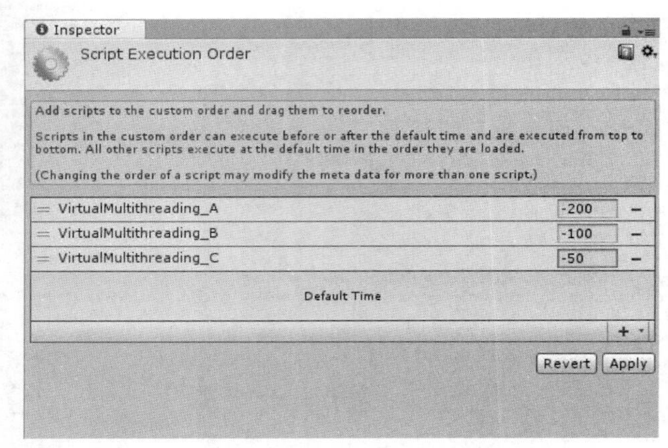

图 8.38　确定脚本执行顺序命令窗口

➢ 步骤 3：当以上两步操作完毕，就可以再次运行程序。新的执行结果如图 8.39 所示。

图 8.39　修改脚本执行顺序后再次运行输出结果

8.7　Unity 重要应用类

本章 8.3 节中详细讲解了 Unity 核心类常用的字段与方法，那么是否还有其他的常用类库需要介绍呢？ 是的，为了让广大初学者对 Unity 常用类库有更多的了解，现列表如下（见表 8.5）。

表 8.5　Application 类

Application 类	含　义
字段	
unityVersion	输出 Unity 当前版本
platform	输出 Unity 当前平台（例如，PC、Mac 等）
方法	
LoadLevel()	同步场景加载
	编码简单，适合小场景切换
LoadLevelAsync ()	异步场景加载
	两个较大场景的切换中增加中间过渡场景
Quit()	退出游戏

表 8.6　Debug 类

Debug 类	含　义
静态方法	
Log()	输出调试信息
LogWarning()	输出警告信息
LogError()	输出错误信息

表 8.7　Input 类

Input 类	含　义
静态字段	
Acceleration	输出重力感应信息数据
TouchCount	手指触控中触控数量
静态方法	
GetAxis()	得到相关按键的数值信息
GetButton()	得到按钮
	配合“Unity 输入管理器”使用（8.8 章节）
GetButtonDown()	按键向下时得到按钮信息
	配合“Unity 输入管理器”使用（8.8 章节）
GetButtonUp()	按键抬起时得到按钮信息
	配合“Unity 输入管理器”使用（8.8 章节）
GetKey()	得到键盘按键
GetKeyDown()	键盘按键向下按压时得到键信息

续表

Input 类	含　义
GetKeyUp()	键盘按键抬起时得到键信息
GetMouseButton()	得到鼠标按键
	0：鼠标左键，1：鼠标右键，2：鼠标中键
GetMouseButtonDown()	当鼠标按键下压时得到触发信息
GetMouseButtonUp()	当鼠标按键抬起时得到触发信息
GetTouch()	手指触控技术，得到 Touch 枚举信息
	请参考 23.4 章节。

除了以上类之外，开发项目中我们还常用到以下类，由于后面的章节与案例开发中都会涉及，这里就不再赘述。

开发常用类：

- Mathf　数学类
- Vector3　三维向量类
- Random　随机数类

8.8 Unity 输入管理器

“输入管理器”可以设置项目的各种输入和操作，主要目的如下。

- 让开发人员在脚本中通过“轴”名称控制输入，目的是降低程序的耦合性。
- 游戏玩家可以自定义游戏的输入按键，提高玩家的按键自由度与满意度，即玩家可以自由更改自己喜欢的按键进行游戏。

我们单击菜单 Edit→Project Setting→Input，在属性视图中可以看到如图 8.40 所示的窗口。

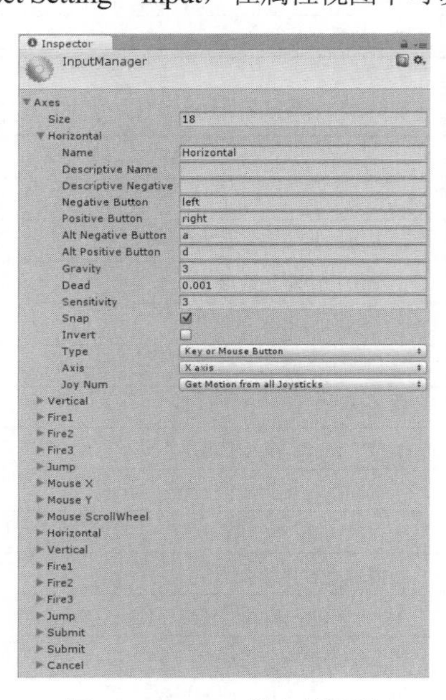

图 8.40　Unity 输入管理器

具体输入管理器中每个属性的含义如表 8.8 所示。

表 8.8　Unity 输入管理器属性一览表

属　性	含　义
Axes	轴
	设置当前项目中的所有输入轴：size 为轴的数量。0,1…元素可以对每个轴进行修改
Name	名称
	轴的名称，用于游戏加载界面和脚本
Descriptive Name	描述
	游戏加载界面中，轴正向按键的详细描述
Descriptive Negative Name	反向描述
	游戏加载界面中，轴反向按键的详细描述
Negative Button	反向按钮
	该按钮会给轴发送一个负值
Positive Button	正向按钮
	该按钮会给轴发送一个正值
Alt Negative Button	备选反向按钮
	给轴发送负值的另一个按钮
Alt Positive Button	备选正向按钮
	给轴发送正值的另一个按钮
Gravity	重力
	输入复位的速度，仅用于类型为键/鼠标的按键
Dead	阈
	任何小于该值的输入值（不论正负值）都会被视为 0，用于摇杆
Sensitivity	灵敏度
	对于键盘输入，该值越大，则响应时间越快，该值越小，则越平滑。对于鼠标输入，设置该值会对鼠标的实际移动距离按比例缩放
Snap	对齐
	如果启用该设置，当轴收到反向的输入信号时，轴的数值会立即置为 0，仅用于键/鼠标输入
Invert	反转
	启用该参数可以让正向按钮发送负值，以及反向按钮发送正值
Type	类型
	所有的按钮输入都应设置为键/鼠标（Key / Mouse）类型，对于鼠标移动和滚轮，应设为鼠标移动（Mouse Movement）。摇杆设为摇杆轴（Joystick Axis），用户移动窗口设为窗口移动（Window Movement）
Axis	轴
	设备的输入轴（摇杆、鼠标、手柄等）
Joy Num	摇杆编号
	设置使用哪个摇杆。默认是接收所有摇杆的输入。仅用于输入轴和非按键

Unity 已经给我们提供了游戏开发中常见的按键“A”、“D”、“W”、“S”，以及空格、鼠标左/右按键的对等定义方式，具体使用如图 8.41 所示。

```
23 public class LearnInputManaer:MonoBehaviour
24 {
25     void Update()
26     {
27         //得到空格键
28         if (Input.GetButtonDown("Jump"))
29         {
30             print("你点击的是 Jump 空格键");
31         }
32         else if (Input.GetButtonDown("Fire1"))
33         {
34             print("你点击的是 Fire1 鼠标左键");
35         }
36
37         //得到按键的数值
38         //规则： 得到按键的频度（力度）。范围 -1~ 1 之间，默认数值为0.
39         float floNumber = Input.GetAxis("Horizontal");
40         print("floNumber=" + floNumber);
41
42     }//Update_end
43 }//Class_end
```

图 8.41　使用“输入管理器”脚本

图 8.41 中的源代码运行后，我们发现单击“空格键”、鼠标左键等，控制台窗口都会输出显示信息，但有读者可能会问这与传统的代码有什么区别呢？如“Input.GetKey(KeyCode.Space);”。

这样处理：第一，可以使得代码与含义进行解耦，第二，我们这样处理后可以允许最终的玩家修改所有的按键与操作方式。例如，案例中开发的跑酷游戏原本通过单击键盘的“Space”按键表示跳跃，这样我们让玩家也可以使用其他按键（例如“W”）同样起到跳跃的目的，如图 8.42 所示。

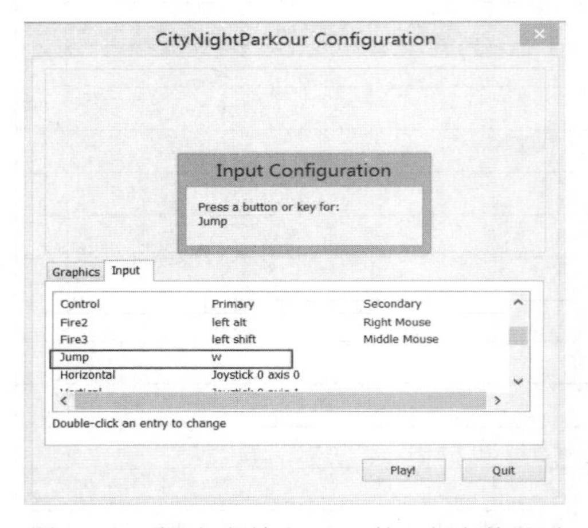

图 8.42　项目打包输出 EXE 的运行参数界面

❖ 温馨提示

读者可以查看随书教学资料中“实战项目 3”:《不夜城跑酷》项目中已经发布好的跑酷游戏试玩。

8.9　本章练习与总结

本章我们开始真正学习 Unity 的脚本编程。因为项目开发离不开 Unity 提供的强大内置类库支持，所以本章笔者先从 Unity 跨平台与支持多脚本语言的特性讲起。然后把重点放到介绍 Unity 提供的类库中使用概率最多、功能非常强大的“四大金刚”类：GameObject 类、MonoBehaviour 类、Transform 类、Time 类。

接下来笔者讲解了 Unity 游戏引擎中脚本的执行顺序与伪多线程特性，更好地让读者了解 Unity 脚本引擎的基本原理。为我们进一步开发复杂大型项目打下一个良好的基础。

最后我们讲解了 Unity 输入管理器的内容。了解输入管理器的知识点，目的是使我们开发的项目进一步降低耦合性、提高游戏的灵活性。

第 9 章
UI 界面开发

○ 本章学习要点

Unity 存在两套 UI 界面开发技术，一套是 Unity 4.6 之前的 GUI 系统（目前已经很少使用），另外一套是 Unity 4.6 之后发布的功能强大、灵活、快速、易用的可视化游戏新 UI 开发工具（简称 UGUI）（原文：Unity is more flexible,ther're faster to use and they give you full visual control of your game's interface.）。

本章重点讲解 UI 系统，即 UGUI 系统，采用最新的 Unity 2017.1 版本作为教学版本，内容包含以下部分。

第 1：基础控件部分，即 Canvas 画布、Panel、EventSystem、Text、Image、Button、Button 事件等。

第 2： Anchor 锚点与屏幕自适应系统。

第 3： UGUI 高级控件，包括 Toggle、Slider、Scrollbar 等控件，以及 Scroll Rect 复合控件、标签页面 TabPage 等。

第 4：UGUI 布局管理控件，主要包含 Horizontal Layout Group 水平布局、Vertical Layout Group 垂直布局、Grid Layout Group 网格布局等。

○ 本章主要内容

- 概述
- UGUI 基础控件
- Anchor 锚点与屏幕自适应
- UGUI 高级控件
- UGUI 布局管理控件
- 本章练习与总结
- 案例开发任务

9.1 概述

GUI 是 Graphical User Interface（图形用户界面）的简称，是指采用图形方式显示的计算机操作用户界面，它允许你使用脚本的方式快速创建简单的菜单和图形界面。

游戏界面是游戏作品中不可或缺的部分，它可以为游戏提供导航，也可以为游戏内容提供重要的信息，同时也是美化游戏的一个重要手段。无论摄像机拍到的图像怎么变换，GUI 永远显示在屏幕上，不受变形、碰撞、光照等因素的影响，如图 9.1 与图 9.2 所示。

图 9.1　王者之剑手游中的 GUI 界面

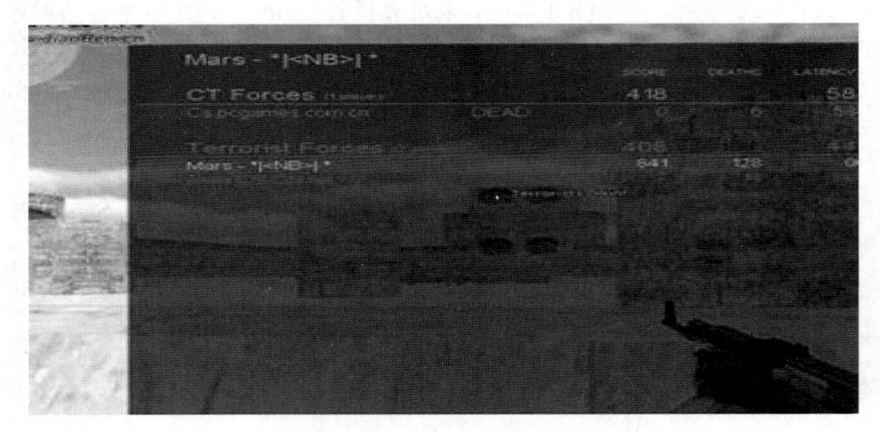

图 9.2　CS 游戏中的 GUI 界面

目前 Unity 存在两套 GUI 系统：第一套系统为旧版的 GUI 系统（Unity 4.6 之前广泛采用），但是由于在使用时存在很多不便，运行效率低且没有可视性，以至于在实际开发过程中很多游戏公司都采用第三方 UI 插件的方式进行替代，如 NGUI、EZGUI 等第三方插件。

直到 Unity 4.6 以后的版本，Unity 才开始提供第二套原生的可视化新 GUI 开发工具（New UI System，简称 UGUI）。新版的 UGUI 相比传统的 GUI 有了很大性能的提升，且外观更加美观、易用，而且还是一个开源系统。

❖ 温馨提示

由于旧版的 GUI 技术目前已经很少有公司在新项目中使用，一般偶尔使用也仅限于已经开发完毕的游戏项目维护与测试项目中。为了保持本书的精简，旧版 GUI 系统现已决定不再讲解。对这部分技术仍然感兴趣的广大读者，可以查阅本书第一版对应章节进行学习，即本书第一版本的第 8 章。

UGUI 在吸收第三方插件优秀编程的思想上，无缝整合 Unity 引擎内部强大的技术体系，使得 UGUI 成为非常优秀的 UI 开发技术与标准。

UGUI 由于存在上述优点，使得 UGUI 技术一经推出就受到广泛好评，极大地统一了 UI 界面的开发技术，针对以前的流行 UI 插件（例如，NGUI）来说，它具有如下特点。

- 更加强大与易用的屏幕自适应能力
- 更加简单的深度处理机制
- 完全自动化的图集打包功能
- 全新强大的布局系统，简单易用的 UI 控件，强大与易用的事件处理系统

为了更好地演示其强大的 UI 开发功能，Unity 公司推出 UGUI 技术的同时，发布了一款优秀 UI 演示示例项目，如图 9.3～图 9.5 所示。

图 9.3　UGUI 演示示例项目截图(A)

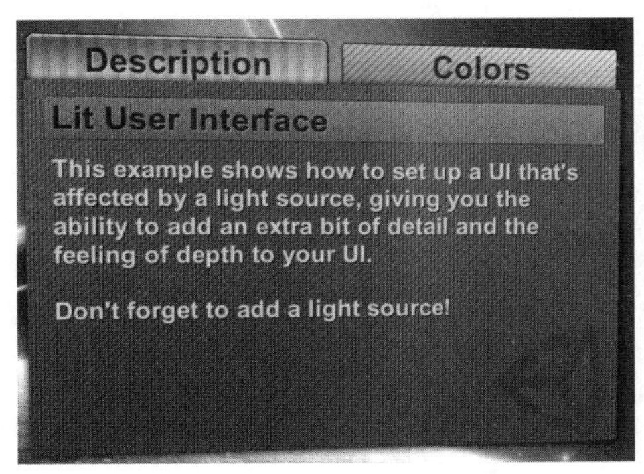

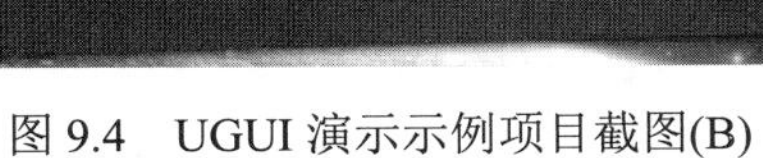

图 9.4　UGUI 演示示例项目截图(B)

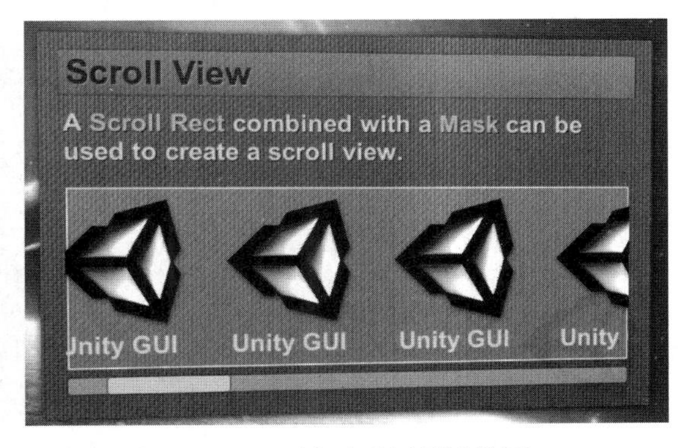

图 9.5　UGUI 演示示例项目截图(C)

为了更合理地进行系统学习，我们把整个 UGUI 系统分为 5 大部分进行教学。

- 1：UGUI 的基础控件。
- 2：Anchor 锚点与屏幕自适应系统。
- 3：UGUI 高级控件。
- 4：UGUI 布局管理控件。

9.2 基础控件

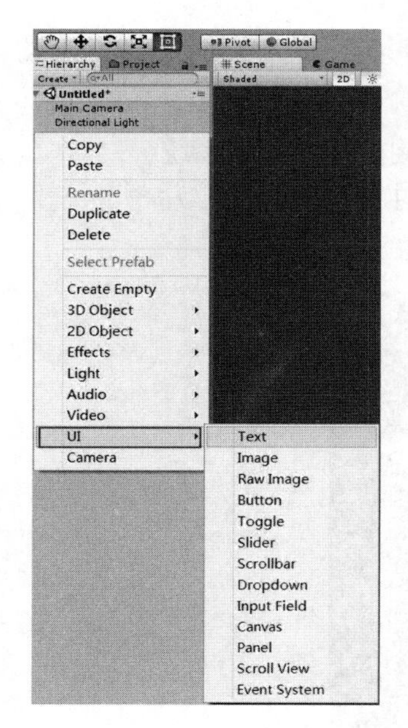

图 9.6　UI 控件组

UGUI 控件在系统菜单中具有 11 个控件，但通过自由组合等我们还可以创造出功能更强大的复合控件来。为了更好地讲解，我们分“Canvas 画布”、“EventSystem”、“Panel”、“Text”、“Image”、“Button”、“Button 事件系统”几部分进行介绍。

9.2.1　Canvas 画布控件

创建 UGUI 界面，如图 9.6 所示，层级视图中单击鼠标右健，在弹出的菜单中单击“UI”就可以看到大量 UI 控件。

现在我们单击“UI”→“Canvas”来创建“画布”，“画布”（Canvas）是 UGUI 系统最基础的容器类控件，所有的 UI 控件必须位于 Canvas 画布控件之内，也就是说必须是 Canvas 容器的子对象，如图 9.7 所示。

Canvas 控件具备 4 个组件：“Rect Transform”、“Canvas”、“Canvas Scaler(Script)”、“Graphic Raycaster(Script)”。其中“Rect Transform”组件可以翻译为“矩形变换”，相当于普通 3D 模型的 Transform，是每个 UI 控件必备的组件，包含 UI 界面的尺寸、大小、旋转、中心点、相对中心点偏移量、设置锚点等。

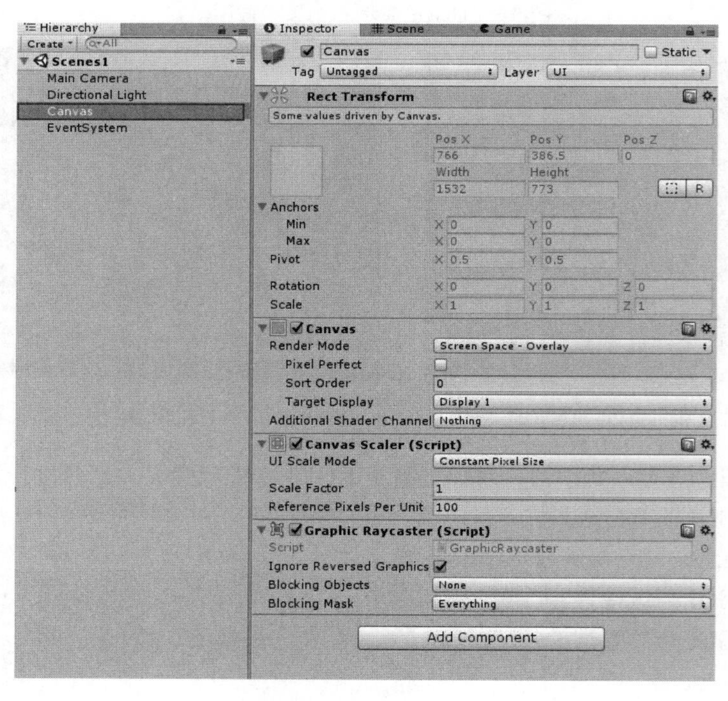

图 9.7　Canvas 控件

Canvas 控组件提供画布的“渲染模式”（Render Mode）、“像素完善”（Pixel Perfect）、“画布排序”（Sort Order）等功能。其中渲染模式是非常重要的参数，如图 9.8 所示。

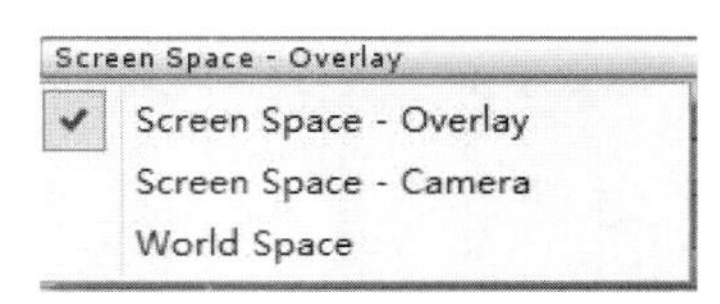

图 9.8　Canvas 渲染模式

❍ 选项一“Screen Space - OverLay”相当于手机屏幕的贴膜，UI 永远显示在最前面，即 UI 界面为最顶层控件，其上不能再有其他对象。

❍ 选项二为“Screen Space - Camera”，需要专门为 UI 界面指定一个摄像机。此种模式是最常用的模式，它允许 UI 界面的前面可以显示其他游戏对象，如为了增加 UI 特效而经常增加的粒子系统。需要注意的是，此种模式的摄像机与 UI 界面之间是固定距离的关系，其摄像机与 UI 界面之间的距离可以通过“Plane Distance”参数进行调节，如图 9.9 所示。

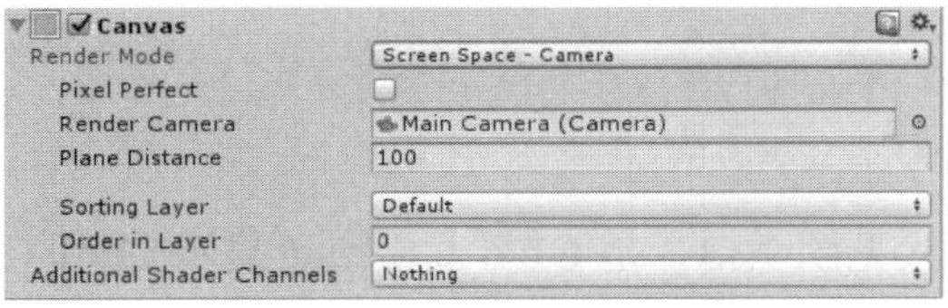

图 9.9　Canvas 中摄像机渲染模式

❍ 选项三为“World Space”，可以翻译为“世界模式”，它是把 UI 界面等同于 3D 模型一样对待，当我们移动摄像机的时候，可以发现 UI 界面不会随着摄像机的运动而移动。

“Canvas Scaler(Script)”组件表示画布的大小，其“UI Scale Mode”有 3 个选项，分别是“Constant Pixel Size”（固定像素尺寸）、“Scale With Screen Size”（依据屏幕尺寸）、“Constant Physical Size”（固定物理尺寸），如图 9.10 所示。其中，“Scale With Screen Size”选项是笔者推荐的模式，它可以以屏幕的宽度为标准进行缩放，即具备屏幕自适应特性。组件下的“Screen Match Mode”选项是屏幕匹配模式，具备如下 3 个选项。

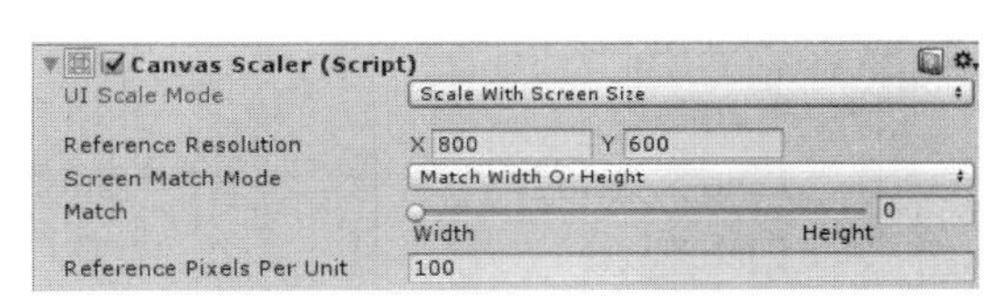

图 9.10　Canvas 尺寸设定

- Match Width Or Height　匹配宽度或高度
- Expand　扩展
- shrink　收缩

9.2.2　EventSystem 控件

EventSystem 控件是 Unity 中的事件管理系统，负责 UI 界面总体的事件管理。分别由“Event System(Script)”、“Standalone Input Module(Script)”组件组成，分别表示项目的 UI 事件系统、输入模块系统。本部分读者只需要了解它是一种将输入的事件发送到应用程序的对象，包括键盘、鼠标或者自定义输入等（见图 9.11）。

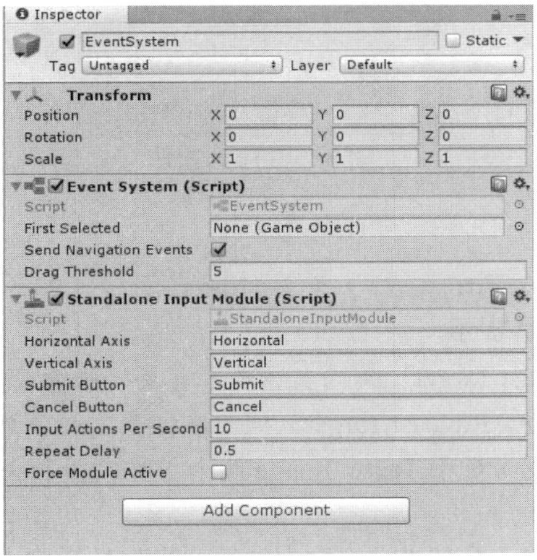

图 9.11　EventSystem 事件系统控件

9.2.3 Panel 控件

Panel 控件是 UGUI 界面的容器类控件，起到对一般控件整体移动与管理的作用。面板控件由“Rect Transform”、“Canvas Renderer”、“Image(Script)”组件构成。其中，Image（Script）组件表示面板的图形构成，可以按照项目需求对面板的外观贴图、颜色、材质、贴图组成方式等进行详细设置（见图 9.12）。

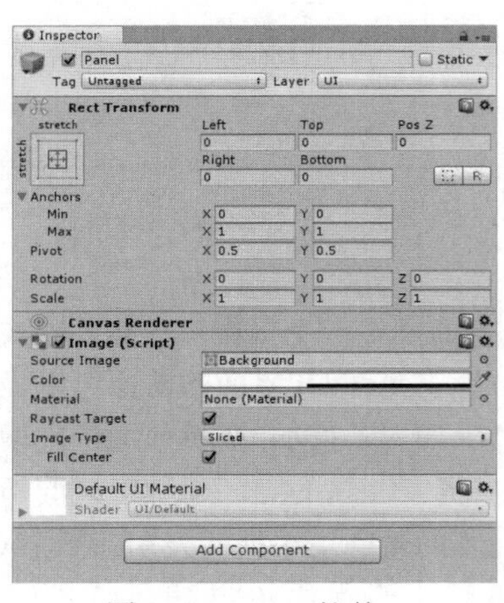

图 9.12　Panel 控件

9.2.4 Text 控件

Text 控件（见图 9.13）是 UI 界面中负责显示文字的控件，主要由“Text(Script)”组件组成。“Text（Script）”组件的主要参数如下所示。

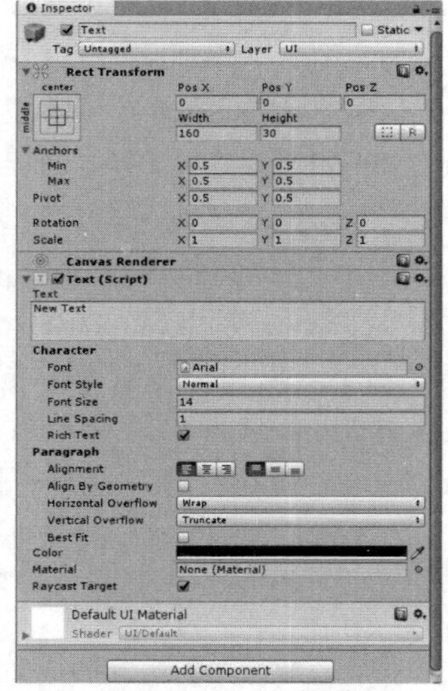

图 9.13　Text 控件

1. 特性参数

- Font：　　字体
- Font Style：　　字体样式
- Font Size：　　字体大小
- Line Spacing：　　行间距（多行）
- Rich Text：　　“富”文本
- Color：　　颜色
- Material：　　材质
- Raycast Target：　　是否需要接收响应事件

2. 参数

- Alignment：　　对其方式
- Horizontal Overflow：　　水平溢出
- Vertical Overflow：　　垂直溢出
- Best Fit：　　字体自适应

❖ 温馨提示

“Raycast Target”属性表示是否需要接收响应事件。因为“Raycast Target”被勾选过多，则会影响效率，所以对于 Text、Image 两个控件，推荐去掉默认勾选。

Text 控件具备“富”文本特性。也就是说文本框显示的内容可以使用尖括号，可以对特定文字做修饰输出，如文本的粗体、斜体、大小、颜色等特性，如图 9.14 所示。

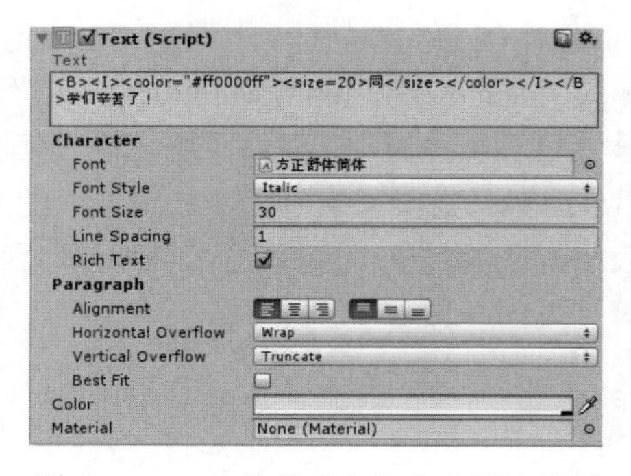

图 9.14　Text 控件“富”文本写法示例

需要特别说明的是，UGUI 的“富”文本特性并不像 HTML 一样支持大量标签语言。表 9.1 列出目前所支持的标签列表。

表 9.1　UGUI“富”文本支持的特性列表

标签（Tag）	描述（Desciption）
b	渲染粗体边框
	例如：We are <b>not</b>amused.
I	斜体显示
	例如：We are <i>usually</i>not amused.
size	字体大小
	例如：We are <size=50>largely</size>unaffected.
color	颜色
	例如：This is <color="#ff0000ff">red</color>Word.

关于“富”文本所支持的颜色数值，如图 9.15 和图 9.16 所示。

Color name	Hex value	Swatch
aqua (same as cyan)	#00ffffff	
black	#000000ff	
blue	#0000ffff	
brown	#a52a2aff	
cyan (same as aqua)	#00ffffff	
darkblue	#0000a0ff	
fuchsia (same as magenta)	#ff00ffff	
green	#008000ff	
grey	#808080ff	
lightblue	#add8e6ff	
lime	#00ff00ff	

图 9.15　“富文本”颜色列表(A)

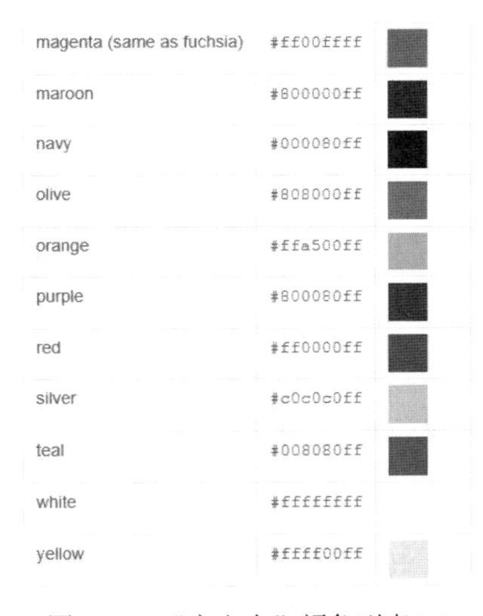

Color name	Hex value
magenta (same as fuchsia)	#ff00ffff
maroon	#800000ff
navy	#000080ff
olive	#808000ff
orange	#ffa500ff
purple	#800080ff
red	#ff0000ff
silver	#c0c0c0ff
teal	#008080ff
white	#ffffffff
yellow	#ffff00ff

图 9.16　“富文本”颜色列表(B)

9.2.5　Image 控件

Image 控件（图 9.17）是负责显示图像的专有控件，主要由 Image 组件构成，其重要属性如下所示。

- ➢ Source Image：精灵来源
- ➢ Color：颜色
- ➢ Material：材质
- ➢ Raycast Target：是否需要接收响应事件

这里需要注意的是，“Source Image”属性中赋值的贴图必须是“精灵”（Sprite）类型，一般贴图需要进行转换才能成为“精灵”类型，如图 9.18 所示。

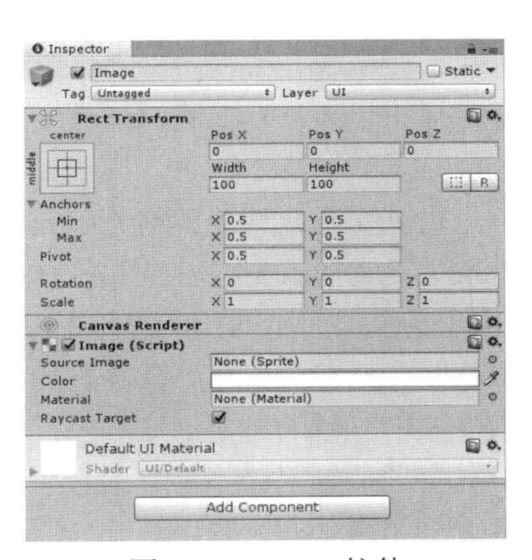

图 9.17　Image 控件

Image 组件中的“Source Image”属性被赋值后，会出现如图 9.19 所示的属性：“Image Type”，共有如下四个选项：

- Simple：普通

普通精灵类型。

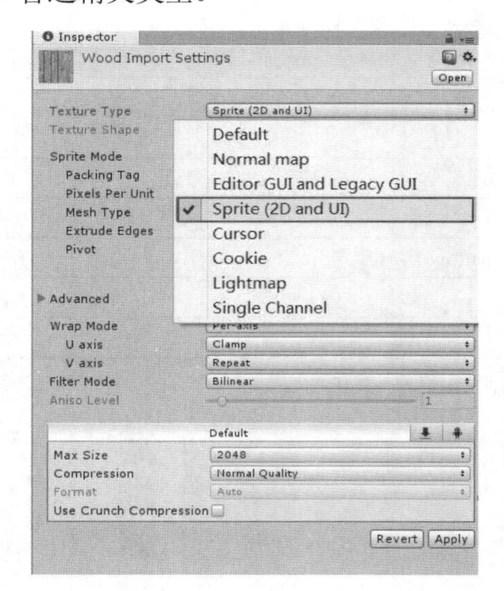

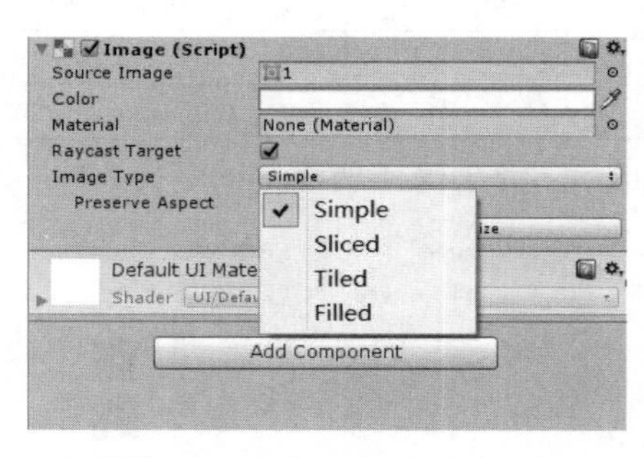

图 9.18　选择贴图类型　　图 9.19　Image 组件中“Image Type”选项

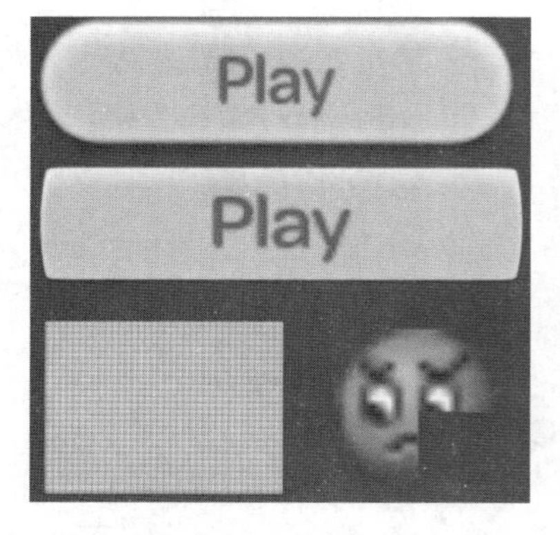

图 9.20　4 种“Image Type”效果图

- Sliced：切片

切片精灵具备良好的 UI 显示性能，因为当图像缩放后，其边界保持不变。这种特性允许你显示图像的轮廓，在不同尺度不用担心扩大与图像的轮廓。如果你只想要没有中心区域的边框，则可以禁用“Fill Center”属性，如图 9.20 所示。

- Tiled：平铺

平铺是图像保持原始大小，重复多次以填补空白，如图 9.20 所示。

- Filled：填充

填充类型可以制作各种特殊贴图特效，如图 9.20 所示。

如何制作“切片”精灵：Image 组件中，“Image Type”的“Sliced”选项具备很好的显示性能，如图 9.20 中上面相同的两张精灵（“Play”精灵图片），同样是图片拉伸 5 倍，其下面的“Play”精灵边框仍旧非常的细腻与圆滑。

普通的精灵是不能直接设置为“Sliced”选项的，否则会出现如图 9.21 所示的警告信息。显示“贴图没有边框”(This Image doesn’t have a border)的警告。

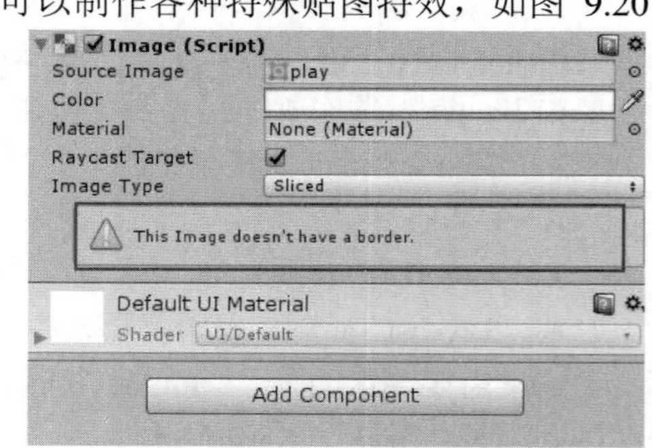

图 9.21　普通精灵选择“Sliced”选项

制作“切片”精灵需要以下步骤。

- 步骤 1：单击需要做“切片”处理的精灵图片，在属性窗口中单击“Sprite Editor”按钮，如图 9.22 所示。
- 步骤 2：在弹出的窗口中，单击绿色的线框标识出边框，单击“Apply”按钮，如图 9.23 所示。
- 步骤 3：现在我们对 Image 组件中“Image Type”的“Sliced”选项再次做设置的时候，系统就不再提示警告信息了，如图所示。

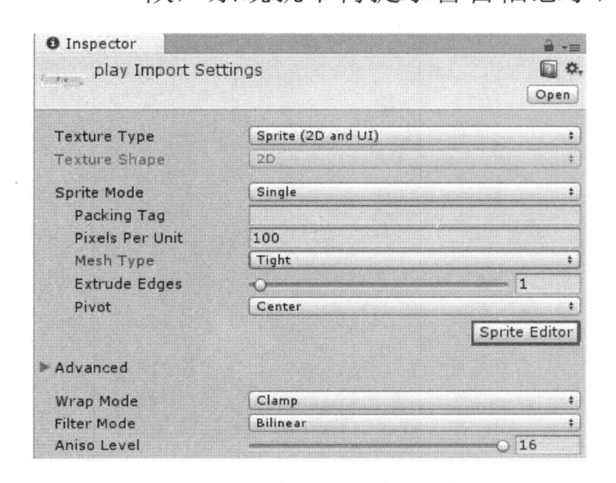

图 9.22　对精灵贴图做切片处理

图 9.23　对精灵贴图的边框标识出来

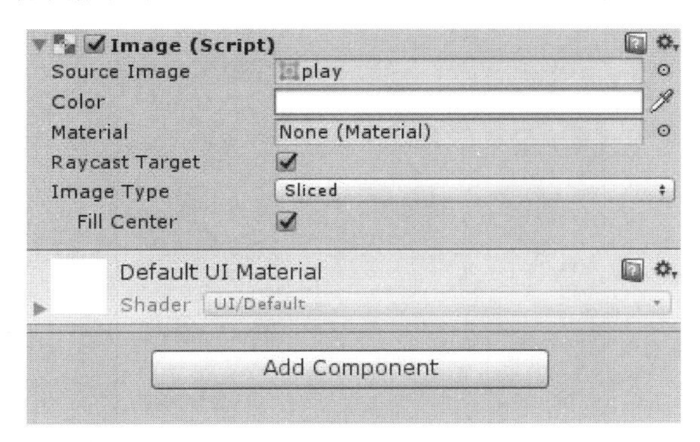

图 9.24　精灵再次选择“Sliced”选项

9.2.6　Button 控件

Button 控件是一个简单的复合控件。其按钮文字是由内部的子控件“Text”负责展示（“Text”控件上面已经介绍过），按钮外观由组件“Image”负责，按钮的行为与事件由“Button(Script)”组件构成，如图 9.25 所示。

由于 Button 按钮的特点主要集中在“Button(Script)”组件上，所以我们把介绍的重点放到此组件上，其重点属性如下所示。

- Interactable：是否启用（交互性）
- Transition：过渡方式
  - None：　无
  - Color Tint：颜色色彩（默认状态，最常用）

➢ Sprite Swap：精灵交换（需要使用相同功能不同状态的精灵贴图）

➢ Animation：动画系统（最复杂，效果最绚丽）

以下展示 Button 重要过渡状态的设定。

❍ 状态 1：“Color Tint”（颜色色彩）过渡状态

“Color Tint”表示当鼠标经过、单击与离开按钮的时候可以表现出不同的颜色变化。其重要属性如下（见图 9.26）。

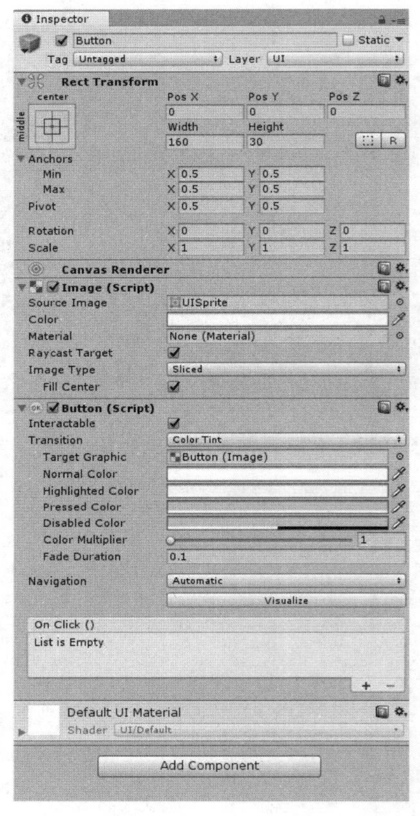

图 9.25　Button 控件

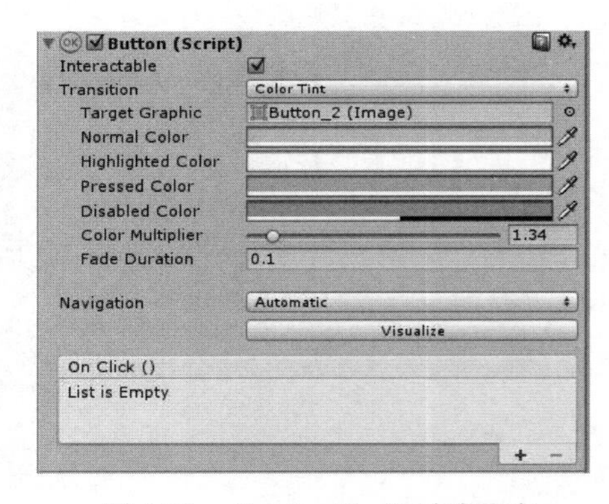

图 9.26　“Color Tint”过渡状态

➢ Target Graphic：目标图像（贴图）

➢ Normal Color：一般颜色

➢ Highlishted Color：经过高亮色

➢ Pressed Color：点击色

➢ Disabled Color：禁用色（属性“Interactable”禁用时起作用）

➢ Color Multiplier：颜色倍数

➢ Fade Duration：变化过程时间

➢ Navigation：导航

❖ **温馨提示**

这里还有一个“Visualize”按钮，它的作用是可以显示“Navigation”属性中定义的按钮之间的切换方式，一般默认使用键盘的箭头进行切换，属于一种快捷操作方式。

- 状态 2：“Sprite Swap”（精灵交换）过渡状态

“Sprite Swap”表示当鼠标经过、单击与离开按钮的时候可以表现出不同的精灵变化，其重要属性如下（见图 9.27）。

- Target Graphic：目标贴图
- Highlighted Sprite：经过时贴图
- Pressed Sprite：鼠标单击贴图
- Disabled Sprite：禁用贴图

- 状态 3：“Animation”（动画系统）过渡状态

“Animation”表示当鼠标经过、单击与离开按钮的时候可以表现出不同的按钮大小、位置、旋转等变化，其重要属性如下（见图 9.28）。

- Normal Trigger：普通触发
- Highlighted Trigger：经过时触发
- Pressed Trigger：鼠标单击时触发
- Disabled Trigger：禁用触发

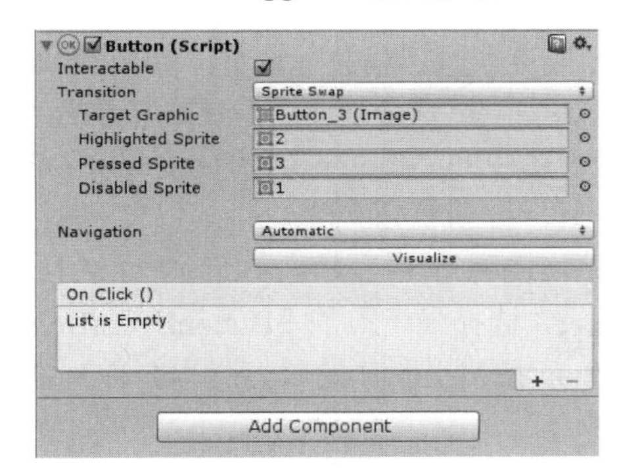

图 9.27　“Sprite Swap”过渡状态

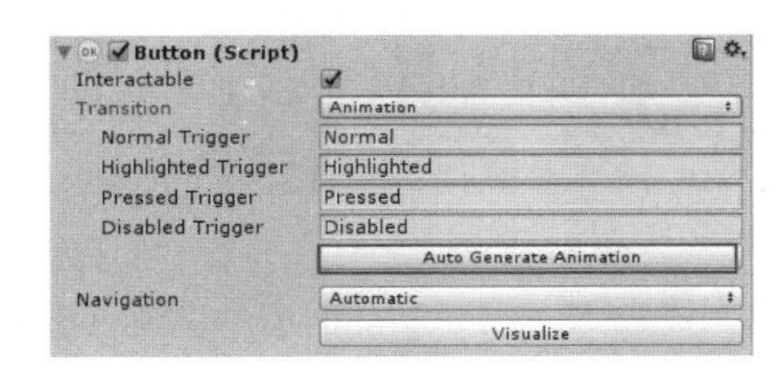

图 9.28　“Animation” 过渡状态

需要注意的是，此过渡状态是功能最丰富、操作最复杂的动画过渡状态设定，用户需要单击按钮“Auto Generate Animation”创建“动态状态机”，如图 9.29 所示。然后使用 Animation 的方式编辑以上 4 个状态的事件变化，具体操作方式请参考本书 10.8 节对 Animation 动画操作方式的详细讲解。

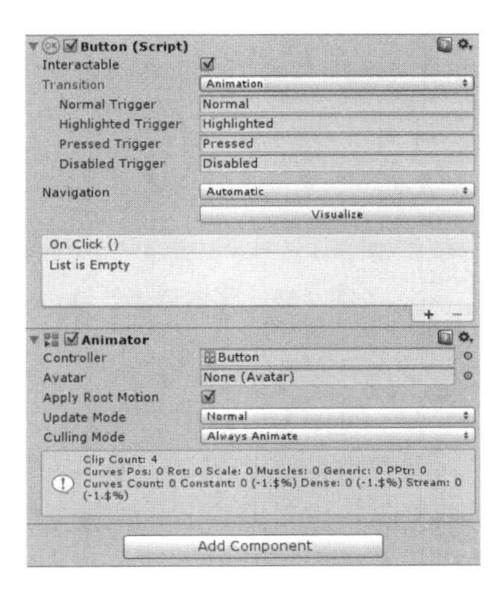

图 9.29　自动产生“Animator”组件

9.2.7　Button 事件系统

Button 组件的最下角有一个“On Click()” 区域，这里就是给 Button 控件添加事件处理机制的区域。以下示例演示一个简单的 Button 事件处理机制。

- 步骤 1：编写一个响应事件的处理脚本，如图 9.30 所示。

```
 9 using UnityEngine;
10 using UnityEngine.UI;
11 using System.Collections;
12
13 public class ButtonEvernDemo : MonoBehaviour {
14     public Text Tex_DisplayInfo;                              //信息显示控件
15
16
17     public void DisplayInfo(){
18         print("（后台显示）Button 被点击了！");
19     }
20
21     public void DisplayInfoByText(){
22         Tex_DisplayInfo.text = "Button被点击了！";
23     }
24 }
```

图 9.30　Button 事件响应脚本

❍　步骤 2：层级视图中通过“UI”→“Button”与“Text”控件建立如图 9.31 所示内容。

图 9.31　场景视图 UI 控件

❍　步骤 3：首先把上面建立的脚本赋值给 Button 控件，然后给“Tex_Display Info”参数赋值，即把层级视图中的 Text 拖曳给此（公共）变量，如图 9.32 所示。

❍　步骤 3：单击“On Click()”区域下方的“+”符号，拖曳层级视图中的“Button”控件到“On Click()”区域的相应位置，如图 9.32 所示。

❍　步骤 4：图 9.33 中显示出 Button 对象上所对应的所有事件列表，选择最下方的“ButtonEvernDemo”选项（定位 Button 按钮上附加的具体脚本名称），然后选择脚本中需要添加的事件名称（方法名称）。

图 9.32　脚本赋值给 Button(A)

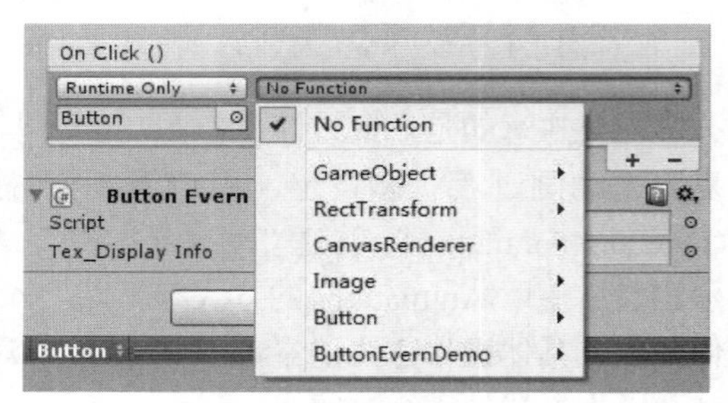

图 9.33　脚本赋值给 Button(B)

❍　步骤 5：运行程序，单击按钮则图 9.31 中的英文提示就会变为“Button 被点击了！”的提示信息了。

动态事件添加机制：在实际的项目开发过程中，我们常常需要进行所谓的“动态事件”处理机制。也就是说我们需要动态地创建一个 Button，然后给 Button 添加事件处理机制，现在开发一个小示例。

❍　步骤 1：编写如图 9.24 所示的脚本程序。

```
11 using UnityEngine;
12 using System.Collections;
13 using UnityEngine.UI;
14
15 public class SimpleDynamicAddingButton : MonoBehaviour {
16     public GameObject goParent;                          //父容器对象
17
18     void Start () {
19         //脚本创建一个Button 对象
20         GameObject GoNewObject = new GameObject("Button");
21         //设置Button 的父对象
22         GoNewObject.transform.SetParent(goParent.transform, false);
23         //设置Button 的显示外观
24         Image image = GoNewObject.AddComponent<Image>();
25         Button btn = GoNewObject.AddComponent<Button>();
26         image.overrideSprite = Resources.Load("Textures/Sprites/Unity - Flat",
27                 typeof(Sprite)) as Sprite;
28         //Button 添加监听
29         btn.onClick.AddListener(ProcessSomething);
30     }
31
32     //处理事件方法
33     void ProcessSomething(){
34         print("Button 动态添加的方法");
35     }
36 }
```

图 9.34　动态生成控件以及事件处理机制

- 步骤 2：在层级视图中添加“Canvas”容器控件，然后添加一个空对象以“挂载”我们写的脚本文件，给空对象添加上面的“SimpleDynamicAddingButton”脚本。
- 步骤 3：把层级视图中的“Canvas”对象赋值给脚本的公共变量“goParent”。
- 步骤 4：运行程序，我们会发现屏幕中会出现一个自定义外观的 Button 控件，单击控件，控制台输出窗口显示为“Button 动态添加的方法”。

❖ **温馨提示**

注意，图 9.34 中的 26 行代码，需要注意贴图的路径，以及“Unity - Flat”提前设置为“Spite(2D and UI)”类型，否则动态添加的 Button 控件是没有外观的。

9.3 Anchor 锚点与屏幕自适应

本节我们学习锚点（Anchor）与中心点的概念与具体应用。锚点是相对于父容器的一种相对定位技术，是屏幕自适应的一种解决方案。中心点则是控件本身进行各种旋转的位置依据。

如图 9.35 所示，我们新建一个场景，在层级视图中添加一个 Button 控件。仔细观察 Button 的中心点位置，则会发现有两个小符号，一个类似雪花样子的是锚点符号，另外一个样子形如蓝色圆圈的是“中心点”。

图 9.35　Button 的锚点与中心点

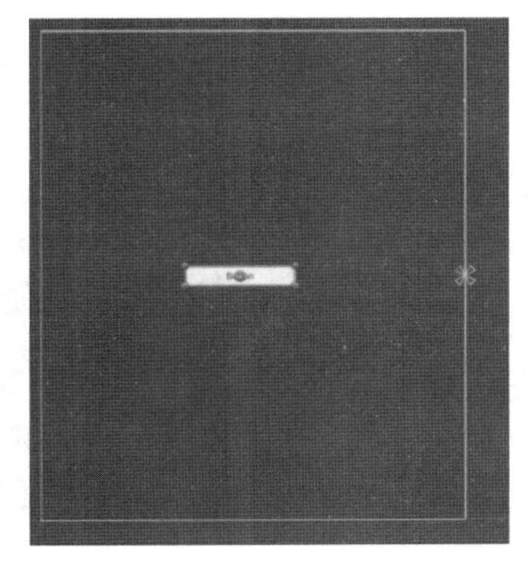

图 9.36　锚点移动到画布右边沿

我们先来研究锚点。如果把锚点移到画布的右边沿，此时我们缩小与放大窗体，会发现Button控件与锚点的距离似乎永远是相同的（注：如果屏幕缩小过大则会失效），如图 9.36 所示。

锚点的定位如果仅仅使用鼠标拖曳的方式，其操作是非常原始与效率低下的，官方给我们提供了使用编辑器的快捷方式，分别对应 16 种常见的锚点定位方式，如图 9.37 所示。

仔细观察属性窗口，我们会发现图 9.38 中所示的两个重要参数“Pos X”和“Pos Y”。这两个参数表示当前控件的中心点与当前控件的锚点之间的偏移量参数。这样为我们使用脚本的方式对控件的位置做进一步的设定提供了基础参数支持。

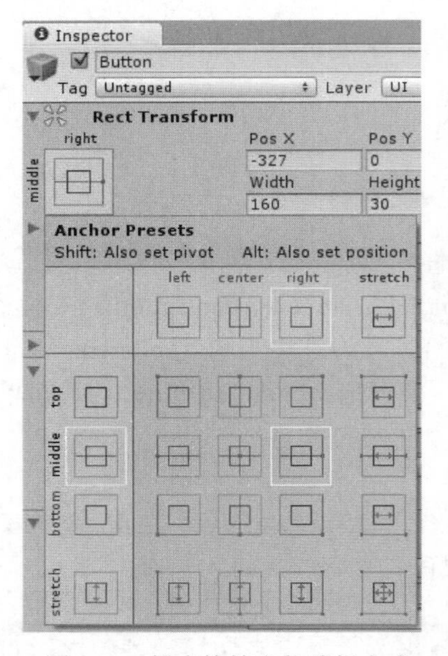

图 9.37　锚点快捷定位编辑方式

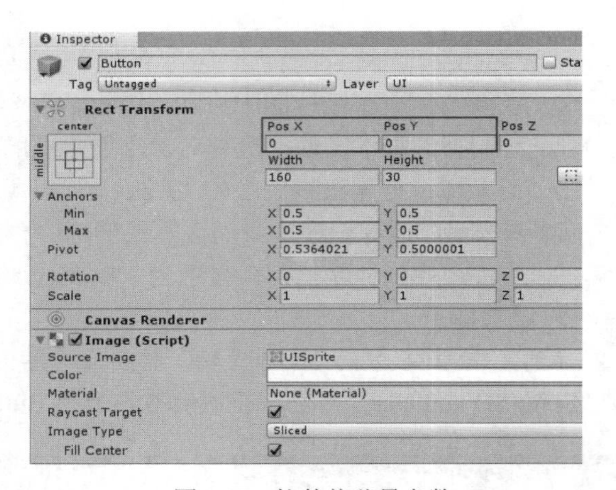

图 9.38　控件偏移量参数

控件的中心点适用的场合比锚点要小一些，一般可以使用中心点且配合 Animation 动画工具来制作一些基于 UI 的旋转特效等应用。值得一提的是，如果想修改控件中心点的位置，必须先确保快捷工具栏中相关按钮的正确设置。如图 9.39 所示，中心点被锁定为控件居中，不能移动中心点了。

当我们解锁中心点后（把“Center”单击后改为“Pivot”），把鼠标慢慢移动到控件四周的时候会发现出现一个黑颜色圆圈标记，然后单击鼠标左键不动，拖动鼠标后我们就可以得到一个依据中心点进行旋转倾斜的控件模式了，如图 9.40 所示。

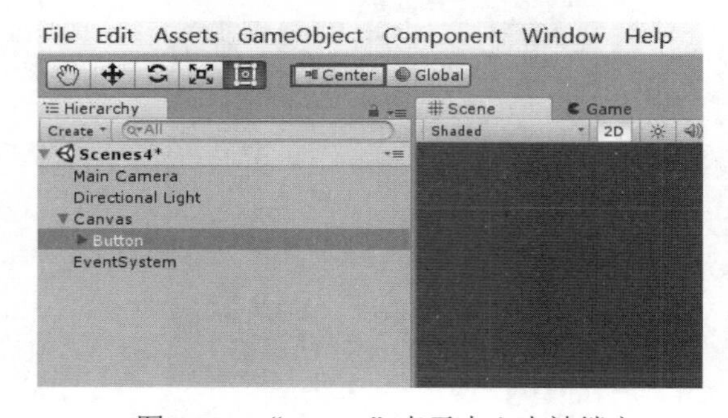

图 9.39　“Center”表示中心点被锁定

图 9.40　旋转倾斜后的 Button 控件

9.4　UGUI 高级控件

对于 UGUI 高级控件，我们在这里主要介绍 Toggle 控件、Slider 控件、Scrollbar 控件及使用基础控件经过组合所构造出来的 Scroll Rect 复合控件与 TabPage 标签页面等。

9.4.1　Toggle 控件

Toggle 控件依据字面含义可以直接翻译为“开关”控件，其由子对象“Background”（本质是 Image 基础控件）、“Checkmark”（属于 Image 基础控件）和“Label”（属于 Text 基础控件）组成，如图 9.41 所示，它们控制其外观样式，而控件本身的“Toggle(Script)”组件控制其事件与行为。

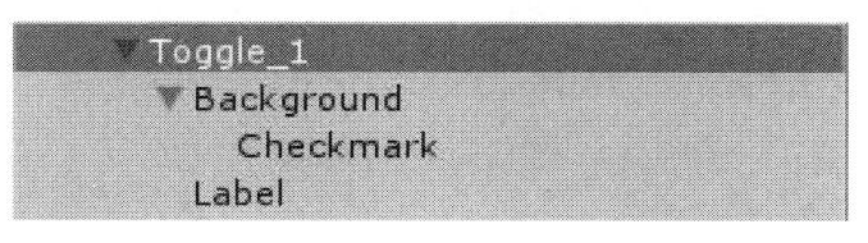

图 9.41　Toggle 控件结构

这里主要介绍“Toggle（Script)”组件，它由以下重要属性构成（见图 9.42)。

- Interactable：是否启用
- Transition：变换
- Navigation：导航
- Is On：目前开关状态（默认不打勾为关状态）
- Toggle Transition：开关转换（是否淡入淡出）
- Graphic：用于切换背景更改为一个更合适的形象（如果选择了“ColorTint”，则将受颜色的变化）
- On Value Changed：定义切换事件，右下角是一个“+”，添加一个委托事件（具体应用类似 Button 的 OnClick 事件定义）
- Group：定义开关组（单选框功能）

定义开关组步骤如下所示。

- 步骤 1：定义一个“Toggle Group”空对象，添加 Toggle Group 脚本组件。
- 步骤 2：选择所有需要定义“组”的 Toggle 控件，然后在对应的“Group”属性中填入“Toggle Group”即可（见图 9.43 所示)。

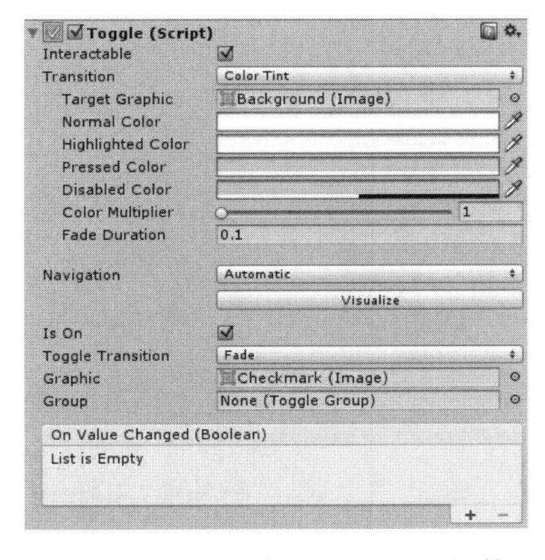

图 9.42　“Toggle（Script)”组件

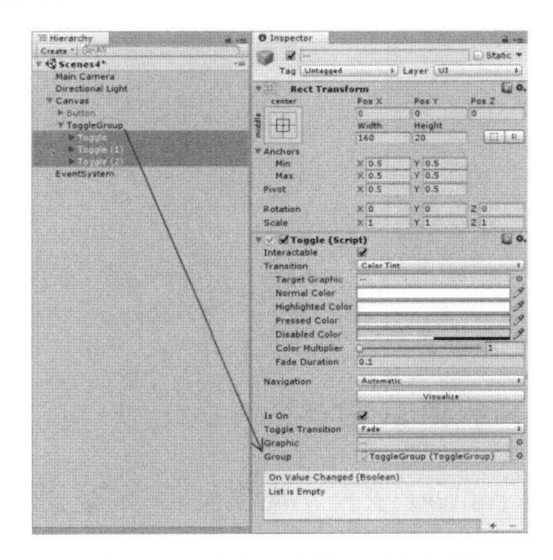

图 9.43　定义开关组（单选框）

❍ 步骤 3：为了控件显示的清晰性，建议把所有的 Toggle 控件列为“Toggle Group”组件的子对象。

9.4.2 Slider 控件

“Slider”依据字面含义可以直接翻译为“滑动条”。滑动条控件主要由子对象“Background”、“Fill Area”和“Handle Slide Area”组成，如图 9.44 所示，它们主要负责其外观样式显示，而控件本身的“Slider（Script）”组件负责其行为事件。

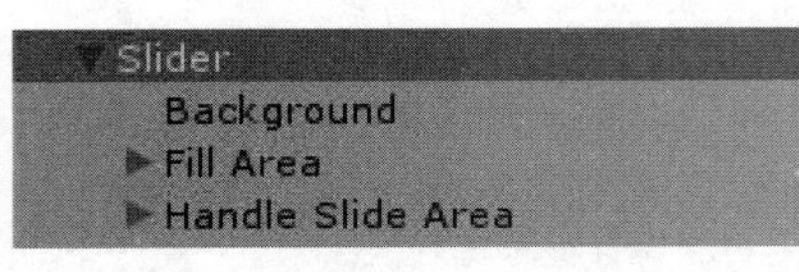

图 9.44 Slider 控件结构

“Slider（Script）”组件（见图 9.45）主要由以下重要属性组成。

- Fill Rect: 填充矩形区域
- Handle Rect: 手柄矩形区域
- Direction: 手柄方向
- Min Value: 最小数值
- Max Value: 最大数值
- Value: 数值
- Whole Numbers: 是否为整数数值（勾选“Whole Numbers”后，“Value”属性将只做整数滑动）
- On Value Changed（Single）：滑动条事件

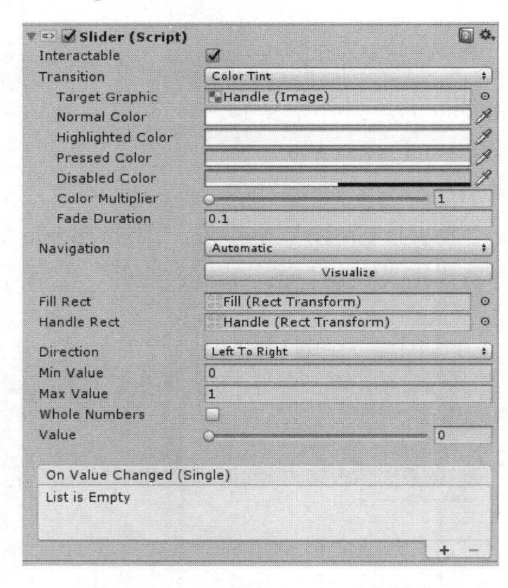

图 9.45 “Slider（Script）”组件

9.4.3 Scrollbar 控件

“Scrollbar”依据字面含义可以直接翻译为“滚动条”。滚动条主要由子对象“Sliding Area”和“Handle”组成，如图 9.46 所示，它们主要负责控件的外观样式，而控件本身的“Scrollbar

(Script)”组件负责其行为事件。

“Scrollbar（Script)”组件主要由以下重要属性组成（见图 9.47)。

- HandleRect:　手柄矩形
- Direction:　方向
- Value:　数值
- Size:　尺寸大小
- Number of Steps:　步骤
- On Value Changed(Single):　数值改变事件

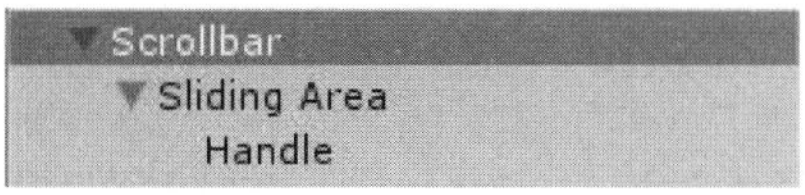

Scrollbar
Sliding Area
Handle

图 9.46　Scollbar 控件结构

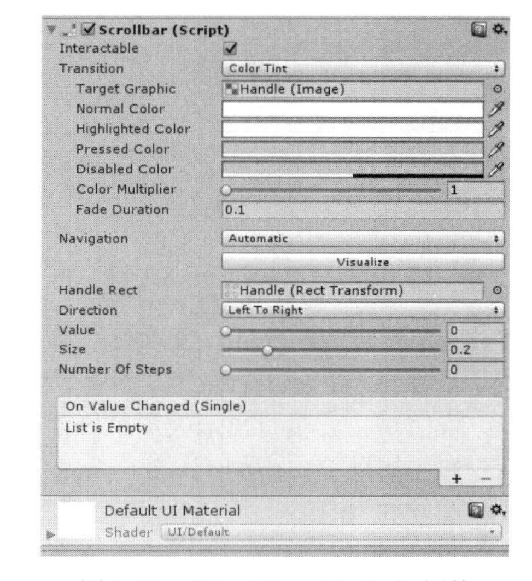

图 9.47　“Scrollbar（Script）组件

9.4.4　ScrollRect 复合控件

ScrollRect 不是 UGUI 内置控件，而是依据官方内置控件进行的二次开发。为了减少冗余，Unity 提供给我们的内置控件大多是基础控件二次组合后“装配”出来的复合控件。正是基于这种“装配”的思想，我们自己是否可以开发出属于我们专属的“定制控件”呢？答案是肯定的。

“Scroll Rect”可以翻译为“滑动区域”控件，它的作用是可以在一个较小的区域，显示较多内部子控件的一种机制，组织结构如图 9.48 所示。按照一定结构搭建界面基本的 UI 显示，详细结构如下所示：

Scroll Rect(包含 Image、Scroll Rect、Mask 组件)

Content(空对象)

　　Scroll View(显示内容，如“Button”)

　　Scroll View

　　Scroll View

　　Scroll View

　　Scroll View

ScrollBar

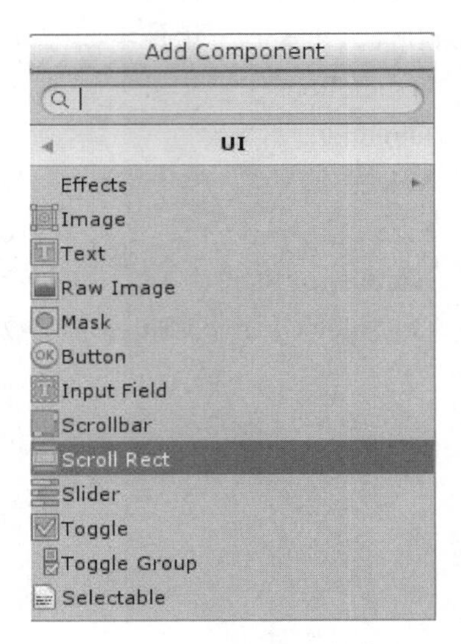

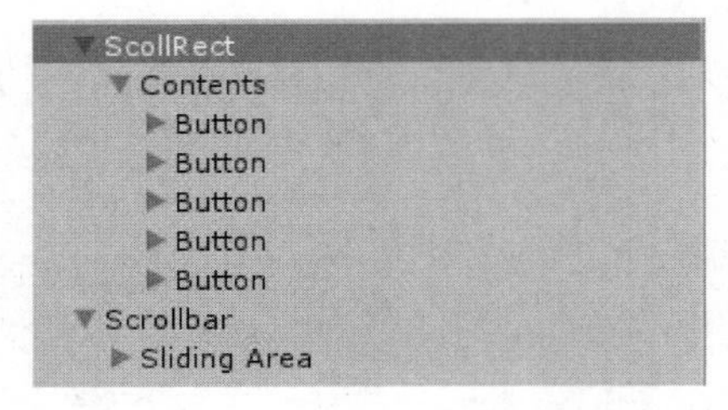

图 9.48　ScollRect 复合控件结构

图 9.49　Scroll Rect 组件

由于这是复合定制控件，所以我们需要进行一些小的制作过程，步骤如下。

- 步骤 1：新建一个场景，创建一个 Image 控件，重命名为“Scroll Rect”，这个图像区域主要负责显示大量子控件。按照上面的结构添加 Scroll Rect 组件。方法为单击属性窗口中的“Add Component”按钮，通过“UI”→“Scroll Rect”添加，如图 9.49 所示。
- 步骤 2：在“Scroll Rect”对象的下部增加空子对象“Content”，以及空对象的子对象（若干 Button 控件）。在 9.49 场景视图中调节合理的显示方式，如图 9.50 所示，最后增加 ScrollBar 控件。

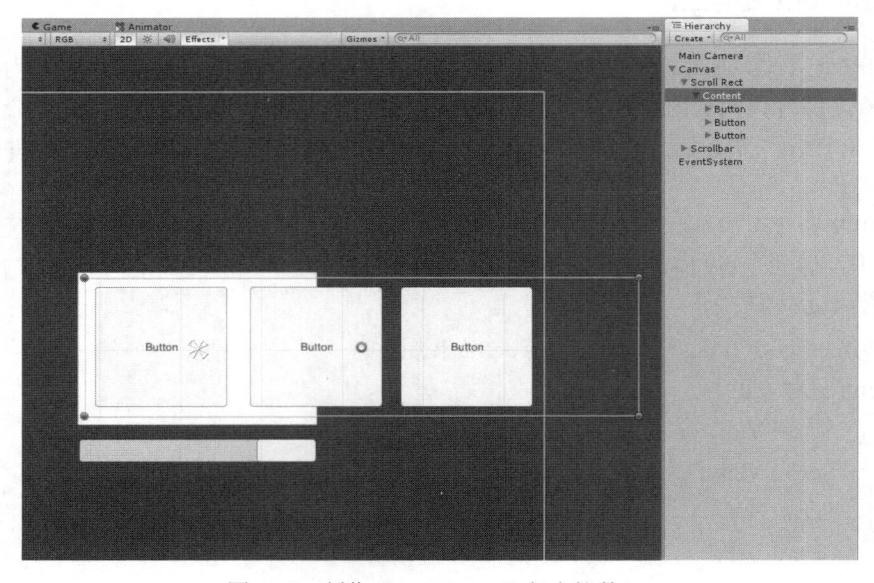

图 9.50　制作“Scroll Rect”复合控件(A)

- 步骤 3：Scrollbar 控件赋值给 ScrollRect 组件的 Horizontal Scrollbar 属性。Content 空对象赋值给 Scroll Rect 组件的 Content 属性。至此程序可以进行测试运行，得到一个粗糙的 UI 界面运行结果。
- 步骤 4：给“Scroll Rect”控件添加 Mask 组件，程序运行，得到实现基本功能要求的综合控件，如图 9.51 所示。
- 步骤 5：对显示内容进行完善与美化，且测试运行，如图 9.52 所示。

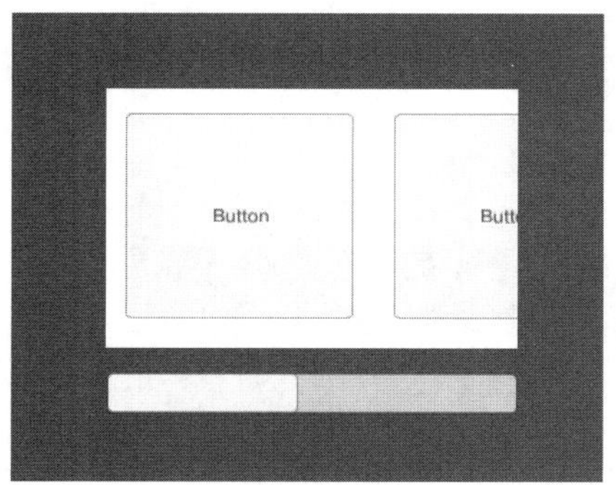

图 9.51　制作“Scroll Rect”复合控件(B)

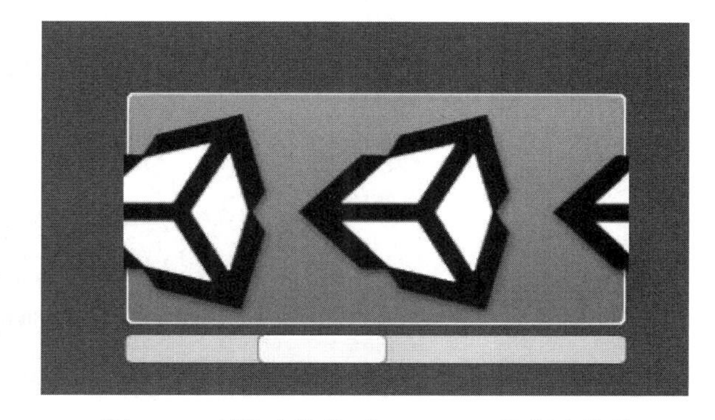

图 9.52　制作完毕的“Scroll Rect”复合控件

9.4.5　TabPage 标签页面

TabPage 标签页面也不是复合控件 UGUI 内置控件，而是依据需要进行二次专属开发的控件。标签页面控件的作用类似 Scroll Rect 复合控件，也是让 UI 设计者能够在有限的空间中，放入更多的展现内容。标签页面的基本结构如图 9.53 所示。

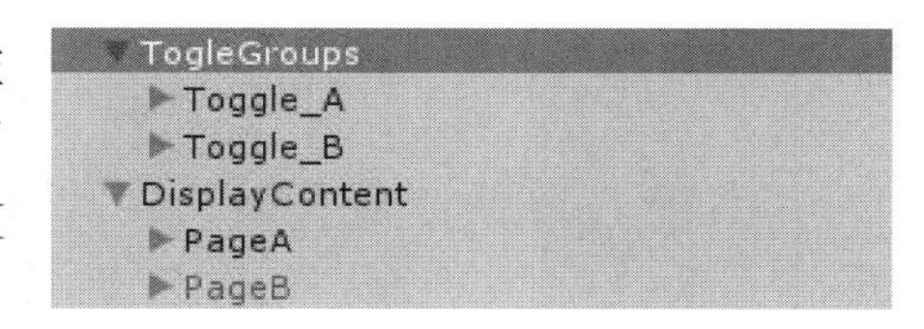

图 9.53　TabPage 标签页面结构

标签页面结构：

ToggleGroup　(空对象，添加　“Toggle Group”组件)

　　Toggle1

　　Toggle2

DisplayContent (“Image”控件)

　　PageOne

　　　　Text

　　PageTwo

　　　　Text

由于这是复合定制控件，所以我们需要进行一些小的制作过程，步骤如下。

- 步骤 1：新建一个 Image 控件，重命名为“DisplayContent”，在场景视图中拖曳以定位显示合理尺寸。
- 步骤 2：制作显示区域，在“DisplayContent”中添加两个 Image 类型的子控件，分别命名为“PageOne”、“PageTwo”，然后其下再添加 Text 控件，作用是显示不同分类内容，如图 9.54 所示。

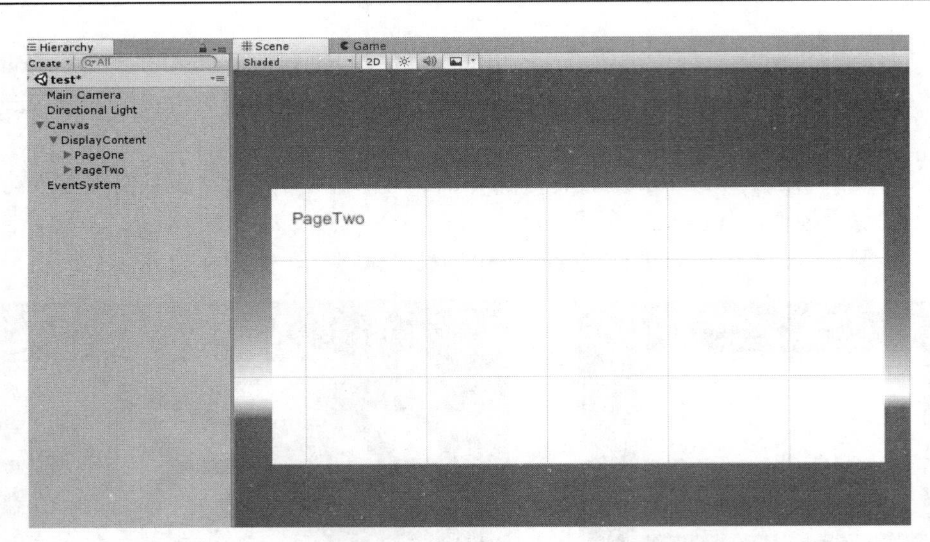

图 9.54　制作“DisplayContent”标签页面(A)

- 步骤 3：制作显示页面控制开关，新建一个“ToggleGroup”的空对象，添加 ToggleGroup 组件。
- 步骤 4：新建“ToggleGroup”空对象下一级 Toggle 类型的子对象，且把“ToggleGroup”作为参数赋值给 Toggle 子对象的“Group”属性，如图 9.55 所示。

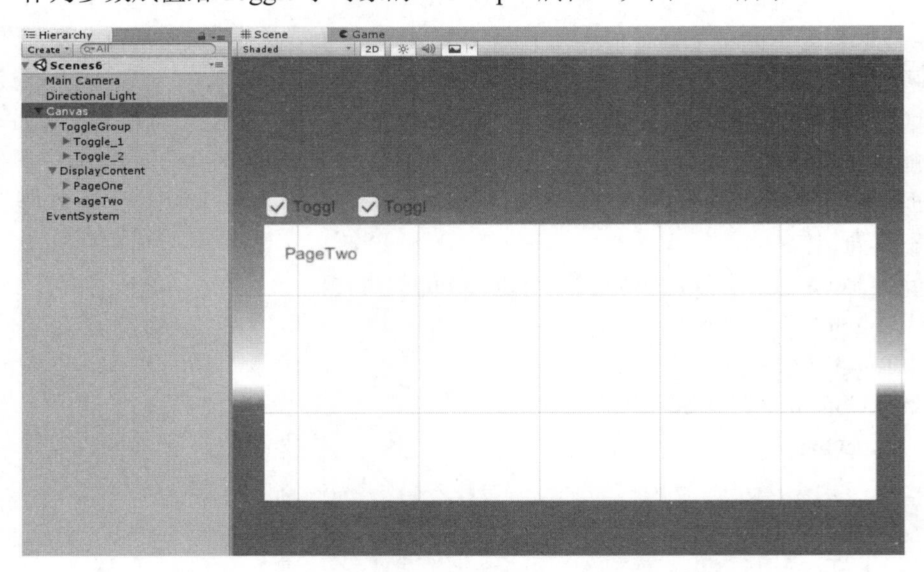

图 9.55　制作“DisplayContent”标签页面(B)

- 步骤 5：现在运行程序，我们会发现单击上面的单选框，下方是没有反应的，所以我们需要建立关联处理。定位 Toggle 控件，把“PageOne”对象作为参数赋值给 Toggle 控件的“On Value Changed”属性，且选择执行 GameObject. SetActive 事件，如图 9.56 所示。

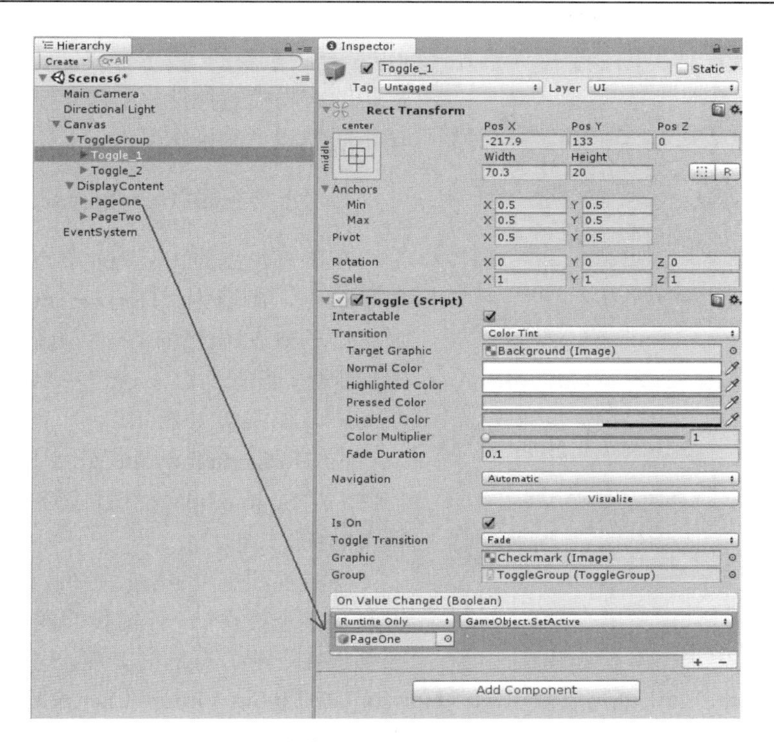

图 9.56　制作“TabPage”复合控件(C)

- 步骤 6：完善与美化界面，现在运行程序，效果初步完成，但界面不够美观。所以最后进行控件的美化处理，如图 9.57 所示。

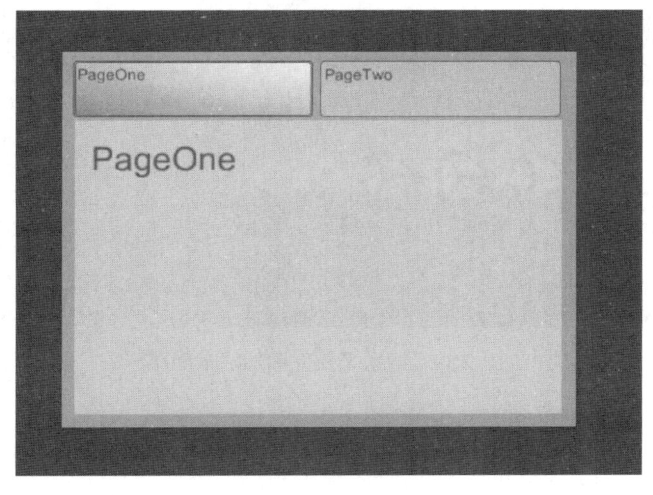

图 9.57　完成“DisplayContent”标签页面

9.5　UGUI 布局管理控件

在前面的几节中，我们依次探讨了普通基本控件与高级复合控件的制作方法。在实际的商业开发过程中，如何管理多个控件整齐排列也是至关重要的。接下来我们就来了解Unity 中自带的布局模式控件，常用的有“水平布局”、“垂直布局” 和 “网格布局”。

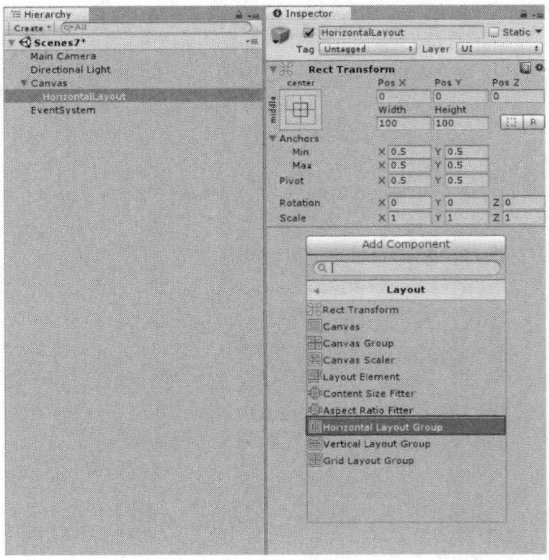

图 9.58　添加 Horizontal Layout Group 组件

1. “水平布局”(Horizontal Layout Group)

在事先建立的 Canvas 节点中建立一个空对象子节点，命名为“HorizontalLayout”。然后通过单击子节点属性窗口的“Add Componet”按钮添加组件，步骤为“Layout”→“Horizontal Layout Group”，如图 9.58 所示。

在“HorizontalLayout”节点下建立一个 Image 控件，其“Source Image”属性添加“Unity Logo.psd”精灵贴图。

层级视图定位 Image 控件，使用 Ctrl+D 组合键复制多个控件。一开始我们发现所有的精灵贴图都连在一起，不是很美观。这个问题很容易解决，在“HorizontalLayout”节点上的“Horizontal Layout Group（Script）”组件下有一个“Spacing”属性，填写为 10，即控件的水平间距（见图 9.59）。

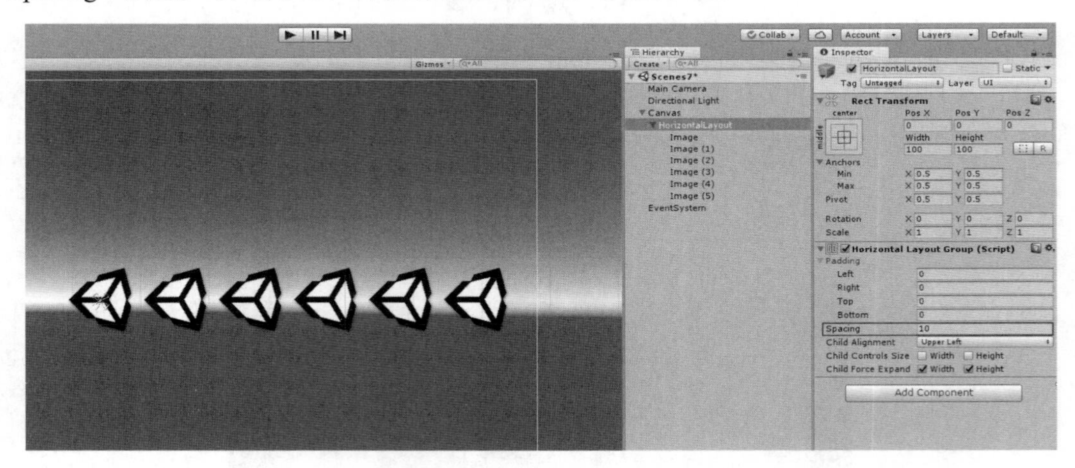

图 9.59　给水平控件添加水平间距

2. “垂直布局”(Vertical Layout Group)

“垂直布局”(Script) 建立的方法与前述水平布局”类似，不同之处为仅添加的脚本组件改为了 “Vertical Layout Group（Script)”，效果如图 9.60 所示。

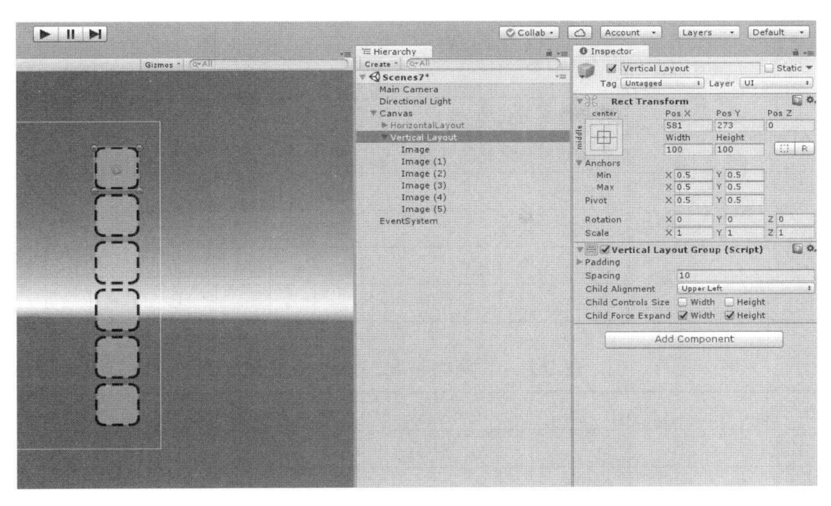

图 9.60　垂直布局效果

3. “网格布局”（Grid Layout Group）

“网格布局”与前述“水平布局”类似，不同之处在于属性“Cell Size”和“Spacing”需要按照项目要求填入合适的数值，效果如图 9.61 所示。本组件尤其在开发 UI 的“背包系统”等功能时更加方便。

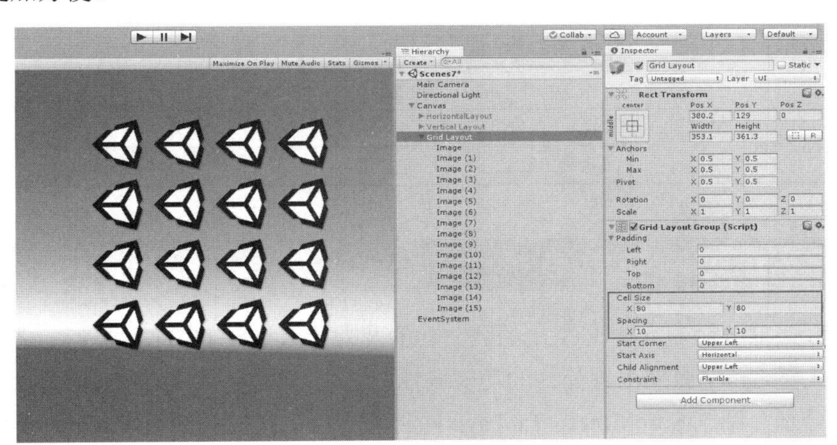

图 9.61　网格布局效果

为方便读者学习，特总结布局控件的各主要属性含义，如表 9.1 和表 9.2 所示。

表 9.1　“水平/垂直布局”属性一览表

属性与方法	含　义
字段	
Padding	偏移量
	布局边沿（上/下/左/右）偏移量数值
Spacing	间隙
	规定控件之间的间隙数值

续表

属性与方法	含　义
Child Alignment	控件对齐方式
	子节点控件之间的对齐方式
Child Controls Size	控制尺寸
	强制控制尺寸
Child Force Expand	自适应宽度与高度
	（默认数值）

表 9.2　“网格布局”属性一览表

属性与方法	含　义
字段	
Padding	偏移量
	布局边沿（上/下/左/右）偏移量数值
Cell Size	控件尺寸（即内部元素尺寸）
	本参数会重新定义所包含子节点控件的外观尺寸
Spacing	控件间隙
	规定控件之间的间隙数值，包括水平与垂直间距
Start Corner	第一个元素位置
Start Axis	元素的主轴线
Child Alignment	控件对齐方式
	子节点控件之间的对齐方式
Constraint	约束
	使用指定数量的网格布局行或列

9.6　本章练习与总结

本章在开头部分简短介绍 UGUI 的强大功能及为什么推出 UGUI。然后笔者使用很大的笔墨介绍了大量 Unity 原生内置控件的功能属性与适用范围。

接下来分别介绍了 ScrollRect、TabPage 两种复合自定义控件的开发方式。这种基于自由“装配”的开发思路，优雅地解决了项目实际开发过程中应用场景的千变万化与有限控件数量之间的矛盾问题。

相信 Unity 2017.x 之后的 UGUI 功能将会越来越强大，加之 UGUI 系统的源码已经公开，开发人员可以随时查阅其源码结构，为自定义更加复杂的应用带来良好的开发体验。

9.7　案例开发任务

- 任务 1：本书籍实战项目篇“记忆卡牌”的界面均是 UGUI 构成的。请读者根据自己目前所学，结合实战项目 1 中的讲解，开发本项目的 UI 界面功能（见图项目 1（1））。

- 任务 2：本书籍实战项目篇“不夜城跑酷”，开头为 UI 界面。请读者结合对应章节讲解，开发 UI 界面功能（见图项目 3（1））。
- 任务 3：本书籍实战项目篇“生化危机”项目的开始场景中，使用 3D 模式开发 2D 场景。请读者参考对应章节的讲解，开发这个项目的开始场景功能（见图项目 4(2)）。

第10章 3D模型与动画制作

❍ 本章学习要点

本章我们学习3DMax软件的基本操作与统一单位尺寸、防止丢失贴图等问题，主要解决Unity游戏开发工程师与3D模型师之间在配合上常会出现的一些问题。例如，由于单位尺寸不统计造成的模型需要在Unity里面做缩放处理，这势必对于开发“次时代”游戏的模型与画面质量造成一定影响。关于3D模型师做好的作品导入Unity中贴图丢失的常见问题也是广大初级开发工程师经常遇到的问题，我们在本章就3DMax制作的模型贴图原理进行分析，然后给出讲解方案。

讲解3D模型在开发过程中的常见问题后，我们就开始讲述三维角色模型与三维普通模型的动画制作：角色模型的Legacy动画分割与脚本调用、三维模型方位动画制作（Animation）。

最后为了重复利用好我们辛苦制作好的动画与模型，我们还需要学习如何利用Unity的导入与导出包技术进行复杂模型全面完整的保存处理。

❍ 本章主要内容

- 概述
- 3DMax 软件基本使用
- 3D模型尺寸单位设置
- 解决3D模型丢失贴图问题
- 3DMax 模型制作与导出Unity流程
- 3D文字的制作与动画
- 角色Legacy 动画
- Animation 动画工具
- 自定义资源包的导入与导出
- 本章练习与总结
- 案例开发任务

10.1　概述

本章我们开始了解 3DMax 软件的界面与基本使用，目的是了解 3D 模型开发的基本过程与产品的导出过程，以及在这个过程中对于初学者而言容易出现的一些技术问题。随后学习角色模型 Legacy 动画的分割与脚本播放、Animation 动画制作开发、自定义资源的导入与导出等。

10.2　3DMax 软件基本使用

3DMax 是 Autodesk（中文官网：http://www.autodesk.com.cn）出品的一款著名的 3D 动画软件，是著名软件 3d Studio 的升级版本。 3ds Max 3D 建模软件为游戏、电影和运动图形的设计人员提供一套全面的建模、动画、模拟和渲染解决方案。3ds Max 提供了高效的新工具、加速性能和简化的工作流，可帮助提高处理复杂的高分辨率资源时的整体工作效率（见图 10.1）。

3DMax 是著名软件 3d Studio 的升级版本。3ds Max 是世界上应用最广泛的三维建模、动画与渲染软件，广泛应用于游戏开发、角色动画、电影电视视觉效果和设计行业等领域（见图 10.2～10.5）。

图 10.1　Autodesk 公司 Logo

图 10.2　3DMax 制作角色动画

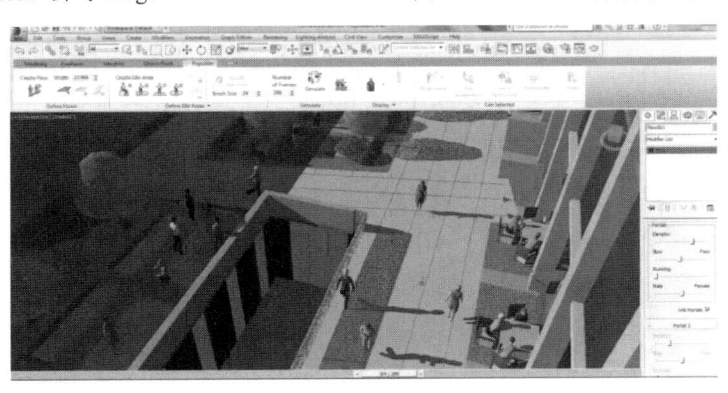

图 10.3　3DMax 三维建模(A)

图 10.4　3DMax 三维建模(B)

图 10.5　3DMax 影视制作领域

目前，国内游戏三维模型的制作基本都是由第三方建模软件制作的，如 3DMax、Maya、Cinema4D、Modo 等，但目前以 3DMax 做静态模型、Maya 做人物动作角色的更加普遍一些。

三维模型导出的格式，建议采用 FBX 格式。因为该格式可以更方便地对需要导出的信息进行筛选和设置，能够包含模型数据、贴图数据、动画数据等 3D 游戏中经常使用到的数据。

我们先来了解 3DMax（以 2012 版本为例）工具的基本使用，学习 3DMax 四个重要视图（透视图、前视图、上视图、左视图），如图 10.6 所示。

❖ 温馨提示

3Dmax 2012 启动后，如果发现界面的透视图中出现一片红色，而且添加图形上去时图形不断抖动，解决方法为单击“视图”→“视口配置”→“显示性能”，然后取消“逐步提高质量”的勾选。

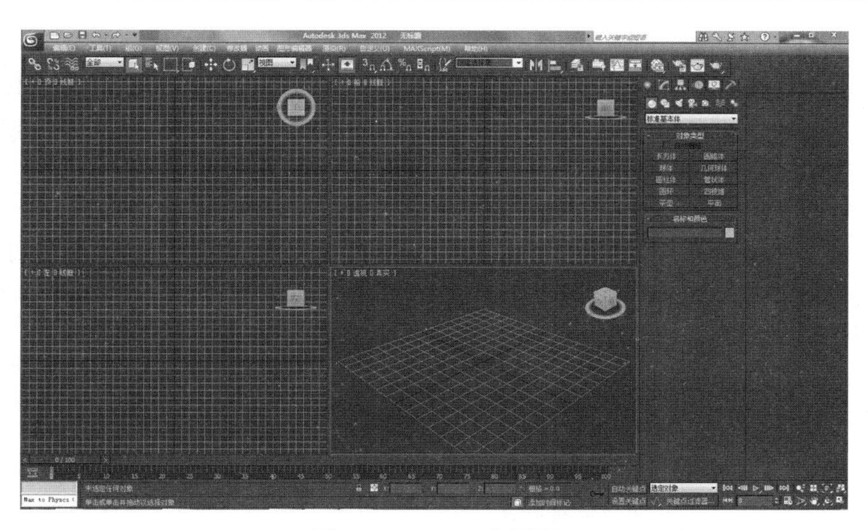

图 10.6　3DMax 主界面

我们首先了解 4 大视图的主要含义，在界面左方的“工具栏”中鼠标左键选取“长方体”，然后在图 10.7 右下方的透视图中添加一个长方体。具体方法为鼠标左键先选择一个矩形区域，然后松开鼠标左键，向上移动鼠标即可。

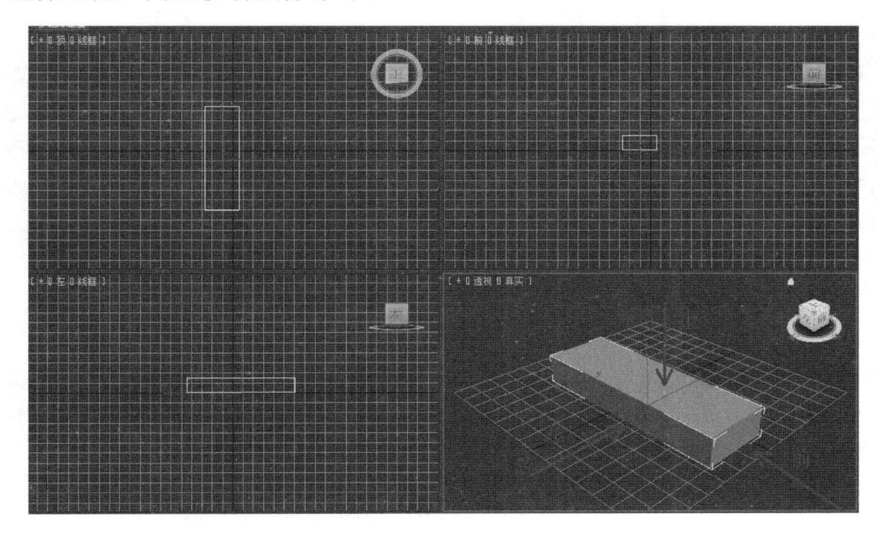

图 10.7　3DMax 主界面透视图与其他三个视图的关系

如图 10.7 所示，标出了前视图、上视图、左视图与透视图的内在关系。有读者会问，为什么 Unity 中只有一个场景视图的编辑视图，而 3DMax 却有 4 个常规编辑视图呢？这主要是因为 Unity 着重三维模型的动态展现，而后者重点为三维模型的静态编辑与制作。

10.3　3D 模型尺寸单位设置

初学者在 Unity 中导入 3D 模型的时候往往会出现尺寸不统一问题，即开发人员需要在 Unity 中对导入的模型做缩放处理。造成这种问题的根本原因是两种开发软件所使用的单位

不统一。

3DMax 的开发人员在制作三维模型时需要事先与 Unity 开发工程师提前沟通好单位的设置问题。建议两款软件都使用统一的尺寸，即“米”为单位，然后在 Unity 中使用 1∶1 的缩放进行直接导入即可。

设置 3DMax 单位的方法如下。

- 步骤 1：打开 3ds Max，在主菜单中选择“自定义”→“单位设置”。由于首次安装的“显示单位比例”中默认的“通用单位”改为“公制”中的“米”为单位，如图 10.8 所示。
- 步骤 2：单击“单位设置”窗体上方的“系统单位设置”。在弹出的“系统单位比例”中选择“1 单位=1.0 米”，以米单位（见图 10.9）。

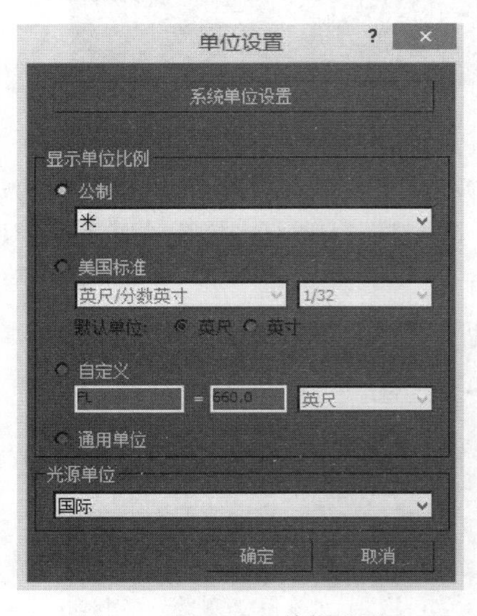

图 10.8　3DMax 单位设置

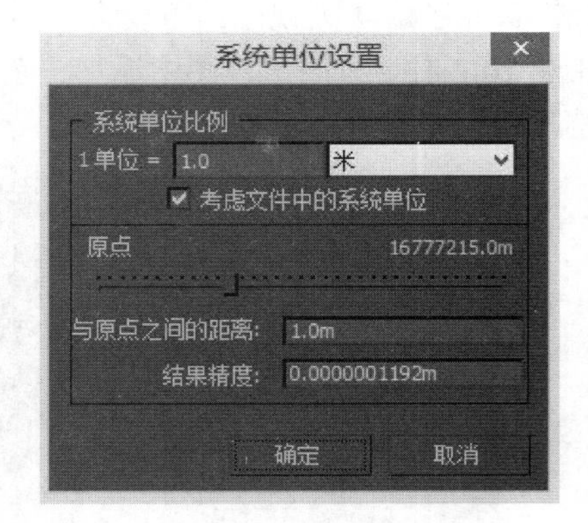

图 10.9　3DMax 系统单位设置

10.4　3DMax 模型制作与导出 Unity 流程

这里我们以使用 3DMax 工具软件制作一款带底盘的茶壶模型为例，目的是让读者了解 3DMax 模型建立、添加材质到模型导出的全过程，以及相关注意事项。

步骤如下。

- 步骤 1：首先我们必须要统一 3DMax 与 Unity 的尺寸问题。由于 Unity 模型的默认单位为“米”，我们在 3DMax 中也建议使用“米”作为开发的基本单位，详细步骤见 10.3 节。
- 步骤 2：在 3DMax 中制作一个扁平的矩形立方体，注意选择合适的尺寸（默认数值过大），如图 10.10 所示。

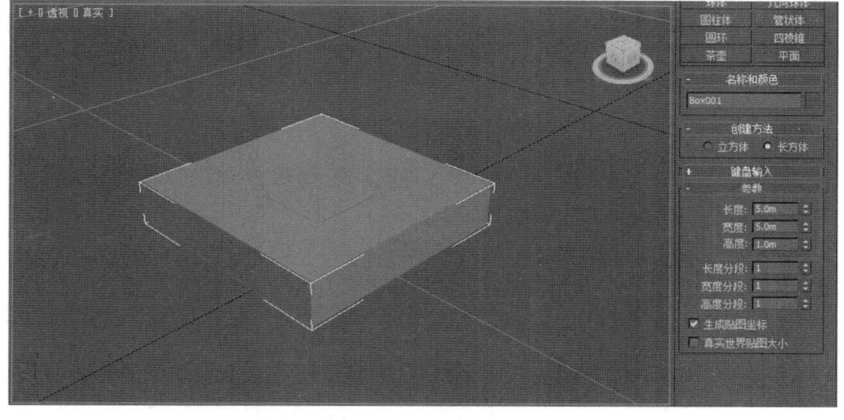

图 10.10　制作扁平的矩形立方体

- 步骤 3：在扁平的矩形立方体上放置茶壶模型，注意合理运用“选择”、“最大化视图”、“整体移动”等工具，尽量把茶壶放置在底盘的中心点上，然后使用“前视图”、“上视图”、“左视图”进一步规范其位置，如图 10.11～图 10.13 所示。

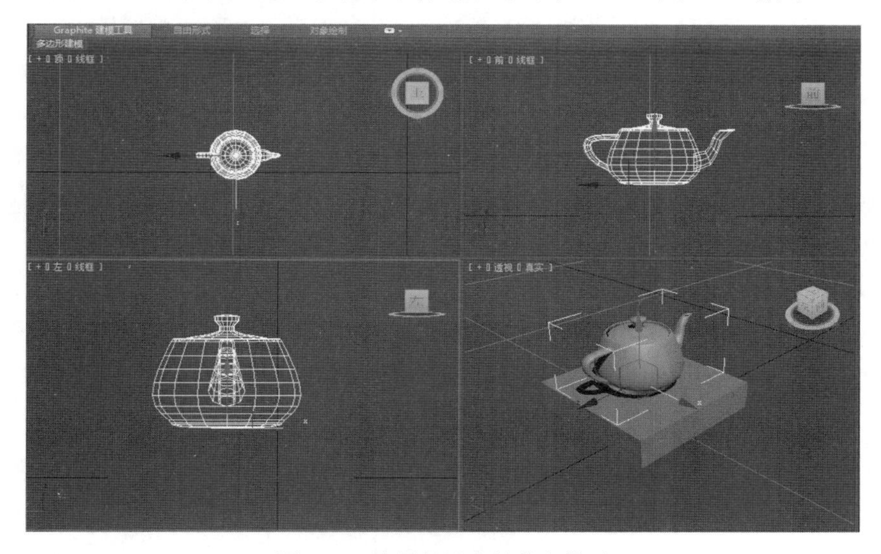

图 10.11 放置且居中的茶壶模型

图 10.12　3DMax 快捷工具栏中的移动工具按钮

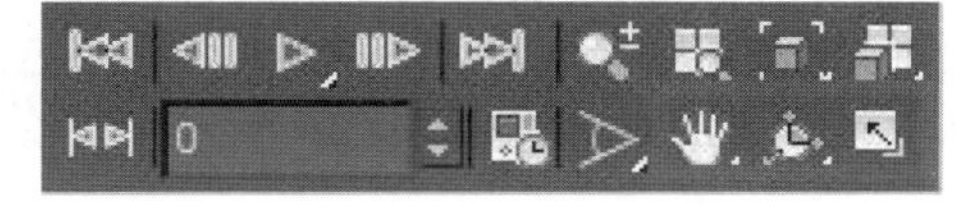

图 10.13　整体移动、旋转与最大化按钮

- 步骤 4：给模型添加合适的材质，我们必须事先在纯英文路径下准备英文名称的贴图文件。然后选择模型，单击菜单中的“渲染”→“材质编辑器→“精简材质编辑

器”（注：可以使用“M”快捷键快速弹出窗口），在弹出的“材质编辑器”中单击下方“漫反射”右边的小按钮，弹出“材质/贴图浏览器”进行选择贴图，如图 10.14 所示。

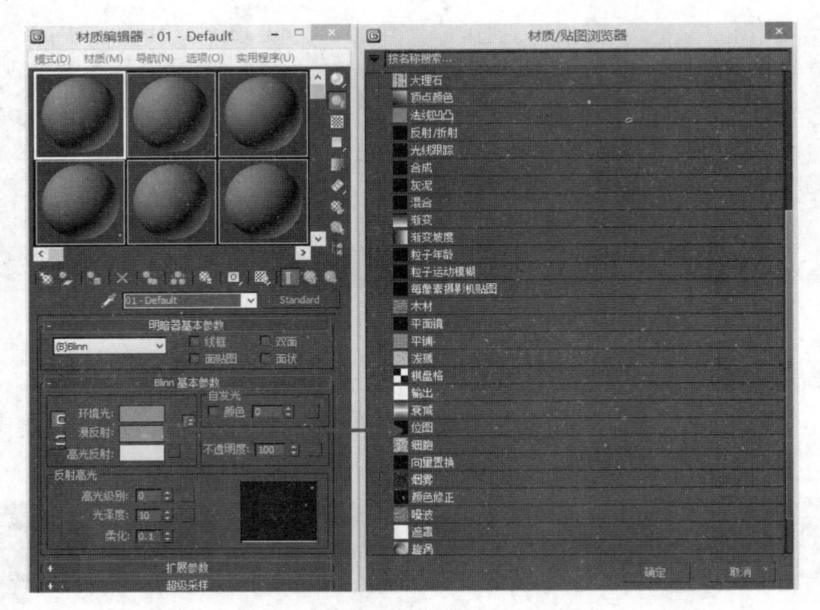

图 10.14　材质编辑器中选择“位图”

- 步骤 5：给指定的模型选择好贴图后，如图 10.15 所示，单击“将材质指定给选定对象”与“视口中显示明暗处理材质”按钮（图 10.15 中的两个方框）后，就可以看到模型添加材质后的效果了。

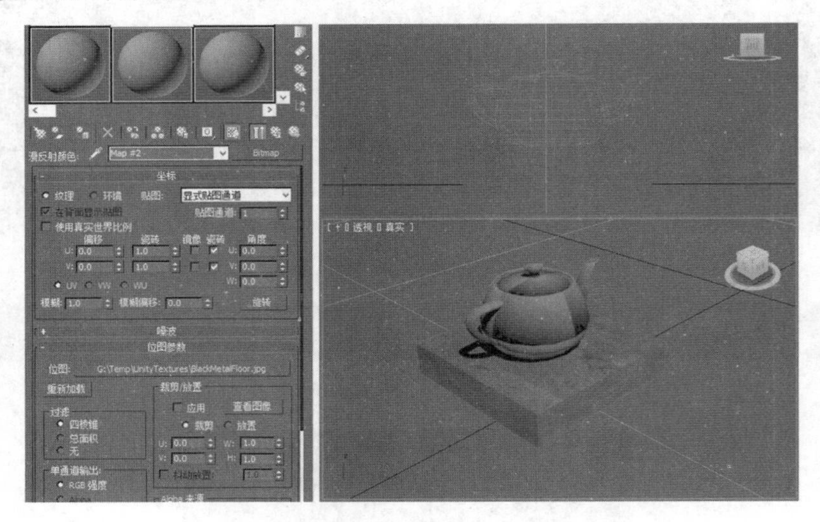

图 10.15　指定模型添加贴图后效果

- 步骤 6：现在进行导出模型处理。单击软件左上角的 3DMax Logo 标志，选择“导出”→“导出”（见图 10.16）。

- 步骤 7：在弹出的对话框中选择 FBX 模型输出的路径（尽量为英文路径），然后特别重要的是，在导出选项中一定勾选“嵌入的媒体”选项，否则导出的 FBX 模型是不包含贴图资源的（只有贴图的路径引用），很容易导致模型在 Unity 中发生丢失贴图的常见问题（见图 10.17）。

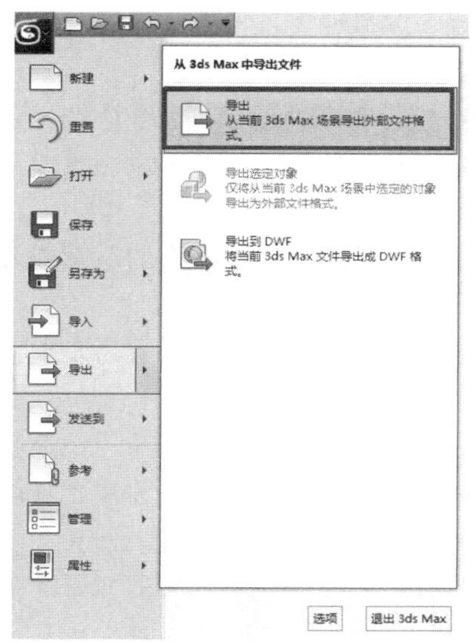

图 10.16　导出模型

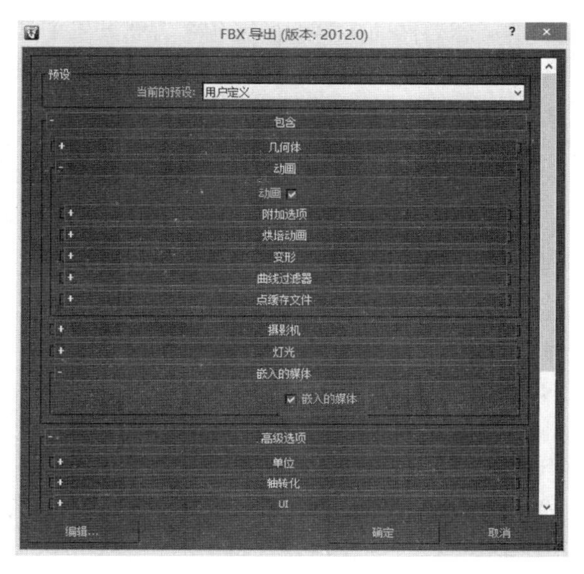

图 10.17　FBX 导出参数设置

- 步骤 8：新建一个 Unity 项目，把 3DMax 制作好的模型进行导入。单击项目视图中的模型，然后在属性窗口中选择“缩放因子”（Scale Factor）为“1”，然后单击下方的“应用”（Apply）按钮（见图 10.18）。
- 步骤 9：把模型放置在场景视图中，在其旁边放置一个 Unity 内置的 Cube 模型。因为 Cube 模型为标准的 1m×1m×1m（长、宽、高），所以我们制作的长 5m、宽 5m、高 1m 的底座连同茶壶模型的尺寸（参考图 10.18）符合我们设定的目标，如图 10.19 所示。

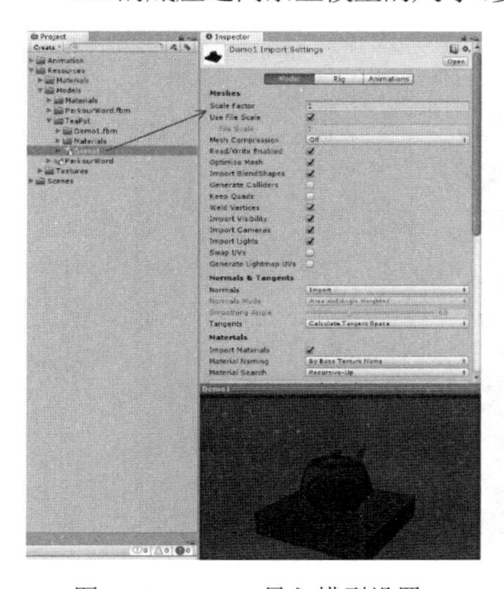

图 10.18　Unity 导入模型设置

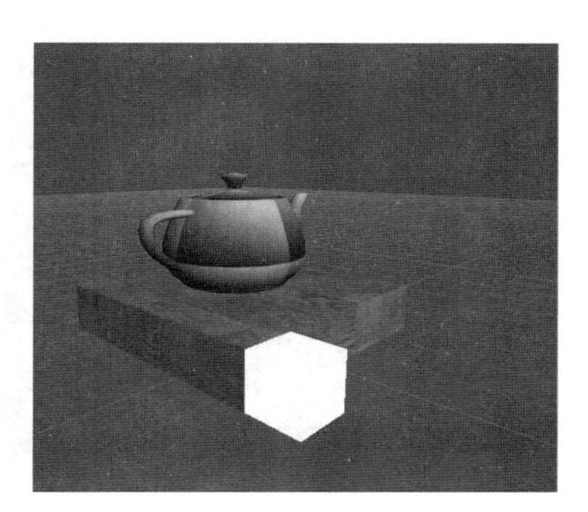

图 10.19　3D 模型导入效果图

10.5 模型导出丢失贴图问题

上一节中我们设置了 3DMax 的系统单位，这样就避免了模型导入 Unity 中尺寸需要重新调整的问题。然而，笔者发现初学者在开发 Unity 游戏、虚拟现实项目的过程中容易出现另外一个问题，即导入 Unity 后模型容易发生丢失图片的问题。

这里需要说明 FBX 模型关于贴图引用的问题，FBX 模型在 3DMax 中进行添加材质的时候，其本质添加的是贴图的路径引用，所以防止模型导出丢失贴图的问题可以注意以下事项。

（1）FBX 模型在导出设置的时候一定选择“嵌入的媒体”，即把相关模型的贴图资源真正地包含到模型里面。

（2）FBX 模型所属的贴图资源一定是英文路径与英文文件名称，否则还是容易发生丢失贴图问题，笔者认为应该是 3DMax 核心内部对中文支持不好造成的。

❖ **温馨提示**

按照上面我们给出模型文件添加贴图的本质为路径的引用，所以还有一个方法也可以杜绝丢失贴图的方法，即把我们的贴图文件都事先存放在我们 Unity 项目的资源文件夹下，这种方式也可以从根本上杜绝丢失贴图的问题，但笔者不推荐这种方法，因为它导致 3D 美工与开发工程师的“耦合性”太高，不利于大团队合作。

10.6 3D 文字的制作与动画

3DMax 的功能除了最基本的静态模型制作外，对于游戏研发人员来说，用得最多的还有 3D 文字的开发，下面我们来介绍 3D 文件的基本制作步骤。

- 步骤 1：单击 3DMax 工具栏中的“图形”按钮，选择“文本”，在透视图中单击后修改文字为“疯狂酷跑”，然后注意修改文字的大小（注：字体大小需符合具体项目的开发需求）如图 10.20 所示。

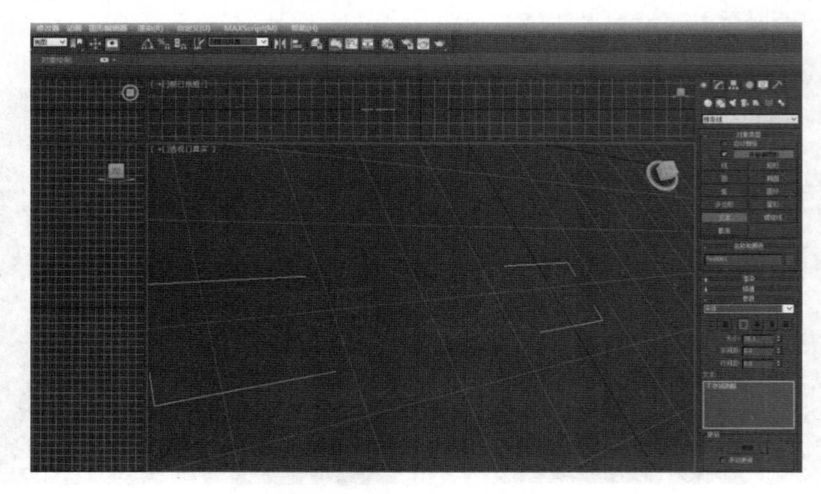

图 10.20 开发 3D 文字步骤 1

- 步骤 2：单击“修改”按钮→“对象空间修改器”→“挤出”选项，然后在“参数”小窗体中选择立体文字被“挤出”的量（如 3 米），如图 10.21 所示。

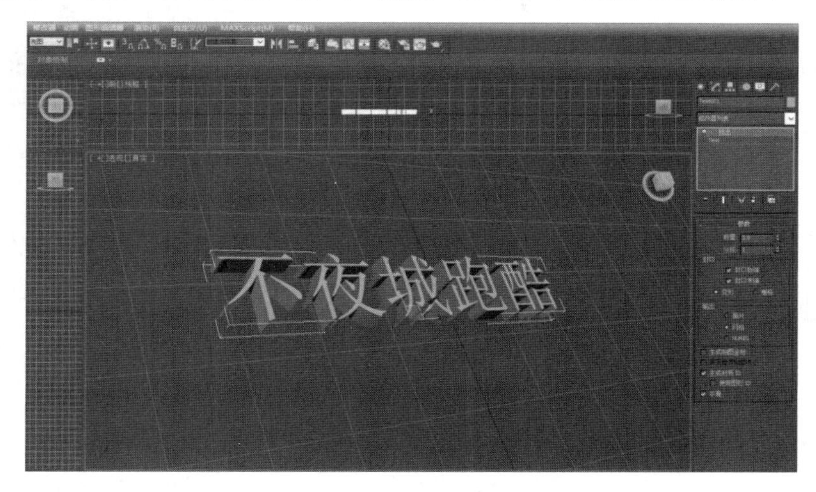

图 10.21　开发 3D 文字步骤 2

- 步骤 3：给 3D 文字添加材质，步骤同 3D 模型的材质添加方法，前面已经详细叙述，这里不再赘述。
- 步骤 4：导出 3D 文字，然后在 Unity 中显示出来。

10.7　角色 Legacy 动画

Unity 中存在两种角色动画系统：一种为 Unity 4.0 之前的 Legacy 角色动画系统。另一种是 Unity 4.0 之后隆重推出的 Mecanim 角色动画系统，在其之后的 Unity 5.x 与 Untiy 2017.x 版本，功能又有进一步的丰富与完善。

两种动画系统各有千秋：Legacy 角色动画系统的特点主要是制作简单，易用；Mecanim 动画系统的特点是功能强大，具备很好的精确控制能力与动画复用性，但使用较为复杂。关于 Mecanim 动画系统，我们这里暂且省略，在本书第 20 章，笔者会带领大家详细讨论。

Legacy 角色动画系统是一个 FBX 文件，包含了所有的角色动作类型，我们在具体使用的时候需要进行手工的动画分割，但突出的优势是这样比较节约磁盘空间，使得我们开发输出的项目规模更小。

Legacy 动画模型在脚本调用播放前需要先进行动画分割，步骤如下。

- 步骤 1：新建一个项目，在项目视图中导入本节附带的教学资源“CityNightParkour.unitypackage”到项目中。
- 步骤 2：鼠标定位在项目视图中，右键单击弹出菜单“Import Package”→“Custom Package…”。然后在接下来的浏览窗口中定位资源包，最后单击“打开”按钮。如图 10.22 所示。

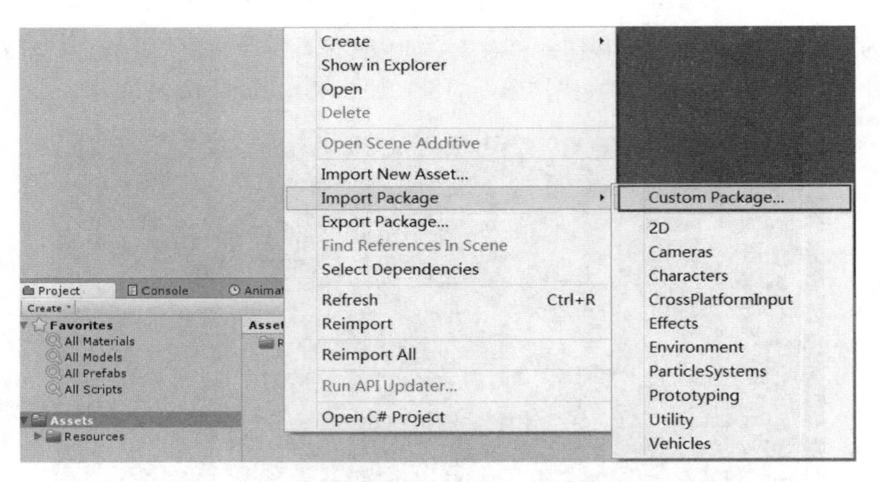

图 10.22　导入“CityNightParkour.unitypackage”资源包

- 步骤 3：项目视图中依次单击“Resources”→“Models”→“Model”→“Player”→“Vampire-InGame”，我们会看到两个 FBX 文件，分别是 Vempire_Animation 与 Vempire_No_Animation 文件，如图 10.23 所示。

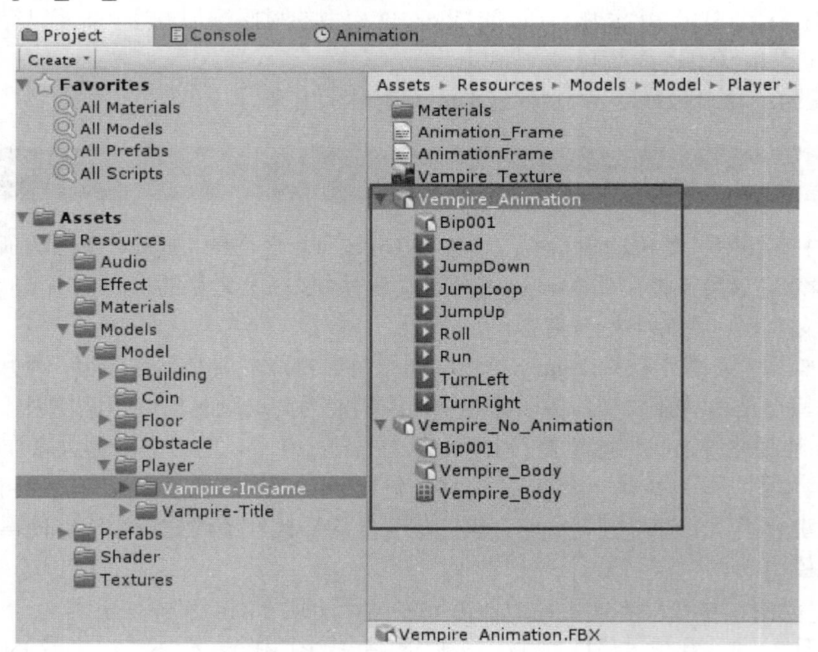

图 10.23　跑酷角色 FBX 模型文件

图 10.23 中的 Vempire_No_Animation 文件是包含主角骨骼资源的 FBX，但是没有动画文件。Vempire_Animation 是具备动画文件的主角模型。

单击 Vempire_Animation 模型，在属性窗口中选择“Rig”（装配）选项→Animation Type（动画类型），选择“Legacy”，然后单击“Apply”（应用）按钮，如图 10.24 所示。

❖ 温馨提示

这个模型包资源导入后，其模型的很多属性都已经选择好，这里读者只需要查看确认即可。目的只有一个，就是学会对模型属性的设置。

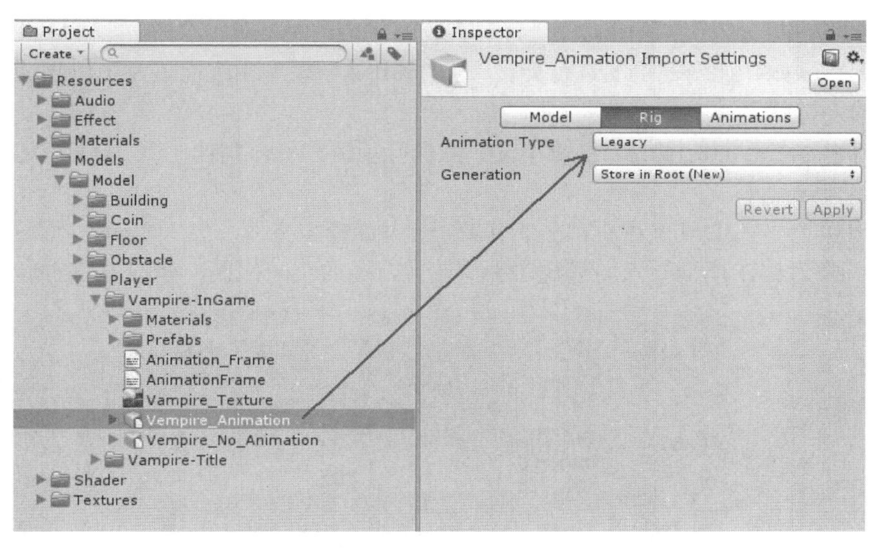

图 10.24　设置 Legacy 动画类型

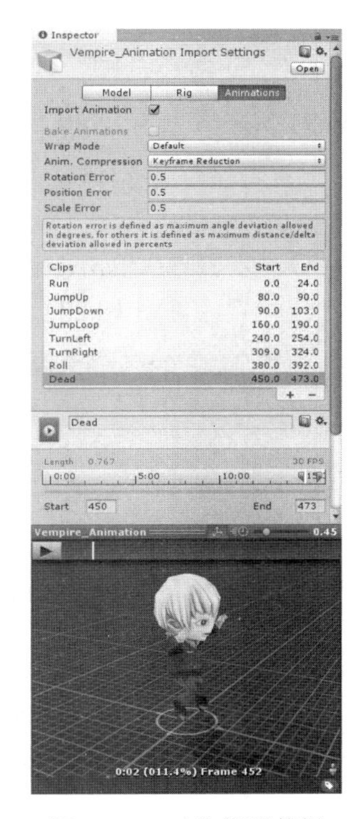

图 10.25　动作类型剪辑

❍ 步骤 4：单击“Animations”选项，编辑与设置动画剪辑。角色模型提供了大量的动作类型，我们需要在大量的动作类型中选取我们在项目中需要的内容，并且把每一个动作给出一个名称，即动画名称，最后单击下方的“Apply”（应用）按钮。如图 10.25 所示。

注意：图 10.25 中角色模型的各类动画动作都要事先编辑完成。如果初学者需要研究学习，可以单击“动画剪辑列表”右下方的“-”符号，删除编辑好的动画类型，自己重新创建新的动画剪辑。

❍ 步骤 5：以上步骤做好，在脚本中我们可以直接使用如下指令进行控制“this.GetComponent<Animation>().Play("Run");”，

这里的“Run”指的就是图 10.25 中我们定义的“Run”（跑动）动作。具体的项目效果，读者可以查阅本章节配套的教学资料。

10.8 Animation 动画编辑工具

刚才学习的 Legacy 角色动画都是针对人物来说的，但是对于 3D 模型，是否也可以制作动画效果呢？例如，让一把枪支进行旋转、一个 3D 文字模型由远而近发生位移动画等？答案是肯定的，这就是 Animation 动画工具。

现在就以本书后面的实战项目“不夜城跑酷”项目为例，制作一款 3D 模型位移动画效果，步骤如下。

- 步骤 1：在 3DMax 中提前先制作好一个 3D 模型文件，导入 Unity 项目中。
- 步骤 2：3D 模型导入场景视图中，放置合适的空间位置，如图 10.26 所示。

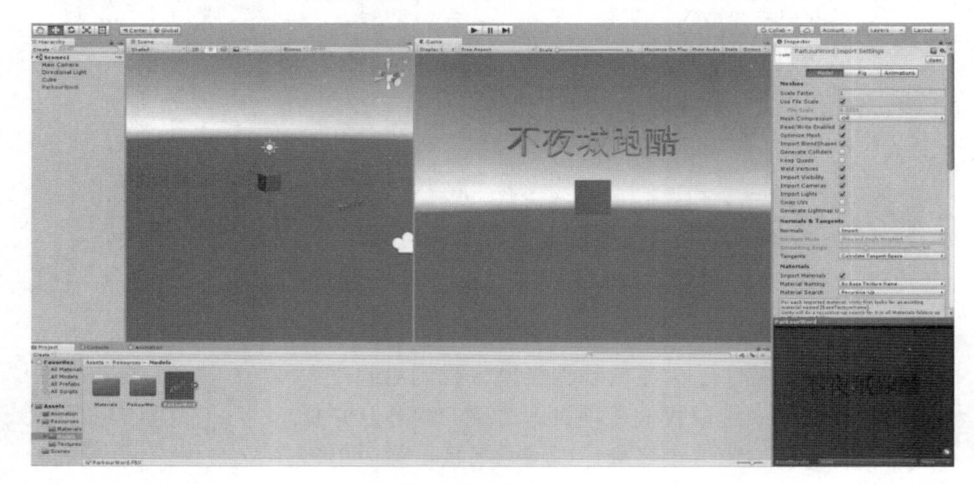

图 10.26　3D 文字模型导入场景视图

- 步骤 3：单击 Unity 菜单栏的“Window”→“Animation”,弹出 Animation 编辑工具（见图 10.27）。

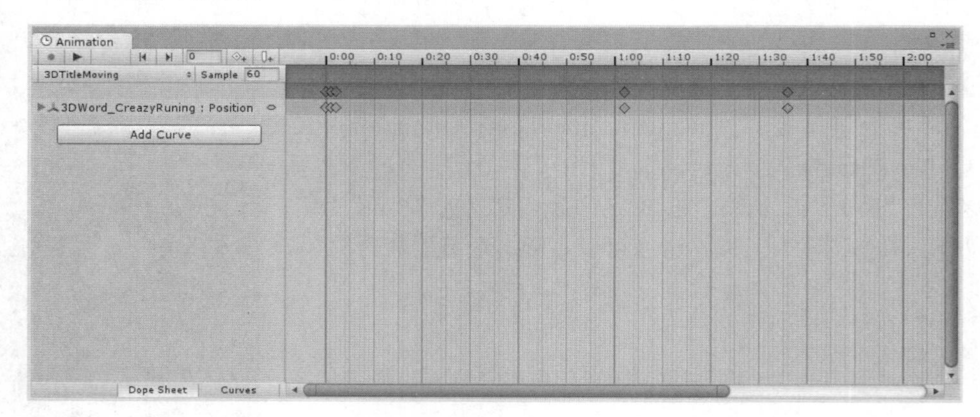

图 10.27　Animation 编辑工具

- 步骤 4：在 Animation 编辑工具中，单击“Create”按钮，系统会弹出对话框要求指定一个动画文件存放的位置，以及模型动画的文件名称，如图 10.28 所示。

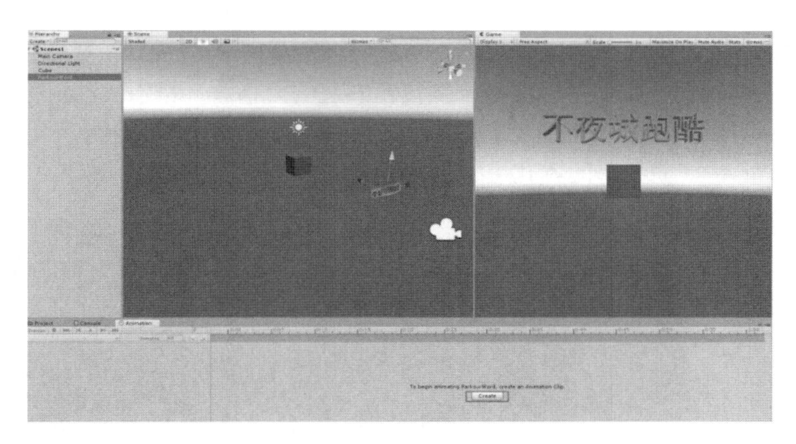

图 10.28　新建 Animation 动画

- 步骤 5：单击 Animation 编辑窗口的“红色小圆点”（录制）按钮，进行帧动画的录制工作，如图 10.29 所示。首先是录制动画第 0 帧的画面效果，我们把 3D 文件移动到离摄像机比较远的位置。

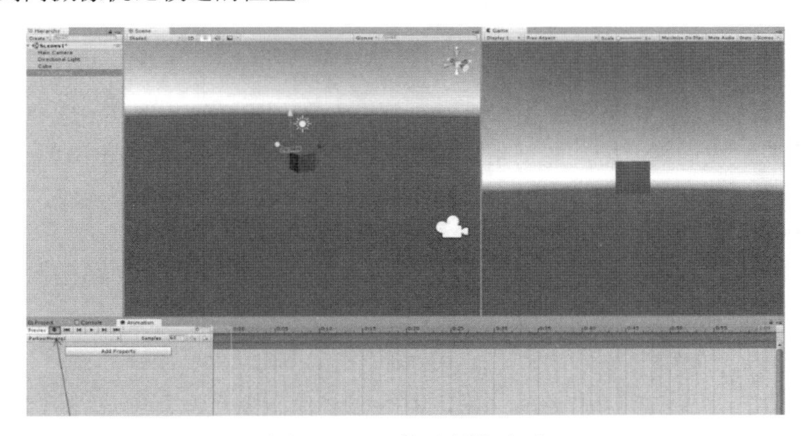

图 10.29　开始录制帧动画

- 步骤 6：录制第 1 帧的动画，同时移动 3D 文字到离摄像机稍微近一些的位置，然后录制第 2 帧，同时再次移动 3D 文字的位置，如图 10.30 所示。

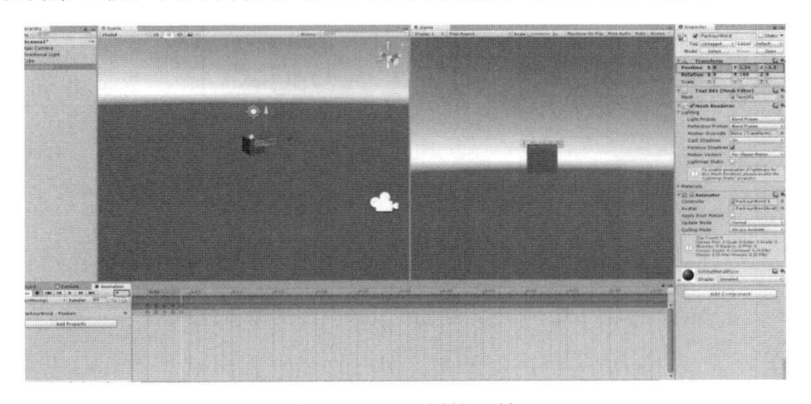

图 10.30　录制第 1 帧

- 步骤 7：依此类推，经过多次重复，我们再次单击 Animation 窗口中的录制按钮，就结束了录制。我们可以单击录制按钮右边的“播放”按钮（红色按钮右边的三角箭头），循环预览我们的动画效果。但这种方式太麻烦，效果也不好，我们可以使用“Curve”（曲线）的方式进行高效编辑工作（见图 10.31）。

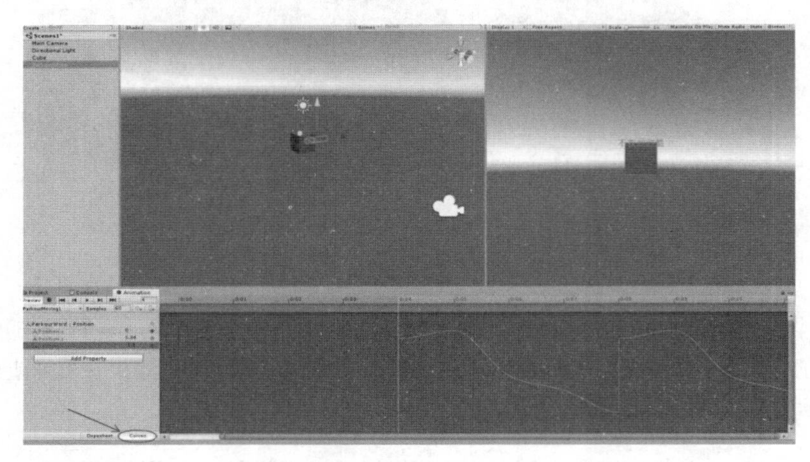

图 10.31　曲线方式编辑帧动画

- 步骤 8：当我们结束录制工作进行运行查看效果的时候，发现 3D 模型动画默认循环播放，我们需要把动画剪辑文件的循环播放属性去掉，如图 10.32 所示。

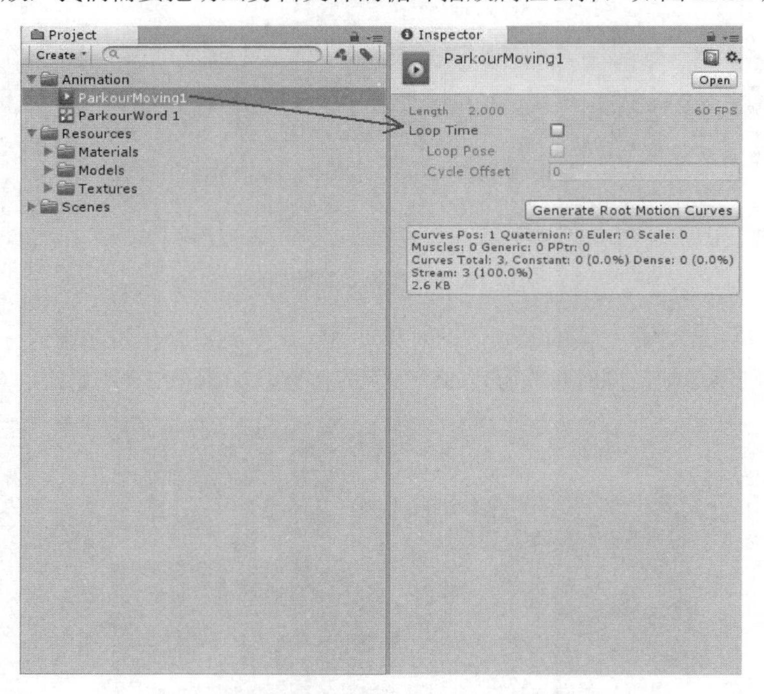

图 10.32　去除 3D 模型动画文件的循环标志

最后经过不断调试，我们就可以制作出令人满意的动画效果了。

10.9 自定义资源包的导入与导出

我们在 10.7 节讨论了关于角色动画切割的问题，可能有的读者会提出一个疑问：如果相同的角色在另外一个项目中使用，是否还要做动画切割处理呢？答案是肯定的。如何避免这类对于模型二次加工后，在其他项目进行复用的难题呢？我们现在就详细介绍 Unity 提供的“资源包的导入/导出”功能的使用。

➢ 导出包功能（Export Package）

对于跑酷主角的模型预设（说明: 后缀名称为“prefab”的称为“预设”，标识一种内部关联了数量不等资源的组合体 ），我们可以通过“导出包”的形式，输出形成一种 *.UnityPackage 的压缩文件，方便开发人员在各个项目中导入使用。

例如，10.7 节中导入项目的“CityNightParkour.unitypackage”文件就是一种使用“导出包”功能形成的一种压缩文件。现在我们定位到 10.7 节中的项目，试图把项目中的英雄单独导出为一个独立的包资源。方法为以下几个步骤。

- 步骤 1：定位英雄预设资源路径为，“Resources→Models\Model\Player\Vampire-InGame\Prefabs\Character\Player.prefab”。选择“Player.prefab”预设模型，然后鼠标右击弹出菜单中的“Select Dependencies”（选择依赖项），查找所有依附于这个模型的资源，如图 10.33 所示。
- 步骤 2：项目视图中发蓝的选项都是这个模型被依赖的资源文件，如图 10.34 所示。单击鼠标右键选择“Export Package...”，如图 10.35 所示。
- 步骤 3：在弹出对话框中确定需要导出的资源（见图 10.36），然后单击“Export...”（导出）按钮，导出到我们指定的位置即可。

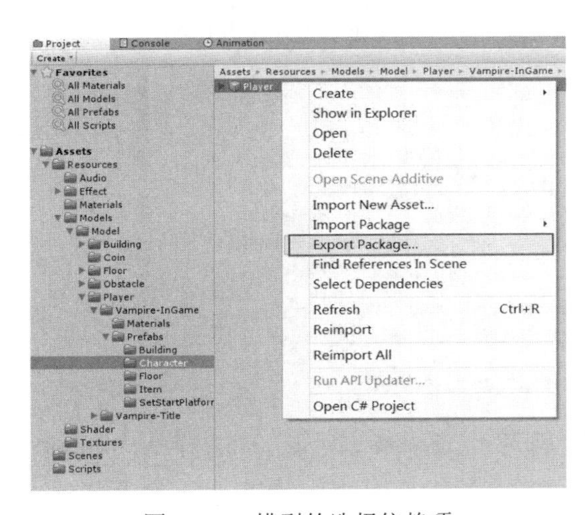

图 10.33　模型的选择依赖项

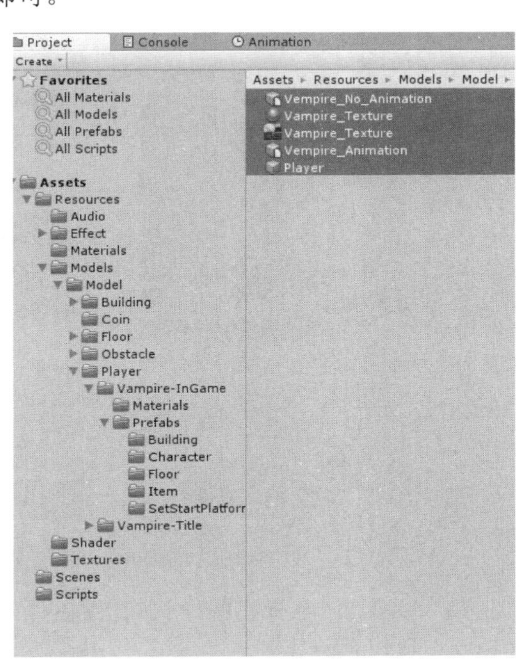

图 10.34　得到所有的依赖项

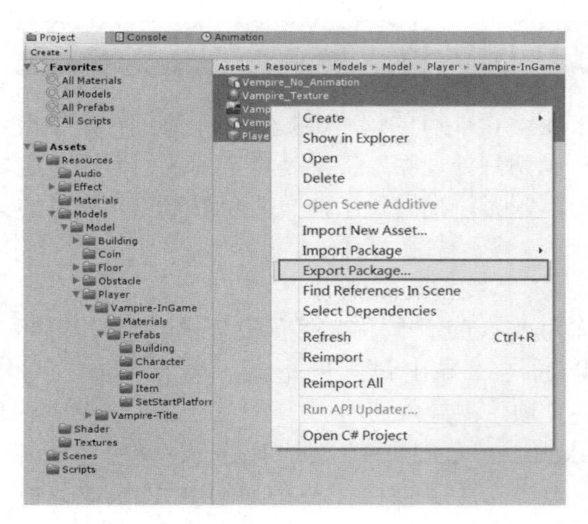

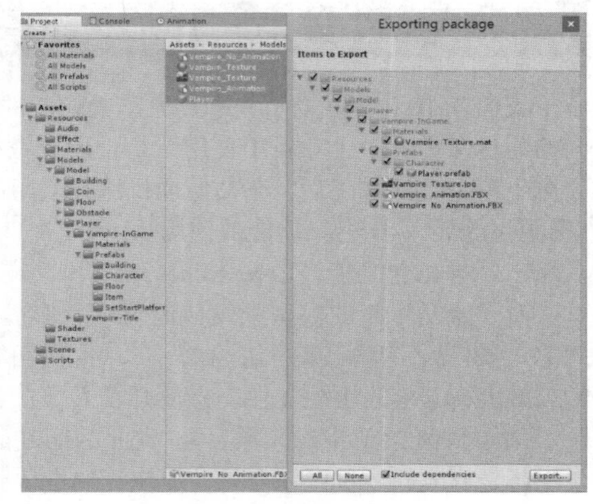

图 10.35　导出资源包　　　　　　　　　图 10.36　导出资源包确认框

➢　导入包功能（Import Package）

与导出包相反的是，我们是否可以借鉴其他项目中优秀的模型或者资源为我所用，即导入我们的项目中呢？答案是肯定的。现在我们把前面导出的资源包“ParkourSingleHero.unitypackage”通过“导入包”的功能转移到一个新建的项目中。

下面我们分以下 3 步完成。

- 步骤 1：把前面导出的“ParkourSingleHero.unitypackage”文件拖曳到项目视图中，或者在项目视图中通过鼠标右键“Import Package”→“Custom Package...”的方式导入到我们自己新建立的一个空项目中，如 10.37 所示。

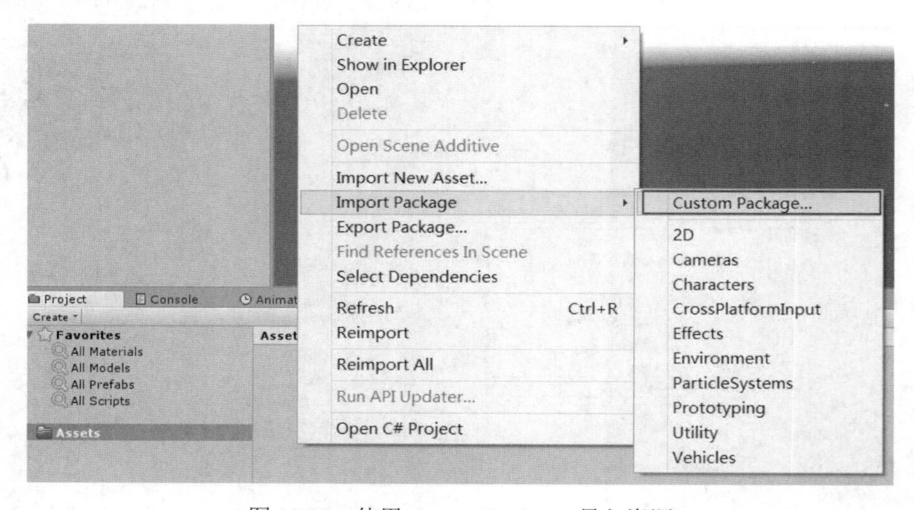

图 10.37　使用 Import Package 导入资源

- 步骤 2：在弹出的导入确认框中（见图 10.38），确认导入资源，然后单击“Import”按钮开始导入。

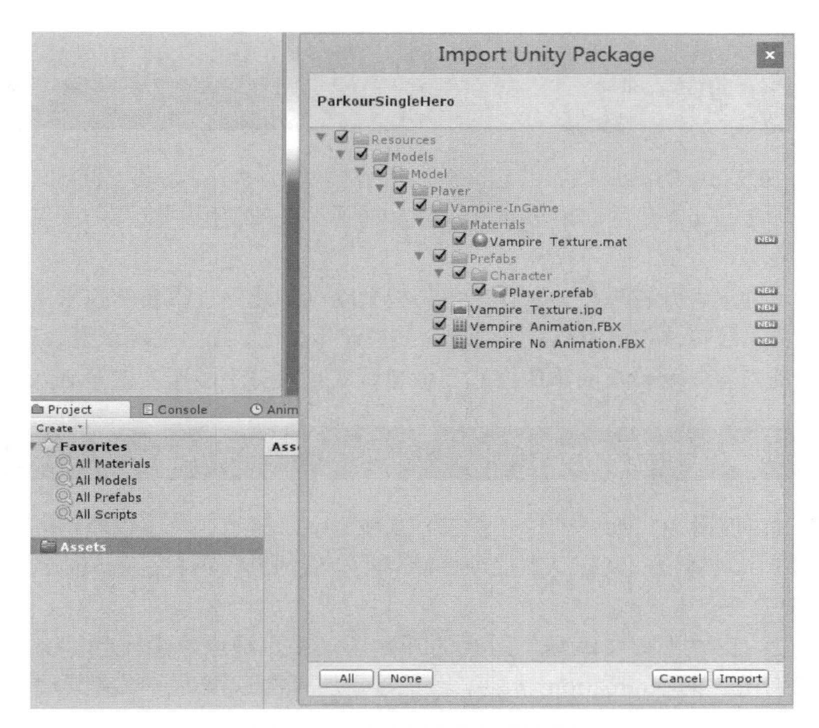

图 10.38　确认导入资源弹出框

○　步骤 3：

最后我们查看导入资源是否可以正确显示与应用，如图 10.39 所示。

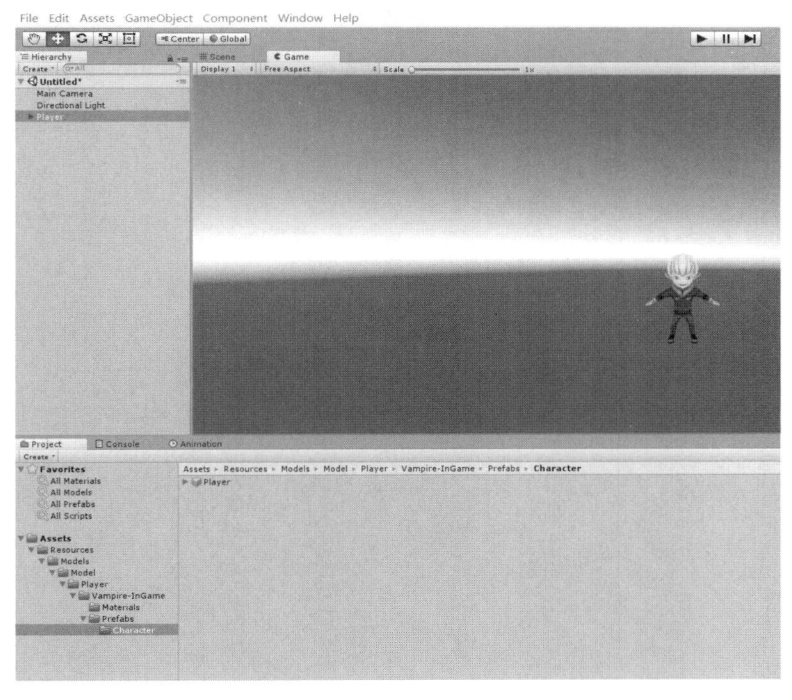

图 10.39　显示导入的英雄预设模型

10.10 本章练习与总结

本章先从 3DMax 的编辑界面讲起，然后讲解模型的尺寸、贴图、3D 文字的制作等内容，随后讲解了 Legacy 角色动画与 Animation 动画工具的使用，以及资源包的导入与导出功能。

本章的学习为读者开发项目、制作角色与模型动画，建立了重要的技术保障。随着后面“物理学模拟”与“碰撞体与触发器”两章内容的进一步学习，我们就可以说读者掌握了 Unity 开发中最基础的内容。为开发简单的游戏与虚拟现实项目打下了坚实的基础。

10.11 案例开发任务

- 任务 1：使用 3D Max 软件开发 3D 立体文字，显示在“不夜城跑酷”游戏的开始场景中。具体做法请打开实战项目篇“不夜城跑酷”项目，把原本的 2D 文字替换为 3D 文字。
- 任务 2：在“不夜城跑酷”游戏的开始场景中，把原本静止的 3D 文字效果，运用我们所学的 Animation 动画编辑工具，加入由远及近（或者其他形式特效）的运动位移效果。

第 11 章 物理学模拟

❍ 本章学习要点

物理学模拟是 Unity 引擎强大功能的重要组成部分，使用它可以轻易构建如刚体、碰撞体、物理材质、物理关节（铰链关节、弹簧关节、固定关节、角色关节、布料模拟）等高性能物理学模拟，从而使开发人员创建高度仿真的物理世界更具真实感。

❍ 本章主要内容

- 概述
- 刚体与碰撞体
- 物理材质
- 脚本控制刚体
- 本章练习与总结
- 案例开发任务

11.1 概述

物理学模拟就是在虚拟的世界中运用物理算法对游戏对象的运动进行模拟，使得物理运动行为更加符合真实世界的物理定律，从而让游戏更加富有真实感。

Unity 内置了 nVIDIA（英伟达）公司的 Physx 物理引擎，它采用硬件加速的方式对物理现象进行模拟运算，所以其速度比采用软件运算快得多（见图 11.1）。Physx 是目前使用最为广泛的物理引擎，被很多游戏大作采用。开发者可以通过物理引擎高效且逼真地模拟刚体碰撞、车辆驾驶、布料、重力等物理效果，使游戏画面更加真实生动。

图 11.1 nVIDIA 公司 Logo

11.2 刚体

刚体（Rigibody）是 Unity 物理学模拟的一个重要的概念，它是指一个物体在受力的情况下，其外形、尺寸内部组织结构等都不受影响的一种特性。例如，日常生活中的铅笔、木箱、铁锤等（见图 11.2 刚体组件）。

相对刚体而言，Unity 还提供了柔体与角色控制器。柔体，指在受力的作用下其外形和尺寸等发生改变的物体，如衣服等。角色控制器（Character Controller）则是专门模拟“二足角色”（如“人”与“机器人”）使用的。最典型的例子就是人物角色的模拟，它是指受力不敏感的一种游戏对象，本部分在书籍的“实战项目 4：生化危机”中有更加详细的应用。

碰撞体（Collider）是 Unity 中用于游戏对象做“碰撞检测”的一种重要技术（详细内容在 12 章讲解）。Unity 中的内置对象（Cube、Sphere 等）都已经默认添加了合适的碰撞体，而我们从 3DMax 中制作开发的 3D 模型默认导入后是没有碰撞体的，需要我们手工进行添加，这是初学者需要特别注意的事（见图 11.3 碰撞体组件）。

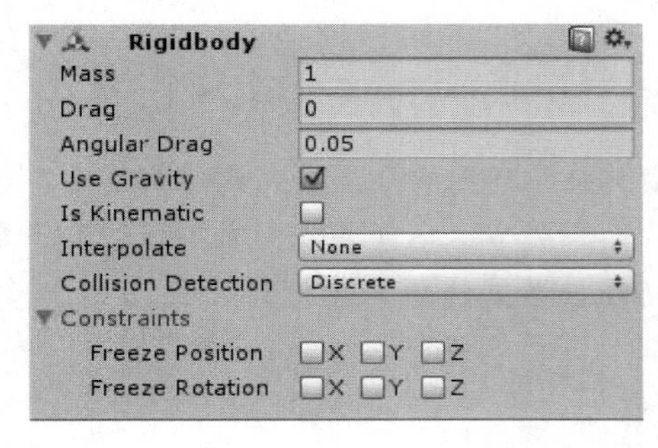

图 11.2 Rigibody 组件属性

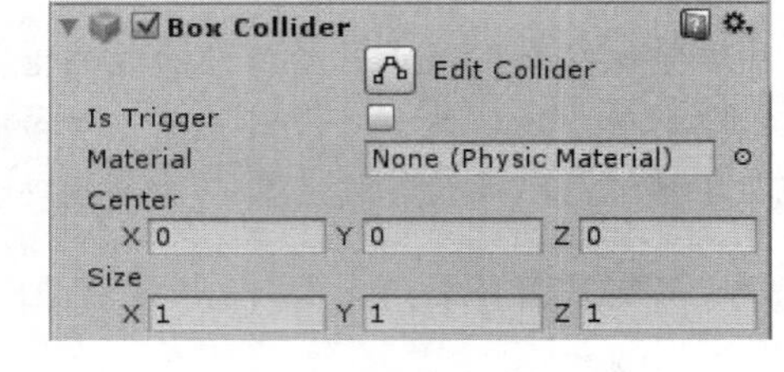

图 11.3 Collider 组件属性

我们现在学习刚体（Rigibody）组件的重要属性（见表 11.1）。

表 11.1 刚体的重要属性与含义

刚体的属性	属性含义
Mass	物体的质量
	默认数值为 1 的浮点数值
Drag	物体的移动阻力
	默认数值为 1 的浮点数值。阻力与物体运动的方向相反，对物体的移动起阻碍的功能
Angular Drag	旋转阻力
	默认数值为 0.05 的浮点数值，表示物体旋转阻力
Use Gravity	是否受到重力
	默认为勾选，即受到重力的影响
Is Kinematic	是否受物理引擎的驱动
	勾选此选项表示该对象的运动只受脚本与动画的影响，不能调用物理计算
Interpolate	插值方式
	默认为空（None），表示物理计算不进行插值。由于 Unity 内部的物理模拟与渲染并不完全同步，考虑性能消耗问题，所以建议只针对主要对象进行插值计算
Collision Detection	碰撞检测模式
	由于 Unity 内部存在“碰撞检测穿透现象”，即高速对象可以穿透小型碰撞体现象，所以提供 3 个选项： （1）Descrete 离散模式 适用于静止与慢速对象，本属性为默认选项，占用资源较少。 （2）Continuous 连续模式

续表

刚体的属性	属性含义
Collision Detection	使用于高速与较小对象。 （3）Continuous Dynamic 动态连续模式 被开启“连续模式”的对象所撞击的物体，推荐使用本选项模式
Constraints	约束
	Freeze Position：位置的约束，即勾选 X，表明游戏对象在 *X* 轴方向不能发生位移 Freeze Rotation：旋转的约束，即勾选 X，表明游戏对象在 *X* 轴方向不能发生旋转

在实际的开发过程中，部分刚体（Rigibody）组件的字段也是经常使用的，如表 11.2 所示。

表 11.2　刚体的重要字段

刚体的字段	字段含义
velocity	位移速度
	使得刚体获得位移速度，脚本示例如下。 Eg: this.GetComponent<Rigidbody>().velocity = Vector3.forward*10F;
centerOfMass	刚体重心
	作用：通过脚本调低游戏对象重心，可以使得对象不易因碰撞而倒下。 Eg: this.GetComponent<Rigidbody>().centerOfMass = Vector3.up;
detectCollisions	碰撞检测开关
	通过脚本可以启用与关闭碰撞检测，提高项目性能。 Eg: this.GetComponent<Rigidbody>().detectCollisions = false;//关闭碰撞检测

表 11.3 为刚体（Rigibody）组件的常用方法。

表 11.3　刚体的常用方法

刚体的方法	方法含义
AddForce()	给刚体施加力
	给刚体施加一个三维向量的力。 Eg: this.GetComponent<Rigidbody>().AddForce(Vector3.up*10F);
MovePosition()	移动刚体
	根据指定方法参数，将刚体移动指定方位（常用于 FixedUpdate 方法中）。 Eg: this.GetComponent<Rigidbody>().MovePosition(traTarget.position+Vector3.right);//注意本指令写在 FixedUpdate 方法中
AddExplosionForce()	添加爆炸力
	实现产生一个爆炸力的效果。 Eg: this.GetComponent<Rigidbody>().AddExplosionForce(30F, traTarget.position,10F);
Sleep()	休眠
	对刚体强制休眠，不参加物理模拟计算，起到节约资源提高运行效率的目的。 Eg: this.GetComponent<Rigidbody>().Sleep();
WakeUp()	唤醒
	将处于休眠状态的刚体唤醒，重新加入物理模拟计算中。 Eg: this.GetComponent<Rigidbody>().WakeUp();

❖ 温馨提示

关于碰撞体组件的属性与含义，以及碰撞体的种类与适用范围等内容，为了讲解的层次清晰性，笔者把这部分内容安排在了下一章（第 12 章）。

为了更加清晰地掌握刚体组件的重要属性，笔者搭建了如下的实验小项目，如图 11.4 所示。

图 11.4　刚体组件属性实验

实验步骤如下。

- 步骤 1：在场景视图中我们可以看到（除摄像机）3 个游戏对象，立方体（Cube）、圆球（Sphere）和名称为“ground”的 Plane（作为“地面”使用）。这些游戏对象都是 Unity 的内置游戏对象，所以每个游戏对象都具备碰撞体组件。
- 步骤 2：为了美观性，给 3 个游戏对象分别添加材质。首先测试立方体与圆球不添加刚体（Rigibody）组件的情况。运行程序后发现两个游戏对象没有任何变化，都“悬浮”在空中，说明游戏对象没有受到物理引擎“重力”的作用。
- 步骤 3：为测试刚体的基本属性，我们分别给立方体与球体添加刚体（Rigibody）组件，然后再次运行程序，发现两个游戏对象由于“重力”的作用掉落在“地面”上，如图 11.5 所示。

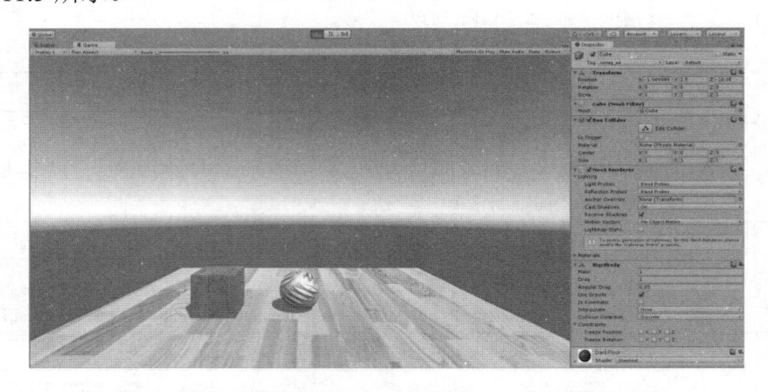

图 11.5　游戏对象添加 Rigibody 组件，运行掉落“地面”

- 步骤 4：为测试刚体组件的空气阻力（Drag）属性，现在选择立方体对象的刚体组件从 Drag 默认的 0 改为 1，运行程序，发现立方体比球体下落的速度明显慢了很多。
- 步骤 5：为测试刚体组件的是否应用重力（Use Gravity）属性，首先恢复前面的属性参数，去掉立方体刚体组件的 Use Gravity 属性选择。然后运行程序，发现结果是立方体停留在“空中”不动了，也就是说虽然应用了刚体组件，但不受重力模拟的影响了（见图 11.6）。

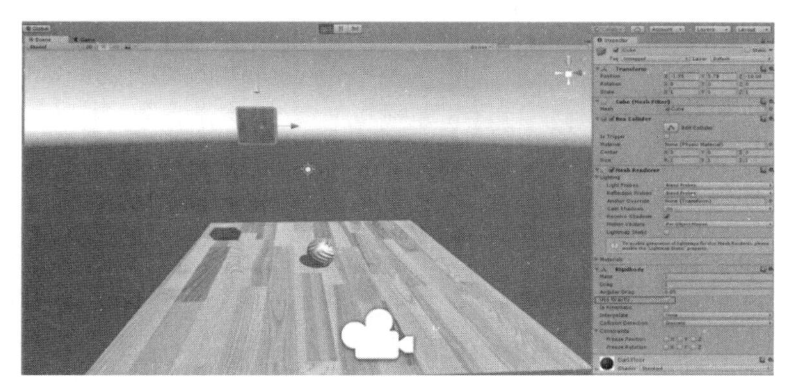

图 11.6　刚体组件是否应用重力属性的实验

上面的实验测试了刚体的空气阻力、重力等属性，更多的属性测试如表 11.1 所示，读者可亲自测试，不断体会各种属性的不同含义与具体适用范围，这里笔者不再赘述**[注：读者可以在随书教学资料中第十一章的相关测试实验项目中找到更多内容]。**

需要特别注意的是，在本测试场景中，读者可以测试以下几种情况：

- 什么情况下立方体会直接穿透“地面”。
- 我们写一个控制立方体可以移动的脚本，测试什么情况下立方体与圆球体可以重合。
- 什么情况下立方体撞击圆球体，圆球体没有反应。

以上问题如果读者不断测试与思考，可以得到 Unity 物理引擎关于碰撞检测的规则：

（1）两个游戏对象发生碰撞的必要条件是一个必须为刚体，另一个为碰撞体。

（2）两个游戏对象不但有碰撞现象，而且存在力的“相互”作用，必须两个对象都为刚体。

11.3　物理材质

物理材质是控制游戏对象摩擦力和反弹系数等属性的一种资源。物理材质是资源，不是组件，并且它是赋值给游戏对象碰撞体组件 Material 属性上的资源。物理材质应用面较广的是“反弹系数”与“摩擦系数”，现在就这两种参数进行实验（见图 11.7）。

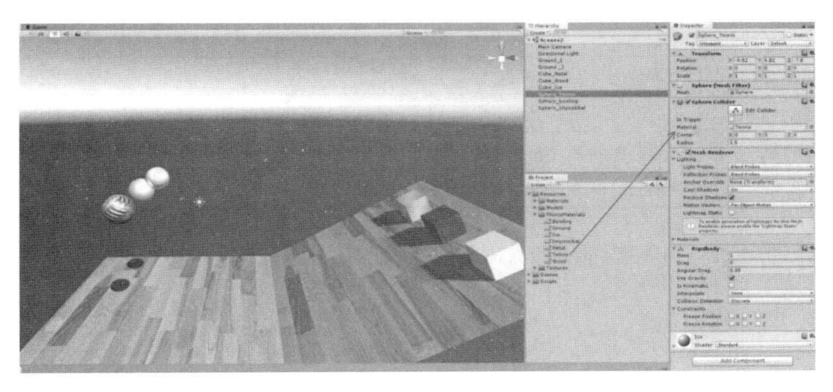

图 11.7　添加物理材质

物理材质的创建方法很简单，在项目视图中鼠标右键“Create”→“Phisics Materials”。图 11.8 为物理材质（Phisics Materials）的属性参数。

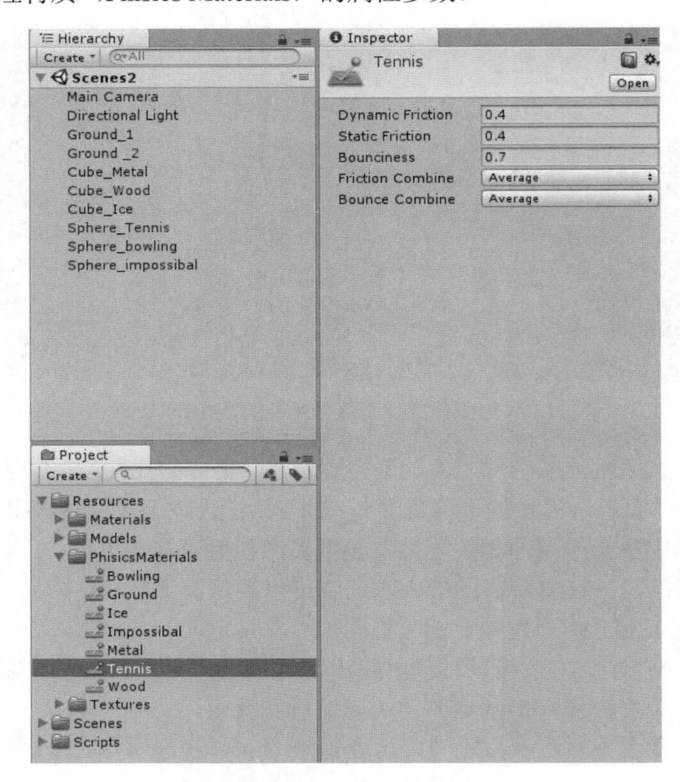

图 11.8　物理材质（Phisics Materials）

物理材质（Phisics Materials）的重要属性如表 11.4 所示。

表 11.4　物体材质中的重要属性

<table>
<tr><th>物理材质的属性</th><th>属性含义</th></tr>
<tr><td rowspan="2">Dynamic Friction</td><td>滑动摩擦力</td></tr>
<tr><td>0：效果像冰；1：则物体运行很快停止</td></tr>
<tr><td rowspan="2">Static Friction</td><td>静摩擦力</td></tr>
<tr><td>当值为 0 时，效果像冰</td></tr>
<tr><td rowspan="2">Bounciness</td><td>表面弹力</td></tr>
<tr><td>值为 0 时不发生反弹，值为 1 时反弹，不损耗任何能量</td></tr>
<tr><td>Friction Combine</td><td>碰撞体的摩擦力混合方式</td></tr>
<tr><td>Bounce Combine</td><td>表面弹性混合方式</td></tr>
</table>

图 11.9 为程序运行几秒后的场景。

图 11.9　程序运行几秒后的场景

请读者结合图 11.7 中的初始位置与图 11.9 程序运行几秒后的场景，体会与思考造成不同的原因。

❖ 温馨提示

以上效果演示需要所有的游戏对象都添加物理材质（包括名称为“Ground”的地面），不同游戏对象按照名称不同，附加了不同的物理材质参数。更详细的内容请读者查阅随书本章节的示例演示程序。

11.4　脚本控制刚体

对于游戏对象，常见的移动方式分为以下 3 种：

（1）this.transform.Translate(Vector3.forward, Space.World); //位移

（2）this.rigidbody.velocity=Vector3.forward; //使用刚体的“速度”进行控制

（3）this.rigidbody.constantForce.force=Vector3.forward; //使用“力”进行控制

[注意：最后使用“力”进行的控制，我们必须对游戏对象添加一个“Constant Force”的组件才可以运行]

图 11.10 给出的项目场景是运用 3 种不同的方式，同时控制一个刚体进行相同的移动实验，请读者查找随书项目资料体会不同的移动效果。

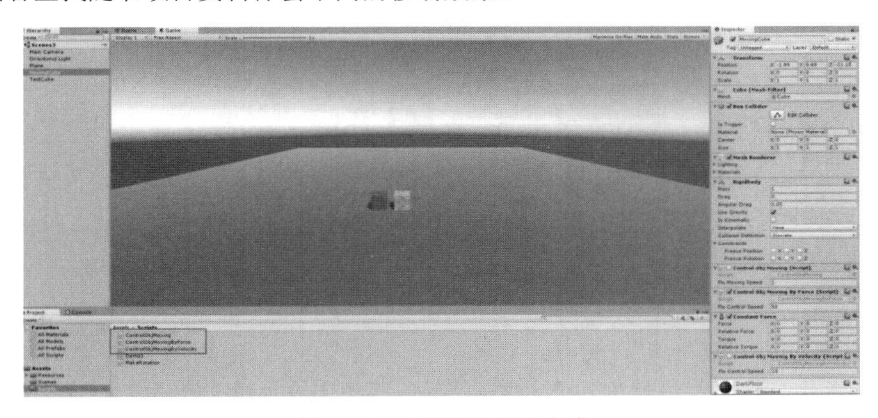

图 11.10　3 种不同移动方式

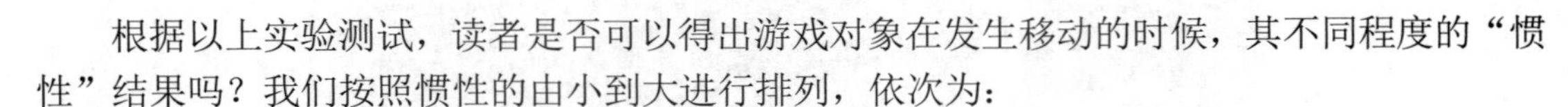

根据以上实验测试，读者是否可以得出游戏对象在发生移动的时候，其不同程度的“惯性”结果吗？我们按照惯性的由小到大进行排列，依次为：

- this.transform.Translate(); //位移
- this.rigidbody.velocity=Vector3.forward; //使用刚体的“速度”
- this.rigidbody.constantForce.force=Vector3.forward; //使用“力”进行控制

11.5 关节系统

现实生活中很多物体都不是简单的基本体，对象之间可以分解为相互之间具备一定“关联”的组合体。例如，生活中的“门”、“窗帘”、“机械关节”等。

本节我们探讨刚体之间连接的物理效应，主要有如下几种分类：

- 铰链关节
- 弹簧关节
- 固定关节
- 角色关节
- 布料模拟

11.5.1 铰链关节

铰链关节是物理学模拟中使用最多的组件，在游戏与虚拟现实项目中可以用于制作大量特定的道具：门铰链关节和锁链道具等。

现在我们以“门铰链”关节为例介绍具体的制作方法。

- 步骤 1：首先创建一个新的场景，添加“地面”、太阳光、地面等模型与材质，并且加入 FPSController 第一人称控制器，主要为了进行效果测试使用。

在场景中利用游戏对象“立方体”（Cube）建立“门框”与“门”的模型，创建合适的材质附加的模型中。对门框添加刚体组件，并且勾选“Is Kinematic 属性”，使它具备刚体属性但不受外力影响，如图 11.11 所示。

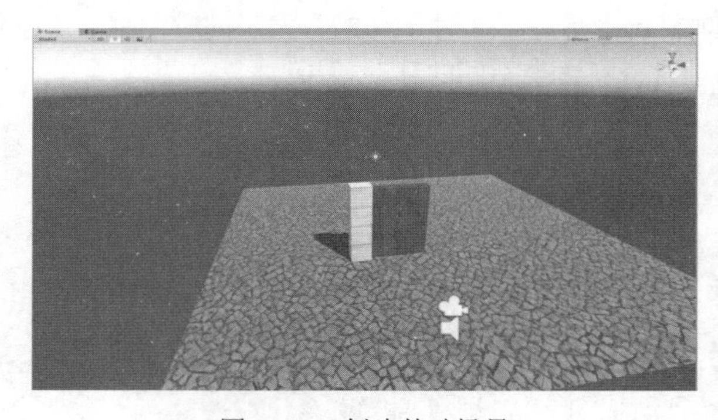

图 11.11 创建基础场景

❖ 温馨提示

按照笔者的经验，需要特别注意的是，“门”模型需要离开“地面”一点，否则在后续测试中会出现测试不理想的状况。

- 步骤 2：选择“门”模型，添加一个刚体组件，选择“门框”模型添加“Physics”→“Hinge Joint”组件。
- 步骤 3：在 Scene 视图中可以发现一个黄色的标记（建议使用线框模式查看）。设置“Hinge Joint”组件的轴向（Axis）为“x=0, y=1, z=0”，使得旋转朝着对象的 y 轴正方向，如图 11.12 所示。

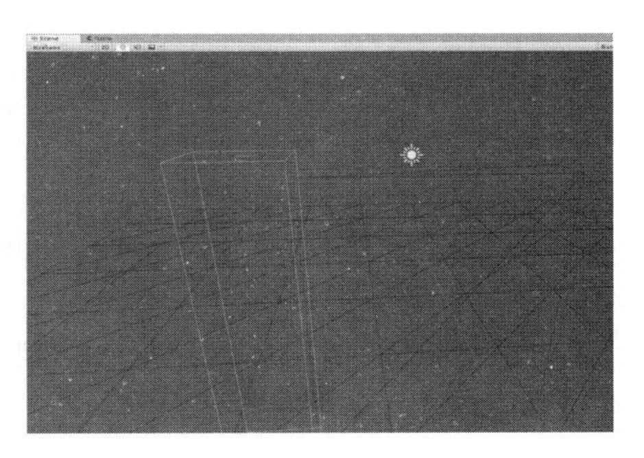

图 11.12　使用线框模型进行查看

- 步骤 4：设置它的锚点（Anchor）位置为“x=0.5, y=0, z=0”，使得锚点的位置位于门框与门的连接处，如图 11.13 和图 11.14 所示。

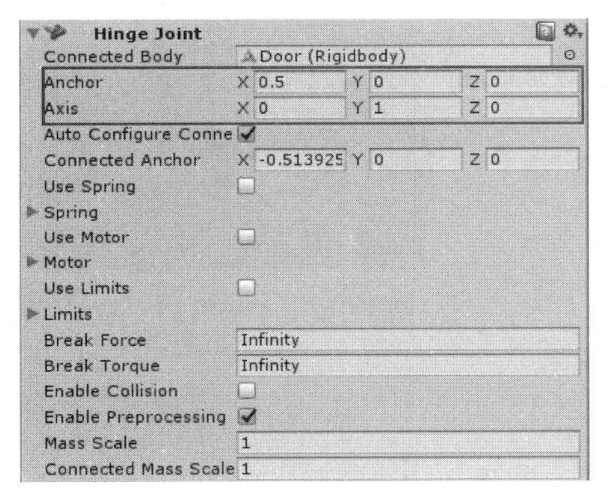

图 11.13　设定 HingeJoint 参数

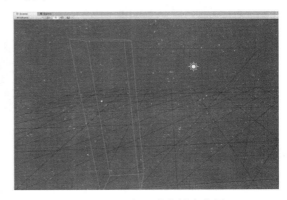

图 11.14　设定正确的锚点位置

- 步骤 5：此时我们需要测试以上步骤是否可以进行自由的开门与旋转。我们使用 Unity 2017.x 内置的第一人称角色（FPSController）给门一个“推力”的方式来测试门铰链关节是否符合预期。

当角色碰到门的时候，给门一个速度值，脚本如图 11.15 所示。

```
13 public class TestHingeJoint_ColliderHit : MonoBehaviour{
14     public float _FloPushPower = 1F;                    //推力
15
16
17     void OnControllerColliderHit(ControllerColliderHit hit){
18         //获得被碰撞对象的刚体组件
19         Rigidbody rig = hit.collider.attachedRigidbody;
20         if (rig == null || rig.isKinematic){
21             return;
22         }
23         //根据对象运动方向计算推力的方向
24         Vector3 vecPushDir = new Vector3(hit.moveDirection.x, 0, hit.moveDirection.z);
25         //运用推力，此处转换为速度
26         rig.velocity = vecPushDir * _FloPushPower;
27     }
28 }
```

图 11.15　角色附加的碰触测试脚本

图 11.5 中第 17 行的“OnControllerColliderHit”函数是专门针对人物角色（Character Controller）的碰撞检测函数（注：这里不能使用针对刚体组件的碰撞检测与触发检测事件函

数）。把以上脚本添加到 FPSController 对象上，运行程序进行碰触测试，如图 11.16 所示。

- 步骤 6：现在完善“门铰链关节”的一些细节处理。

（1）限制门的旋转范围，选择“Hinge Joint”组件，勾选“Use Limits”属性，设置“Min”为-90，最大数值 90。

（2）设置门的弹簧属性，勾选“Use Spring”属性，设置弹簧系数（Spring）属性值为 0.1、阻尼（Damper）为 0.2。

感兴趣的读者可以进一步自己制作其他铰链关节道具，如图 11.17 中的“锁链门”道具。

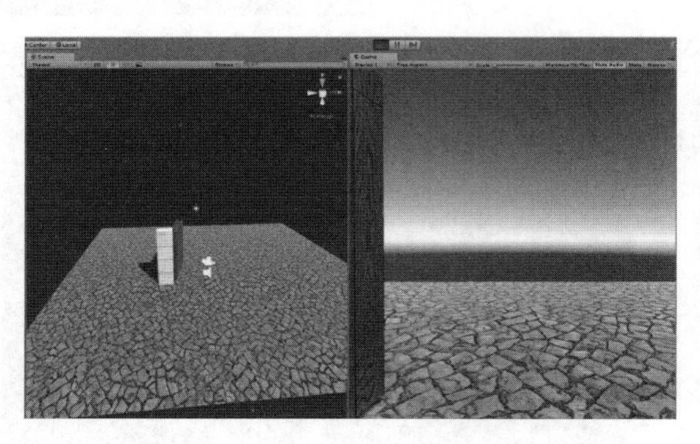

图 11.16 第一人称“推门”测试

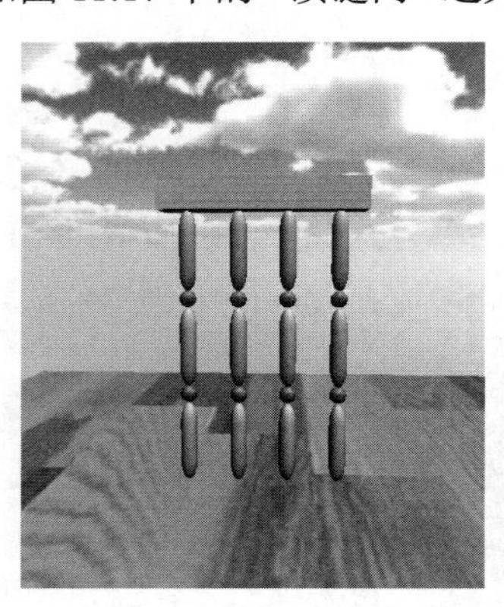

图 11.17 “锁链门”道具

11.5.2 弹簧关节

弹簧关节可以模拟两个刚体直接的松散链接关系，如图 11.18 所示。

图 11.18 “弹簧”关节道具

制作步骤如下所示。

- 步骤 1：创建两个立方体（Cube），上面的立方体添加刚体，并且勾选“Is Kinematic”属性，使它具备刚体属性但不受外力影响。
- 步骤 2：给上部立方体添加“Physics”→“Spring Joint”组件（弹簧关节组件）。第二个立方体同样添加刚体组件且赋值给第一个立方体“Spring Joint”组件的“Connected Body”属性。
- 步骤 3：设置上部立方体弹簧关节的锚点（Anchor）属性为“x=0,y= -0.5,z=0”。
- 步骤 4：运行程序，查看运行结果。

11.5.3 固定关节

固定关节是模拟刚体之间相互附着的一种物理现象，如墙上的钉子与粘贴物等。它的效果有些类似游戏对象之间的“父子对象”关系，但不同是可以在较大外力的作用下破坏这种附着关系。

制作固定关节的实验如下所示。

- 步骤 1：创建两个立方体（Cube），一个立方体作为一个模拟的“墙体”，添加刚体且把勾选“Is Kinematic”属性，使它具备刚体属性但不受外力影响。
- 步骤 2：另一个立方体作为墙体上的附着物游戏对象，添加刚体与“Physics”→“Fixed Joint”组件（固定关节组件）。附着物游戏对象赋值给墙体对象“Fixed Joint”组件的“Connected Body”属性。
- 步骤 3：运行程序后，虽然附着物游戏对象具备刚体属性，但在固定关节的作用下依然牢牢地“粘”着在墙体上，详细如图 11.19 所示。

图 11.19 “固定关节”道具

- 步骤 4：给墙体游戏对象“Fixed Joint”组件的“Break Force”属性添加属性数值 10，这样运行游戏后只要角色的“推”力数值大于破坏所需要的力度（Break Force），则墙体上的游戏对象会解体掉落。

11.5.4 角色关节

角色关节主要用于实现布偶效果，一个角色添加上角色关节组件后，它的身体的每个关节会按照一定方式自动添加刚体与碰撞体，使得布偶受到物理学模拟的作用（包括重力和肢体相互碰撞作用）。角色关节通常可以在射击、动作、RPG 等游戏中使用，实现主角与敌人自然死亡状态的模拟显示。

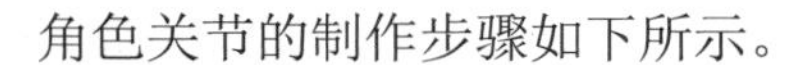

角色关节的制作步骤如下所示。

- 步骤 1：首先搭建实验场景，把项目视图中的“unitychan”角色拖曳到层级视图，对准摄像机，运行程序后如图 11.20 所示。
- 步骤 2：单击层级视图中的“unitychan”对象，删除属性窗口中的“Animator”组件，展开其树状结构。
- 步骤 3：单击层级视图中的“unitychan”对象，然后单击鼠标右键添加“Ragdol”组件。把对应的骨骼位置拖到“Create Ragdoll”面板上。该步骤可以令角色对应的骨骼位置上添加相应的碰撞盒与刚体，而且自动为对应的的骨骼添加“CharacterJoint”组件。如图 11.21 所示为“Unity chan”角色的骨骼对应关系参考图。

图 11.20 “角色”关节场景搭建

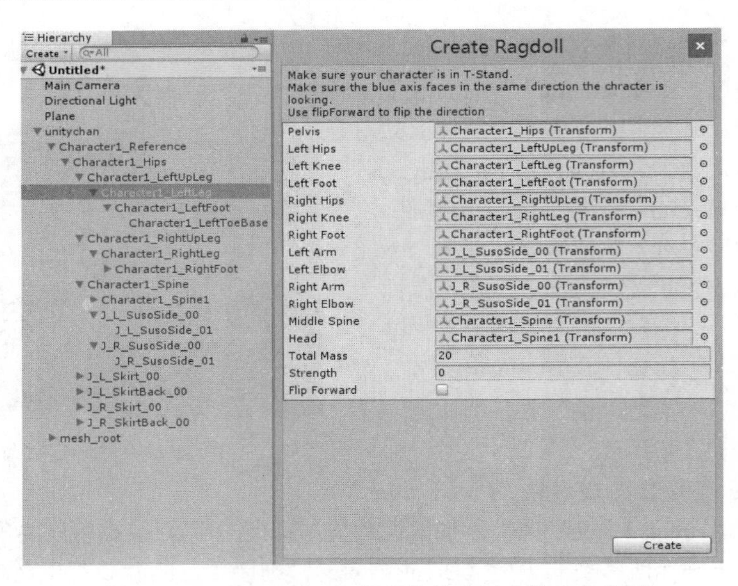

图 11.21　“Unitychan”角色的骨骼对应关系参考图

- 步骤 4：“unitychan”对象成功创建“Ragdoll”组件后，在其自身层级结构的关节上自动添加了各种“Collider”与“Rigibody”等组件。
- 步骤 5：再次运行程序后，我们在场景视图中可以清楚地看到人物的自然摔倒状态。此种技术的灵活运用，可以逼真地模拟二足角色（人物或者机器人）的受伤与死亡效果（见图 11.22）。

图 11.22　人物添加“Ragdoll”组件后的摔倒状态

❖ 温馨提示

为了在游戏中灵活地使用“Ragdoll”组件，其对应骨骼的正确配置关系尤为重要，现在把常用的骨骼关节中的英文名称列举如下，供参考。

- pelvis　骨盆
- spine　脊柱，脊锥
- thigh　大腿
- calf　小腿

- ➢ Hip　　臀部
- ➢ clavicle　锁骨
- ➢ Elbow　　肘

11.5.5　布料模拟

Unity 中的物理模拟包括了两种：刚体与柔体。刚体在运动中形状不会发生变化，柔体是相对刚体而言的，它的运动会影响到物体的自身形状，如衣服、国旗等。

Unity 5.0 版本之前，系统一直使用 Interactive Cloth 与 Cloth Renderer 组件（或者 Skinned Cloth 组件与 Skinned Mesh Renderer 组件）来制作布料模拟。但为了提高物理性能，Unity 官方废弃了这两个组件，随之使用 Cloth 与 Skinned Mesh Renderer 组件来代替。

现在我们以制作一个 Unity 旗帜为例，讲解布料模拟的步骤如下。

- ❍ 步骤 1：使用 Unity 的内置对象“Cylinder”新建一座旗杆，然后在层级视图中新建一个“Flag”对象，如图 11.23 所示。
- ❍ 步骤 2：选中层级视图的“Flag”对象，在属性视图中单击“Add Component”按钮，选择“Physics”→“Cloth”组件，如图 11.24 所示。

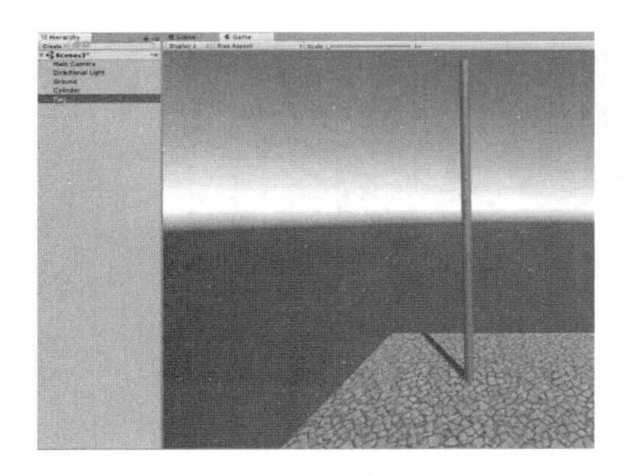

图 11.23　布料模拟环境

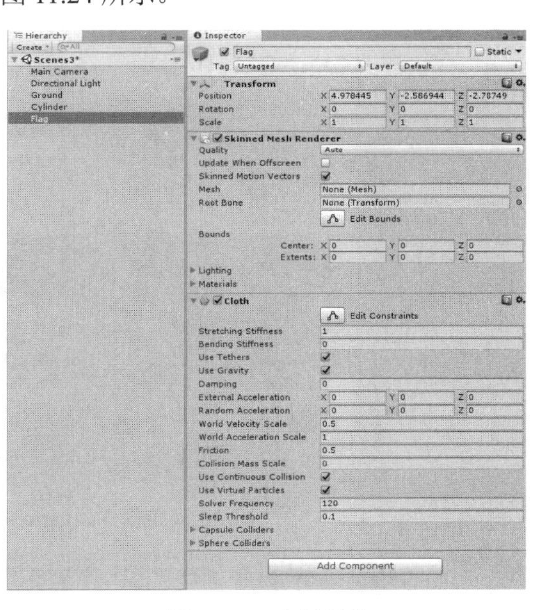

图 11.24　布料组件

❍ 步骤 3：单击“Skinned Mesh Renderer”组件的“Mesh”属性，选择“Plane”，如图 11.25 所示。

❍ 步骤 4：调整“Flag”对象的大小与方位，放置于旗杆的上方，如图 11.26 所示。

注意：此时旗帜还没有材质，显示粉红色。然后在项目视图中新建“Particles/Alpha Blended”材质，使用 Unity 标志贴图作为其显示图形（见图 11.27）。

- ❍ 步骤 5：现在我们运行程序后，Unity 旗帜并没有什么反应，所以我们还需要做如下操作，让旗帜轻微飘动起来。

（1）Skinned Mesh Renderer 组件中 Root Bone 赋值本对象。

（2）单击“Cloth”组件的“Edit Constraints” 确定旗帜左边沿受限的距离，如图 11.25 所示。

（3）创建若干胶囊（Capsule）碰撞体，赋值给“Cloth”组件的“Capsule Coliders”属性，让布料与碰撞体做碰撞处理，模拟自然旗帜飘动。

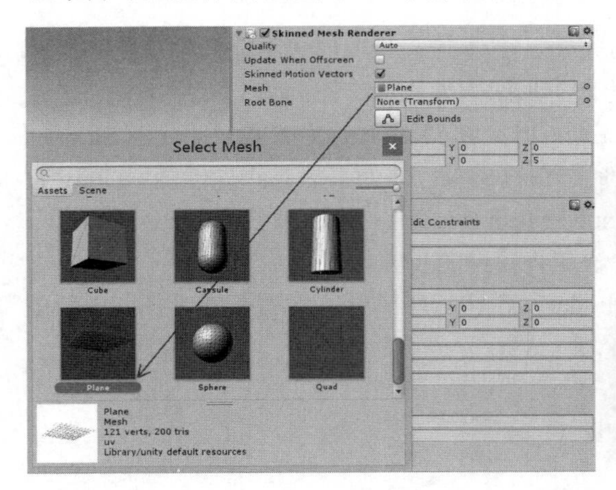

图 11.25 附加 Mesh 参数

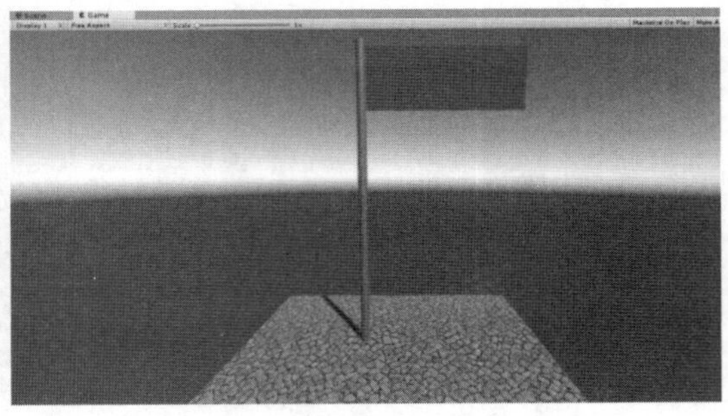

图 11.26 调整旗子方位与大小

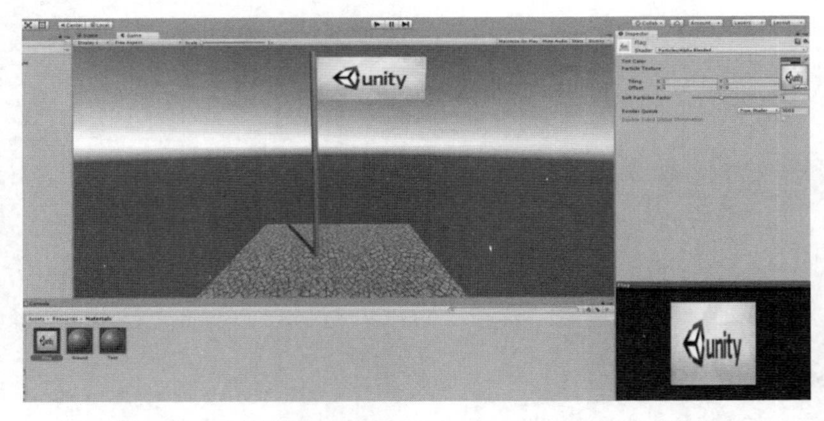

图 11.27 调整创建“Particles/Alpha Blended”材质且赋值

图 11.28 “Cloth”组件编辑

为了更深入地研究布料模拟，特给出布料（Cloth）组件属性列表，如表 11.5 所示。

表 11.5　“Cloth”组件的重要属性

布料组件属性	属性含义
Stretching Stiffness	布料韧性
	取值 0～1 之间，表示布料可拉伸的程度
Bending Stiffness	布料硬度
	取值 0～1 之间，表示布料可弯曲的程度
Use Tethers	是否对布料进行约束
Use Gravity	是否使用重力
Damping	布料的运动阻尼系数
External Acceleration	外部加速度
	模拟随和风扬起的旗帜
Random Acceleration	随机加速度
	模拟随强风扬起的旗帜
World Velocity Scale	世界坐标系的速度缩放比例
World Acceleration Scale	世界坐标系下的加速度缩放比例
Friction	摩擦力
Collision Mass Scale	粒子碰撞时的质量增量
Use Continuous Collision	是否使用连续碰撞模式
Use Virtual Particles	虚拟粒子
	提高碰撞稳定性
Solver Frequency	计算频率
Sleep Threshold	休眠阀值
Capsule Colliders(Size)	与布料产生碰撞的胶囊体个数
Sphere Colliders(Size)	与布料产生碰撞的球体个数

11.6　物理管理器（Physics Manager）

Unity 引擎作为一款优秀的开发引擎，不但对单个游戏对象有详细的设置与控制，还可以对整个项目场景进行统一设置与管理。

本节我们就来介绍物理管理器（Physics Manager），单击 Untiy 菜单“Edit”→“Project Settings”→“Physics”，打开属性窗口，如图 11.29 所示。

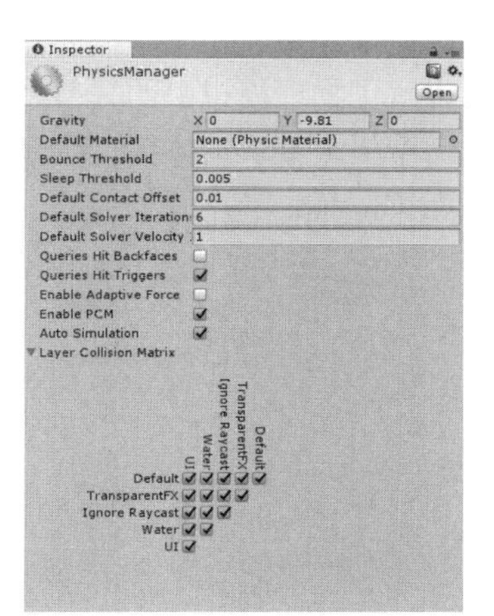

图 11.29　Physics Manger 设置

Physics Manger 的属性如表 11.6 所示。

表 11.6　Physics Manger 的属性

属　　性	属性含义
Gravity	重力
	该参数应用于所有刚体，分为 3 个数值，分别指在 x、y、z 方向上的重力加速度。一般重力加速度是垂直向下的，所以 y 轴上有一个负值（默认情况下 y 轴数值为-9.81），

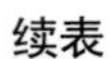

续表

属　性	属性含义
Gravity	其余两轴数轴均为 0
Default Material	默认材质
	给每个游戏物体添加一个指定的物理材质，默认为空
Bounce Threshold	反弹阀值
	该数值针对场景中所有的刚体。如果两个相互碰撞的刚体相对速度低于反弹阀值，则不会进行反弹计算。这种方式可以减少物理模拟过程中的抖动，提高物理模拟性能。
Sleep Threshold	休眠阀值
	含义：当刚体的能量低于该阀值时，则刚体进行休眠
Default Contact Offset	默认接触偏差
	含义：两个刚体的距离低于该数值时，认为两个刚体已经接触了
Solver Iteration Count	求解迭代次数
	项目关节与连接计算中的迭代次数，该数值决定计算精度
Raycasts Hit Triggers	射线检测命中触发器
	该选项决定一个物体上的触发器是否可以通过射线拾取，默认为 True
Enable Adaptive Force	允许自适应力
Layer Collision Maxtrix	层碰撞矩阵
	Unity 对碰撞检测做分层处理，同一层的游戏对象是可以进行相互碰撞检测的。开发人员可以通过一个矩阵列表的形式，设置层与层之间是否可以处理碰撞检测（默认都可以）

11.7　本章练习与总结

本章从刚体的重要属性讲起，配合碰撞体的特性，使用小实验的方式给读者展示刚体与碰撞体的各种属性关系，然后总结了两条 Unity 的碰撞检测重要规则。

物理材质在赛车游戏、三维仿真、虚拟现实等项目中应用很多，带领大家通过小示例项目讨论了静态、动态摩擦力、反弹力等，以及关于刚体 3 种常用的脚本控制移动方式。 最后讲解了物理模拟中的关节系统，展现复杂游戏对象的构成与相互之间的约束关系。

希望大家认真体会，结合游戏类型与特定场景开发出高仿真的次时代游戏与高质量的虚拟现实作品。

第 12 章 碰撞体与触发器

○ **本章学习要点**

游戏开发与虚拟现实项目中一定少不了碰撞检测算法。在传统的 J2ME、XNA 等游戏开发语言中，碰撞检测既是难点也是重点，但在以 Unity 为首的高级游戏开发引擎中，已经通过事件函数的方式很优雅地解决了这个问题， 所以本章成为项目开发中的一个重点。

本章先从解析碰撞体组件的各种属性开始，讲解碰撞体的分类与作用、碰撞检测与触发检测事件函数，以及应该注意的事项等，最后介绍碰撞过滤技术。

○ **本章主要内容**

- 概述
- 碰撞体的分类与作用
- 碰撞检测事件函数
- 触发检测事件函数
- 碰撞过滤
- 本章练习与总结
- 案例开发任务

12.1 概述

碰撞体与触发器是游戏逻辑中最基本的物理功能。碰撞体用于检测游戏场景中的游戏对象是否互相碰撞，基本功能是使得物体之间不能穿过（见图 12.1），还可以用于检测某个对象是否碰触到了另外一个对象。

触发器一般用于检测某个特定游戏对象是否进入该区域（见图 12.2），它是碰撞体的一种属性，但在事件函数编写中，碰撞检测与触发检测是完全不同的写法。

图 12.1　碰撞体组件的阻挡作用

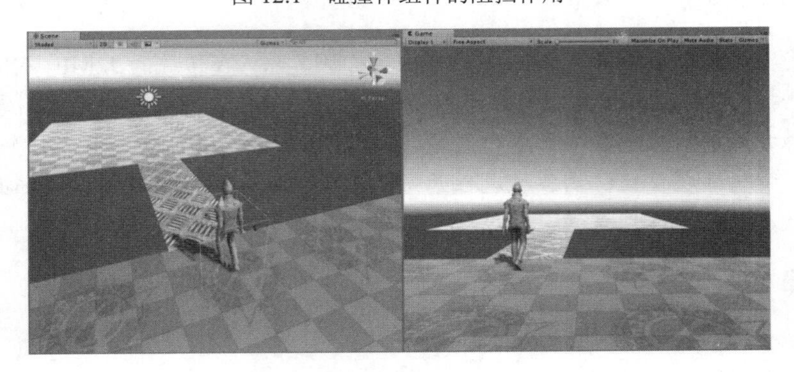

图 12.2　触发检测应用实验

12.2　碰撞体的分类与作用

碰撞体组件在 Unity 物理学模拟中起到非常关键的作用。主要有两点：第一，阻挡与阻止进入的作用；第二，碰撞检测。关于碰撞体组件的分类与作用，如表 12.1 所示。

表 12.1　碰撞体组件的分类与作用

碰撞体组件	组件含义
Box Collider	立方体碰撞体
	立方体碰撞体是使用最广泛与节省系统资源的组件，一般复杂的模型可以由多个立方体碰撞体组合而成，如飞机模型可以使用两个碰撞体模型摆出十字架形状
Sphere Collider	球体碰撞体
	主要应用在球状表面模型
Capsule Collider	胶囊碰撞体
	应用于胶囊体、圆柱体等模型
Mesh Collider	网格碰撞体
	可以无缝贴合地应用在所有模型的表面，但由于其消耗系统资源最大，建议少用
Wheel Collider	车轮碰撞体
	一般应用在车辆、赛车等车轮模型上，但消耗资源也不小，建议慎用

续表

碰撞体组件	组件含义
Terrain Collider	地形碰撞体
	仅应用在 Terrain 地形组件上

从 Unity 4.3 之后，碰撞体组件增加了对 2D 游戏开发的支持，即 2D 碰撞体。我们在游戏开发中使用组件的时候注意区分，关于详细的 2D 碰撞体技术，笔者会在第 13 章“Unity 2D 技术”中详细讲解。

碰撞体组件（见图 12.3）最主要的目的是阻挡，如在开发射击与 RPG 等游戏的过程中，可以以使用空对象添加碰撞体组件的方式开发“透明墙”效果，不让玩家去暂时不开放的区域。否则可能出现 Bug 或无法处理的错误，如地形系统的边沿区域等。

本书第 12 章的示例程序中（见图 12.4）演示了不同游戏对象应该采用的不同碰撞体，如立方体游戏对象使用 Box Collider 碰撞体组件、圆球使用 Sphere Collider 碰撞体组件等。对于外形复杂且中等尺寸的模型，使用 Mesh Collider 碰撞体组件比较合适，如表 12.1 中提示的警告，在项目中不要大量使用，否则比较耗费系统资源。

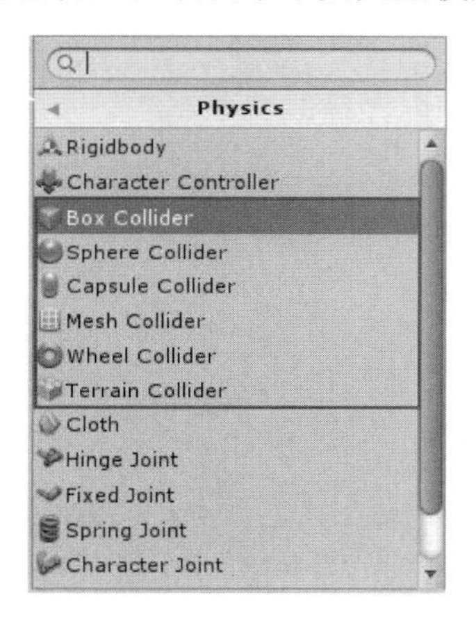

图 12.3　碰撞体组件

图 12.4　碰撞体阻挡实验

12.3　碰撞检测事件函数

碰撞体组件在游戏开发过程中除了阻挡作用外，一定还少不了碰撞检测的作用。例如，我们在跑酷游戏中，玩家控制的英雄不小心撞击到游戏道具上，这个时候就应该在脚本中编写可以检测是否有英雄碰触的事件函数，从而判断是否显示游戏结束或者继续进行。

表 12.2 列出了 Unity 提供的 3 种主要的碰撞检测事件函数。

表 12.2　主要碰撞事件函数

碰撞体组件	组件含义
OnCollisionEnter()	碰撞进入函数
	含义：当英雄刚碰触到此事件函数所加载的游戏对象的时候触发此函数
OnCollisionStay()	碰撞停留函数

续表

碰撞体组件	组件含义
OnCollisionStay()	含义：当英雄与事件函数所加载的游戏对象一直发生接触的时候触发此函数
OnCollisionExit()	碰撞退出函数
	含义：当英雄与事件函数所加载的游戏对象分离开的时候触发此函数

图 12.5 演示的是碰撞检测实验，读者可以查询随书第 11 章的内容。

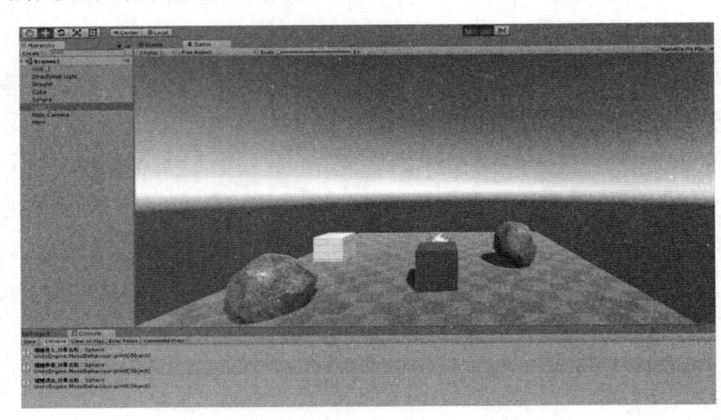

图 12.5　碰撞检测实验

“碰撞检测”事件函数代码示例：

```
//碰撞进入检测
void OnCollisionEnter(Collision col){
    print("碰撞进入,对象名称：" + col.gameObject.name);
}
//碰撞停留检测
void OnCollisionStay(Collision col)
{
    print("碰撞停留,对象名称：" + col.gameObject.name);
}
//碰撞退出检测
void OnCollisionExit(Collision col)
{
    print("碰撞退出,对象名称：" + col.gameObject.name);
}
```

12.4　触发检测事件函数

如果我们需要在游戏场景中侦测特定游戏对象存在与否，一般使用触发器。触发器就是取消了碰撞体的阻挡作用，保留了基于碰撞事件函数的功能。我们也可以认为触发器是碰撞体组件的一个属性，因为触发器不是单独的组件系统，我们在碰撞体组件上勾选“Is Trigger”的属性选项，则碰撞体组件就变成了触发器。

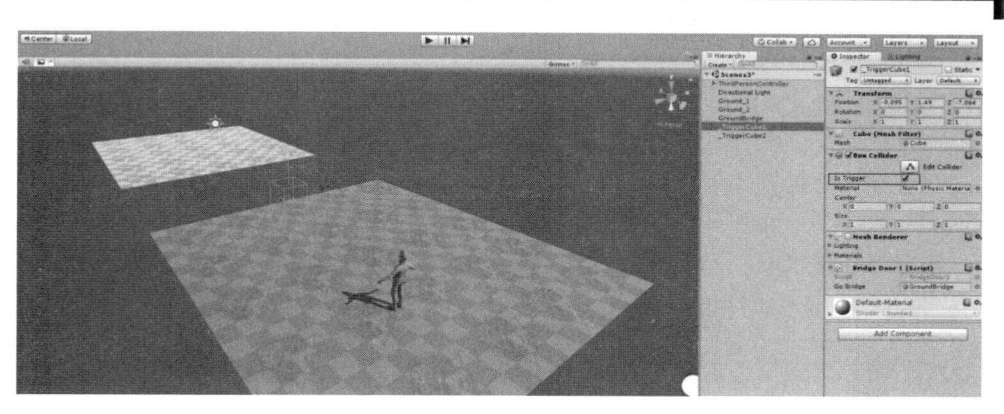

图 12.6　触发检测实验（准备进入触发器）

图 12.6 与图 12.2 分别演示了在主角进入触发器前与后的不同情况，以下列出加载在图 12.6 中“_TriggerDoor1”游戏对象的脚本实现，如图 12.7 所示。

```
22 public class BridgeDoor1:MonoBehaviour
23 {
24     public GameObject goBridge;                    //感应桥
25 
26     //触发检测
27     void OnTriggerEnter(Collider col)
28     {
29         if (col.name.Equals("ThirdPersonController"))
30         {
31             goBridge.GetComponent<MeshCollider>().enabled = true;
32             goBridge.GetComponent<MeshRenderer>().enabled = true;
33         }
34     }
35 }//Class_end
```

图 12.7　触发检测脚本

表 12.3 列出了“触发检测”事件函数的名称与具体作用。

表 12.3　常用触发检测函数

触发器事件函数	组件含义
OnTriggerEnter()	进入触发检测
	含义：当英雄刚碰触到此事件函数所加载的游戏对象的时候触发此函数
OnTriggerStay()	停留触发检测
	含义：当英雄与此事件函数所加载的游戏对象一直发生接触的时候触发此函数
OnTriggerExit()	退出触发检测
	含义：当英雄与此事件函数所加载的游戏对象分离开的时候触发此函数

“触发检测”事件函数代码示例：

```
//进入触发检测
    void OnTriggerEnter(Collider col)
    {
        print("进入触发体，对象名称: " + col.gameObject.name);
    }
```

```
//触发停留检测
void OnTriggerStay(Collider col)
{
    print("触发体停留，对象名称:" + col.gameObject.name);
}
//退出触发检测
void OnTriggerExit(Collider col)
{
    print("退出触发体，对象名称:" + col.gameObject.name);
}
```

12.5 碰撞过滤

有的游戏项目中我们需要碰撞体暂时失效，或者多个碰撞体不需要检测碰撞效果，对于这种情况，我们就可以应用“碰撞过滤”技术。

碰撞过滤就是对指定游戏对象不进行碰撞检测的技术。这里可以分为两种情况讨论：

- 指定游戏对象之间的碰撞检测过滤。
- 指定层之间的碰撞检测过滤。

➢ 指定游戏对象之间的碰撞检测过滤

在 Unity 项目中，我们可以通过脚本控制指定游戏对象之间动态地激活或者禁用“碰撞过滤”，如图 12.8 所示，其核心脚本代码如下：

Physics.IgnoreCollision(this.GetComponent<Collider>(),goTestObj.GetComponent<Collider>()); //这里的“goTestObj”表示一个外部指定的 GameObject 类型对象

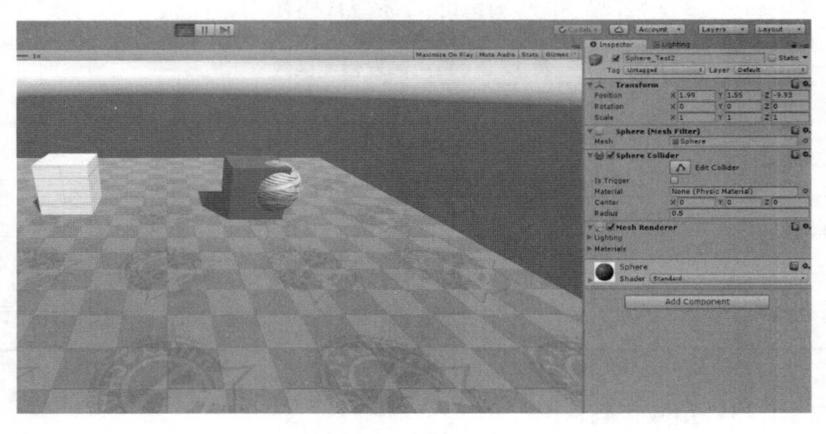

图 12.8 碰撞过滤演示

➢ 指定层之间的碰撞检测过滤

对于游戏场景中“同一类”游戏对象之间无须进行碰撞检测的情况，我们可以应用“层”的技术对层之间应用碰撞过滤。具体操作步骤如下所示。

■ 第 1 步：搭建一个可以容纳大量游戏对象的凹形模型建筑，如图 12.9 所示。

图 12.9　碰撞过滤搭建演示场景

■ 第 2 步：添加大量 Cube、Sphere、Capsule 等 Unity 基本游戏对象。为了更好地观察演示结果，给同一类的游戏对象添加相同颜色的材质（见图 12.10）。

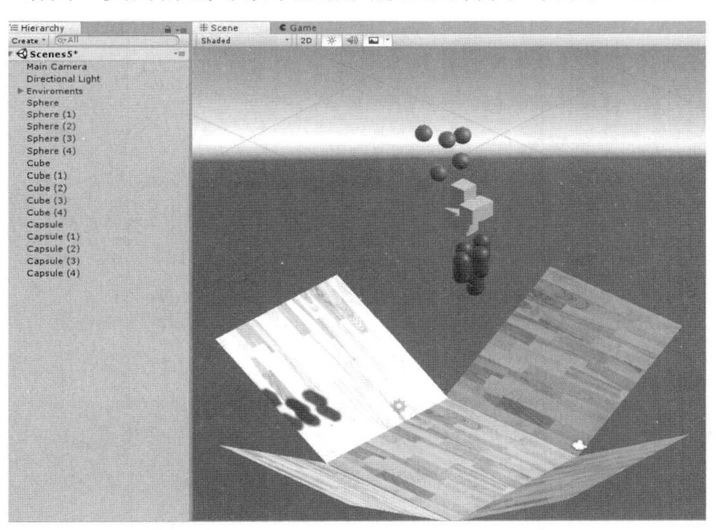

图 12.10　添加大量基本模型

■ 第 3 步：在属性窗口中，通过“Layer”下方的“Add Layer...”按钮给系统添加自定义的“层”，如图 12.11 所示。

■ 第 4 步：在“Tags&Layers”下的“Layers”中，其“Builtin Layer 0～Bniltin Layer 7”都是系统层，不允许修改。

以“User Layer 8”开始编写我们的自定义层名称，如图 12.12 所示。

■ 第 5 步：对同一颜色的游戏对象添加相同的“层”。然后单击菜单 Edit→Project Setting→PhysicsManager，打开物理管理器窗口。

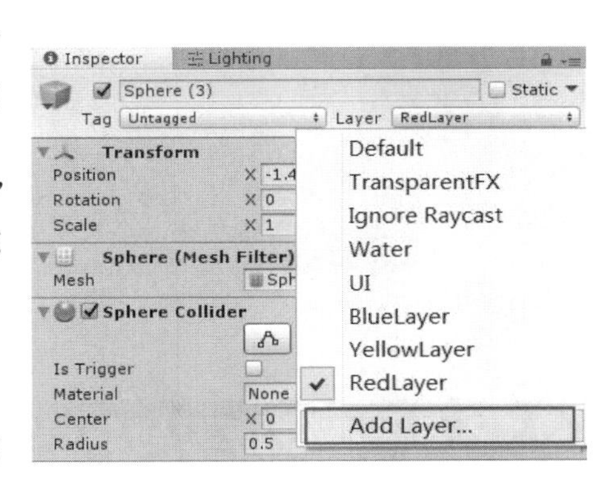

图 12.11　增加自定义层

如图 12.13 所示，去掉“RedLayer”、“YellowLayer”、“BlueLayer”三层交叉的勾选。

- 第 6 步：所有以上步骤执行完毕，进行碰撞测试。大量游戏对象（注：需要提前添加刚体组件）在重力的作用下从上往下坠落，仔细观察发现，相同颜色的同类对象之间会发生穿透现象，即碰撞过滤现象，而不同类之间碰撞检测正常，如图 12.14 所示。

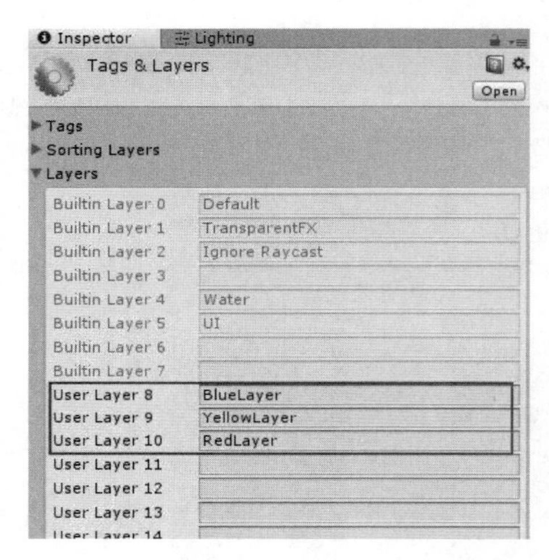

图 12.12　增加三个自定义层

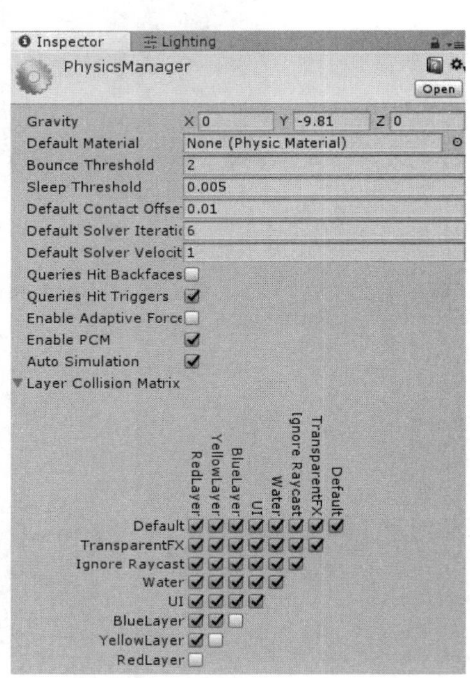

图 12.13　编辑层之间的碰撞关系

图 12.14　碰撞过滤演示效果

12.6　本章练习与总结

碰撞体与触发器在游戏开发（虚拟现实）的过程中都具有举足轻重的地位，合理运用碰

撞检测与触发检测是本章的重点。

需要特别提醒的是，碰撞事件函数与触发事件函数都必须加载到有碰撞体或触发器所在的游戏对象上才能起作用，这个要素在初学者中是容易出现的错误。

关于碰撞过滤技术，我们也可以采用勾选与取消碰撞体的“Is Trigger”属性来实现。所以，游戏项目中同一个功能是有多种技术实现的，扎实与灵活地运用所学是开发优质项目的前提与保证。

12.7 案例开发任务

- 任务：实战项目篇“不夜城跑酷”游戏中，大量道具都有触发检测功能。请读者参考项目第 4 节（“道具开发”）讲解，了解各种道具的开发技巧。

第 13 章 Unity 2D 技术

❍ 本章学习要点

Unity 公司从 4.3 以上版本开始原生支持 2D 开发模式，推出 Native2D 技术。这是相对以前游戏公司使用第三方插件开发 2D 游戏而说的。

Unity 2D 系统有很多概念与 3D 相同，本文先通过实例小项目的方式，阐述 Unity 2D 开发项目的简要过程，重点讲解精灵（Sprite）对象的创建、精灵图集、精灵“帧动画”的编辑与创建、2D 排序层的创建与应用、2D 物理系统（2D 刚体与 2D 碰撞体）等技术。

通过以上概念与技术的讲解，我们再来就 Unity 2D 物理引擎、Unity 2D 特效功能等技术展开深入讨论，相信通过本章的学习，开发 2D 游戏将会变得更加容易。

❍ 本章主要内容

- 概述
- 项目示例讲解
- Unity 2D 物理引擎
- Unity 2D 特效功能
- 本章练习与总结
- 案例开发任务

13.1 概述

Unity 公司推出 Unity 2D（Native 2D）开发技术之前，相信大家对使用 Unity 3D 开发 2D 游戏也不陌生，如之前被大量采用的 2DToolKit 工具插件。Unity 4.3 之前的版本，我们普遍采用的是摄像机正交投影法，即让摄像机垂直于 *XY* 平面进行投影，这样可以利用 3D 引擎实现 2D 游戏的效果。

现在 Unity 已经原生支持 2D 开发，我们先通过一个简洁的小项目来学习 Unity 2D 给我们带来了什么概念与技术，以及界面上的细微变化。

13.2 项目示例讲解

现在通过制作一款非常简单的 2D 游戏“愤怒的小鸟”演示制作 2D 游戏的基本流程。分以下 8 个步骤进行详细讲解：

➢　步骤 1：开启 2D 视图环境。

新建一个 Unity 项目，弹出项目导航窗口，在屏幕右方的选项“3D”和“2D”（默认是“3D”）中，开启“2D”选项。然后定义项目名称（Project Name）与项目路径（Location），单击按钮“Create Project”，如图 13.1 所示。

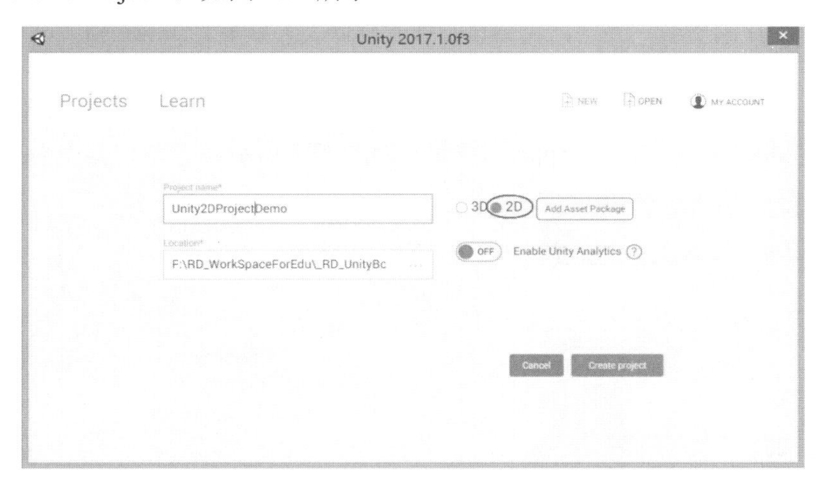

图 13.1　开启 2D 视图环境

新建立的 Unity 2D 编辑环境如图 13.2 所示，基本与 3D 模式类似，不同之处在框起来的部分。Unity 4.6 以上的版本增加了“3D/2D”模式的转换按钮，此时摄像机默认就是“正交”镜头。原本 3D 场景视图右上角的“3D 坐标陀螺”已经不见了，因为 2D 环境不再需要此工具。另外，摄像机四周的一个矩形线框则是摄像机的可视范围。

图 13.2　Unity 2D 编辑环境

➢　步骤 2：导入必要资源（贴图和精灵图集）。

导入随书提供的精灵图集等相关贴图。Sprite“精灵”这个概念在 2D 游戏中是一种专业术语，类似于我们 3D 游戏开发中的“模型”概念，是 2D 游戏的基本组成部分。如果导入的贴图格式不是“精灵”类型，则需要手动设置为“精灵类型”，如图 13.3 所示。

➢ 步骤 3：精灵图集分割。

一般 2D 美工提供给游戏开发师的“精灵”贴图都是一张贴图中存在相同角色且连续动作的“精灵”贴图集合，我们把这种格式的贴图叫“精灵图集”。之所以这样安排，是因为方便 2D 美工操作，高效制作大量具备连续动作的角色；更重要的是效率的考量，与我们前面学习的 UGUI 概念类似，使用精灵图集的技术可以大大减少“DrawCall ”，提高项目“帧速率”。

现在开始进行“精灵”图集的分割工作。单击小鸟图集在属性窗口中的“Sprite Mode”选项，选择“Multiple”，单击“Apply”按钮，如图 13.4 所示。

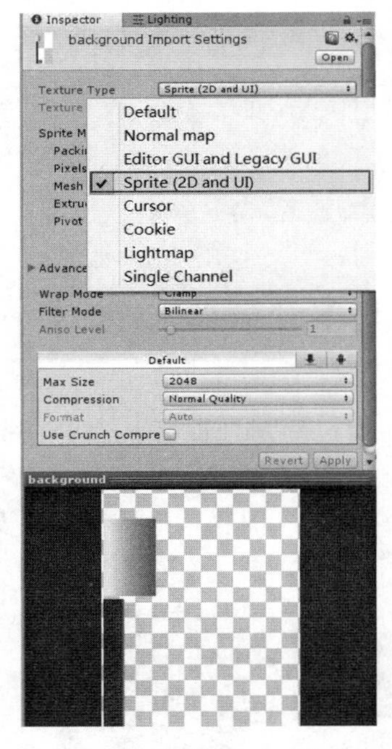

图 13.3 设置 Sprite 格式

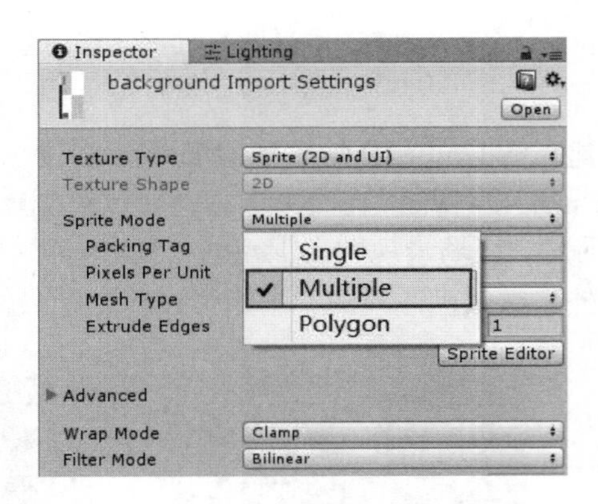

图 13.4 设置精灵模式“Multiple”

然后单击“Sprite Editor”按钮，对精灵图集进行编辑，切割出独立的精灵组来，如图 13.5 和图 13.6 所示。

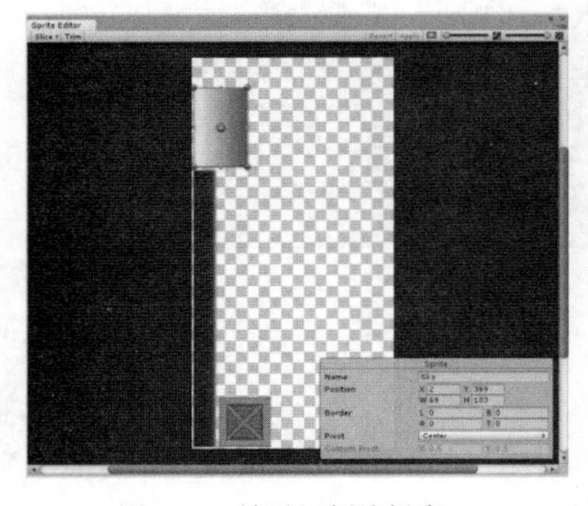

图 13.5 精灵切割编辑窗口

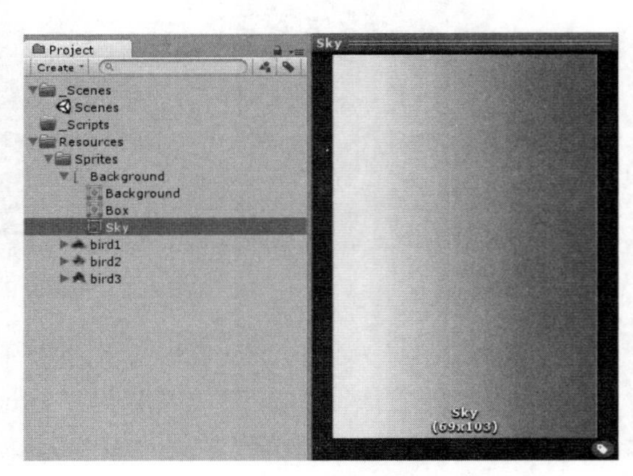

图 13.6 精灵切割完毕

➢　步骤 4：精灵贴图建立“排序层”。

将精灵拖入场景视图，在搭建基本场景时，容易出现精灵之间错误叠加与覆盖的关系，如图 13.7 所示。

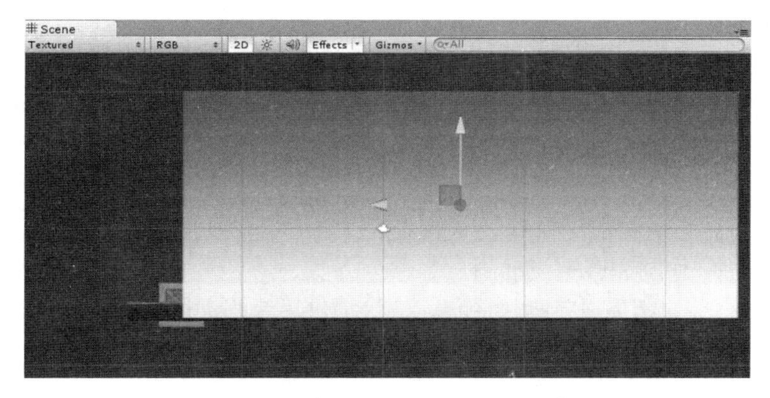

图 13.7　精灵贴图之间的叠加关系

所以我们有必要给精灵做排序处理，如图 13.8 和图 13.9 所示。

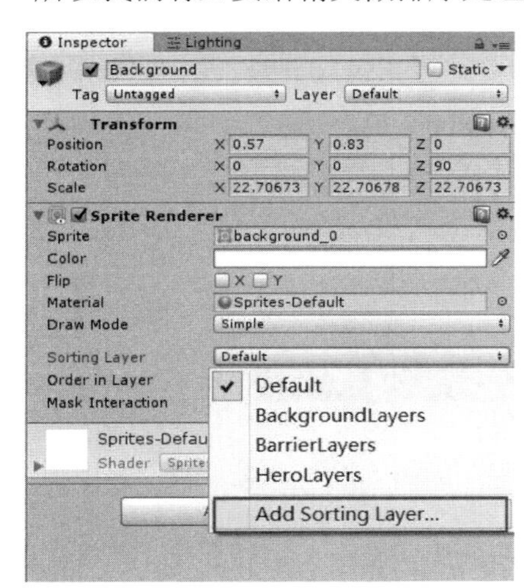

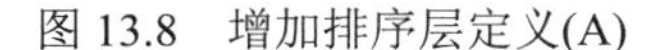

图 13.8　增加排序层定义(A)

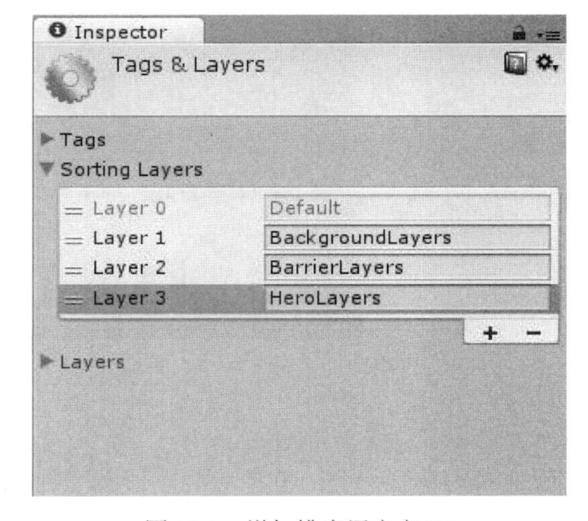

图 13.9　增加排序层定义(B)

图 13.9 中定义的排序层，其编号越大，优先级越高，即越能显示在前面，而不被其他精灵覆盖，反之亦然。

➢　步骤 5：搭建场景。

这里我们给精灵做如下设置：

❍　精灵对象“Background”、“Sky”分别赋予“BackgroundLayer”（背景层）

❍　精灵对象“Box”赋予“BarrierLayers”（障碍物层）

❍　精灵对象小鸟赋予“HeroLayers”（主角层）

注：相同层，我们使用属性窗口中“Sprite Renderer”组件的“Order in Layer”做相同层的进一步区分，序号越大，优先级越高。搭建界面的过程如图 13.10 所示，搭建过程中注意摄像机可视范围的合理调节。

图 13.10　搭建 2D 游戏场景

- 步骤 6：制作与完善精灵动画。

随书资料中小鸟的精灵没有提供图集，直接提供了 3 张动作序列图。现在我们把项目视图中分割好的 3 张精灵动作序列图拖曳到层级视图中，此时系统会弹出对话框，要求为 Animation 动画设置动画名称，填写“Birds”后单击“确定”按钮保存。

给层级视图中新建的“Birds”对象添加排序层（“HeroLayers”），此时运行程序就可以看到飞翔的小鸟了，效果如图 13.11 所示。

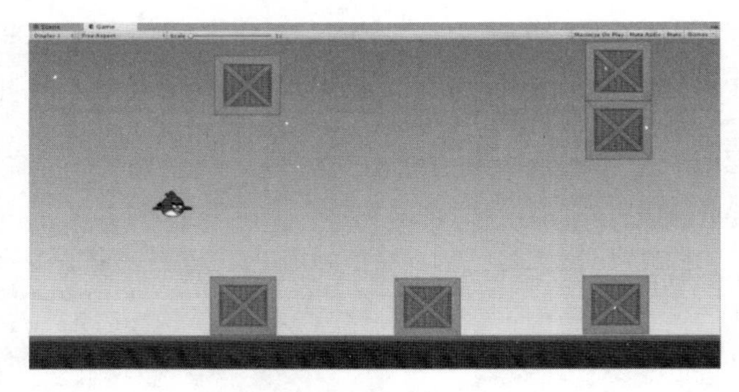

图 13.11　添加精灵动画

- 步骤 7：编写脚本。

现在我们编写一个简单脚本，控制小鸟角色的移动，如图 13.12 所示。

```
22 public class BirdsControls:MonoBehaviour
23 {
24     //飞行力度
25     public float floFlyPower = 1F;
26 
27     void Update(){
28         if (Input.GetKey(KeyCode.A))
29         {
30             this.gameObject.GetComponent<Rigidbody2D>().velocity = Vector2.left * floFlyPower;
31         }
32         else if (Input.GetKey(KeyCode.D))
33         {
34             this.gameObject.GetComponent<Rigidbody2D>().velocity = Vector2.right * floFlyPower;
35         }
36         if (Input.GetKey(KeyCode.W))
37         {
38             this.gameObject.GetComponent<Rigidbody2D>().velocity = Vector2.up * floFlyPower;
39         }else if (Input.GetKey(KeyCode.S))
40         {
41             this.gameObject.GetComponent<Rigidbody2D>().velocity = Vector2.down * floFlyPower;
42         }
43     }
44 }//Class_end
```

图 13.12　小鸟移动控制代码

➢ 步骤 8：添加 2D 物理学模拟组件。

给小鸟添加 2D 刚体（Rigibody 2D）与 2D 碰撞体（Circle Collider 2D）、箱子添加 2D 碰撞体，如图 13.13 和图 13.14 所示。为了防止运行过程中小鸟的碰撞翻滚，建议给小鸟的 Rigibody2D 组件勾选“Freeze Rotation”选项，用于固定旋转角度。

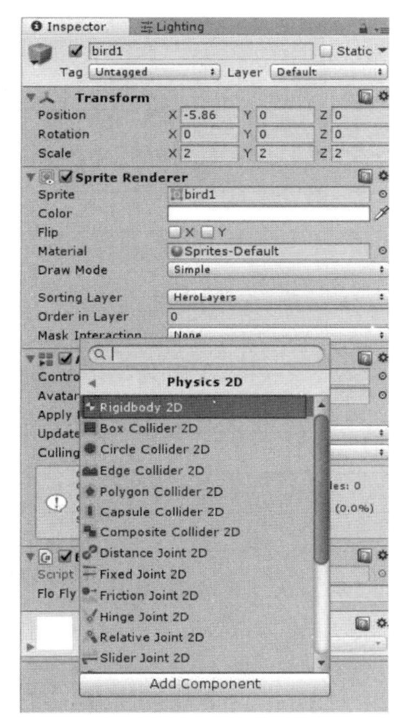

图 13.13 添加 2D 刚体

图 13.14 调节 2D 碰撞体尺寸

运行程序，通过键盘 A、D、W、S 键控制小鸟的移动，开始躲避障碍物的游戏了。

现在总结一下 2D 游戏项目中使用到的核心技术概念，如下所示：

- Sprite（精灵）对象的创建
- Sprite 对象“帧动画”编辑与创建
- 2D 排序层创建与应用
- 2D 刚体与 2D 碰撞体

13.3 Untiy 2D 物理引擎

通过上面小项目的学习，我们对 Unity 2D 的基础概念与技术有了一个初步了解，但是如果要灵活运用，则需要掌握更多 2D 组件的属性与参数。

下面就从 2D 刚体、2D 碰撞体、2D 关节系统对 Unity 2D 的物理引擎系统做深入介绍。

13.3.1 2D 刚体

2D 刚体是 2D 物理引擎的基础组件，包含此组件的精灵对象，模拟 2D 世界的物理定律，具备（2D）重力、质量、阻力等物理指标，如表 13.1 所示。

表 13.1　Unity 2D 常用属性

Rigidbody2D 属性	属性含义
Body Type	2D 刚体物理表现类型
	控制一个 rigidbody2d 物理行为应该如何移动，以及反应力和与其他物理模拟互动 1. Dynamic：动态行为 2. Kinematic：不受物理模拟影响（无 2D 碰撞检测） 3. Static：静态行为（无法移动的静态 2D 物体）
Material	2D 物理材质
Simulated	2D 刚体是否被物理系统模拟计算
Use Auto Mass	根据 2D 刚体的质量，自动计算得出
Mass	2D 刚体质量
	Mass 属性表现为受到力的作用后所表现的惯性不同。质量越大，惯性越高
Linear Drag	线性阻力
	模拟一种类似空气的阻力，让物体逐渐放慢
Angular Drag	角度旋转阻力
	模拟物理旋转遇到的阻力
Gravity Scale	重力（尺度）
Collision Detection	2D 刚体的碰撞检测模式
	共 2 种选项： 1. Discrete　离散模式 2. Continuous 连续模式
Sleeping Mode	睡眠模式
Interpolate	插值计算方式
Constraintes	约束
	Freeze Position 位置锁定(约束) Freeze Rotation 旋转锁定(约束)

2D 刚体常用方法如表 13.2 所示。

表 13.2　2D 刚体常用方法

Rigidbody2D 属性	常用方法
AddForce（）	给 2D 刚体增加一个力
	Eg:_Rig2DObj.AddForce(Vector2.up);
MovePosition()	移动 2D 刚体位置
	Eg:_Rig2DObj.MovePosition(_Rig2DObj.position+new Vector2(5F,0F));
MoveRotation()	旋转 2D 刚体角度
	Eg:_Rig2DObj.MoveRotation(90F);

13.3.2　2D 碰撞体

参见图 13.13 所示，2D 碰撞体可以分为以下类别。

- Circle Collider 2D:　　圆圈（2D）碰撞体

- Box Collider 2D:　　　盒子（2D）碰撞体
- Edge Collider 2D:　　　边沿（2D）碰撞体
- Polygon Collider 2D:　　多边形（2D）碰撞体
- Capsule Collider 2D:　　胶囊体（2D）碰撞体
- Composite Collider 2D: 复合（2D）碰撞体

以上碰撞体中，Edge Collider 2D 与 Polygon Collider 2D 碰撞体可以对复杂外观 2D 对象添加碰撞体包裹。

2D 碰撞体常用属性如表 13.3 所示。

表 13.3　2D 碰撞体常用属性

2D 碰撞体属性	属性含义
Material	2D 物理材质
Is Trigger	为触发器
Used By Effector	使用特效
	当使用 PointEffector2D、SurfaceEffector2D、AreaEffector2D、PlatformEffector2D 等精灵特效组件时，需要勾选此选项
Used By Composite	使用混合
	与 Composite Collider 2D 组件使用时，需要勾选此选项
Auto Tiling	自动拼接
Offset	偏移量
Size	碰撞器范围大小
Edge Radius	边沿半径

3D 对象具备自己的碰撞与触发事件函数，那么 2D 对象呢？也同样具备自己的碰撞与触发事件函数，如表 13.4 所示。

表 13.4　2D 碰撞与触发事件函数

触发器事件函数	组件含义
OnCollisionEnter2D()	碰撞进入检测
	含义：当主角碰触到此事件函数所加载的 2D 游戏对象的时候触发此函数
OnCollisionStay2D()	碰撞停留检测
	含义：当主角与此事件函数所加载的 2D 游戏对象一直发生碰触的时候触发此函数（每帧调用该方法一次）
OnCollisionExit2D()	碰撞退出检测
	含义：当主角与此事件函数所加载的 2D 游戏对象分离开的时候触发此函数
OnTriggerEnter2D()	触发进入检测
	含义：　当主角碰撞体进入另一个触发器时，调用触发一次
OnTriggerStay2D ()	触发停留检测
	含义：当主角碰撞体停留另一个触发器时，调用触发多次（每帧调用该方法一次）
OnTriggerExit2D ()	触发退出检测
	含义：当主角碰撞体退出另一个触发器时，调用触发一次

13.3.3 2D 关节系统

11.5 节中我们学习了 3D 对象的关节系统，2D 世界也同样适用。只要读者详细学习以上章节，把 3D 关节的规则扩展到 2D 世界，很多属性与方法都是同样适用的。所以笔者简化总结为以下表格信息（见表 13.5），供参考。

感兴趣的读者可以自己做一些实验慢慢体会学习，也可以查阅本章的配套学习资料，查看对应的测试实验场景。

表 13.5 2D 关节系统

2D 关节	属性含义
Distance Joint 2D	固定距离铰链
	使得两个 2D 刚体之间始终保持"等距离"。类似现实生活中的"摆钟"（两个刚体之间可以滑动，但距离不变）
Fixed Joint 2D	固定关节
	两个 2D 刚体之间固定不动。类似生活中的"哑铃"，两个物体形成一个单一物件
Friction Joint 2D	摩擦力关节
	通过对一个 Rigidbody2D 对象同时施加线性力与扭矩，将其线速度与角速度减至零。它可使用于模拟平面摩擦力，也可以通过设置大的力/扭矩值，同时限制对象线性/角向移动
Hinge Joint 2D	铰链关节
	两个 2D 刚体之间保持旋转关系。类似现实生活中"门"与"门框"的关系
Relative Joint 2D	相对关节
	保持两 2D 刚体在相对位置使用可配置的最大线性与角力度
Slider Joint 2D	滑动关节
	根据配置角度，两个 2D 刚体保持一定的滑动连接关系，两者只能按照一个轴的方向产生相对运动。类似现实生活中钓鱼的"杆"与"鱼钩"的关系
Sprint Joint 2D	2D 弹簧关节
	两个 2D 刚体保持一定的"韧性"连接关系。类似生活中两个用皮筋（或者弹簧等）连接在一起的物体，如弹弓等
Target Joint 2D	目标关节
	一个 2D 刚体添加此组件后，可以使用脚本确定一个位置，然后此 2D 刚体自动平滑移动过去（如果手工修改锚点（Anchor）位置后，可以开发出类似调运货物的效果）
Wheel Joint 2D	滚轮关节
	车轮关节模拟现实生活中滚轮的效果

13.4 Unity 2D 特效功能

13.4.1 Sprite Mask 功能

精灵遮罩（SpriteMask）是 Unity 2017.1 版本添加的最新 2D 功能，通过本技术，可以给 2D 游戏项目带来更多编程特效与灵活性。

精灵遮罩的本质是通过影响 2D 组件 Sprite Renderder 的“Sorting Layer”（排序层）属性，实现过滤隐藏或显示“某一层”的目的，如图 13.15 所示。

如图 13.16 所示，我们可以看到大地的“坑洼”，以及主角小鸟“凿空”的箱子。

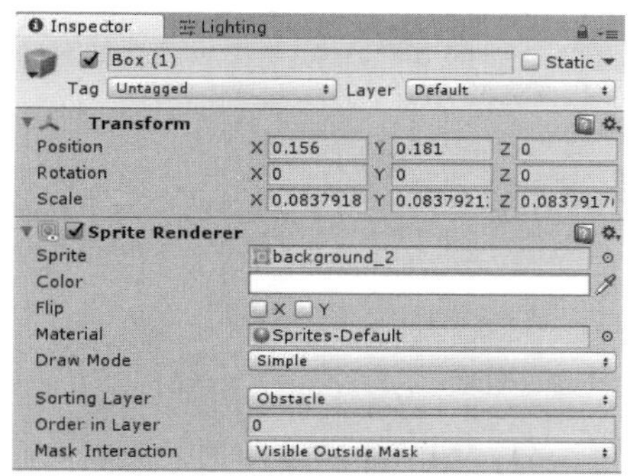

图 13.15　Sprite Renderer 组件

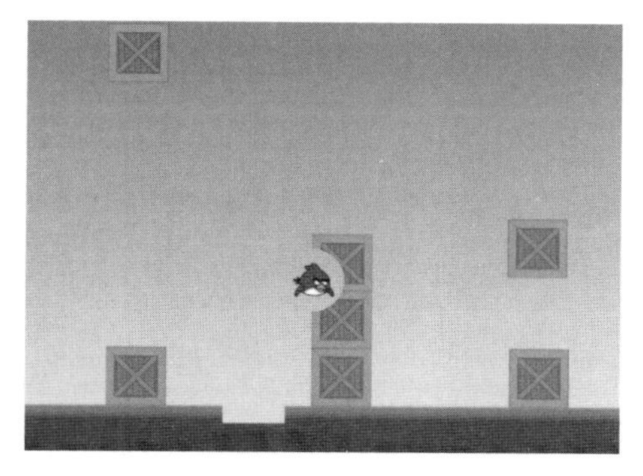
图 13.16　精灵遮罩（Sprint Mask）实现游戏特效

以上特效的制作过程如下。

➢ 第 1 步：在层级视图中单击鼠标右键，单击“2D Object”→“Sprint Mask”，新建一个“LandPit”的游戏对象。然后我们给 Sprint Mask 中的“Sprite”属性添加精灵截图，因为作为精灵遮罩的只需要一个外观形状，所以本例我们使用箱子来填充（见图 13.17）。

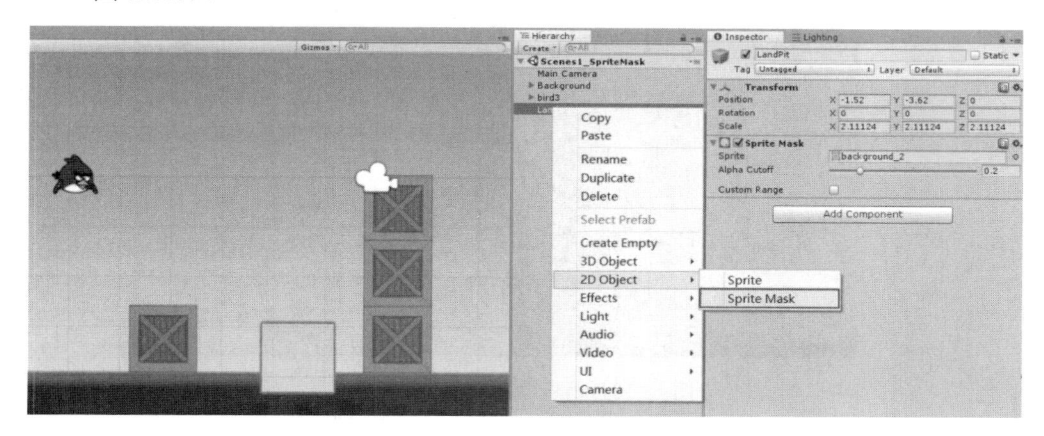

图 13.17　添加精灵遮罩（Sprint Mask）对象

➢ 第 2 步：目前我们还看不到效果，因为我们需要对游戏对象做一些设置。对于“LandPit”来说，需要实现的效果是过滤掉“大地”。所以 Land 对应 Sprite Renderer 组件的“Mask Interaction”属性，选择“Visible Outside Mask”表示 Land 对象在遮罩的外层显示，如图 13.18 所示。此时我们需要的效果就显示出来了（见图 13.16 左边的“地面坑”效果）。

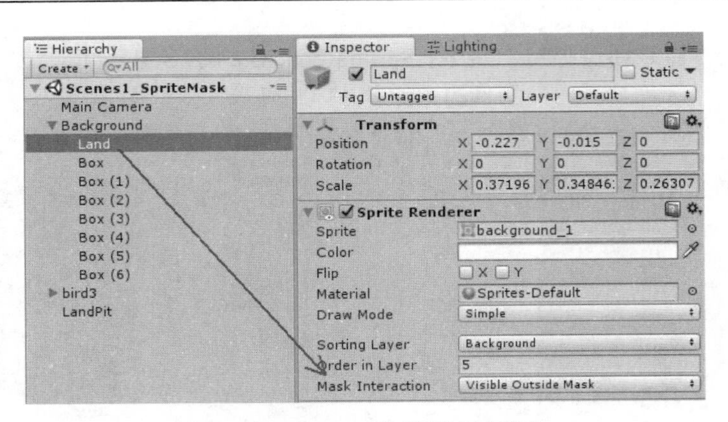

图 13.18　Land 对象设置遮罩模式

➢ 第 3 步：图 13.16 右边小鸟“凿空”箱子的效果，与上面的原理基本相同。为了让“精灵遮罩”可以随着小鸟来回移动，我们添加一个“BirdsMask”的对象，且作为小鸟对象的子节点。因为这里需要对箱子做隐藏过滤处理，所以箱子（Box 对象）对应的 Sprite Renderer 组件的“Mask Interaction”属性选择“Visible Outside Mask”，如图 13.19 所示。

至此，我们需要的效果都已完成，感兴趣的读者可以自己操作一遍或者查阅本书配套资源查阅项目场景效果。

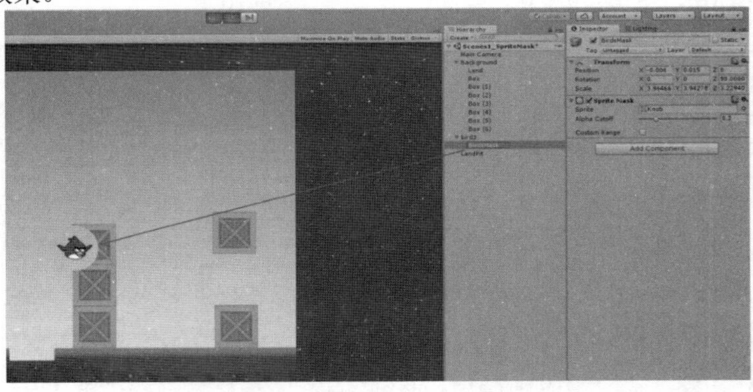

图 13.19　小鸟“凿空”箱子特效

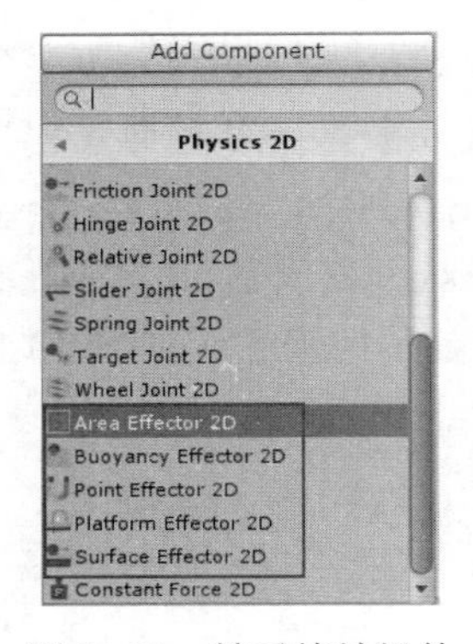

图 13.20　精灵特效组件

13.4.2　精灵效应器组件

Unity 2D 中有 5 个以“Effector”为组成要素的组件，它们构成了 2D 游戏的效应器组件。使用这些组件在无需编码的情况下可以构建一些特殊游戏效果，如排斥力、吸引力、浮力、方向力、单向通过等，图 13.20 是这 5 个组件的外观。

以下是我们将要给大家介绍的 5 大组件，后面笔者会就每一个组件进行详述。

- Point Effector 2D，模拟 2D 排斥与吸引效果。
- Surface Effector 2D，模拟 2D 物体表面方向力。

- Area Effector 2D，模拟 2D 物体内部的一个方向力。
- Platform Effector 2D，模拟 2D 物体平台的方向通过性。
- Buoyancy Effector 2D，模拟 2D 浮力效果。

图 13.21 是官方针对前 4 种效应器组件给出的演示示意图，先让大家有一个大体的了解。

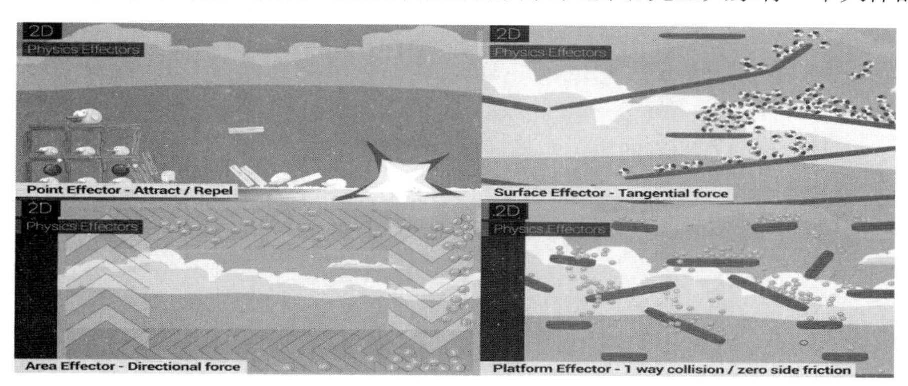

图 13.21　部分精灵效应器组件效果示意图

➢　Point Effector 2D

该组件模拟在“点”范围内 2D 的排斥与吸引力效果。如图 13.22 所示，演示效果为当小鸟靠近红色（下方）的箱子时会被一股力弹开，当靠近黑色（上方）的箱子时则被一股吸引力吸住无法脱离。

制作步骤如下：

（1）给图 13.22 中的“Box_repulsive”对象添加“Point Effector 2D”组件（属性窗口 Add “Component”→“Physics 2D”→“Point Effector 2D”），其“Force Magnitude”属性表示力的大小，正数表排斥力，负数表吸引力。

（2）添加“Point Effector 2D”组件后，属性窗口会报警告信息。按照系统要求，在对应的 2D 碰撞体组件中需要勾选“Is Trigger”与“Used By Effector”属性。

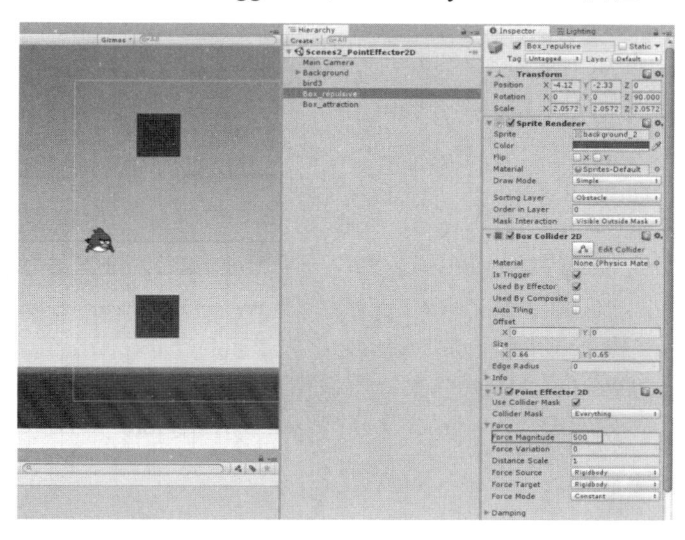

图 13.22　Point Effector 2D 组件设置

➢ Surface Effector 2D

这个组件模拟物体表面 2D 的方向力，类似表面很光滑或者表面推动力效果（类似现实生活中的刮风）。如图 13.23 所示，演示效果为当小鸟靠近绿色箱子（中间有斜度的并排四个箱子）表面时会被一股力快速推下去，仿佛受到了一种方向力的推动。

制作步骤如下：

（1）给图 13.23 中的 Box_1、Box_2、Box_3、Box_4 对象添加“Surface Effector 2D”组件（属性窗口“Add Component”→“Physics 2D”→“Surface Effector 2D”），其属性“Speed”表示速度，正数表示向右的方向力，负数表示向左的方向力。

（2）添加“Surface Effector 2D”组件后，属性窗口会报警告信息。按照系统要求，在对应的 2D 碰撞体组件中需要勾选“Used By Effector”属性。

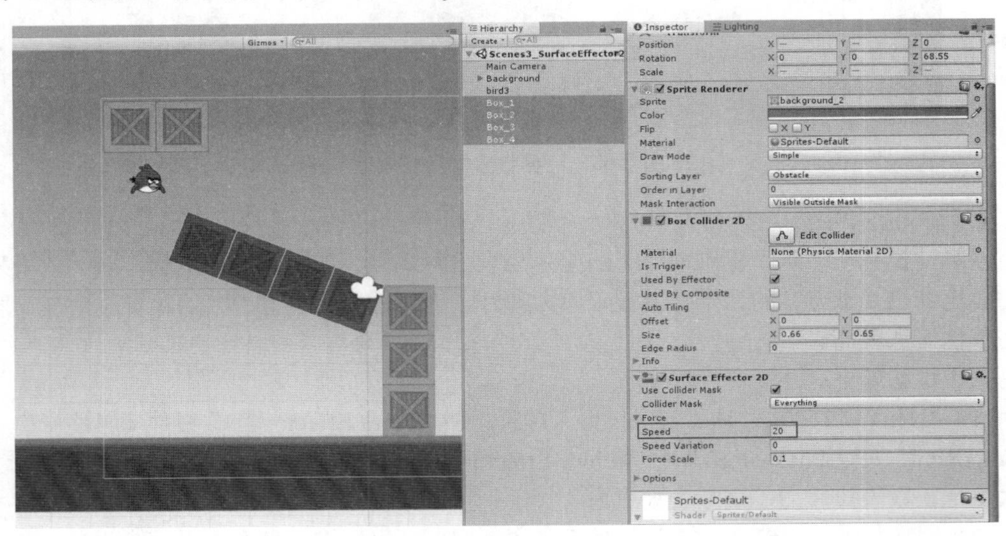

图 13.23　Surface Effector 2D 组件设置

➢ Area Effector 2D

这个组件模拟“区域”内部 2D 的方向力效果。如图 13.24 所示，演示效果为当程序运行后，大量小鸟会被 4 根大型管道内不同方向的力推动着不断向前运动。由于设置的 4 根管道组成了一个封闭逆时针的循环往复力空间，所以大量小鸟会不断地逆时针往复无限运动。

制作步骤如下：

（1）给图 13.24 中的 Pipe_1、Pipe_2、Pipe_3、Pipe_4 对象添加“Area Effector 2D”组件（属性窗口“Add Component”→“Physics 2D”→“Area Effector 2D”），其属性“Use Global Angle”表示全局角度，建议勾选，“Force Angle”表示力的角度（0：右方，90：上方，180：左方，270：下方），“Force Magnitude”表示力的大小。

（2）添加“Area Effector 2D”组件后，属性窗口会报警告信息。按照系统要求，在对应的 2D 碰撞体组件中需要勾选“Is Trigger”与“Used By Effector”属性。

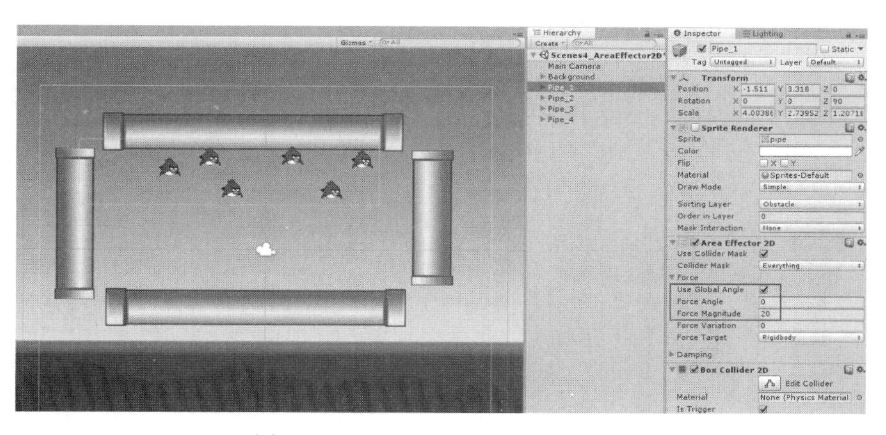

图 13.24　Area Effector 2D 组件设置

➢　Platform Effector 2D

这是一个构建“方向通过性”组件，详细说就是 2D 精灵关于某个角度的可通过性。如图 13.25 所示，演示效果为当小鸟靠近不同的 2D 对象时，其可通过性都不一样。

（1）左上角的“LandSky1”对象只能从下往上通过。

（2）左下角的“LandSky2”对象只能从上往下通过。

（3）中间的“Box1”对象左边沿无法通过，其他 3 个方向均可。

（4）右边的“Box2”对象只有右下角方向可以通过，其他 3 个方向无法通过。

结合图 13.25 左边的扇形区域，我们可以总结为：凡是在弧度之内的 2D 对象边沿都不能通过，反之可以通过。

以左上角的“LandSky1”对象为例，叙述制作步骤如下：

（1）如图 13.26 所示，给“LandSky1”添加“Platform Effector 2D”组件（属性窗口“Add Component”→“Physics 2D”→“Platform Effector 2D”）。其属性“Rotational Offset”表示角度偏移量，填入-90（单位为“度”，表示-90 角度）。确认勾选 “Use One Way”。属性“Surface Arc”填入 180，表示表面 180 度之内阻止通过。

（2）添加“Point Effector 2D”组件后，属性窗口会报警告信息。按照系统要求，该对象必须存在 2D 碰撞体组件，且需要确认勾选了“Used By Effector”属性。

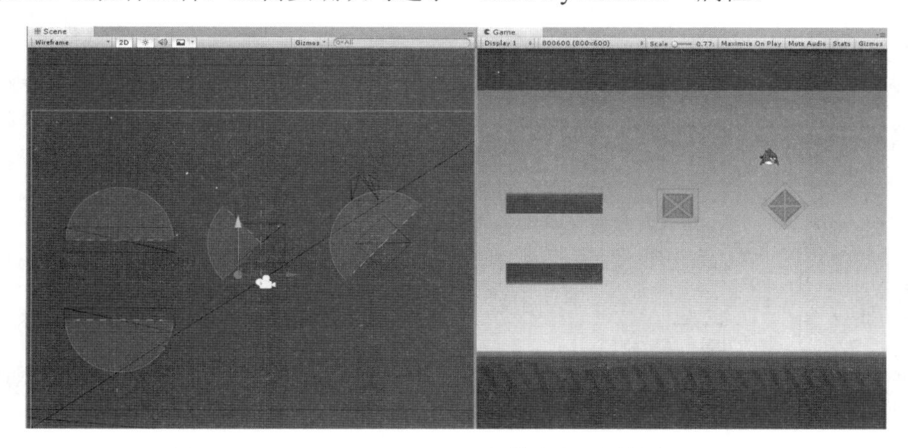

图 13.25　Platform Effector 2D 组件方向通过性演示场景

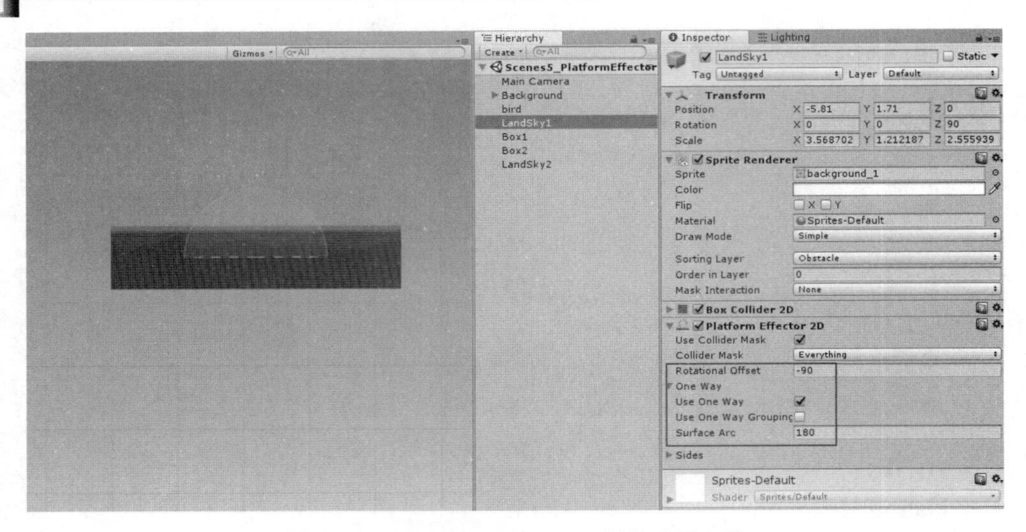

图 13.26　Platform Effector 2D 组件重要参数

➢　Buoyancy Effector 2D

这是浮力效应器组件，模拟 2D 世界的湖泊与河流等。演示效果为运行程序后，上空大量木箱在重力的作用下纷纷往下掉落，当落在水面上的木箱因为有的质量大有的质量小（注：通过 Rigibody 2D 的“Mass”属性调节物体质量）的缘故，部分木箱漂浮水面，部分逐渐下沉。如图 13.27 所示。

制作步骤如下：

（1）给图 13.27 中的“Water”对象添加 Buoyancy Effector 2D 组件（属性窗口“Add Component”→“Physics 2D”→“Buoyancy Effector 2D”），其属性“Desity”表示水的密度，填入数值 2。“Surface Level”表示水面的高度。“Damping”中的“Linear Drag/Angular Drag”分别表示水面的线性与角阻力，填入 5。“Flow Angle /Flow Magnitude”等数值表示水流的角度与大小，填入一定数值后，水中的木箱等物件会随着“水流”而冲走。

（2）添加“Buoyancy Effector2D”组件后，属性窗口会报警告信息。按照系统要求，在对应的 2D 碰撞体组件中需要勾选“Is Trigger”与“Used By Effector”属性。

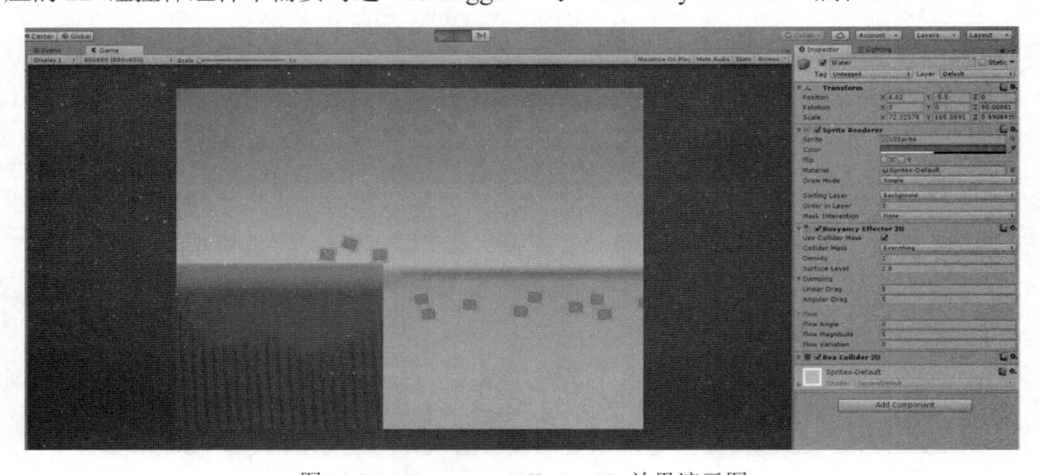

图 13.27　Buoyancy Effector 2D 效果演示图

13.5　本章练习与总结

本章通过一个“愤怒的小鸟”示例演示了 Unity 2D（Unity Native2D）技术的简易开发过程，介绍了 Unity 2D 与 3D 的主要区别点，讲解了精灵（Sprite）对象的创建、精灵图集、精灵“帧动画”的编辑与创建、2D 排序层的创建与应用等。

在了解了 Unity 2D 的基础开发模式后，我们对 2D 刚体、2D 碰撞体、2D 关节系统的功能与属性等做了详细的讲解。最后对 Untiy 2D 中的精灵遮罩（Sprite Mask）与精灵效应器做了细致讲解。相信通过本章的学习，读者对 2D 类型的游戏项目开发已经有了更深入的了解。

13.6　案例开发任务

- 任务：实战项目篇“Flappy Bird”游戏是一个标准的 2D 开发项目。建议读者阅读此项目的内容，自己仿照开发界面系统。

第 14 章 协程与调用函数

❍ 本章学习要点

本章我们将学习“协程”（Coroutine）与“调用函数”（Invoke）。虽然我们在 8.3.4 节中已经介绍过调用函数，但是不具体且不详细。在调用函数的基础上，我们学习“协程”技术，并且说明两者的区别与各自不同的适用范围。

❍ 本章主要内容

- 协程定义与功能
- 调用函数定义与功能
- 协程与调用函数区别与适用范围
- 本章练习与总结
- 案例开发任务

14.1 协程定义与功能

协同程序，即在主程序运行时同时开启另一段逻辑处理，协同当前程序的执行。换句话说，开启协同程序就是开启一个模拟线程（注：这里的模拟线程并不是真正的线程）。

❖ 温馨提示

关于多线程的概念，如果读者不是很了解，可以参考本书第 28 章关于多线程的详细讲解。

语法定义如下：

```
Public Coroutine StartCoroutine(IEnumerator routine);
public Coroutine StartCoroutine(methodName:string);
public void StopCoroutine (methodName:string) ;
public void StopAllCoroutines () ;
```

参数：

IEnumerator	协程（本身）
methodName	协程方法名称
options	目标方法如果不存在，是否输出错误信息

示例代码如图 14.1 所示。

```
22 public class Demo1 : MonoBehaviour {
23
24     void Start ()
25     {
26         print("1");
27         //启动“协程”
28         StartCoroutine("CorouineDemo1");
29         print("3");
30     }
31
32     IEnumerator CorouineDemo1()
33     {
34         //等待1秒
35         yield return new WaitForSeconds(1F);
36         print("2");
37     }
38 }
```

图 14.1　协程示例

输出结果如图 14.2 所示。

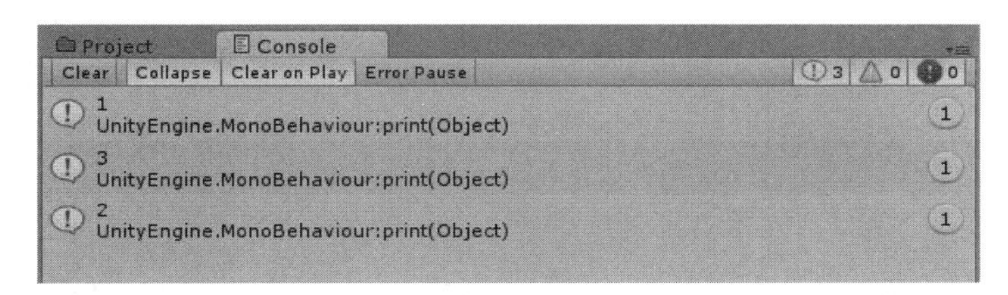

图 14.2　协程示例输出结果

14.2　调用函数定义与功能

调用函数分为 Invoke 单次调用函数与 InvokeRepeating 重复调用函数两种类型。

- Invoke：调用函数，指每隔多少时间执行一次某方法。
- InvokeRepeating：重复调用函数，指在给定时间、指定间隔时间重复调用的方法。

语法定义如下：

public void Invoke(string methodName, float time);

public void InvokeRepeating(string methodName, float time, float repeatRate);

public void CancelInvoke ();

public bool IsInvoking (methodName: string);

参数：

methodName:　　方法名称

time:　　延时时间

repeatRate:　　重复间隔时间

示例代码如图 14.3 所示。

```
27 public class Demo3 : MonoBehaviour {
28
29     void Start()
30     {
31         print("1");
32         //启动“调用函数”
33         InvokeRepeating("InvokeRepeatingDemo1",0F,0.01F);
34         print("2");
35     }
36
37     //定义“重复调用”方法
38     void InvokeRepeatingDemo1()
39     {
40         print("重复调用方法");
41     }
42
43     void Update()
44     {
45         print("Update()事件函数");
46     }
47 }
```

图 14.3　重复调用函数示例代码

输出结果如图 14.4 所示。

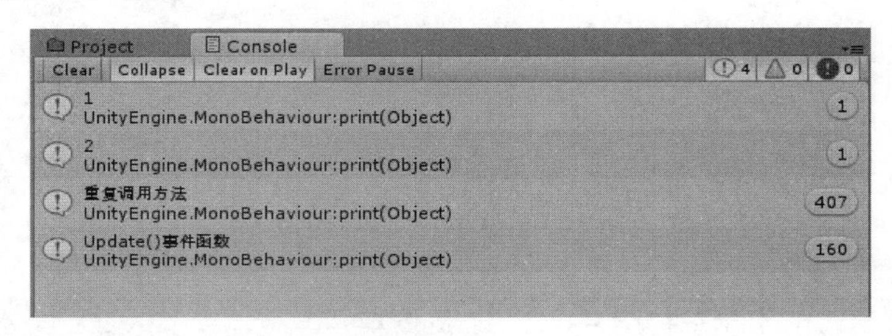

图 14.4　重复调用函数示例输出结果

14.3　协程与调用函数区别与适用范围

以上技术在 Unity 的实际编程过程中被大量应用，调用函数（Invoke）与重复调用函数（InvokeRepeating）为协程（Coroutine）的简化写法，是按照事先定义好的固定时间间隔进行调用的编程模型。调用函数的优点是结构与语法编写简单，而协程（Coroutine）则是更加完善、功能更加强大的编程模型，尤其是在处理需要制作多种间隔时间的应用领域内能够达到良好的应用效果。

关于协程与调用函数的区别与各自应用特定总结如下：

➢　“调用函数”与“协程”的区别

（1）“调用函数”的定义简单，但是不灵活。

（2）“协程”功能强大、灵活，但定义稍显复杂一点。

➢　“调用函数”与“协程”各自的适用范围

（1）仅需要固定时间间隔执行的方法，使用“调用函数”更方便。

（2）必须定义“非固定时间间隔”的情况下建议使用“协程”方法。

❖ 温馨提示

最后需要提及一下协程(Coroutine)与重复调用函数(InvokeRepeating)，在被脚本禁用的时候是不会自动停止调用的，需要手工调用对应的停止调用函数进行停止。停止协程调用的方法是 StopCoroutine()与 StopAllCoroutines()方法，而重复调用函数的停止方法是 CancelInvoke ()方法。

14.4　本章练习与总结

本章的内容相对简单，但应用范围却非常广泛。本章“案例开发任务”中安排的跑酷项目中有大量应用协程与调用函数的代码，请大家重点学习与体会。

14.5　案例开发任务

- 任务 1：参考书籍“实战项目篇”的“不夜城跑酷”项目的 UI 界面部分，使用重复调用函数（InvokeRepeating）与协程（Coroutine）技术完成数字倒计时的开发。
- 任务 2：书籍“实战项目篇”中的“记忆卡牌”项目中，图项目 1(4)中的 70 行代码是协程的一个经典运用。 此项目较为初级与简单，建议系统学习到此的学员，结合项目讲解，自己开发出完整的 2D 卡牌游戏。

第 15 章 数据传值技术

○ 本章学习要点

本章我们开始讨论 Unity 游戏引擎关于数据传值技术的汇总。 截至目前，我们学习了“脚本组件传值”技术，详细见 8.3.3 节中的“获取脚本组件”。但这种技术最大的缺点就是“耦合性”高，当游戏研发人员需要修改脚本名称的时候会发生与项目中其他脚本的多处关联性修改，这在大型游戏项目中是不被推荐使用的。

本章讨论各种常用的数据传值技术：脚本组件传值技术、SendMessage 技术、类静态字段技术、数据持久化技术（PlayerPrefs 技术、Xml 技术、网络服务器端保存技术）等。

由于 SendMessage 技术的耦合性低、方便简洁，我们本章会重点讲解此项技术。关于更加复杂、功能更加强大的数据持久化技术我们将在本书第 26 章进行详细讲解。

○ 本章主要内容

- 概述
- SendMessage 简单传值
- SendMessage 高级传值
- 本章练习与总结
- 案例开发任务

15.1 概述

Unity 中的数据传值技术截至目前为止我们只学习了“脚本组件传值”技术，除此之外，还有多种其他方式，全部列举如下。

- 脚本组件传值技术
- 类静态字段传值技术
- SendMessage 数据传值技术
- 定义委托与事件进行数据传值
- PlayerPrefs 技术
- Xml 数据持久化技术
- 网络服务器端技术

以上 7 种方式全部可以进行脚本之间的数据传值任务，其中后 3 种（PlayerPrefs、Xml、网络服务器端）技术还可以永久地保存数据（关闭计算机时长期保存数据）。永久保存数据，即所谓的数据持久化技术，我们将在 26 章进行详细讨论，而网络服务器端技术我们在 28 章进行深入研究。

现在本章就 SendMessage 技术进行详细叙述，这是一种 Unity 推荐的简单、易用、耦合性较低的数据传值技术。

15.2 SendMessage 简单传值

语法定义如下：

Public void SendMessage(string methodName);

Public void SendMessage(string methodName, object value = null);

Public void SendMessage(string methodName, object value = null, SendMessageOptions options = SendMessageOptions.RequireReceiver);

参数：

methodName	调用参数名称
value	调用（选项）参数值
options	目标方法如果不存在，是否输出错误信息

现在我们新建一个项目，建立两个脚本：发送/调用数据脚本（SendObj.cs）与接收/被调用数据脚本（ReceiveObj.cs），然后在项目层级视图中建立两个空对象，分别加载这两个脚本，如图 15.1 所示。

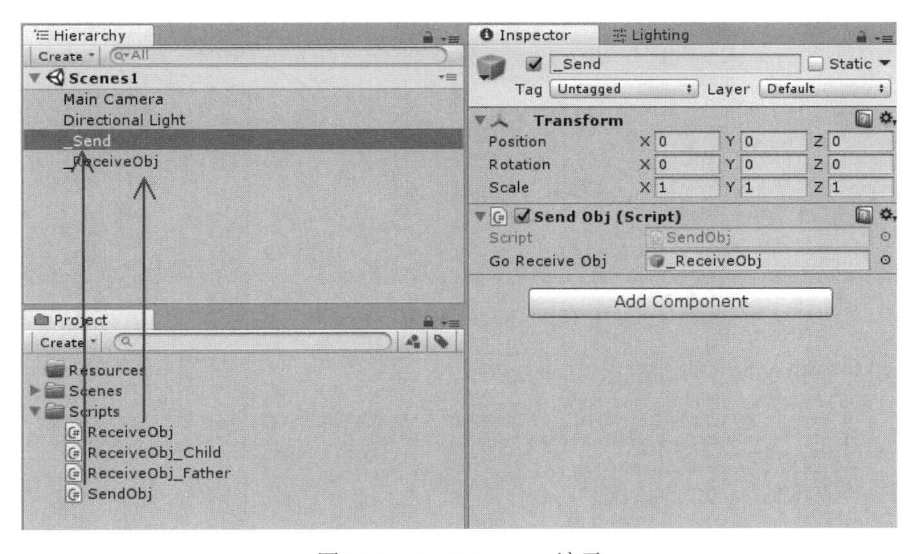

图 15.1　SendMessage 演示

发送/调用数据脚本（SendObj.cs）的源代码如图 15.2 所示，接收/被调用数据脚本（ReceiveObj.cs）的源代码如图 15.3 所示。

```
22 public class SendObj:MonoBehaviour{
23     //接受对象
24     public GameObject GoReceiveObj;
25 
26     void Start(){
27         //无参
28         GoReceiveObj.SendMessage("DisplayInfo_1A");
29         GoReceiveObj.SendMessage("DisplayInfo_1B",
30           SendMessageOptions.RequireReceiver);              //如果发送不成功，则报错
31         //GoReceiveObj.SendMessage("DisplayInfo_1B",
32         //    SendMessageOptions.DontRequireReceiver);       //如果发送不成功，不报错
33 
34         //带参数（字符串类型）
35         GoReceiveObj.SendMessage("DisplayInfo_2", "大家好！");
36         //带参数（整形类型）
37         GoReceiveObj.SendMessage("DisplayInfo_3", 888);
38         //带参数（对象数组类型）
39         System.Object[] objArray = new System.Object[3];
40         objArray[0] = "大家上午好！";
41         objArray[1] = 88;
42         objArray[2] = 66.6F;
43         GoReceiveObj.SendMessage("DisplayInfo_4", objArray);
44     }
45 }//Class_end
```

图 15.2　SendObj.cs 源代码

```
22 public class ReceiveObj:MonoBehaviour{
23     //无参数
24     public void DisplayInfo_1A(){
25         print(GetType() + "/DisplayInfo_1A()/无参方法");
26     }
27     public void DisplayInfo_1B(){
28         print(GetType() + "/DisplayInfo_1B()/无参方法");
29     }
30     //带参数（字符串类型）
31     public void DisplayInfo_2(string strInfo){
32         print(GetType() + "/DisplayInfo_2()/一个字符串参数的方法，strInfo=" + strInfo);
33     }
34     //带参数（整型类型）
35     public void DisplayInfo_3(int intInfo){
36         print(GetType() + "/DisplayInfo_3()/一个整形参数的方法，intInfo=" + intInfo);
37     }
38     //带对象数组参数
39     public void DisplayInfo_4(System.Object[] objArray){
40         print(GetType() + "/DisplayInfo_4A()/对象数组参数，objArray[0]=" + objArray[0]);
41         print(GetType() + "/DisplayInfo_4B()/对象数组参数，objArray[1]=" + objArray[1]);
42         print(GetType() + "/DisplayInfo_4C()/对象数组参数，objArray[2]=" + objArray[2]);
43     }
44 }//Class_end
```

图 15.3　ReceiveObj.cs 源代码

项目运行结果如图 15.4 所示。

```
Console
Clear | Collapse | Clear on Play | Error Pause | Connected Player
ReceiveObj/DisplayInfo_1A()/无参方法
UnityEngine.MonoBehaviour:print(Object)
ReceiveObj/DisplayInfo_1B()/无参方法
UnityEngine.MonoBehaviour:print(Object)
ReceiveObj/DisplayInfo_2()/一个字符串参数的方法，strInfo=大家好！
UnityEngine.MonoBehaviour:print(Object)
ReceiveObj/DisplayInfo_3()/一个整形参数的方法，intInfo=888
UnityEngine.MonoBehaviour:print(Object)
ReceiveObj/DisplayInfo_4A()/对象数组参数, objArray[0]=大家上午好！
UnityEngine.MonoBehaviour:print(Object)
ReceiveObj/DisplayInfo_4B()/对象数组参数, objArray[1]=88
UnityEngine.MonoBehaviour:print(Object)
ReceiveObj/DisplayInfo_4C()/对象数组参数, objArray[2]=66.6
UnityEngine.MonoBehaviour:print(Object)
```

图 15.4　项目运行结果

15.3 SendMessage 高级传值

现在我们来学习 SendMessage 的高级知识点，即向下广播发送（BroadcastMessage()）与向上广播发送（SendMessageUpwards()）。我们新建一个场景，在层级视图中建立 3 个空对象，除了发送端空对象外，建立两个具备父子关系的游戏对象。然后在项目视图中增加两个新脚本：ReceiveObj_Father.cs 与 ReceiveObj_Child.cs，具体层级结构如图 15.5 所示。

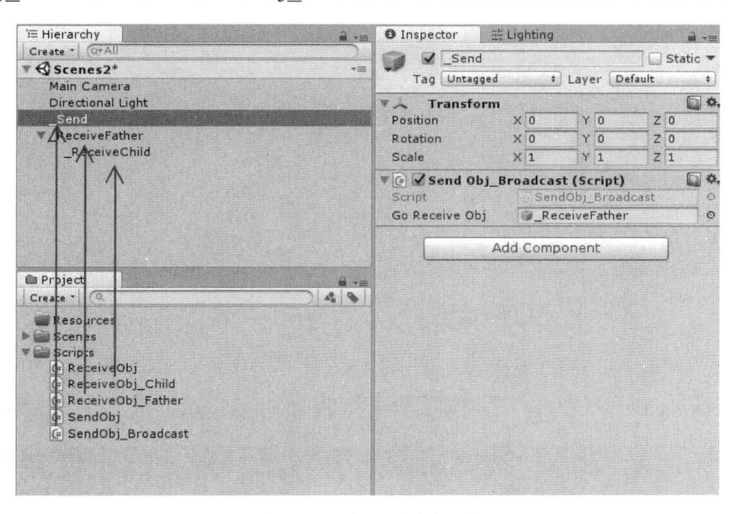

图 15.5　向下广播示例

增加 SendObj_Broadcast.cs 脚本，定义 BroadcastMessage() 与 SendMessageUpwards() 方法，具体如图 15.6 所示。

```
23 public class SendObj_Broadcast:MonoBehaviour
24 {
25     //接受对象
26     public GameObject GoReceiveObj;
27
28     void Start(){
29         //向下广播
30         GoReceiveObj.BroadcastMessage("DisplayInfo");
31         //向上广播
32         //GoReceiveObj.SendMessageUpwards("DisplayInfo");
33     }
34 }//Class_end
```

图 15.6　向上与向下广播演示

增加 ReceiveObj_Father.cs 与 ReceiveObj_Child.cs 脚本，源代码如图 15.7 和图 15.8 所示。

```
23 public class ReceiveObj_Father:MonoBehaviour
24 {
25     public void DisplayInfo()
26     {
27         print(GetType() + "/DisplayInfo()/父节点信息");
28     }
29 }//Class_end
```

图 15.7　接收端父节点

```
23 public class ReceiveObj_Child:MonoBehaviour
24 {
25     public void DisplayInfo()
26     {
27         print(GetType() + "/DisplayInfo()/子节点信息");
28     }
29
30 }//Class_end
```

图 15.8　接收端子节点

现在先演示向下广播的效果，先把图 15.6 中的 32 行代码禁用。然后将 SendObj_Broadcast.cs 中的公共字段（图 15.6 中的 26 行代码）赋值给接收端的父节点，运行结果如图 15.9 所示。

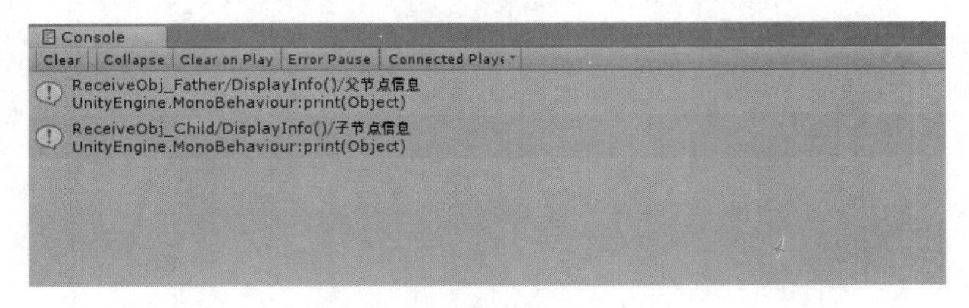

图 15.9　向下广播的运行结果

现在我们再演示向上广播的效果，先把图 15.6 中的 30 行代码注释掉，打开 32 行代码。然后将 SendObj_Broadcast.cs 中的公共字段赋值给接收端的子节点，运行结果如图 15.10 所示。

```
Console
Clear | Collapse | Clear on Play | Error Pause | Connected Player
ReceiveObj_Child/DisplayInfo()/子节点信息
UnityEngine.MonoBehaviour:print(Object)
ReceiveObj_Father/DisplayInfo()/父节点信息
UnityEngine.MonoBehaviour:print(Object)
```

图 15.10　向上广播的运行结果

15.4　本章练习与总结

本章综述 Unity 支持的 6 种数据传值技术，尤其以 SendMessage 技术作为重点进行介绍。细心的读者可能通过查询 API 发现，SendMessage 技术就是 Unity 核心类 GameObject 的实例方法。最后，本章讲解的高级传值技术：向上与向下广播（BroadcastMessage()、SendMessageUpwards()）方法也都是 GameObject 类中的实例方法。

灵活运用好本章讲解的 SendMessage 技术，将会给我们项目的研发带来低耦合、高效率的数据传值手段。

开发理论篇

○ ○ ○ ○ ○

下　篇

第 16 章 3D 数学

○ **本章学习要点**

本章为开发理论篇下篇的首章，读者在经过上篇 15 章的认真学习，相信已经具备了必要的 Unity 开发技能。但距离全面掌握与灵活运用尚有一定距离。

本章是理论性与实践并重的课程，一共分为两大部分：我们首先从“数轴”的概念讲起，讨论整数、小数的由来，然后扩展到 2D/3D 坐标系的概念。第二部分我们学习“向量”的概念与几何意义，继而论述向量的一般运算，即向量的加法、减法、点乘、叉乘、归一化等概念与计算等。

最后，为了能够与实际的游戏开发相结合，笔者给出了部分向量演示代码，供学员进一步理解与掌握。

○ **本章主要内容**

- 坐标系统
- 向量
- 本章练习与总结

3D 数学是一门和计算机几何相关的学科。计算机几何则是研究用数值方法解决几何问题的学科。这两门学科广泛应用于那些使用计算机来模拟 3D 世界的领域，如图形学、游 戏、仿真、机器人技术、虚拟现实和动画等。

16.1 坐标系统

- 笛卡尔坐标系统

我们讨论的 3D 数学在游戏 3D 空间中精确度量位置、距离和角度。其中使用最广泛的度量体系是笛卡尔坐标系统。笛卡尔数学由著名的法国哲学家、物理学家、生理学家、数学家勒奈.笛卡尔发明，并以他的名字命名（见图 16.2）。笛卡尔不仅创立了解析几何，而且将当时完全分离的代数学和几何学联系到了一起，还在回答“怎样判断某件事物是真的？”这个哲学问题上迈出了一大步，使后来的一代代哲学家能够轻松起来，因为他们再也不用通过数绵羊确认事情的真伪了。笛卡尔推翻了古希腊学者

图 16.1　笛卡尔

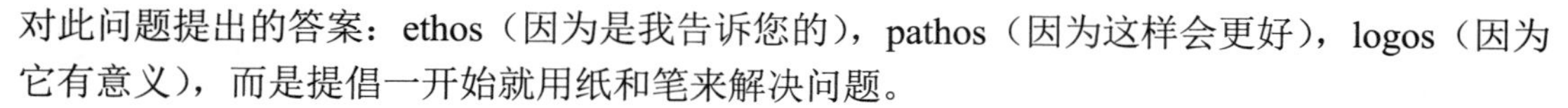

对此问题提出的答案：ethos（因为是我告诉您的），pathos（因为这样会更好），logos（因为它有意义），而是提倡一开始就用纸和笔来解决问题。

➢　1D 数学

我们的目的是学习 3D 数学，所以你可能会奇怪为什么要讨论 1D 数学？这是因为在进入 3D 世界之前首先要弄清关于数字体系和计数的一些基本概念。

两千多年前人们为了方便“数羊”而发明了自然数。“一头羊”的概念很容易理解，接下来是“两头”和“三头”，以此类推。人们很快意识到这样数下去工作量巨大，于是就在某一点放弃计数而代之以“很多羊”。

随着文明的发展，我们渐渐可以支持专门的人去思考“数字”的概念。这些智者确定了“零”的概念（没有羊），他们不准备为所有的自然数命名，而是发展出多种计数体系。在需要的时候再为自然数命名——使用数字“1”、“2”等（古罗马人则使用“M”、“X”、“I”等）。这样数学就诞生了。

人们习惯把羊排成一排来计数，这导致了数轴概念的产生，如图 16.2 所示。在一条直线上等间隔地标记数字，理论上数轴可以无限延长。但为了方便，我们只标识到第 5 只羊，后面用一个箭头来表示数轴可以沿长。历史上的思想家想到它能表示无穷大的数，但羊贩子们可能不会理解这个概念，因为这已经超出了他们的想象。

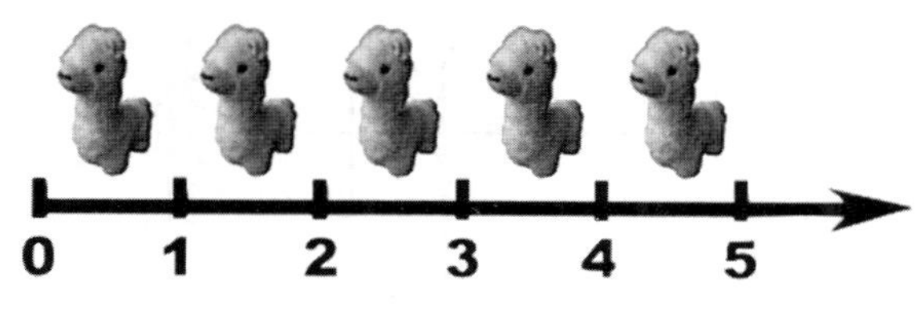

图 16.2　自然数数轴

如果你很健谈，就能劝说别人买一只你实际上没有的羊，由此产生了债务和负数的概念。卖掉这只想象中的羊你实际有“负一”只羊，这种情况导致了“整数”的产生：由自然数和它们的相反数（负数）组成。相应的整数数轴如图 16.3 所示。

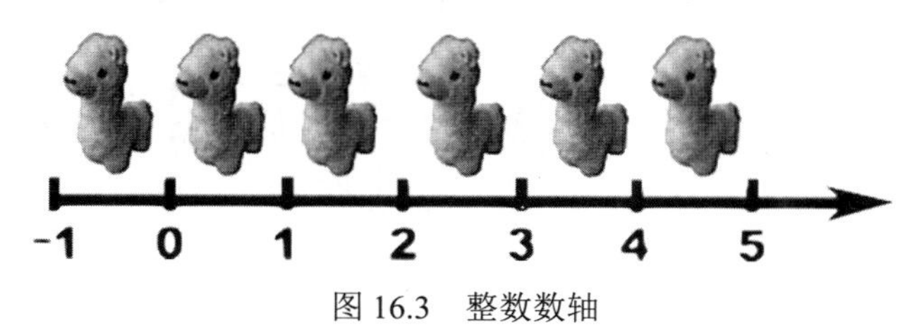

图 16.3　整数数轴

贫穷的出现显然早于债务，贫穷致使一部分人只买得起半只羊，甚至四分之一只羊。于是产生了分数： 由一个整数除以另一个整数形成，数学家们称这些数为有理数。有理数填补了数轴上整数之间的空白。为了方便中，人们发明了小数点表示法，用“3.1415”来代替冗长的 31415/10000。过了一段时间，人们发现日常生活中使用的有些数无法用有理数表示，最典型的例子是圆的周长与直径的比，记作 π（读 pai），这就产生所谓的实数。

实数包含有理数和 π 这样的无理数：如果用小数形式表示，小数点后需要无穷多位。实数数学被很多人认为是数学中最重要的领域之一，因为它是工程学的基础。人类使用实数创

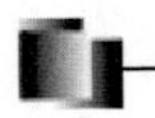

建了现代文明，有意思的是有理数可数，而实数不可数。研究自然数和整数的领域称作离散数学，而研究实数的领域称作连续数学。

➢ 2D 笛卡尔数学

即使以前没有听说过"笛卡尔"，但您可能也早就使用过 2D 笛卡尔坐标系了。笛卡尔很像由矩形构成的一个虚拟世界。如果您曾经注视过房屋的天花板，用过街区地图，看过足球比赛，下过象棋，那么您已经在笛卡尔坐标系中了。

让我们想象一个名为笛卡尔的虚拟城市。笛卡尔城的设计者们精心设计了街道的布局，如图 16.4 所示。从图中我们可以看到中央街道（Center Street）经过城镇中心贯穿东西。其他东西走向的街道是根据它与中央街道的相对位置命名的，如北 3 街和南 15 街。剩下的街道都是南北走向的。分界街道（Division Street）由南向北穿过城镇中心，其他南北走向的街道是根据它与分界街道的相对位置命名的，如东 5 街和西 22 街。

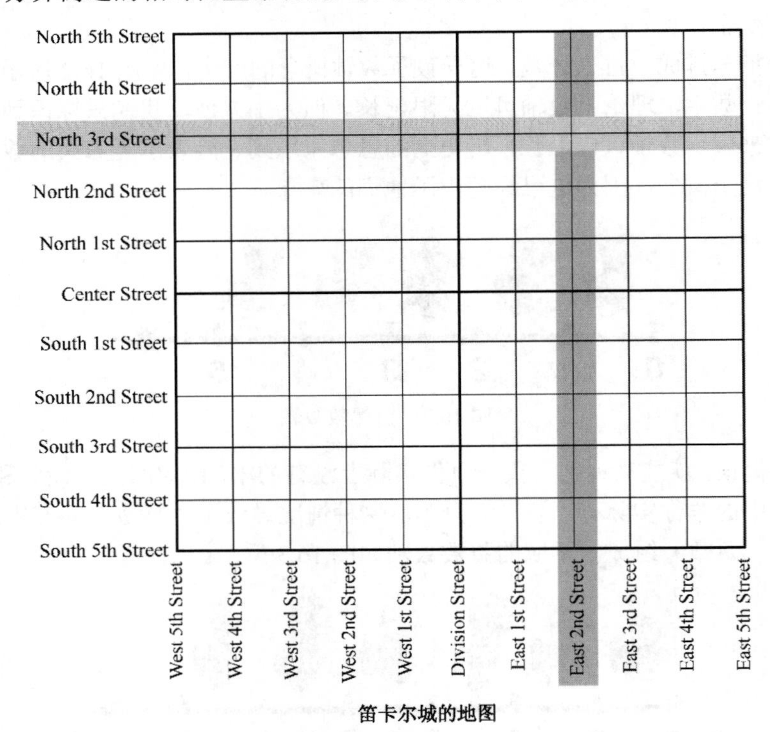

图 16.4 假想的笛卡尔城

虽然街道的名字没什么艺术性可言，但它相当实用。即使不看地图，也能很容易找到位于北 4 街和西 22 街的油炸圈饼店，也很容易估计驱车从一个地方到另一个地方的路程。例如，从位于北 4 街和西 22 街的油炸圈饼店到南 3 街中央的警察局，需要向南走 7 个街区向东走 22 个街区。

➢ 任意 2D 坐标系

笛卡尔城建立之前，这里只是一片空地，城市的设计者可以任意选定城镇的中心、街道方向、街道间距等。类似地，我们可以在任何地方建立 2D 坐标系，如在纸上、棋盘上、黑板上、水泥平台上或足球场上。

图 16.5 展示了一个 2D 笛卡尔坐标系，2D 笛卡尔坐标系由以下两点定义：

每个 2D 笛卡尔坐标系都有一个特殊的点，称作原点（Origin(0,0)），它是坐标系的中心，原点相当于笛卡尔城的中心。每个 2D 笛卡尔坐标系都有两条过原点的直线向两边无限延伸，称作“轴”（axis）。两个轴互相垂直，这相当于笛卡尔城的中央街道和分界街道（垂直不是必须的，但我们通常使用坐标轴互相垂直的坐标系）。图 16.5 中的灰色网格线相当于笛卡尔城的其他街道。

下面介绍笛卡尔城与 2D 坐标系之间的区别：笛卡尔城有大小限制，超过城市边界的土地不再被认为是城市的一部分。而 2D 坐标空间是无限延伸的，笛卡尔城的街道有宽度，而抽象坐标系中的直线没有宽度。抽象坐标系中的每个点都是坐标系的一部分，而图中的灰线只是作为参考。

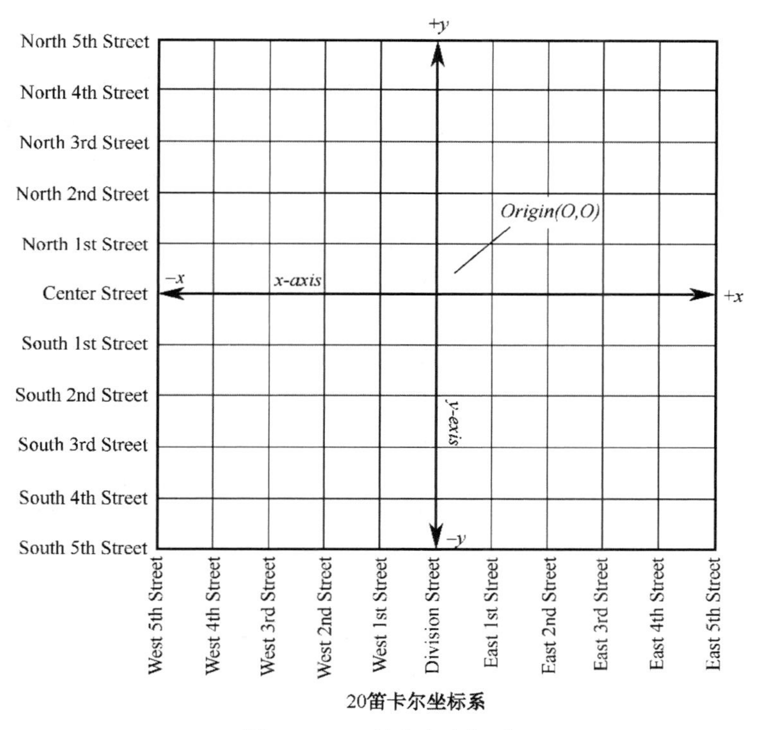

图 16.5　2D 笛卡尔坐标系

我们可以根据自己的需要决定坐标轴的指向。也就是说笛卡尔城的设计者当初可以将中央街道设计为南北走向或做任意方向，而不必是东西走向。我们还需要决定轴的正方向。例如，规定“屏幕坐标系”的 x 轴以原点向右为正，y 轴向下为正（见图 16.6）。

很不幸，当笛卡尔城的建设方案已经完成时，仅有的地图制作者却住在德塞利城，去订购地图的笛卡尔城下层官员没有注意到德塞利城的地图制作者有特殊的习惯。他们认为地图的上下左右都可以表示北方，尽管他们让东西线和南北线具有正确的垂直关系，但却已经将东西线反向。当高层官员发现问题的时候，为时已晚，合同已经签定，取消合同的代价太大。而且最尴尬的是没人知道地图制作者将提交什么形式的地图。于是笛卡尔城官方组织了专门的委员会来讨论对策。

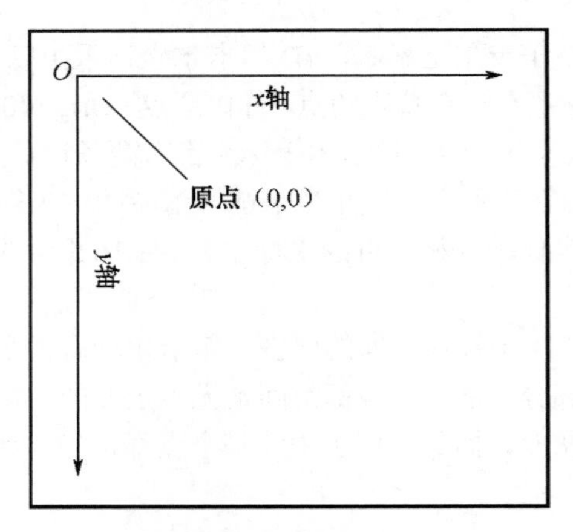

图 16.6　屏幕坐标系

委员会迅速分析出了 8 种可能的解决方案，如图 16.7 所示。人们最常用的是左上第 1 个图显示的方式："上北右东"。委员会决定将此方式定义为标准方式，会议持续了数个小时，与会者们进行了激烈的讨论，终于图 16.7 中第 1 行的另外 3 种方式也被采纳了，因为这些图通过旋转就可以得到标准的方式。

总体来说，无论我们为 x 轴和 y 轴选择什么方向，总能通过旋转使 x 轴向右为正，y 轴向上为正。所以从某种意义上说，所有 2D 坐标系都是"等价"的（注意，这种说法对于 3D 坐标系是不成立的）。

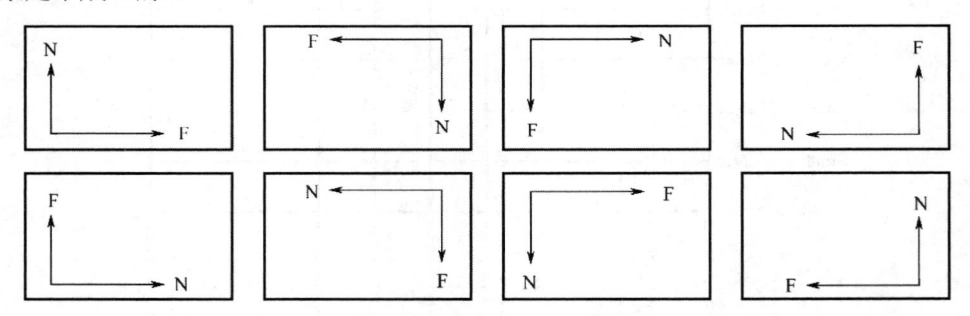

图 16.7　8 种不同的坐标系

➢　在 2D 笛卡尔坐标系中定位

坐标系是一个精确定位点的框架。为了在笛卡尔坐标系中定位点，人们引入了笛卡尔坐标的概念。在 2D 平面中，两个数（x,y）就可以定义一个点（因为是二维空间，所以使用两个数。类似的，三维空间中使用 3 个数）。和笛卡尔城街道名的意思类似，坐标的每个分量都表明了该点与原点之间的距离和方位。确切地说，每个分量都是到相应轴的有符号距离。图 15.6 展示了如何在 2D 笛卡尔坐标系中进行定位。

如图 16.8 所示，x 分量表示该点到 y 轴的有符号距离。同样，y 分量表示该点到 x 轴的有符号距离。"有符号距离"是指在某个方向距离为正，而在相反的方向上为负。2D 坐标的标准表示法是（x,y）。图 16.9 展示了笛卡尔坐标系上的多个点。注意 y 轴左边的 x 坐标为负，右边的点 x 坐标为正。同样，y 坐标为正的点在 x 轴的上方，y 坐标为负的点在 x 轴下方。注意，我们可以表达坐标平面上的任意点，而不仅是灰线的交点。

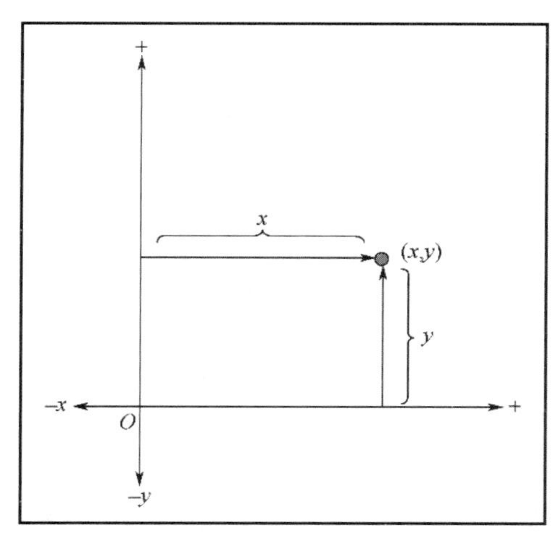

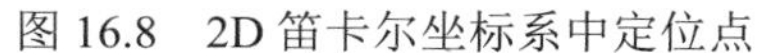
图 16.8　2D 笛卡尔坐标系中定位点

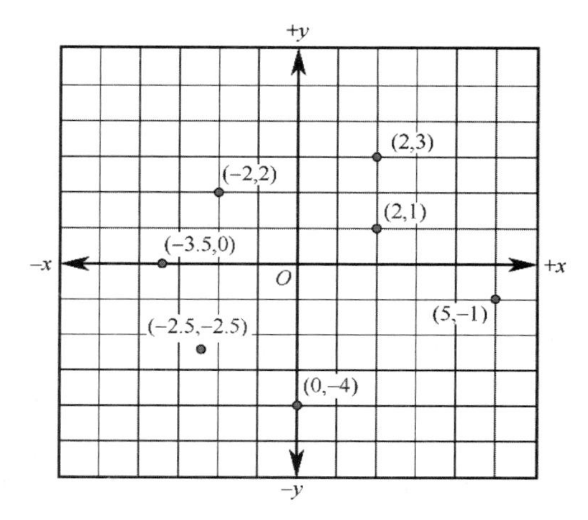

图 16.9　笛卡尔坐标系上的多个点

➢　从 2D 到 3D

我们已经理解了 2D 笛卡尔坐标系，下面思考一下 3D 空间。初看起来，3D 空间只是比 2D 空间多一个轴，也就是多了 50%的复杂度，而事实并非如此。相对于 2D 空间，3D 空间更难以认识和描述（这可能是我们经常用平面媒体表示 3D 世界的原因）。3D 中有许多 2D 没有的概念。当然，也有许多 2D 概念可以直接引入到 3D 中的概念，我们会经常在 2D 中推导结论，然后再扩展到 3D 中。

➢　第三个维度第三个轴

我们需要 3 个轴表示三维坐标系，前两个轴称作 x 轴和 y 轴，这类似于 2D 平面，但并不等同于 2D 的轴。第 3 个轴称作 z 轴。一般情况下，3 个轴互相垂直。也就是每个轴都垂直于其他两个轴。图 16.10 展示了一个 3D 坐标系。

前面提到过把 3D 中的 x 轴、y 轴等同于 2D 中的 x 轴、y 轴是不准确的。3D 中任意一对轴都定义了一个平面并垂直于第 3 个轴。我们可以认为这 3 个平面是 3 个 2D 笛卡尔空间。例如，如果指定+x、+y 和+z 分别指向右方、上方、和前方，则可以用 xz 平面表示“地面”的 2D 笛卡尔平面。

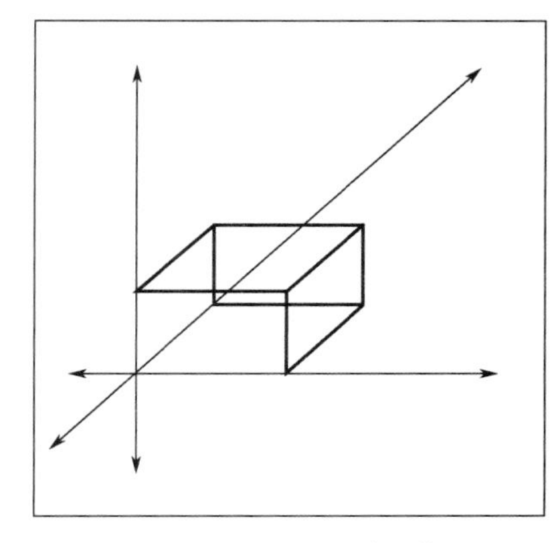
图 16.10　3D 坐标系

➢　在 3D 笛卡尔坐标系中定位

在 3D 中定位一个点需要 3 个数：x、y 和 z，分别表示该点到 yz、xz 和 xy 平面的有符号距离。例如，x 值是到 yx 平面的有符号距离，此定义是直接从 2D 中扩展来的。如图 16.10 所示。

16.2　向量

向量（Vector）是游戏开发中最重要的数学工具之一。它能够使用简单的表达方式来实现各种复杂的游戏效果。例如，使用向量控制角色的行走和朝向，甚至可以用来实现各种丰

富的着色器效果。接下来介绍向量的一些基本用法。

➢ 向量的概念

1）向量的概念

向量在数学表达上就是一个有符号数字列表，它使用这个数字列表表达各种不同的具体含义。向量的数字列表中每个数值被称为一个分量，所包含的数字的个数称为向量的维度。向量根据维度的不同，可以分为一维向量（1D Vector）、二维向量（2D Vector）、三维向量（3D Vector）和四维向量（力可以称为四元组），甚至更多维度的向量。一般在游戏开发当中，使用比较多的是二维向量和三维向量。向量是相对于标量（标量是只有大小而没有方向的量）而言的，它不但具有大小，而且还具有表达方向的能力。 比如可以使用标量表示羊群的数量，或者一只羊行走的速率（只有大小）和距离（只有大小），而使用向量表示一只羊在行走时的速度（包括方向和大小）和经过的位移（包括方向和大小）。使用向量也能描述物体之间的相对位置，这个需要通过简单的向量计算来完成。

2）向量的数学表达方式和几何意义

向量的数学表达方式非常简单，它使用数字列表表示一个向量，如一个二维向量可以使用[*X*，*Y*]的方式来表达，如[2.3 , 5.2]；而三维向量可以使用[*X*，*Y*，*Z*]的方式来表达，如[2 , 8.3 , -3]。

在使用向量的过程中，需要清楚向量的几何意义，下面以二维向量为例（三维向量只是在二维向量的维度上增加一个维度而已）。向量在几何上是具有“头”和“尾”的箭头，用该箭头的长度和箭头的朝向分别表达向量的大小和方向，如图 16.11 所示。

从以上可以知道，向量中的有符号数值表达了向量在每个维度上的有向位移，如图 16.12 所示。

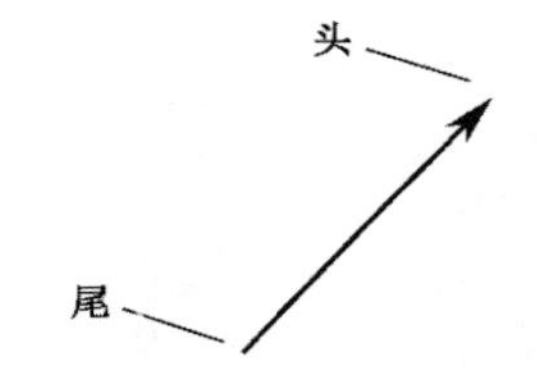

图 16.11　向量的几何描述

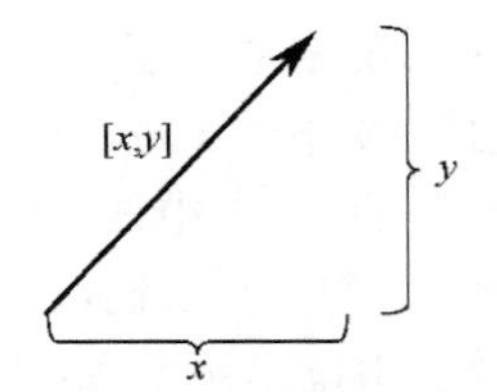

图 16.12　向量在各个维度上的有向位移

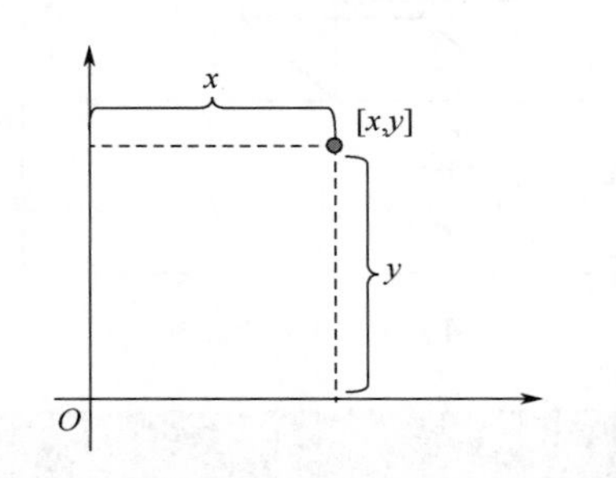

图 16.13　使用向量的数学表达方式表达点的位置

如果向量用于表达某个既有大小又有方向的变量，那么它是没有位置之分的，也就是说如果两个向量的大小和方向相同，那么无论该向量在坐标空间中的位置如何，它们都是相等的。如果撇开向量的具体表达含义，不用它来表示有方向有大小的量，考察其方式（*X*，*Y*），可以看出使用这种格式也能表达某个点的具体位置，那么此时它将不具有方向，而只有大小，此时该表达方式成为“点”。这两个区分在开发游戏中经常会遇到，如本章中使用向量控制摄像机围绕某个物体进行旋转的算法，如图 16.13 所示。同时也可以为向量的数学表达方式赋予它其他的含义，如用来描述一个物体绕某个轴旋转的角度或者物体沿某个轴进行缩放的程度等；如（30°，45°）表示的是物体绕 *X* 轴渲染 30°，绕 *Y* 轴旋转 45°。

Unity 3D 中提供了 2D 向量类（Vector2）、3D 向量类（Vector3）和 4D 向量类（Vector4）。这些类都提供了对向量的运算操作。比如取模、向量单位化、点乘、叉乘等。而且还提供了几个预设变量属性（以 Vector3 为例），这些预设变量是一些常用向量的缩写，一般用于表示向量的方向，分别是 Vector3.zero，表示[0,0,0]；Vector3.up，表示[0,1,0]，朝向 *Y* 轴正方向；Vector3.forward，表示[0,0,1]，表示 *Z* 轴正方向；Vector3.right，表示[1,0,0]，表示 *X* 轴正方向。这些变量的值所表示的方向始终是固定的。如果需要世界坐标系作为参考系来表示当前对象的局部坐标系的朝向，需要使用 Transform 类中的 transform.up、transform.forward 和 transform.right 预设变量，这些值表示当前对象在世界坐标系中的朝向，它会随着对象朝向的不同而改变。比如要为某个物体施加一个始终朝着世界坐标系 *Z* 轴方向的力时，需要使用 Vector3 类，如果想要模拟控制一艘飞船在太空中始终朝着飞船头部的朝向飞行时，需要使用 transform 类中的预设变量。当然也可以使用 Transform 类中的 TransformDirection (Vector3 direction)来把 Vector3.forward 等转成 transform.forward，TransformDirection (Vector3.forward)，如图 16.14 所示。

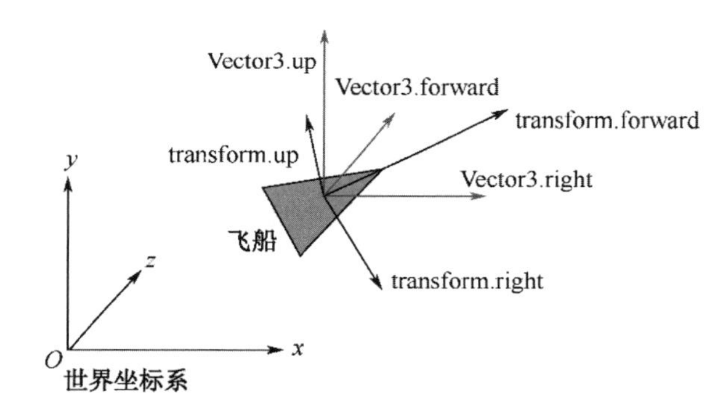

图 16.14　Vector3 的预设变量与 Transform 中预设变量的朝向区别

➢　向量的运算

使用向量，需要通过向量的运算才能发挥它的优势。无论是二维游戏还是三维游戏，向量的运算，以及掌握向量的运算法则和几何意义，对开发游戏是非常有帮助的。下面分别介绍向量运算的运算法则和几何意义。下面所有的向量用黑斜体字母表示，如 ***a***、***b***、***c***、***u***、***v***、***q***、***r***、***v***。

1）向量的大小

向量的大小通常也被称为向量的长度（Length）或者模（magnitude）。在数学上用双竖线表示向量的模，比如$\|\boldsymbol{v}\|$。前面已经讨论过，向量具有大小和方向，但是按照向量的表示方法，其大小和方向都没有直观地表示出来。如二维向量[3,4]的大小既不是 3，也不是 4，而是 5。因为向量的大小没有明确表示，所以需要计算。

（1）计算法则。向量的模就是向量各分量平方和的平方根。二维向量的模计算公式是$\|\boldsymbol{v}\| = \sqrt{v_x^2 + v_y^2}$；三维向量的模计算公式是$\|\boldsymbol{v}\|=\sqrt{v_x^2 + v_y^2 + v_z^2}$。在 Unity 3D 中可以直接使用向量的 magnitude 属性直接获得，如果不需要开平方根，可以使用向量的 sqrMagnitude 获得。这样，在一些不需要直接获得向量的模的时候可以减少运算量，因为平方根运算是比较消耗计算时

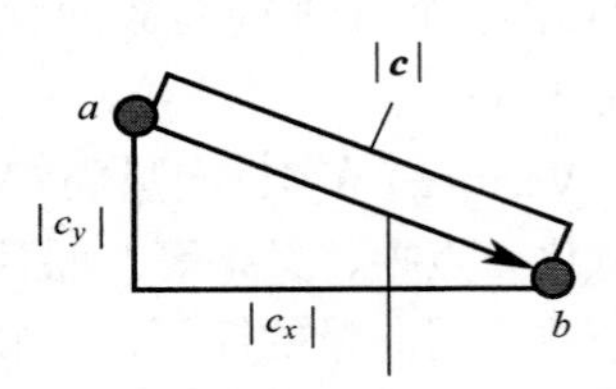

图 16.15　向量 $\boldsymbol{c}$ 表示 a 到 b 之间的向量，向量 $\boldsymbol{c}$ 的模表示 a 点与 b 点之间的距离

间的。

（2）几何意义。向量的模的几何意义非常明显，可以通过获得向量的模来表示该向量的长度与大小，在具体的运用中，可以用它来表示两个对象之间的距离或者一个对象的运动速度等。该公式可以让人联想到“勾股定理”，如图 16.15 所示。

（3）在 Unity 3D 中的使用方法。下面的程序段表示使用向量的模、判断两个对象的距离是否低于设定的距离，如图 16.16 所示。

```
13 public class Demo1_3DMaths : MonoBehaviour {
14     public Transform TraOther;                    //其他物体
15     private float FloCloseDistance=5.0F;          //设定限制接近的最小距离
16
17
18     void Update ()
19     {
20         if (TraOther)
21         {
22             //使用向量减法（ other.position - transform.position）获得两个对象之间的向量
23             var sqrLen = (TraOther.position - transform.position).sqrMagnitude;
24             // 使用sqrMagnitude取代Magnitude来计算距离，提高运算效率
25             if (sqrLen < FloCloseDistance * FloCloseDistance)
26             {
27                 print("其他物体太接近我了！");
28             }
29             else {
30                 print("其他物体距离很远，目前很安全！");
31             }
32         }
33     }
34 }
```

图 16.16　使用向量的模判断两个对象的距离

如果需要直接得到两个位置之间的距离，也可以使用向量类中的 Distance (Vector3　a, Vector3　b)函数。有时候需要限定向量的大小，比如限定一个对象的运动速度，可以使用向量类中的 ClampMagnitude(Vector3 vector, float maxLength)方法，它可以返回一个把 vector 向量限定在长度 maxLength 的另一个向量。

2）标量与向量的相乘

标量与向量不能相加，但是它们能够相乘。结果将得到一个向量，与原向量平行，但长度不同或方向相反（当标量是负值时）。

（1）计算法则。标量与向量的乘法非常直接，将向量的每一个分量都与标量相乘即可。标量与向量相乘满足交换律。标量与二维向量相乘的表达式是 $k[x,y] = [x,y]k = [kx,ky]$；标量与三维向量相乘的表达式是 $k[x,y,z] = [x,y,z]k = [kx,ky,kz]$。如果 k 值非零，还可以使用除法，例如 $\frac{\boldsymbol{v}}{k}=[\frac{v_x}{k},\frac{v_y}{k},\frac{v_z}{k}]$。

（2）几何意义。向量乘以标量 k 的效果是以因子$|k|$缩放向量的长度。例如，使向量的长度增加 2 倍，可以对向量乘以 2，如果 $k<0$，则向量除了做缩放操作外还使得向量方向倒转，如图 16.17 所示。

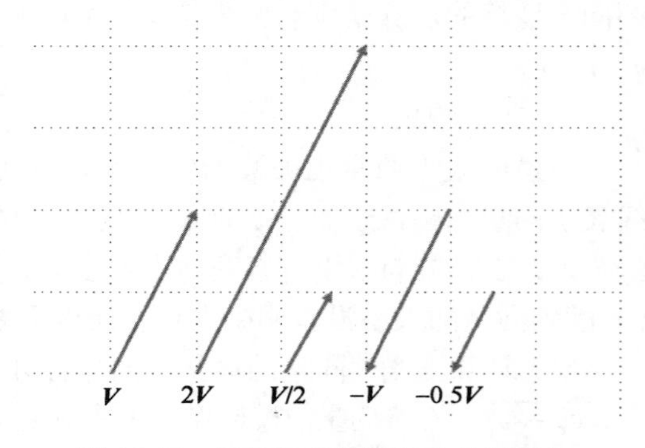

图 16.17　标量与向量相乘的几何意义

（3）在 Unity 3D 中的使用方法。标量与向量相乘在 Unity 3D 中的表示非常简单，如图 16.18 代码所示。

```
13 public class Demo2_3DMaths : MonoBehaviour {
14     public Vector3  _Speed;                          //速度
15     public float _SpeedScale=1F;                     //加速比率
16
17     void Update ()
18     {
19         gameObject.transform.position += _Speed * _SpeedScale;
20     }
21 }
```

图 16.18　标量与向量相乘

3）对向量进行单位化

有时候，我们可能只需要关心向量的方向而不关心其大小，如当前飞机的朝向是哪个方位、某个面的法线朝向等。这个时候，使用向量的单位向量是非常有用的。单位向量就是大小为 1 的向量，它经常也被称为标准化向量、法线（Normal）或者归一化。

（1）计算法则。对任意非零向量 $\boldsymbol{v}$（向量长度不为 0），除以它的模便计算出该向量的单位向量，其过程称为向量的单位化或者向量标准化（Normalize）。其公式是 $\boldsymbol{v}_{\text{normal}}=\frac{\boldsymbol{v}}{\|\boldsymbol{v}\|}$，$\|\boldsymbol{v}\|\neq 0$

（2）几何意义。该计算可以使得向量的大小被归一化，从而为那些只需要提供向量方向信息的计算中排除向量大小信息的干扰。

（3）在 Unity 3D 中的使用方法。要获得某个向量的单位化向量，可以使用向量类中提供的 normalized 属性，该属性的数据类型也是一个向量，它不会改变原向量的数值，或者使用 Nomalize()函数直接把该向量单位化。

4）向量加法

如果两个向量的维数相同，那么它们能够相加或者相减，结果向量的维数与原向量相同。

（1）计算法则。二维向量加法的表达式是$[\boldsymbol{X}_1,\boldsymbol{Y}_1]\pm[\boldsymbol{X}_2,\boldsymbol{Y}_2]=[\boldsymbol{X}_1\pm\boldsymbol{X}_2,\boldsymbol{Y}_1\pm\boldsymbol{Y}_2]$；三维向量加法的表达式是$[\boldsymbol{X}_1,\boldsymbol{Y}_1,\boldsymbol{Z}_1]+[\boldsymbol{X}_2,\boldsymbol{Y}_2,\boldsymbol{Z}_2]=[\boldsymbol{X}_1\pm\boldsymbol{X}_2,\boldsymbol{Y}_1\pm\boldsymbol{Y}_2,\boldsymbol{Z}_1\pm\boldsymbol{Z}_2]$。

这里需要注意的是，向量不能与标量或者与维数不同的向量相加减。对于加法，满足交换律，也就是 $x+y=y+x$，但是减法不能满足交换律，$x-y=-(y-x)$。

（2）几何意义。如果向量 $\boldsymbol{a}$ 和 $\boldsymbol{b}$ 都表示向量，那么相加的几何解释为：平移向量，使向量 $\boldsymbol{a}$ 的头连接向量 $\boldsymbol{b}$ 的尾，接着从 $\boldsymbol{a}$ 的尾向 $\boldsymbol{b}$ 的头画出一个向量。这个几何意义也称为“三角形法则”。如图 16.19 和图 16.20 所示。如果一个向量代表的是力（具有方向和大小的物理量），那么可以更直观地表示为在他们自己的方向上的力的大小，那么两个力相加的结果是这两个力的合力。这个概念经常用在当几个分力同时作用在一个物体上时（例如，推动火箭也可能受侧风的影响）。

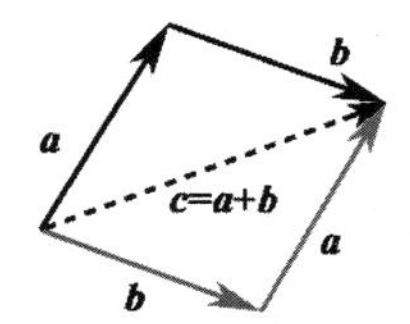

图 16.19　向量加法几何意义

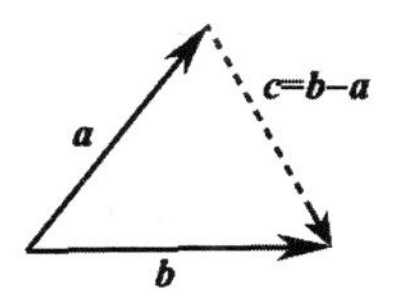

图 16.20　向量减法几何意义

如果第一个向量表示点的位置，那么向量加法可以表示成从这个点根据第二个向量的方向和大小进行移动，如图 16.21 所示。

如果第一个向量表示点的位置，那么向量减法可以用来表示一个对象从一个位置到另一个位置的方向和距离，或者计算一个对象与另一个对象之间的距离和相对方位，如图 16.22 所示。

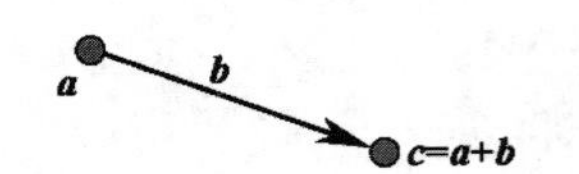

图 16.21　第一个向量表示点的位置的向量加法几何意义

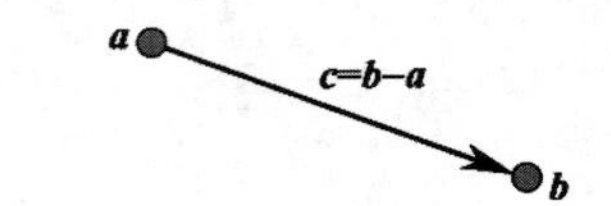

图 16.22　第一个向量表示点的位置的向量减法几何意义

5）向量点乘

标量和向量可以相乘。同样的，两个向量也可以相乘，而且具有两种不同的相乘方法，分别是点乘（Dot）和叉乘（Cross）。点乘也被称为内积。

（1）计算法则。二维向量点乘的表达式是 $\boldsymbol{a}\cdot\boldsymbol{b} = a_xb_x + a_yb_y$，三维向量点乘的表达式是 $\boldsymbol{a}\cdot\boldsymbol{b} = a_xb_x + a_yb_y + a_zb_z$。从此表达式可以看出，向量点乘就是对应分量乘积的和，其计算结果是一个标量。向量点乘的优先级高于加法和减法。在标量和向量的表达式中乘号可以被省略，但是向量点乘中的点号不能省略。

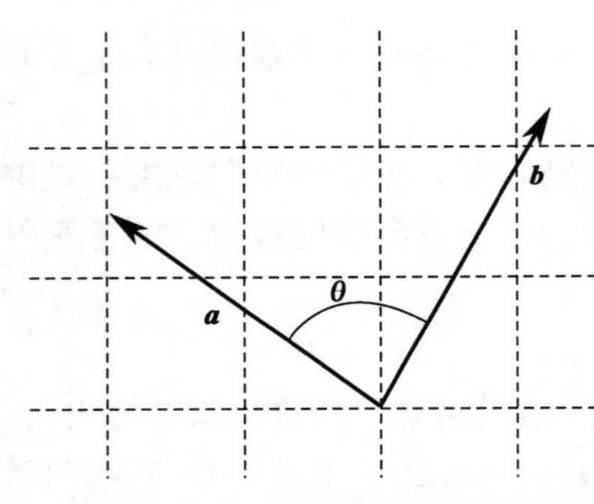

图 16.23　点乘能够得到两个向量之间的夹角

（2）向量点乘的几何意义。点乘的计算结果给出了两个向量的相似程度，该相似程度反映在两个向量之间的夹角上。点乘结果越大，两个向量就越接近，而且点乘用得更多的另一条非常重要的公式是 $\boldsymbol{a}\cdot\boldsymbol{b} = \|\boldsymbol{a}\|\,\|\boldsymbol{b}\|\cos\theta$。对该公式进行求反，可以得到两个向量的夹角，其公式是 $\theta=\arccos\left(\frac{\boldsymbol{a}\cdot\boldsymbol{b}}{\|\boldsymbol{a}\|\ \|\boldsymbol{b}\|}\right)$。如果 $\boldsymbol{a}$ 和 $\boldsymbol{b}$ 是单位向量，那么以上的公式就可以转换为 $\theta=\arccos(\boldsymbol{a}\cdot\boldsymbol{b})$，这样便可以避免除法运算了，如图 16.23 所示。

如果只需要知道 $\boldsymbol{a}$ 和 $\boldsymbol{b}$ 夹角的类型而不需要知道该夹角的确切的值，可以只根据所求出点乘结果的符号来判断，如表 16.1 所示。

表 16.1　点乘结果的符号判断

$\boldsymbol{a}\cdot\boldsymbol{b}$ 的符号	夹角范围	$\boldsymbol{a}$ 和 $\boldsymbol{b}$ 方向关系
＞ 0	$0°\leq\theta<90°$	方向基本相同
＝0	$\theta=90°$	$\boldsymbol{a}$ 和 $\boldsymbol{b}$ 正交，互相垂直
＜ 0	$90°<\theta\leq 180°$	

使用点乘除了可以求出两个向量之间的夹角外，还可以用于计算一个向量在另外一个向量上的投影。假设有两个向量 $\boldsymbol{v}$ 和 $\boldsymbol{n}$，那么 $\boldsymbol{v}$ 在 $\boldsymbol{n}$ 上的投影公式可以表示为：$\boldsymbol{v}_{\|} = \boldsymbol{n}\frac{\boldsymbol{v}\cdot\boldsymbol{n}}{\|\boldsymbol{n}\|^2}$，当 $\boldsymbol{n}$ 为单位向量时，可以把公式简化为 $\boldsymbol{v}_{\|}=\boldsymbol{n}(\boldsymbol{v}\cdot\boldsymbol{n})$。根据向量减法，也可以求出 $\boldsymbol{v}_{\perp}$的值，为

$\boldsymbol{v}_{\perp} = \boldsymbol{v} - \boldsymbol{v}_{\|} = \boldsymbol{v} - \boldsymbol{n}\frac{\boldsymbol{v}\cdot\boldsymbol{n}}{\|\boldsymbol{n}\|^2}$。

如图 16.24 所示。

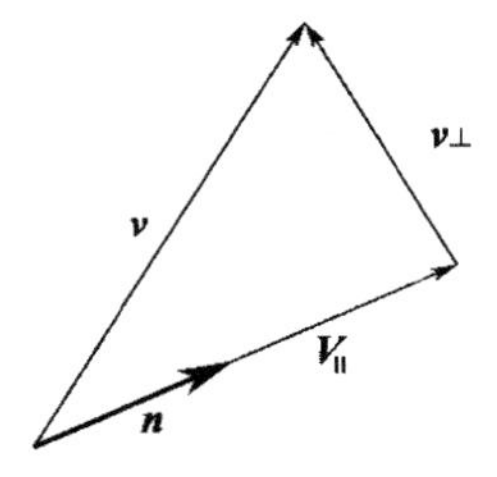

图 16.24　$\boldsymbol{v}$ 向量在 $\boldsymbol{n}$ 向量上的投影

（3）在 Unity 3D 中的使用方法。通过调用向量类所提供的 Dot 函数，可以计算两个向量的点乘，程序如图 16.25 所示。

```
13 public class Demo3_3DMaths : MonoBehaviour {
14     public Transform TraOther;                      //其他物体的方位
15     private Vector3 _VecForward;                    //前方
16     private Vector3 _VecToOther;                    //其他方向
17
18
19     void Update () {
20         if (TraOther){
21             //使用TransformDirection把当前对象的正面朝向从局部坐标系转换到世界坐标系下，使得该向
22             //量与其他对象的位置向量在世界坐标系下统一
23             //Vector3.forward表示该对象当前的正方向向量
24             _VecForward = transform.TransformDirection(Vector3.forward);
25             //使用向量减法获得其他对象到当前对象之间的向量
26             _VecToOther = TraOther.position - transform.position;
27             //使用点乘计算结果的符号来判断其他对象是否在当前对象的后方
28             if (Vector3.Dot(_VecForward, _VecToOther) < 0)
29             {
30                 print("其他对象在我后方！");
31             }else{
32                 print("其他对象不在我后方。");
33             }
34         }
35     }
36 }
```

图 16.25　向量点乘结果判断游戏对象之间的夹角关系

如果需要确切知道两个向量之间的夹角，可以使用向量类中的 Angle（Vector3 from ,Vector3 to）函数，该函数会计算 from 向量与 to 向量之间的夹角并返回角度值（不是弧度值），程序如图 16.26 所示。

```
14 public class Demo4_3DMaths : MonoBehaviour {
15     public Transform TraTarget;                     //目标
16     private Vector3 _VecTargetDir;
17     private Vector3 _VecForward;
18     private float _FloAngle;
19
20     /*  当对象的朝向与目标对象夹角小于5时，打印“视线靠近了”信息 */
21     void Update () {
22         //使用向量减法获得当前对象与目标对象之间的向量
23         _VecTargetDir = TraTarget.position - transform.position;
24         //当前对象的正方向向量
25         _VecForward = transform.forward;
26         //求出targetDir和forward向量之间的夹角值
27         _FloAngle = Vector3.Angle(_VecTargetDir, _VecForward);
28         //判断该夹角是否小于5
29         if (_FloAngle < 5.0)
30         {
31             print("视线靠近了！");
32         }
33         else {
34             print("视线没有靠近。");
35         }
36     }
37 }
```

图 16.26　计算两个游戏对象之间的夹角

其效果如图 16.27 所示。

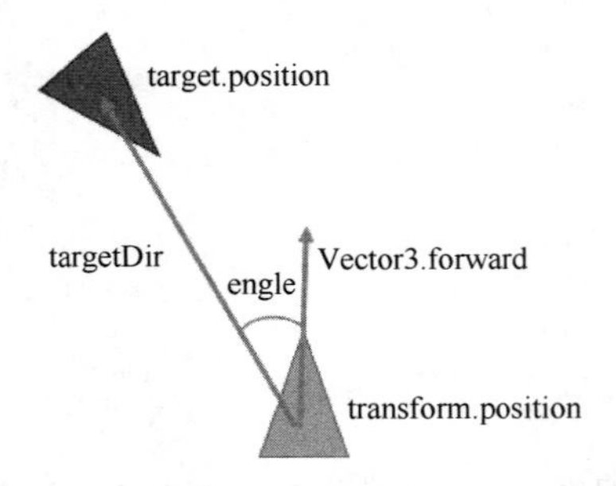

图 16.27　计算两个游戏对象之间的夹角

如果需要计算一个向量在另一个向量上的投影，可以直接使用向量类中的 Project（Vector3 vector, Vector3 onNormal）函数，它返回的是 vector 向量在 onNormal 向量上的投影向量。

如果需要实现一个对象朝着另一个对象移动过去，可以使用向量类中的 MoveTowards (Vector3 current, Vector3 target, float maxDistanceDelta)方法（该方法与向量类中 Lerp 函数的作用相似，只是 Lerp 函数不做速度限定）。该函数将会把对象从当前位置以不超过 maxDistanceDelta 的值速度，逐渐到达 target 目标位置上，同时每运行一次将返回当前对象的位置值。

6）向量叉乘

向量叉乘只能在三维空间中运用。它的表达式是 $\boldsymbol{a}\times\boldsymbol{b}$。它和点乘不同的是点乘计算的结果是一个标量，而且满足交换律，而叉乘的计算结果是一个向量，并且不满足交换律。

（1）计算法则。叉乘的计算法则比较复杂，其公式是：

$\begin{bmatrix}x_1\\y_1\\z_1\end{bmatrix}\times\begin{bmatrix}x_2\\y_2\\z_2\end{bmatrix}=\begin{bmatrix}y_1z_2-z_1y_2\\z_1x_2-x_1z_2\\x_1y_2-y_1x_2\end{bmatrix}$，叉乘的优先级与点乘一样，都是在加减法之前计算。虽然叉乘不满足交换律，但是满足反交换律，也就是说 $\boldsymbol{a}\times\boldsymbol{b} = -(\boldsymbol{b}\times\boldsymbol{a})$，表明两个乘数位置不同时，将导致向量的方向相反。

（2）几何意义。叉乘计算的结果是向量，该向量将垂直于原来的两个向量，如图 16.28 所示。

在 Unity 3D 中，叉乘计算出来的向量方向满足“左手坐标系”，左手拇指方向为第一个乘数 $\boldsymbol{a}$，食指指向第二个乘数 $\boldsymbol{b}$，那么中指弯曲下来的方向就是 $\boldsymbol{a}\times\boldsymbol{b}$ 的结果。叉乘计算通常用于计算垂直于平面、三角形或者多边形的向量，最常用的便是平面的法线向量。

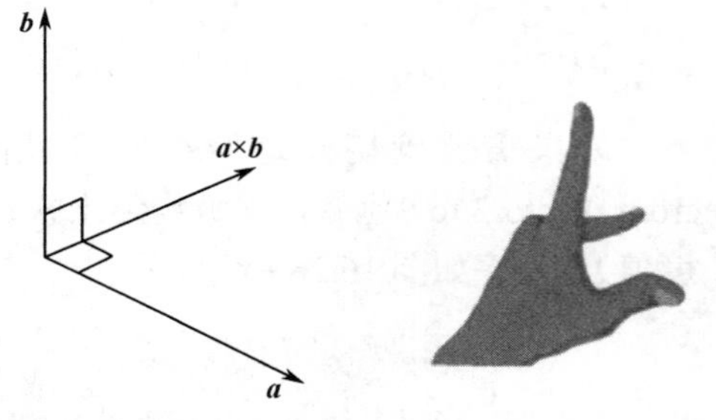

图 16.28　$\boldsymbol{a}$ 向量与 $\boldsymbol{b}$ 向量叉乘的结果

有时候会需要直接计算 $\boldsymbol{a}\times\boldsymbol{b}$ 的向量长度，它也有一条公式，是 $\|\boldsymbol{a}\times\boldsymbol{b}\| = \|\boldsymbol{a}\|\|\boldsymbol{b}\|\sin\theta$，其中 θ 是 $\boldsymbol{a}$ 和 $\boldsymbol{b}$ 的夹角。考察该公式，可以发现，该公式还可以用于计算由 $\boldsymbol{a}$ 和 $\boldsymbol{b}$ 所构成的边的平行四边形面积，而且如果需要计算由 $\boldsymbol{a}$ 和 $\boldsymbol{b}$ 构成的三角形的面积，可以直接计算 $\|\boldsymbol{a}\times\boldsymbol{b}\|/2$，如图 16.29 所示。

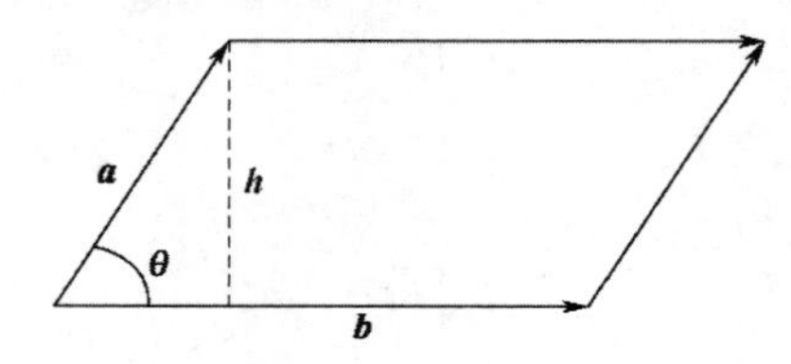

图 16.29　使用叉乘计算 $\boldsymbol{a}$ 和 $\boldsymbol{b}$ 所构成的边的平行四边形面积

（3）在 Unity 3D 中的使用。Unity 3D 中的向量类提供了计算叉乘的函数，它是 Cross (Vector3 lhs ,Vector3 rhs)，它将计算 lhs x rhs 的值。可以通过该函数计算某个面的法线向量，如现在给出一个平面上的 3 个点 *a*,*b*,*c*（例如，平面上的 3 个顶点），再任取其中一个点，并分别作为另外两个顶点的减数，那么便很容易求出该平面的法线向量。一般来说，法线向量主要是提供一个面上的正面朝向，也就是说只要提供方向信息便可以了，此时可以对它进行单位化处理，如图 16.30 所示。

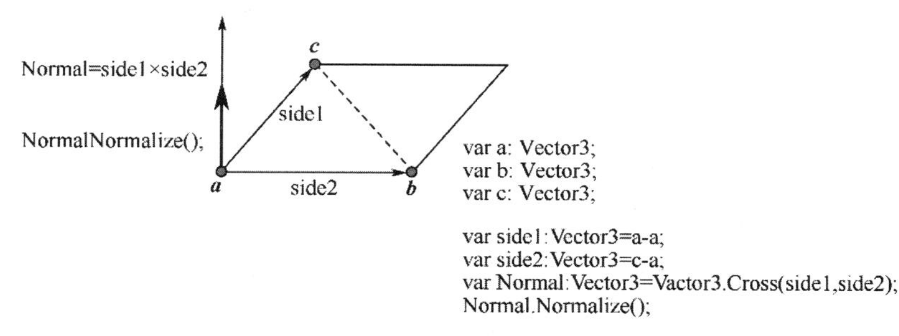

图 16.30　计算平面的法线向量

❖ **温馨提示**

图 16.30 中的写法是 JS 的语法，等价于 C#的写法如下：

```
Vector3 a;
Vector3 b;
Vector3 c;

Vector3 side1=b-a;
Vector3 side2=c-a;
Vector3 Normal=Vector3.Cross(side1,side2);
Normal.Normalize();
```

16.3　本章练习与总结

3D 数学是本书的难点之一，同时也是深入理解 3D 图形学底层原理的必要基础。3D 数学的灵活运用，对于开发优质高效的游戏项目至关重要。

希望读者在通读本章所讲重点概念之后（向量加法、减法、点乘、叉乘、归一化等），认真查阅图 16.16、图 16.25、图 16.26 等向量运算示例，结合本书所附演示教学项目，对本章知识点的学习会有一个更深入的掌握。

第 17 章 3D 图形学

○ **本章学习要点**

本章首先介绍 3D 图形学的基本概念与基本理论，然后学习 Unity 的图形渲染组件构成与使用、贴图、材质的概念与分类，最后讲解 Unity 图形学中非常重要且难度较大的着色器（Shader）理论。本章的内容无论从“质”还是“量”上都比较庞大，请读者们耐心、仔细、深入地进行研究与学习。

本章的细致学习为初学者进一步理解 Unity 的图形渲染与构成打下一个良好的基础，为构建绚丽多彩的游戏世界奠定强大的理论与实践基础。

○ **本章主要内容**

➢ 3D 图形学
➢ Unity 3D 图形渲染
➢ 贴图
➢ 材质
➢ 着色器(Shader)
➢ 本章练习与总结

17.1 3D 图形学概述

3D 图形学是一门相对比较晦涩复杂的学科，至少涉及以下知识点：“计算机图形学”、“3D 图形数学”、图形编程接口的 “OpenGL” 、“DirectX 11”等。本节不进行理论的深入探讨，只针对初学者需要知道的基本知识点进行一下梳理。

➢ 局部坐标系与世界坐标系

在二维空间里，描述一个点可以使用二维的笛卡尔坐标系。在三维空间中可以使用三维的笛卡尔坐标系来表示某点的空间位置，这些内容在本书 16.1 节中已经进行过详细讨论。3D 图形学中有很多的坐标系如世界坐标系、局部坐标系、屏幕坐标系、摄像机坐标系、惯性坐标系、嵌套式坐标系和描述坐标系等，但在游戏开发过程中我们用得最多的还是局部坐标系与世界坐标系。

➢ 父子物体

场景中所有的物体都在世界坐标系中有特定的位置（平移、旋转、缩放）。 每个物体都有自己的局部坐标系，假设现在有两个物体 A 和 B，B 以 A 的局部坐标系作为参考坐标系，那么可以称 B 是 A 的子物体，而 A 是 B 的父物体。

目前流行的游戏引擎中，父子关系的运用非常广泛。假设 B 是 A 的子物体时，当 A 进行移动、旋转或者缩放时，B 物体也会跟随进行变换。这种效果可以用来制作简单的摄像机跟随物体运动的效果，被跟随的物体作为父物体，摄像机作为子物体。

➢　多边形、边、顶点、面片

在目前的三维建模中，多边形建模是用得最多的一种建模方式。在第三方建模软件中（3D Max/Maya）使用多边形建模方式建成 3D 模型后，便可以导入 Unity 3D 中。在导入的过程中，Unity 3D 会把组成模型的面片（Meshes）转换为三边面，每个三边面称为一个多边形（Polygon），而这个三边面由 3 条边（Edge）组成，而每条边是由两个顶点（Vertice）组成。

多边形的数量和顶点的数量是影响游戏渲染速度的一个重要因素，在 3D 游戏场景的建模中，应该在模型效果与模型顶点数量之间取得一个平衡。

现在有很多技术可以提高模型数据的处理速度和容纳更多的多边形，如 LOD（层级细节）、Occlusion Culling（遮挡剔除）等（注：关于详细内容的探讨请参考本书第 20 章）。

❖ 温馨提示

渲染是计算机图形学中的一个重要概念，笔者给出一个相对好理解的解释，即渲染就是在二维的平面显示介质（例如，电脑屏幕）中，通过图形的变形与顶点变换等达到给人一种强烈三维立体感显示效果的技术。

17.2　Unity 3D 图形渲染

本节开始介绍 Unity 游戏引擎中关于 3D 图形渲染的重要组件，以及属性概念等。

17.2.1　Mesh Fillter 网格过滤器

网格过滤器（有的翻译为“网格适配器”）用于从资源库中获取网格信息（Mesh）并将其传递到用于将其渲染到屏幕的网格渲染器（Mesh Renderer）当中，此组件的目的主要是确定 3D 模型的外观形状与尺寸，如图 17.1 所示。

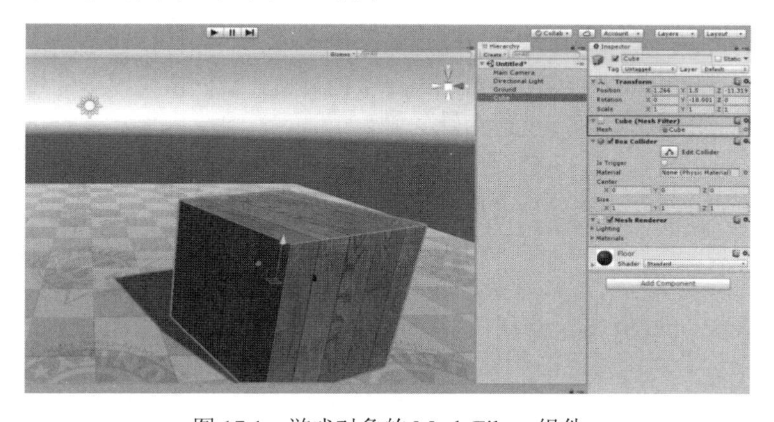

图 17.1　游戏对象的 Mesh Filter 组件

17.2.2 Mesh Renderer 网格渲染器

网格渲染器从网格适配器（Mesh Fillter）获得几何形状，并且根据物体的 Transform 组件的方位信息进行渲染显示（见图 17.2）。

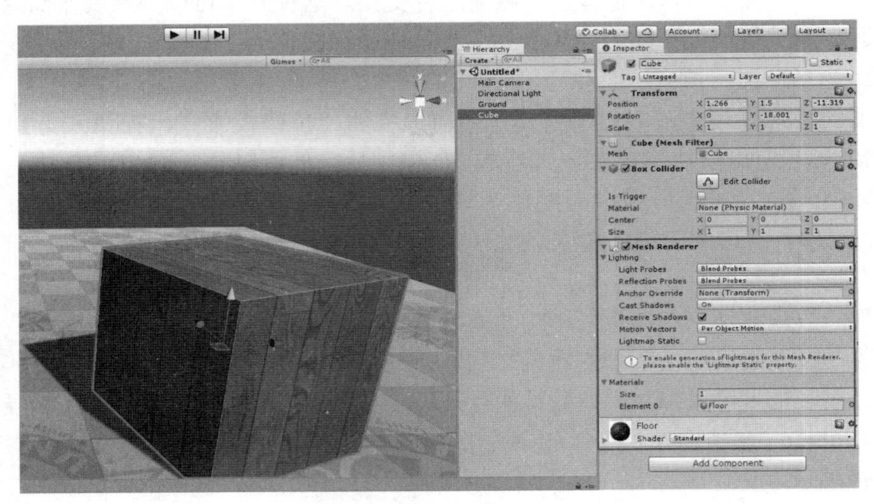

图 17.2 游戏对象的 Mesh Renderer 组件

网格过滤器（Mesh Fillter）与网格渲染器（Mesh Renderer）必须联合使用，使模型显示到屏幕上。Unity 中建立的每一个模型，都自动默认创建一个对应的网格过滤器和一个网格渲染器组件。

如果你将其中的任意组件移除，则必须手动重新添加它，否则模型不能正确显示。如果网格渲染器（Mesh Renderer）不存在或者被删除，则这个模型仍将存在于你的场景中。但是它将不会被绘制，也就是说你看不到任何显示。

Unity 2017 版本的 Mesh Renderer 网格渲染器组件相比以前版本的属性信息有了明显增加，定义如下：

- ➢ Lighting
- ❍ Light Probes　　光照探针
- ■ Off:　　关闭，不使用任何内插值光照探针。
- ■ Blend Probes:　　渲染器使用一个内插值光照探针，这是默认选项。
- ■ Use Proxy Volume:　　渲染器使用一个内插值三维网格光照探针。
- ❍ Reflection Probes　　反射探针
- ■ Off:　　禁用反射探针，天空盒子（Skybox）将被用于反射。
- ■ Blend Probes:　　启动反射探针，适用于室内环境，混合探针被应用在探头之间。如果没有反射探头，则渲染器仅做默认反射，默认反射探头之间没有混合。
- ■ Blend Probes and Skybox:启用反射探针，适用于室外环境，探头之间与默认反射混合处理。
- ■ Simple:　　启用探针，当有重叠（反射探头）时，探针之间不进行混合处理。

- Anchor Override : 当使用光照与反射探针时，确定内插值方位变换
- Cast Shadows: 阴影投射
  - On: 投射阴影。
  - Off: 不投射阴影。
  - Two Sided: 网格的任何一面投射双面阴影。
  - Shadows only: 投射阴影，但是网格不可见，即物体本身不显示。
- Receive Shadows: 接受阴影
- Motion Vector: 将运动矢量渲染到摄像机运动矢量纹理中
- Lightmap Static: 标记静态光照贴图。勾选复选表示对象位置是固定的，它将参与GI（全局光照）计算。如果没有标记静态光照贴图，则可以使用光照探头（Light Probes）

➢ Materials: 使用的材质列表

读者可以参照图 17.2 中 Mesh Renderer 的属性信息对比查阅。

17.2.3 Skinned Mesh Renderer 蒙皮网格渲染器

蒙皮网格渲染器（Skinned Mesh Renderer）在网格渲染器的基础上加入了对蒙皮网格的支持，一般主要针对人物角色等的渲染使用（见图 17.3）。

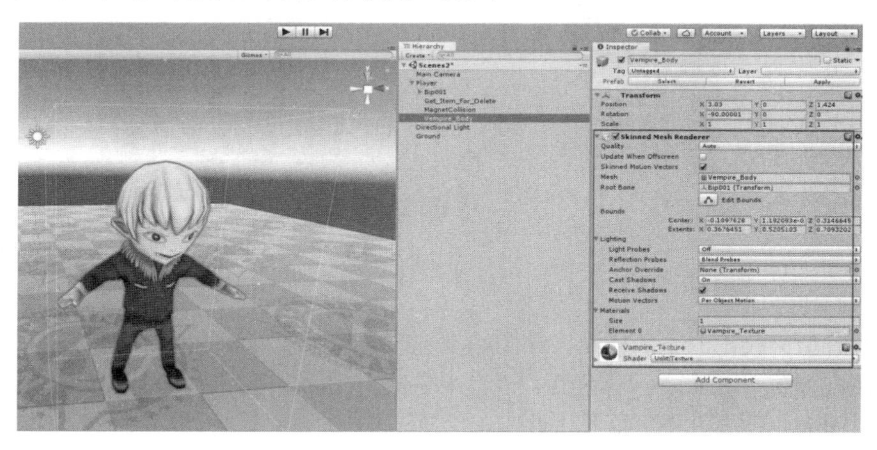

图 17.3 游戏对象的 Skinned Mesh Renderer 组件

Skinned Mesh Renderer 蒙皮网格渲染器的重要属性如下：

- Quality: 影响任意一个顶点的骨骼数量，包括自动、一个、二个和三个
- Update When Offscreen: 在屏幕之外时是否仍然更新骨骼动画
- Skinned Motion Vectors: 蒙皮运动向量
- Mesh: 指定对象的渲染器，本属性可以选择修改不同的网格对象
- Root Bone: 指定根骨骼
- Bounds: 模型占用的边框大小

- Lighting:　　　　光照信息
- Materials:　　　　材质信息

17.3 贴图

日常生活中所接触到的物质，呈现在我们面前的除了形状外，还包括了“固有颜色”与“质地”，即质感与光学性质。固有颜色就是物体的本来色彩，而质感决定了该物质是由什么材料（材质）制成的。

在三维建模软件中，一般使用三维建模工具创建物体的形态外观，使用贴图表现物体的基础颜色，使用材质表现物体的相应“质感”。Unity 中所有的材质都是由 Shader（着色器语言）编写而来的，由着色器语言编写的程序称为着色器。

每个物质除了形体，都具备“固有颜色”、“质感”和“光学性质”三种属性，这三种属性决定了该物质在视觉上的物理外观，以及在光线下呈现出的各种不同质感（见图 17.4 和图 17.5）。

图 17.4　陶瓷杯

图 17.5　玻璃杯

随着实时渲染技术的不断成熟，贴图越来越倾向于表现物体的固有颜色，而质感和光学特性的表现则分配给 Shader（着色器）语言来完成。

目前，Unity 把贴图分为如下几类：

- 二维贴图
- 视频贴图
- 渲染贴图

17.3.1 二维贴图

二维贴图就是一张普通的贴图。一般单个游戏模型的顶点数和多边形不能太多，否则影响模型的渲染速度，所以很多的细节都需要靠贴图来表现，如图 17.6 和图 17.7 所示。

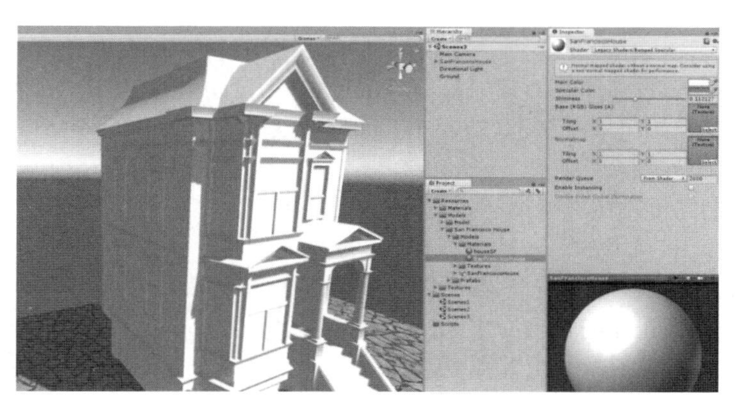

图 17.6　白模（没有贴图）房屋

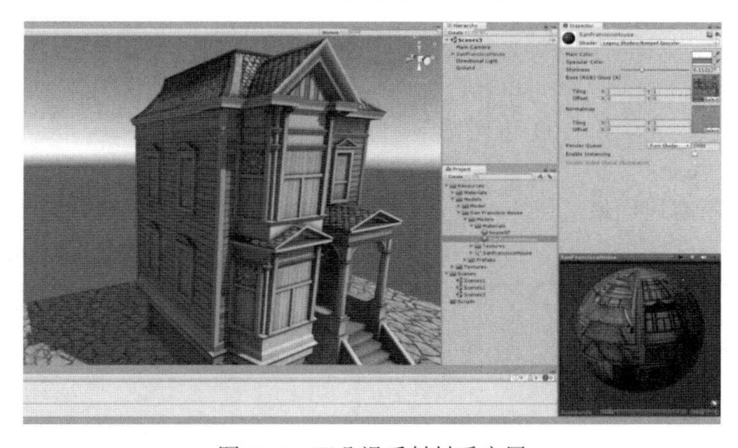

图 17.7　凹凸漫反射材质房屋

Unity 支持的图片格式有 PSD、TIFF、JPG、TGA、PNG、BMP、IFF、PICT 等，我们一般使用 PSD、TIFF、TGA 等无压缩或者无损压缩的高质量与高分辨率格式的贴图来制作“次时代”（注：“次时代”游戏代表高品质游戏）游戏。而对于手游（手机游戏）来说，由于受制于屏幕大小等原因，目前一般较多手游企业会采用 PNG、JPG 等格式。

关于二维贴图，尤其需要注意的是关于贴图尺寸的问题。一般建议游戏“模型贴图”的尺寸为 2 的 n 次幂，比如 2、4、8、16、32、64、128、256、512、1024、2048 pixels（像素）等，而如果是制作游戏 UI 或者是 2D 游戏精灵（Sprite）格式，则可以无须理会这个规则。

Unity 对导入的贴图尺寸会被默认缩放为 2 的 n 次幂进行显示。如果我们必须使用贴图的原尺寸进行显示（例如，UI 贴图、2D 精灵贴图格式等），则需要对贴图的属性做相关设置。例如图 17.8 中右上方的“Texture Type”属性改为“Editor GUI and Legacy GUI”或者“Sprite(2D and

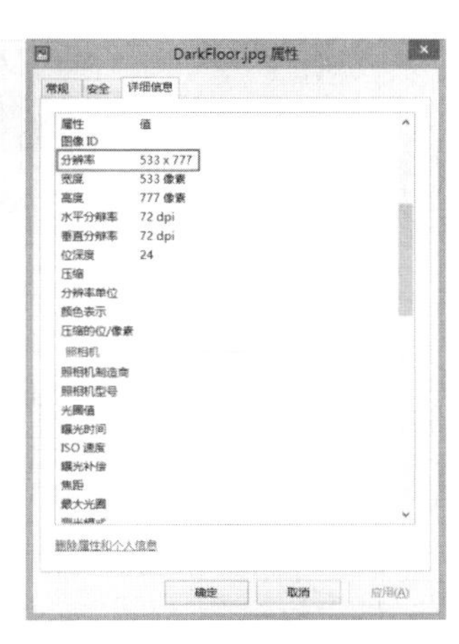

图 17.8　贴图实际尺寸

UI)”格式。

图 17.9 是贴图的实际尺寸，贴图在 Untiy 中会自动进行 2 的 *n* 次幂缩放。例如，“DarkFloor.jpg”的原始尺寸是 533×777，在 Unity 中默认（缩放）显示为 512×1024，如图 17.9 中框起来的红线部分数字。

Unity 2017 的二维贴图类型如图 17.8 所示，分类如下

- Default　　默认（普通）贴图
- Normal map　　法线贴图
- Editor GUI and Legacy GUI　　GUI 贴图
- Sprite(2D and UI)　　精灵贴图
- Cursor　　光标贴图
- Cookie　　遮罩贴图
- Lightmap　　光照贴图
- Single Channel　　单通道贴图

二维贴图属性（见图 17.10）介绍如下。

➢ Texture Type:

默认是用于所有纹理最常见的设置。它提供了对纹理导入的大部分属性的访问。

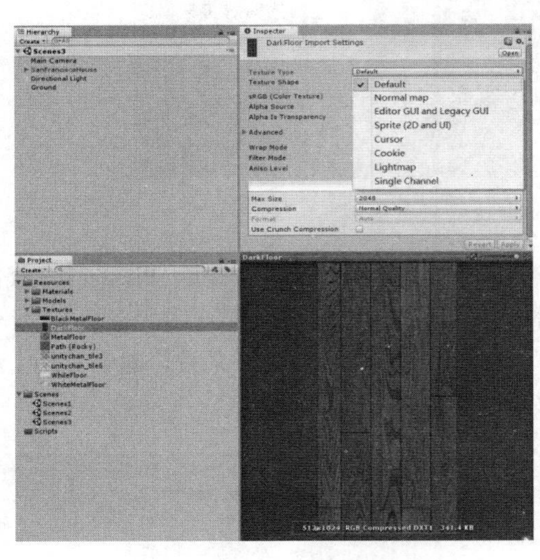

图 17.9　Unity 缩放尺寸

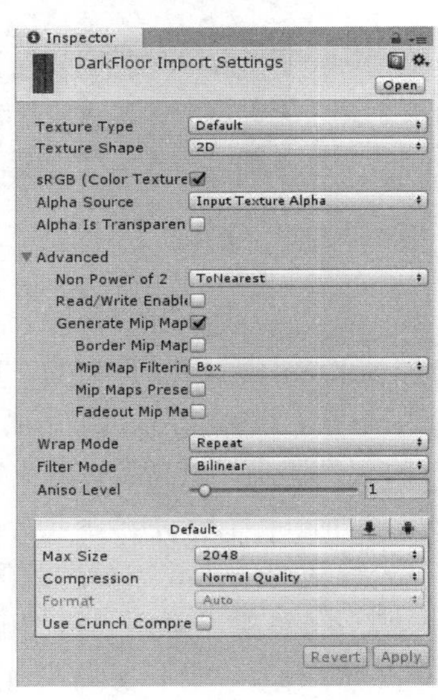

图 17.10　二维贴图属性

➢ Texture Shape:

定义纹理的形状。

➢ sRGB(Color Texture):

选中此框以指定纹理存储在伽玛空间，始终检查非 HDR 颜色纹理（如反照率和镜面颜色）。

➢ Alpha Source ：

指定纹理的 Alpha 通道是如何生成的。

■ None　导入纹理没有 Alpha 通道，不管输入纹理是否有一个。

- ■ Input Texture Alpha　如果提供纹理，则使用输入纹理中的 Alpha。
- ■ From Gray Scale　这将从输入纹理 RGB 值的平均值生成 Alpha。
- ➢ Alpha Is Transparency：　设置成透明
- ➢ Advanced：
- ■ Non Power of 2: 如果贴图的尺寸不是 2 的 n 次幂，需要给它一个缩放的方式。
- ◆ None: 无，纹理将被填充到下一个较大的 2 的次幂大小。
- ◆ To nearest:纹理在导入时将被缩放到最近的幂大小。例如，257×511 纹理将成为 256×512。
- ◆ To larger:纹理在导入时将被缩放到下一个较大的幂大小。
- ◆ To smaller:纹理在导入时将被缩放到下一个较小的幂大小。
- ■ Read/Write Enabled：启用读/写。
- ■ Generate Mip Map：生成 Mip Map 贴图，游戏场景中的贴图建议打开，但对于 UI 与 Sprite 贴图建议关闭。
- ■ Border Mip Map：防止在较低级别的 Mip Map 贴图时颜色在贴图边缘溢出，非常适合光照贴图的使用。
- ■ Mip Map Filtering：过滤 Mipmap 贴图以优化图像质量的方式。
- ◆ Box 盒：以最简单的方式淡出 Mip Map，随着尺寸的减小，Mip 级别变得更平滑。
- ◆ Kaiser 凯撒：随着尺寸的减小，锐化 Mip Map 运行。如果你的纹理在远距离变模糊，试试这个选项。
- ■ Mip Maps Preserve Coverage：MipMap 覆盖。
- ■ Fadeout Mip Maps：启用此项将使 Mip Maps 随着 Mip 级别的进展褪色为灰色，这个用于细节贴图。
- ➢ Wrap Mode：缠绕模式
- ◆ Repeat：重复模式。
- ◆ Clamp：采用截断方式。
- ➢ Filter Mode：过滤模式
- ◆ Point (no filter)：点性无过滤。
- ◆ Bilinear：双线性过滤。
- ◆ Trilinear：三线性过滤。
- ➢ Aniso Level：各向异性过滤级别。用于提高贴图的视觉质量，水准低，则远处的图片会变得模糊，但可以降低内存使用。

❖ **温馨提示**

Mip Map 贴图是一个包含了相同内容不同尺寸的图像列表，它是一种优化实时渲染的贴图技术。当摄像机较近时，使用高尺寸贴图；当摄像机较远时，使用尺寸较小的贴图。 建议场景中所有的模型贴图都要包含 Mip Map，但是用于 GUI 的贴图要取消 Mip Map 贴图，这样才能保证 GUI 贴图的清晰度。

下面我们具体介绍一下二维贴图的分类与含义。

- 法线贴图（Normal map）：根据基本贴图的灰度级别把贴图转化为法线贴图。法线贴图是现代游戏，尤其是次时代游戏中运用最广泛的贴图之一，它可以通过改变模型表面的法线方向，使得低多边形模型呈现更多的细节效果（见图 17.11）。

法线贴图与普通贴图相比，增加了属性 Create from Greyscale，即利用贴图灰度数值创建。

- 编辑器 GUI 与 Legacy GUI 贴图（Editor GUI and Legacy GUI）：如果导入的贴图用于 UI 界面（主要在传统的 OnGUI 界面技术）或者编辑器中的贴图显示使用，则建议把贴图定义为 GUI 类型（见图 17.12）。

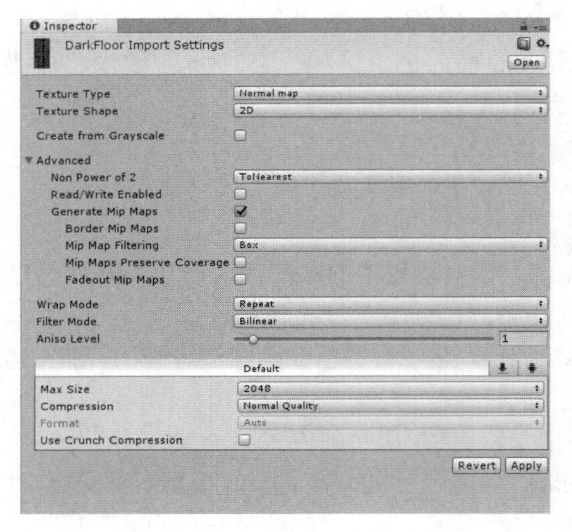

图 17.11　法线贴图

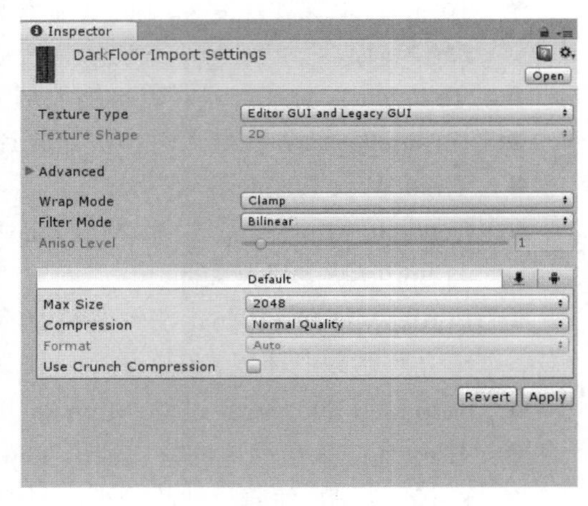

图 17.12　编辑器 GUI 贴图

- 精灵贴图 Sprite（2D and UI）：精灵贴图是 Untiy 2D 技术增加的一种 2D 贴图格式类型。这种贴图类型一般除了在 Unity 2D 中作为 Sprite 使用外，也在 UGUI 中用于 UI 界面的显示，如图 17.13 所示。
- 光标贴图 Cursor：此种类型的贴图用于鼠标自定义光标效果显示，如图 17.14 所示。

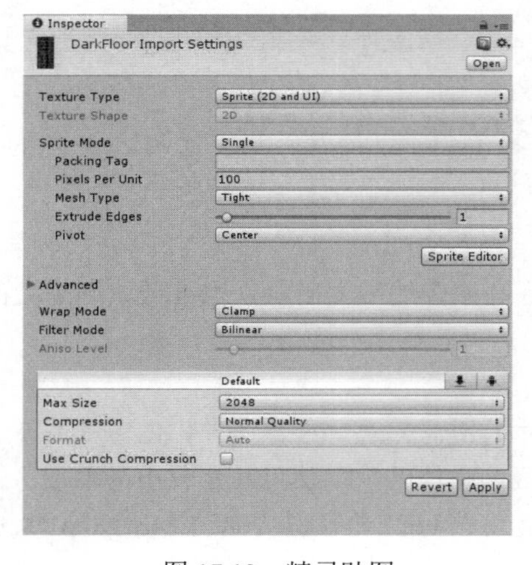

图 17.13　精灵贴图

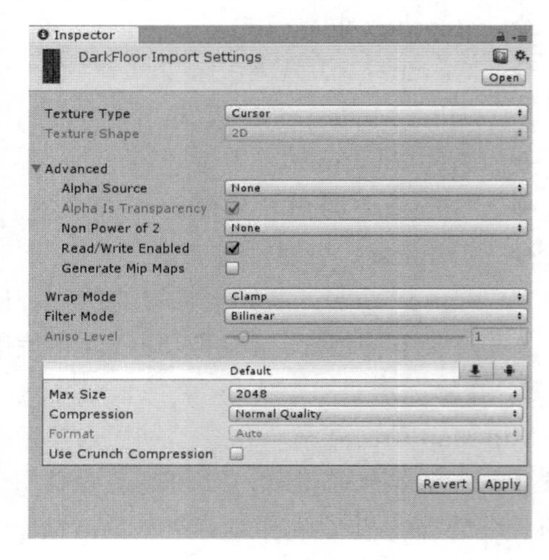

图 17.14 光标贴图

- 遮罩贴图 Cookie：该类型用于把贴图转换为用于灯光 Cookie 效果的贴图，一般用于对光线做遮挡处理，如图 17.15 所示。

● 光照贴图 Lightmap：如果是从第三方建模软件中烘焙出来的光照贴图导入到 Unity 3D 中，最好把该贴图定义为 Lightmap 类型，如图 17.16 所示。

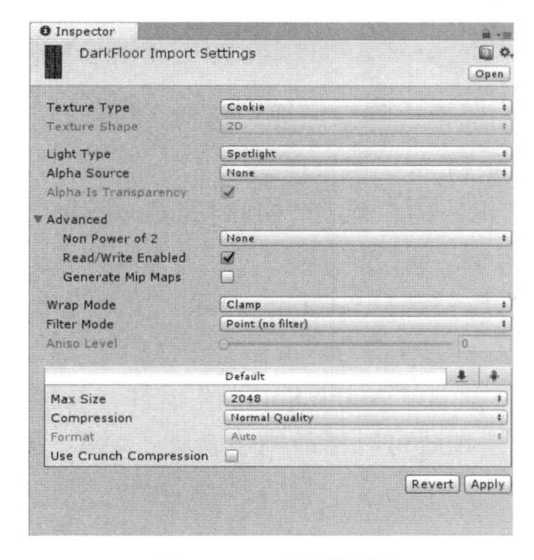

图 17.15　遮罩贴图

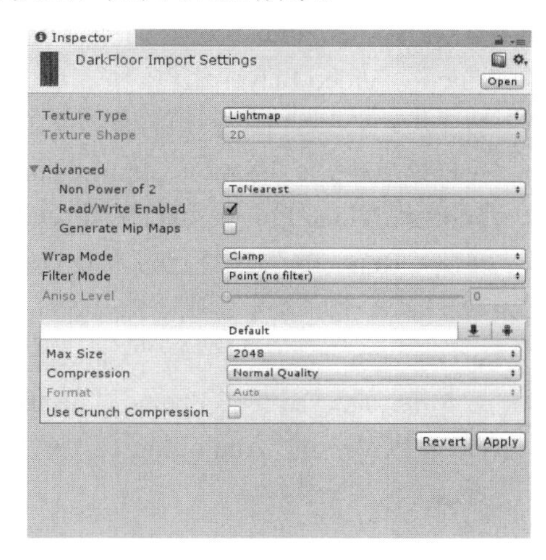

图 17.16　光照贴图

● 单通道贴图 Single Channel：如果您只需要纹理中的一个通道，请选择单通道贴图类型，如图 17.17 所示。

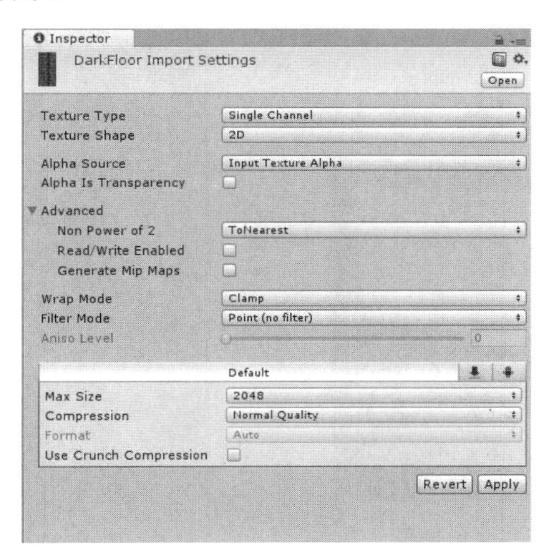

图 17.17　单通道贴图

17.3.2　视频贴图

目前 Unity 2017.x 版本有两种方式播放视频：第 1 种方式是视频贴图（MoveTexture），第 2 种方式其实是 Unity 5.6 以上版本开始支持的 VideoPlayer 组件方式。两者重要的不同之处是老版本在播放视频的时候移动端是需要借助第三方插件的，现在 Unity 自带的 VideoPlayer 完美地解决了这个问题，并且功能非常强大。

➢　VideoPlayer 组件方式

推荐使用 VideoPlayer 组件方式播放视频方式，分 5 个步骤完成视频的播放演示。

- ❍ 第 1 步：新建一个场景，建立 Plane 对象，并且放置在 3D 世界中的合理位置，如图 17.18 所示。
- ❍ 第 2 步：在 Plane 对象的属性视图中，单击“Add Component”按钮，依次选择 Video-->Video Player 组件。
- ❍ 第 3 步：Video Player 组件的“Video Clip”属性选择添加视频剪辑。Unity 支持多种视频播放格式，有.mov、.mpg、.mpeg、.mp4、.avi 和.asf 等。
- ❍ 第 4 步：Video Player 组件的“Renderer Model”属性选择“Material Override”选项。确认“Renderer”属性已经默认选择了“Plane”对象。

如果我们需要全屏显示，则“Renderer Model”属性选择“Camera Near Plane”选项。同时把“Main Camera”对象赋值给“Camera”属性。

- ❍ 第 5 步：此时需要在 Plane 对象的属性框中增加“Audio Source”组件，并且赋值给 Video Player 的“Audio Source”属性，这样视频就可以播放同步音频了。详见图 17.19 所示。

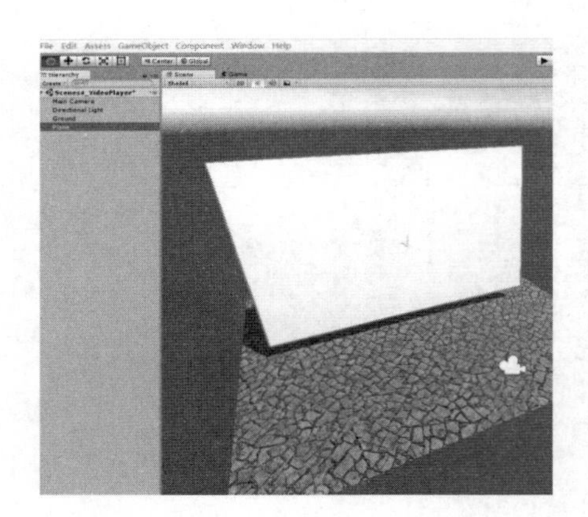

图 17.18 建立一个演示场景

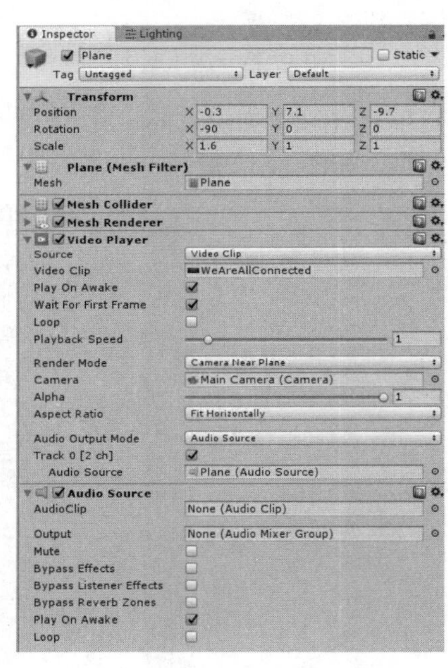

图 17.19 Video Player 组件属性

注：演示视频文件在随书资料本章节的开发素材目录下可以找到。

➢ 视频贴图方式

Unity 也可以使用视频贴图的方式来播放视频，但需要提前安装插件 QuickTime。它可以播放的视频文件有 mov、.mpg、.mpeg、.mp4、.avi 和.asf 等，作为一种动态的贴图贴附在物体上，从而实现在场景中播放视频的效果。

项目中制作视频贴图，一般需要如下 9 个步骤。

❍ 第 1 步：首先确保电脑安装 QuickTime 软件并且需要重启。（注：QuickTime 播放软件在本章的开发素材目录中可以找到）。

❍ 第 2 步：在 Scene 场景中添加 Plane 对象并且正对摄像机，如图 17.20 所示。

- 第 3 步：项目视图中导入*.mov 文件，并且在对应的属性窗口中可以预览视频，否则视频是不能正常播放的。
- 第 4 步：单击项目视图中的视频文件，在属性视图最上方选择视频类型，“MovieTexture(Legacy)”并且单击“Apply”按钮确认选择，如图 17.21 所示。

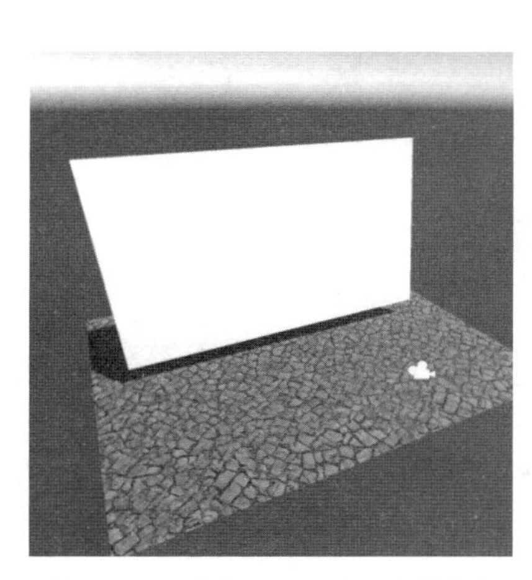

图 17.20　建立 Plane 且正对摄像机

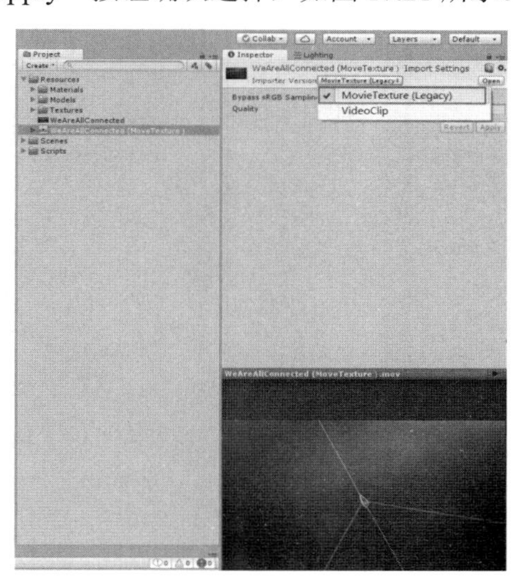

图 17.21　视频文件选择类型

- 第 5 步：首先建立材质 MoveTextures 对象，在属性框最上方的 Shader 中依次选择“Legacy Shaders”→“Self Illumin”→“Diffuse”，如图 17.22 所示。
- 第 6 步：单击 MoveTextures 对象。项目视频中的原始视频文件，赋值其 MoveTextures 对象的“Base(RGB) Gloss(A)”属性（添加视频），如图 17.23 所示。

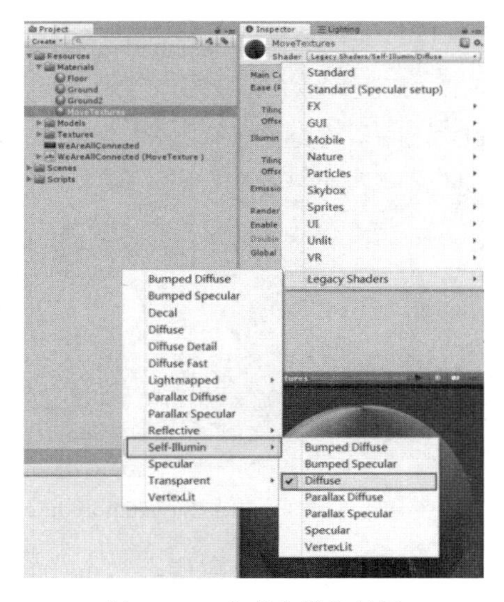

图 17.22　定义自发光材质

- 第 6 步：拖动自发光材质（MoveTextures 对象）到 Plane 对象上。

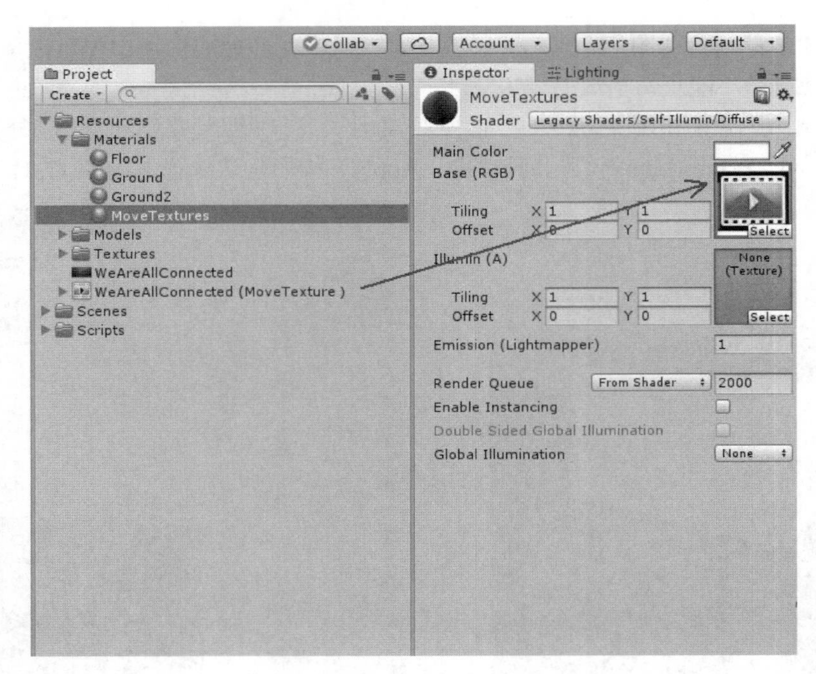

图 17.23　自发光材质赋值视频贴图

- 第 7 步：给 Plane 游戏对象添加 Audio Source 组件，并且赋值视频中的音频源（见图 17.24）。

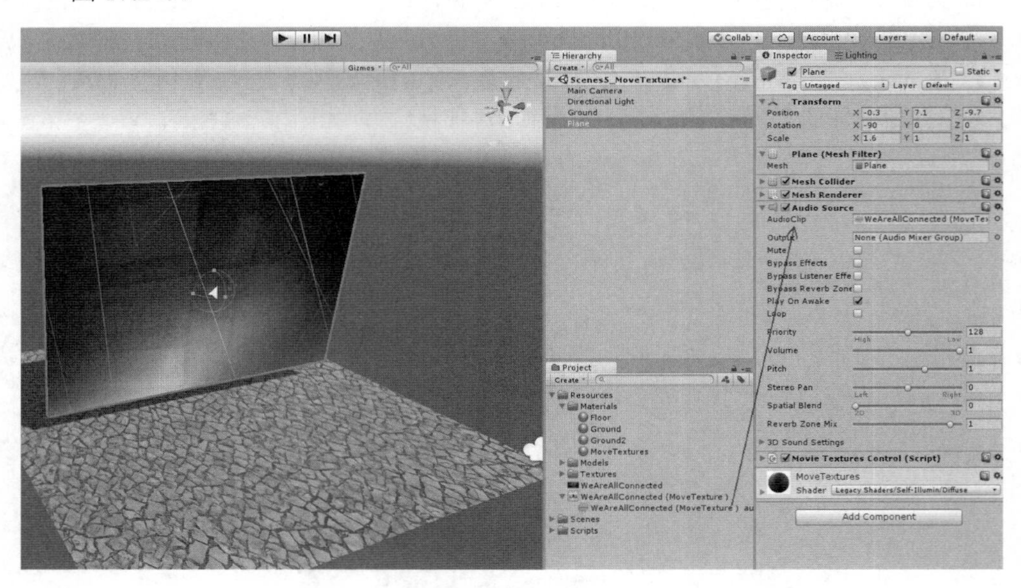

图 17.24　给 Plane 游戏对象添加 Audio Source 组件

- 第 8 步：编写视频控制播放脚本，并且赋值给 Plane 游戏对象。脚本代码如图 17.25 所示。

```
21 public class MovieTexturesControl:MonoBehaviour
22 {
23     public MovieTexture Mov_moviTexuter;          //视频贴图
24 
25     void Start(){
26         this.gameObject.GetComponent<Renderer>().material.mainTexture = Mov_moviTexuter;
27         this.gameObject.GetComponent<AudioSource>().clip = Mov_moviTexuter.audioClip;
28     }
29 
30     void Update(){
31         //开始播放
32         if (Input.GetKey(KeyCode.P)) {
33             //播放音频
34             this.gameObject.GetComponent<AudioSource>().Play();
35             //播放视频
36             Mov_moviTexuter.Play();
37         }
38         //停止播放
39         else if (Input.GetKey(KeyCode.S)){
40             this.gameObject.GetComponent<AudioSource>().Stop();
41             Mov_moviTexuter.Stop();
42         }
43     }
44 }//Class_end
```

图 17.25　播放视频的控制脚本

- 第 9 步：在 Game 窗口中单击预先定义好的开始与结束按键（按键“P”与“S”）播放与暂停视频。

17.3.3　渲染贴图

在游戏与虚拟现实项目中，开发类似实时监控录像和导航地图等功能的实现，Unity 提供了渲染贴图技术。渲染贴图的用法与二维贴图的用法相似，只是贴图是动态的，其内容由场景中的摄像机获取。

以前面（视频贴图）建立的场景（图 17.24）为基础，演示制作渲染贴图的示例步骤与作用。

- 第 1 步：创建一个渲染贴图类型材质（Render Texture），重命名为“RenderTexture1”如图 17.26 所示。
- 第 2 步：创建一个摄像机“Camera RenderTex”对象（做监控使用），并且对准“视频贴图”场景中的 Plane 对象。

把渲染贴图“RenderTexture1”赋值给摄像机的“Target Texture”属性（见图 17.27）。

- 第 3 步：创建一个 Plane，重命名为“Plane_Render”对象。这里的“Plane_Render”对象相当于监控摄像机的功能。

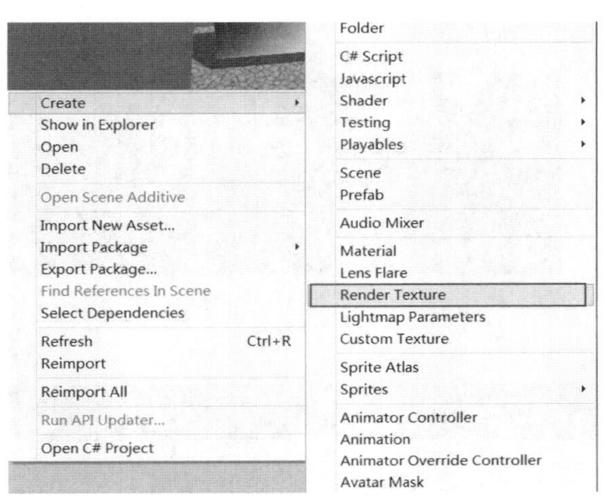

图 17.26　添加 Render Texture

- 第 4 步：在项目视图中创建自发光材质（命名为“SelfIllumins”），添加“第 1 步”中的“RenderTexture1”，并且把材质赋值给“Plane_Render”对象。

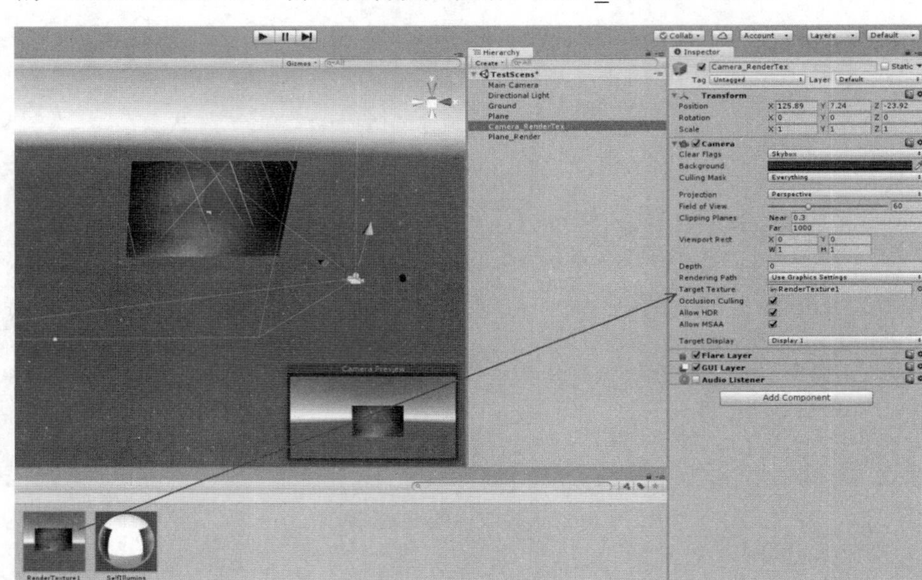

图 17.27 创建一个（渲染）摄像机

- 第 5 步：运行程序，在 Game 视图中观看渲染贴图的效果。新 Plane（名为“Plane_Render”）中所显示的内容是取自“第 2 步”中新建立摄像机所拍摄到的内容，具体如图 17.28 所示。

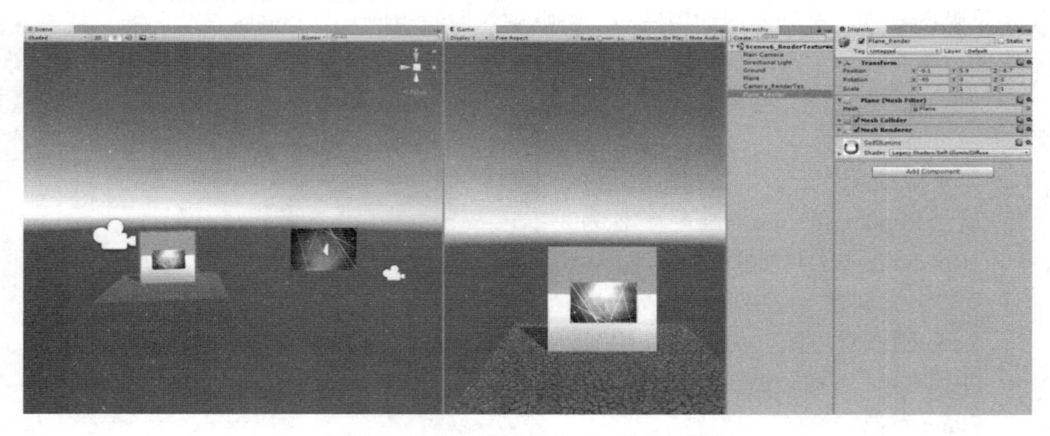

图 17.28 渲染贴图（左 1）显示效果图

17.4 材质

贴图用于决定物体的固有颜色，材质则用于表现物体的质感特性。例如，我们日常生活中室内墙体的白色与 A4 纸张的白色，其固有颜色是相同的，但是质感完全不同。图 17.29 展现了基于物理着色效果（Physically Based Shading，简称 PBS）的逼真场景。

图 17.29　基于 PBS 的官方宣传场景

17.4.1　基于物理着色（PBS）的材质系统

材质球是 Unity 里面所有 3D 物体渲染时必须用到的一种资源，如字面解释一样，材质球规定了 3D 物体的材质。在渲染物体或者粒子之前，首先要规定它们的材质，如果材质丢失，则会显示为紫红色。

当我们创建一个 Unity 内置基本对象（物体）时，它会自动生成一个默认的材质球，这个材质球是无法更改的。我们可以在项目视图中创建一个材质球（项目视图中，鼠标右击弹出菜单，单击“Create” --> “Material” 即可），这样我们就可以定义自己想要的材质，然后给游戏对象附加材质，如图 17.30 所示。

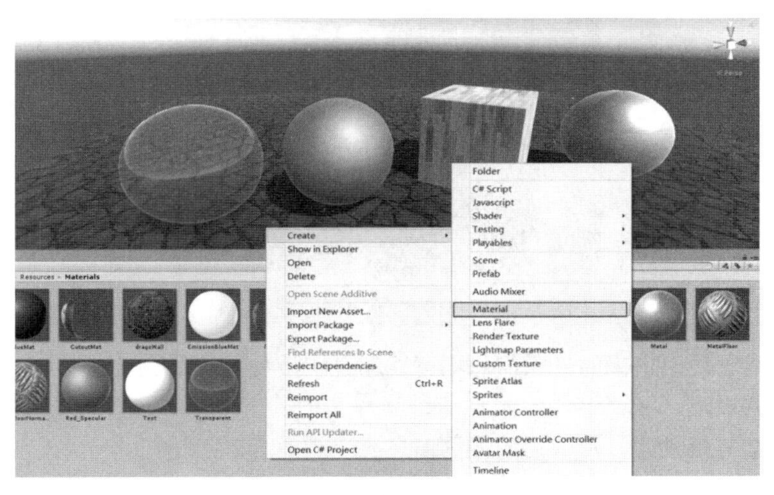

图 17.30　新建 Material

材质（Material）从本质上讲就是使用“着色器”（Shader）编程语言开发出的一种游戏对象渲染效果图，对于“着色器”部分，我们将在（17.5 节）中进行详细探讨。

Unity 公司从 Unity 5.x 开始就全部重写了所有 Shader 底层管线的实现，基于物理着色效果（Physically Based Shading，简称 PBS）更加方便易用，并且具有强大的 Shader 3.0 系统（同时兼容 2.0 Shader 系统）。

PBS 是基于物体表面材质属性的着色方法，与之前的 Blinn-Phong 等算法不同。PBS 通过对物体表面的材质属性与周围光照信息进行着色计算，它模拟光线在现实中的行为，而不是使用多个特定的模型来模拟，因为后者可能会在一些情况下失效，这使得整个场景更加真实。

基于物理着色的想法是创建一种友好的方式来实现在不同的光照条件下的逼真效果。为实现这种效果，它要遵循一些物理原理，包括能量守恒、Fresnel 反射、高动态范围（HDR）等。PBS 遵循的物理能量守衡原理（见图 17.31）主要体现在以下 3 个方面：

图 17.31　PBS 能量守恒原理示意图

- 一个对象反射出来的光照信息不可能超过它接受到的信息。也就是说全反射是一个物体的极限。
- 一个物体越光亮，那么它的颜色信息应该越少。
- 一个物体越平滑，那么它的高亮点会越小并且越亮。

高动态范围（HDR）指在通常的 0~1 范围内的颜色。例如，太阳可以很容易比蓝色的天空亮十倍。例如图 17.32 场景中的小汽车反射在车窗内的阳光比场景中的其他物体亮得多，因为它使用 HDR 处理过了。

图 17.32　经过 HDR 处理过的小汽车玻璃反射效果

❖ 温馨提示

本章部分截图来自 Unity 官方文档 API，感兴趣的读者可以参考链接 https://docs.unity3d.com/Manual/shader-StandardShader.html。

17.4.2　材质球属性

PBS 在 Unity 2017.x 中默认的材质均被 Standard Shader 和 Standard （Specular setup) Shader 替代。我们可以认为，Standard 系列的 Shader 就是 Unity 中的 PBS 实现。材质球作为一种资源，有其自己的属性，重要属性如图 17.33 所示。

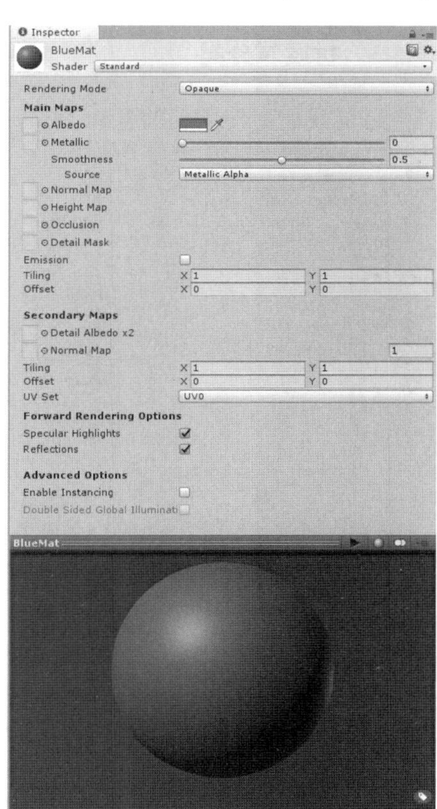

图 17.33　材质球属性

➢ Shader：着色器分类
➢ Rendering Mode:
❍ Opaque：不透明。
❍ Cutout：抠像（镂空）。用于剔除贴图中的部分内容，透明度不是 0%就是 100%，不存在半透明的区域。
❍ Fade：褪色（隐现）。适用在物体实现淡入淡出的效果时，与 Transparent 的区别为高光反射会随着透明度而消失。
❍ Transparent：透明。适用于像彩色玻璃一样的半透明物体，高光反射不会随透明而消失。
➢ Main Maps:　主贴图
❍ Albedo:　反射率。
❍ Metallic:　金属高光。
❍ Smoothness:　表面光滑度。
❍ Normal Map:　法线贴图。
❍ Height Map:　高度映射（常与与法线贴图配合使用，用于突出绘制大疙瘩和突起的表面）。
❍ Occlusion:　遮挡贴图（对于间接光线的吸

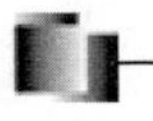

收率）。

- Emission: 自发光。
- Detail Mask: 细节遮罩。
- Tiling: 铺设方式。
- Offset: 偏移量。
- Secondary Maps: 第二贴图
- Detail Albedo x2: 第 2 个细节反射率。
- Normal Map: 法线贴图。
- Tiling: 铺设方式。
- Offset: 偏移量。
- UV Set: UV 设置。
- Forward Rendering Options: 向前渲染选项。
- Specular Highlights: 镜面高光。
- Reflections: 反射。
- Advanced Options: 高级选项
- Enable Instancing: 可以实例化。
- Double Sided Global Illumination：双面全局光照。

17.4.3 材质球分类

目前我们所使用到的各种 Unity 材质类型，从本质上讲就是 Unity 提供给我们已经写好的通用标准 Shader（Standard Shader），或者更确切地说是内置标准 Shader（The Built-in Standard Shader）。

根据材质的构成要素： 固有颜色、质感、光学性质，我们可以，把 Unity 内置的大量标准材质进行分类如图 17.34 所示。

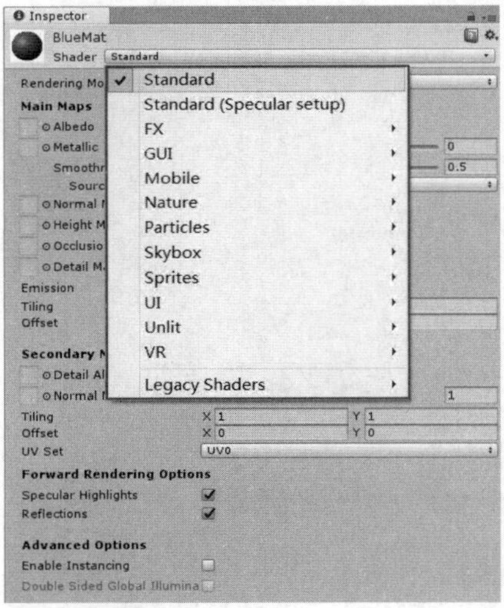

图 17.34 材质球分类

Unity 2017.x 标准着色器按照专门用途进行分类，大体可以分为以下类别。

- Standard: 标准着色器
- Standard（Specular setup） 标准镜面着色器
- FX: 前置着色器
- GUI: GUI 界面图形
- Mobile 移动设备，简化的高性能着色器
- Nature: 自然，树木和地形
- Particles: 粒子系统效应
- Skybox: 渲染背景环境在所有几何
- Sprites: 使用 2D 精灵系统
- UI 用户 UI 界面

- Unlit：　　　　　　　　　　不受光渲染材质，完全绕过所有的光照，性能最高
- Legacy Shaders：　　　　　遗留的低版本着色器集合

Unity 2017.x 中对材质系统的改进，进一步促进了 Unity 3D 画质效果的提升。 而基于 PBS 的着色系统，也让美术人员在实现某些高级效果的时候，有了更多的选择。虽然 Unity 提供给我们大量的内置材质库，但是就图形学中一些基本的材质类型是不变的，现在配合 Unity 的 PBS 系统进行讲解。

➢ 标准材质类型

- 漫反射材质 Diffuse

漫反射材质是 Unity 开发过程中用得最常见的材质，也是创建一个游戏对象的默认材质。

漫反射材质的基本原理是： 当光线照射到物体表面，由于物体表面的凹凸不平，导致光线向各个方向反射回去，在理想状态下我们认为光线向各个方向反射的量是相同的。不难理解，我们无论从哪个角度观察物体，在物体上的某个点看上去都是一样亮的。也就是说我们的眼睛从各个角度接收到来自这个点的光线量都是相同的。

日常生活中的大量材质一般都是漫反射材质。典型的例子就是电子教室的投影仪幕布，仔细观察这种幕布，其表面是由非常细小的凹凸点组成的，这样可以确保投影仪的光线投影到幕布上时，光线比较均匀地反射映入我们的眼睛。

漫反射光线射在物体上，根据物体表面的朝向和颜色，会呈现出不同的颜色和亮度。Unity PBS 中通常通过定义不透明（Opaque）渲染类型（Render Mode），反射率（Albedo）属性定义需要的颜色或者贴图，同时确保高光（Metallic）与光滑度（Smoothness）为 0 即可。如图 17.35 所示。

- 凹凸漫反射（Bumped Diffuse）

这类材质在漫反射颜色的基础上加入了一张 NormalMap 法线贴图，以此模拟物体表面的凹凸不平。

Unity PBS 的实现方法是在漫反射材质的基础上，增加一张法线贴图（NormalMap），如图 17.36 所示。

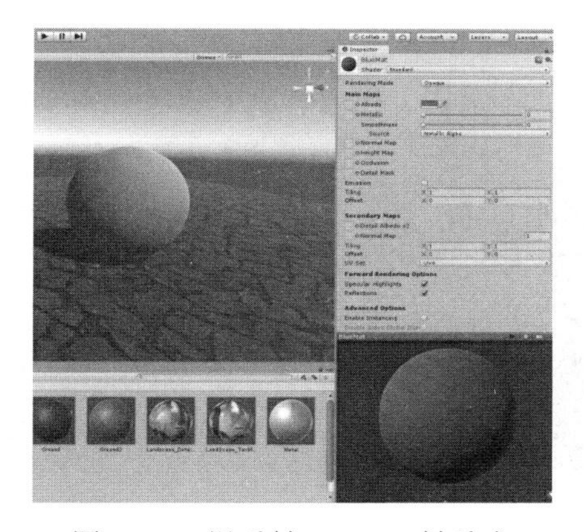

图 17.35　漫反射 Diffuse 材质球

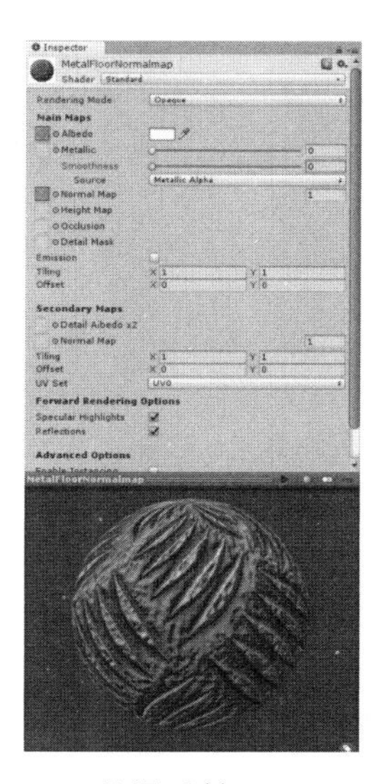

图 17.36　凹凸漫反射 Bumped Diffuse

所谓法线，就是与物体表面垂直的向量。使用法线贴图可以很好地以贴图的形式表现物体坑洼不平的表面细节。 这样可以很好地代替使用模型线条的方式，并且能大幅度降低系统渲染压力。

创建法线贴图的步骤：首先在 Unity 项目视图中复制（Ctrl+D）一份贴图且重命名。然后对复制后的贴图，在属性视图的“Texture Type”中选择“Normal map”。最后勾选“Create from Grayscale”，并且单击下方的“Apply”按钮。效果如图 17.37 所示。

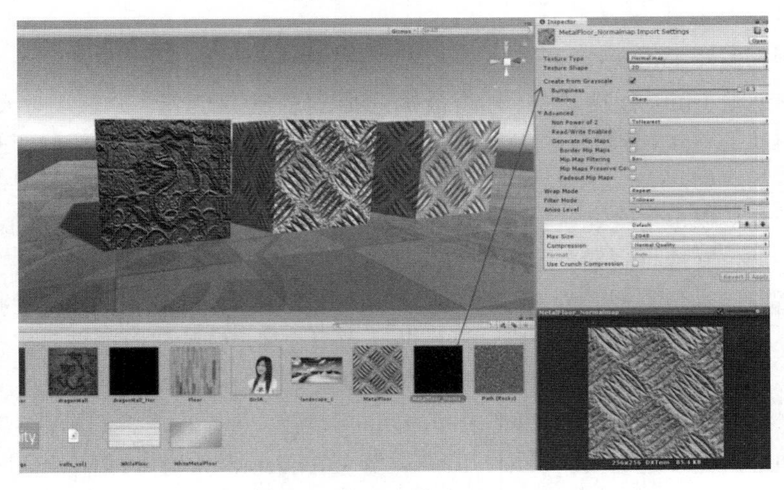

图 17.37　创建法线贴图(NormalMap)

❍　高光材质（Specular）

这种材质在漫反射的基础上加入了高光的属性，使用“Specular”属性调节颜色。然后通过“Smoothness”属性使物体表面更加光滑，如图 17.38 所示。

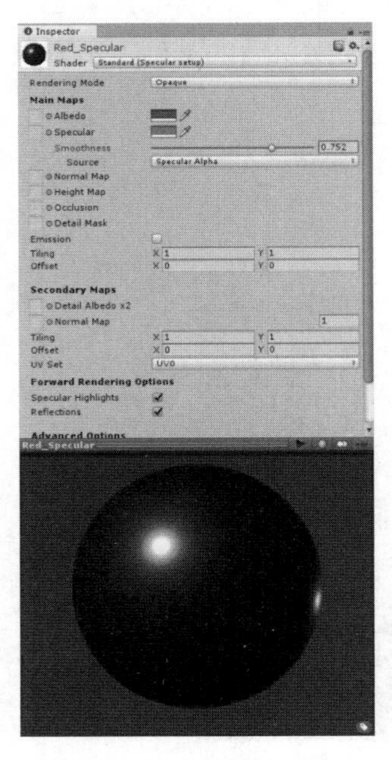

图 17.38　创建高光属性

❍　凹凸高光（Bumped Specular）

这种材质就是凹凸漫反射材质+高光材质的累加效果。具体实现方法就是在凹凸漫反射（Bumped Diffuse）的基础上改变属性框“Shader”为“Standard(Specular setup)”，然后 Specular 选择高光色即可。

❍　贴花（Decal）

这种材质的特点是在基础材质上叠加另一种贴图材质。最简单的实现方式就是通过“Secondary Maps”的“Detail Albedo x2”属性，在主贴图上混合另一张贴图，如图 17.39 所示。

在制作以上贴花材质时，需要注意的是被混合附加的贴图如果背景不是完全透明的，则混合效果不好。解决方法是单击贴图，在属性视图中，Alhpa Source 选择“Input Texture Alpha”，勾选“Alpha is Transparency”，最后单击“Apply”按钮应用，如图 17.40 所示。

图 17.39　贴画（Decal）材质

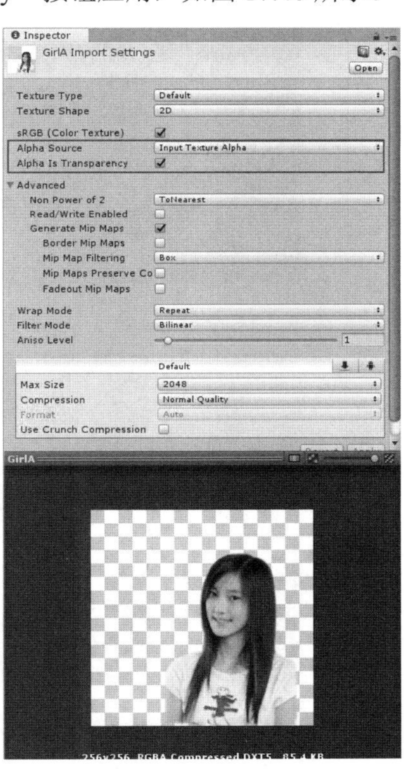

图 17.40　设置贴图透明度

➢　透明材质类型

透明材质包含很多的材质类型，这类材质都支持物体的透明显示特性。透明材质是模拟水或者玻璃这些带透明的物体，使我们可以穿过这个物体看到物体之后的景色。Unity 2017.x 版本的 PBS 有多种实现方式。

❍　使用“抠像”（Cutout）渲染模式

❍　使用“褪色”（Fade）渲染模式

❍　使用“透明”（Transparent）渲染模式

3 种方式制作的步骤大体相同："抠像"（Cutout）方式实现透明材质是定义一个材质，在"渲染模式"（Rendering Mode）选择"Cutout"（见图 17.41）。而"褪色"（Fade）与"透明"（Transparent）则选择不同的类型即可。这里"褪色"与"透明"显著的不同之处在于，"褪色"渲染模式可以通过颜色调色板中的"A"(Alhpa) 设置为完全消失，从而可以实现游戏对象的"淡入淡出"效果（见图 17.42）。

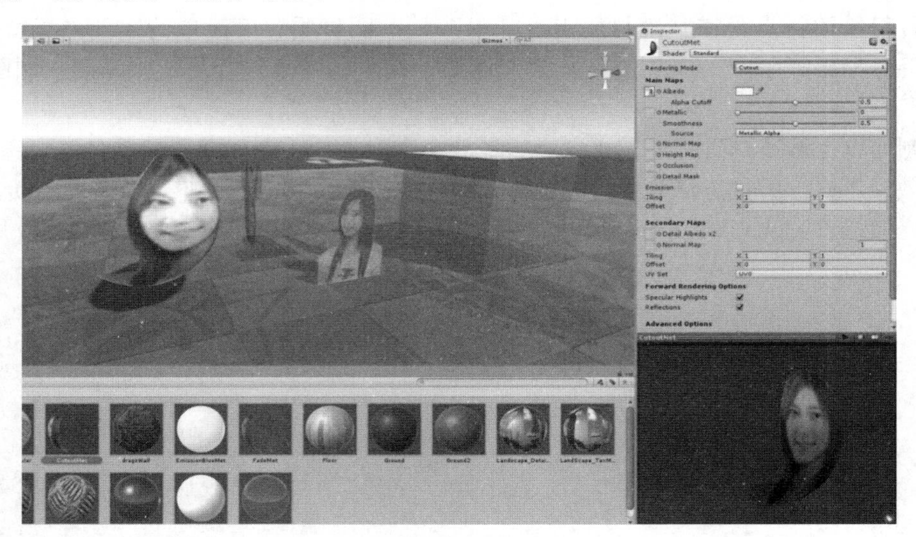

图 17.41　抠像（Cutout）透明材质

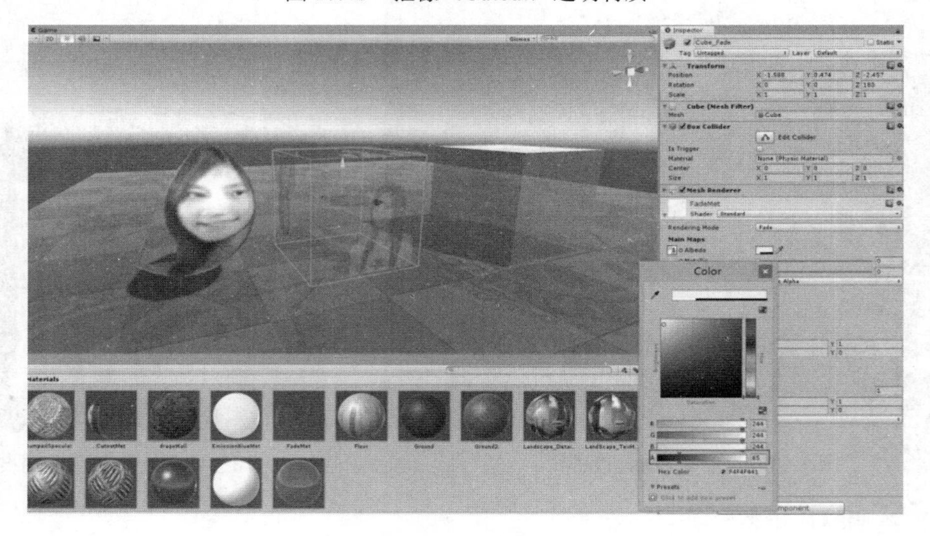

图 17.42　调节对象透明度

❖ 温馨提示

在开发具备透明效果的材质时，其提供的贴图必须具备 Alpha 通道，即贴图具备透明特性（如常用的 PNG 格式贴图）。如果我们只能获取无 Alpha 通道的贴图（如手游开发中常用的 JPG 格式贴图），则我们可以通过勾选贴图属性窗口中的"Input Texture Alpha" 或者"From Grays Sale" 使得贴图根据自身 Alpha 数值或者灰度级别获取 Alpha （透明）通道。

➢　自发光材质类型

自发光材质是在基础的材质上加入了物体的自发光特性，使得物体变成了一个发光体。但需要注意的是，这种光仅仅在渲染该材质的物体时有用，并不会照亮其他的物体。

自发光材质一般用于类似灯泡的发光体物体，就算完全没有光照射在它们身上，它们也会显示出自己的颜色，Unity PBS 中通常通过“Emission”属性添加自发光特性。如图 17.43 所示。

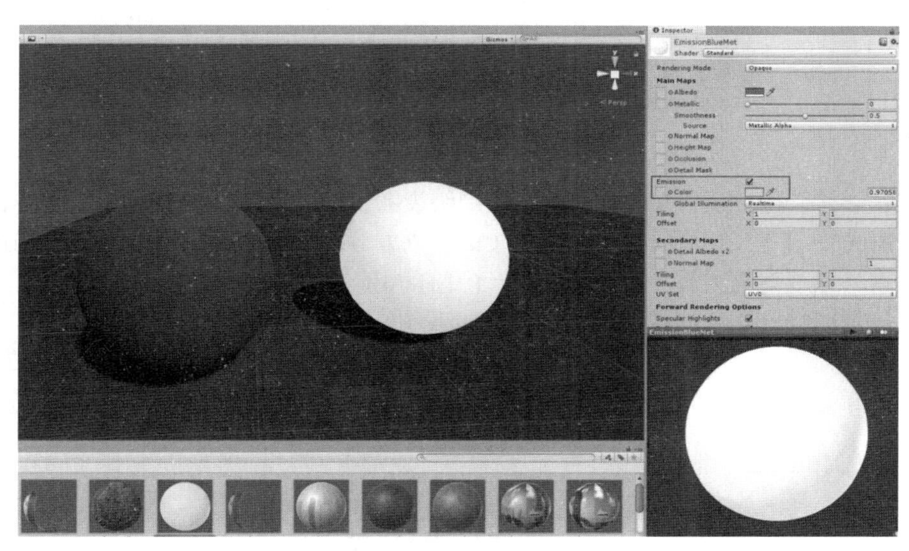

图 17.43　自发光材质

❖ **温馨提示**

本书附赠的学习资源中有关于本章材质内容的项目工程文件，请读者自行查阅学习。

➢　反射材质类型

反射是一种光学特效，类似我们日常生活中的镜子、光滑金属表面等物体的光线反射现象。传统上我们可以使用“Reflection mapping”（Unity 4.x 低版本）材质，或者专门写较为复杂的 Shader 实现。

虽然 Unity 2017.x 没有专门的 PBS 实现手段，但是从 Unity 5.x 以后的版本中我们可以通过反射探针（Reflection Probe），实现简单的镜面反射效果（注意：这里的“Reflection Probe”技术我们在 6.3 节中有所讲解）。具体实验步骤如下所示。

- 第 1 步：首先搭建一个简单的场景（见图 17.44）。场景后面是一个反射墙面，墙面采用 Plane，且材质采用如图 17.45 所示的参数，“Metallic”金属高光与“Smoothness”光滑度都设置为 1。

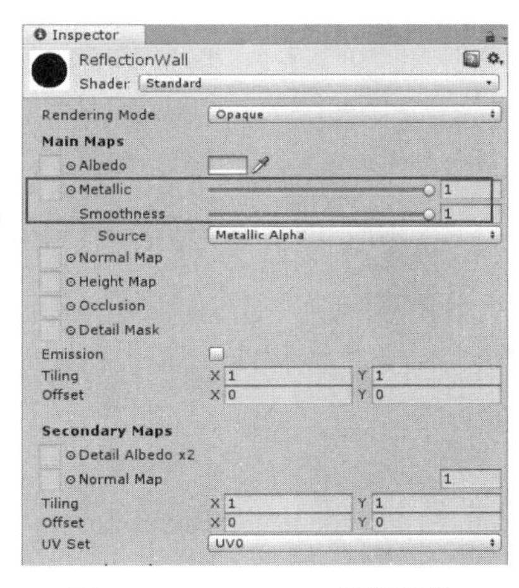

图 17.44　Standard 材质参数

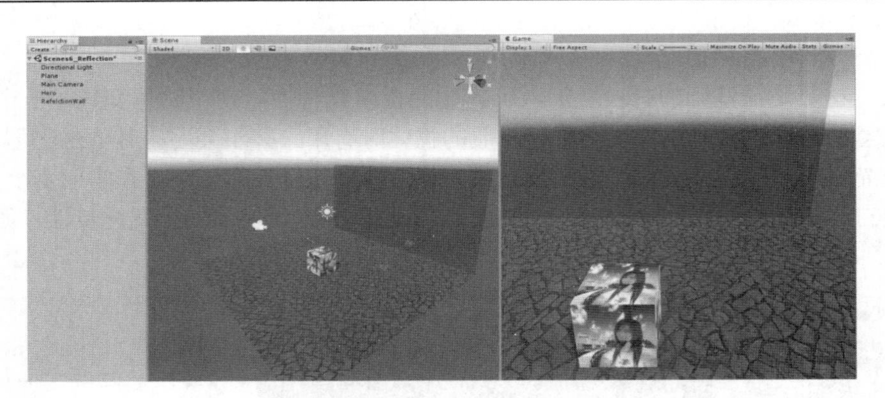

图 17.45　搭建反射效果实验场景

- 第 2 步：创建反射探头，依次单击层级视图鼠标右键，单击“Light”-->"Reflection Prob"，且把反射探针作为场景中 Cube 立方体的一个子对象。为了更好地让墙面反射（只反射立方体），我们定义一个“Hero”的层，然后给立方体添加这个层。关于反射探针，我们在其属性栏修改如下（见图 17.46）：

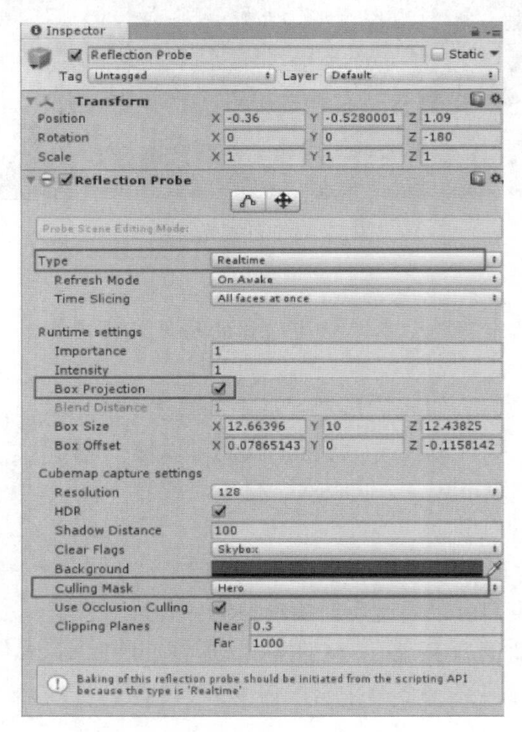

图 17.46　设置 Reflection Prob 属性

（1）Type 改为 Realtime。

（2）勾选“Box Projection”选项。

（3）Culling Mask（光照过滤）选择 Hero 层。

- 第 3 步：至此，一个可以随着立方体而实时反射的镜面墙效果就已经制作好了，如图 17.47 所示。

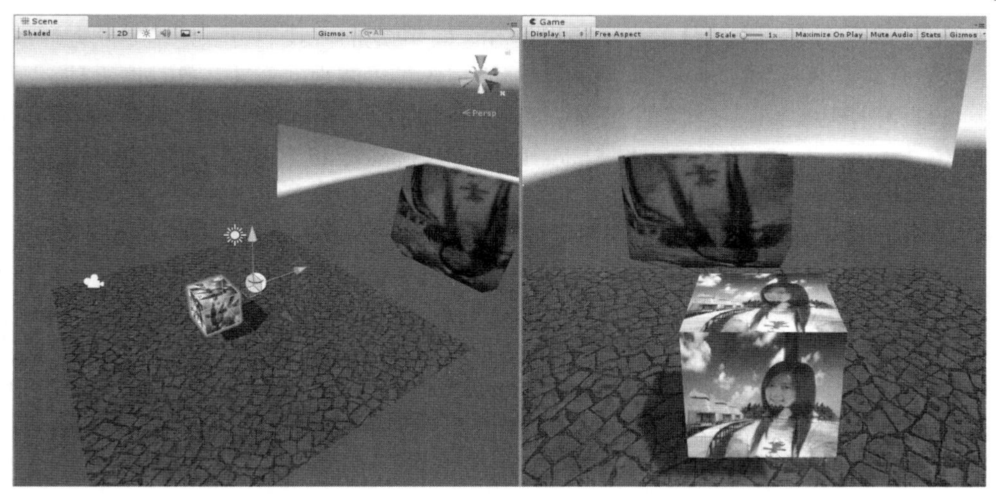

图 17.47　镜面反射墙效果

17.5　着色器（Shader）

17.5.1　概述

上一节我们详细讨论了 Unity 材质的概念与分类，读者只要能够对于材质的基本概念与每类材质适用的范围做到心中有数，则可以胜任大部分项目开发中关于材质的运用。但是技术永远都是无止境的，有的读者可能会问及 Unity 提供的大量内置材质是如何开发的？我们开发人员是否可以开发属于自己的“材质”呢？

答案是肯定的，虽然 Unity 2017 已经提供了大量的材质，但是对于千变万化的游戏特效需求，永远都是不够的。那我们本节就来详细讨论 Shader，即“着色器”的概念、分类与开发。图 17.48 是笔者开发的自定义着色器（Shader）演示方阵。

图 17.48　自定义 Shader “方阵”

Unity 内置的材质都是由着色语言（Shader Language）编写实现的。Unity 提供了已经封装好的着色器功能 API，方便用户编写着色器，同时它也支持 Direct3D 的 HLSL 着色语言和 OpenGL 的 GLSL 着色语言，以及 CG（NVIDIA 公司）语言。

Unity 中我们渲染一个物体的方法是根据 Shader 决定的，我们可以把一个立方体或者球体渲染成金属块、木头块、玻璃块，也可以渲染成各种“魔力”彩珠与神秘魔力球，虽然它们的模型都是一样的，但是它们显示出来的颜色与我们看到眼里的“质感”却是完全不同的。

Unity 中编写 Shader 的语言叫作 ShaderLab，而 ShaderLab 其实是一种二次加工后的 CG 着色器语言。ShaderLab 通过自己的二次加工，使得我们开发自定义材质的难度大大降低，而 Cg（C for graphics）是用于图形的 C 语言，是微软（Microsoft）和英伟达（NVIDIA）公司相互协作，在标准硬件光照语言上，在语法和语义上达成的一种一致性协议。

从底层原理来说，着色器语言（Shader）是通过开发人员使用 ShaderLab 语言（属于 CG 语言的二次简化与加工处理），通过调用微软的 Direct3D 或者 OpenGL 等图形接口，最终实现对 GPU（图形中央处理器：即显卡）的控制来把纯粹的三维显示数据加工处理成我们肉眼可以识别的模型与色彩。从这个层面来说，我们在进入详细着色器开发之前，有必要介绍与讨论一下关于着色器语言控制硬件加工数据的流程问题，这个流程有个专业术语，即图形渲染管线。

17.5.2 基本原理:图形渲染管线

生成一帧画面的处理过程大致可以简化为：Unity 引擎首先经过简单的可见性测试，确定摄像机可以看到的物体，然后把这些物体的顶点（包括本地位置、法线、UV 等）、索引（顶点如何组成三角形）、变换（物体的位置、旋转、缩放，以及摄像机位置等）、相关光源、纹理、渲染方式（材质与 Shader 决定）等数据准备好。然后通知图形 API，或者就简单地看作是通知 GPU 开始绘制，GPU 基于这些数据经过一系列的复杂运算，在屏幕上画出成千上万的三角形，最终构成一幅可见图像。

Unity 中所有的图形绘制与渲染都必须通过着色器（Shader）来完成。一般在使用过程中我们都使用 Unity 自带的 Shader（注：即 build-in shader）。学习 Shader 后我们自己也可以写属于自己特殊需求的 Shader，这样就能做出更多我们想要的特殊效果，进一步增强游戏画面的表现力！目前图形渲染都是按照一定的运行流程进行，这种运行流程称为“图形渲染管线”，如图 17.49 所示。

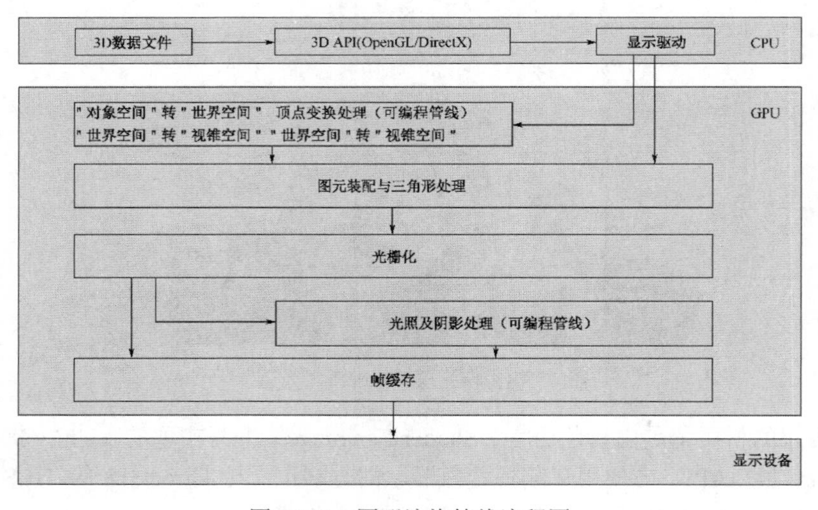

图 17.49 图形渲染管线流程图

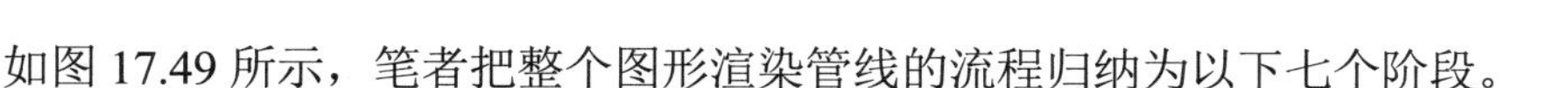

如图 17.49 所示，笔者把整个图形渲染管线的流程归纳为以下七个阶段。

- 阶段 1：数据准备阶段
- 阶段 2：图元装配与三角形处理阶段
- 阶段 3：顶点变换处理阶段
- 阶段 4：光栅化阶段
- 阶段 5：光照及阴影处理
- 阶段 6：帧缓存阶段
- 阶段 7：显示设备输出阶段

阶段 1 是数据准备阶段。Unity 项目的开发中很多底层东西都由 Unity 内部处理好了，如物理模拟、碰撞检测、视锥剪裁等，这个阶段主要与 CPU 与内存打交道，计算完以后，在这个阶段的末端，这些计算好的数据（顶点坐标、纹理坐标、纹理）就会通过数据总线传给图形硬件，作为我们进一步处理的数据源，如图 17.59 中 CPU 阶段。

阶段 2 是图元装配与三角形处理阶段， 按照固定管线来说，我们得到一堆顶点的数据，这一步就是根据顶点的原始连接关系还原出物体的网格结构。网格由顶点和索引组成，这个阶段就是根据索引将顶点连接到一起，组成线与面的单元，然后进行剪裁。现在我们得到了一堆在屏幕坐标上的三角形面片，这些面片就是下一步用于光栅化处理的数据。

阶段 3 是顶点变换处理（属于可编程管道渲染流程）， 如果我们需要进一步可编程管道渲染，则在阶段 2（注：图元装配与三角形处理）之前，增加“顶点变换处理”步骤。此步骤负责顶点坐标变换、光照、裁剪、投影，以及屏幕映射。在该阶段的末端得到了经过变换和投影之后的顶点坐标、颜色，以及纹理坐标。这个阶段的介入使得我们开发人员可以使用着色器语言技术，进行光栅化处理前的数据再做二次加工，这样就可以得到我们想要的特殊加工数据。例如，我们通过写 Shader 使得一个不透明的木制立方体改变为一个透明且具备“流光”效果的类玻璃球材质。

阶段 4 是光栅化，将给定的数据源信息进行转换和投影后，进行数据的着色加工。光栅化阶段的目标是计算和设置对象覆盖的像素的颜色值。此阶段是图形渲染管道的核心工序，在之前的所有步骤，我们进行的是所有模型数据的各种转换加工，是不可见数据。而此阶段之后，我们就得到了可见模型与颜色信息。

阶段 5 是光照及阴影处理也属于可编程管道渲染流程。此阶段对于可见模型与色彩，我们也是通过着色器语言的方式，进行是否光照，以及光照强度是否具备阴影的二次加工处理工作。

阶段 6 与阶段 7 是帧缓存阶段与显示设备输出阶段，此阶段主要负责把大量计算与生成的模型数据进行缓冲处理，从而提供给用户一个连续动态的模型，并且最终显示到目标显示设备上。

17.5.3　着色器的分类与基本结构

着色器（Shader）按管线的分类，一般分为固定渲染管线与可编程渲染管线。 这个区分从图 17.49 中可以明显的看出。

- 固定渲染管线：标准的几何与光照（Transforming&Lighting）管线，功能是固定的，它控制着投影变换、固定光照和纹理混合。功能比较有限。基本所有的显卡都能正常运行。

➢ 可编程渲染管线: 对渲染管线中的顶点运算和像素运算分别进行编程处理，而无须像固定渲染管线那样套用一些固定函数，取代设置参数来控制管线。

着色器（Shader）按照功能用途可以分为 3 类。

➢ 固定功能着色器（Fixed function shader）：属于固定渲染管线的着色器，基本用于高级 Shader 在老显卡无法显示时的“回退”处理（Fallback），使用的是 ShaderLab 语言。

➢ 顶点和片段着色器（Vertex and Fragment Shader）：属于功能最强大的着色器类型，它属于可编程渲染管线，使用的是 CG/HLSL 语法，但也是语法编写最复杂的类型。

➢ 表面着色器（Surface Shader）：是 Unity 公司推崇的着色器类型，使用 Unity 预制的光照模型进行光照运算。这是我们后面详细讲解的着色器类型，使用的也是 CG/HLSL 语法。

[注：Surface Shader Unity 官方地址：http://docs.unity3d.com/Manual/SL-SurfaceShaders.html]

❖ 温馨提示

ShaderLab 着色语言是 Unity 3D 专门用于组织着色器代码的一种语言。除了 ShaderLab 提供的功能外，还可以调用 CG 与 HLSL 的着色器代码。表面着色器与顶点和片元着色器是用 CG 或 HLSL 语言编写的，而固定功能着色器则完全是 ShaderLab 着色语言编写的。

现在我们学习着色器（Shader）程序的基本结构，我们在 Unity 项目视图中单击鼠标右键弹出菜单，选择“Create”→“Shader”创建一个着色器，如图 17.50 所示。

为了更好且更容易地看懂着色器（Shader）文件的基本结构，我们先来学习着色器文件的基本结构示意图，如图 17.51 所示。

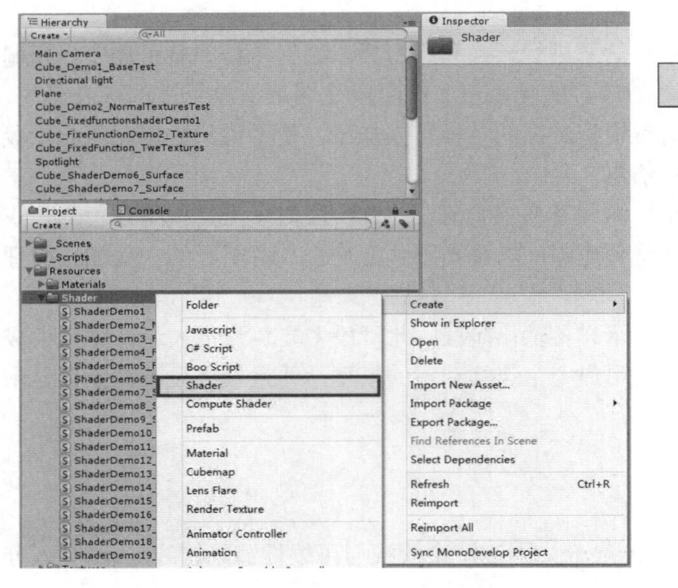

图 17.50　创建一个 Shader 文件

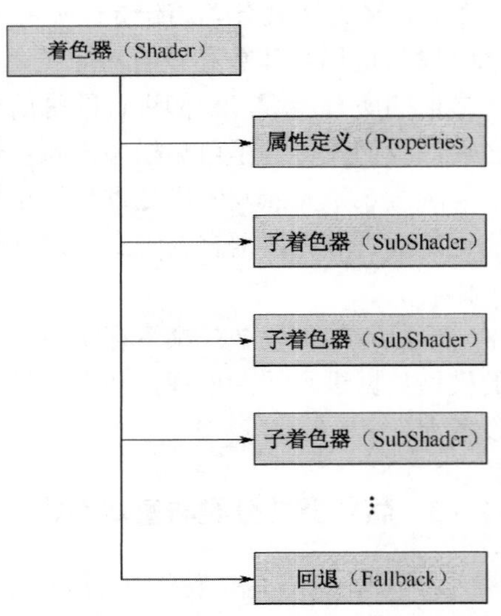

图 17.51　着色器语法结构图

在此基础之上我们来看看 Shader 文件的基础结构，如图 17.52 所示。

```
3  Shader "Custom/NewShader" {
4      Properties {
5          _MainTex ("Base (RGB)", 2D) = "white" {}
6      }
7      SubShader {
8          Tags { "RenderType"="Opaque" }
9          LOD 200
10
11         CGPROGRAM
12         #pragma surface surf Lambert
13
14         sampler2D _MainTex;
15
16         struct Input {
17             float2 uv_MainTex;
18         };
19
20         void surf (Input IN, inout SurfaceOutput o) {
21             half4 c = tex2D (_MainTex, IN.uv_MainTex);
22             o.Albedo = c.rgb;
23             o.Alpha = c.a;
24         }
25         ENDCG
26     }
27     FallBack "Diffuse"
28 }
```

图 17.52 Shader 文件的基础结构

Shader 文件的基础结构是按照一定规则排列的，我们分 9 个部分进行解释。

➢ 第 1 部分：Shader 命名

图 17.52 中的第 3 行代码定义 Shader 的名称。斜线左边为其组名称，右边是真正的名字。

➢ 第 2 部分：Shader 属性

图 17.52 中的 4～6 行代码，定义 Shader 的属性。 这里定义的属性是供整个 Shader 文件使用的，相当于 C#中“字段”或者“属性”的定义。

➢ 第 3 部分：子 Shader (SubShader)结构。

图 17.52 中的 7～26 行代码，定义子 Shader 的结构。一个 Shader 文件可以有多个子 Shader。

➢ 第 4 部分：子 Shader 的标签声明部分

图 17.52 中的 8～9 行代码是定义子 Shader 的“标签”与“LOD”的声明部分。这部分内容的主要作用是表明整个子 Shader 的整体功能是什么。例如，我们使用代码：

- Tags { "RenderType"="Opaque" }：声明渲染一个非透明物体。
- Tags { "RenderType"="Transparent" }：声明渲染一个透明物体。
- Tags { "ForceNoShadowCasting"="True"}：声明本材质不产生阴影。
- LOD 200：允许 100~600 之间，这个数值决定了我们能用什么样的 Shader。

➢ 第 5 部分：子 Shader CG 程序段定义

图 17.52 中的 11～25 行代码是定义子 Shader 的 CG 语法部分。此部分是真正开始定义 Shader 具体含义与功能的核心程序块。

- #pragma surface surf Lambert：其中的 Lambert 表示漫反射材质，surface 表示我们采用“表面着色”类型。

➢ 第 6 部分：子 Shader CG 程序段变量声明

图 17.52 中的第 14 行代码，是定义子 Shader 的变量声明部分。虽然我们在 Shader 的属

性部分中看到了“_MainTex”变量，但是依据 CG 语法的规定，这里还要再次声明。前面的“sampler2D”则表示是贴图类型的变量。

➢ 第 7 部分：子 Shader CG 程序段输入结构体定义

图 17.52 中的 16～18 行代码是子 Shader 输入结构体定义部分。此部分的作用就是定义 Shader 的所有输入变量。输入结构体的完整定义如下：

```
struct Input
{
    float2 uv_MainTex;          //UV 贴图
    float3 viewDir;             //视图方向( view Direction)值
    float4 anyName:COLOR;   //每个顶点(per-vertex)颜色的插值
    float4 screenPos;          //裁剪空间位置
    float3 worldPos;            //世界空间位置
    float3 worldRefl;          //世界空间中的反射向量
}
```

➢ 第 8 部分：子 Shader CG 程序段 “surf”函数定义。

图 17.52 中的第 20～24 行代码是子 Shader 的核心处理函数。这里的“surf'函数名称是固定的，它是 Unity 公司为了简化 CG 语言，专门封装的一套函数中最常用的一个。

第 20 行代码中，surf 函数中的 SurfaceOutput 参数也是一个结构体。它表示为标准的输出结构体，完整结构体定义如下：

```
struct SurfaceOutput
{
        half3 Albedo;           //像素的颜色
        half Alpha;             //像素的透明度
        half3 Normal;           //像素的法线值
        half3 Emission;        //像素的发散颜色
        half Specular;         //像素的镜面高光
        half Gloss;             //像素的发光强度
}
```

➢ 第 9 部分：回退机制定义

图 17.52 中的第 27 行代码是为了 Shader 跨平台发布的回退机制。也就是定义的材质如果在特定平台上无法正确显示时，则会“回退”显示什么默认的材质。这里的“Diffuse”表示漫反射材质。

17.5.4 固定渲染管线着色器

着色器（Shader）按照功能用途可以分为 3 类:

➢ 固定功能着色器（Fixed function shader）

➢ 顶点和片段着色器（Vertex and Fragment Shader）

➢ 表面着色器（Surface Shader）

固定功能着色器完全是由 Unity 基于 CG 语言基础之上的 ShaderLab 语言所开发的，功能简单，主要用于老 PC 与移动设备等环境。

而顶点和片段着色器（Vertex and Fragment Shader）是功能强大但语法最为复杂的开发技术。如果我们定位于中小型游戏项目，则完全可以把重点放在表面着色器（Surface Shader）技术的学习上，所以本文仅以这两种语言重点做介绍（注：表面着色器（Surface Shader）也是 Unity 所推荐的优先使用技术）。

❖ **温馨提示**

顶点和片段着色器（Vertex and Fragment Shader）与表面着色器(Surface Shader)的主要区别在于，前者是基于完整 CG/HLSL 语言的更加深入底层、更加灵活的编程模型，语法也最为复杂。而后者是 Unity 为方便开发人员更好、更简洁地使用基于 Cg 语言而进行封装的 ShaderLab 技术，实现了开发过程中绝大多数的功能实现。

固定功能着色器我们给出两个示例，分别演示基于颜色与贴图的着色处理，如图 17.53 和图 17.54 所示。

```
 9  Shader "LiuguozhuShader/FixedFunctionShader_Demo1_DisplayColor"
10  {
11      /* 属性定义 */
12      Properties {
13          //定义一个颜色
14          _Color ("Main Color", Color) = (1,1,1,1)
15      }//Properties_end
16
17      /* 子shader定义 */
18      SubShader {
19          Pass {
20              Material {
21                  Diffuse [_Color]                        //显示该颜色
22              }
23
24              Lighting On                                 //打开光照开关，即接受光照
25          }//Pass_end
26
27      }//SubShader_end
28  }
```

图 17.53　固定功能着色器显示单一颜色代码

```
 8  Shader "LiuguozhuShader/FixedFunctionShader_Demo2_DisplayTextures"
 9  {
10      /* 属性  */
11      Properties {
12              //定义贴图
13              _MainTex ("Base (RGB)", 2D) = "white" {}
14              //定义颜色
15              _Color("Main color",Color) = (1,1,1,1)
16      }
17
18       /* 子Shader  */
19       SubShader {
20              Pass
21              {
22                  Material {                              //材质定义
23                      Diffuse[_Color]
24                  }
25                  Lighting on
26
27                  SetTexture[_MainTex] {                  //贴图定义
28                      Combine texture * primary,texture * constant
29                  }//SetTexture_end
30              }//Pass_end
31       }//SubShader_end
32  }
```

图 17.54　固定功能着色器显示贴图

由于以上固定功能着色器中的示例代码比较简单，这里就不做进一步解释。其效果如图 17.55 所示。需要说明的是，固定功能着色器所渲染的模型是不具备阴影效果的。

图 17.55　固定功能着色器渲染效果图

17.5.5　表面着色器

由于固定功能着色器的功能单一，不能渲染复杂特效，所以从本节开始把重点放在“表面着色器”（Surface Shader）的功能介绍上。熟悉着色器开发的人员知道，其实表面着色器从本质上讲就是顶点和片段着色器（Vertex and Fragment Shader）的简化与封装写法。我们所写的表面着色器语言会自动编译为语法更为低级、更加复杂的“顶点和片段着色器”语言。

由于篇幅所限，笔者仅介绍几种典型材质的自定义特效处理方法。读者可以依照其基本原理，在游戏与虚拟现实中进行灵活运用，开发出各种绚丽多彩的特效效果，具体如下所示:

- 自定义“凹凸漫反射”材质
- 自定义“Alpha 混合”材质
- 自定义“可变色调与亮度”材质
- 自定义“贴图叠加”材质
- 自定义“去色”材质
- 自定义“透明”材质
- 自定义“流光”材质
- 自定义“自动流光”材质

❍　自定义“凹凸漫反射”材质

图 17.56 中第 27 行的“UnpackNormal()”是法线解包函数，是定义凹凸材质的关键语句。类似这样的表面着色函数还有很多，具体可以访问 Unity 安装目录下的\Editor\Data\CGIncludes，有 3 个文件需要特别注意，即 UnityCG.cginc、Lighting.cginc 和 UnityShaderVariables.cginc 文件。其中“UnpackNormal()”函数就是在 UnityCG.cginc 文件中定义的。 定义“凹凸漫反射”材质的效果如图 17.57 所示。

图 17.57 中左边的游戏对象为对比模型，其材质均为标准的“漫反射”（Diffuse）材质。

❍　自定义“Alpha 混合”材质

```
 6  Shader "LiuguozhuShader/ShaderDemo2_NormalTextures" {
 7      Properties {
 8          _MainTex ("Base (RGB)", 2D) = "white" {}            //定义原始贴图
 9          _Bump ("Bump", 2D) = "bump" {}                      //定义法线贴图
10      }
11      SubShader {
12          Tags { "RenderType"="Opaque" }
13          LOD 200
14
15          CGPROGRAM
16              #pragma surface surf Lambert
17              sampler2D _MainTex;
18              sampler2D _Bump;                                 //再次声明法线贴图
19
20              struct Input {
21                  float2 uv_MainTex;
22                  float2 uv_Bump;
23              };
24              void surf (Input IN, inout SurfaceOutput o) {
25                  half4 c = tex2D (_MainTex, IN.uv_MainTex);
26                  // "UnpackNormal" 为法线解包函数
27                  o.Normal = UnpackNormal(tex2D(_Bump, IN.uv_Bump));
28                  o.Albedo = c.rgb;
29                  o.Alpha = c.a;
30              }
31          ENDCG
32      }
33      FallBack "Diffuse"
```

图 17.56　自定义“凹凸漫反射”材质代码

图 17.57　自定义“凹凸漫反射”材质效果图(右边对象)

自定义“Alpha 混合”材质有一个_Cutoff 属性，我们可以据此开发出指定百分比透明度的特效，示例代码如图 17.58 所示，其效果如图 17.58 所示。

```
 6  Shader "LiuguozhuShader/ShaderDemo6_Surface" {
 7      Properties{
 8          _MainTex ("Base (RGB)", 2D) = "white" {}
 9          _Cutoff ("Alpha cutoff", Range(0,1)) =0.5
10      }
11      SubShader {
12          CGPROGRAM
13              //#pragma surface surf Lambert                  //普通光照模型技术
14              #pragma surface surf Lambert alphatest:_Cutoff //定义Alpha 混合处理技术
15
16              sampler2D _MainTex;                             //再次声明变量
17              struct Input {
18                  float2 uv_MainTex;
19              };
20
21              //Shader 主程序函数
22              void surf (Input IN, inout SurfaceOutput o){
23                  half4 c = tex2D (_MainTex, IN.uv_MainTex);
24                  o.Albedo = c.rgb;
25                  o.Alpha = c.a;
26              }
27          ENDCG
28      }
29      FallBack "Diffuse"
30  }
```

图 17.58　自定义“Alpha 混合”材质代码

图 17.59　自定义“Alpha 混合”材质效果图(右边对象)

○　自定义“可变色调与亮度”材质

```
 5 Shader "LiuguozhuShader/ShaderDemo10_Surface_LightEffect" {
 6     Properties {
 7         _MainTex ("Base (RGB)", 2D) = "white" {}
 8         _AddNewTex("Add(RGB)",2D)="white"{}
 9         _AddColor("Add Color",Color)=(0,0,0,0)            //加色数值
10     }
11     SubShader {
12         Tags { "RenderType"="Opaque" }
13         LOD 200
14
15         CGPROGRAM
16         #pragma surface surf Lambert
17
18         sampler2D _MainTex;
19         sampler2D _AddNewTex;
20         float4 _AddColor;                                 //float4 表示rgba 四个分量。
21
22         struct Input {
23             float2 uv_MainTex;
24         };
25
26         void surf (Input IN, inout SurfaceOutput o) {
27             half4 c = tex2D (_MainTex, IN.uv_MainTex);
28             o.Emission=c.rgb+_AddColor.rgb;               //固有颜色的加法（色调变化大）
29             //o.Emission=c.rgb*_AddColor.rgb;             //固有颜色的乘法（亮度变化大）
30             o.Alpha = c.a;
31         }
32         ENDCG
```

图 17.60　“可变色调与亮度”材质代码

图 17.60 中 28～29 行定义输出游戏对象“固有颜色”（Emission）数值，这个固有颜色是不受光照影响的。与之对应的是“光照颜色”（Albedo）数值（见图 17.58 中的 24 行代码）。28 行代码中 RGB 颜色数值的相加可以使得颜色的色调变得很艳丽，如图 17.61 所示。如果是 RGB 颜色数值的乘法，则改变的是固有颜色的亮度，但其色调不会有变化。这里需要读者把图 17.60 中的 28 行与 29 行代码分别进行注释，观察其颜色的不同表现。

图 17.61　“可变色调与亮度”材质效果图(右边对象)

图 17.61 中的游戏对象所具备的贴图都是一样的，但材质不同。左边为参考对象“漫反射”(Diffuse)材质，而右边则是使用 RGB 颜色相加的方式，对其色调进行的强化处理效果。

❍　自定义“贴图叠加”材质

```
5  Shader "LiuguozhuShader/ShaderDemo12_Surface_LightEffect" {
6      Properties {
7          _MainTex ("Base (RGB)", 2D) = "white" {}
8          _AddNewTex("Add(RGB)",2D)="white"{}
9      }
10     SubShader {
11         Tags { "RenderType"="Opaque" }
12         LOD 200
13
14         CGPROGRAM
15         #pragma surface surf Lambert
16
17         sampler2D _MainTex;
18         sampler2D _AddNewTex;
19
20         struct Input {
21             float2 uv_MainTex;
22         };
23
24         void surf (Input IN, inout SurfaceOutput o) {
25             //透明混合
26             half4 c=tex2D(_MainTex,IN.uv_MainTex);
27             half4 c2=tex2D(_AddNewTex,IN.uv_MainTex);
28
29             //透明混合公式：NewColor =SrcColor*(1-Alpha)+Color*Alpha;
30             o.Emission=c.rgb*(1-c2.a)+c2.rgb*c2.a;
31             o.Alpha=c.a;
32         }
```

图 17.62　自定义“贴图叠加”材质代码

两个贴图直接叠加，其效果是非常混乱的，所以我们采用图 17.62 中的透明混合公式进行叠加处理，得到的效果还是可以达到一般要求的，效果如图 17.63 所示。

图 17.63　自定义“贴图叠加”材质效果图（右边对象）

❍ 自定义“去色”材质

“去色”材质大量运用在游戏开发中按钮的“启用”/“禁用”、技能冷却时间（技能 CD）、场景特效等场合中。图 17.64 中，我们使用 RGB 三分量相同的方法使得照片显示为黑白色调，效果如图 17.65 所示。

```
5  Shader "LiuguozhuShader/ShaderDemo13_Surface_LightEffect" {
6      Properties {
7          _MainTex ("Base (RGB)", 2D) = "white" {}
8      }
9      SubShader {
10         Tags { "RenderType"="Opaque" }
11         LOD 200
12
13         CGPROGRAM
14         #pragma surface surf Lambert
15
16         sampler2D _MainTex;
17
18         struct Input {
19             float2 uv_MainTex;
20         };
21
22         void surf (Input IN, inout SurfaceOutput o) {
23             half4 c = tex2D (_MainTex, IN.uv_MainTex);
24             //使用RGB三分量相同的方法，使得照片显示为黑白色
25             c.r=c.g;
26             c.b=c.g;
27             o.Emission=c.rgb;
28             o.Alpha = c.a;
29         }
30         ENDCG
31     }
32     FallBack "Diffuse"
```

图 17.64 自定义“去色”材质代码

图 17.65 自定义“去色”材质效果图（右边对象）

❍ 自定义“透明”材质

图 17.67 中的透明效果主要是通过图 17.66 中的 13 行与 14 行代码实现的。

```
 7 Shader "LiuguozhuShader/ShaderDemo17_Surface_LightEffect" {
 8     Properties {
 9         _MainTex ("Base (RGB)", 2D) = "white" {}
10     }
11     SubShader {
12         //Tags { "RenderType"="Opaque" }                              //非透明效果
13         Tags{"RenderType"="Transparent" "Queue"="Transparent"}        //透明效果
14         Blend SrcAlpha OneMinusSrcAlpha                               //指定"透明度混合"
15         LOD 200
16
17         CGPROGRAM
18         #pragma surface surf Lambert
19         sampler2D _MainTex;
20
21         struct Input {
22             float2 uv_MainTex;
23         };
24
25         void surf (Input IN, inout SurfaceOutput o) {
26             half4 c = tex2D (_MainTex, IN.uv_MainTex);
27             o.Albedo=c.rgb;
28             o.Alpha = c.a;
29         }
30         ENDCG
31     }
32     //FallBack "Diffuse"
33 }
```

图 17.66　自定义“透明”材质代码

图 17.67　自定义“透明”材质效果图（右边对象）

❍　自定义“流光”材质

目前大量“次时代”游戏的开发过程中，其绚丽的画面、闪亮的 Logo 等特效都离不开“流光”材质的大量使用，效果如图 17.70 所示。这里我们先介绍最基本的流光特效材质，如图 17.68 所示，图 17.68 中，第 9 行代码“_UvPos”是控制流光贴图运动的 UV 偏移量，这里需要在 Shader 的外部使用脚本的方式进行控制使用。笔者写了一个较为通用的“流光”特效控制脚本，如图 17.69 所示。

```
5  Shader "LiuguozhuShader/ShaderDemo15_Surface_LightEffect" {
6      Properties {
7          _MainTex ("Base (RGB)", 2D) = "white" {}                //主贴图
8          _FlowLightTex("Light Texture(A)",2D)="black"{}          //流光贴图
9          _UvPos("_UvPos",range(0.5,1.5))=2                        //UV偏移量
10     }
11     SubShader {
12         Tags { "RenderType"="Opaque" }
13         LOD 200
14
15         CGPROGRAM
16         #pragma surface surf Lambert
17         sampler2D _MainTex;
18         sampler2D _FlowLightTex;
19         float _UvPos;
20         struct Input {
21             float2 uv_MainTex;
22         };
23
24         void surf (Input IN, inout SurfaceOutput o) {
25             half4 c = tex2D (_MainTex, IN.uv_MainTex);
26             float2 uv=IN.uv_MainTex;
27             uv.x/=2;                                             //横向UV取一半进行累加
28             uv.x+=_UvPos;
29
30             float floLight=tex2D(_FlowLightTex,uv).a;            //取流光亮度RGB累加输出
31             o.Albedo=c.rgb+float3(floLight,floLight,floLight);
32             o.Alpha = c.a;
```

图 17.68　自定义“流光”材质代码

```
10 public class FlowLightMaterialsTest : MonoBehaviour {
11     public float FloFlowLightUVStartPos = 0.5F;             //流光UV初始偏移量
12     public float FloFlowLightUVEndPos = 1.5F;               //流光UV结束偏移量
13     public float FloFlowLightMovingSpeed = 0.2F;            //流光移动速度
14     public string FloFlowLightPosNameFromShader = "_UvPos";//Shader内流光UV偏移量名称
15     public float FloFlowLightDisplayDelayTime = 2F;         //流光延迟出现时间
16     private float _FloUVPos;                                //流光UV偏移量
17
18     void Start () {
19         _FloUVPos = FloFlowLightUVStartPos;
20         InvokeRepeating("ControlFlowLight", FloFlowLightDisplayDelayTime, 0.1F);
21     }
22
23     void ControlFlowLight(){
24         if (_FloUVPos <= FloFlowLightUVEndPos){
25             this.gameObject.renderer.material.SetFloat(FloFlowLightPosNameFromShader, _FloUVPos);
26             _FloUVPos = _FloUVPos + FloFlowLightMovingSpeed;
27         }
28         else {
29             CancelInvoke("ControlFlowLight");
30         }
31     }
32 }
```

图 17.69　自定义“流光”材质的脚本调用方法

图 17.70 中，右边对象是一个动态的效果图，在项目开始运行两秒后，右边对象的表面会出现一道白色“闪光”快速划过表面。这种特效目前被广泛应用于大量游戏项目的 Logo 与 RPG 等游戏中的武器展现特效中。

图 17.70　自定义“流光”材质效果图（右边对象）

❍　自定义“自动流光”材质

图 17.71 中增加了第 28 行的“_Time”变量，这个变量的使用可以使得“流光”材质中的“流光贴图”按照计算的结果进行自动循环移动。这样就可以在游戏中表现大量闪闪发光、光芒耀眼的人物与游戏对象的炫目特技。

```
5  Shader "LiuguozhuShader/ShaderDemo16_Surface_LightEffect" {
6      Properties {
7          _MainTex ("Base (RGB)", 2D) = "white" {}
8          _FlowLightTex("Light Texture(A)",2D)="black"{}       //流光贴图
9          _UvFlowLightspeed  ("FlowLightSpeed",float)=2        //流光UV速度
10     }
11     SubShader {
12         Tags { "RenderType"="Opaque" }
13         LOD 200
14         CGPROGRAM
15         #pragma surface surf Lambert
16         sampler2D _MainTex;
17         sampler2D _FlowLightTex;
18         float _UvFlowLightspeed;
19
20         struct Input {
21             float2 uv_MainTex;
22         };
23
24         void surf (Input IN, inout SurfaceOutput o) {
25             half4 c = tex2D (_MainTex, IN.uv_MainTex);
26             float2 uv=IN.uv_MainTex;
27             uv.x/=2;                                          //流光UV计算
28             uv.x+=_Time.y*_UvFlowLightspeed;
29
30             float floLight=tex2D(_FlowLightTex,uv).a;         //取流光亮度
31             o.Albedo=c.rgb+float3(floLight,floLight,floLight);
32             o.Alpha = c.a;
```

图 17.71　自定义“自动流光”材质代码

17.6　本章练习与总结

本章内容繁多且部分内容相对不好理解，希望读者能够仔细慢慢细读与推敲，配合本书的配套学习资料，完全学会不是问题。通过本章的学习，读者一定对 Unity 引擎的原理有了个进一步全新的认识。尤其是着色器（Shader）部分的学习，应该是 Unity 高级理论部分中非常重要且核心的知识内容。

本章内容的学习，读者不但要读懂理论知识体系，更要配合随书资料多做练习与实验。只有把理论知识读懂、读透，并且多做、活学活用，在日后的游戏与虚拟现实项目的开发中才能得心应手，灵活运用。

第18章 TimeLine& Cinemachine 技术

❍ **本章学习要点**

Unity 2017.1 版本中推出了全新的 Timeline 技术。Timeline 不只是一个可被游戏行业应用的工具，它还可以为各个行业（影视制作、广告、建筑等）的互动内容开发者提供支持。

本章通过介绍 TimeLine、Cinemachine、Frame Recorder 三大相互配合技术，重点讲解游戏对象、角色的动画管理、虚拟摄像机控制、帧录制等，从而构建一个完整的游戏动画全过程。

❍ **本章主要内容**

- TimeLine 时间线
- Cinemachine 虚拟摄像机
- Frame Recorder 帧录制器
- 本章练习与总结

18.1 TimeLine 时间线

TimeLine 是一种影视动画与游戏强交互内容的开发工具。一开始的开发目的仅仅是为了游戏中“转场动画”而设立的开发工具，但是后来随着开发的进展，开发人员发现可以不断加入更多的功能，使其更加强大。TimeLine 就像导演一样，在 Unity 中控制序列，使用真实世界相机的设置来合成镜头，自动跟踪指定位置。

目前，基于 Unity 2017.1 版本，Timeline 的功能可以分为如下 4 部分：

❍ 预渲染过场动画（类似 3DMax 、Maya 软件中的预渲染）

❍ 实时渲染过场动画

❍ 影视制作（Frame Recorder）

❍ 可交互动画片段（timeline 基于 assets, 可被重复使用）不仅限于游戏使用

虽然 TimeLine 随着版本的提升，一定会不断加入新的功能实现，但是目前（2017 年），其主要作用还是做“过场动画”（或者说“转场动画”）。 TimeLine 的操作界面类似 Animation 时间线，但是本质不同，它可以控制模型、粒子、音频、摄像机镜头、脚本等诸多内容，甚至可以开发完整游戏，如图 18.1 所示。

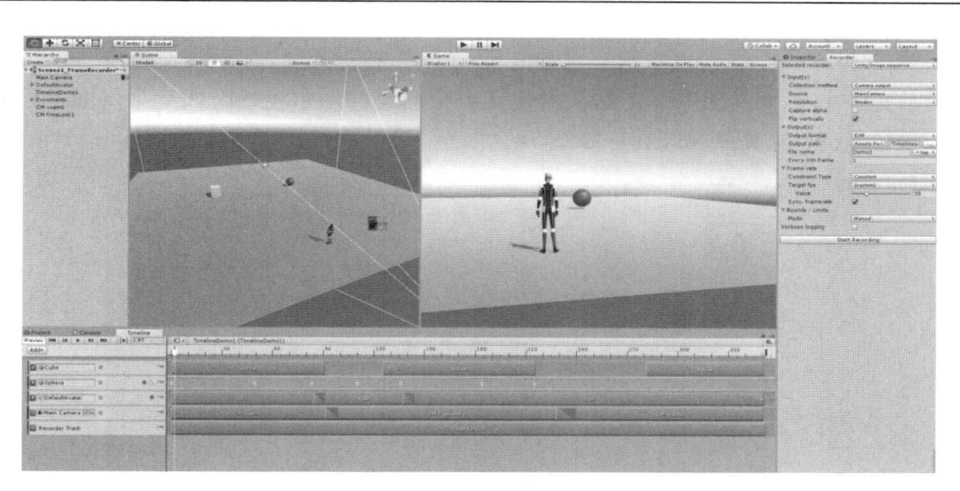

图 18.1　本章配套演示项目 TimeLine 截图

与 TimeLine 技术配合使用的还有“Cinemachine”插件（高级虚拟摄像机系统）、“Frame Recorder”帧录制工具。前者是虚拟摄像机系统，提供了丰富功能的影视专业级场景跟踪与拍摄控制技术。后者直接把 TimeLine 工程场景效果输出到自定义格式贴图中，最终利用帧动画技术完成游戏场景之间的动画过度，即“过场动画”。

❖ 温馨提示

这里的 Cinemachine 虚拟摄像机系统，以及 Frame Recorder 并不是直接集成在 Unity 编辑器中使用的，而是需要分别通过 Asset Store 、Github 进行下载安装后使用。这样安排是因为 Unity 公司认为以上功能的实现还不是最终完善版本，更多内容还在研发之中。所以就把完成度高的部分以插件的形式提供给广大研发人员使用，相信后续版本会做到无缝整合在一起。

因为 TimeLine 在内的三大技术规范与内容较多，所以笔者决定以小项目演示的形式，分为若干步骤讲解，带领读者学会其核心技术。首先我们先来了解 Timelin 的使用与基本功能

➢ 第 1 步：新建项目（必须使用 Unity 2017.1 以上版本），导入必要资源。 因为本演示项目需要用到角色的动画演示，所以我们打开 Asset Store 窗口，在搜索框中单击“Mecanim Locomotion Starter”查找插件模型。单击“导入”按钮后，系统会弹出导入内容确认窗口，我们默认单击“Import”导入即可，如图 18.2 所示。

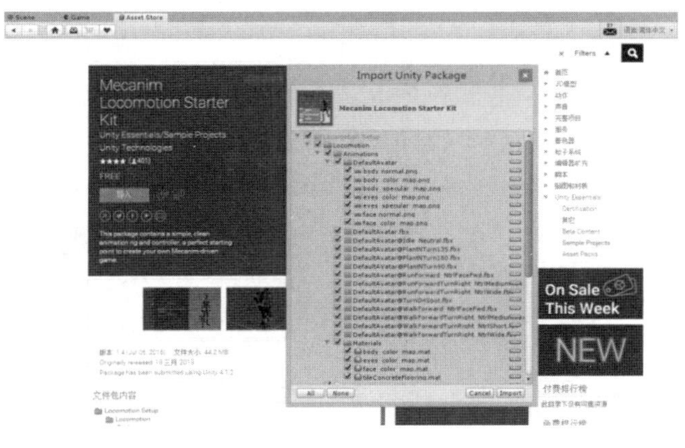

图 18.2　下载 Mecanim Locomotion Starter 模型

➢ 第 2 步：在项目视图中建立 TimeLine（鼠标右键弹出窗口→Create→Timeline），然后拖曳到层级视图中。之后我们建立一个简单的演示场景，在一个平面上建立一个红色 Cube 与黄色 Sphere，如图 18.3 所示

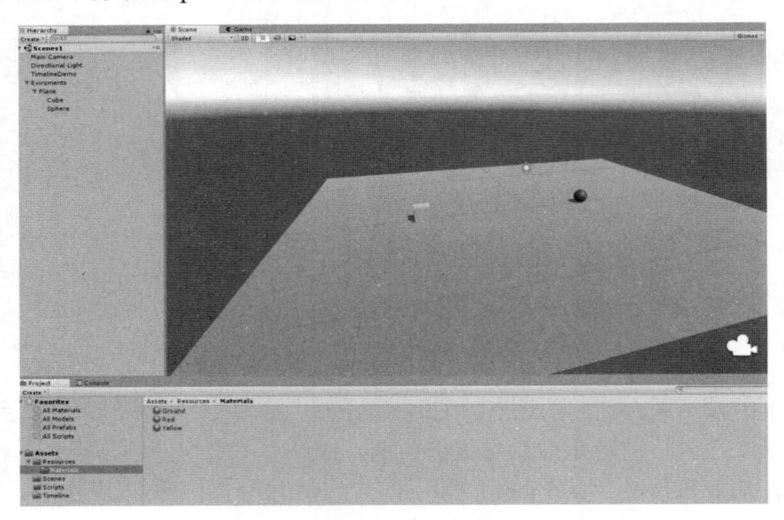

图 18.3　建立演示基本场景

➢ 第 3 步：现在我们建立 Timeline 的“Activation Track”轨，学习游戏对象的隐藏与显示基本控制技术。首先单击 Unity 顶部菜单 Windows-->Timeline Editor，新建 Timeline 窗口。然后单击 Timeline 左上角的“Activation Track”选项，建立“Activation Track”轨（见图 18.4），同时把层级视图中的 Cube 对象拖曳到本轨道控制物体中，如图 18.5 所示。

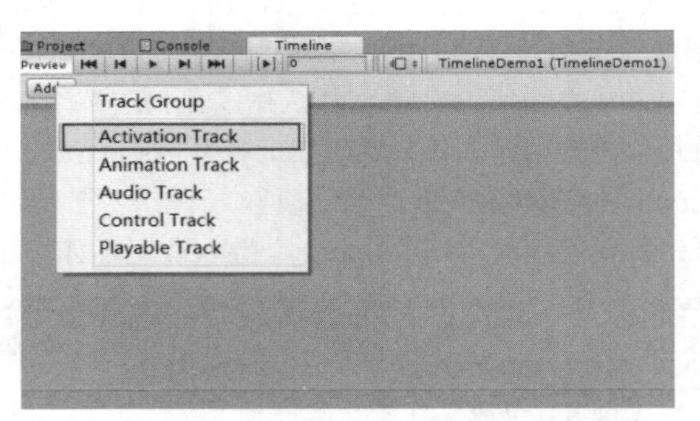

图 18.4　建立“Activation Track”轨

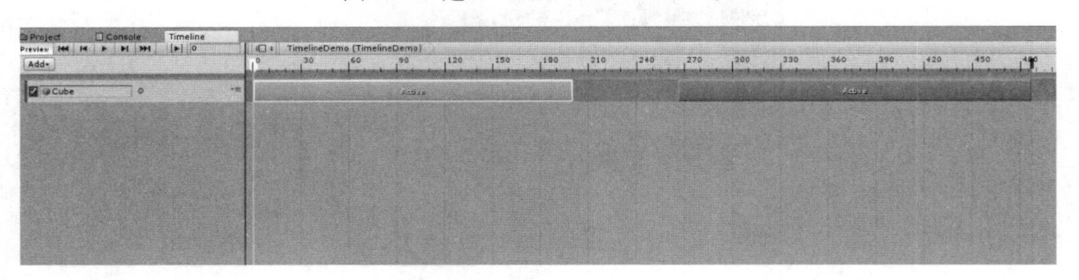

图 18.5　Cube 赋值给 Activation Track 轨

现在定位 Active 轨道段，快捷键[Ctrl+D]复制一份，单击 Timeline 左边的控制三角按钮“Play”，预览场景。此时我们会发现 cube 立方体会随着时间线的移动显示与隐藏交替出现，这说明“Active”轨用于游戏对象的显示控制。

➢ 第 4 步：现在我们建立“Animation Track”轨，学习游戏对象与角色模型的动画控制。首先建立“Animation Track”，把 Sphere 拖曳到本轨中，此时会立即显示“Create Animator on Sphere”弹出框，单击后我们发现在 Sphere 对象上添加了 Animator 组件，只有这样，“Animation Track”才能控制游戏对象录制“方位”（Transfrom）动画。

➢ 第 5 步：单击 Sphere 所属的“Animation Track”右边的“红色”点进行录制，此时会发现本轨道发红显示“Recording...”字样，如图 18.6 所示。

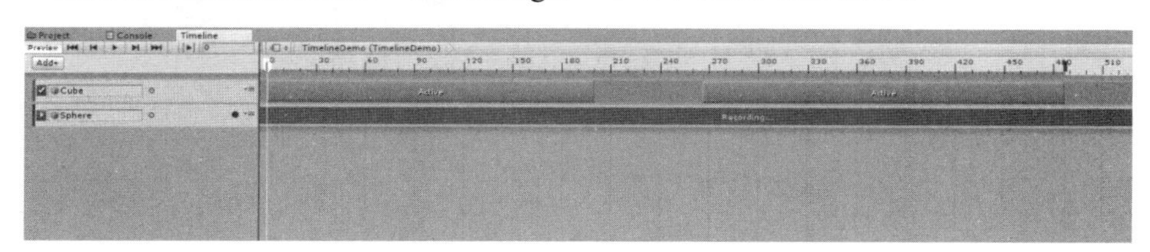

图 18.6　Animation Track 录制动画中

➢ 第 6 步：拖动 Sphere 物体，此时录制轨会留下白色的“帧点”，然后在录制状态下移动时间线。再次拖动 Sphere 就会再次留下“帧点”，这样不断循环，可以记录所有位移信息。单击 Timeline 的“Play”三角按钮，可以在不运行项目的情况下直接预览录制的位移动画效果。如果认为这种方式比较简单，则可以单击红色录制按钮右边的白色按钮，显示其方位信息。读者可以通过拖曳鼠标的方式，进一步调节出更加复杂的方位动画，如图 18.7 所示。

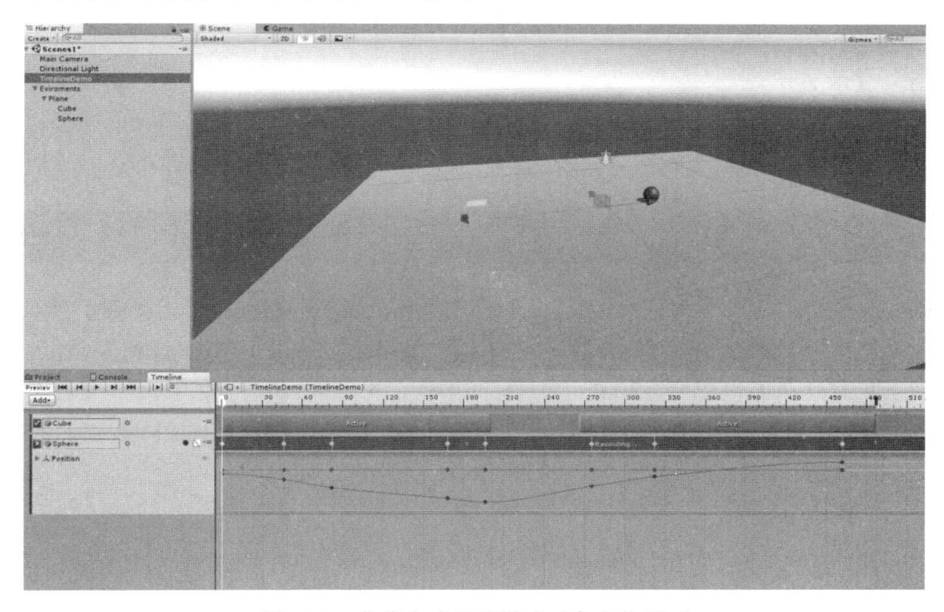

图 18.7　曲线方式调节游戏对象方位动画

- 第 7 步："Animation Track" 轨除了一般的方位（位移、旋转、缩放）动画制作，更多用在角色模型上。现在把角色模型 DefaultAvatar.fbx (项目位置：Locomotion Setup-->Locomotion-->Animations-->DefaultAvatar.fbx) 拖曳到场景视图中。然后再建立一个 "Animation Track"，把层级视图中的 DefaultAvatar 拖曳到本轨道控制物体中。
- 第 8 步：单击 "Animation Track" 右边（显示三条横线 Logo）的按钮，在弹出框中单击"Add From Animation Clip"，在弹出窗口中添加 Idle 、Walk、Run 等角色动画，播放预览效果。如图 18.8 所示。

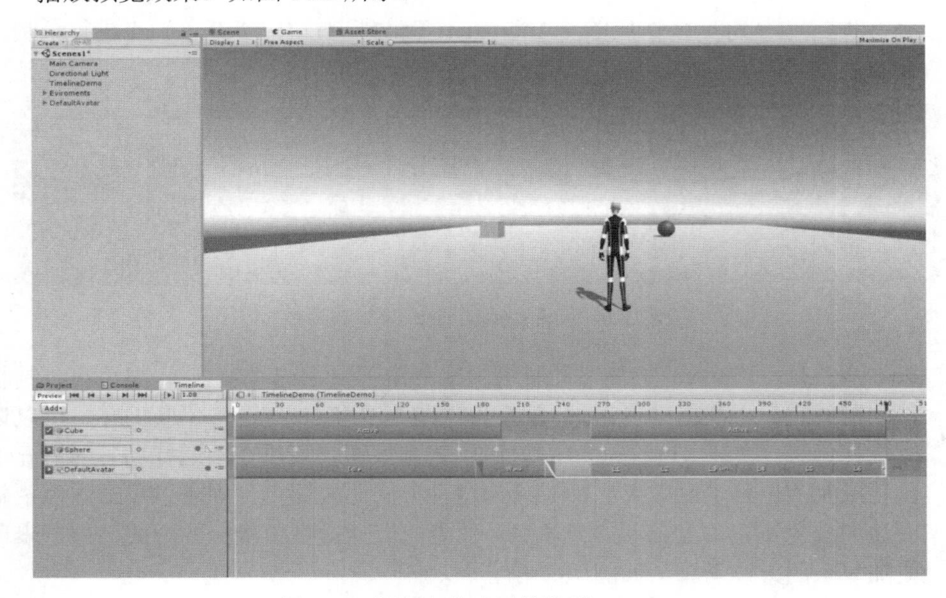

图 18.8　添加角色动画剪辑到 Timeline

❖ 温馨提示

层级视图中 TimeLine 对象所属的 Playable Director 组件，改变其 "Wrap Mode" 属性为 "Loop"，可以不断循环重复地预览动画效果，直到满意，比较实用。

18.2　Cinemachine 虚拟摄像机

Cinemachine 是虚拟摄像机系统，使用它可以像导演一样在 Unity 中控制序列、使用真实世界相机的设置合成镜头、自动跟踪指定位置。Cinemachine 虚拟摄像机的功能强大，它即可以单独使用，也可以配合 Timeline 制作功能强大的影视视频特效。

Cinemachine 目前（2017 年）需要在 Asset Store 下载，打开 Asset Store 窗口，搜索关键字 "Cinemachine"，然后下载安装（见图 18.9）。

图 18.9 下载 Cinemachine 虚拟摄像机

关于 Cinemachine 摄像机系统，笔者还是以小项目演示的形式，分为若干步骤进行讲解。这里为了方便起见，我们接着上一节内容的场景继续演示开发。

- 第 1 步：插件导入成功后，在 Untiy 顶部会多出“Cinemachine”菜单，单击“Create Virtual Camera” 创建第 1 个虚拟摄像机。在层级视图上会出现“CM vcam1”的虚拟摄像机对象。“CM vcam1”属性视图中，把 Sphere 对象赋值给属性“Look At”，这样第 1 台摄像机就会一直“关注” Sphere 对象。

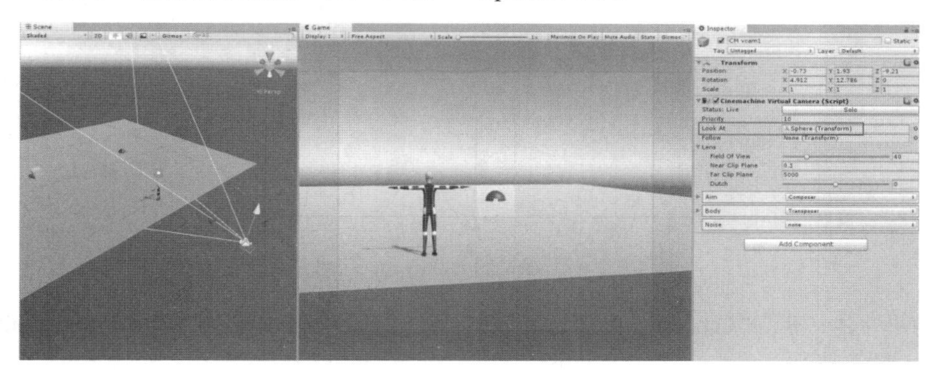

图 18.10 给“CM vcam1”对象赋值“Look At”属性

- 第 2 步：依次单击菜单“Cinemachine”-->“Create FreeLook Camera”，创建第 2 台虚拟摄像机。先禁用“CM vcam1”，把层级视图中的“DefaultAvatar”赋值给“Create FreeLook Camera”摄像机的“Look At”属性。再把层级视图中“DefaultAvatar”模型下的“RightLeg”赋值给“Create FreeLook Camera”摄像机的“Follow”属性。运行游戏（或者单击 Timeline 窗口下的运行按钮），这时我们发现，围绕着“DefaultAvatar”角色对象，“Create FreeLook Camera”摄像机形成了上、中、下可随玩家鼠标移动（上下左右）而自由旋转的自由灵活摄像模式。如图 18.11 所示。
- 第 3 步：目前为止，各个摄像机应用还是各自为战，如何有效地按照开发意图管理各种摄像机呢？这样我们就想到了 Cinemachine 与 Timeline 结合使用，即用 Timeline 管理各个虚拟摄像机。

首先建立 Timeline 的“Cinemachine Track”轨，管理各个虚拟摄像机。单击 TimeLine 的

“Add”按钮，建立“Cinemachine Track”轨，把主摄像机赋值给“Cinemachine Track”，如图 18.12 所示。

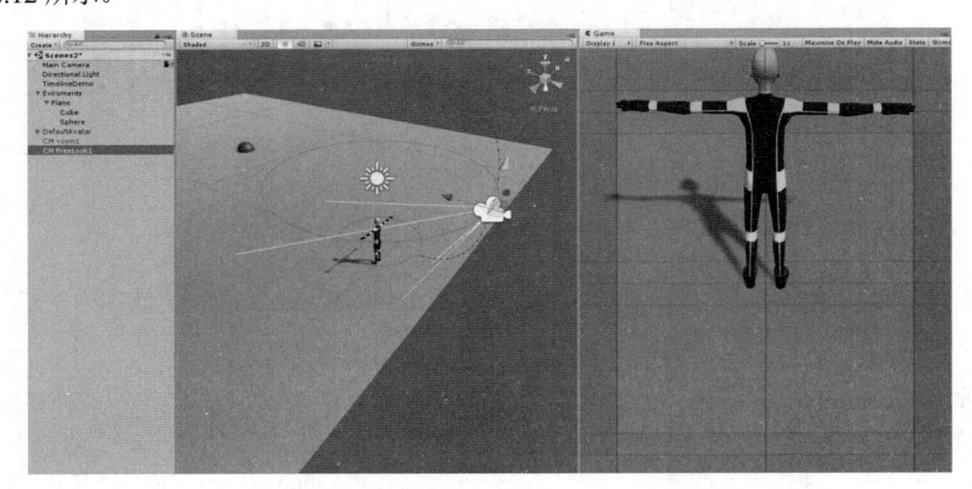

图 18.11 “Create FreeLook Camera”虚拟摄像机

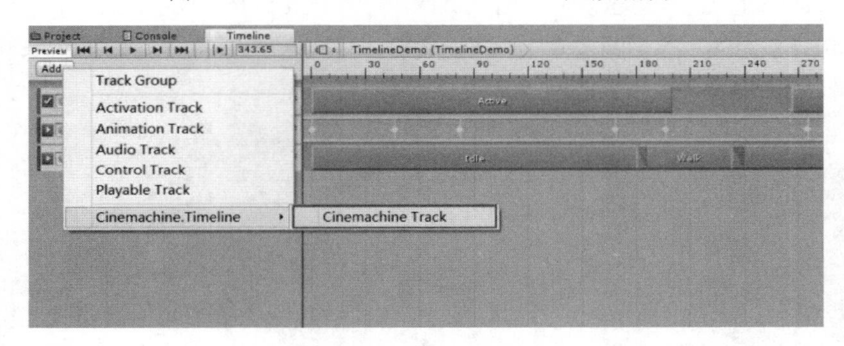

图 18.12 创建“Cinemachine Track”轨

➢ 第 4 步：单击“Cinemachine Track”轨，鼠标右键单击弹出框“Add Cinemachine Shot Clip”选项。单击“Cinemachine Shot”编辑轨，在属性视图中对“Virtual Camera”属性添加我们上面建立的虚拟摄像机，如图 18.13 所示。现在运行程序，我们发现两台摄像机（“CM vcam1”与“CM FreeLook1”）已经按照事先定义的顺序依次在 Game 视图中输出场景信息了。

❖ 温馨提示

这里的虚拟摄像机实际上并不直接输出场景信息，而是建立时给主摄像机加入了“Cinemachine Brain (Script)”脚本组件。Unity 从而通过这个组件来管理各个虚拟摄像机，单一时间点只有一个虚拟摄像机把场景信息转发给主摄像机，玩家从 Game 视图中可以看到最终的影像。

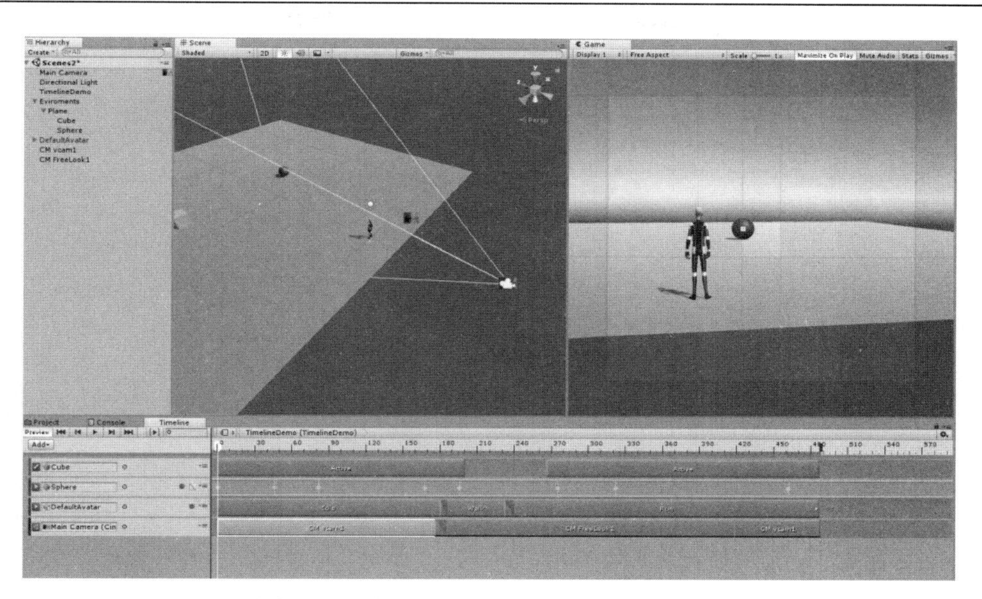

图 18.13　完成“Cinemachine Track”轨编辑

18.3　Frame Recorder 帧录制器

Frame Recorder 帧录制器是 Unity 公司开发的一个高级“截图工具”。本质是从 Timeline 中获取最终输出场景信息，然后转制为 JPEG、PNG、EXR 三种格式的图片与视频信息。具体使用步骤如下。

- 第 1 步：从 Github 下载 FrameRecorder 帧录制器。下载链接地址为 https://github.com/Unity-Technologies/GenericFrameRecorder，或者也可以直接在本章节的配套资料中获取。
- 第 2 步：由于 FrameRecorder 是开源项目，所以直接把下载后的 zip 包解压缩，导入项目中即可。导入成功后，Untiy 顶部菜单会多出一项“Tools”，我们依次单击“Tools”→“Recorder”→“Video”，把弹出窗口停靠在 Unity 编辑器一侧，如图 18.14 所示。

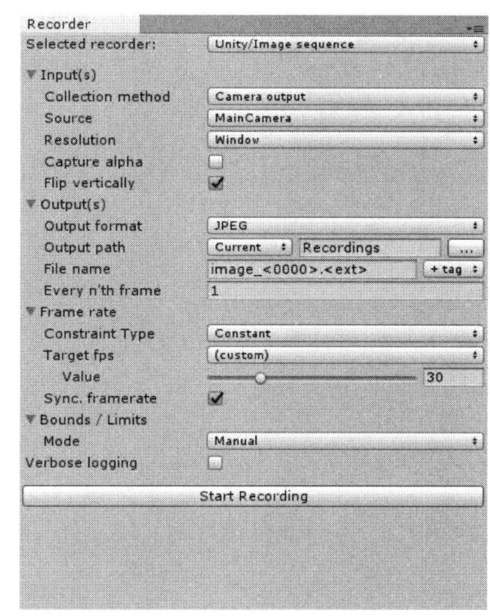

图 18.14　Recorder 窗口

- 第 3 步：对 Recorder 窗口的如下参数赋值，它是录制输出信息内容的关键。
  - Output format:　　输出格式（JPEG、PNG、EXR）选择
  - Output Path:　　输出路径
  - File Name:　　输出文件名称
- 第 4 步：在 Timeline 中单击“Add”按钮，建立“Recorder Track”轨。然后鼠标单击选择“Add Recorder Clip”，这时就会发现 Recorder Track 上增加了“RecorderClip”。单击

Recorder 窗口的“Start Recording” 开始正式录制，如图 18.15 所示。

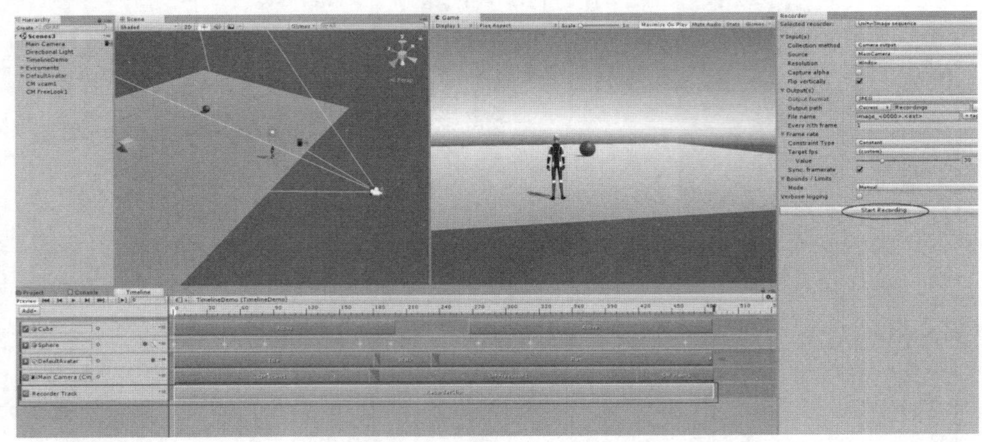

图 18.15 增加 RecorderClip，单击“Start Recording”录制

18.4 本章练习与总结

本章讲解了 Timelline、Cinemachine，以及 FrameRecorder 技术。三者分别在动画录制、摄像机控制、帧录制方面有机地整合为一体，为游戏的过场动画及影视制作等提供了强大助力。

另外，值得一提的是，开发过场动画往往需要一些图像特效的后期处理。目前 Unity 在 Asset Store 提供了一个免费插件“Post Processing Stack”。它可以提供如 Antialiasing 抗锯齿、Ambient Occlusion 环境光遮挡、Screen Space Reflection 屏幕空间反射、Fog 雾效、Depth of Field 景深、Motion Blur 动态模糊、Bloom 泛光特效等，有兴趣的读者可以下载试用，最终使得过场动画具备更高的艺术价值。

第 19 章 粒子系统

本章学习要点

现在我们开始学习粒子系统。所谓粒子系统，就是由大量且微小的游戏对象所组成的组合体，如日常生活中的火焰、烟尘、瀑布等。粒子系统的基本作用与前面学习的“着色器”有些类似，都是为了增加游戏的画面表现力和可玩性而专门开发出的技术。

游戏与虚拟现实项目中使用的粒子系统可以很好地模拟日常生活中的某些自然现象，以及更好地表现游戏壮观、瑰丽的场景。在游戏中起到一种模拟真实、合理夸张的游戏特效，可以很好地使玩家投入到开发人员所构造出来的魅力无限的虚拟世界，身心得到愉悦！

本章从粒子系统的基本组件开始讲解，介绍 Unity 提供的基本粒子系统的组件与组件属性，然后带领大家开发出常用的粒子系统特效。最后介绍 Unity 内置的基本粒子包、脚本调用方式，以及 LineRenderer & TrailRenderer 组件等。

本章主要内容

- 概述
- 基本粒子组件属性
- 基本粒子系统示例
- Unity 内置粒子系统包
- 粒子系统的脚本调用方式
- LineRenderer & TrailRenderer
- 本章练习与总结

19.1 概述

Unity 粒子系统的创建主要分为两种方式：第一种直接在层级视图中创建；第二种是在游戏对象的对应属性窗口中添加粒子系统组件，如图 19.1 和图 19.2 所示。

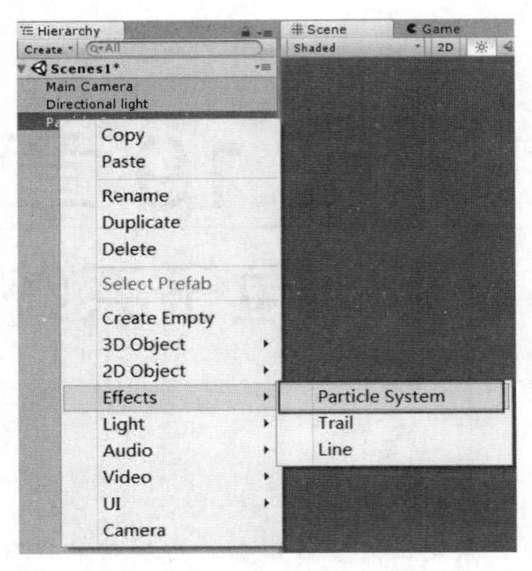

图 19.1　直接创建粒子系统

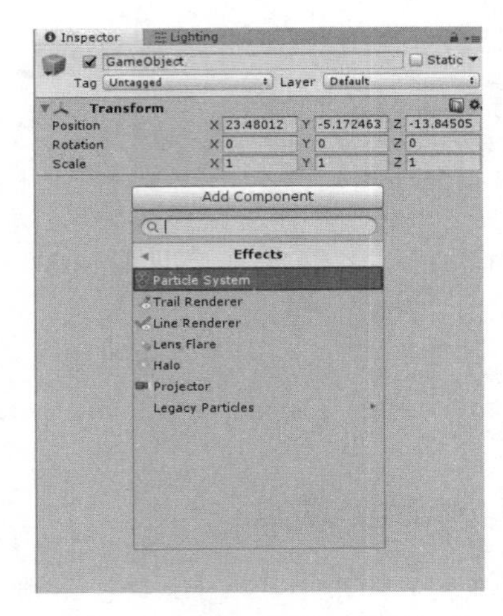

图 19.2　属性视图附加粒子组件

19.2　基本粒子组件属性

基本粒子组件是 Unity 提供的粒子系统中最简单且最基本的组件，我们这里介绍以下模块：

- 初始化与发射器模块（Particle System）
- 喷射模块（Emission）
- 形状模块（Shape）
- 生命周期内速度控制　（ Velocity over Lifetime）
- 生命周期内速度限制（Limit Velocity over Lifetime）
- 生命周期内继承速度（Inherit Velocity）
- 生命周期控制粒子受力　（Force over Lifetime）
- 颜色模块　（Color over Lifetime）
- 颜色随速度变化（Color by Speed）
- 生命周期内大小模块　（Size over Lifetime）
- 大小随速度变化（Size by Speed）
- 生命周期内旋转控制　（Rotation over Lifetime）
- 角速度随速度变化（Rotation by Speed）
- 外力作用力模块　（External Forces）
- 噪波　（Noise）
- 碰撞模块　（Collision）
- 触发模块（Triggers）
- 子粒子发射模块　（Sub Emitters）
- 贴图切片动画（Texture Sheet Animation）
- 光线模块（Lights）
- 拖尾（Trails）

❍ 粒子渲染模块（Renderer）

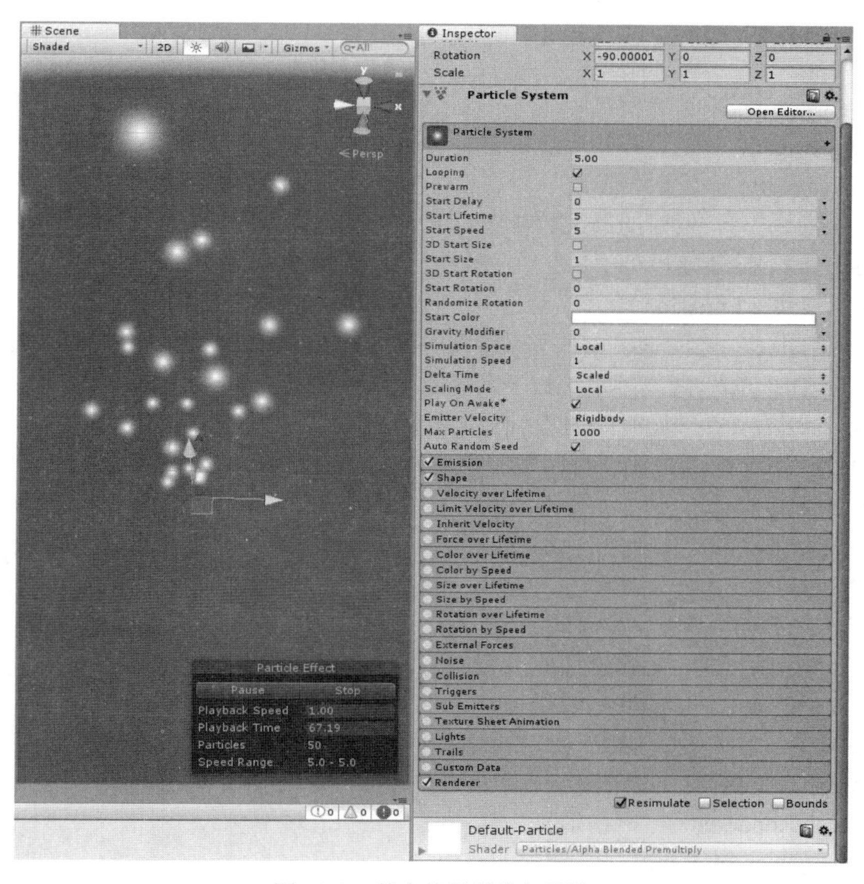

图 19.3　基本粒子系统与属性

现在就以下重要基本粒子的属性进行简单介绍（见图 19.3）。

➢ 粒子系统[初始化]（Particle System）:

Duration:　发射粒子的持续时间（喷射周期）

Looping:　是否循环发射

Prewarm:　预热（Looping 状态下预产生下一周期的粒子）

Start Delay:　发射粒子之前的延迟（Prewarm 状态下无法延迟）

Start Lifetime:　开始生命周期

Start Speed:　发射时的速度（米/秒）

3D Start Size:　三维尺寸

Start Size:　初始尺寸

3D Start Rotation:　三维旋转

Start Rotation:　开始旋转角

Randomize Rotation:　随机数旋转

Start Color:　发射时的颜色

Gravity Modifier:　重力修改器（相对于物理管理器中重力加速度的重力密度）

Simulation Space: 模拟空间

Simulation Speed: 模拟速度

Delta Time: 时间增量

Scaling Mode: 扩展模式

Play On Awake: 是否开始自动播放

Emitter Velocity: 发射器速度

Max Particle: 发射的最大数量（一个周期内的最大发射数量，超过则停止发射）

Auto Random Seed:随机种子

➢ 喷射模块（Emission）

Rate over Time: 时间频率（粒子系统随时间喷射频率）

Rate over Distance: 距离频率（粒子系统随距离喷射频率）

Bursts: 爆发（在一定时间内喷射一定数量的粒子，使用此属性可实现爆炸特效。单击属性右下角的“+”、“-”按钮，可以增加或减少一个预设参数）

➢ 形状模块(Shape)

■ Shape: 形状

◆ Sphere 球体

◆ Hemisphere 半球体

◆ Cone 圆锥体

◆ Donut 环状线圈

◆ Box 盒子体

◆ Mesh 网格

◆ Mesh Renderer 网格渲染

◆ Skinned Mesh Renderer 蒙皮网格渲染

◆ Circle 环形

◆ Edge 边线

■ Radius: 半径

■ Radius Thickness: 半径厚度

■ Position: 位置 X、Y、Z 分量

■ Rotation: 旋转 X、Y、Z 分量

■ Scale: 尺寸 X、Y、Z 分量

■ Align To Direction: 方向对齐

■ Randomize Direction: 随机化方向

■ Spherize Direction: 球形化方向

■ Randomize Position: 随机化位置

➢ 生命周期内速度控制（Velocity over Lifetime）

X,Y,Z: X,Y,Z 分量数值

Space: 选项“Local/World”，本地/世界空间坐标

➢ 生命周期速度限制（Limit Velocity over Lifetime）

Separate Asix: 对每个坐标轴(X、Y、Z)速度控制

Space:　选项“Local/World”，本地/世界空间坐标

Dampen: 限制数值

➢ 生命周期内速度继承（Inherit Velocity）

Mode:　选项“Initial/Current”，初始/当前

Multiplier: 倍增系数

➢ 生命周期控制粒子受力（Force over Lifetime）

XYZ: 对 X、Y、Z 方向上的力进行控制

Space: 选项：“Local/World”，世界坐标系还是局部坐标系来计算

Randomize: 开启则每帧作用在粒子上面的力都是随机的

➢ 颜色模块（Color over Lifetime）

Color: 使用颜色数值

➢ 颜色随速度变化（Color by Speed）

Color: 定义颜色数值

Speed Range: 使粒子颜色根据其速度的变化而变化

➢ 生命周期内大小模块（Size over Lifetime）

Separate Axes: 对每个坐标轴(X、Y、Z)的尺寸控制

Size: 尺寸大小变化

➢ 大小随速度变化（Size by Speed）

Separate Axes:　对每个坐标轴(X、Y、Z)尺寸控制

Size: 尺寸大小

Speed Range: 速度范围数值定义

➢ 生命周期内旋转控制（Rotation over Lifetime）

Separate Axes:　对每个坐标轴(X、Y、Z)的旋转角度控制

Angular Velocity: 根据生命周期的旋转速度

➢ 旋转角随速度变化（Rotation by Speed）

Separate Axes:　对每个坐标轴(X、Y、Z)的旋转角度控制

Angular Velocity: 根据生命周期的旋转速度

Speed Range: 速度范围定义

➢ 外力作用力模块（External Forces）

Multiplier:　指由风力区域（Wind Zone）所产生的力，粒子受到风力的大小乘以该因子就是风力作用于该粒子上最终的力

➢ 噪波（Noise）

Separate Axes:　对每个坐标轴(X、Y、Z)粒子的移动方向控制。

Strength:　强度，粒子波动的强度，数值越高，粒子起伏越大

Frequency:　频率，数值越大，粒子波动的起伏越快

Scroll speed:　滚屏速度（调整粒子的移动速度）

Damping:　阻力

Octaves:　八度音阶

Octaves multiplier: 八度倍率

Octave scale：　八度级别（数值越大，波动频率越快）
Quality：　品质（选择越高，效果越好）
Remap:　映射
Remap Curve:　映射曲线
Position Amount:　位置总数
Rotation Amount:　旋转总数
Size Amount:　尺寸总数

➢ 碰撞模块(Collision)

- Type:　类型（Planes/World），平面模式还是世界模式。Planes 表示在游戏中创建一个虚拟的平面用于粒子的碰撞平面，World 表示与任意粒子的碰撞
- Planes:　碰撞平面
- Visualization:　可视化（Grid/Solid），网格还是立体显示模式。
- Scale Plane:　可视化平面的大小尺寸，参数是与粒子系统范围的比值。
- Dampen:　阻尼系数（粒子经过碰撞后速度的损失比例）
- Bounce:　弹跳系数（粒子经过碰撞后再次弹起时速度的比例）
- Lifetime Loss:　生命周期内损失（粒子经过碰撞后生命周期的损失）
- Min Kill Speed:最小销毁速度（表示当粒子的速度小于此速度后，将粒子销毁）
- Max Kill Spee:　最大销毁速度（表示当粒子的速度大于此速度后，将粒子销毁）
- Radius Scale:　半径尺寸（粒子系统与碰撞平面发生碰撞后的有效距离）
- Send Collision Messages:　发送碰撞信息（勾选后粒子系统与碰撞平面发生碰撞后可以被脚本的 OnParticleCollision 方法检测到）
- Visuallize Bounds:　可视化界限（勾选后粒子系统会明显勾勒出外观，用于强化显示）

➢ 触发模块（Triggers）

- Colliders:　用以触发的碰撞体组件
- Inside:　内部（粒子从外面发射接触模型）
- Outside:　外部（粒子在模型里发射接触模型，在模型外面会直接触发）
- Enter:　入口（进入模型内部）
- Radius Scale:　半径范围（粒子接触模型的半径范围）
- Visualize Bounds:　可视化界限（勾选后粒子系统会明显勾勒出外观，用于强化显示）

➢ 子粒子发射模块（Sub Emitters）

该模块是粒子系统中最出色的模块之一，该粒子系统是能够嵌套其他粒子的一项技术。Birth、Collision、Death 分别表示出生、碰撞、死亡时调用其他粒子系统。

➢ 贴图纹理动画（Texture Sheet Animation）

贴图纹理动画可以将粒子在生命周期内的纹理图动态化，此模块中可以控制大小、颜色和速度等动画。

- Mode:　模式选择，选择(Grid/Sprites) 网格还是精灵贴图（默认是 Grid 选项）
- Tiles:　平铺尺寸，定义纹理图的平铺，分为 x 与 y 两个参数
- Animation:　纹理图指定动画类型（可选择整个网格或者单行(Whole

Sheet/Single Row)两种类型）

- ■ Frame over Time:　时间帧（决定动画的变化方式）
- ◆ 固定数值（Constance）
- ◆ 曲线变化（Curve）
- ◆ 两固定数值随机变化（Random Between two Constants）
- ◆ 两曲线数值随机变化（Random Between two Curves）
- ■ Start Frame:　开始帧
- ■ Cycles:　动画的播放周期（周期越小，速度越快）
- ■ Flip U:　U 数值
- ■ Filp V:　V 数值
- ■ Enabled UV Channels:　UV 通道的选用

➢ 光线模块（Lights）

- ■ Light:　光线
- ■ Ratio:　比率
- ■ Random Distribution:　随机分配（默认勾选）
- ■ Use Particle Color:　使用粒子颜色（默认勾选）
- ■ Size Affects Range:　大小影响范围（默认勾选）
- ■ Alpha Affects Intensity:　透明度影响强度（默认勾选）
- ■ Range Multiplier:　范围增效数值
- ■ Intensity Multiplier:　强度增效数值
- ■ Maximum Lights:　最大光线强度

➢ 拖尾（Trails）

拖尾就是给每个粒子都添加一个移动的路径贴图，表示粒子的移动路径。

- ■ Ratio:　粒子产生拖尾的比率
- ■ Lifetime:　生命周期（粒子产生拖尾的寿命）
- ■ Minimum Vertex distance　最小顶点距离（值越小，拖尾越圆滑）
- ■ texture mode　贴图模式(Stretch/Tile) 拉伸或者平铺
- ■ World Space:　世界空间（默认勾选）
- ■ Die with particles:　勾选表示拖尾伴随粒子的销毁而死亡（默认勾选）
- ■ Size affects Width:　勾选表示拖尾宽度根据粒子的大小而定（默认勾选）
- ■ Size affects Lifetime:　粒子死亡后拖尾才会缩短消失（默认不勾选）
- ■ Inherit Particle Color:　继承粒子的颜色，勾选后会跟随粒子颜色的改变而变(默认勾选)
- ■ Color over Lifetime:　颜色的生命周期
- ■ Width over Trail　拖尾宽度
- ■ color over Trail　拖尾的颜色
- ■ Generate Lighting Date:　产生光线数据

➢ 粒子渲染控制模块（Renderer）

此模块用于设置粒子的渲染方式和材质等属性。

■ Render Mode:
◆ Billboard: 面板渲染
◆ Stretched Billboard: 拉伸面板渲染
◆ Horizontal Billboard: 水平面板渲染
◆ Vertical Billboard: 垂直面板渲染
◆ Mesh: 网格渲染
◆ None: 无
■ Normal Direction: 法线方向（决定粒子光照贴图法线的方向）
■ Material: 材质
■ Trail Material: 拖尾材质
■ Sort Mode: 排序模式（粒子产生不同优先级的依据）
■ Sorting Fudge: 粒子排序偏差（较低数值会增加粒子的渲染覆盖其他游戏对象的概率）
■ Min Particle Size: 最小粒子尺寸
■ Max Particle Size: 最大粒子尺寸
■ Render Alignment: 渲染队列
■ Pivot: 旋转中心点
■ Visualize Pivot: 可视化中心点（默认不勾选）
■ Masking: 遮罩
■ Custom Vertex Streams: 自定义顶点流（默认不勾选）
■ Cast Shadows: 投射阴影（决定粒子对其他不透明材质投射阴影方式）
■ Receive Shadows: 接受阴影（默认不勾选）
■ Motion Vectors: 运动向量
■ Sorting Layer: 分层排序（决定粒子系统中不同层的显示顺序）
■ Order In Layer: 层排序（决定每个排序层的渲染顺序）
■ Light Probes: 光照探头
■ Reflection Probes: 反射探针

19.3 粒子系统示例

现在我们以制作一盏燃烧的火焰为例，介绍使用以上粒子属性开发基本粒子系统的步骤。

❍ 步骤 1：首先在层级视图中单击鼠标右键，建立“粒子系统”(Particle System)。然后单击属性窗口中的“形状”(Shape) 选项，“Shape”属性选择“Cone”、角度（Angle）选择为“0”、半径（Radius）选择 0.1。这样，粒子系统显示为类似一缕青烟的外观形状，如图 19.4 所示。

❍ 步骤 2：设置粒子的“发射持续时间”(Duration)为 1 秒，开始生命周期(Start Lifetime)为 1，开始速度（Start Speed）为 10，开始大小（Start Size）设置为随机在两个固定数值之间取数值（Random Between Two Constants）模式，设置 0.5 与 1.5。

❍ 步骤 3：选择发射器（Emission）属性选项，设置发射率（Rate over Time）为每秒

20，此时粒子的外观如图 19.5 所示。

图 19.4　线性粒子

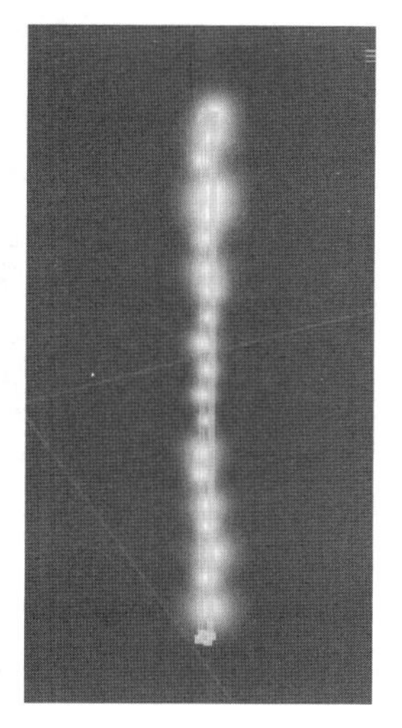

图 19.5　一缕青烟

- 步骤 4：设置粒子的颜色变化，勾选“颜色随生命周期变化”（Color Over Lifetime）。在“Gradient Editor”弹出框中定义 4 个标签，颜色数值如图 19.6 所示。
  - 第一个 R:255　G:255　B:255。
  - 第二个 R:255　G:200　B:20
  - 第三个 R:255　G:0　B:0
  - 第四个 R:0　G:0　B:0
- 步骤 5：设置属性“粒子大小随生命周期”变化方式（Size over Lifetime），使用 Curve 图形的方式（注意：是最下部的图表）进行参数调节，如图 19.7 所示。

图 19.6　Color Over Lifetime 属性选项

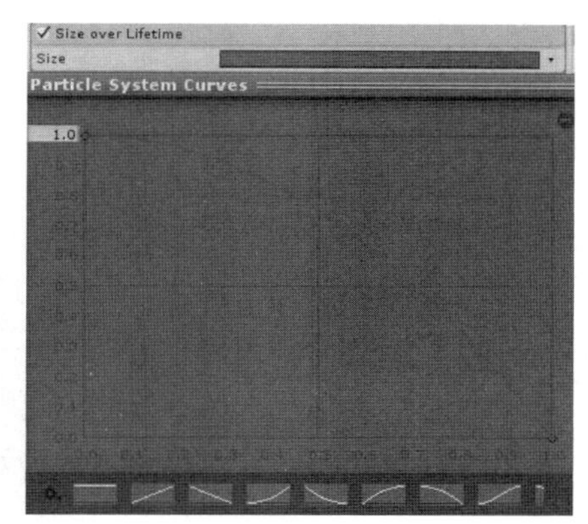

图 19.7　设置属性 Size over Lifetime

- 步骤 6：设置拖尾效果。展开属性“渲染”（Renderer）面板，选择渲染模式（Render Mode）为“Stretched Billboard”选项，其中子属性“Speed Scale”设置为 0.2。这样，一个熊熊燃烧的火焰粒子效果就完成了，其效果图与设置界面如图 19.8 所示。

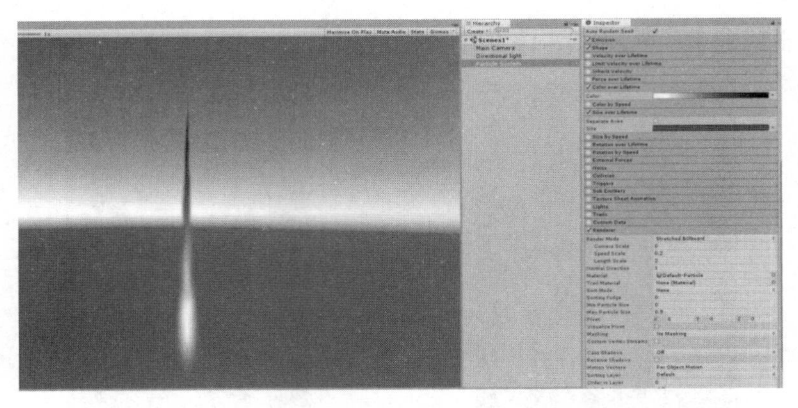

图 19.8　火焰粒子效果

19.4　Unity 内置粒子系统包

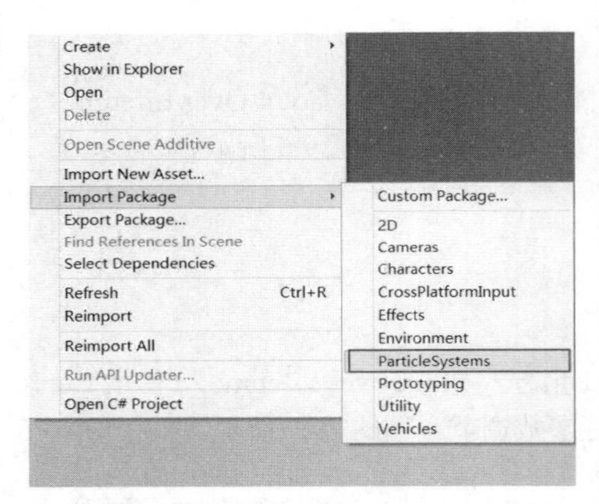

图 19.9　导入 Unity 2017 内置粒子包

Unity 2017.X 内置了常用粒子系统，包括火焰、烟尘、爆炸、烟花等常用特效。使用这些特效，需要先导入系统的内置粒子包：项目视图中鼠标右击选择“Import Package”→“ParticleSystems” 。Unity 内置粒子包安装后，在项目视图中的“Standard Assets”→“ParticleSystems”下存放有一定量演示用的粒子示例，如图 19.9 所示。

我们拖曳部分粒子系统到层级视图中，可以直接看到 Unity 给我们提供演示所用的粒子系统，虽然数量不多，但对于研究与学习粒子系统已经足够了。图 19.10 演示的是内置资源包中烟花粒子（Fireworks.prefab）的效果。

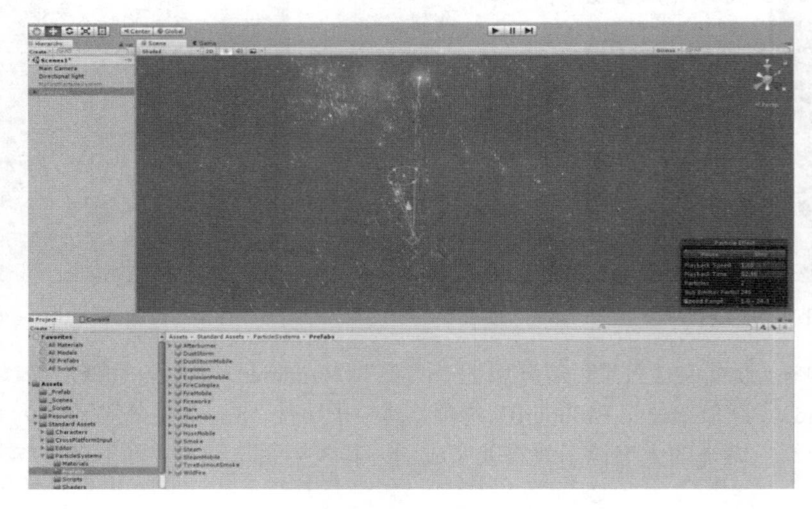

图 19.10　Fireworks 烟花粒子效果

19.5　粒子系统的脚本调用方式

粒子系统可以分为基本粒子系统和复合粒子系统（由多个粒子系统或者组件组成），所以我们在程序中控制粒子系统的播放与停止（或者说是显示与隐藏/开启与关闭）可以分为两种方式：第一种是粒子系统的播放与停止；第二种是复合粒子的开启与关闭。

❍　基本粒子系统的脚本控制方式

基本粒子系统 Unity 提供了专门的“ParticleSystem”类，有其独特的粒子控制方式，具体如图 19.11 所示。

```
20 public class BasePartica1Control: MonoBehaviour{
21     //基本粒子系统
22     public ParticleSystem PsBasePartical;
23 
24     void Start(){
25         PsBasePartical.Stop();
26     }
27 
28     //进入检测
29     void OnTriggerEnter(Collider col){
30         if (col.gameObject.GetComponent<Collider>().name.Equals("ThirdPersonController"))
31             PsBasePartical.Play();
32     }
33 
34     //退出检测
35     void OnTriggerExit(Collider col){
36         if (col.gameObject.GetComponent<Collider>().name.Equals("ThirdPersonController"))
37             PsBasePartical.Stop();
38     }
39 }
```

图 19.11　基本粒子（ParticleSystem）控制方式

如图 19.11 所示，对于基本粒子系统，可以使用播放（Play）、停止（Stop）、暂停（Pause）等专有方法进行逻辑控制。

❍　复合粒子系统的脚本控制方式

对于复合粒子控制方式，可以使用针对普通游戏对象都生效的方式，即使用游戏对象的启用与禁用方式进行控制处理，如图 19.10 所示。

```
20 public class CompositeParticalControl : MonoBehaviour{
21     //复合粒子系统
22     public GameObject GoFire;
23 
24     void Start () {
25         GoFire.SetActive(false);
26     }
27 
28     //进入检测
29     void OnTriggerEnter(Collider col){
30         if (col.gameObject.GetComponent<Collider>().name.Equals("ThirdPersonController"))
31             GoFire.SetActive(true);
32     }
33 
34     //退出检测
35     void OnTriggerExit(Collider col){
36         if (col.gameObject.GetComponent<Collider>().name.Equals("ThirdPersonController"))
37             GoFire.SetActive(false);
38     }
39 }
```

图 19.12　复合粒子控制方式

为了更好地区分以上两种粒子系统的控制方式，随书资料中有一专门实验场景做了详细的演示与比较，如图 19.13 所示。

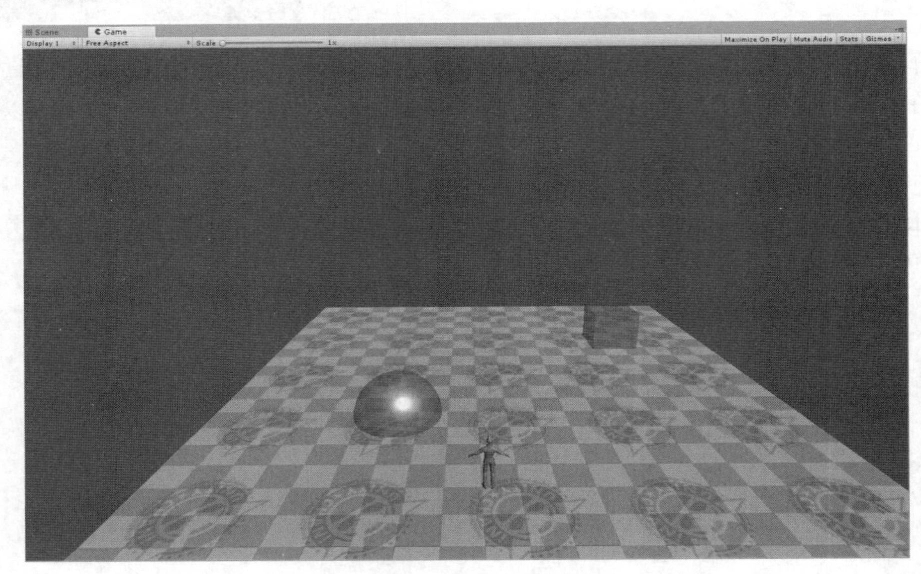

图 19.13　粒子系统两种不同脚本控制方式的演示场景

图 19.13 中，当人物角色碰触不同的透明体时，会在对应的位置出现不同的粒子效果，读者不妨可以试验一下，然后研究不同的脚本实现细节。

19.6　Line Renderer & Trail Renderer

➢　LineRenderer 线渲染器

根据官方定义：线渲染器（Line Renderer）是一个包含两个或更多 3D 空间中点的数组集合，并且在每两个点之间绘制平直的线（官方 API 定义；The Line Renderer component takes an array of two or more points in 3D space, and draws a straight line between each one）。

以上官方定义简单来说：就是绘制一个三维的线段，前提是先定义三维空间的几个点，然后系统会自动连接这些点，从而最终显示为一个可见（三维）线段。需要注意的是，这条线段具备“广告牌”性质，也就是说无论摄像机从哪个方向拍摄，三维线段都是可见的。

现在通过以绘制一个三维空间的三角形线段为例，简要介绍一下 Line Renderer 的基本使用方法，共两个步骤。

❍　第 1 步：首先在层级视图中创建一个空对象，重命名为“Triangle_Line”。然后在属性视图中单击 Add Component→Effects→LineRenderer，如图 19.14 所示。

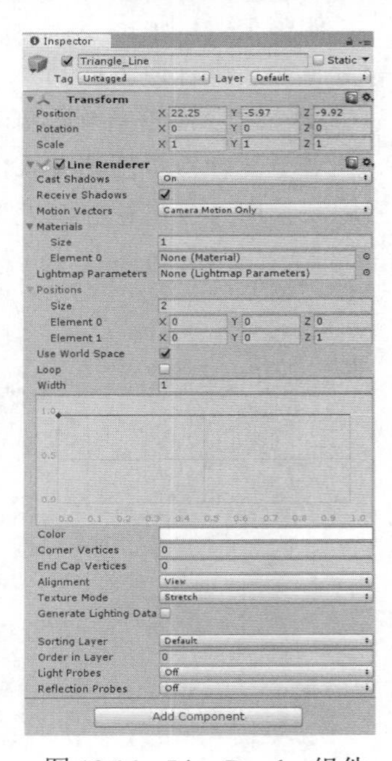

图 19.14　Line Render 组件

本组件属性较多，现列举重要属性如下：

（1）Cast Shadows：投射阴影。

（2）Receive Shadows：接受阴影。

（3）Materials：材质。

（4）Positions：线段组成（三维）点列表。

（5）Color：线段颜色。

❍ 第 2 步：线段初始显示为“粉红色”，表示线段还没有材质（见图 19.15），笔者定义一个红色材质将其赋值给“Triangle_Line”对象。目前线段是一个空间的“纸片”，要想绘制成一个几何形状，就需要定义若干“点”集合（说明：Line Renderer 会自动连接这些点，从而形成需要的图案）。

图 19.15　Line Render 显示

找到 Line Renderer 组件的“Position”属性，在其下的“Size”属性中输入“4”，然后 Element0~Element4 定义如下 4 个信息点，运行程序后形成一个三角形，如图 19.16 所示。

- 第 1 个点的三维坐标：0，0，0
- 第 2 个点的三维坐标：5，0，0
- 第 3 个点的三维坐标：0，5，0
- 第 4 个点的三维坐标：0，0，0

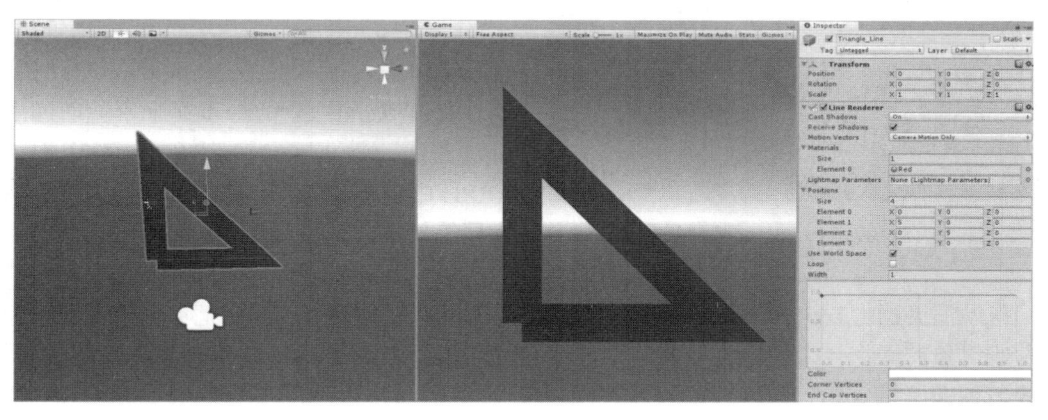

图 19.16　Line Render 定义三角形图案

如果大家认为图中的三角形不够完美，左下角有一个“缺口”，我们可以修改“Element0”（第 1 个坐标点）三维坐标的 X 数值（如改为-0.5），最后可以形成完美的三角图案。

到此为止读者可能要问，如何使用脚本的方式灵活地设置需要的图案，笔者给出相同图案的脚本源码供参考，如图 19.17 所示。

```
23 public class DrawTrangleLine:MonoBehaviour{
24     //绘制线段对象
25     private GameObject _DrawObj;
26     private LineRenderer _lineRenderer;
27     //定义四个三维点
28     private Vector3 _V0 = new Vector3(-0.45f, 0f, 0f);
29     private Vector3 _V1 = new Vector3(5f, 1f, 0f);
30     private Vector3 _V2 = new Vector3(0f, 5f, 1f);
31     private Vector3 _V3 = new Vector3(0f, 0f, 0f);
32
33
34     void Start(){
35         _DrawObj = GameObject.Find("Triangle_Line");
36         _lineRenderer = (LineRenderer)_DrawObj.GetComponent("LineRenderer");
37         //设置"三维点"数量
38         _lineRenderer.positionCount = 4;
39         //设置"三维点"位置
40         _lineRenderer.SetPosition(0, _V0);
41         _lineRenderer.SetPosition(1, _V1);
42         _lineRenderer.SetPosition(2, _V2);
43         _lineRenderer.SetPosition(3, _V3);
44     }
45 }//Class_end
```

图 19.17　脚本绘制三角图案

➢　Trail Renderer 拖尾渲染器

根据官方定义：拖尾渲染器（Trail Renderer）是一个跟在移动物体后面形成尾部渲染的组件（官方 API 定义：The Trail Renderer is used to make trails behind GameObjects in the Scene as they move）。

Trail Renderer 的特点在于永远面朝摄像机，曲线动画非常自然流畅。一般用于制作 ARPG 中主角的刀光剑影、子弹与炮弹后面的拖尾等效果，效果如图 19.18 所示。

图 19.18　Trail Renderer 拖尾效果图

❍　应用场景

拖尾渲染器（Trail Renderer）组件一般定义在一个空对象上，然后把这个空对象作为移动游戏对象的子物体来使用。当移动物体运动时，按照 Trail Renderer 组件事先设定的参数，形成各种拖尾特效。

❍　组件重要属性介绍

- Cast Shadows：投射阴影
- Receive Shadows: 接受阴影
- Materials: 材质
- Time: 拖尾时间（超出后拖尾消失）
- Width: 拖尾材质的宽度（可以使用曲线图方式定义宽度可变化的材质）
- Color: 定义材质的颜色数值

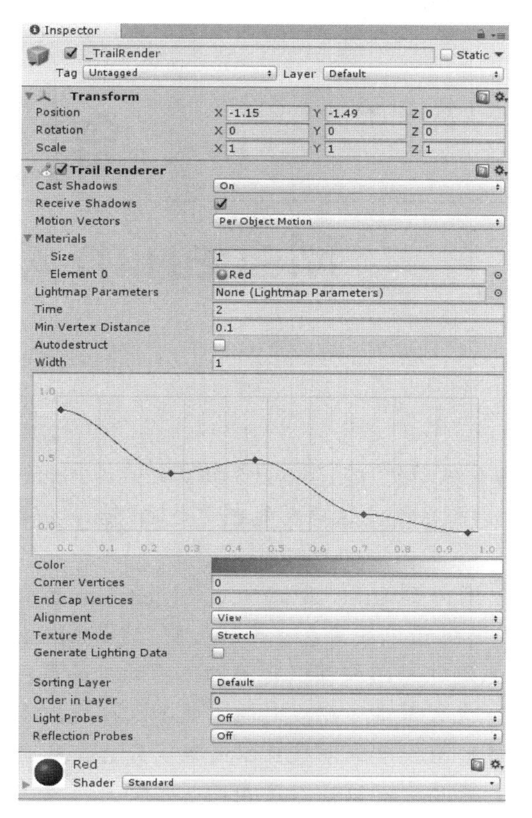

图 19.19　Trail Renderer 组件属性

19.7　本章练习与总结

本章重点讲解了 Unity 中关于粒子系统的组成、实现原理、脚本调用方式等。粒子系统在项目的实际使用过程中，我们可以先使用 Unity 内置的粒子系统包，如果没有合适的粒子系统，可以使用互联网下载的大量性能可靠的第三方粒子系统包，最后再考虑自己开发。

粒子系统关于脚本的调用方式主要分两种，可以根据粒子系统的不同分类选用合适的脚本控制方式。最后本章讲解 Line Renderer 与 Trail Renderer 组件技术，虽然严格来说这两个组件不属于粒子系统，但是与粒子系统类似，都是一种游戏图像增强技术，所以归并为粒子系统章节一并讲解。

粒子系统更多的情况是丰富游戏的画面、增加可玩性，所以粒子系统不是越多越好。使用粒子系统，还要同时兼顾考虑粒子系统的效率问题，不能让大量粒子的使用严重降低系统的“帧速率”。项目中如果使用较多粒子系统，为兼顾系统效率问题，可以考虑使用“对象缓冲池”等优化技术，参考第 27 章内容。

最后，本节讲解的 Line Renderer 组件技术，在实战项目篇“生化危机”中有大量运用。尤其是各种枪支道具的使用，如图[项目 4(11)]所示。

第 20 章 Mecanim 动画系统

○ **本章学习要点**

Unity 目前有两套动画系统，一套是 Unity 3.5 版本之前的 Legacy 系统。另一套为 Unity 4.0 版本之后增加的 Mecanim 动画系统，这项功能也是当时 Unity 公司发布 4.0 版本中重点推荐的新功能之一。

经过长期的迭代发展，目前到 Unity 2017 版本，Mecanim 动画系统已经发展成为功能非常强大的动画制作工具。尤其对于二足角色动画的控制，这是 Mecanim 动画系统的强项之一，它可以使得角色动画剪辑只制作一遍即可以复用到不同的二足角色模型上。这项功能也是笔者最青睐的强大功能之一，大大节省了研发时间，提高了研发效率。

Legacy 动画系统与 Mecanim 动画系统可以简单区分为，前者提供功能简单且必须要写大量重复烦琐代码的技术，而后者是目前二足角色（主要是人物）动画的主流开发技术，提供了代码简化但功能强大、灵活的制作方式。

○ **本章主要内容**

- 概述
- 制作 Mecanim 动画系统
- 融合术技术（Blend Tree）
- 动画层与身体蒙版
- 动画复用技术
- 本章练习与总结

20.1 概述

Mecanim 动画系统对于制作二足角色提供了非常强大的技术支撑，并且使用灵活，复用性强。Mecanim 动画系统的优势如下：

（1）可视化易理解的动画剪辑编辑界面。

（2）利用动画状态机（Animation State Machine）可以很灵活地进行动画的复用，也就是说实现人物的换装系统。

（3）Mecanim 的动画状态机中具备“融合术”技术，可以实现不同状态下动画剪辑的自然过渡，使得游戏画面更具真实感。

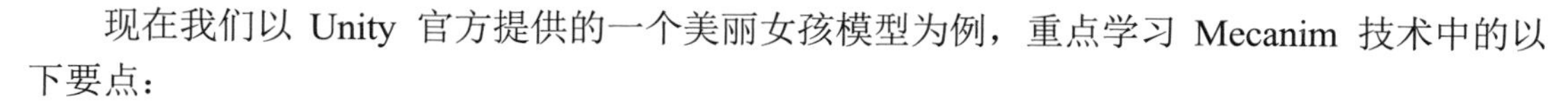

现在我们以 Unity 官方提供的一个美丽女孩模型为例，重点学习 Mecanim 技术中的以下要点：

- 制作 Mecanim 动画的一般步骤。
- Mecanim 系统的动画状态机的融合术（Blend Tree）技术。
- Mecanim 动画层与身体蒙版技术。
- Mecanim 动画复用技术。

20.2　制作 Mecanim 动画系统

从三维制作软件导出的模型，建议使用 FBX 格式导出，导出动画有两种方式:

（1）第一种，所有的动画信息（行走动画、跑步动画等）与模型信息一起导出，这些动画导入 Unity 之后被视为一个连续的动画，一般 Unity 中早期使用的 Legacy 动画制作方式都是这种方式。

（2）第二种，把每个动画信息单独导出为 FBX 格式，使用此方式导出时一般注意对动画剪辑文件合理的命名。一般的命名规则为“模型名称@动画剪辑.fbx”。

制作 Mecanim 动画系统之前，必须先对导入的动画模型的要求有个基本的了解，注意事项如下。

- 注意模型的尺寸，一般在 1.7～1.8 之间。
- 在三维建模软件中，使得角色的最底部与世界坐标的中心点对齐。
- 尽量把模型制作为 T 型姿势。
- 确保骨盆位置上的骨骼关节为所有骨骼的父层级。
- 确保骨骼结构至少为 15 个骨骼。

现在我们用 Mecanim 动画系统来详细介绍二足角色动画的制作步骤，一般分为以下 4 步。

- 步骤一：制作 Avatar 替身。
- 步骤二：设置动画状态机（Animator Controller）。
- 步骤三：设置动画循环。
- 步骤四：使用代码控制角色动画。

20.2.1　步骤一：制作 Avatar 替身

开发基本的 Mecanim 动画系统，首先需要制作（Avatar）替身。这里制作替身的目的是使得模型与模型动画之间进行“解耦”。 如此处理的好处是使三维动画设计师可以单独制作人物角色与人物动画的模型，人物动画模型可以复用所有的人物角色，这样大大提高了生产效率，节约制作成本，也更灵活。

制作 Avatar 替身分以下 3 个步骤。

- 步骤 1：首先新建项目，导入必要的模型与贴图资源。在 Project 窗口中单击 unitychan 文件。

这是一个人物角色模型，激活骨骼装配（Rig）面板。在“Animation Type”选项中选择“Humanoid”，设置后单击“Apply”按钮进行确认，如图 20.1 所示。

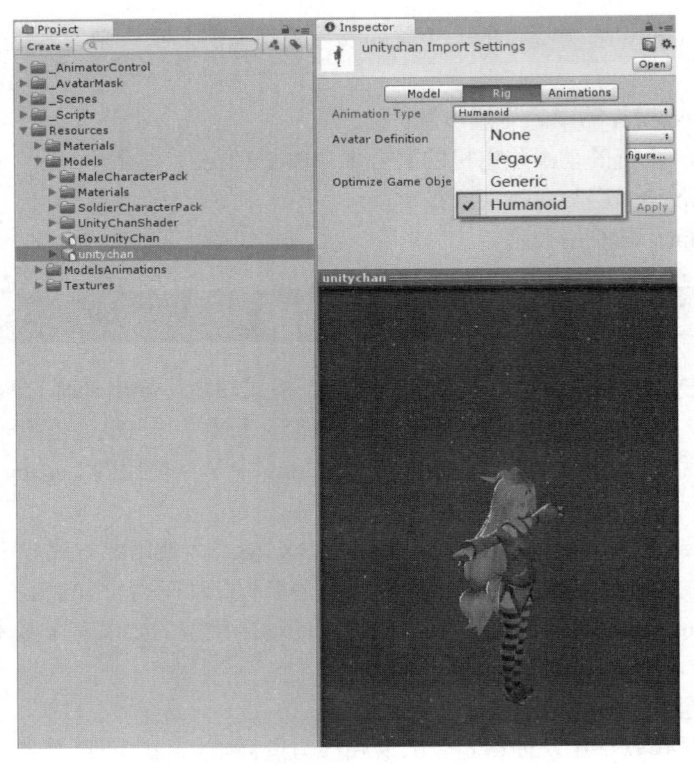

图 20.1　激活骨骼装配（Rig）类型

- 步骤 2：打开映射配置界面，单击"Configure..."进入 "Mapping" 设置界面。在属性窗口中进行设置，在场景视图中进行查看。

观察场景视图与属性窗口中的人物骨骼信息，确保人物骨骼与替身关节的定义相吻合，否则场景视图与属性窗口中的人物会发红，显示其警告信息。最后确认后单击"Apply"按钮，然后单击"Done"按钮退出当前页面，如图 20.2 和图 20.3 所示。

如果以上步骤没有错误，则会在项目视图 unitychan 模型中自动创建一个名称为"unitychanAvatar"的 Avatar 替身文件。

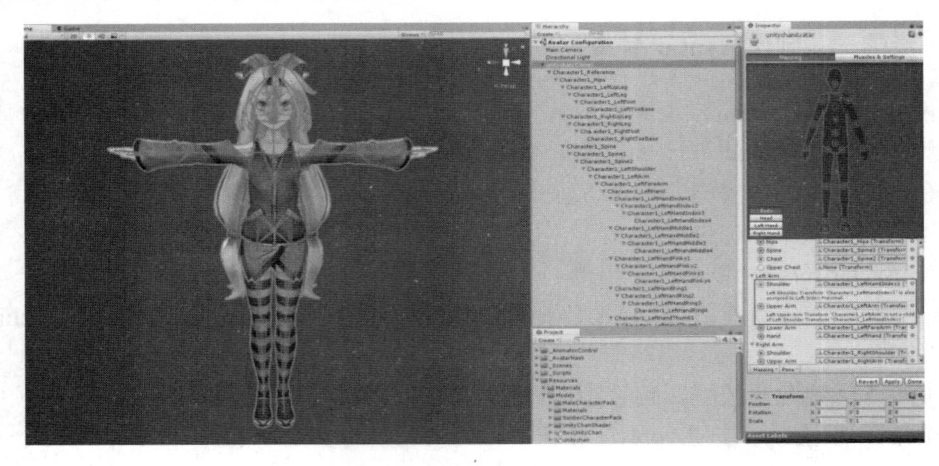

图 20.2　骨骼错误映射警告信息

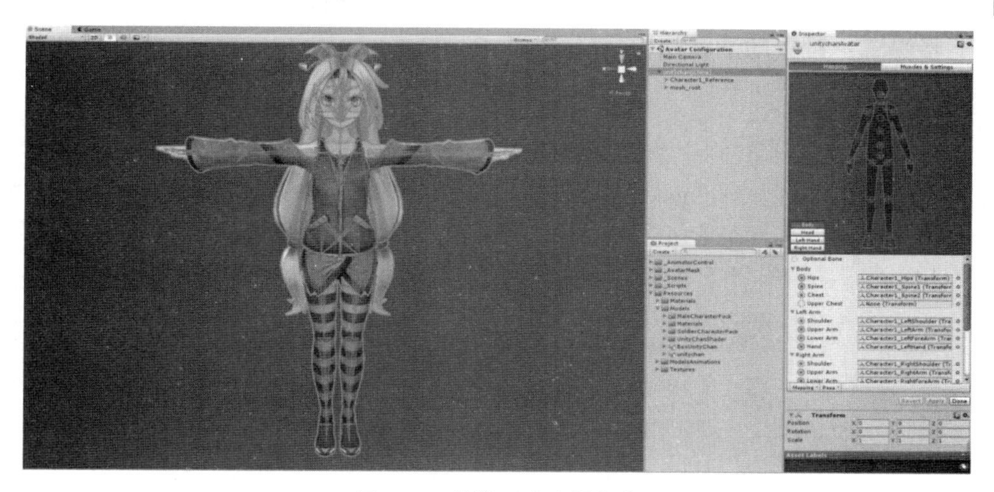

图 20.3　骨骼正确映射信息

- 步骤 3：现在我们需要把创建的“unitychanAvatar”替身文件应用到所有的动画模型中。选择所有的动画剪辑（项目视图中的 Resources/ModelsAnimations 目录）模型，在属性窗口中选择 Rig 面板，“Animation Type”选择“Humanoid”。

把“Avatar Definition”设置为 “Copy From Other Avatar”。在“Source”属性中选择我们刚才创建的“unitychanAvatar”，这样就可以把上面的“替身”应用到所有的动画剪辑上了，单击“Apply”按钮，如图 20.4 所示。最后检查以上步骤，保证每个动画剪辑在属性窗口中的“Source”属性为“unitychanAvatar”。

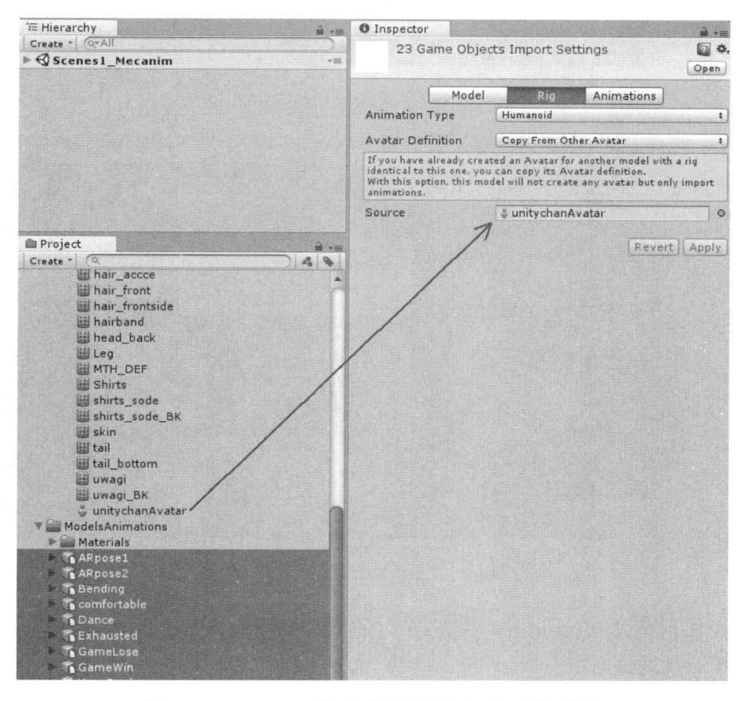

图 20. 4　Avatar 替身应用到所有动画模型中

20.2.2 步骤二：设置动画状态机(Animator Controller)

设置动画状态机分以下 7 个步骤。

- 步骤 1：在项目窗口中单击鼠标右键，创建 Animator Controller 并且进行重命名。双击该资源，打开 Animator 设置窗口，创建空的动画状态。在 Animator 窗口中单击鼠标右键，执行菜单命令 Create State→Empty，创建空的动画状态，并且重命名为 Standing，如图 20.5 和图 20.6 所示。

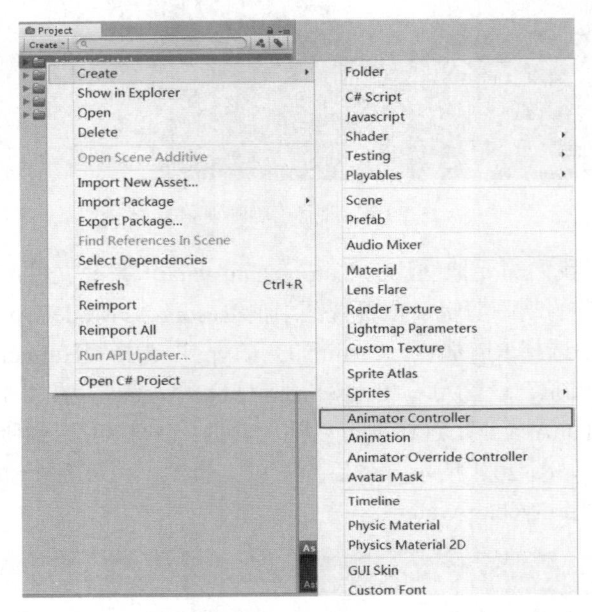

图 20.5　创建 Animator Controller

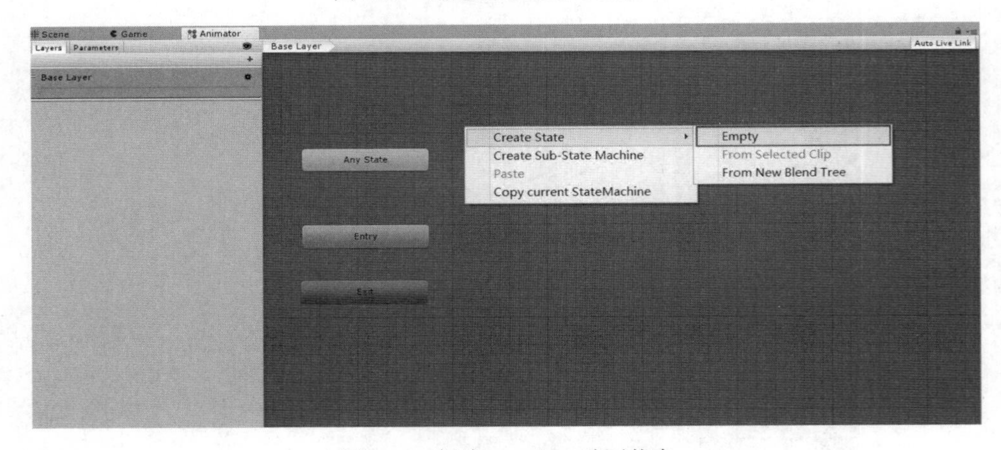

图 20.6　创建 Standing 动画状态

- 步骤 2：按照添加 Standing 状态节点的相同步骤，相继创建 Walking 与 Run 两个状态节点。然后给 3 个状态节点添加对应的动画剪辑，具体如图 20.7 所示。

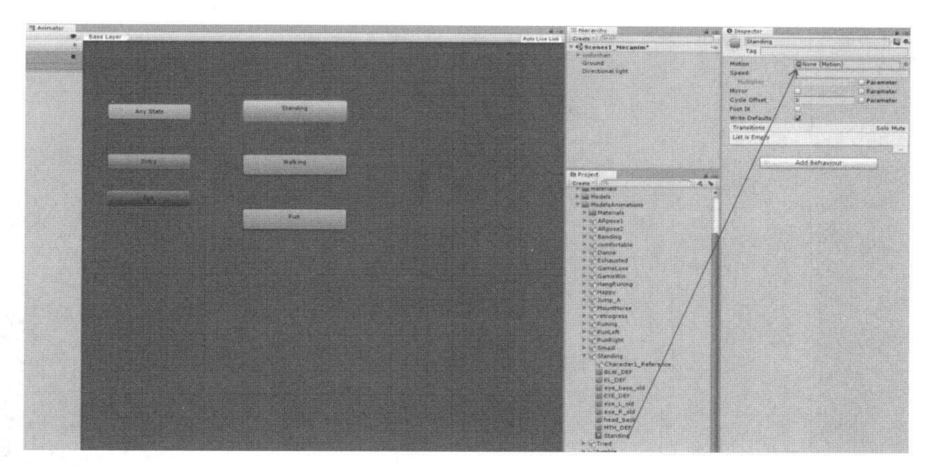

图 20.7　给状态节点添加模型动画剪辑

- 步骤 3：创建状态转移（Transform）。选择“Make Transition”，给 Standing、Walking、Run 三个状态分别添加状态转移，如图 20.8 和图 20.9 所示。

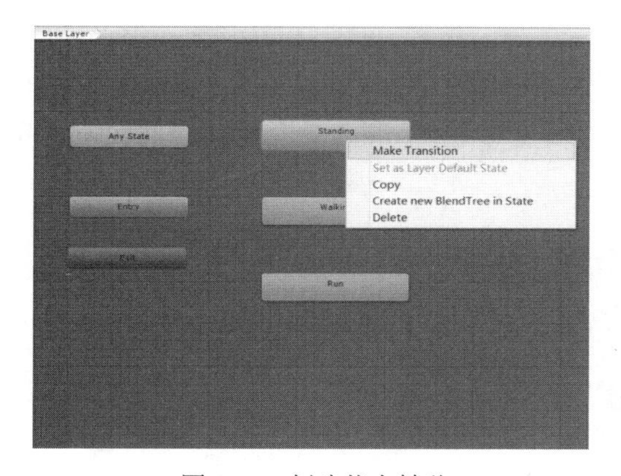

图 20.8　创建状态转移

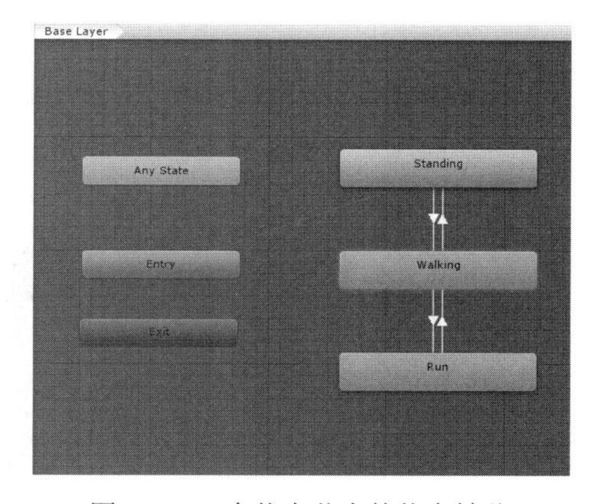

图 20.9　3 个状态节点的状态转移

- 步骤 4：设置“状态转移控制变量”。单击“Animator”窗口左上角的“Parameters”按钮，进而通过“+”符号添加控制变量。分别定义“Speed”（Float 类型）、“IsRun”（Bool 类型）两个控制变量。这两个控制变量在后面编写的脚本文件中会使用到，控制人物的动画播放。如图 20.10 所示。

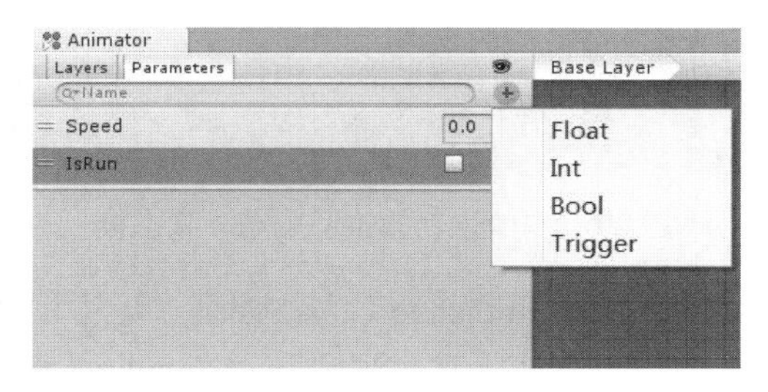

图 20.10　添加状态转移控制变量

- 步骤 5：3 个状态节点之间的“状态转移”连接线定义其触发条件，如图 20.11 所示。

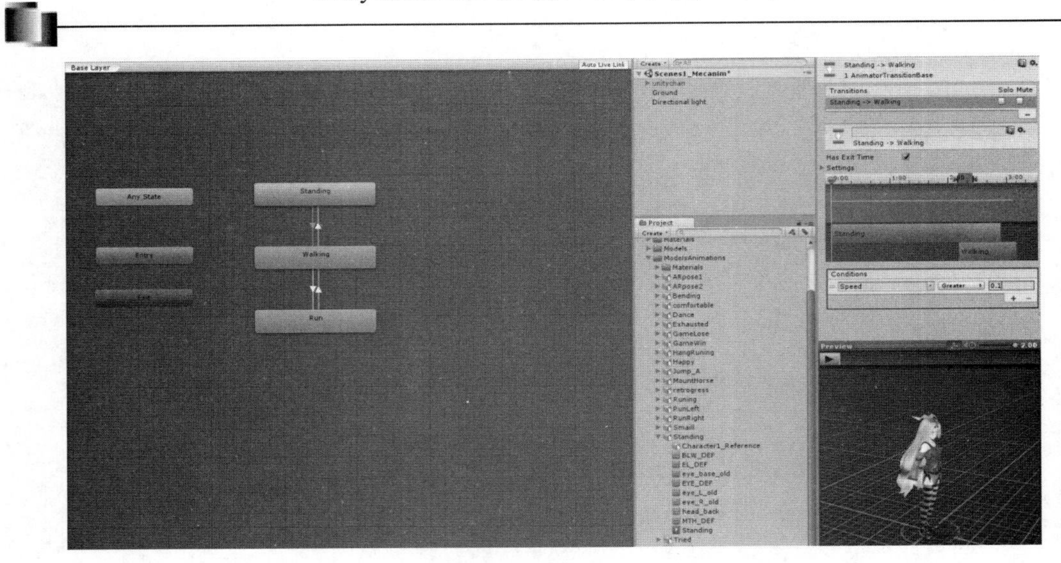

图 20.11　“状态转移”连接线定义触发条件

- 步骤 6：由于制作 Mecanim 动画系统的步骤较多，我们现在需要做阶段性测试，验证以上步骤是否达到预期目标。拖曳项目视图中的“unitychan”模型到层级视图中，选择此模型，在对应的属性窗口中添加上面刚建立的 Animator Control（名称为 SimplyAction），赋值给人物模型对应属性窗口中“Animator”组件中的 Controller 属性，如图 20.12 所示。

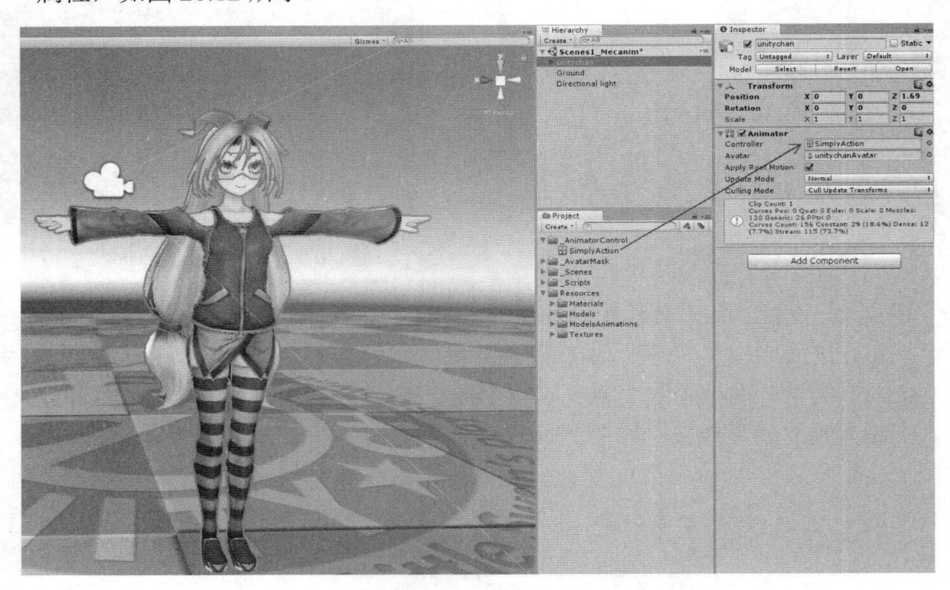

图 20.12　给人物模型添加动画状态机

- 步骤 7：单击层级视图中“unitychan”人物模型，运行程序，观察人物表情与对应动画状态机的运行，如果一切正常，则会看到 Standing 节点下方出现的蓝色运行状态提示进度栏（见图 20.13）

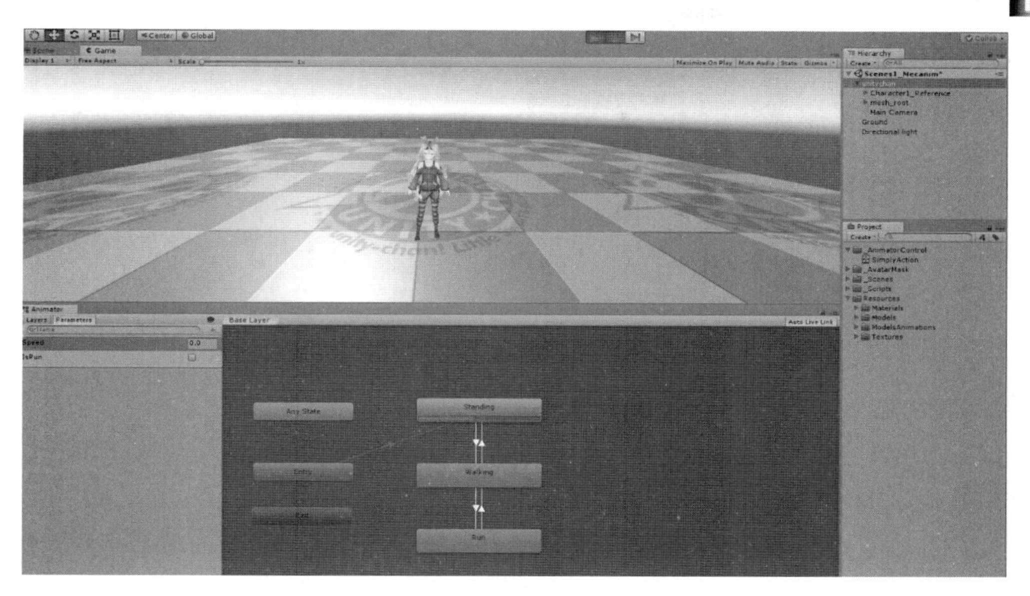

图 20.13　测试动画状态机

20.2.3　步骤三：设置动画循环

为保证人物动作的连贯平滑，现在需要针对模型动画做动画循环设置。首先在项目视图中选择 Resources/ModelsAnimations/Standing 模型文件，然后在属性窗口中选择“Animations”选项，针对人物的动画剪辑做如下设置。

➢ 设置一：“Standing”动画剪辑确保 Loop Time、Root Transform Rotation、Root Transform Position(Y)、Root Transform Position(XZ) 四大属性右边的“loop match”显示均为绿色（表示动画循环起始帧与结束帧完全重合）。

➢ 设置二：确认勾选“Loop Time”属性、“Loop Pose”属性、“Root Transform Rotation”下的“Bake Into Pose”属性、“Root Transform Position(Y)”下的“Bake Into Pose”属性、“Root Transform Position(XZ)”下的“Bake Into Pose”属性。

完成以上设置，单击“Apply”按钮应用以上设置。对于项目视图目录 Resources/ModelsAnimations 下的所有动画模型均做以上设置，如图 20.14 所示。

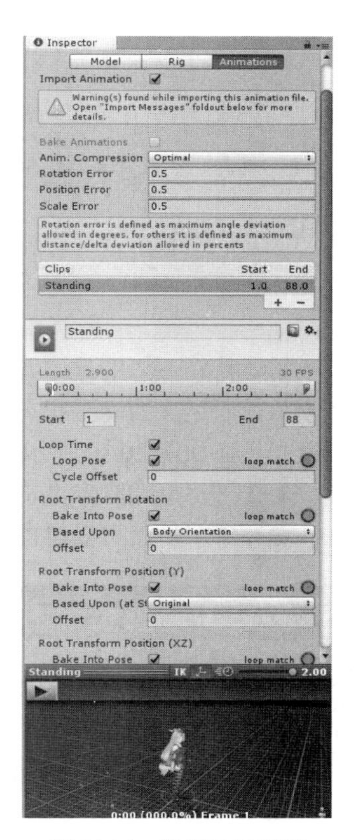

图 20.14　设置动画循环

20.2.4　步骤四：使用代码控制角色动画

建立一个控制脚本，控制动画角色的状态转移，脚本代码

如图 20.15 和图 20.16 所示。

```
14  public class GirlBaseActionControl : MonoBehaviour{
15      public float FloWalkingSpeed = 1F;                          //走路速度
16      public float FloRatationSpeed = 1F;                         //旋转速度
17      private Animator AnimaObj;                                  //动画
18
19
20      void Start(){
21          AnimaObj = this.GetComponent<Animator>();
22      }//Start_end
23
24      void Update(){
25          if (Input.GetKey(KeyCode.W)){
26              if (Input.GetKey(KeyCode.LeftShift)){
27                  AnimaObj.SetBool("IsRun", true);
28                  this.transform.Translate(Vector3.forward * FloWalkingSpeed);
29              }else{
30                  AnimaObj.SetBool("IsRun", false);
31                  AnimaObj.SetFloat("Speed", 1);
32              }
33              this.transform.Translate(Vector3.forward * FloWalkingSpeed);
34          }
```

图 20.15　Mecanim 动画基本控制脚本(A)

```
35          else if (Input.GetKey(KeyCode.S)){
36              this.transform.Translate(Vector3.back * FloWalkingSpeed);
37          }else{
38              AnimaObj.SetFloat("Speed", 0);
39              AnimaObj.SetBool("IsRun", false);
40          }
41
42          if (Input.GetKey(KeyCode.A)){
43              this.transform.Rotate(Vector3.down * FloRatationSpeed);
44          }else if (Input.GetKey(KeyCode.D)){
45              this.transform.Rotate(Vector3.up * FloRatationSpeed);
46          }
47      }
48  }
```

图 20.16　Mecanim 动画基本控制脚本(B)

需要特别注意的是，此脚本中“AnimaObj.SetFloat()”中的“Speed”、“IsRun” 字符串必须与前面定义的动画状态机“(AnimatorControl):SimplyAction”中定义的“状态转移变量”一致（具体如图 20.10 所示）。

现在把写好的脚本“GirlBaseActionControl”附加到层级视图中的“unitychan”人物角色上，运行游戏后就可以自由地控制人物在地面上行走与跑动了。

20.3　融合术技术

融合术（Blend Tree）技术可以使得一个动画剪辑与其他动画剪辑进行光滑融合，使得两个动画之间衔接自然。

现在我们分 14 步开发融合术示例。

- 步骤 1：首先创建一个新的场景，建立地面、直线光与放置基本模型“unitychan”。
- 步骤 2：在项目视图中建立一个动画状态机（Animator Control），名称为“BlendTree”，双击打开 Animator 编辑窗口。

- 步骤 3：在 Animator 窗口中单击鼠标右键，执行菜单命令“Create State”→“Empty”，创建一个空节点，命名为“Standing”，在其属性窗口中的“Motion”属性中添加人物站立的动画剪辑。
- 步骤 4：在 Animator 窗口中单击鼠标右键，执行菜单命令“Create State”→“From New Blend Tree”，创建一个融合术节点，命名为“Motion”，如图 20.17 所示。

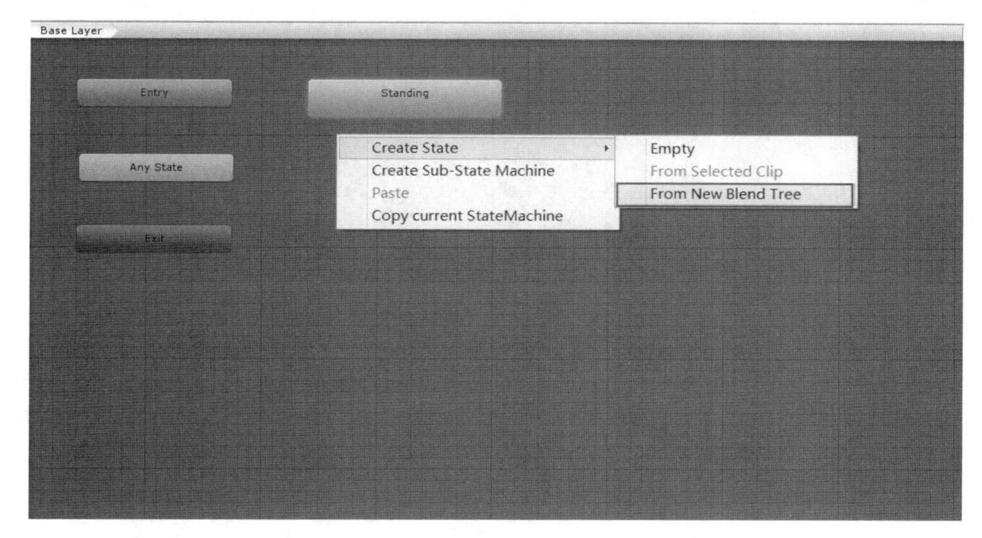

图 20.17　创建融合术节点

- 步骤 5：现在创建两个“状态转移”控制变量，分别是“Speed”（Float 类型）与“Direction”（Float 类型）。
- 步骤 6：“Standing”与“Motion”节点之间添加“状态转移”变量。条件为如果 Speed 大于 0.1，则“Standing”转为“Motion”节点。如果 Speed 小于 0.1，则“Motion”转为“Standing”节点。具体如图 20.18 所示。.

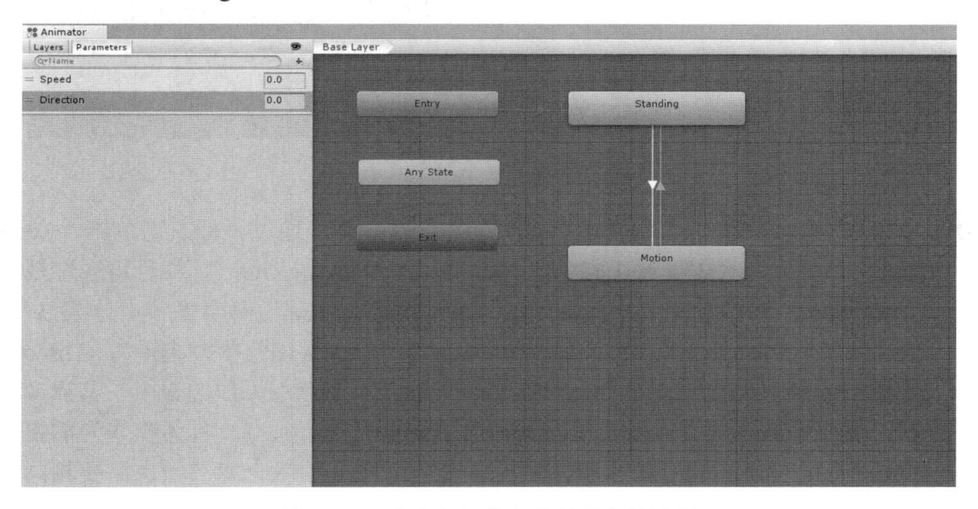

图 20.18　节点之间的条件转移变量设置

- 步骤 7：双击“Motion”节点，在融合术层（Blend Tree 层）中进行进一步设置，如图 20.19 所示。

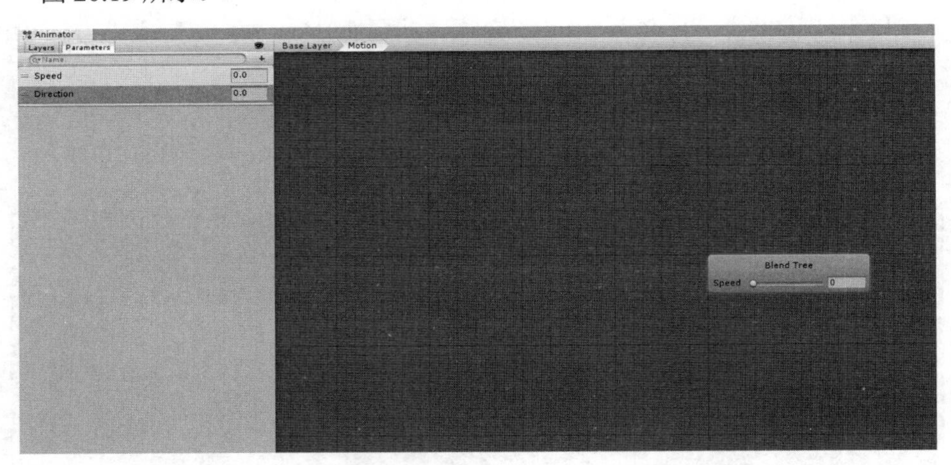

图 20.19　融合术层中

- 步骤 8：在 Blend Tree 层中，单击“Blend Tree”节点，单鼠标右键，执行菜单命令“Add Blend Tree”添加两个新的融合术节点（子节点），并且命名为“Walking”和“Run”，如图 20.20 所示。

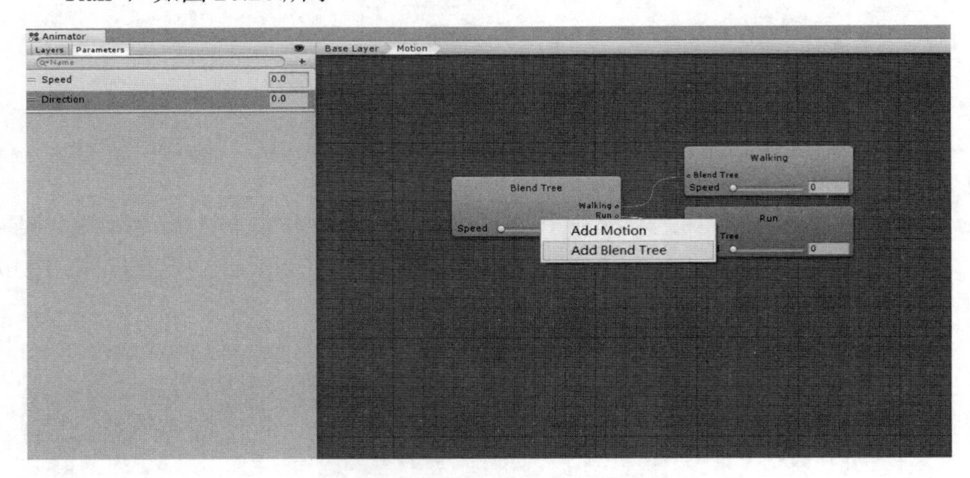

图 20.20　添加两个融合术子节点

- 步骤 9：给“Walking”融合术节点分配 3 个子节点（通过鼠标右键单击“Add Blend Tree”），分别是“WalkingLeft”、“Walking”、“WalkingRight”，并且将属性视图中的“Parameter”参数选择为“Direction”。然后再给“Run”融合术节点分配 3 个子节点，分别是“RunLeft”、“Run”、“RunRight”，“Parameter”参数选择为“Direction”。
- 步骤 10：特别需要注意的是，“Walking”融合术节点中添加的 3 个子节点（动画剪辑）需要添加“临界点”（Thresl）参数，分别是-1、0、1。具体操作为需要先取消“Automate Threshold”的勾选，然后再勾选。“Run”融合术节点也需要相同操作，具体如图 20.21 所示。

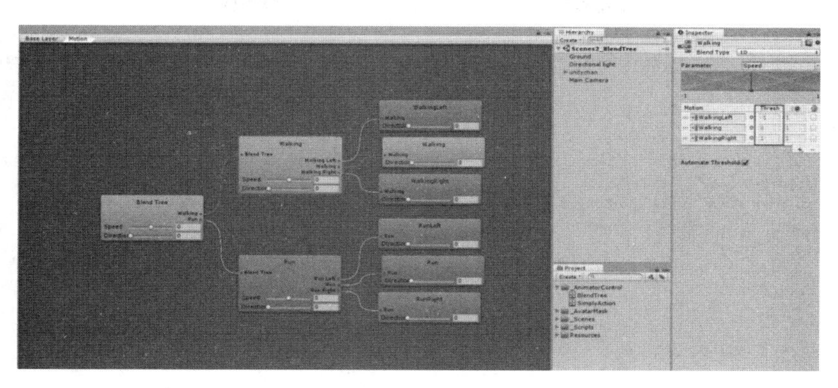

图 20.21　融合术节点添加子节点且进行临界点设置

- 步骤 11：最左边的“Blend Tree”根节点也同样添加“临界点”（Thresl）参数。“Walking”临界点为 0，“Run”临界点为 0.8，“Parameter”参数设置为“Speed”，具体如图 20.22 所示。

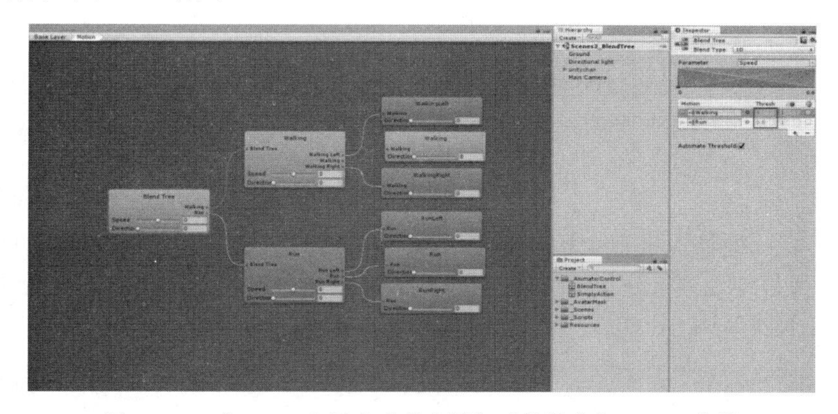

图 20.22　“Motion”融合术节点添加“临界点”(Thresl)参数

- 步骤 12：单击层级视图中的“unitychan”角色模型，把刚刚建立的动画状态机“Blend Tree”赋值给属性窗口中“Animator”组件中的“Controller”属性，如图 20.23。

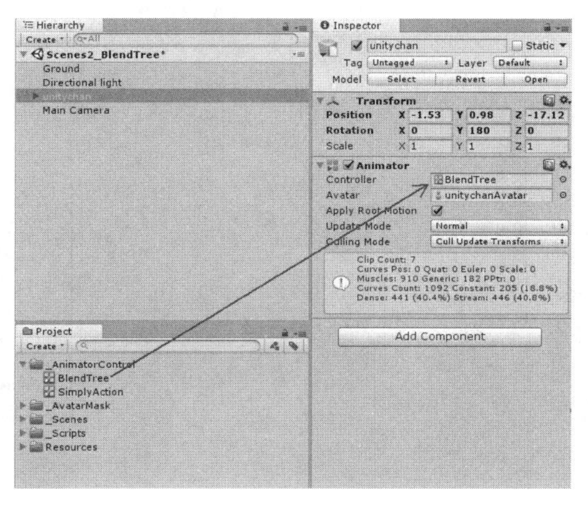

图 20.23　动画状态机的赋值

- 步骤 13：编写与融合术配合使用的控制脚本“GirlActionControlByBendTrees”，如图 20.24 所示。

```
15 public class GirlActionControlByBendTrees : MonoBehaviour{
16     public float animSpeed = 1.5f;                          //动画播放速度
17     public float forwardSpeed = 7.0f;                       //前进的速度
18     public float backwardSpeed = 2.0f;                      //后退的速度
19     public float rotateSpeed = 2.0f;                        //身体旋转速度
20     private Vector3 velocity;                               //人物移动量
21     private Animator anim;
22     void Start(){
23         anim = GetComponent<Animator>();
24     }
25     void FixedUpdate(){
26         float h = Input.GetAxis("Horizontal");
27         float v = Input.GetAxis("Vertical");
28         anim.SetFloat("Speed", v);
29         anim.SetFloat("Direction", h);
30         anim.speed = animSpeed;
31         velocity = new Vector3(0, 0, v);
32         velocity = transform.TransformDirection(velocity);
33         //确定前进与后退的速度
34         if (v > 0.1){
35             velocity *= forwardSpeed;                       //前进移动速度
36         }
37         else if (v < -0.1){
38             velocity *= backwardSpeed;                      //后退移动速度
39         }
40         transform.localPosition += velocity * Time.fixedDeltaTime;
41         transform.Rotate(0, h * rotateSpeed, 0);
```

图 20.24 融合术控制脚本

- 步骤 14：把脚本赋值给人物角色“unitychan”，运行游戏，查看模型动画融合结果。为了更好地观察，建议给主摄像机添加“SmoothFollow”脚本（注：这是一个第三方 JS 脚本），如图 20.25 所示。

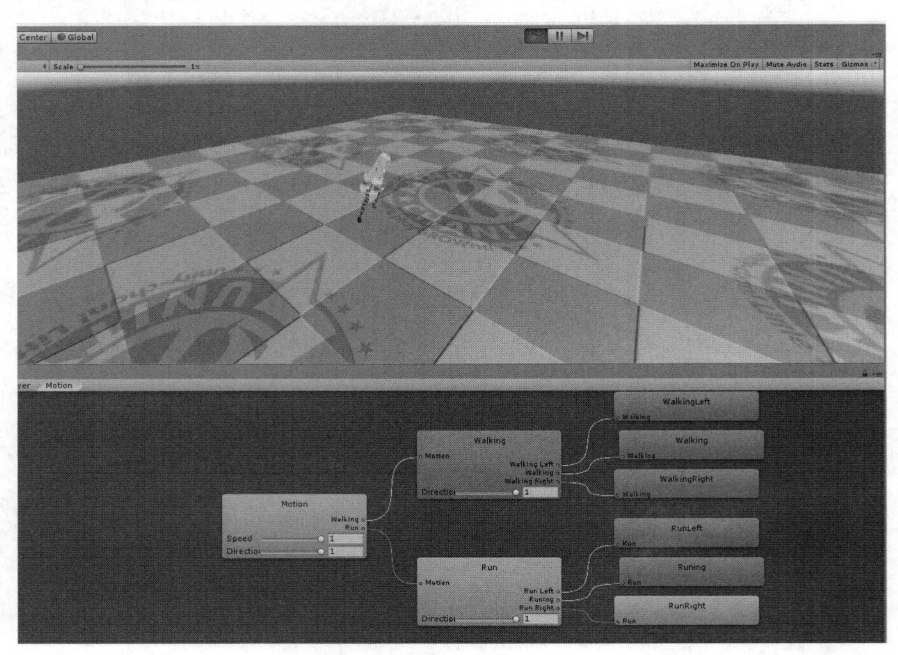

图 20.25 程序最终运行结果

20.4　动画层与身体蒙版

“动画层”技术可以从已有的动画中创造出新的动画系统，与此形成对比的是“融合术”技术。它们的不同之处在于:“融合术”技术是两个动画序列同一骨骼的不同运动位置融合为骨骼的最终位置，而“动画层”是把不同部位的动画组合起来，成为最后全身的动画效果。

学习此节知识点，我们依旧使用开发小示例的方式进行介绍，现在使用 11 个步骤进行开发介绍。

- 步骤 1：首先创建一个新的场景，建立地面、直线光与放置基本模型“unitychan”。
- 步骤 2：在项目视图中建立一个动画状态机（Animator Control），命名为“Animation Layer”，双击打开 Animator 编辑窗口。
- 步骤 3：建立基本的“Walking”节点，并且添加人物走动动画剪辑“Walking”、具体步骤前面已经讲解过，这里不再赘述。
- 步骤 4：单击“Animator”窗口左上方“Layers”的“+”符号，添加一个“动画层”，如图 20.26 所示。
- 步骤 5：在“New Layer”层中添加“Null State”节点，这个节点不添加动画剪辑。然后添加一个“RaiseWalking”节点，并且添加 Resources/ModelsAnimations/HangRuning 的角色模型动画剪辑。这个动画剪辑是女孩边跑边 7 举手的动作，如图 20.27 所示。

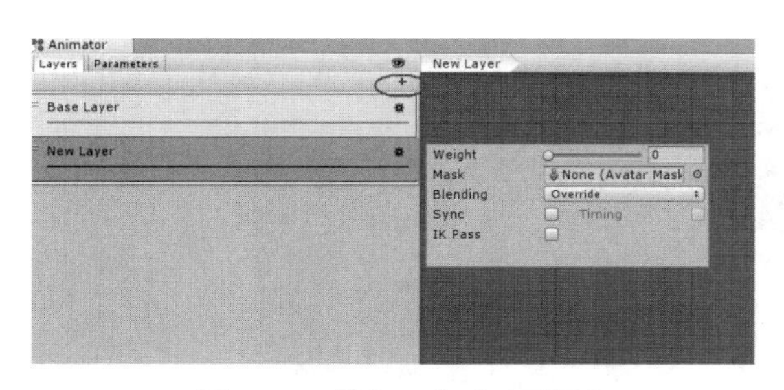

图 20.26　增加一个“动画层”

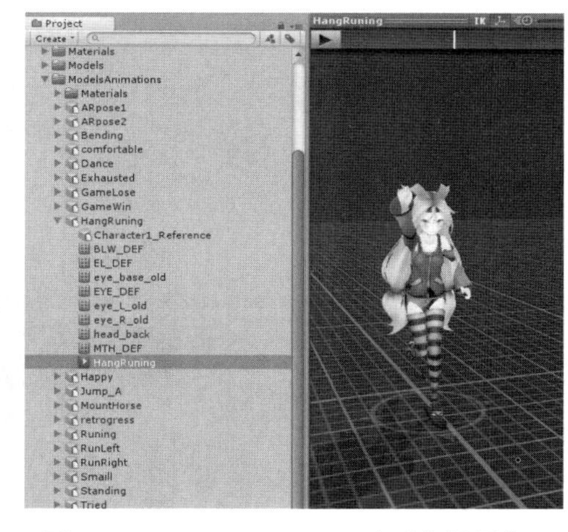

图 20.27　“HangRuning”动画剪辑预览

- 步骤 6：添加布尔类型的“IsRaise”条件转移变量，并且进行条件转移设置，如图 20.28 所示。
- 步骤 7：在项目视图中通过单击鼠标右键，执行菜单命令“Create”→“Avatar Mask”建立一个名称为“BodyMask”的身体蒙版，并且屏蔽身体的下半身，如图 20.29 所示。
- 步骤 8：在“New Layer”层中选择属性“Mask”，选择刚才新建立的“BodyMask”身体蒙版，如图 20.30 所示。

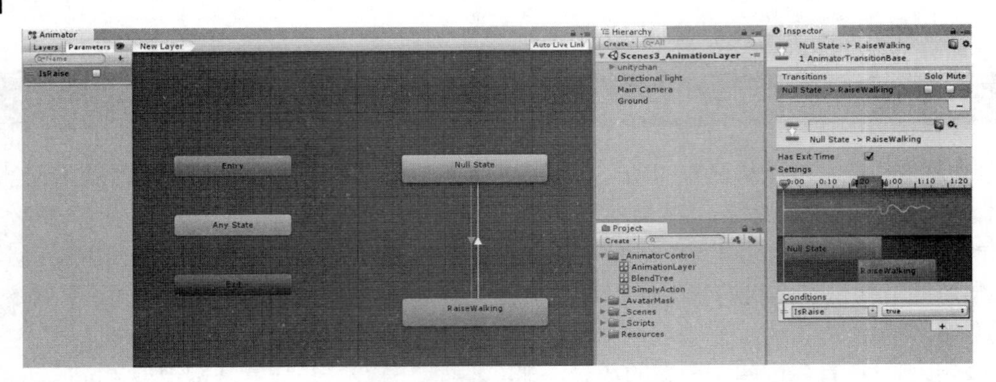

图 20.28　新动画层中的节点设置

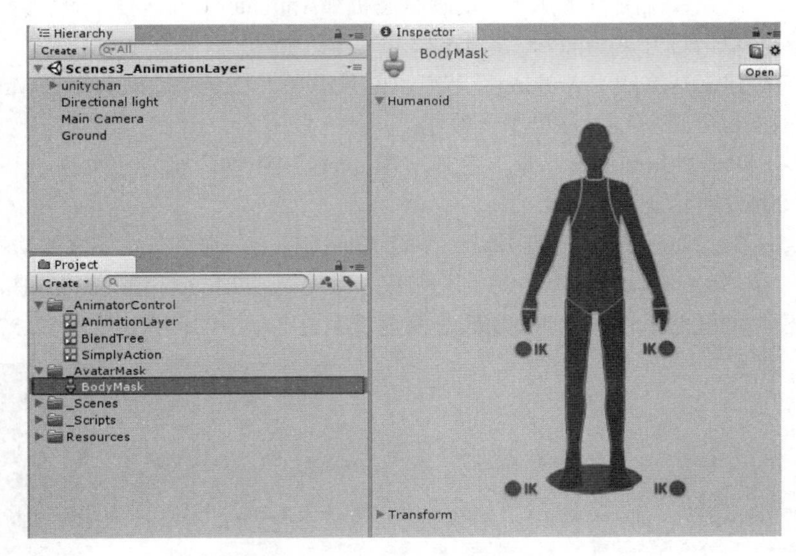

图 20.29　创建身体蒙版且屏蔽下半身

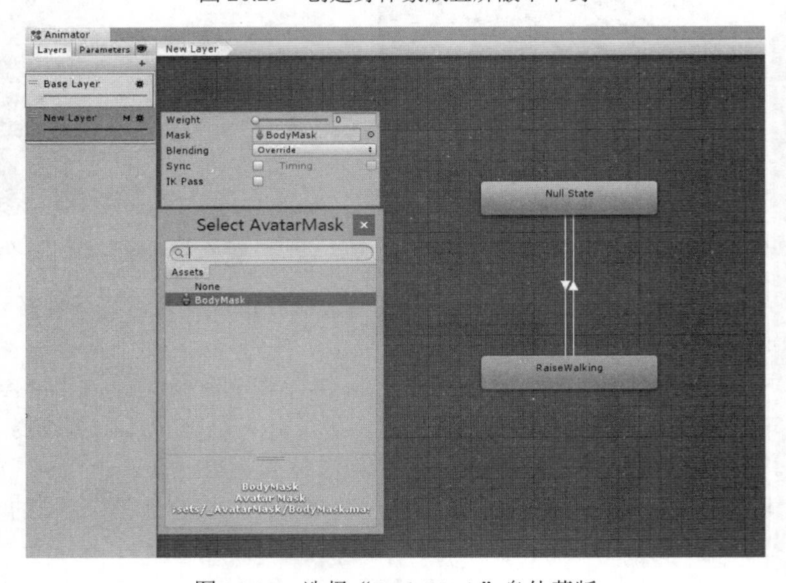

图 20.30　选择“BodyMask”身体蒙版

- 步骤 9：新建一个关于动画层的控制脚本，代码如图 20.31 所示。

```
14 public class GirlRaiseWalking : MonoBehaviour{
15     protected Animator animator;                        //保存Animator组件
16 
17 
18     void Start(){
19         animator = this.GetComponent<Animator>();       //获得Animator组件
20         //如果状态机中有两个动画层，则设置第二个图层的权重为1
21         //图层的序号从0开始计算，权重1表示没有被身体蒙版所屏蔽的部分将
22         //由该图层的骨骼动画控制，权重为0表示不受该层的影响
23         if (animator.layerCount >= 2){
24             animator.SetLayerWeight(1, 1);
25         }
26     }
27 
28     void Update(){
29         if (animator){
30             if (Input.GetButtonDown("Fire1")){
31                 animator.SetBool("IsRaise", true);
32             }
33             if (Input.GetButtonUp("Fire1")){
34                 animator.SetBool("IsRaise", false);
35             }
36         }
37     }
38 }
```

图 20.31　动画层的控制脚本

- 步骤 10：在层级视图中给人物角色“unitychan”所属 Animator 组件的“Controller”属性上添加上面刚开发完毕的“AnimationLayer”动画状态机。“unitychan”对象附加刚建立的 GirlRaiseWalking.cs 脚本。
- 步骤 11：运行程序，我们会发现默认走路动画的小女孩，当我们单击鼠标左键时小女孩则抬起右手进行“打招呼”走路。其实这个动画剪辑在我们的项目中是不存在的，是通过身体蒙版的方式把前面“HangRuning”动画剪辑的举手动作与“Walking”动画剪辑的走路动作结合起来而形成的，效果如图 20.32 所示。

图 20.32　程序运行结果

20.5　动画复用技术

动画复用就是把动画剪辑序列复用到其他的角色上，使得其他角色也具备相同的动画与操控一致性。

我们通过以下 6 个步骤进行演示。

- 步骤 1：新建一个场景，添加必要的地面和直线光等。
- 步骤 2：单击项目视图中的 Resources/Models/SoldierCharacterPack/soldier.fbx 模型，将属性窗口中 Rig 装配选项下的“Animation Type”属性改为“Humanoid”，然后单击下方的“Apply”按钮。
- 步骤 3：拖曳“soldier”模型到层级视图中，给这个机器人角色的 Animator 组件添加“BlendTree”动画状态机。

- 步骤 4：给“soldier”角色附加 GirlActionControlByBendTrees 脚本。
- 步骤 5：运行程序，我们发现原本没有任何动画定义的模型，居然也自由地活动起来了，如图 20.33 所示。
- 步骤 6：我们再导入其他几个人物角色，进行相同的操作序列，其结果如图 20.34 所示。

图 20.33　士兵角色的动画效果

图 20.34　多角色的动画效果

20.6　StateMachineBehaviour 脚本

从 Unity 5.x 开始，Mecanim 动画系统增加了专门为动画状态机编写的继承 StateMachineBehaviour 父类的脚本。它的功能是指定动画在播放过程中的自定义操作（播放开始、播放退出、播放进行中等状态）。

- 第 1 步：新建一个场景，新建一个负责走路与跑动的新动画状态机，重命名为“RunTrack”。在定义的跑动状态上，在属性视图上通过单击“Add Behaviour”按钮添加一个控制脚本，命名为“RunEffect”，如图 20.35 所示。

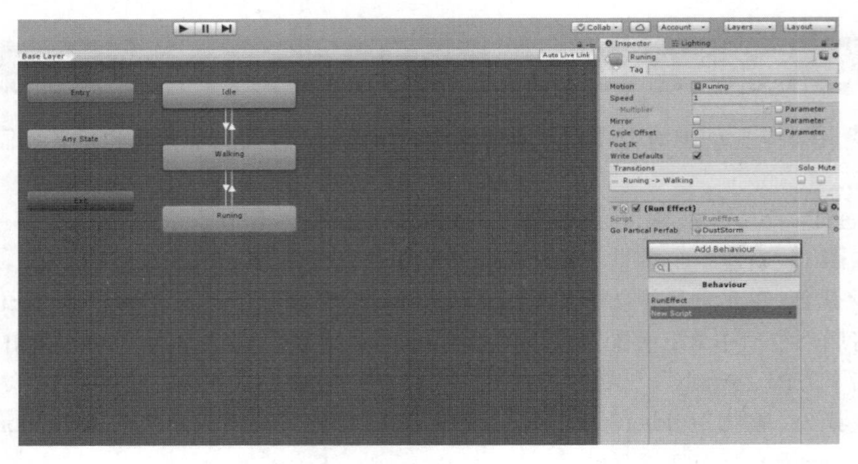

图 20.35　动画状态机属性视图添加专有控制脚本

➢ 第 2 步：RunEffect.cs 脚本使用 VS 打开，界面如图 20.36 所示。

```
5  public class test : StateMachineBehaviour {
6
7      // OnStateEnter is called when a transition starts and the state machine starts to evaluate
8      //override public void OnStateEnter(Animator animator, AnimatorStateInfo stateInfo, int laye
9      //
10     //}
11
12     // OnStateUpdate is called on each Update frame between OnStateEnter and OnStateExit callbac
13     //override public void OnStateUpdate(Animator animator, AnimatorStateInfo stateInfo, int lay
14     //
15     //}
16
17     // OnStateExit is called when a transition ends and the state machine finishes evaluating th
18     //override public void OnStateExit(Animator animator, AnimatorStateInfo stateInfo, int layer
19     //
20     //}
21
22     // OnStateMove is called right after Animator.OnAnimatorMove(). Code that processes and affe
23     //override public void OnStateMove(Animator animator, AnimatorStateInfo stateInfo, int layer
24     //
25     //}
26
27     // OnStateIK is called right after Animator.OnAnimatorIK(). Code that sets up animation IK (
28     //override public void OnStateIK(Animator animator, AnimatorStateInfo stateInfo, int layerIn
```

图 20.36　动画状态机默认控制脚本

RunEffect.cs 是一个继承于 StateMachineBehaviour 父类的脚本，默认提供了 5 个重载函数：

- OnStateEnter()　　当动画开始播放时调用
- OnStateUpdate()　　动画播放时，每帧调用
- OnStateExit()　　当动画停止播放时调用
- OnStateMove()　　当动画移动时播放
- OnStateIK()　　当动画触发逆向运动学时调用

➢ 第 3 步： RunEffect.cs 脚本实现当主角跑步时实例化创建粒子系统，当停止跑步时销毁粒子特效的功能。代码如图 20.37 所示。

```
23  public class RunEffect : StateMachineBehaviour {
24
25      //粒子预设
26      public GameObject GoParticalPerfab;
27      //克隆预设
28      private GameObject _GoClonePerfab;
29
30      //当动画开始播放时调用
31      public override void OnStateEnter(Animator animator, AnimatorStateInfo stateInfo, int layerIndex){
32          _GoClonePerfab = (GameObject)Instantiate(GoParticalPerfab, animator.rootPosition, Quaternion.identity);
33      }
34
35      //当动画停止播放时调用
36      public  override void OnStateExit(Animator animator, AnimatorStateInfo stateInfo, int layerIndex) {
37          Destroy(_GoClonePerfab, 2F);
38      }
39  }
```

图 20.37　RunEffect 动画状态机控制脚本

➢ 第 4 步：RunEffect.cs 需要赋值系统内置的粒子系统，最终效果就是当主角站立与走动时没有异样，而跑动开始后整个场景会产生滚滚烟尘，突显跑动之快（见图 20.38）。

图 20.38　最终场景效果

20.7　本章练习与总结

通过本章的学习，读者能够体会到 Mecanim 系统制作动画的强大功能。虽然动画系统的功能灵活，但是学习起来却有一定的难度。读者如果能够在此基础上进一步深入研究，最终可以开发出自己满意的动画效果。

本章从制作最基本的 Mecanim 动画系统开始讲起，涉及融合术、动画层和身体蒙版，以及继承 StateMachineBehaviour 的动画状态机控制脚本等技术，在此基础上，最令笔者所推荐的是动画复用技术的灵活使用。此方法可以在游戏开发过程中只需要开发一遍动画系统就可以反复运用到其他二足角色系统中，极大地提高了开发效率，节约开发成本。

最后，本章的 Mecanim 动画系统内容，在实战项目篇“生化危机”项目中的敌人僵尸和枪支道具等都有很多应用，请读者移步阅读体会。

第 21 章 导航寻路

❍ 本章学习要点

导航寻路是 Unity 在构建虚拟 3D 世界时，为简化游戏对象实现自动寻找目标而提供的一种内置简化技术。如果没有这种内置技术，我们需要使用 3D 数学进行复杂的数学计算或者使用第三方插件（如 A 星算法）等，这样就大大降低了系统开发的效率。

本章导航寻路技术我们除了学习基本导航外，还要学习关于斜坡、大跨度复杂地形的导航寻路问题。其后我们学习分层的导航寻路，可以解决游戏中大量不同种类 NPC 敌人的分地形导航问题（例如，水面的舰船只能在水面发起攻击）。最后通过 Navmesh Obstacle 组件实现脚本控制路径障碍物启用与禁用问题。

本书采用 Unity 2017.x 版本，NavMesh 又引入了全新的底层 API，旨在解决以前版本中的种种限制，可以实现基于组件 NavMesh 的独立地形烘焙、主角在 3D 空间中的任意方向运行，以及 NavMesh 动态烘焙，从此彻底解决大型场景导航寻路效率低下的问题。

❍ 本章主要内容

- 基本导航寻路
- 斜坡与跳跃
- 使用 Off Mesh Link 组件
- 网格分层
- Nav Mesh Obstacle 组件
- 基于组件 Nav Mesh 的新特性
- Nav Mesh 定向 3D 空间任何方向新特性
- Nav Mesh 动态烘焙新特性
- 本章练习与总结

21.1 基本导航寻路

导航寻路（NavMesh）技术是一种系统内置的强大寻路算法系统，可以很方便快捷地开发出各种复杂应用，被大量应用于各种 RPG、射击、动作和冒险等游戏中。

本系统可以模拟游戏开发中的敌人自动寻路，绕过障碍、爬上与跳下障碍物、按类别寻找属于自己的道路、动态设置道路中的障碍等技术实现。

图 21.1　搭建基本寻路场景

俗话说，“万丈高楼平地起”，我们首先学习最基本的导航寻路系统。这里我们分 9 个步骤开发一个示例项目。

- 步骤 1：新建项目，在场景中添加如图 21.1 所示的地形系统。
- 步骤 2：添加需要导航的主角与目标位置，如图 21.2 所示。红色游戏对象代表主角，黄色游戏对象代表寻找的目标位置。
- 步骤 3：标记场景中所有不动的游戏对象为“寻路静态”（Navigation Static），如图 21.3 所示。

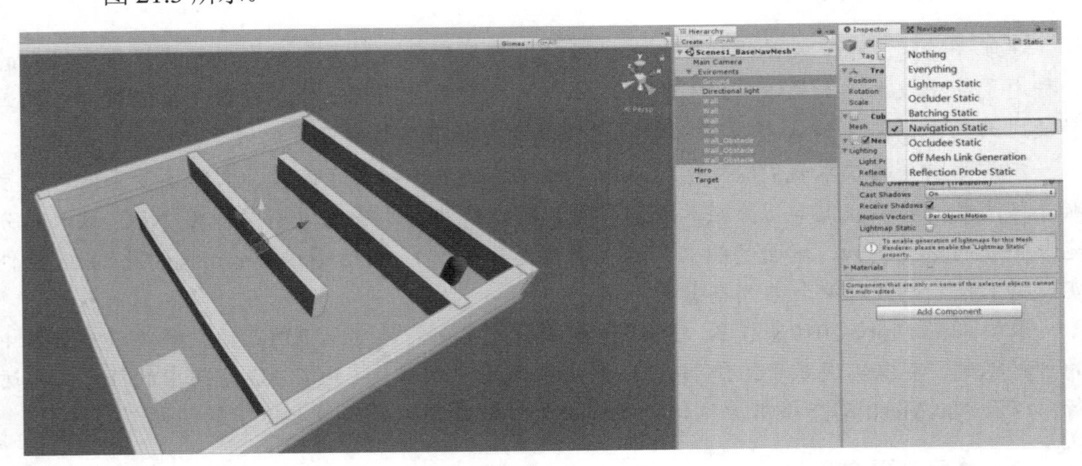

图 21.2　标记寻路静态（Navigation Static）

- 步骤 4：单击菜单中的“Window”→“Navigation”选项，显示导航寻路（Navigation）窗口，“Object”选项是烘焙游戏对象参数修改与确认的窗口，“Agents”是导航代理参数确认与修改的窗口，分别如图 21.3 和图 21.4 所示。

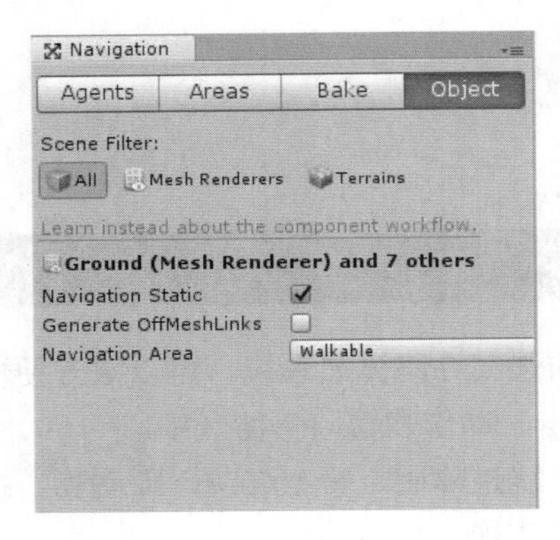

图 21.3　导航寻路 Object

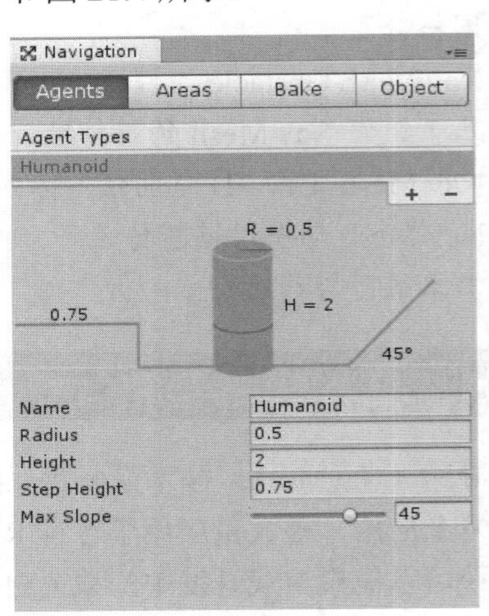

图 21.4　导航寻路 Agents

- 步骤 5：单击导航窗口中的烘焙（Bake）选项，调节确认“Agent Radius”（表示代理半径）参数为 0.1，然后单击下方的“Bake”按钮，进行导航寻路的路径烘焙处理，如图 21.5 所示。
- 步骤 6：使用场景视图中的“线框模型”（Wireframe）查看烘焙后的路径，如图 21.6 所示。
- 步骤 7：给寻路主角添加寻路代理组件（Nav Mesh Agent）。
- 步骤 8：编写导航寻路脚本，如图 21.7 所示。

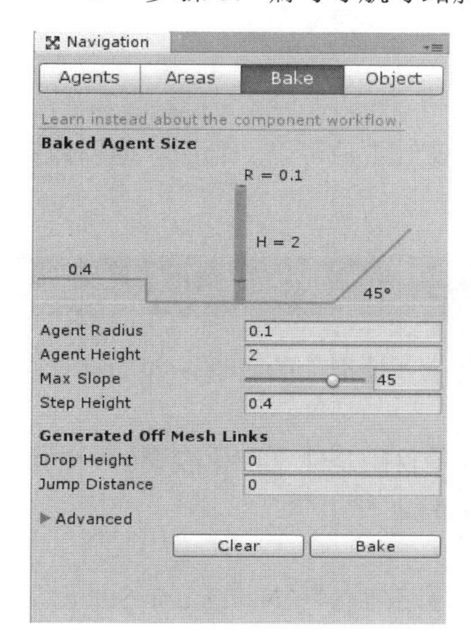

图 21.5　导航寻路 Bake

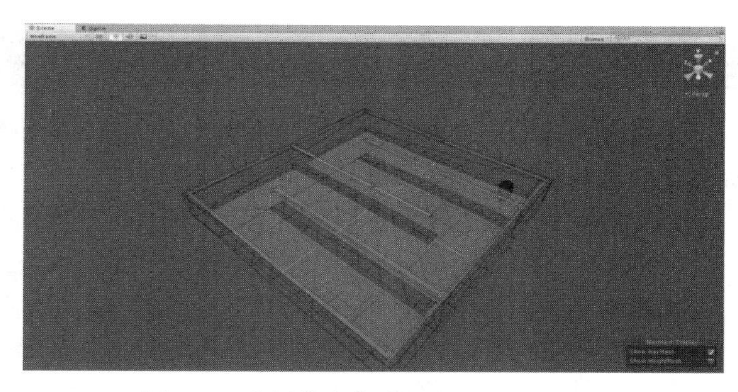

图 21.6　线框模式查看烘焙后的导航路径

```
21 public class BaseNavigation : MonoBehaviour{
22     //寻路目标
23     public Transform TraFindDestination;
24     //寻路组件
25     private UnityEngine.AI.NavMeshAgent _Agent;
26
27
28     void Start(){
29         _Agent = this.GetComponent<UnityEngine.AI.NavMeshAgent>();
30     }//Start_end
31
32
33     void Update(){
34         //设置寻路
35         if (_Agent && TraFindDestination)
36         {
37             _Agent.SetDestination(TraFindDestination.transform.position);
38         }
39     }//Update_end
40 }
```

图 21.7　基本导航寻路脚本

- 步骤 9：把脚本赋值给寻路主角，运行程序进行测试如图 21.8 所示。

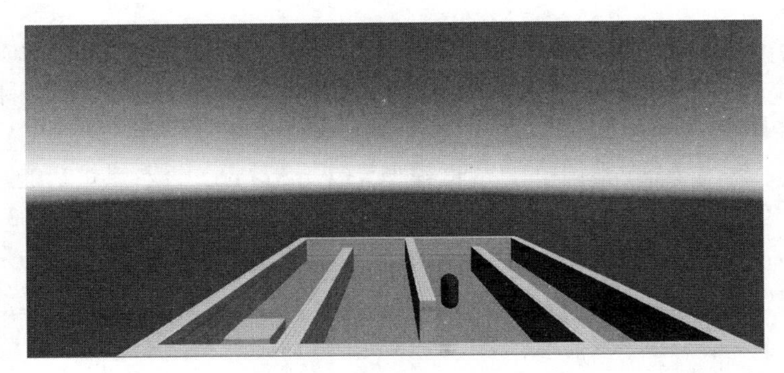

图 21.8　运行程序测试导航寻路

运行程序后，前述实验步骤如果没有错误，则红色所代表的主角可以“聪明”地以最短路径的方式绕过障碍物且找到（黄色方块所代表）目标。

21.2　斜坡与跳跃

上节我们演示了基本导航寻路的示例，本节我们增加复杂“地形”的处理，即如何让主角走上斜坡，或者直接从“高处”直接跳下的处理。

- 步骤 1：如图 21.9 所示，新建一个场景，这次实验的目的是让（红色胶囊体）主角能够在不同的情况下（不同斜度的“长板”）爬上高台。

第 1 次实验，把场景中的“斜梯”大约保持 30° 斜度。

- 步骤 2：同上节实验，对所有静态游戏对象标记“寻路静态”（Navigation Static）。
- 步骤 3：给主角对象添加“寻路导航代理”（Nav Mesh Agent）组件与脚本“BaseNavigation”（同上节实验）。
- 步骤 4：第 1 次运行程序，主角可以直接“走”上斜坡，如图 21.10 所示。

图 21.9　搭建基本实验场景

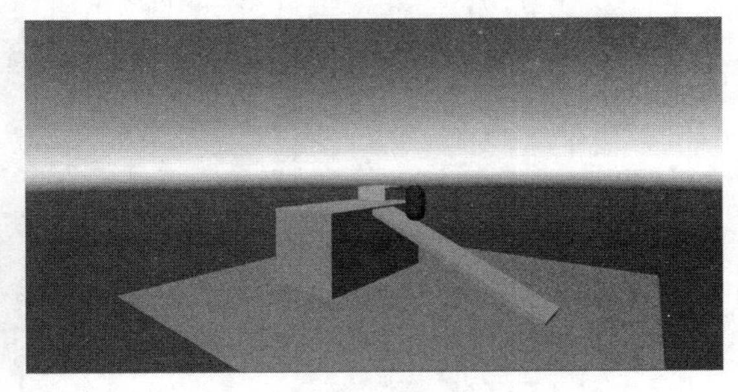

图 21.10　第 1 次试验结果

- 步骤 5：现在加大斜坡的坡度（大约为 50° 左右），进行重新烘焙。我们会发现斜坡（长板）已经不能被烘焙（蓝色导航）路径了，如图 21.11 所示。
- 步骤 6：我们仔细观察“Navigation”窗口中的“Bake”选项，“Max Slope”参数默认的数值为 45，表示默认只能烘焙 45° 以下的斜坡。现在调整数值到最大 60°，单击“Bake”按钮，现在又可以再次烘焙成功了，如图 21.12 所示。

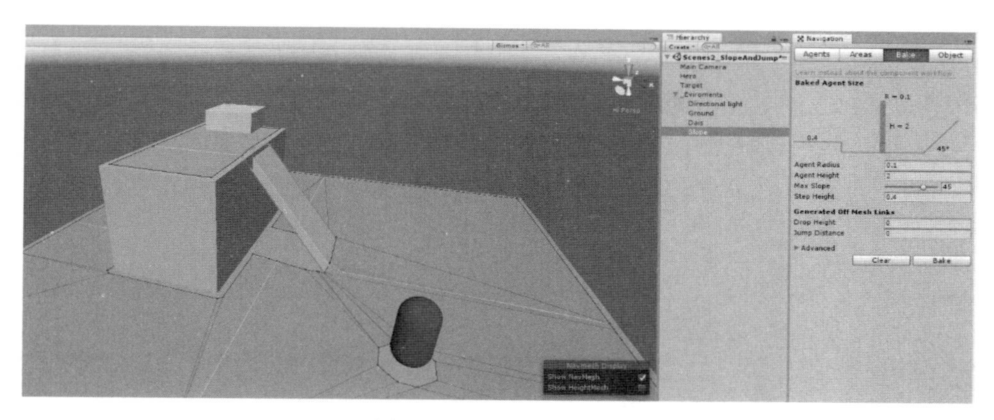

图 21.11　重新烘焙场景

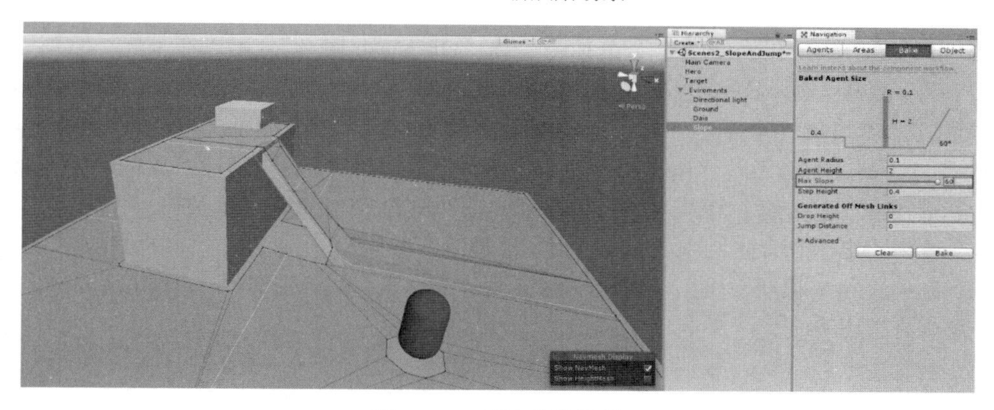

图 21.12　再次烘焙场景

如图 21.12 所示，“Navigation”窗口中还有若干参数，具体说明如下。

Navigation 窗口中，“Bake 选项卡中的重要参数如下所示。

- Agent Radius:（导航）代理半径
- Agent Height:　代理高度
- Max Slope:　最大爬坡角度
- Step Height:　步幅高度（表示代理可以“跨过”的最大高度）
- Generated off Mesh Links：产生 Off Mesh Links （组件参数）
- Drop Height:　（导航代理）下落高度（表示可以往“下”跳的最大高度限制）
- Jump Distance: 跳跃距离

21.3　使用 Off Mesh Link 组件

上节实验中斜坡的最大数值限制是 60°，如何让主角爬上更加陡峭（超过 60°斜坡）的高台呢？这种情况下我们可以使用 Unity 提供的“Off Mesh Link”组件解决问题。

❍　步骤 1：根据上节实验，新建或者改造一个新场景，如图 21.13 所示。

❍　步骤 2：对静态游戏对象标记“导航静态”（Navigation Static），然后做烘焙处理。如图 21.13 所示，发现“地形”烘焙出了两块独立的区域，但是地面与高台并不连接。

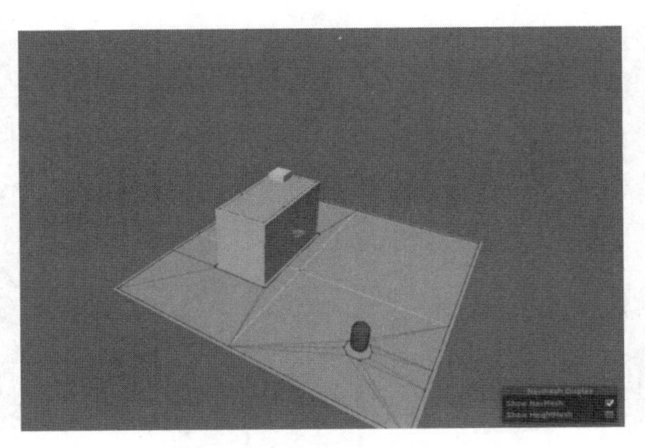

图 21.13　烘焙后的场景

- 步骤 3：现在我们介绍一个单独的组件“Off Mesh Link”，可以在未经二次烘焙的情况下直接连通两块导航区域。

给图 21.14 增加一个充当“梯子”的绿色立方体。这个对象增加“Off Mesh Link”组件，并且设置其“Start”与“End”参数。因为“Start”与“End”游戏对象的目的是标识用“Off Mesh Link”连接两个原本不相通的区域，所以这两个对象不进行渲染（不可见），并且去除自身的碰撞检测组件（图中为了演示用，暂时没有禁用 Start 与 End 对象的 Mesh Renderer）。

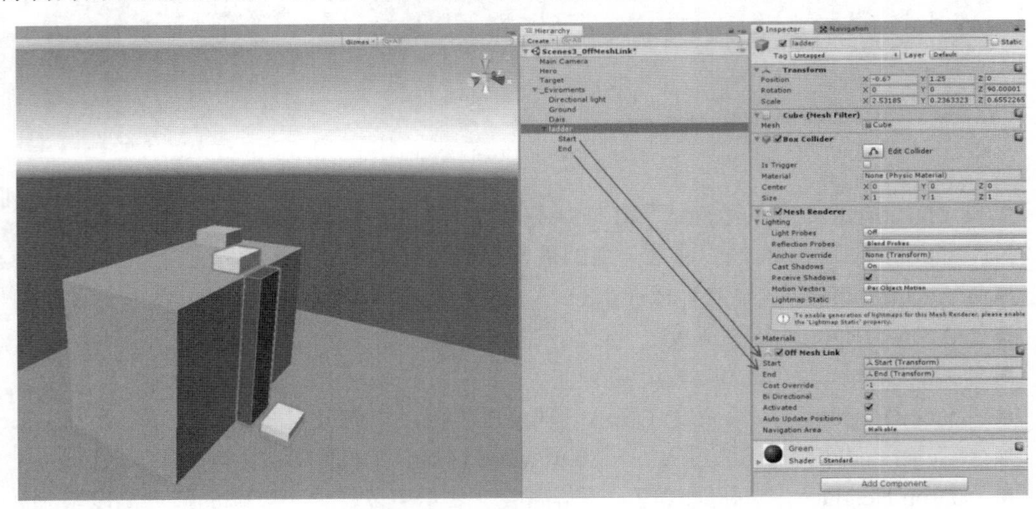

图 21.14　设置 Off Mesh Link 组件参数

- 步骤 4：依照前面两节实验，给主角添加导航寻路代理组件（Nav Mesh Agent）与脚本。
- 步骤 5：运行程序，我们发现原本不连通的导航路径区，现在可以自由行走了。

21.4　网格分层

本节开始讨论导航寻路过程中如何使得特定游戏对象走特定路径的问题。现在就这一问题制作一个示例进行演示。

- 步骤 1：依照图 21.15 搭建基本场景。
- 步骤 2：标记导航静态（Navigation Static）进行道路烘焙，如图 21.16 所示。

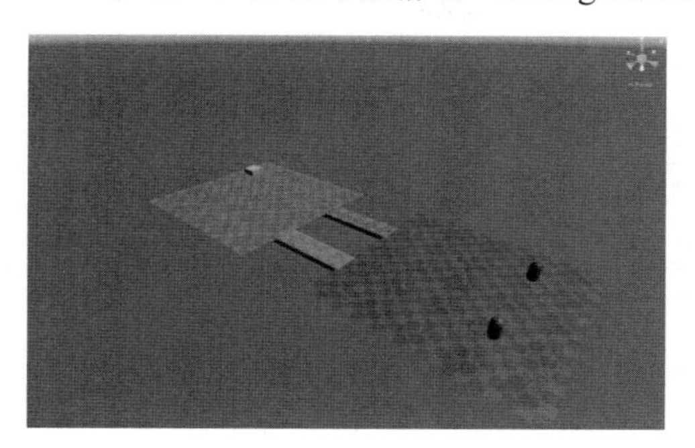

图 21.15　搭建示例场景

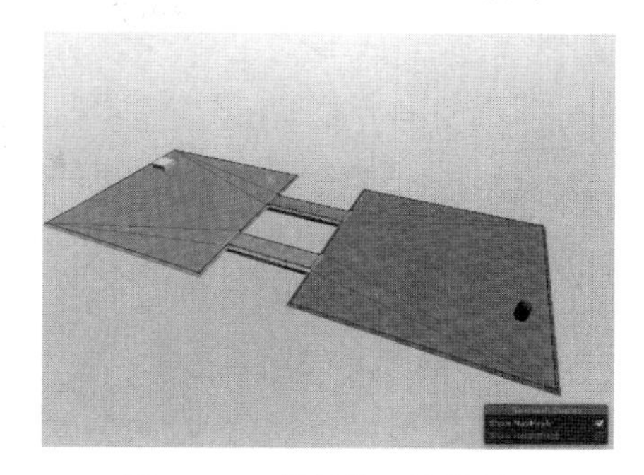

图 21.16　场景第一次烘焙

- 步骤 3：给主角添加“路径导航代理”（Nav Mesh Agent）组件和寻路脚本“BaseNavigation”。

第一次测试运行，观察主角通过桥梁的方式（按照最短路径通过桥梁）。现在如果要求主角只能走特定的桥，如何处理？

- 步骤 4：单击导航（Navigation）窗体中的“Area”选项，建立层 Bridge_Wood 和 Bridge_Metal，如图 21.17 所示。
- 步骤 5：通过复制主角的方式，增加另一个蓝色的寻路主角。分别在主角的 Nav Mesh Agent 组件的“Area Mask”属性中定义与选择需要本主角可以行走的特定“大桥层”，如图 21.18 所示。

如图 21.18 所示的定义：红色主角走红色木制桥，蓝色主角走蓝色金属桥（注：Walkable 默认层要保留）。

Navigation

Agents | Areas | Bake | Object

	Name	Cost
Built-in 0	Walkable	1
Built-in 1	Not Walkable	1
Built-in 2	Jump	2
User 3	Bridge_Wood	1
User 4	Bridge_Metal	1
User 5		1
User 6		1
User 7		1
User 8		1
User 9		1
User 10		1
User 11		1
User 12		1
User 13		1
User 14		1

图 21.17　定义导航区域“层”

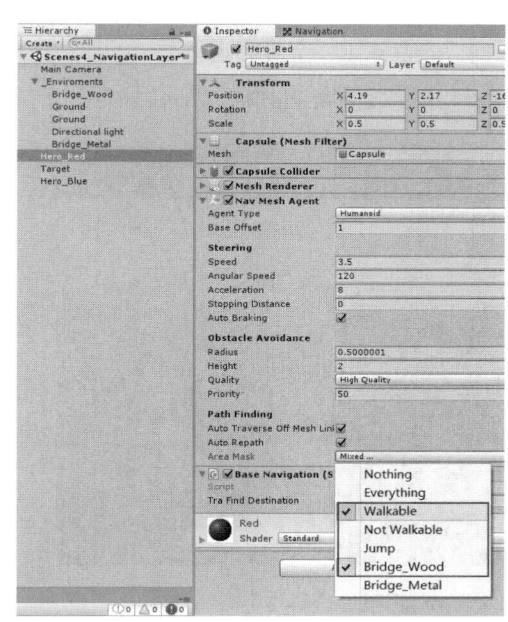

图 21.18　定义主角对象的可寻路“层”

- 步骤 6：分别单击木制桥体与金属桥体，在导航窗体（Navigation）的“Object”选项卡中确认“Navigation Area”属性中对应的“层”，如图 21.19 所示。

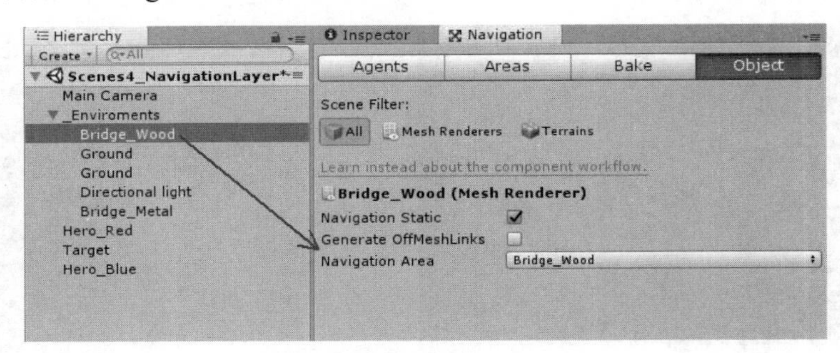

图 21.19　确认特定“桥体”的寻路层（Navigation Area）

- 步骤 7：再次烘焙导航路径时，可以发现不一样颜色的烘焙路径，即木制桥体、金属桥体和场景地面烘焙后的颜色不一样，如图 21.20 所示。

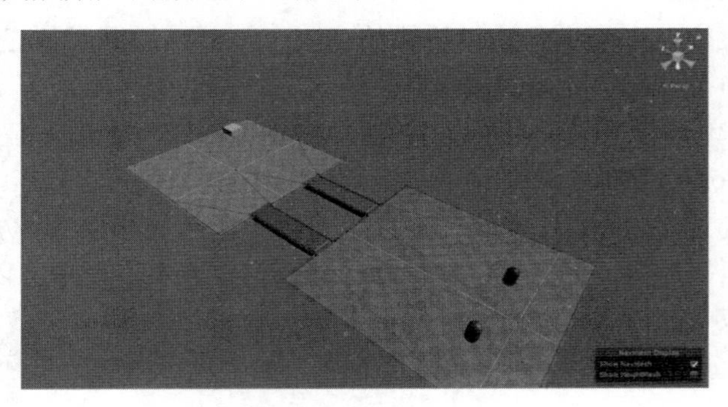

图 21.20　场景再次烘焙

- 步骤 8：现在我们再次运行游戏，发现无论我们如何改变两个寻路主角的初始位置，在导航寻路的时候，都会只走属于“自己”特定的桥体路径。

21.5　Nav Mesh Obstacle 组件

Nav Mesh Obstacle 组件是导航寻路中的“障碍物”组件。可以在导航路径中设置特定“关卡”，使得项目中的这些关卡可以按照剧情的需要，按照一定的触发条件控制主角是否通过。

以下实验演示具有 Nav Mesh Obstacle 组件的示例。

图 21.21　搭建基本实验环境

- 步骤 1：新建一个如图 21.21 所示的场景环境。
- 步骤 2：给主角添加导航代理组件与脚本，运行程序，使得主角可以顺利通过桥体。

- 步骤 3：给独木桥添加“障碍物”（Nav Mesh Obstacle）组件，使得通过脚本的方式，动态地改变桥体是否通过，如图 21.22 所示。
- 步骤 4：编写桥的动态开启脚本，如图 21.23 所示。
- 步骤 5：再次运行程序，当主角靠近桥体的时候，由于受到“障碍物”组件的阻挡作用而停止前进。当单击鼠标左键时，“障碍物”组件消失，主角继续前进通过桥体，如图 21.24 所示。

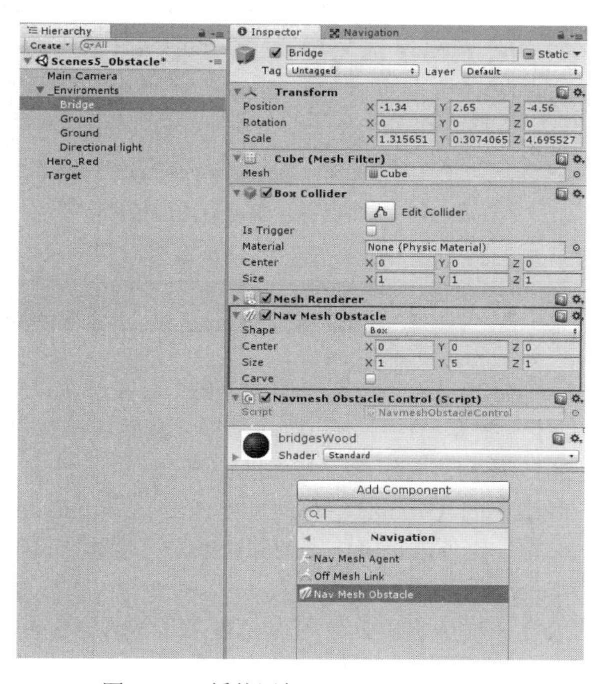

图 21.22　桥体添加 Nav Mesh Obstacle

```
using UnityEngine.AI;                          //导入AI命名空间

public class NavmeshObstacleControl : MonoBehaviour
{
    private NavMeshObstacle _navMeshObs;     //路径障碍组件

    void Start(){
        _navMeshObs = this.GetComponent<NavMeshObstacle>();
    }

    void Update(){
        if (Input.GetButtonDown("Fire1")){  //允许通过
            if (_navMeshObs){
                _navMeshObs.enabled = false;
                this.GetComponent<Renderer>().material.color = Color.green;
            }
        }

        if (Input.GetButtonUp("Fire1")){     //禁止通过
            if (_navMeshObs){
                _navMeshObs.enabled = true;
                this.GetComponent<Renderer>().material.color = Color.red;
            }
        }
```

图 21.23　障碍物组件控制脚本

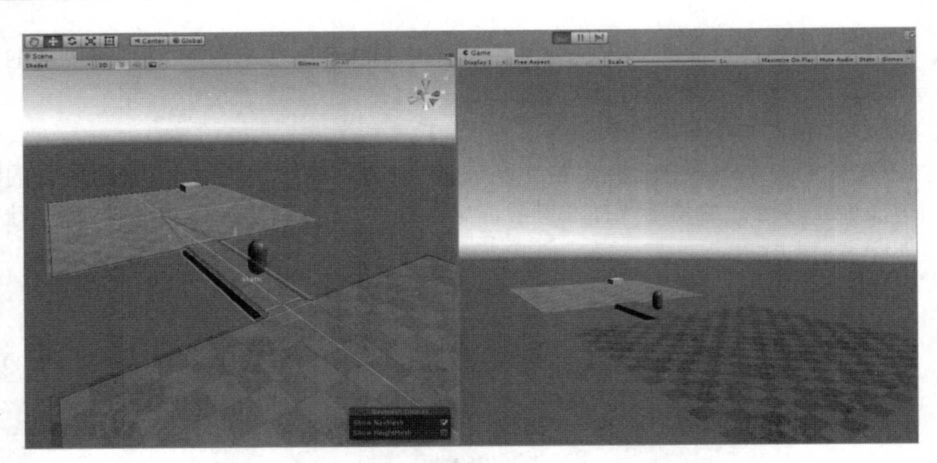

图 21.24　单击鼠标左键才能通过桥体

21.6　基于组件 Nav Mesh 的新特性

Unity 5.6 之后的 Nav Mesh 引入了全新底层的 API，旨在解决以前版本的限制。这些改进为角色和 AI 导航提供了一整套新的用例和游戏选项。其底层 API 还提供了多种新的易于使用的组件并且目前（2017 年）这些组件已在 Github 开源。

Nav Mesh 最新开源组件的 Github 下载地址为 https://github.com/Unity-Technologies/NavMeshComponents，或者，也可以直接单击 Unity 2017.x 版本 Navigation 窗口中的文字链接“Learn instead about the component workflow”。

本节与后面两节的内容（21.7 节和 21.8 节）都是基于 Nav Mesh 全新底层 API 进行案例讲解的，所以读者朋友必须先通过 Github 下载组件包。单击图 21.25 右边的“Clone or dornload”按钮下载，当然也可以直接使用本书配套教学资料中已经提前下载好的 zip 包。

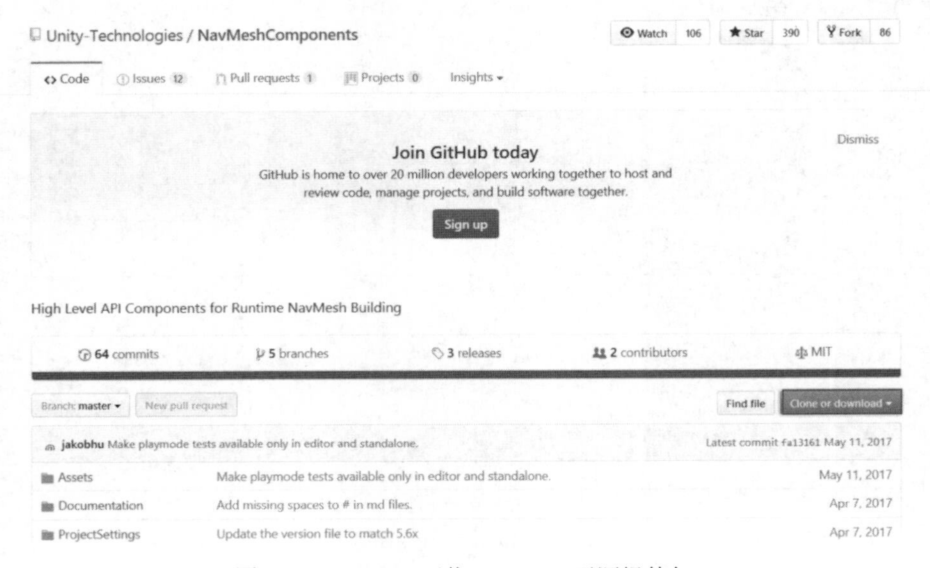

图 21.25　GitHub 下载 NavMesh 开源组件包

下载 NavMeshComponents-master.zip 压缩包到本地磁盘，解压缩后提取 NavMeshComponents-master\Assets 路径下的 Examples 与 NavMeshComponents 文件夹到一个空项目中。

Nav Mesh 现在是基于组件的，而不是只应用于整个场景中。现在可以有不同的代理类型，这允许您轻松调整不同角色的半径、高度和移动设置，即一个场景可以有多个 Agent 所属的烘焙路径，现在演示一个案例反映这些特性。

- 第 1 步：搭建一个测试场景，整理场景中的父节点（图 21.26 中的“Ground”对象），添加两个代表不同 Agent 的“NavMeshSurfaces 脚本”，供不同 Agent 烘焙使用如图 21.21 所示。

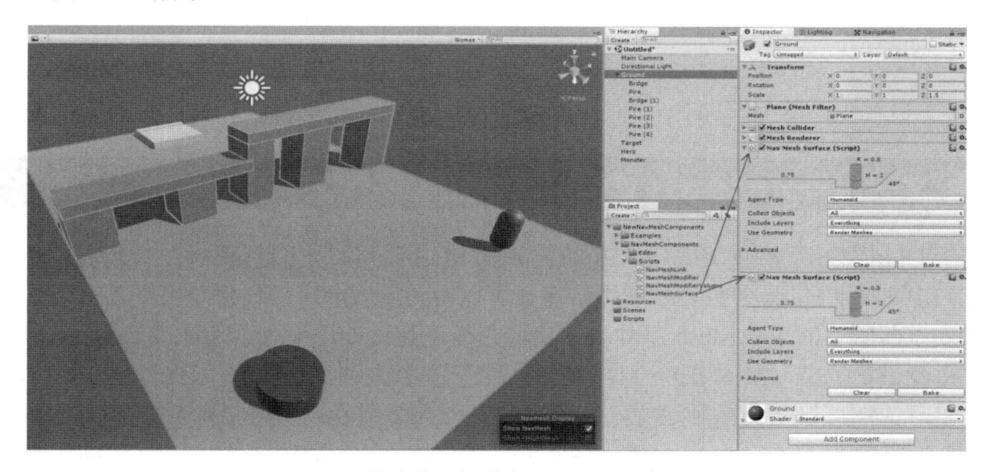

图 21.26 搭建基于组件的 Nav Mesh 实验场景

- 第 2 步：在 Navigation 视图中定义一个“Monster”的代理类型（Agent Types），参数如下（见图 21.27）。

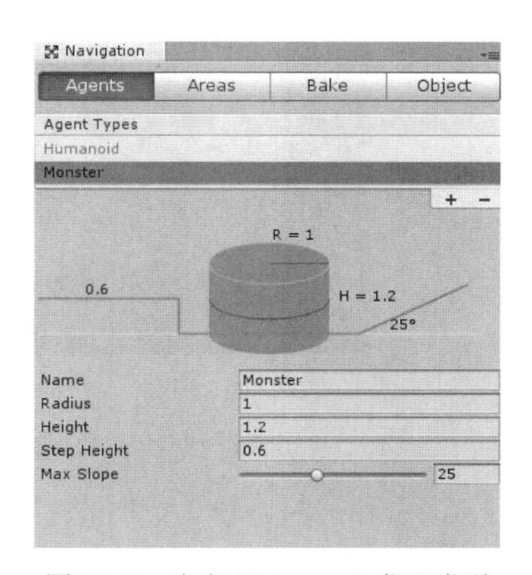

图 21.27 定义“Monster”代理类型

- Radius: 1
- Height：1.2
- Step Height: 0.6
- Max Slope: 25

然后分别给层级视图中的 Hero（胶囊体）与 Monster（圆柱体）对象添加 Nav Mesh Agent 组件，并且在 Agent Types 组件属性中选择各自的类型。

- 第 3 步：分别给层级视图中的 Hero 和 Monster 对象添加图 21.7 中所定义的 BaseNavigation.cs 导航脚本。
- 第 4 步：单击层级视图中的“Ground”对象，在属性视图上对两个 NavMeshSurfaces 脚本做参数设置。上方脚本的 Agent Types 选择“Humanoid”，下方的选择“Monster”。最后分别单击两个脚本的“Bake”按钮，对每个代理（Agent）分别做独立的（导航路径）烘焙，如图 21.28 所示。

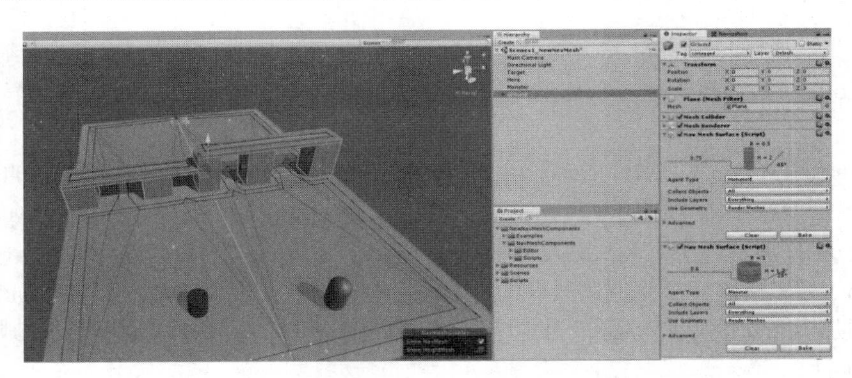

图 21.28　使用 NavMeshSurfaces 脚本对每个 Agent 做烘焙

➢ 第 5 步：运行程序，我们发现不同的 Agent（主角 Humanoid 与怪物 Monster）具备了自己不同的寻路路径。

21.7　Nav Mesh 定向 3D 空间任何方向新特性

基于 Unity 5.6 之后重写底层 API 的新 Nav Mesh，可以定向到我们在 3D 空间中所需的任何方向，即 Nav Mesh 导航寻路的烘焙路径可以旋转 0～360°，任何角度都没有问题（注：Unity 5.6 以前版本的 Nav Mesh 整体场景旋转角度不超过 60°，导航路径无法烘焙出）。

现在我们把上节（21.6 节）的实验项目分别整体旋转 30°、60°、90° 和 180°，进行测试实验时依然可以平稳顺利运行，如图 21.29～21.32 所示。

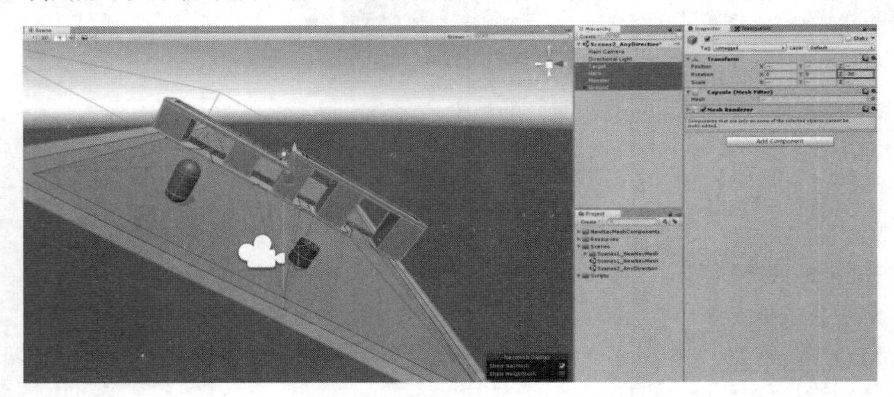

图 21.29　场景旋转 30°

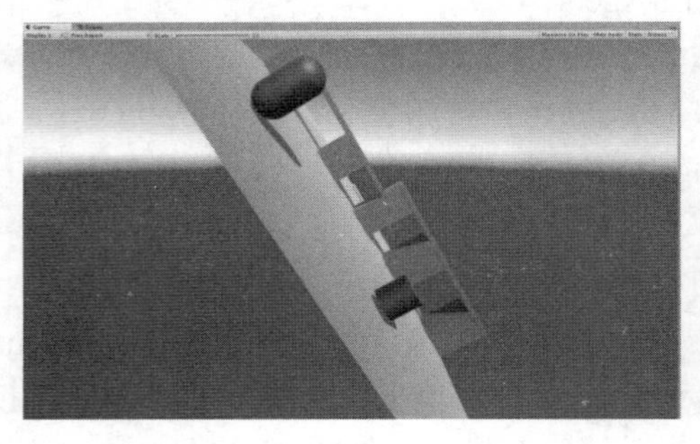

图 21.30　场景旋转 60°

图 21.31　场景旋转 90°

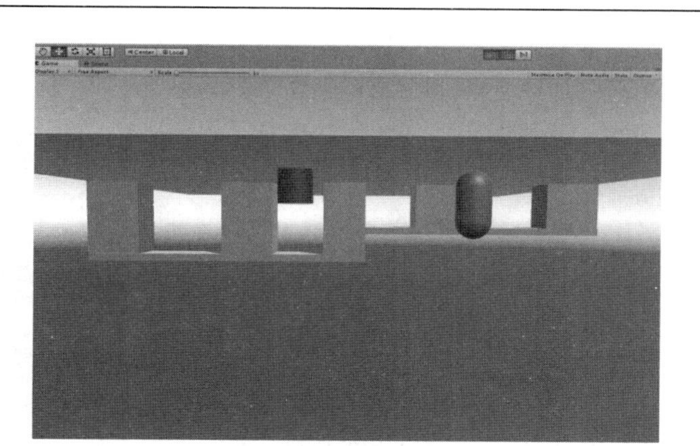

图 21.32　场景旋转 180°

21.8　Nav Mesh 动态烘焙新特性

在运行时创建与更新 Nav Mesh 数据，也就是在运行期间动态地烘焙导航路径，这是一项非常"诱人"的技术。因为一般传统较大地形的导航寻路时，必先把整个地形全部 Nav Mesh 烘焙一遍，这样效率低下，也大大增加了系统负担。

新版 Nav Mesh 通过全新 API，以及开源控制脚本可以做到运行期动态烘焙有限范围路径，极大地提高了系统的开发与运行效率，如图 21.33 所示是 NavMeshComponents-master.zip 资源包中一个场景名为"4_sliding_window_infinite"的截图。

现在笔者分以下几个步骤演示开发一个简单的动态烘焙 Nav Mesh 案例。

➢ 第 1 步：搭建基本测试场景，如图 21.34 所示。

图 21.33　运行期动态烘焙 Nav Mesh 官方案例

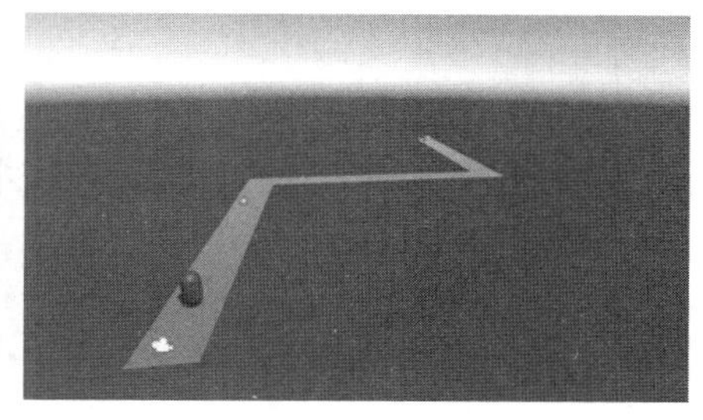

图 21.34　搭建基本动态烘焙演示场景

➢ 第 2 步：给场景中的 Hero（胶囊）添加 Nav Mesh Agent 组件，且编写 MoveMeshByMourseClick.cs 脚本，用于控制 Hero 对象的移动，代码如图 21.35 所示。

❖ **温馨提示**

MoveMeshByMourseClick.cs 脚本中的部分代码"Physics.Raycast(Camera.main.ScreenPointToRay(Input.mousePosition),out hit,100)"；是"射线"的知识点，我们会在第 25 章进行详细讲解。本脚本的功能就是通过鼠标单击地形的一个点，然后主角通过动态烘焙出的导航路径移动过去。

```
23 public class MoveMeshByMourseClick : MonoBehaviour {
24     //导航代理
25     private NavMeshAgent _Agent;
26
27     void Start () {
28         _Agent = this.GetComponent<NavMeshAgent>();
29     }
30
31     //根据鼠标的单击位置，进行寻路
32     void Update () {
33         if (Input.GetMouseButtonDown(0))
34         {
35             RaycastHit hit;
36             if (Physics.Raycast(Camera.main.ScreenPointToRay(Input.mousePosition),out hit,100))
37             {
38                 _Agent.SetDestination(hit.point);
39             }
40         }
41     }
42 }
```

图 21.35　MoveMeshByMourseClick.cs 脚本源码

- 第 3 步：在层级视图中建立一个空对象“NavMeshArea”，添加 Lacal NavMesh Builder 脚本。定义跟踪对象 Tracked ，以及合理调节动态烘焙范围参数 Size，如图 21.36 所示。

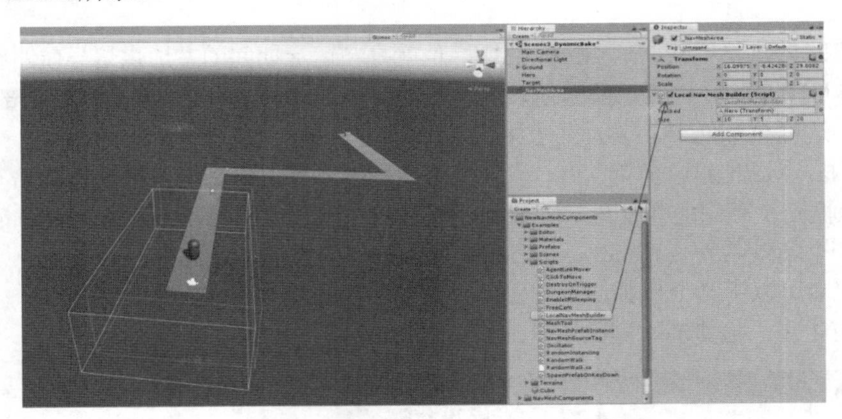

图 21.36　动态烘焙场景添加 Lacal Nav Mesh Builder 脚本

- 第 4 步：场景中的所有地形道具都添加 NavMeshSourceTag 脚本，主要原因是动态烘焙需要 Lacal NavMesh Builder 脚本与 Nav Mesh Source Tag 组件配合完成，如图 21.37 所示。

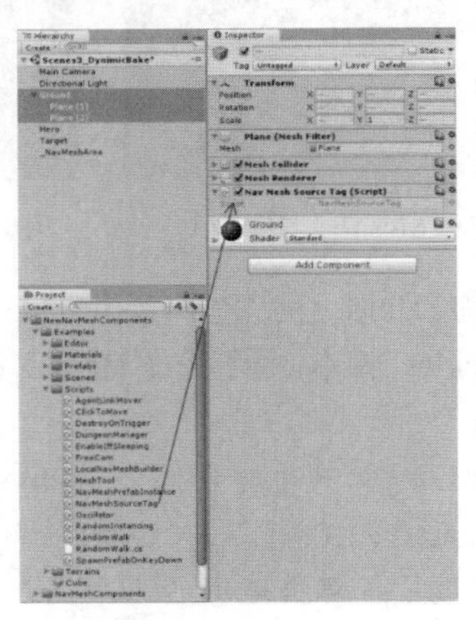

图 21.37　添加 Nav Mesh Source Tag 组件

➢ 第 5 步：检查以上操作步骤，运行游戏后我们发现随着鼠标的单击，主角 Hero 在动态烘焙出的路径上不断前进，最终效果如图 21.38 所示。

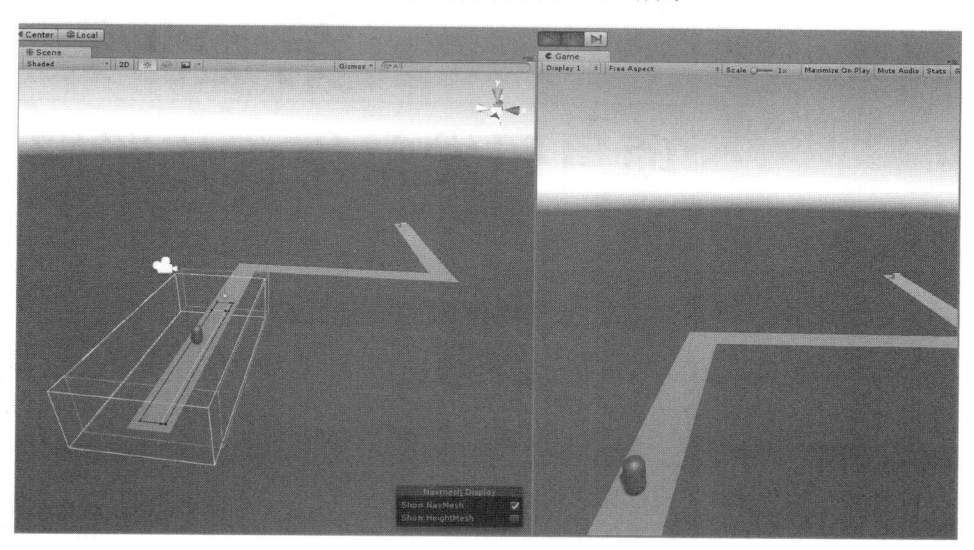

图 21.38　动态烘焙 Nav Mesh 最终运行截图

21.9　本章练习与总结

导航寻路技术是目前游戏开发中不可或缺的核心技术之一，大量应用到主角或者敌人自动寻找目标等的场景中。

本章在导航寻路中首先介绍了“基本导航寻路”、“斜坡与跳跃”、“使用 Off Mesh Link 组件”、“网格分层”、“Nav Mesh Obstacle 组件”五大知识点，然后采用 3 节的篇幅详细讲解了 Unity 5.6 版本之后出现的 Nave Mesh 新特性，即基于组件 Nav Mesh 独立地形烘焙技术、主角在 3D 空间任意方向运行和 NavMesh 的动态烘焙问题。

相信读者在学习完本章后，对于 RTS、射击、RPG 等游戏类型会有进一步的技术积累，可以开发自己的游戏类型，使得实现自己的人生梦想不再遥远。

实战项目篇“生化危机”中，所有敌人僵尸都是运用本章所讲解的导航寻路技术实现敌人对英雄的自动追踪，请感兴趣读者移步阅读。

第22章 项目研发常用优化策略

❍ **本章学习要点**

本章是游戏（虚拟现实）项目研发与发布过程中，为解决项目卡顿、死机、移动设备发热量高等问题而专门设立的章节。本章所涉及的内容非常广泛，知识点几乎涉及项目研发中使用到的所有技能。对于 Unity 初学者来说，或许仅仅满足于项目功能的具体实现，而一个中高级游戏研发人员则绝对不能仅仅满足于此。

本章首先介绍两种 Unity 内置的大场景优化技能：遮挡剔除（Occlusion Culling）与层级细节（LOD），然后介绍性能优化的强大工具“数据分析器”（Profiler）。最后也是篇幅最大最重要的项目优化建议，我们将从“DrawCall”、“模型与图像”、“光照与摄像机”、“程序优化”、“Unity 系统设置”、“开发与使用习惯”六个主题展开讨论。

❍ **本章主要内容**

- 遮挡剔除（Occlusion Culling）
- 层级细节（LOD）
- 项目调优工具数据分析器（Profiler）
- 项目优化策略
- 本章练习与总结

22.1 遮挡剔除（Occlusion Culling）

当场景中包含大量模型时，势必会造成渲染效率的降低，即帧速率 FPS 的降低，如果使用遮挡剔除（Occlusion Culling）技术，可以使得那些被阻挡的物体不被渲染，从而达到提高渲染效率的目的。

遮挡剔除的基本原理是在场景空间中创建一个遮挡区域，该遮挡区域由单元格（Cell）组成，每个单元格构成了整个场景遮挡区域的一部分，这些单元格会把整个场景拆分成多个部分。当摄像机能够看到该单元格时，表示该单元格中的物体会被渲染出来，而被其他单元格挡住的不被摄像机看到的单元格中的物体将不会被渲染。

现在我们来做遮挡剔除的演示示例场景，分以下 4 个步骤开发。

❍ 步骤 1：首先构造一个高楼林立的虚拟世界，如图 22.1 所示。

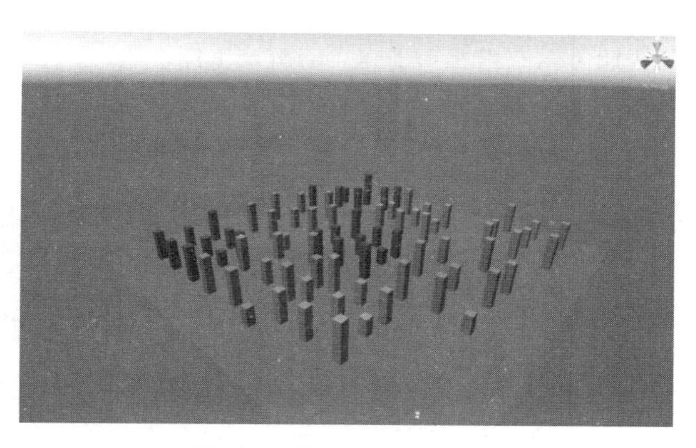

图 22.1　搭建遮挡剔除测试场景

○ 步骤 2：除了主角、摄像机、直线光和地面，把层级视图中的所有游戏对象标记为“遮挡静态”（Occluder Static/Occludee Static），如图 22.2 所示。

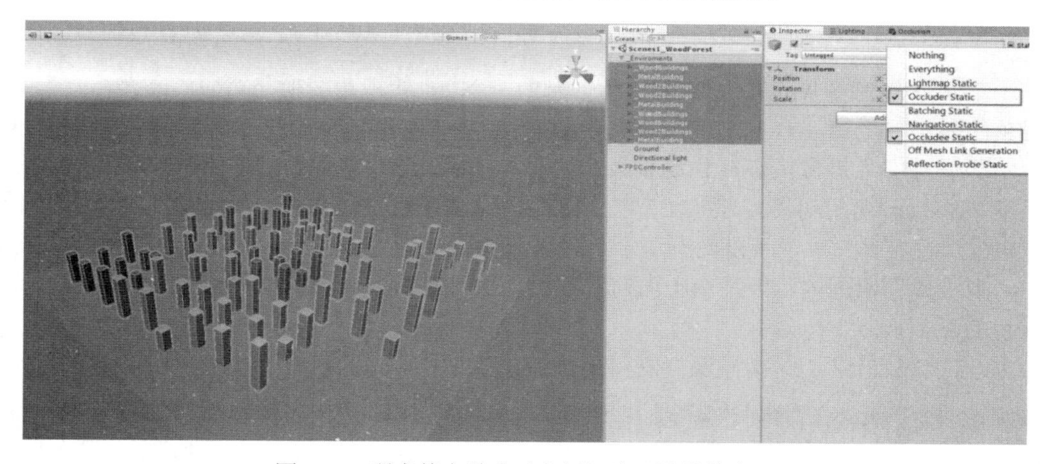

图 22.2　所有静态游戏对象标记为“遮挡静态”

特别提示：当我们选择一个包含多个子对象的父对象时，标记“遮挡静态”时，会出现如图 22.3 所示的提示，一般单击“Yes，Change Childen”按钮即可（表明所有子对象都标记“遮挡静态”）。

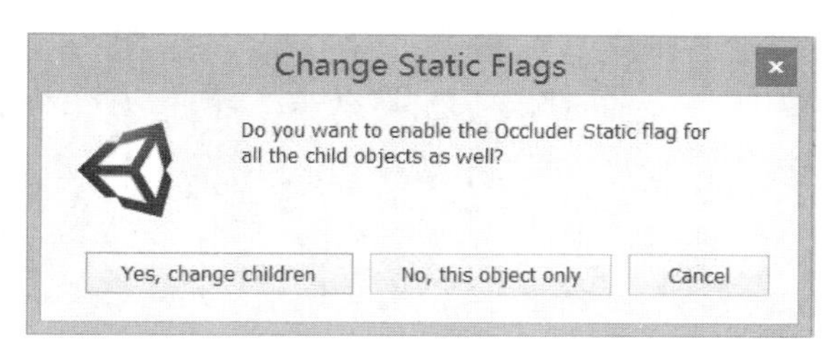

图 22.3　标记父对象出现的提示

○ 步骤 3：现在开始做“遮挡剔除”的烘焙工作，单击菜单“Window”→“Occlusion Culling”窗口，出现“遮挡剔除”面板（见图 22.4），然后单击“Bake”按钮，开始（遮挡剔除）烘焙，如图 22.5 所示。

❍ 步骤 4：现在我们可以做“遮挡剔除”的测试工作，单击“遮挡剔除”（Occlusion）窗口的“Visualizatior”，然后运行程序进行测试。鼠标单击定位层级视图中的“第一人称”（First Person Controller）子节点的“Main Camera”。

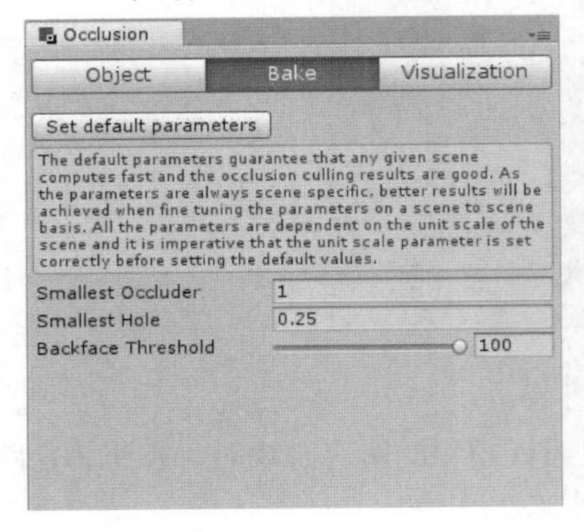

图 22.4　遮挡剔除控制窗口

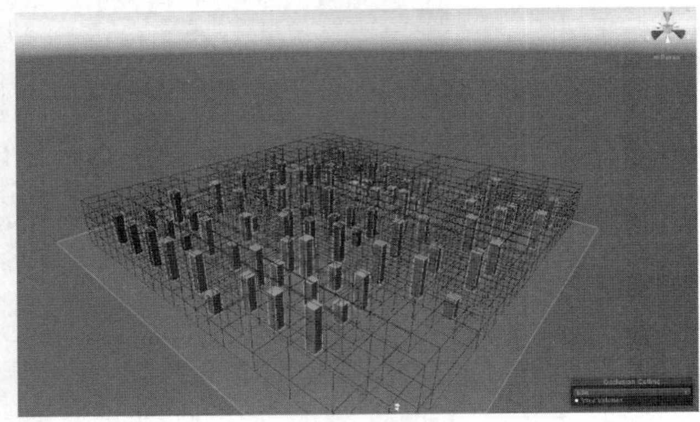

图 22.5　“遮挡剔除”烘焙过程中

图 22.6～图 22.8 展示了“遮挡剔除”场景中摄像机的视角变换与对应“高楼林立”的游戏对象的显示与隐藏。

图 22.6 中，当摄像机旋转到场景最左边时，则整个游戏场景中几乎所有的游戏对象都无须渲染（Scenes 视图观察）。图 22.7 中，摄像机镜头开始右转查看，最右边的“世界”不在摄像机的“视锥体”中，所以均不显示。图 22.8 中，虽然场景中的大部分游戏对象都在摄像机的“视锥体”范围内，但是由于面前对象的遮挡，则后方的大量“高楼”对象是不进行渲染显示的。

提示：“视锥体”，即指摄像机的可视范围。

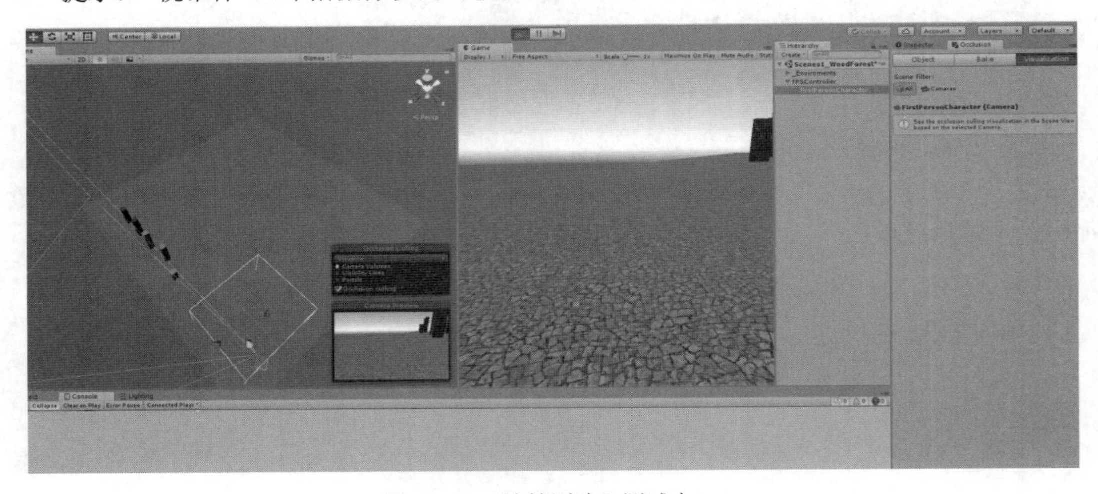

图 22.6　“遮挡剔除”测试中(A)

图 22.7　“遮挡剔除”测试中(B)

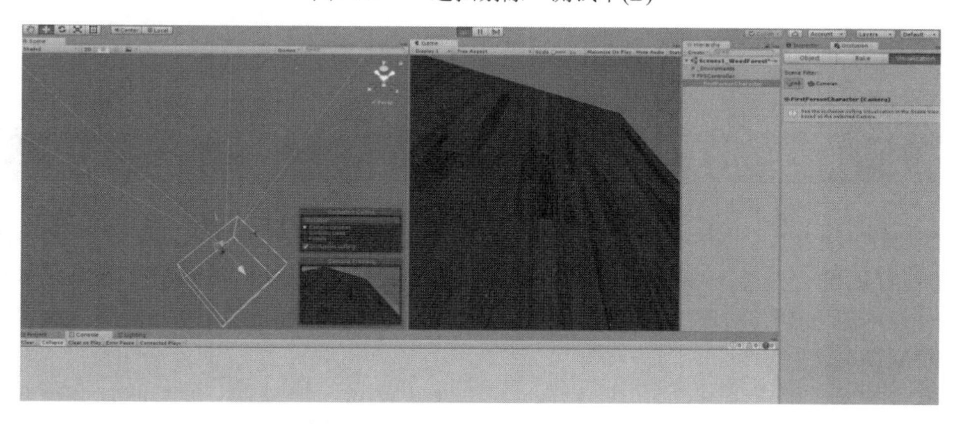

图 22.8　“遮挡剔除”测试中(C)

❖ 温馨提示

关于遮挡剔除，Unity 还提供了“Occlusion Area”和“Occlusion Portal”组件，但在实际开发中，其实用价值不高，故省略。

如果场景中存在大量小“物件”，则可以使用“层消隐距离”来优化场景。“层消隐距离”就是在比较远的距离将小物件剔除，以减少绘图调用的数量。例如，在足够远的距离，大型建筑物仍然可见，场景中的小石块和碎片可以隐藏掉。要做到这一点，可以将小物件放入一个单独的层（separate layer）中，并使用 Camera.layerCullDistances 函数设置层的消隐距离，如图代码 22.9 所示。

```
14  public class ScenesControl : MonoBehaviour {
15
16      /*  设置“层消隐”剔除场景中小物件  */
17      void Start()
18      {
19          float[] distances = new float[32];
20          //这里定义数组下标“8”表明第8层
21          distances[8] = 10;
22          Camera.main.layerCullDistances = distances;
23      }
24  }
```

图 22.9　设置“层消隐”剔除小物件脚本

具体效果如图 22.10 所示，当摄像机距离这些小物件超过 10m 时，地面上的这些小物件虽然在摄像机的“视野”范围之内，但仍然不可见，只有近距离小于 10m 才能观察到（注：“10m”是图 22.9 脚本中定义的消隐距离）。

图 22.10　小物件的“消隐”测试

22.2　层级细节（LOD）

层级细节（LOD），全称为 Level of Detail。它是根据物体在游戏画面中所占的像素多少（所占游戏视图的百分比）来调用不同复杂度的模型，简单地理解就是同一个物体离摄像机比较远时使用复杂度低的模型，当物体离摄像机比较近时使用复杂度高的模型。这也是一种优化游戏渲染效率的方法。

在第三方建模软件中制作好各个层级（不同复杂程度）的模型。并按照复杂程度自高向低地为模型命名为“模型名称_LOD0”、“模型名称_LOD1”等，最后的数字序号越低，表示复杂程度越高，这样的命名规则使得 Unity 能够自动为模型添加 LOD 组（LODGroup），如图 22.11 所示（注：图中的模型为第 5 章教学中使用的模型道具资源）。

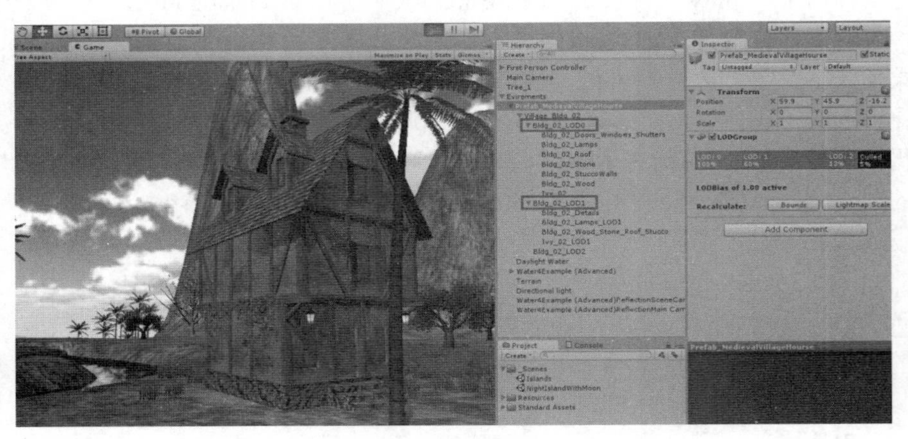

图 22.11　山村小屋采用 LOD 技术

现在我们新建场景，构造一个简单的 LOD 模型示例。

- 步骤 1：准备 3 个 Unity 基本游戏对象，添加必要的材质，如图 22.12 所示。

- 步骤 2：定义一个空对象，命名为“LOD”，添加 LOD Group 组件，具体方法是“AddComponent”→“Rending”→“LODGroup”，如图 22.13 所示。

图 22.12　场景中添加 Unity 基本对象

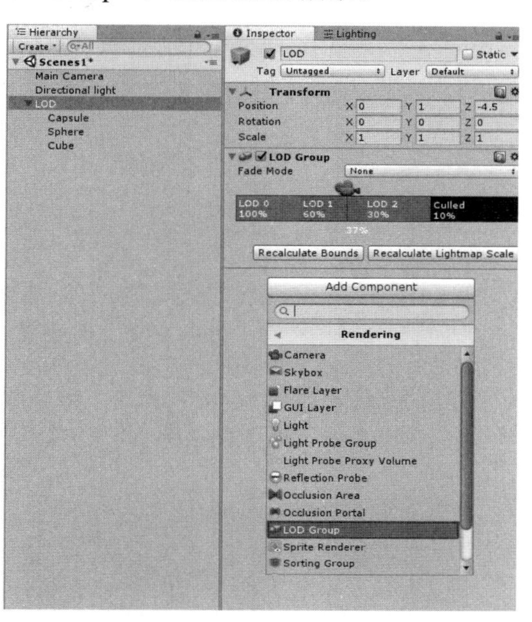

图 22.13　构造 LOD 游戏对象

- 步骤 3：分别把以上 3 种基本游戏对象拖曳到“LOD”空对象的 LOD Group 组件的各个级别上。
- 步骤 4：给 LOD 组件的“LOD 0”（LOD 0 表示摄像机最近距离显示）添加游戏对象，如图 22.14 所示。
- 步骤 5：在 LOD 组件添加游戏对象的过程中会弹出图 22.15 所示的提示信息，表明需要把添加的游戏对象作为 LOD Group 组件所属对象的子对象，我们单击“Yes，Reparent”按钮即可。
- 步骤 6：为使得构造的 LOD 游戏对象显示更自然，需要把 LOD 下的 3 个子对象进行“对齐”处理，如图 22.16 所示。

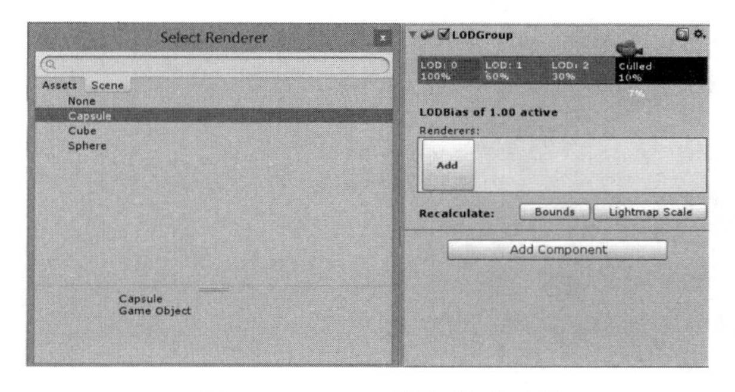

图 22.14　LOD 添加游戏对象

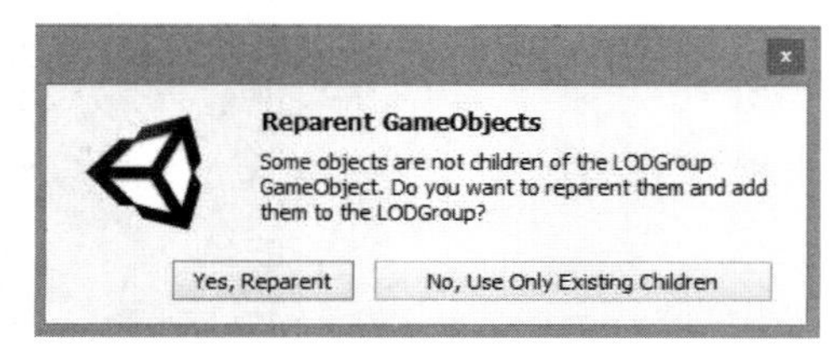

图 22.15　LOD 添加游戏对象的提示信息

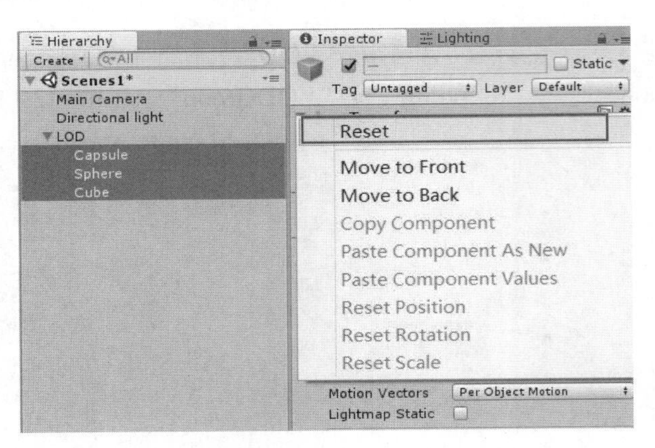

图 22.16　对其 LOD 三个游戏子对象

- 步骤 7：在 Scenes 视图中，拖动摄像机分别近距离与远距离观察模型的变化，如图 22.17～图 22.19 所示。

图 22.17　摄像机远距离观察结果

图 22.18　摄像机中距离观察结果

图 22.19　摄像机近距离观察结果

22.3　项目调优工具数据分析器（Profiler）

上面两节我们学习了 Unity 提供的两种主要的性能优化技术，现在我们开始学习性能检测工具的使用，这样我们才能更加确切地知道项目优化的效果如何。

游戏的运行是一个实时处理的过程，因此在开发游戏的过程中，需要时刻对游戏的运行性能进行监视和优化，这样才能够在游戏效果与游戏运行效率之间取得平衡。

Unity 提供了一套实时监视游戏运行效率的分析器，通过该分析器可以获得游戏当前运行时所占用的各种资源的百分比及这些资源的运行效率，进而进行有针对性的性能优化。

对游戏运行的性能分析可以通过两种方式，一种是在 Game 窗口的左上角单击“Stats”统计按钮，此时会在该窗口中显示目前游戏的渲染效率情况，如图 22.20 所示。第二种是数据分析器（Profiler）窗口，该窗口通过主菜单的“Window”→“Profile”来打开，它提供更加详细的项目性能分析工具，如图 22.21 所示。

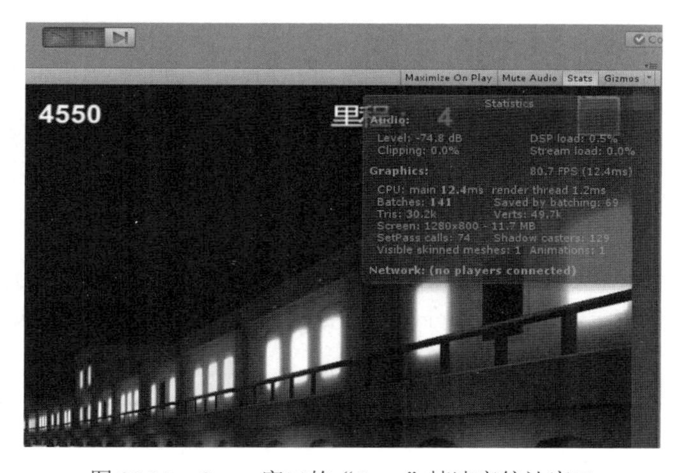

图 22.20　Game 窗口的“State”帧速率统计窗口

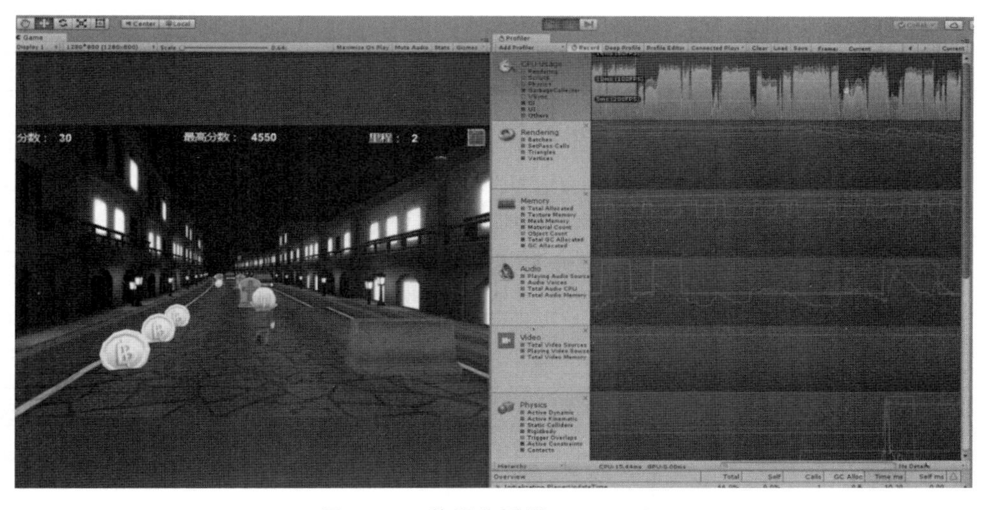

图 22.21　数据分析器（Profiler）

相对于前者的性能检测方式，“性能分析工具（Profiler）”提供了更加详细、具体的性能动态检测，具体指标包括“CPU 使用情况（CPU Usage）”、“系统渲染（Rendering）”、“内存（Memory）”、“音频（Audio）”、“视频（Video）”、“3D 物理（Physics）”、“2D 物理（Physics2D）”、“网络信息（Network Messages）”，以及“UI 界面”等资源的占用率，而且可以找到哪些游戏素材在某一帧占用的资源百分比。这些数据将被绘制在 Profiler 窗口上（不同功能的资源占用率以不同颜色表示），在时间轴上可以使用鼠标左键定位某一帧的分析数据，更详细的数据显示在该窗口的下方（Overview），如图 22.22 所示。

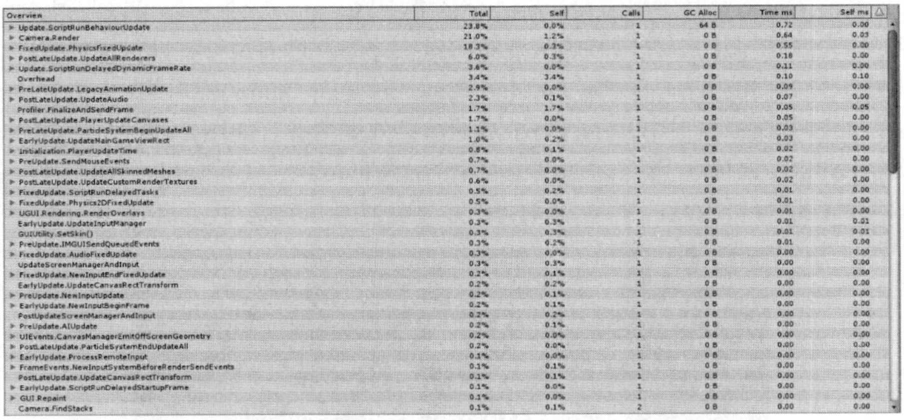

Overview	Total	Self	Calls	GC Alloc	Time ms	Self ms
▶ Update.ScriptRunBehaviourUpdate	23.8%	0.0%	1	64 B	0.72	0.00
▶ Camera.Render	21.0%	1.2%	1	0 B	0.64	0.03
▶ FixedUpdate.PhysicsFixedUpdate	18.3%	0.3%	1	0 B	0.55	0.00
▶ PostLateUpdate.UpdateAllRenderers	6.0%	0.3%	1	0 B	0.18	0.00
▶ Update.ScriptRunDelayedDynamicFrameRate	3.6%	0.0%	1	0 B	0.11	0.00
Overhead	3.4%	3.4%	1	0 B	0.10	0.10
▶ PreLateUpdate.LegacyAnimationUpdate	2.9%	0.0%	1	0 B	0.09	0.00
▶ PostLateUpdate.UpdateAudio	2.3%	0.1%	1	0 B	0.07	0.00
Profiler.FinalizeAndSendFrame	1.7%	1.7%	1	0 B	0.05	0.05
▶ PostLateUpdate.PlayerUpdateCanvases	1.7%	0.0%	1	0 B	0.05	0.00
▶ PreLateUpdate.ParticleSystemBeginUpdateAll	1.1%	0.0%	1	0 B	0.03	0.00
▶ EarlyUpdate.UpdateMainGameViewRect	1.0%	0.2%	1	0 B	0.03	0.00
▶ Initialization.PlayerUpdateTime	0.8%	0.1%	1	0 B	0.02	0.00
▶ PreUpdate.SendMouseEvents	0.7%	0.0%	1	0 B	0.02	0.00
▶ PostLateUpdate.UpdateAllSkinnedMeshes	0.7%	0.0%	1	0 B	0.02	0.00
▶ PostLateUpdate.UpdateCustomRenderTextures	0.6%	0.0%	1	0 B	0.02	0.00
▶ FixedUpdate.ScriptRunDelayedTasks	0.5%	0.2%	1	0 B	0.01	0.00
▶ FixedUpdate.Physics2DFixedUpdate	0.5%	0.0%	1	0 B	0.01	0.00
▶ UGUI.Rendering.RenderOverlays	0.3%	0.0%	1	0 B	0.01	0.00
EarlyUpdate.UpdateInputManager	0.3%	0.3%	1	0 B	0.01	0.01
GUIUtility.SetSkin()	0.3%	0.3%	1	0 B	0.01	0.01
▶ PreUpdate.IMGUISendQueuedEvents	0.3%	0.2%	1	0 B	0.01	0.00
▶ FixedUpdate.AudioFixedUpdate	0.3%	0.0%	1	0 B	0.00	0.00
UpdateScreenManagerAndInput	0.3%	0.3%	1	0 B	0.00	0.00
▶ FixedUpdate.NewInputEndFixedUpdate	0.2%	0.1%	1	0 B	0.00	0.00
EarlyUpdate.UpdateCanvasRectTransform	0.2%	0.2%	1	0 B	0.00	0.00
▶ PreUpdate.NewInputUpdate	0.2%	0.1%	1	0 B	0.00	0.00
▶ EarlyUpdate.NewInputBeginFrame	0.2%	0.1%	1	0 B	0.00	0.00
PostUpdateScreenManagerAndInput	0.2%	0.2%	1	0 B	0.00	0.00
▶ PreUpdate.AIUpdate	0.2%	0.1%	1	0 B	0.00	0.00
▶ UIEvents.CanvasManagerEmitOffScreenGeometry	0.2%	0.0%	1	0 B	0.00	0.00
▶ PostLateUpdate.ParticleSystemEndUpdateAll	0.2%	0.0%	1	0 B	0.00	0.00
▶ EarlyUpdate.ProcessRemoteInput	0.1%	0.0%	1	0 B	0.00	0.00
▶ FrameEvents.NewInputSystemBeforeRenderSendEvents	0.1%	0.1%	1	0 B	0.00	0.00
PostLateUpdate.UpdateCanvasRectTransform	0.1%	0.1%	1	0 B	0.00	0.00
▶ EarlyUpdate.ScriptRunDelayedStartupFrame	0.1%	0.0%	1	0 B	0.00	0.00
▶ GUI.Repaint	0.1%	0.0%	1	0 B	0.00	0.00
Camera.FindStacks	0.1%	0.1%	2	0 B	0.00	0.00

图 22.22　数据分析器（Profiler）下方的概述（Overview）

合理应用以上性能检测工具，可以很好地定位系统性能“瓶颈”，为优秀项目研发与发布提供强大的技术保障，我们接下来介绍一下常用性能的指标参数，如表 22.1 所示。

表 22.1　关键性能指标参数

属　性	含　义
Graphics: (FPS)	帧速率
	处理和渲染一个游戏画面需要的时间，其数值的高低是衡量游戏项目性能与画面流畅度非常重要的指标
DrawCall	一个模型的数据经过 CPU 传输到 GPU，并命令 GPU 进行绘制，称为一个 DrawCall
	该值越大，说明场景中的单独模型越多，每次网格调用都会消耗一定的计算机资源。这一过程是逐个物体进行的，对于每个物体，不只是 GPU 的渲染，引擎重新设置材质或 Shader 也是一项非常耗时的操作。因此每帧的 DrawCall 次数是一项非常重要的性能指标
Saved by batching	每个绘制调用被添加到批处理的数量
	批处理是引擎试图结合多个物体渲染进行一次描绘调用的过程，以此降低 CPU 开销。为了确保良好的批处理，应该尽可能多地在不同物体之间共享材质
Tris	三角形数量
	绘制的三角形数量越多，渲染需要处理的时间越长
Verts	顶点数量
	绘制的顶点数量越多，渲染需要处理的时间越长
Used Textures	绘制该帧使用的纹理数和它们使用的内存
VRAM usage	当前显存（VRAM）的使用情况的大约范围，同时显示显卡有多少显存

22.4 项目优化策略

项目优化技能是优秀研发人员的基本素质，除了以上我们介绍的两种主要性能优化方式与性能检测工具之外，还有非常大量的经验与优化建议与大家分享。现就这些优化建议结合自身研发经验分以下 6 个方面进行归纳与总结。

- 一：DrawCall
- 二：模型/图像方面
- 三：光照与摄像机处理
- 四：程序优化方面
- 五：Unity 系统设置
- 六：开发与使用习惯

22.4.1 项目优化之 DrawCall

对于 Unity 研发人员而言，系统的性能优化几乎等同于“DrawCall”的优化，其重要性可见一般。那么对于初学者而言究竟什么是 DrawCall？为什么 DrawCall 那么重要？现就其概念与重要性进行探讨。

- DrawCall 的概述与基本原理

一个模型的数据经过 CPU 传输到 GPU，并命令 GPU 进行绘制，称为一个 DrawCall。

Unity 引擎准备数据并渲染游戏对象的过程是逐个游戏对象进行的，所以对于每个游戏对象不仅仅是 GPU 的渲染、引擎重设材质与 Shader 都是一项非常耗时的操作，因此每帧的 DrawCall 次数是一项非常重要的系统性能指标。

- 降低 DrawCall 的基本原理

DrawCall 是 CPU 调用底层图形接口、绘制游戏对象的过程。对于 GPU 来说，一个游戏对象与大量游戏对象，其图形处理的工作量是一样的。所以对 DrawCall 的优化，主要工作量就是为尽量减少 CPU 在调用图形接口上的开销而努力。所以针对 drawcall，我们的主要思路就是，每个游戏对象尽量减少渲染次数，多个游戏对象尽量一起渲染。

- 降低 DrawCall 的主要途径

一般项目中的角色和场景是最消耗资源的两个方面，其中角色是 CPU 的瓶颈，场景是 GPU 的瓶颈。所以项目的优化与降低 DrawCall 的总体思路就是对美术资源进行梳理，使用大量合并 Draw Call、人物角色减少材质与纹理的依赖和简化多余特效等方法。当然也可以允许玩家在部分低端设备平台上选择关闭某些功能与特效来换取更流畅的帧速率与性能。

以下分 10 个途径进行详细的讨论。

- 途径 1：DrawCall 批处理 （DrawCall Batching）技术

Unity 运行时可以将一些游戏对象进行合并，也就是把多个游戏对象打包，然后再使用一个 DrawCall 渲染它们，这一操作被称为“批处理”（DrawCall Batching）。

DrawCall 批处理技术的核心就是在可见性测试之后，检查所有要绘制的对象材质，把相同材质分为一组，然后把它们组合成一个对象，这样就可以在一个 Draw Call 中处理多个了

（实际上是组合后的一个对象）。

Unity 提供了“动态批处理”（Dynamic Batching）和“静态批处理”（Static Batching）两种方式。“动态批处理”是完全自动进行的，不需要也无法进行任何干预，对于顶点数在 900 以内的可移动物体，只要使用相同的材质，就会组成“批处理”(Batching)。“静态批处理”(Static Batching) 则需要把静止的物体标记为“静态”(Static)，然后无论大小，都会组成“批处理”(Batch)。

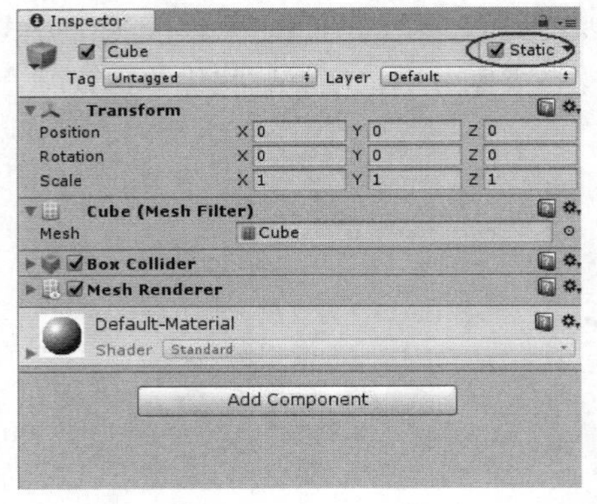

图 22.23 勾选静态（Static）标签

为了更好地使用“静态批处理”(Static Batching)，需要明确指出哪些物体是静止的，并且在游戏中永远不会移动、旋转和缩放。可以通过在属性窗口中将“Static”复选框勾选即可。非运动物体尽量打上“Static”标签。Unity 在运行时会对 Static 物体进行自动优化处理，所以应该尽可能将非运动游戏对象勾选静态“Static”标签，如图 22.23 所示。

- 途径 2：使用图集（Texture Packing 或者 Texture Atlasing），减少材质的使用

Unity 判断对哪些游戏对象进行批处理，一般是根据这些对象是否具有共同的材质和贴图，也就是说拥有相同材质的对象才可以进行批处理。因此如果想要得到更好的批处理效果，需要在场景中尽可能地复用材质到不同的对象上。

有效利用 DrawCall 批处理，首先是尽量减少场景中使用的材质数量，即尽量共享材质，对于仅纹理不同的材质可以把纹理组合到一张更大的纹理中（称为“图集”，Texture Packing 或者 Texture Atlasing），然后把不会移动的物体标记为“Static”。

- 途径 3：尽量少用反光与阴影，因为那会使物体多次渲染
- 途径 4：视锥体合理裁剪（Frustum Culling）

视锥体合理裁剪（Frustum Culling）是 Unity 内建的功能，我们需要做的就是寻求一个合适的远裁剪平面。一般是对大型场景中的大量游戏对象进行合理分层（Layer），对于大型建筑物，则使用较大的裁剪距离，而对于小游戏对象，则可以使用较小的裁剪距离。场景中的粒子系统等可以使用更小的裁剪距离。

- 途径 5：遮挡剔除方法（Occlusion Culling）
- 途径 6：网格渲染器（Mesh Renderer）的控制

当处于摄像机视锥体内，并且添加了网格渲染器（Mesh Renderer）组件的对象才会产生渲染的开销，而空的游戏对象并不会产生渲染开销。根据这个原理，我们可以把暂时无须显示的游戏对象使用脚本的方式控制不进行渲染，需要的时候再渲染。

- 途径 7：减少游戏对象的缩放

分别拥有缩放大小(1,1,1)和(2,2,2)的两个对象将不会进行批处理，统一缩放的对象不会与非统一缩放的对象进行批处理。

- 途径 8：减少多通道 Shader 的使用

多通道的 Shader 会妨碍批处理操作。比如，几乎 Unity 中所有的着色器在前向渲染（Forward Rendering）中都支持多个光源，因此为它们开辟多个通道，所以对批处理有影响。

- 途径 9：脚本访问材质方法

如果需要通过脚本来访问复用材质属性，那么如果使用 Renderer.material 来改变贴图将会造成一份材质属性的更改。因此一般应该使用 Renderer.sharedMaterial 来保证材质的共享状态。

❍　途径 10：尽量多使用“预设”（Prefab）

使用预设生成的对象会自动使用相同的网格模型和材质，因此会自动被批处理。对于复杂的静态场景，还可以考虑自行设计遮挡剔除算法，尽量减少可见游戏对象数量的同时也可以减少 DrawCall。总之理解了 DrawCall 和 DrawCall 批处理的原理，根据场景的具体特点，设计相应的方案来尽量减少 DrawCall 是项目性能优化策略中非常重要的一环。

22.4.2　项目优化之模型与图像方面

“模型与图像方面”的优化，我们这里分 6 个途径进行探讨。

❍　途径 1：模型几何体的优化

■　模型几何体的优化

图形渲染管线中模型的数据量越大，需要对这些数据进行处理的时间也会越长。当然，随着渲染技术的发展，处理模型数据的数量也在提升。但是毋容置疑，经常使用经过优化的模型可以使得游戏运行得更加有效率。如何进行优化呢？对模型的优化，主要是模型的顶点与三角形面片的数目等不要太多。如果可能的话，把相邻的对象（网格）合并为一个，且只用一个材质的对象（网格）。比如游戏场景中有一处森林，森林用大量树木与灌木组成，如果要进行优化，则你完全可以在三维建模工具中将它们合并在一起，减少需要渲染的物体的数量可以极大地提高游戏性能。

■　蒙皮动画模型优化。

蒙皮动画主要针对添加骨骼的模型，对这些模型的优化也对渲染效率起到不可低估的提升作用。在 Unity 中，建议每个角色仅使用一个蒙皮网格渲染器（Skinned Mesh Renderer）来绘制，这是因为当角色仅有一个蒙皮网格渲染器时，Unity 会使用可见性裁剪和包围体更新的方法来优化角色的运动，而这种优化只有在角色仅含有一个蒙皮网格渲染器时才会启动。

角色的面数一般不要超过 1500，骨骼数量少于 30，角色材质数量一般 1～2 个为最佳。

■　压缩面片（Mesh）

3D 模型导入 Unity 之后，在不影响显示效果的前提下，最好打开“Mesh Compression”，“Off”、“Low”、“Medium”、“High”这几项具体分析酌情选择，对于单个面片，最好仅使用一个材质，如图 22.24 所示。

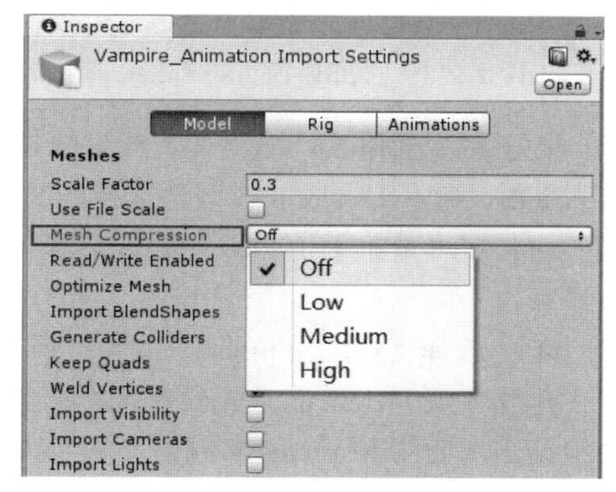

图 22.24　模型导入配置“Mesh Compression”选项

■　避免大量使用 Unity 自带的 Sphere 等内建游戏对象

Unity 内建的部分游戏对象其多边形的数量比较大，如果物体不要求特别圆滑，可导入其他的简单 3D 模型代替（见图 22.25）。

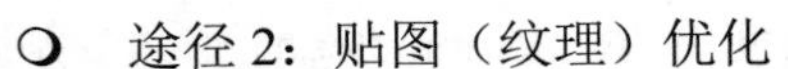

❍ 途径 2：贴图（纹理）优化

■ 使用贴图压缩优化

尺寸越小、压缩比率越高的贴图，占用的内存空间也会降低，也可以降低对它的渲染处理时间，同时也会减少游戏文件的体积。修改贴图的尺寸与压缩格式，可以通过贴图的属性面板来设置。最后在整个场景中尽量减少贴图的数量。在外观不变的前提下，贴图越小越好。

■ 贴图（纹理）压缩格式选择

纹理方面，建议使用压缩纹理。对于不透明的贴图，压缩格式建议为 ETC 4bit，因为 Android 市场的手机中的 GPU 有多种，每家的 GPU 支持不同的压缩格式，但它们都兼容 ETC 格式（见图 22.26）。对于透明贴图，我们只能选择 RGBA 16bit 或者 RGBA 32bit。

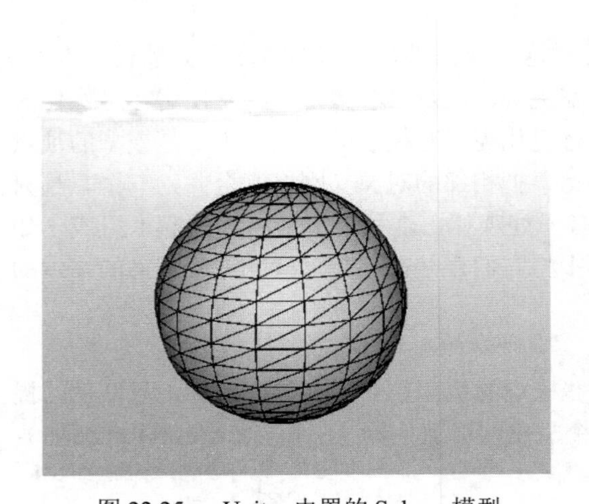

图 22.25　Unity 内置的 Sphere 模型

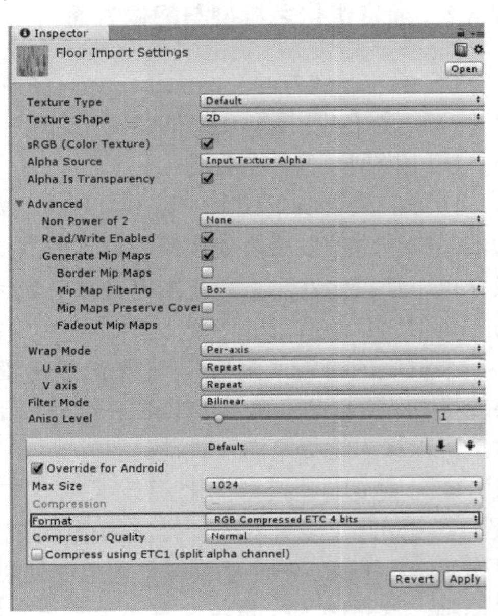

图 22.26　贴图压缩格式设置

关于贴图的格式，如果读者从事的是手游开发，则建议设置为 PNG 或 TGA 格式。如果发布 iOS，则不用转成 iOS 硬件支持的 PVRTC 格式，因为 Unity 在发布时会帮你自动转。贴图尺寸长宽尽量小于 1024，同时应该尽可能小，够用就好，以保证贴图对内存带宽的影响达到最小。

■ 选择支持“Mipmap”

建议生成 Mipmap，虽然这种做法会增加一些应用程序的大小，但在游戏运行时，系统会根据需求应用 Mipmap 来渲染，从而减少内存的带宽需求。

❍ 途径 3：材质

尽量合并使用同贴图的材质球，合并使用相同材质球的对象。使用尽可能少的材质，尽可能减少网格所用材质的数量，除非想使用不同的着色器来实现不同部位的材质效果，这使得 Unity 更容易进行批处理。

建议使用纹理（贴图）图集（Texture Packing 或者 Texture Atlasing）来代替一系列单独的小贴图，它们可以更快地被加载，具有很少的状态转换，而且批处理更友好。在手游

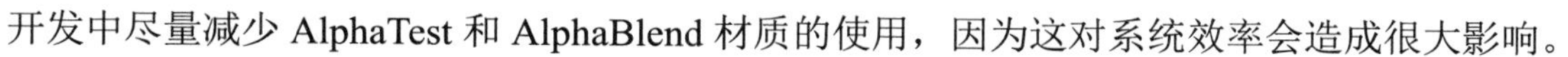

开发中尽量减少 AlphaTest 和 AlphaBlend 材质的使用，因为这对系统效率会造成很大影响。

- 途径 4：（模型）碰撞体

如果可以，尽量不用 MeshCollider，以节省不必要的开销。如果不能避免，尽量减少 Mesh 的面片数，或用较少面片的代理体来代替。网格碰撞盒比基本碰撞盒需要更高的性能开销，因此应该尽量少使用。车轮碰撞盒（Wheel Collider）不是严格意义上的固体物体的碰撞，以及布料模拟都会造成很高的 CPU 开销。

- 途径 5：粒子系统

屏幕上的最大粒子数建议小于 200 个粒子，每个粒子发射器发射的最大粒子数建议不超过 50 个。粒子大小如果可以的话，粒子的 Size 应该尽可能小，因为 Unity 的粒子系统的 Shader 无论是 Alpha Test 还是 Alpha Blending 都是一笔不小的开销。同时，对于非常小的粒子，建议粒子纹理去掉 Alpha 通道。另外，尽量不要开启粒子的碰撞功能，非常耗时。

- 途径 6：其他

建议场景中尽可能多地使用“预设体”（Prefab）。尽可能多地使用“预设”的实例化对象，以降低内存带宽的负担。不要在静态物体上附加 Animation 组件，虽然加了对结果没任何影响，但是会增加 CPU 开销。

22.4.3　项目优化之光照与摄像机方面

“光照与摄像机”方面的优化，这里分 3 个途径进行探讨。

- 途径 1：渲染途径（Rendering Path）

要想优化“渲染途径”，就必须先了解什么是渲染途径及其具体作用。

Unity 提供了不同的渲染途径（Rendering Path），这些渲染途径用于决定灯光和阴影在场景中的计算方法，不同的渲染途径具有不同的性能特性和渲染效果。Unity 中主要提供了 3 种渲染途径，分别是“顶点光照”（Vertex Lit）、“前向渲染”（Forward Rendering）和“延时光照”（Deferred Lighting）。

- 延时光照（Deferred Lighting）

延时光照具备最高的保真度与真实感的渲染途径。如果项目场景中需要开发绚丽多彩、具备较多实时灯光与阴影效果的场景时，最好使用延时光照。

延迟光照的主要优点是对于能影响物体的光线数量没有上限，全部采用以每像素的方式进行光线计算。所有光线都可以使用灯光 Cookie、产生阴影，光照计算的开销与屏幕的光线尺寸成正比，与所照射的物品的数量没有直接关系。

延迟光照的缺点是需要消耗系统大量资源，需要较高水平的硬件支持。影响计算性能的因素分别是被照亮的物体在屏幕上的像素数量和投射阴影的灯光数量；延迟光照中实时光线的开销与光线照亮的像素数量成正比，而不取决于场景的复杂性。

- 前向渲染（Forward Rendering ）

基于着色器的渲染途径。它支持逐像素计算光照（包括法线贴图和灯光 Cookies）及支持一个来自平行光的实时阴影（除唯一一个平行光外，不支持其他实时阴影），这也是系统的默认光照模式，是一种保持较高光照效果与较高系统性能的综合平衡选项。

- 顶点光照（Vertex Lit）

是最低保真度光照，不支持实时阴影，只对所有对象渲染一遍，是对硬件要求最低也是渲染速度最快的渲染途径。基于顶点光照的特点，所以它一般是应用与发布到比较陈旧或者平台受限的设备上。基于目前（2017 年）硬件的飞速更新与发展，顶点光照基本已经弃用。

针对不同渲染途径的特点与系统消耗，大型项目中可以使用多个摄像机。每个摄像机针对不同的场景，使用不同的渲染途径，可以有效地进行有针对性的性能优化。

图 22.27 中是摄像机关于渲染途径的选项，默认“Use Graphics Settings”，如果没有更改默认，就是前向渲染。“Use Graphics Settings”可以在系统菜单“Edit”→“Project Settings”→“Graphics”中进行设置，如图 22.29 所示。

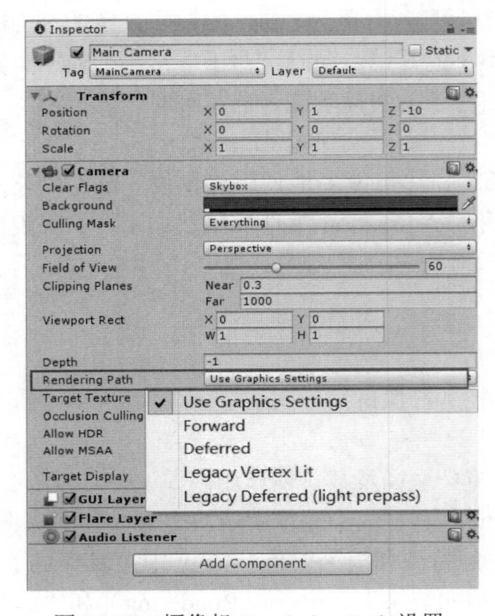

图 22.27　摄像机 Rendering Path 设置

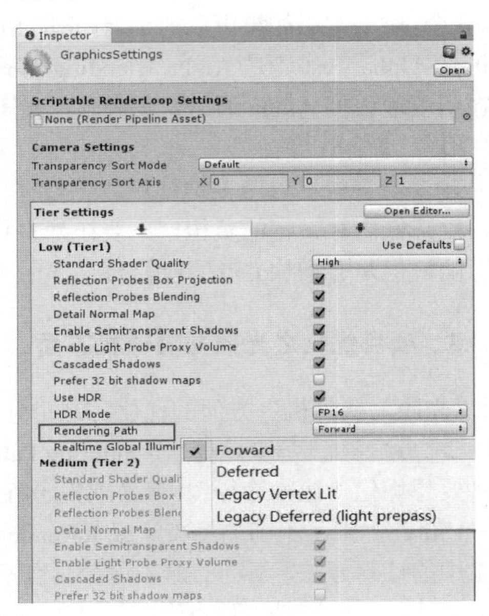

图 22.28　系统渲染途径设置

❍　途径 2：光照与阴影方面

像素的动态光照将对顶点变换增加显著的开销，所以应该尽量避免任何给定的物体被多个光源同时照亮的情况。对于静态物体，采用“光照烘焙”方法则是更为有效的方法（注：关于“光照烘焙”的知识点，本书第 6 章有详细讲解）。

光线性能的消耗占用顺序为：“聚光灯”>“点光源”>“平行光”。所以一个好的点亮场景的方法就是先得到你想要的效果，然后看看哪些光更为重要，在保持光效的前提下去除多余光照。

点光源和聚光灯只影响它们范围内的网格，所以如果一个网格处于点光源或者聚光灯的照射范围之外，那么这个网格将不会被光源所影响，这样就可以节省性能开销。这样在理论上来讲可以使用很多小的点光源而且依然能有一个好的性能，因为这些光源只影响一小部分物体。

一个网格在有 8 个以上光源影响的时候，只响应前 8 个最亮的光源。如果硬阴影可以解决问题，则不要用软阴影，并且使用不影响效果的低分辨率阴影。实时阴影很耗性能，尽量减小产生阴影的距离，允许的话在大场景中使用线性雾，这样可以使远距离对象或阴影不易察觉，因此可以通过减小摄像机的远裁剪距离和阴影距离来提高性能。

实时阴影一般开销较大，如果不正确使用，可能会造成大量的性能开销。在“质量设置”（Quality Settings）面板中的“Shadow Distance”属性上设置阴影的显示距离，该距离根据当前摄像机作为参考，当可以生成阴影的地方与当前摄像机之间的距离超过该值时，将不生成阴影，如图 22.29 所示。

图 22.29 中是阴影的显示距离设置，在系统菜单“Edit”→“Project Setting”→“Quality”中进行设置。

❍　途径 3：摄像机技巧

将远平面设置成合适的距离，远平面过大会将一些不必要的物体加入渲染，降低效率。我们可以根据不同的物体来设置摄像机的远裁剪平面。Unity 提供了可以根据不同的“层”（Layer）来设置不同的显示距离（View Distance），所以我们可以实现将游戏对象进行分层，大物体层设置的可视距离大些，而小物体层可以设置地小些，一些开销比较大的实体（如粒子系统）可以设置得更小些，如图 22.30 所示。

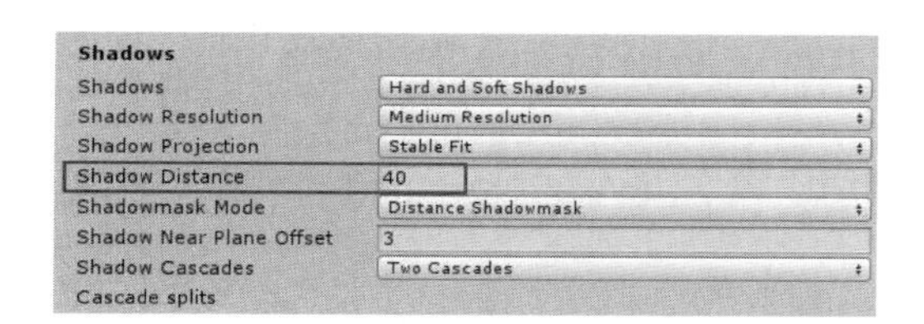

图 22.29　“质量设置”中的阴影设置

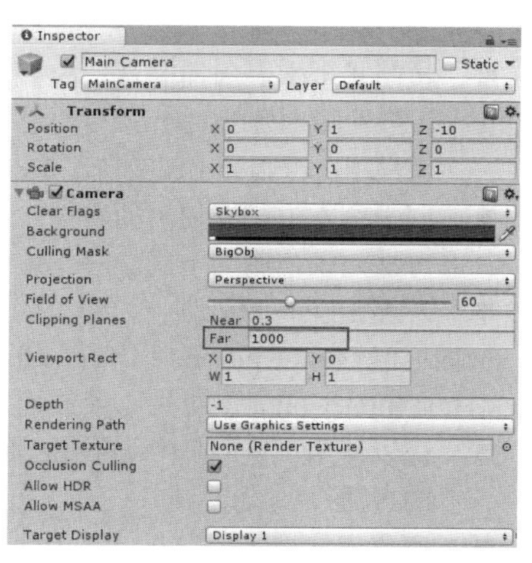

图 22.30　摄像机的远裁剪距离设置

22.4.4　项目优化之程序优化方面

我们从“DrawCall”、“模型与图像”、“光照与摄像机”等方面讲解了性能优化策略，现在我们把重点放在脚本本身，进行进一步探讨。

以下 4 个方面做讨论：

➢　程序整体优化方面
➢　事件函数方面
➢　数学计算方面
➢　垃圾回收机制方面

❍　程序整体优化方面

■　项目的性能瓶颈除了以上方面，脚本代码的优化也很关键。我们要删除脚本中为空或不需要的默认方法，尽量少在 Update 中做事情，脚本不用时把它禁用掉（Ddeactive）。

■ 尽量不使用原生的 GUI 方法（注：本书籍已经不再讲解传统的 GUI 技术），而是用 UGUI（或者 NGUI）代替。
■ 需要隐藏/显示或实例化来回切换的对象，尽量少用 SetActiveRecursively()或 SetActive()，而是改为将对象远离移出相机范围和移回原位的做法，性能更优一些，也可以选择使用脚本方式开启与关闭游戏对象的“Mesh Renderer”组件来进行优化。
■ 不要频繁地获取组件，将其声明为全局变量即可。
■ 脚本在不使用时禁用之，需要时再启用。
■ 尽量直接声明脚本变量，而不使用 GetComponent 来获取脚本。因为 GetComponent 或内置组件访问器会产生明显的开销，您可以通过一次获取组件的引用来避免开销，并将该引用分配给一个变量。
■ 尽量少使用 Update、 LateUpdate、 FixedUpdate 等每帧处理的函数，这样也可以提升性能和节省电量。
■ 使用 C#中的委托与事件的机制，比使用 SendMessage 机制效率更高。

❍ 事件函数方面

■ 按照脚本生命周期的原理，对于“协程”(Coroutine)与“调用函数”(InvokeRepeating)，一般在脚本禁用的时候，“协程”与“调用函数”不会自动禁用，需要使用脚本显示标识禁用，否则会出现空转现象，耗费资源。
■ 同一脚本中频繁使用的变量，建议声明其为全局变量，脚本之间频繁调用的变量或方法建议声明为全局静态变量或方法。
■ 尽量避免每帧处理，可以每隔几帧处理一次。

例如：function Update() { if(Time.frameCount % 100 == 0) { DoSomeThing(); } }
（Time.frameCount 表明为“帧数量”）

■ 可以使用“协程”(Coroutine)或者“调用函数”(InvokeRepeating)来代替每帧都执行的方法。
■ 避免在 Update 或 FixedUpdate 中使用搜索方法，如 GameObject.Find()。良好的代替方案是把搜索方法放在单次执行的事件函数中，如 Start() 事件函数中。

❍ 数学计算方面

■ 尽量使用 Int 来代替 Float 类型，尽量少用复杂的数学函数，如 sin、cos 等函数。
■ 改除法为乘法，尽量少用模运算和除法运算。

❍ 垃圾回收机制方面

■ 尽量主动回收垃圾。例如，给某个 GameObject 赋值以下代码：

function Update() { if(Time.frameCount % 100 == 0) { System.GC.Collect(); } }

■ 垃圾回收的“时机”很重要。

尽量放在游戏场景加载与场景结束的时候去主动卸载资源。而场景人员的战斗尽量不要主动卸载，否则会造成非连续性卡顿等问题。

■ 避免频繁分配内存。

应该避免分配新对象，除非你真的需要，因为它们不再在使用时会增加垃圾回收系统的开销。您可以经常重复使用数组和其他对象，而不是分配新的数组或对象。这样做的好处则是尽量减少垃圾的回收工作。这里可以采用“对象缓存池技术”来提高系统效率，具体可见本书第 27 章内容。

- ■ 较大场景距离摄像机较远的游戏对象可以将 GameObject 上不必要的脚本禁用（Disable）掉。如果需要启用，使用 GameObject.SetActive() 启用即可。这也可以配合事件函数中的 OnBecameInvisible()（当变为不可见）和 OnBecameVisible()（当变成可见），使得游戏对象在不可见的时候自动 Disable 掉，可见的时候再 SetActive()。
- ■ 善于使用 OnBecameVisible()和 OnBecameVisible()，控制物体 Update()函数的执行以减少开销。
- ■ 资源预加载技术的运用。

"资源预加载"技术就是以空间换时间的方法。例如，正式进入战斗场景前，可以在"过渡场景"中进行"预加载"操作（一般常用"协程"进行加载），这样运行到正式关卡时，游戏就不会出现明显卡顿等现象。

22.4.5　项目优化之 Unity 系统设置方面

Unity 游戏引擎的性能优化有很多内容值得讨论，现就典型内容列举如下。

❍ 限帧措施

在以手机为代表的移动设备上运行游戏，其主动减少"帧速率"（FPS）可以显著减少发热和耗电，以及稳定游戏 FPS，减少出现卡顿的情况。

具体方法："Edit"→"ProjectSetting"→"Quality"中的"VSync Count"参数会影响你的 FPS。"Every V Blank"相当于"FPS=60，EverySecondVBlank = 30"。这两种情况都不符合游戏的 FPS 的话，我们需要手动调整 FPS，首先关闭垂直同步这个功能，然后在代码的 Awake 方法里手动设置 FPS（Application.targetFrameRate = 45），如图 22.31 所示。

图 22.31　限帧速率设置

❍ 物理性能优化

■ 增加固定时间步长

对于台式机稍微复杂一些的物理模拟运算是绰绰有余的，但是如果是开发移动终端的游戏，那么就需要更加注意物理性能的优化。当我们设置了 FPS 后，再调整下"Fixed Timestep"这个参数，这个"参数"在"Edit"→"ProjectSetting"→"Time"中，目的是减少物理计算的次数来提高游戏性能。减少固定的增量时间，设置"Fixed Time step"值在 0.04～0.067 秒（也就是每秒 15～25 帧，见图 22.32）。这降低了 FixedUpdate 被调用、物理引擎执行碰撞检测和刚体更新的频率。

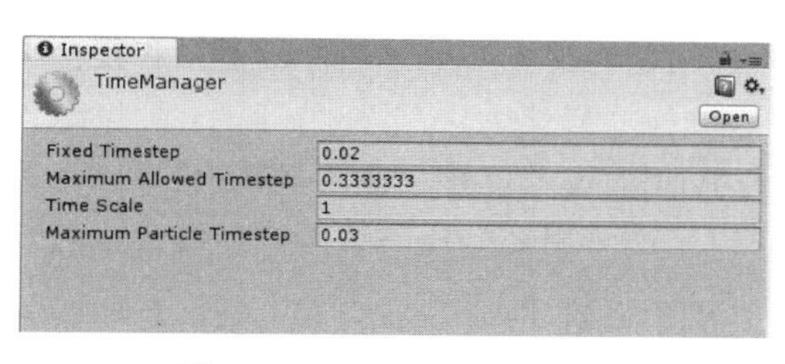

图 22.32　TimeManager 设置

如果为主角添加了刚体，可以在刚体组件启用"插值"（Interpolate）来平滑降低固定增量时间步，如图 22.33 所示。

■ 设置"最大允许时钟步调"（Maximum Allowed Timestep）

物理计算和 FixedUpdate() 执行不会超过该指定的时间。一般在 0.1～0.125 之内设定，使得在最坏的情况下封顶物理花费的时间，如图 22.32 所示。

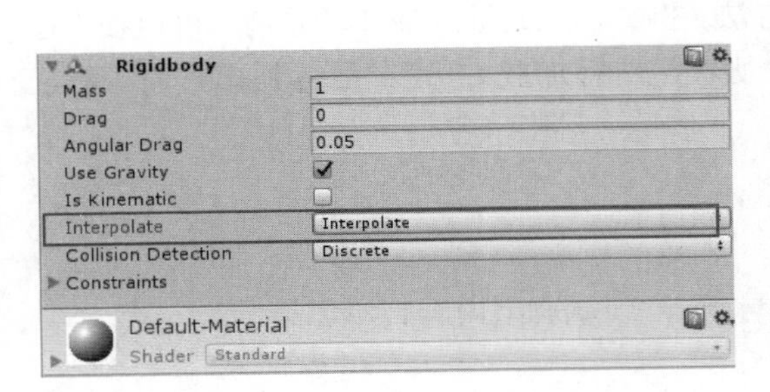

图 22.33　刚体组件启用“插值”

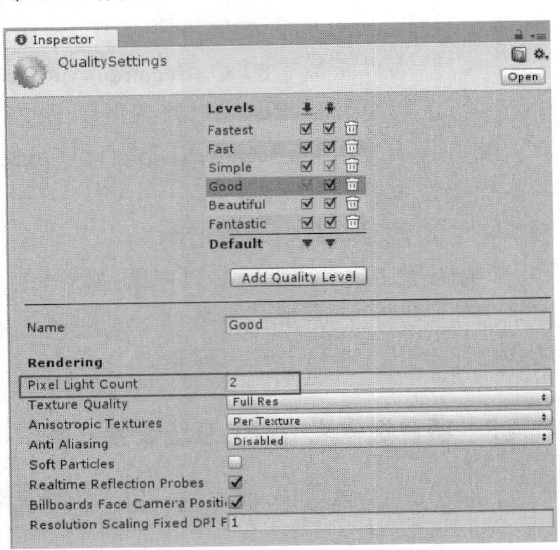

图 22.34　设置像素光数量

■ “时间缩放因子”（Time Scale）。

如果该值为 1，表示按照正常时钟运行游戏；当该值为 0 时，游戏暂停运行。如果设置为 2，游戏运行时间将加快两倍。当为 0.5 时，运行时间减慢到一半以减少对物理更新所花费的时间。增加时间步长将减少 CPU 开销，但物理模拟的精度会下降，通常情况下，为增加速度而降低精度是可以接受的折中方案。

❍ 调整像素光数量。

像素光可以让你的游戏效果看起来绚丽多彩，但是不要使用过多的像素光。在游戏中可以使用质量管理器 Quality Settings（“Edit”→“ProjectSetting”→“Quality”调节像素光（Pixel Light Count）的数量来取得一个性能和质量的均衡点，如图 22.34 所示。

22.4.6　项目优化之良好开发与使用习惯

- 养成良好的标签（Tags）、层次（Hieratchy）和图层（Layer）的条理化习惯。将不同的对象置于不同的标签或图层，三者有效的结合将很方便地按名称、类别和属性来查找。
- 项目研发的过程中就养成经常通过 Stats 和 Profile 技术查看项目效率瓶颈的习惯。及时查找影响效率最大的因素或者对象，可以采用禁用部分模型等方式，确定问题发生在哪里，而不是项目发布后再做这一步骤。

22.5　本章练习与总结

对于游戏开发（虚拟现实）等领域有所作为的朋友，本章所总结与探讨的领域是极其重要的环节。笔者首先从 Unity 提供的两种大型优化手段（遮挡剔除、层级细节）与性能检测工具（Profiler）入手谈起。然后结合 Unity 官方指导文档与自身开发经验，分 6 个方面着重讨论了影响项目性能的方方面面：“Draw Call”、“模型与图像”、“光照与摄像机”、“程序优化”、“系统设置”、“良好开发与使用习惯”等。

项目优化策略是一个涉及知识体系庞大、影响广泛、需要深入研究的领域，希望广大读者能够在此基础之上举一反三，不断深入研究，开发出更加优秀的项目产品。

实战项目篇“生化危机”中，所有的道具模型都添加了对 LOD、“层消隐”等技术的支持，所以本项目的战斗场景中尽管模型与贴图资源非常庞大，但是良好的场景优化技术，使得这款游戏运行的“帧速率”依然很高（注：根据不同 PC 差异，可以保持在 50～70）。

第 23 章

Unity 游戏移植与手指触控识别

❍ **本章学习要点**

本章主要介绍 Unity 引擎在 Android 平台上发布的方法与详细的操作步骤。首先需要安装 Java JDK，然后下载与配置 Android 虚拟机的参数，以及如何与 Unity 进行结合。最后笔者详细介绍了在移动平台（手机、IPad、触摸屏）下如何进行手指触控的操作与具体编程示例。

❍ **本章主要内容**

- JDK 安装与环境参数配置
- Android 虚拟机的安装与配置
- Unity 相应配置
- 手指触控识别
- 本章练习与总结

目前各游戏公司在使用 Unity 3D 开发的游戏产品中，一般都不会仅仅停留在 PC 端 Windows 平台上的游戏发布与运营，而是面向所有主要的游戏平台，尤其以目前的移动端 Android 与 iOS 平台为主。

由于 Android 平台的开放性与普遍性，本文主要探讨此平台的环境配置与搭建过程。Android 是运行在手机上的目前全世界最大众化的操作系统，由 Google 公司研发。本章以 Win 8 操作系统为例进行详细讲解（Win 10 操作系统步骤基本相同）。

Android 平台环境配置主要分为 3 大步骤：

（1）JDK 安装与环境参数配置。

（2）Android 虚拟机的安装与配置。

（3）Unity 相应配置。

23.1 JDK 安装与环境参数配置

23.1.1 下载与安装 JDK

❍ 步骤 1：登陆 Oracle 官方网站 http://www.oracle.com/index.html。此网址为英文官方网址，中国用户可以单击网页的左上方选择国家，然后显示中文版本。如图 23.1 与

图 23.2 所示。

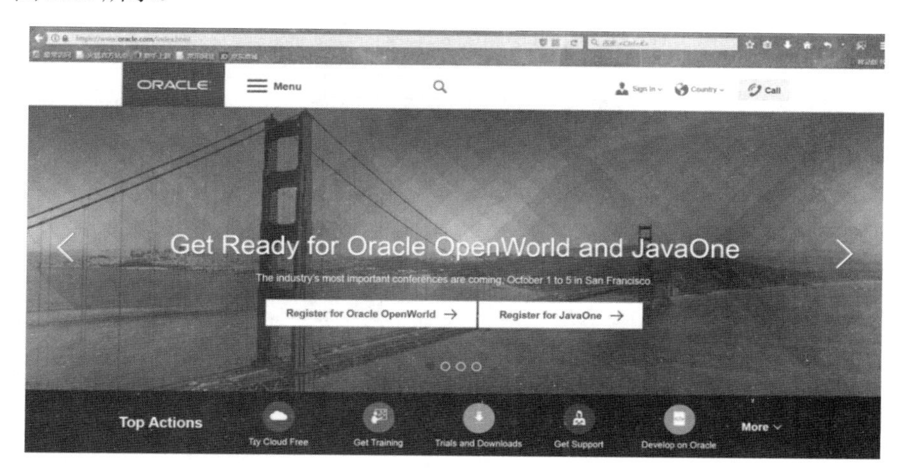

图 23.1　Oracle 网站（英文版）

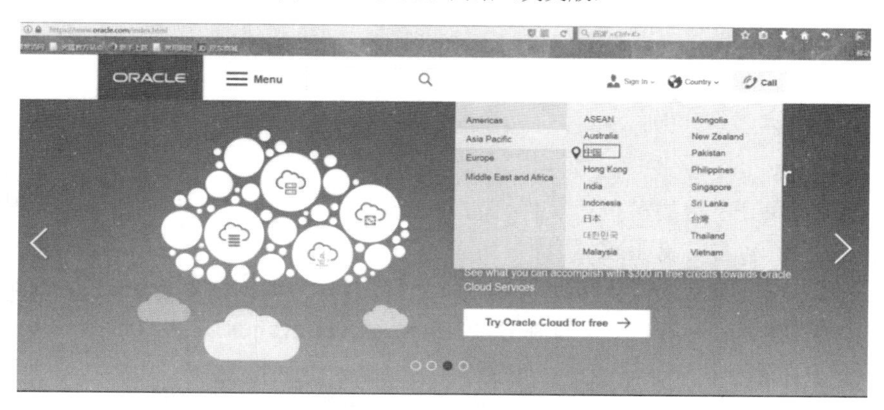

图 23.2　Oracle 网站（中文版）

❍ 步骤 2：依次单击网页“菜单”→“下载”→“Java”→“Java 运行时环境(JRE)” 选项，然后单击进入下一步，如图 23.3 所示。

图 23.3　Java JDK 下载（Java 运行时环境）

❍ 步骤 3：在图 23.4 所示的下载页面中，单击“免费 Java 下载”按钮，在随后出现的下载提示中选择下载路径后，单击“保存文件”下载到指定目录。

图 23.4 下载页面

❍ 步骤 4：找到下载的可执行文件“jdk-8u60-windows-x64”，双击文件运行程序，得到图 23.5 所示的安装 JDK 页面。单击“下一步”按钮，勾选窗口提示更改路径的地方，不建议使用系统默认路径（注意：系统默认为 C 盘下的 Program Files(x86) 目录。笔者在这里把 Java JDK 安装到 D:\ProgramsArea\Java\jdk1.8.0_60 目录下）

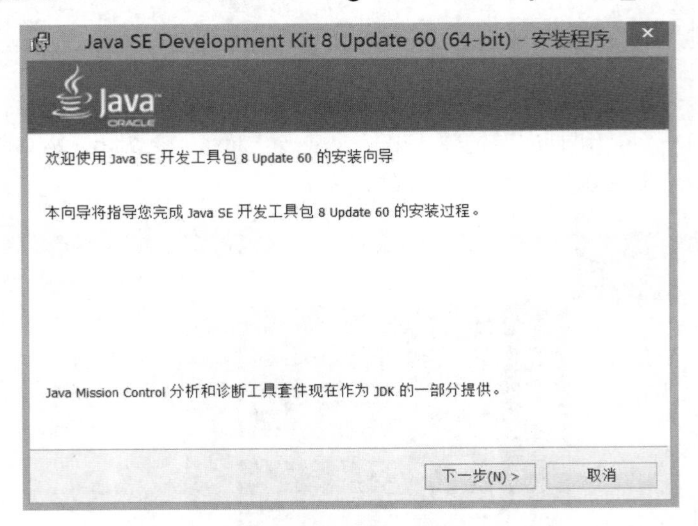

图 23.5 安装 JDK

❍ 步骤 5：如图 23.6 所示，进入正式安装过程，大约几分钟后安装完毕；最后单击“关闭”按钮退出安装界面，如图 23.7 所示。

图 23.6　Java SDK 正式安装过程中

图 23.7　Java SDK 安装完毕

❍ 步骤 6：检查安装到磁盘的目录内容，如图 23.8 所示。

名称	修改日期	类型	大小
bin	2017/9/22 21:52	文件夹	
db	2017/9/22 21:49	文件夹	
include	2017/9/22 21:49	文件夹	
jre	2017/9/22 21:49	文件夹	
lib	2017/9/22 21:52	文件夹	
COPYRIGHT	2017/9/22 21:52	文件	4 KB
LICENSE	2017/9/22 21:52	文件	1 KB
README.txt	2017/9/22 21:52	TXT 文件	1 KB
release	2017/9/22 21:52	文件	1 KB
THIRDPARTYLICENSEREADME.txt	2017/9/22 21:52	TXT 文件	173 KB
THIRDPARTYLICENSEREADME-JAVAF...	2017/9/22 21:52	TXT 文件	108 KB
Welcome.html	2017/9/22 21:52	HTML 文件	1 KB

图 23.8　安装后的目录内容

23.1.2　设置 JDK 环境

设置 JDK 环境，就是需要在 Windows 操作系统的特定窗口中设置以下参数变量，以使得计算机能够识别 JDK 的各种指令。主要有 3 个参数:

- JAVA_HOME
- CLASSPATH
- Path

❍ 步骤 1：单击"计算机"→"属性"，进入"系统"窗体，如图 23.9 所示。

❍ 步骤 2：选择"高级系统设置"，在打开的"系统属性"窗体中选择"高级"选项，如图 23.10 与图 23.11 所示。

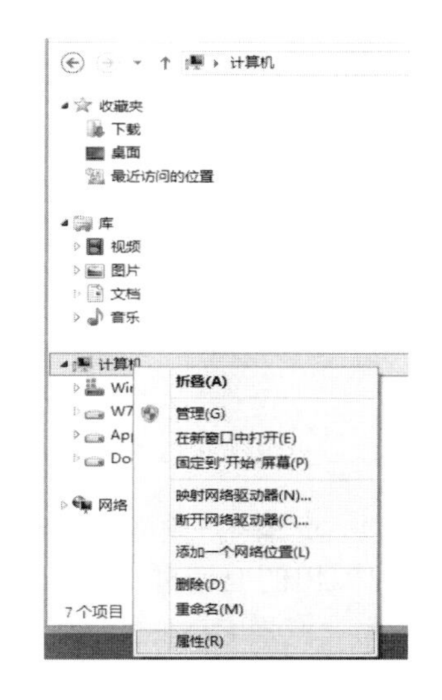

图 23.9　单击"计算机"→"属性"

图 23.10　系统窗口　　　　图 23.11　系统属性窗口

- 步骤 3：单击“环境变量”按钮（见图 23.12），在“环境变量”窗体（见图 23.13）中出现 Windows 登陆用户名称的“用户变量”与“系统变量”两种设置窗口，如笔者的“LiuGuozhu 的用户变量”。前者的系统设置只能应用在此用户账号中（此计算机的其他登陆账号用户无法使用），而后者的“系统变量”则适用于此计算机所有的用户账号，所以我们把 JDK 的 3 个变量设置在窗体下面的“系统变量”中。

图 23.12　系统属性窗口　　　　图 23.13　环境变量窗口

- 步骤 4：设置 JAVA_HOME。单击“系统变量”下方的“新建（W）...”按钮，在弹出的对话框中录入以下内容（见图 23.14）。

- 变量名(N): JAVA_HOME
- 变量值(V):D:\ProgramsArea\Java\jdk1.8.0_60

提示：这里的变量值填写的是 JDK 安装的路径，读者需要查看自己 JDK 安装的路径，进行区分填写！

❍ 步骤 5：设置 CLASSPATH。再次单击“新建(W)...”按钮输入以下内容，如图 23.15 所示。

● 变量名(N): CLASSPATH

● 变量值(V):;.;%JAVA_HOME%\lib\tools.jar;%JAVA_HOME%\lib\dt.jar;%JAVA_HOME%\bin;

提示：如果读者的计算机已经存在 CLASSPATH,则需要单击“编辑(I)…”按钮把上面的代码追加到原来已经存在的变量值末尾。

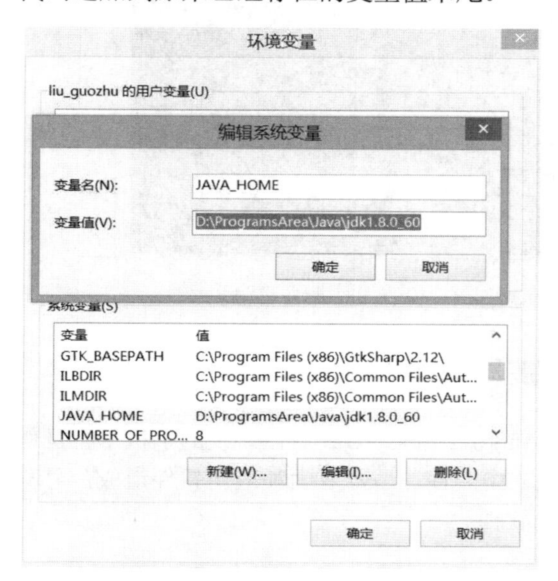

图 23.14　设置 JAVA_HOME

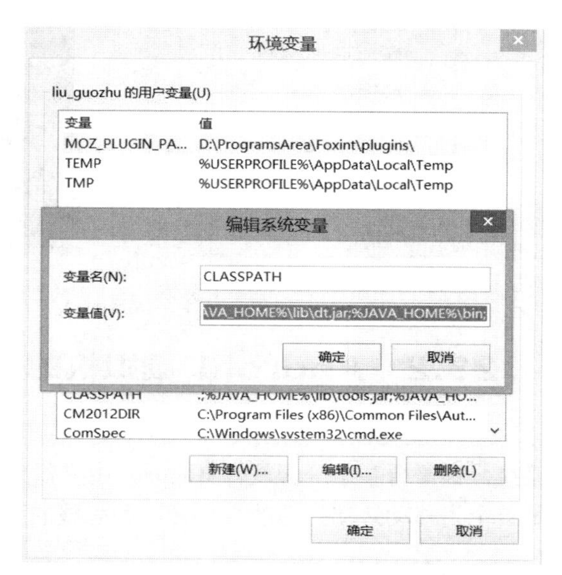

图 23.15　CLASSPATH 设置

❍ 步骤 6：最后需要配置 Path。多数情况下一般电脑都已经存在这个参数，我们只需要追加 JDK 下面的 bin 目录路径即可。如果没有 Path 变量，则新建一个，如图 23.16 所示。

● 变量名(N): Path

● 变量值(V): D:\ProgramsArea\Java\jdk1.8.0_60\bin;

提示：这里 Path 定义的变量值与上面定义的 JAVA_HOME 的变量值是不一样的。

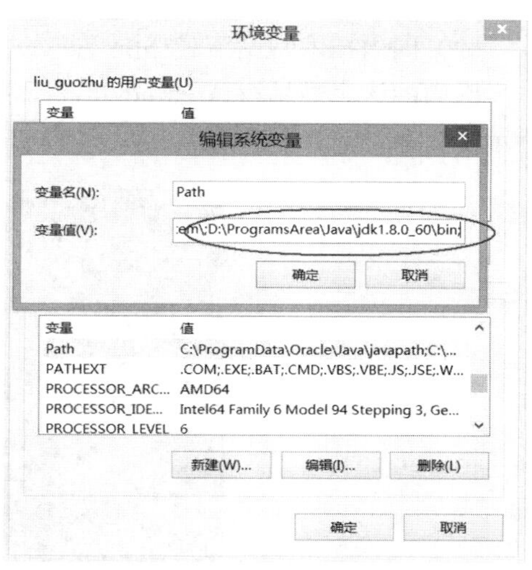

图 23.16　设置 Path

❍ 步骤 7：检查以上 JDK 配置是否正确。

● 在 Win8 操作系统的左下角，单击鼠标右键弹出如图 23.17 所示的窗口。

● 单击“命令提示符（管理员）”，出现如图 23.18 所示的黑色窗口。

● 单击“java”命令，出现如图 23.18 所示的用法信息，说明以上信息配置基本没有问题。如果出现“无法识别的命令”等信息，则说明配置有误，请重新检查以上信息。

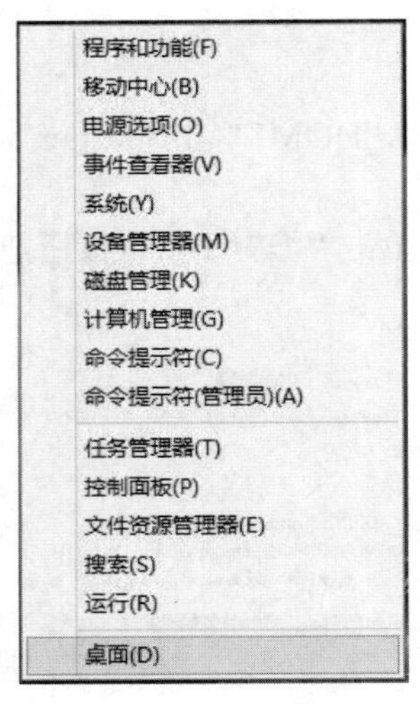

图 23.17　系统左下角弹出窗体

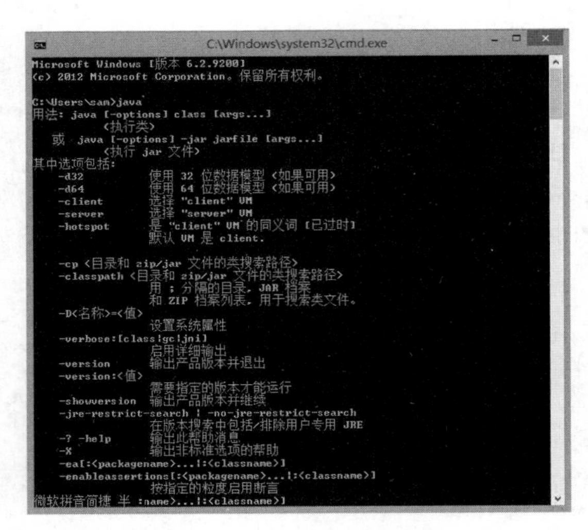

图 23.18　检查 JDK 配置信息

23.2　Android 虚拟机的安装与配置

Android SDK 是 Android 的开发工具包。Android 是 Google 自己研发的手机平台操作系统，该平台基于开源软件 Linux，由操作系统、中间件、用户界面和应用软件组成，号称是首个为移动终端打造的真正开放和完整的移动软件。

23.2.1　下载与配置 Android SDK

读者可以基于以下网址下载 Android SDK。

（1）国外 Android 官网:http://developer.android.com/sdk/index.html。

（2）国内技术网站下载:http://www.androiddevtools.cn/。

国内的这个网站有 Android 开发所需的各种工具，我们首先找到 SDK Tools，如图 23.19 所示。

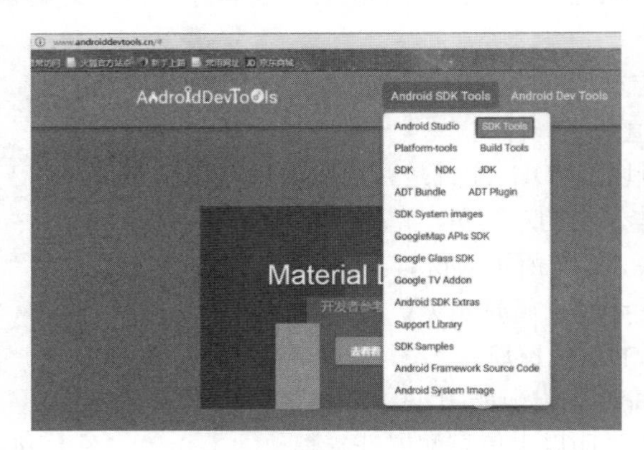

图 23.19 国内 Android 站点

然后我们单击最新的“android sdk_r24.4.1-windows.zip”进行下载，如图 23.20 所示。

www.androiddevtools.cn/

AndroidDevTools　Android SDK Tools　Android Dev Tools　Guides　Tut

SDK Tools

版本	平台	下载	大小	SHA-1校验码
24.4.1	Windows	installer_r24.4.1-windows.exe	144 MB	f9b59d72413649d31e633207e31f456443e7ea0b
		android-sdk_r24.4.1-windows.zip	190 MB	66b6a6433053c152b22bf8cab19c0f3fef4eba49
	Mac OS X	android-sdk_r24.4.macosx.zip	98 MB	85a9cccb0b1f9e6f1f616335c5f07107553840cd
	Linux	androiddk_r24.4.1-linux.tgz	311 MB	725bb360f0f7d04eaccff5a2d57abdd49061326d

图 23.20　下载最新 android SDK

下载到本地磁盘的 android-sdk_r24.4.1-windows.zip 文件，进行解压缩后可以看到文件夹包含如下内容（见图 23.21），这些内容只是部分内容，需要联网更新加载最新资源。双击“SDK Manager.exe”可执行文件（注：笔者的演示 PC 把解压缩文件放置到目录“D:\DeploySoftware\DeploySofwareDIR\android-sdk_r24.4.1-windows”中，这个路径在后面的配置中需要用到多次）。

DeploySoftware ▸ DeploySofwareDIR ▸ android-sdk_r24.4.1-windows

名称	修改日期	类型	大小
add-ons	2015/10/13 18:51	文件夹	
platforms	2015/10/13 18:51	文件夹	
tools	2017/9/22 15:58	文件夹	
AVD Manager.exe	2015/10/13 18:51	应用程序	216 KB
SDK Manager.exe	2015/10/13 18:51	应用程序	216 KB
SDK Readme.txt	2015/10/13 18:51	TXT 文件	2 KB

图 23.21　原始下载 Android SDK 包含内容

打开 Android SDK Manager 后，系统默认建议下载最新（截至 2017 年）的包含 Android 8.0（API26）在内的 9 个重要资源包，如图 23.22 所示，单击“Install 9 Packages”按钮，进入下一步。

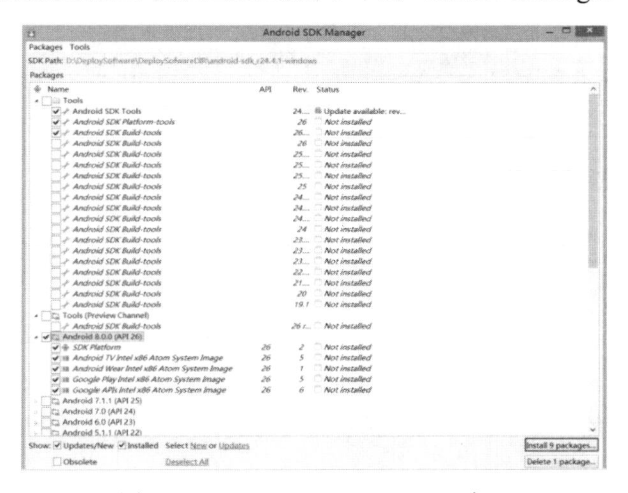

图 23.22　Android SDK Manager 窗口

在弹出的 Choose Packages to Install 窗口中，再次确认勾选所有资源包，单击“Install”按钮进行下载更新安装（见图 23.23）。

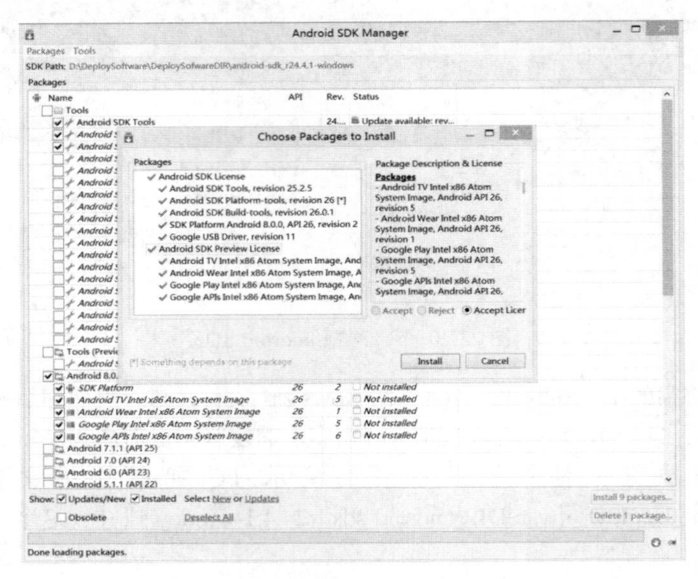

图 23.23　二次确认下载更新的资源包

按照电脑配置的不同，10～60 分钟后，大约累计下载 12G 的资源后，完成下载任务。我们可以看到如图 23.24　所示的内容，表示已经更新完毕，单击“OK”按钮，关闭 Android SDK Manager 窗口即可。

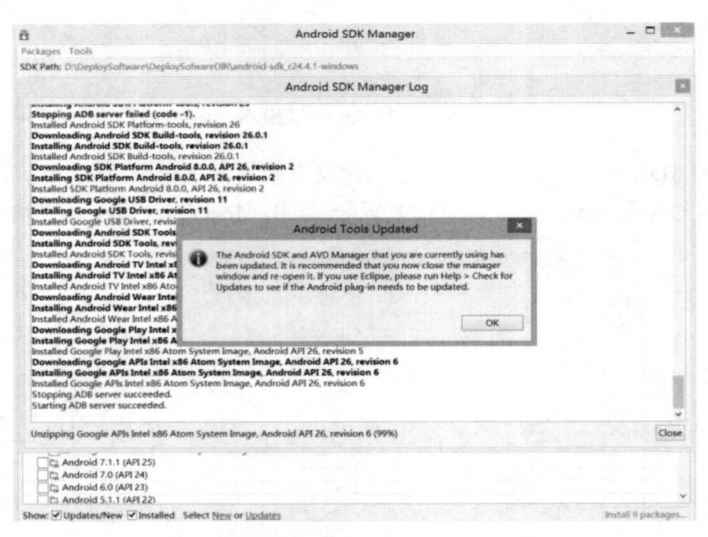

图 23.24　资源包更新完毕提示窗口

现在我们再来看“android-sdk_r24.4.1-windows”文件夹，发现多了不少文件夹，确认“platform-tools”目录的存在（注：在更新前是没有的），如图 23.25 所示。

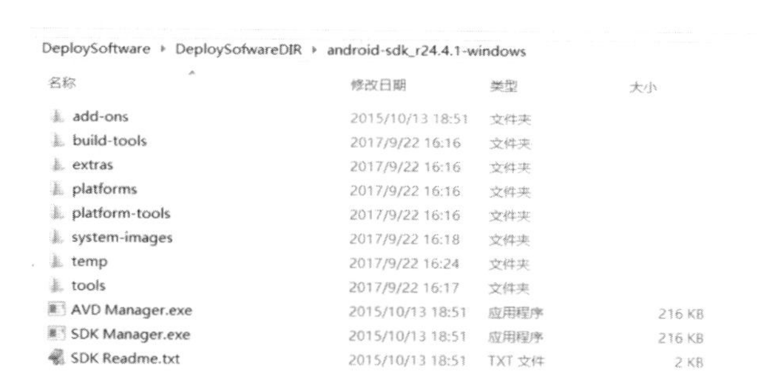

图 23.25 更新资源后的文件夹目录结构

23.2.2　更新环境变量

在 Android SDK 解压缩的目录中有一个“platform-tools”的目录，请复制此目录的全路径，然后把这个路径追加到系统环境变量的 Path 中。如图 23.26 所示。

提示：“platform-tools”目录中存在 adb.exe 等重要的可执行文件，供安装*.apk 文件到 Android 模拟器中使用。

图 23.26　系统变量 Path 更新

23.3　Unity 相应配置

23.3.1　Unity 配置 Android SDK 路径

（1）打开 Unity 2017，单击菜单“Edit”→“Preferences...”，如图 23.27 所示。

（2）在“Unity Preferences”窗体中的“External Tools”选项中单击窗口下方“SDK”与

“JDK”后面的“Browse”按钮，分别定位到 Android SDK 与 Java JDK 的根路径，如图 23.28 所示。

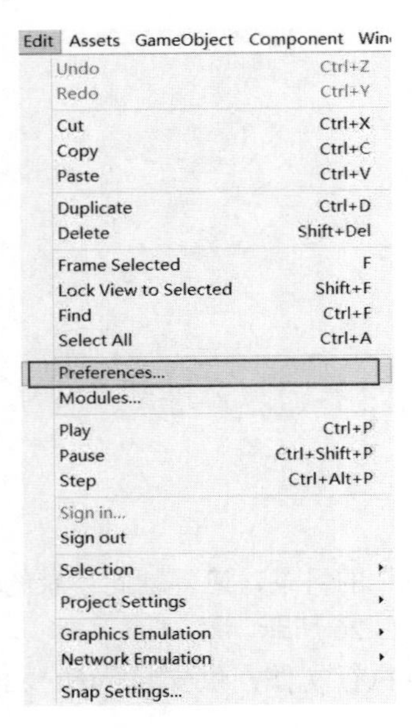

图 23.27　首选项菜单

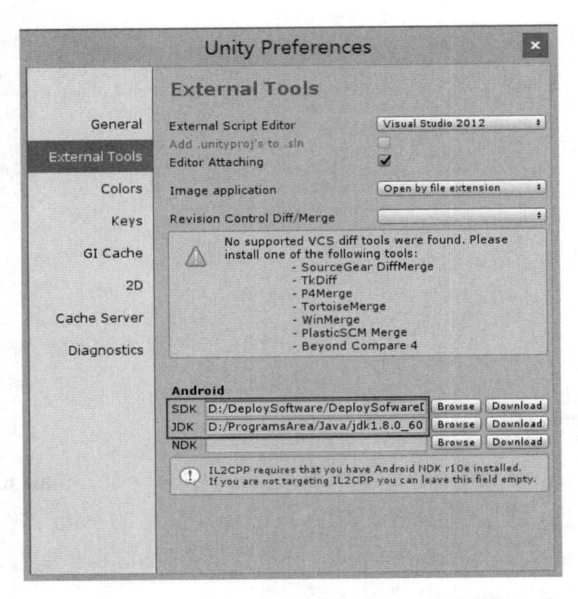

图 23.28　配置 JDK 与 Android SDK 路径

23.3.2　发布程序，切换到 Android 平台

单击 Unity 菜单中的“File”→“Build Settings...”，在 Build Settings 窗体中单击“Android”图标，然后单击“Switch Platform”按钮，如图 23.29 所示。这时你会发现 Android 选项中出现了原本在“PC,Mac & Linux Standalone”中的 Unity Logo 小图标，表明现在已经成功切换 Android 的发布平台，如图 23.30 所示。

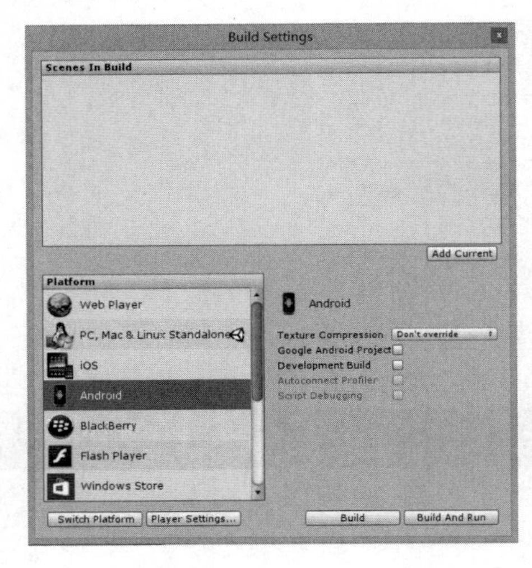

图 23.29　Build Setting 窗口

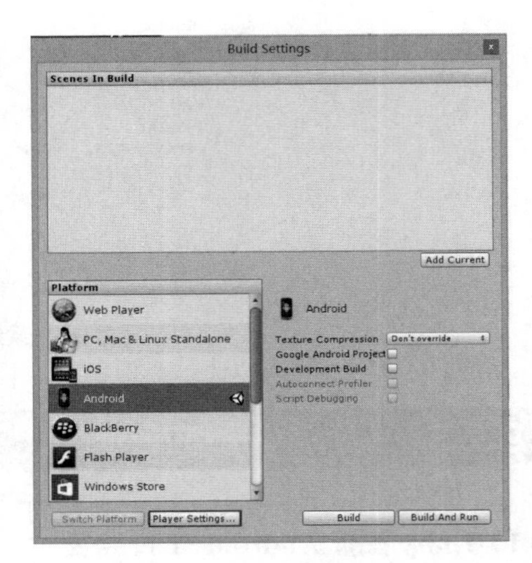

图 23.30　切换 Android 平台

23.3.3 更改默认的产品标示符

在图 23.30 中，单击窗体下部的“Player Settings...”按钮，在 Unity 右边的 Inspector 窗体中出现如图 23.31 所示的内容，选择“Identification”下的“Bundle Identifier”选项。更改其内容为自定义产品名称，如图 23.32 所示。

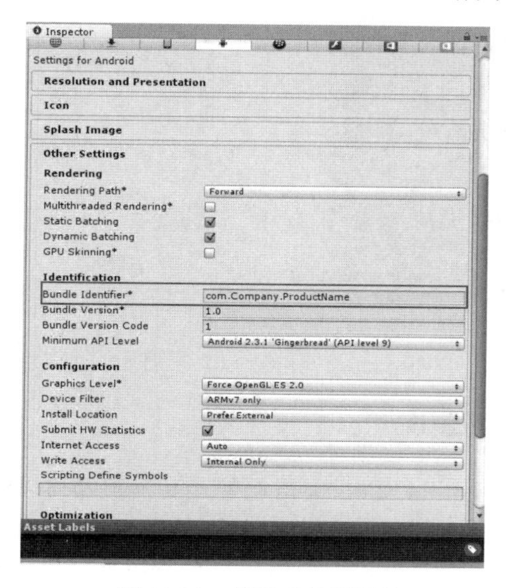

图 23.31 原始产品标识符

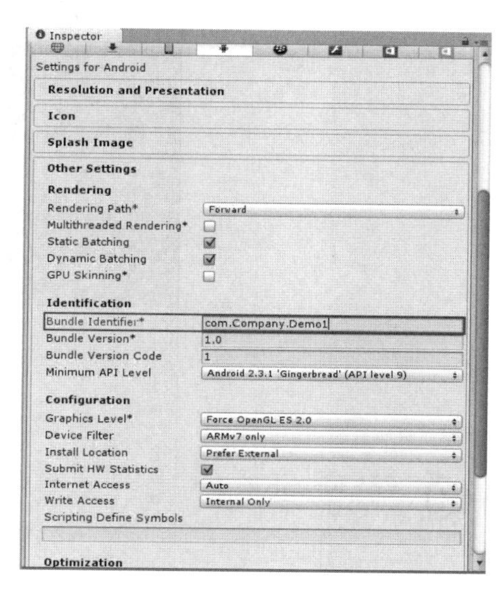

图 23.32 更改后的产品标识符

23.3.4 输出*.apk 包

单击图 23.33 中的“Build”按钮，输出 APK 文件。

单击后出现图 23.34 所示的 APK 输出进度条。如果前面的配置有误，则此阶段会停止输出 APK 且报错。读者需要查看错误分析修改配置后再次重试。图 23.35 显示成功地输出了 APK 可执行文件。

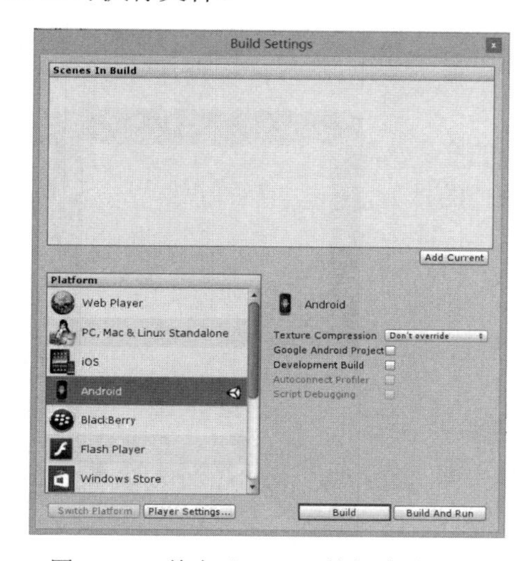

图 23.33 单击“Build”按钮生成 APK

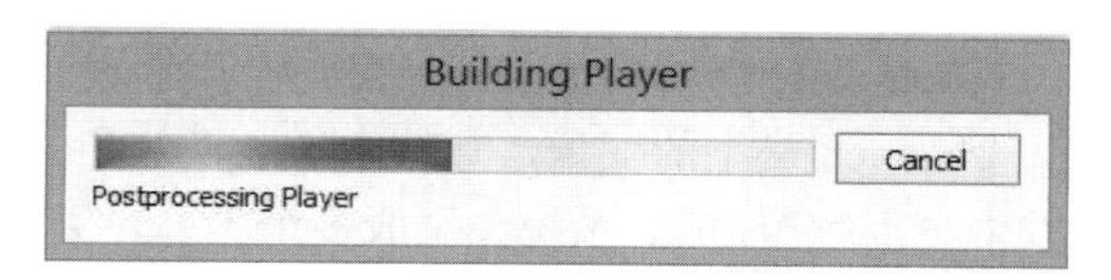

图 23.34 生成 APK 文件中

图 23.35　APK 文件

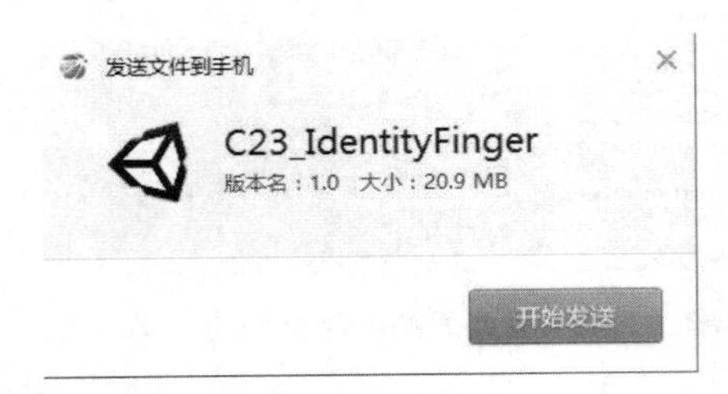

图 23.36　安装到手机上

23.3.5　真机测试

虽然 Android SDK 有自己的一套模拟器可以做测试，但是有一定的局限性（如不能做手指触控识别测试）。笔者建议游戏项目应该尽早及更多地进行真机测试。早些年一般使用“APK 安装器”的软件进行安装，现在（2017 年）则更为简单，读者只需要安装“360 的手机助手”或者“百度手机助手”，然后双击 APK 文件即可安装到手机上进行测试，如图 23.36 所示。

23.4　手指触控识别

目前各游戏公司在使用 Unity 3D 开发的游戏产品中，一般都不会仅仅停留在 PC 端的游戏发布与运营，而是面向所有主要的游戏平台，尤其以目前的 Android 与 iOS 平台为主（见图 23.37）。

触控对于 Android 移动设备来说是一种必不可少的交互方式，现在就来初步了解一下 Unity 3D 中有关触控的 API。

图 23.37　手指触控

23.4.1　手指触控 API

➢　Touch 结构体

Touch 是一个结构体。每当发生一次触摸，系统就生成一个 Touch 类型的变量，存储本次触摸的相关信息。如果发生多点触控，那么系统会生成多个 Touch 类型的变量。

Touch 有如下主要成员变量：

- position　　触摸位置的坐标 Vector2 类型
- deltaPosition　触摸的位置变化量 Vector2 类型当手指接触屏幕，向某一方向划动时起始位置到终止位置的变化量
- deltaTime　　触摸的时间变化量 float 类型
- phase　　触摸所处阶段 TouchPhase 类型
- tapCount　　单击数量，可以自动监测手指单击屏幕的次数

➢ TouchPhase　枚举类型

TouchPhase 是一个枚举类型，含有 5 种类型：

- Began　　手指开始接触屏幕
- Moved　　手指接触屏幕并在屏幕上划动
- Stationary　手指接触屏幕并保持不动
- Ended　　手指离开屏幕
- Canceled　　取消对本次触摸的跟踪

➢ Input 类

Input 类除了可以得到键盘与鼠标的输入值外，还可以得到手指触控。

- Input.GetTouch (index : int) 按序号获取触摸点（首个触摸点序号为 0），返回 Touch。

例如: “Input.GetTouch(0).phase == TouchPhase.Moved”

说明：Input.GetTouch(0) 返回 Touch 结构体 ,Touch.phase 返回 TouchPhase 枚举类型。

- Input.touchCount

静态整形变量，当一只手指接触到屏幕上时返回 1，两个手指触在屏幕上时返回 2，依此类推。

- Input.touches

返回一个 Touch 类型数组，保存当前所有触摸点生成的 Touch 类型变量。

23.4.2　手指触控常见方式

手游的开发过程中一般都具备以下触控方式：

（1）手指（屏幕上）上/下/左/右滑动方向的识别

（2）手指双击识别

（3）手指停留识别

（4）双指触控识别

典型代码举例如下。

○ 手指（上/下/左/右）滑动识别（见图 23.38 和图 23.39）

```
20 using UnityEngine;
21 using UnityEngine.UI;
22
23 public class IdentityFinger : MonoBehaviour {
24     /*  控件显示  */
25     public Text _TxtLeftRightTips;                           //左右划屏测试
26     public Text _TxtUpDownTips;                              //上下划屏测试
27     public Text _TxtDoubleClickTips;                         //双击划屏测试
28     public Text _TxtFingerStationaryTips;                    //停留划屏测试
29     //手指滑屏
30     private Vector2 _VecDeltaArea;                           //滑屏区域
31     //手指双击
32     private bool _BoolSecondClick = false;                   //是否为第二次点击
33     private float _FloFirstTime = 0F;                        //第一次点击时间
34     private float _FloSencondTime = 0F;                      //第二次点击时间
35     //手指停留时间
36     private float _FloStationaryTime = 0F;                   //手指停留的时间
37
38     void Start () {
39         //测试数值
40         _VecDeltaArea = Vector2.zero;
41     }
```

图 23.38　手指触控识别脚本

```
43     void Update (){
44         /* 手指离开屏幕 */
45         if (Input.touchCount == 1 && (Input.GetTouch(0).phase == TouchPhase.Ended)){
46             _VecDeltaArea = Vector2.zero;
47             _TxtDoubleClickTips.text = "";
48             _FloStationaryTime = 0;
49             _TxtFingerStationaryTips.text = "";
50         }
51         /* 识别手指滑屏 */
52         if (Input.touchCount == 1 && (Input.GetTouch(0).phase == TouchPhase.Moved)){
53             _VecDeltaArea.x += Input.GetTouch(0).deltaPosition.x;
54             _VecDeltaArea.y += Input.GetTouch(0).deltaPosition.y;
55             if (_VecDeltaArea.x > 100){
56                 _TxtLeftRightTips.text = "右滑屏";
57             }
58             else if (_VecDeltaArea.x < -100){
59                 _TxtLeftRightTips.text = "左滑屏";
60             }
61             if (_VecDeltaArea.y > 100){
62                 _TxtUpDownTips.text = "上滑屏";
63             }
64             else if (_VecDeltaArea.y < -100){
65                 _TxtUpDownTips.text = "下滑屏";
66             }
```

图 23.39　上下左右识别源码

以上代码（见图 23.38 和图 23.39）笔者定义了一个 IdentityFinger 类文件，这个文件完成划屏触控识别中的手指滑动识别（上、下、左、右）、手指双击识别和手指停留识别。

- 手指双击识别（见图 23.40）

```
69         /* 手指双击识别(老方法)*/
70         if (Input.touchCount == 1 && (Input.GetTouch(0).phase == TouchPhase.Began)){
71             if (_BoolSecondClick){
72                 _FloSencondTime = Time.time;
73                 if (_FloSencondTime - _FloFirstTime > 0.02F && _FloSencondTime - _FloFirstTime < 0.3F){
74                     _TxtDoubleClickTips.text = "发现双击！";
75                 }
76             }
77             _BoolSecondClick = true;
78             _FloFirstTime = Time.time;
79         }
80
81         /*  手指双击测试(使用tapCount 属性)*/
82         if (Input.GetTouch(0).tapCount == 2){
83             _TxtDoubleClickTips.text = "发现双击！";
84         }
```

图 23.40　手指双击识别

以上代码（见图 23.40）完成手指双击识别，本脚本中给出了两个方法的实现细节。第二种方法使用了 Touch 结构体中的 tapCount 属性，这个属性通过简单的方式还可以识别三重手指触控等，更加方便。

- 手指停留识别（见图 23.41）

```
86          /* 手指停留识别 */
87          if(Input.touchCount==1 && Input.GetTouch(0).phase==TouchPhase.Stationary){
88              _FloStationaryTime += Input.GetTouch(0).deltaTime;
89              if (_FloStationaryTime>1F){
90                  _TxtFingerStationaryTips.text = "发现停留";
91              }
92          }
```

图 23.41　手指停留识别

以上代码（图 23.41）完成手指停留的识别。

- 双指触控识别（见图 23.42~图 23.44）

```
31 using UnityEngine;
32 using System.Collections;
33 using System.Collections.Generic;
34
35 namespace LiuMobilGameLib.FingerTouchs
36 {
37     public class FingerTouch : MonoBehaviour
38     {
39         //双手指触控识别
40         private Vector2 _VecFingerOnePosition;                    //第一手指位置。
41         private Vector2 _VecFingerTwoPosition;                    //第二手指位置。
42         private float _FloFingerPositionLength;                   //双手指位置变化
43         private List<float> _LisFingerDistanceArray;              //双手指长度系列变化数值集合
44
45         private FingerTouch()
46         {
47             _LisFingerDistanceArray = new List<float>();
48             _FloFingerPositionLength = 0.0F;
49         }
50
```

图 23.42　双指触控识别(A)

如图 23.42 所示，是定义了一个单独的脚本类，即 FingerTouch 双手指触控识别。

```
51         /// <summary>
52         /// 识别双手指放大或者缩小
53         /// </summary>
54         /// <returns></returns>
55         public FingerOperation IdentifyZoomInOrOut()
56         {
57             FingerOperation fingerOperResult = FingerOperation.None;          //手指各项操作
58             //双手指滑动处理。
59             if (Input.touchCount == 2 && Input.GetTouch(0).phase == TouchPhase.Moved){
60                 _VecFingerOnePosition = Input.GetTouch(0).position;
61                 _VecFingerTwoPosition = Input.GetTouch(1).position;
62                 _FloFingerPositionLength = Vector2.Distance(_VecFingerOnePosition, _VecFingerTwoPosition);
63                 _LisFingerDistanceArray.Add(_FloFingerPositionLength);
64             }
65             if (_LisFingerDistanceArray.Count >= 10){
66                 if (_LisFingerDistanceArray[0] > _LisFingerDistanceArray[9]){
67                     //缩小操作
68                     fingerOperResult = FingerOperation.ZoomOut;
69                 }
70                 else{
71                     //放大操作
72                     fingerOperResult = FingerOperation.ZoomIn;
73                 }
74                 _LisFingerDistanceArray.Clear();
75             }
76             return fingerOperResult;
77         }//IdentifyZoomInOrOut_end
```

图 23.43　双指触控识别(B)

在以上代码（见图 23.43）的 IdentifyZoomInorOut 方法中返回一个预先定义的枚举类型，即 FingerOperation，此枚举类型定义如下（见图 23.44）。

```
32  /// <summary>
33  /// 手指操作
34  ///
35  /// 描述：
36  ///     None          无
37  ///     UpSlide       向上划屏
38  ///     DownSlide     向下划屏
39  ///     LeftSlide     左划屏
40  ///     RightSlide    右划屏
41  ///     ZoomIn        放大
42  ///     ZoomOut       缩小
43  /// </summary>
44  public enum FingerOperation { None, UpSlide, DownSlide, LeftSlide, RightSlide, ZoomIn, ZoomOut }
45
```

图 23.44　双指触控识别(C)

23.5　本章练习与总结

本章主要针对发布移动端游戏展开学习与讨论。主要分为两部分，首先介绍 Android 平台的搭建和产品配置与发布，然后在此基础之上讨论了手指触控技术要点。

Android 平台的搭建主要分为 3 个步骤：JDK 的安装与环境参数配置；Android 虚拟机的安装与配置；Unity 相应配置。手指触控技术讲解了系统的 API，然后据此主要讨论了手指滑动识别、手指停留识别、手指双击识别，以及双手指放大与缩小识别等。

本章内容的学习相信对大家发布移动端产品具有一定的指导与借鉴意义。实战项目篇“不夜城跑酷”项目，源代码都是基于 PC 端控制开发的。请感兴趣的读者根据本章技能的学习，试着把这款游戏改造升级为 Andoird 移动版本，发布到自己手机上，与小伙伴们共享跑酷游戏之乐。

第 24 章 软件重构思想

○ 本章学习要点

本章是特殊的一章，不具体讲解技术细节，而是学习一种软件开发的思想，即重构。软件重构是一种非常重要的核心开发思想，对于初学者来说是迈向中高级开发者行列的不二法宝，也是成为一名优秀游戏行业“主程”所必须的技能。

○ 本章主要内容

- 软件重构的重要性
- 项目示例
- 本章练习与总结

24.1 软件重构的重要性

“软件重构“，百度百科定义为：在不改变软件的功能和外部可见性的情况下，为了改善软件的结构，提高清晰性、可扩展性和可重用性而对软件进行的改造。简而言之，重构就是改进已经写好的软件的设计。

一款优秀的游戏，从策划、编码、测试和发布上线经历长时间代码编写与不断优化，最后形成第一个版本。 但是一款游戏的生命力要有不断的突破与发展才有可能有强大的生命力，如 2010 年 10 月 26 日发表在新浪科技的署名文章，谈论了“PopCap”（宝开公司）创始人约翰·维奇（John Vechey）的现身说法：“我们花了 3 年时间来完善《植物大战僵尸》。我们不会计较每款游戏所耗费的资源。如果的确是一款优秀的游戏，就值得投入大笔资金。如果只是一款比较不错的游戏，那就一文不值。”从这里可以看出这款游戏存在的时间之长，生命力之久。

有人做过不完全统计，“植物大战僵尸”从第一版本发布到现在，算上正式版本与子版本有：“无尽”、“年度”、“长城”、“冰雪”、“中文”、“2”、“冒险”、“全明星”、“东方”、“西游”、“龙宫”、“对战”、“无敌”、“花园战争”、“巨浪沙滩”等各种版本，2015 年初发现该款游戏在其子版本中又加入了“卡牌对战”等的游戏元素，可谓变化层出不穷……

这里就会出现一个问题，如此变化多端的游戏模式与多样玩法，我们的游戏研发人员如何适应其代码的重用性呢？难道要不断推倒重来编写海量代码？

这里就涉及软件设计中一个保持软件最大重用性的问题：“重构”。也就是在软件功能总体不变的情况下，最大限度实现代码的重复利用。软件源代码的编写过程中，我们在完成基础功能之后，时刻要考虑如何才能使得同样的功能实现，是否可以做得更加通用一些？使得游戏功能的部分改变，不至于使得我们的源代码推倒重来。 在游戏软件的不断演进过程中，依据“重构”的思想，我们就会不断积累与总结出大量耦合性低、可以重复利用的软件“类库”出来。这些“类库”的不断演进及二次开发，最终形成我们自己（团队/公司）的游戏开发“框架”，最后在研发资深人士的不断完善与提炼之后，最终形成自己的“游戏引擎”。

24.2 项目示例

本书开头讲解的“生化危机”射击类游戏中，对于音频的处理采用了“重构”思想，进行代码的二次通用化提炼。使得游戏源代码中关于音频的处理变得更加简练、通用、高效。

现在我们开始讲解脚本的核心源代码，以及脚本的使用方法。

1.“音频管理器”核心代码

以下为“音频管理器”（AudioManager.cs）脚本清单的字段定义，如图 24.1 所示。“生化危机”项目中所有音频（背景音乐、音效）的处理都是通过这个核心类进行统一管理的。

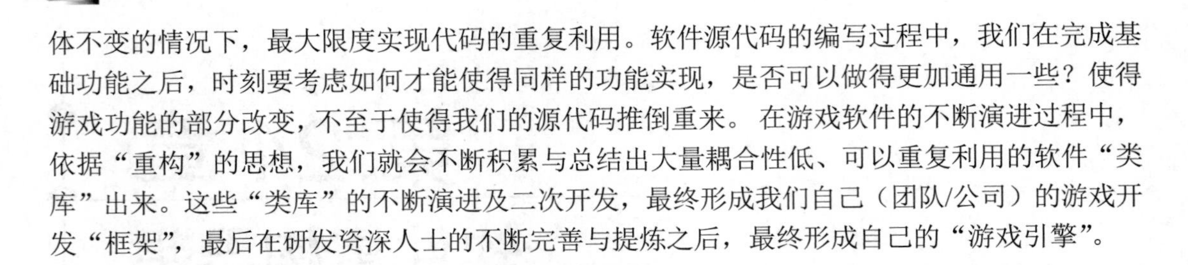

```
1  /***
2   *
3   *    Title:     "生化危机" 项目
4   *               音频封装类。(程序重构)
5   *    Description:
6   *               作用：项目中大量应用音频剪辑文件时候，进行统一管理。
7   *
8   *    Author:    LiuGuozhu
9   *    Date:      2015
10  *    Version:   1.0
11  *    Modify recoder:
12  */
13 using UnityEngine;
14 using System.Collections;
15 using System.Collections.Generic;                                 //泛型集合命名空间
16
17 public class AudioManager : MonoBehaviour {
18     public AudioClip[] AudioClipArray;                             //剪辑数组
19     public static float AudioBackgroundVolumns = 1F;               //背景音量
20     public static float AudioEffectVolumns = 1F;                   //音效音量
21
22     private static Dictionary<string, AudioClip> _DicAudioClipLib;  //音频库
23     private static AudioSource[] _AudioSourceArray;                //音频源数组
24     private static AudioSource _AudioSource_BackgroundAudio;       //背景音乐
25     private static AudioSource _AudioSource_AudioEffectA;          //音效源A
26     private static AudioSource _AudioSource_AudioEffectB;          //音效源B
```

图 24.1　AudioManager.cs 脚本清单(A)

图 24.1 中定义了音频管理器脚本的所有公共字段与私有字段，其中几个重要的核心参数说明如下。

- 字段“AudioClipArray”为音频剪辑数组，用于缓存加载项目中所有短小的音效剪辑，这样处理的目的是为了能够更加及时地进行音效播放。当然，为了更好地查找与更方便地管理使用系统中加载的更多音频剪辑，我们引入了私有的字段“_DicAudioClipLib”（泛型集合 Dictionary<>），用于更好地查找与管理音频库资源。
- 字段“AudioBackgroundVolumns”与“AudioEffectVolumns”为分别控制背景音量与

音效音量的公共静态字段，这样设计的目的是更方便地与其他脚本进行数值传递。

- 图 24.1 中的 23~26 行代码是“音频源”（AudioSource）控制字段，是播放音频所必需的构件。

```
28  /// <summary>
29  /// 音效库资源加载
30  /// </summary>
31  void Awake() {
32      //音频库加载
33      _DicAudioClipLib = new Dictionary<string, AudioClip>();
34      foreach (AudioClip audioClip in AudioClipArray){
35          _DicAudioClipLib.Add(audioClip.name, audioClip);
36      }
37      //处理音频源
38      _AudioSourceArray=this.GetComponents<AudioSource>();
39      _AudioSource_BackgroundAudio = _AudioSourceArray[0];
40      _AudioSource_AudioEffectA = _AudioSourceArray[1];
41      _AudioSource_AudioEffectB = _AudioSourceArray[2];
42
43      //从数据持久化中得到音量数值
44      if (PlayerPrefs.GetFloat("AudioBackgroundVolumns")>=0){
45          AudioBackgroundVolumns = PlayerPrefs.GetFloat("AudioBackgroundVolumns");
46          _AudioSource_BackgroundAudio.volume = AudioBackgroundVolumns;
47      }
48      if (PlayerPrefs.GetFloat("AudioEffectVolumns")>=0){
49          AudioEffectVolumns = PlayerPrefs.GetFloat("AudioEffectVolumns");
50          _AudioSource_AudioEffectA.volume = AudioEffectVolumns;
51          _AudioSource_AudioEffectB.volume = AudioEffectVolumns;
52      }
53  }//Start_end
```

图 24.2　AudioManager.cs 脚本清单(B)

图 24.2 所示的 Awake() 事件函数中定义了音频库加载所需要处理的步骤。

- 步骤 1：把数组类型的音频资源通过 foreach 迭代器转到“_DicAudioClipLib”泛型集合中，这样处理是可以按照“音频名称”查找与播放音频的。
- 步骤 2：把脚本所“挂载”游戏对象中的所有音频源（共 3 个）通过 GetComponents<> 查找得到，赋值给系统内部使用。
- 步骤 3：本系统使用 Unity 推荐使用的“PlayerPrefs”做数据持久化处理，把用户保存的音频音量传递给系统内部的音量数值，从而可以得到用户上一次调节的背景音乐与音效音量数值（数据持久化技术在第 26 章有进一步的讲解）。

这里有读者可能会问，为什么以上步骤都定义在“Awake”事件函数中，而不是“Start”事件函数中呢？因为这个类后面定义的播放背景音乐与音效的方法（“PlayBackground()”与“PlayAudioEffectA()”方法）有可能在其他脚本的 Start() 事件函数中调用。按照 Unity 脚本生命周期的规定，我们为了保证以上步骤得到更早的执行，所以必须定义在 Awake() 事件函数中。

图 24.3 所示的代码定义了播放背景音乐的程序逻辑。使用 C#语言“重载”技术定义具备两个方法“签名”的“PlayBackground()”方法，主要考虑应用场景的不同：对于大量简短的音频剪辑，都缓存到“_DicAudioClipLib”泛型集合中，我们使用字符串参数直接进行调用即可，对于相对比较长的背景音乐剪辑，不采用“缓存”的技术提前加载到内存中，因为这种方式会大量消耗系统内存。所以我们采用具备“音频剪辑”(AudioClip)参数的方法，要求用户提供音频剪辑，避免大量内存消耗。

```
55  /// <summary>
56  /// 播放背景音乐
57  /// </summary>
58  /// <param name="audioClip">音频剪辑</param>
59  public static void PlayBackground(AudioClip audioClip){
60      //防止背景音乐的重复播放。
61      if (_AudioSource_BackgroundAudio.clip == audioClip){
62          return;
63      }
64      //处理全局背景音乐音量
65      _AudioSource_BackgroundAudio.volume = AudioBackgroundVolumns;
66      if (audioClip){
67          _AudioSource_BackgroundAudio.clip = audioClip;
68          _AudioSource_BackgroundAudio.Play();
69      }else{
70          Debug.LogWarning("[AudioManager.cs/PlayBackground()] audioClip==null !");
71      }
72  }
73
74  //播放背景音乐
75  public static void PlayBackground(string strAudioName){
76      if (!string.IsNullOrEmpty(strAudioName)){
77          PlayBackground(_DicAudioClipLib[strAudioName]);
78      }else{
79          Debug.LogWarning("[AudioManager.cs/PlayBackground()] strAudioName==null !");
80      }
81  }
```

图 24.3　AudioManager.cs 脚本清单(C)

以上是音频管理器脚本中核心部分的讲解，完整脚本定义请大家参考随书附带的项目程序。

2.“音频管理器”脚本的使用方法

步骤 1：在项目的层级视图中新建一个空对象“_AudioManager”。

步骤 2：把 AudioManager.cs 脚本赋值给空对象“_AudioManager”。

步骤 3：按照加载的音效剪辑数量，填入参数“Audio Clip Array”下的“Size”。

步骤 4：拖曳项目视图中的音效剪辑文件到对应的参数列表中，顺序无关紧要。

步骤 5：在项目中添加“音频监听”（AudioListener）与 3 个“音频源”(Audio Source)组件，如图 24.4 所示。

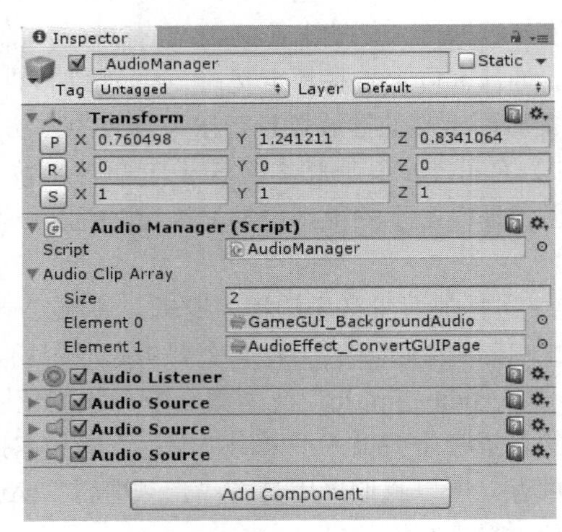

图 24.4　“音频管理器”脚本应用方式

24.3　本章练习与总结

大学刚毕业的学生进入企业，有时会发出疑惑，感觉企业中使用到的技术都学过，但就是不能完全看懂，或者是理解困难。经过笔者分析，主要是由于企业开发的项目为了增加其复用性与灵活性，一般都会使用一套自己的“框架”，而这些“框架”的本质就是软件的“重构”技术。这样企业所开发的游戏项目，尽管随着时间的推进其功能在不断的变化中，但其内部核心代码却改动不大，这样就大大提高了企业的开发效率，节约了生产成本。

本章通过“生化危机”游戏项目中“音频管理器”脚本的示例与源代码讲解，阐述了软件“重构”的必要性与重要性。希望通过本章的学习，可以起到抛砖引玉的作用，可以使广大读者对于如何提高软件质量有进一步的掌握与理解。

第25章 射线

❍ 本章学习要点

射线是Unity游戏引擎中非常重要的概念，尤其在动作、射击、RPG等游戏中应用广泛。初学者容易把射线技术理解成射击游戏的必要实现方式，其实两者有本质的不同。射线技术主要应用于3D虚拟世界中游戏对象的数值定位、碰撞检测，以及确定游戏对象之间的前后顺序等方面。

本章在讲解射线基本知识点之后，使用“射击”与“角色寻路”两种典型应用场景来讲解射线的一般应用。

❍ 本章主要内容

- 射线概述
- 项目示例讲解
- 本章练习与总结

25.1 射线概述

射线是3D世界中一个点向一个方向发射的一条无终点的线，在发射轨迹中与其他物体发生碰撞时，它将停止发射。射线的应用范围非常广泛，一般多用于游戏对象的数值定位、碰撞检测（如子弹飞行是否击中目标）和角色移动等应用场景。

注意，这里所提到的“射线”是逻辑上的，界面上其实是看不到的，一般使用射线判断是否发射至某个游戏对象上或者获得鼠标单击的游戏对象等。

射线典型代码如图25.1所示。

```
51        /* 射线的基本原理 */
52        //定义一条从摄像机发射，沿着鼠标的方向无限延长的隐形射线。
53        Ray ray = Camera.main.ScreenPointToRay(Input.mousePosition);
54        RaycastHit hit;
55        if (Physics.Raycast(ray, out hit)){
56            //获取射线碰撞到碰撞体的方位
57            _VecRayPosion = hit.point;
58        }
```

图25.1 射线的基本定义

图25.1中的代码是射线的基本定义，第57行代码中的“_VecRayPosion”是Vector3类型三维向量。

25.2 项目示例讲解

现在通过两个具体的示例小项目来演示射线在具体项目中的应用。

25.2.1 射击场景开发

图 25.2　射击积木墙场景

图 25.2 显示了一个简易射击积木墙的应用场景，此场景中玩家单击鼠标左键进行射击，当射击的“炮弹”远离摄像机范围时自动销毁。

核心代码如图 25.3 所示。

```
24 public class RayDemo : MonoBehaviour {
25     public Texture Texture_ShootingCursor;                    //射击瞄准星
26     public GameObject GO_CubeOrigianl;                        //射击原型物体
27     private Vector3 _VecRayPosion;                            //射线透射的坐标
28 
29     void Start () {
30         //隐藏鼠标。
31         Screen.showCursor = false;
32         //建立射击目标
33         for (int j = 1; j <=5; j++){
34             for (int i = 1; i <=5; i++){
35                 GameObject goClone = (GameObject)Instantiate(GO_CubeOrigianl);
36                 goClone.transform.position = new Vector3(GO_CubeOrigianl.transform.position.x +i,
37                     GO_CubeOrigianl.transform.position.y+j, GO_CubeOrigianl.transform.position.z);
38             }
39         }
40     }//Start_end
41 
42     void OnGUI(){
43         Vector3 vecPos = Input.mousePosition;
44         GUI.DrawTexture(new Rect(vecPos.x - Texture_ShootingCursor.width / 2,
45             Screen.height - vecPos.y - Texture_ShootingCursor.height/2, Texture_ShootingCursor.width,
46             Texture_ShootingCursor.height), Texture_ShootingCursor);
47     }//OnGUI_end
```

图 25.3　射击场景脚本(A)

图 25.3 中的“Start”事件函数中定义了射击积木墙中 5×5 的目标靶墙，“OnGUI”事件函数（注：OnGUI 是 Unity 中保留的一种传统 UI 界面绘制技术）使用 GUI 绘制射击光标。

图 25.4 中的 52~57 行代码定义了从摄像机屏幕到鼠标单击位置的射线。60~72 行代码定

义了实体子弹，由 68 行代码的 AddForce() 方法通过给刚体增加“冲击力”的方式，把实体子弹射击出去。

```
49      void Update () {
50          /* 射线的基本原理 */
51          //定义一条从摄像机发射，沿着鼠标的方向无限延长的隐形射线
52          Ray ray = Camera.main.ScreenPointToRay(Input.mousePosition);
53          RaycastHit hit;
54          if (Physics.Raycast(ray, out hit)){
55              //获取射线碰撞到碰撞体的方位
56              _VecRayPosion = hit.point;
57          }
58
59          //如果鼠标单击左键，则发射子弹
60          if(Input.GetMouseButtonDown(0)){
61              //创建子弹
62              GameObject goBullet = GameObject.CreatePrimitive(PrimitiveType.Sphere);
63              //添加子弹的刚体
64              goBullet.AddComponent<Rigidbody>();
65              //子弹的位置
66              goBullet.transform.position = Camera.main.transform.position;
67              //给子弹加“力”
68              goBullet.rigidbody.AddForce((_VecRayPosion - goBullet.transform.position) * 10F,
69                  ForceMode.Impulse);
70              //添加脚本： 如果子弹超出射线机的范围，则进行销毁
71              goBullet.AddComponent("DestroyGameobject");
72          }
73      }//Update_end
```

图 25.4　射击场景脚本(B)

图 25.5 中定义的“OnBecameInvisible()”方法由图 25.4 中 71 行的 AddComponent()方法给子弹对象自动赋值。这样，当子弹超出摄像机可视范围时，则进行自动销毁。

```
26 public class DestroyGameobject : MonoBehaviour {
27
28     //游戏对象超出摄像机范围，则执行以下代码
29     void OnBecameInvisible(){
30         Destroy(this.gameObject);
31     }
32 }//Class_end
33
```

图 25.5　射击场景脚本(C)

25.2.2　角色寻路开发

图 25.6 展示了一个角色寻路的简单示例，其中图中黑色部分是人物角色的模拟，其对象加载了“Character Controller”组件。当玩家单击地面的任何一个位置点时，其角色会立即“走”过去，代码实现如图 25.7 所示。

图 25.6　角色寻路场景

```
25 public class RayDemo2_CCWalking : MonoBehaviour{
26     private Vector3 VecGoalPosition;                          //移动的目标位置
27     CharacterController CC;                                   //角色控制器
28 
29     void Start(){
30         //得到角色控制器
31         CC = gameObject.GetComponent<CharacterController>();
32     }
33     void Update () {
34         //确定移动位置
35         if (Input.GetMouseButton(0)){
36             //定义一个射线
37             Ray ray = Camera.main.ScreenPointToRay(Input.mousePosition);
38             RaycastHit hit;
39             //如果命中
40             if (Physics.Raycast(ray, out hit)){
41                 VecGoalPosition = hit.point;
42             }
43         }
44         //角色移动
45         if (Vector3.Distance(VecGoalPosition, this.transform.position) >1F){
46             //移动的步伐
47             Vector3 step = Vector3.ClampMagnitude(VecGoalPosition - this.transform.position, 0.1f);
48             //角色控制器的移动
49             CC.Move(step);
50         }
51     }//UPDATE_END
```

图 25.7　角色寻路脚本

图 25.7 中首先得到脚色控制器，在 Update() 事件函数中使用射线技术确定鼠标在地面上的单击位置点，得到三维向量方位数值，保存到“VecGoalPosition”变量中。然后使用 Vector3.ClampMagnitude() 函数约束“角色”行走的步伐尺度，否则会出现角色移动过快，以及移动不自然的问题。

25.3　本章练习与总结

本章使用“射击积木墙”与“角色寻路”两个示例，讲解了射线的定义，以及射线在实际项目中的具体运用与作用。射线是一种通过与“碰撞体”进行碰撞检测后确定空间方位的技术，是一种编程的基本手段与技术。大家完全可以进一步的扩展，以此开发出更多的游戏技能应用来。

更加详细的射线应用，读者可以进一步查阅书籍“实战项目篇”的“生化危机”项目（注：英雄射击敌人就是射线的典型应用），相信对于射线的原理与适用范围会有进一步的了解与掌握。

第 26 章 数据持久化技术

○ **本章学习要点**

数据持久化技术在游戏与虚拟现实项目中的使用广泛，由于玩家的各种设置与嗜好可以通过数据持久化技术进行长久保存，因此可以大大增加游戏的可玩性。目前基于 Unity 引擎的数据持久化方案大致可以分为 3 种。首先是 Unity 提供的 PlayerPrefs 技术，它是一种简单、方便、适合少量数据行之有效的存储方案；XML 全称是“可扩展标记语言”（Extensible Marked Language），易读、易理解并且存储为纯文本方式，由于具有出色的跨平台性，因此近些年风靡全球，成为一种跨平台支持几乎所有语言的数据交换与持久化存储理想方案；最后一种数据持久化方案就是网络存储，目前一般的“网游”都使用此种方式存储用户信息，这种方式最大的好处是安全，保密性强。

本章重点介绍前两种数据持久化方案，最后一种方案在本书第 29 章做重点介绍。

○ **本章主要内容**

- PlayerPrefs 持久化技术
- XML 持久化技术
- 本章练习与总结

26.1 PlayerPrefs 持久化技术

PlayerPrefs 按照字面含义可以翻译为“玩家偏好”，它是 Unity 提供的一种简单有效的数据持久化方案，虽然不能像 XML 技术方案那样功能强大，但是却特别适合小项目中对于少量数据的持久化存储要求。

PlayerPrefs 采用“键值”对的方式进行数据的查询与存储，基本存储与输出方式如下。

1. 存储数据方式

- PlayerPrefs.SetString(“查询键”，“存储的数值”); //存储字符串类型数据
- PlayerPrefs.SetInt(“查询键”，“存储的数值”); //存储整型数据
- PlayerPrefs.SetFloat(“查询键”，“存储的数值”);//存储浮点型数据

2. 输出数据方式

- PlayerPrefs.GetString(“查询键”); //返回字符串类型数据

- PlayerPrefs.GetInt("查询键"); //返回整型数据
- PlayerPrefs.GetFloat("查询键"); //返回浮点型数据

图 26.1 和图 26.2 给出了 PlayerPrefs 的示例方案。

```
14 public class Demo1_PlayerPrefs : MonoBehaviour{
15     void Update(){
16         //存储人员信息
17         if (Input.GetKeyDown(KeyCode.S)){
18             PlayerPrefs.SetString("YourName", "张三");
19             PlayerPrefs.SetInt("Age", 25);
20             PlayerPrefs.SetFloat("Salary", 16800.5F);
21             print("已经存储了相关人员信息，可以查询了");
22         }
23         //打印员工基本工资信息
24         if(Input.GetKeyDown(KeyCode.P)){
25             string strName = PlayerPrefs.GetString("YourName");
26             int intAge = PlayerPrefs.GetInt("Age");
27             float floSalary = PlayerPrefs.GetFloat("Salary");
28             if (!string.IsNullOrEmpty(strName)){
29                 print("姓名=" + strName);
30                 if (intAge > 0){
31                     print("年龄=" + intAge);
32                 }
33                 if (floSalary > 0){
34                     print("基本工资=" + floSalary);
35                 }
36             }
37             else {
38                 print("查无此人，无法打印此人信息");
39             }
40         }
```

图 26.1　PlayerPrdfs 示例代码(A)

图 26.1 中的 17~22 行代码演示了数据存储，24~40 行代码演示了数据的基本输出显示。

```
41
42         //查询员工姓名
43         if(Input.GetKeyDown(KeyCode.F)){
44             if (PlayerPrefs.HasKey("YourName")){
45                 print("姓名张三");
46             }
47             else {
48                 print("抱歉查无此人");
49             }
50         }
51
52         //删除指定键
53         if (Input.GetKeyDown(KeyCode.D)){
54             if (PlayerPrefs.HasKey("YourName")){
55                 PlayerPrefs.DeleteKey("YourName");
56                 PlayerPrefs.DeleteKey("Age");
57                 PlayerPrefs.DeleteKey("Salary");
58                 print("已经删除了键为 'YourName' 的所有信息");
59             }
60         }
61     }
62 }
```

图 26.2　PlayerPrdfs 示例代码(B)

图 26.2 中的 43~50 行代码演示了按照"键"进行查询的方式，53~60 行代码演示了删除指定记录的方式。

为了更好地理解程序代码，建议读者新建一个项目，把 PlayerPrdfs 脚本赋值给层级视图中的一个空对象，运行程序后分别单击键盘中的“S”、“P”、“F”、“D”等按键，理解 PlayerPrdfs 类常用方法的基本使用。

如果读者想进一步了解 PlayerPrdfs 在实际项目中的应用，请读者查询本书开篇项目“生化危机”对于数据持久化的实际应用案例。

26.2 XML 持久化技术

对于数量庞大且结构复杂的数据持久化存储要求，在没有网络环境的情况下一般都使用 XML 做中间存储介质，好处是：

（1）XML 是一种格式严谨且容易阅读的数据存储格式，更加容易理解与排错；

（2）XML 是一种数据交换的标准，目前几乎任何一种语言都可以读/写 XML 文件格式，所以具备天然的跨平台性；

（3）XML 可以对象序列化与反序列化，更加容易与项目中的“实体对象”结合，持久化数据更容易与自然，适合大量、复杂结构对象的存储要求。

以下提供卡牌、消除类等手游的 XML 持久化数据解决方案示例，演示示例共有 4 个脚本文件，分别说明如下：

- 实体类

  LevelData.cs

  LevelDetailInfo.cs
- XML 核心读/写操作类（读/写、序列化与反序列化、数据加解密）

  XMLOperation.cs
- XML 测试类

  TestXML.cs

图 26.3 和图 26.4 定义了 XML 测试中用到的实体类代码，主要包含游戏中通关数据相关字段的定义。

```
15 using UnityEngine;
16 using System.Collections;
17
18 public class LevelData{
19     public int LevelNumber;                                    //关卡编号
20     public bool IsUnlock;                                      //关卡是否解锁
21     public string LevelName;                                   //关卡名称
22     public LevelDetailInfo LevelDetailInfos;                   //关卡详情要求
23
24
25     public LevelData(){}
26
27     public LevelData(int levelNumber, bool isUnlock, string  levelname,LevelDetailInfo detailInfo){
28         this.LevelNumber = levelNumber;
29         this.IsUnlock = isUnlock;
30         this.LevelName = levelname;
31         this.LevelDetailInfos = detailInfo;
32     }
33 }
```

图 26.3　实体类 LevelData.cs 脚本代码

```
16 using UnityEngine;
17 using System.Collections;
18
19 public class LevelDetailInfo{
20     public string DemandOfPass;                          //通关要求
21     public string DetailContent;                         //详细内容
22
23
24     public LevelDetailInfo() { }
25     public LevelDetailInfo(string demandOfPass, string content){
26         this.DemandOfPass = demandOfPass;
27         this.DetailContent = content;
28     }
29 }
```

图 26.4　实体类 LevelDetailInfo.cs 脚本代码

XmlOperation.cs 为 XML 的核心操作类，包含 XML 持久化技术中的各种核心方法。图 26.5 中的 19~26 行代码是设计模式中的“单例模式”应用，目的是保证本类实例在内存中只有一份，防止多个实例对同一 XML 文件同时操作，造成错误。

```
1 /****
2  *   Title:  XML读写示例项目
3  *
4  *   Description:
5  *           XML 读写核心类
6  *   Author: Liuguozhu
7  *   Data: 2015
8  *   Modify Date:
9  */
10 using System.Collections;
11 using System.Xml;
12 using System.Xml.Serialization;
13 using System.IO;
14 using System.Text;
15 using System.Security.Cryptography;
16 using System;
17
18 public class XmlOperation{
19     private static XmlOperation _Instance = null;            //静态类对象
20
21     public static XmlOperation GetInstance(){
22         if (_Instance == null){
23             _Instance = new XmlOperation();
24         }
25         return _Instance;
26     }
27
```

图 26.5　XML 核心操作类 XmlOperation.cs 脚本代码(A)

图 26.6 中定义的 Encrypt() 加密方法与 Decrypt() 解密方法，使用“加密键”（37 行与 57 行代码）解决生成的 XML 文件在网络长距离传输或者长期保存的过程中可能出现的泄密问题。

```
29     /// <summary> 加密方法 ...
36     public string Encrypt(string toE){
37         byte[] keyArray = UTF8Encoding.UTF8.GetBytes("12348578902223367877723456789012");
38         RijndaelManaged rDel = new RijndaelManaged();
39         rDel.Key = keyArray;
40         rDel.Mode = CipherMode.ECB;
41         rDel.Padding = PaddingMode.PKCS7;
42         ICryptoTransform cTransform = rDel.CreateEncryptor();
43         byte[] toEncryptArray = UTF8Encoding.UTF8.GetBytes(toE);
44         byte[] resultArray = cTransform.TransformFinalBlock(toEncryptArray,0,toEncryptArray.Length);
45
46         return Convert.ToBase64String(resultArray,0,resultArray.Length);
47     }
48
49     /// <summary> 解密方法 ...
56     public string Decrypt(string toD){
57         byte[] keyArray = UTF8Encoding.UTF8.GetBytes("12348578902223367877723456789012");
58         RijndaelManaged rDel = new RijndaelManaged();
59         rDel.Key = keyArray;
60         rDel.Mode = CipherMode.ECB;
61         rDel.Padding = PaddingMode.PKCS7;
62         ICryptoTransform cTransform = rDel.CreateDecryptor();
63         byte[] toEncryptArray = Convert.FromBase64String(toD);
64         byte[] resultArray = cTransform.TransformFinalBlock(toEncryptArray,0,toEncryptArray.Length);
65
66         return UTF8Encoding.UTF8.GetString(resultArray);
67     }
```

图 26.6　XML 核心操作类 XmlOperation.cs 脚本代码(B)

图 26.7 定义了本类最核心的对象序列化（“SerializeObject”）与反序列化（“DeserializeObject”）方法。通过以上两个方法的运算，项目中使用的“实体类”对象就可以顺利地转变为字符串形式，最终可以用于数据传输或者生成 XML 等用途。

```
69     /// <summary> 序列化对象 ...
75     public string SerializeObject(object pObject,System.Type ty){
76         string XmlizedString   = null;
77         MemoryStream memoryStream  = new MemoryStream();
78         XmlSerializer xs  = new XmlSerializer(ty);
79         XmlTextWriter xmlTextWriter  = new XmlTextWriter(memoryStream, Encoding.UTF8);
80         xs.Serialize(xmlTextWriter, pObject);
81         memoryStream = (MemoryStream)xmlTextWriter.BaseStream;
82         XmlizedString = UTF8ByteArrayToString(memoryStream.ToArray());
83         return XmlizedString;
84     }
85
86     /// <summary> 反序列化对象 ...
92     public object DeserializeObject(string pXmlizedString , System.Type ty){
93         XmlSerializer xs  = new XmlSerializer(ty);
94         MemoryStream memoryStream  = new MemoryStream(StringToUTF8ByteArray(pXmlizedString));
95         XmlTextWriter xmlTextWriter   = new XmlTextWriter(memoryStream, Encoding.UTF8);
96         return xs.Deserialize(memoryStream);
97     }
```

图 26.7　XML 核心操作类 XmlOperation.cs 脚本代码(C)

图 26.8 定义了创建 XML 与解析（调用）XML 文件的方法，最终使得字符串数据类型与 XML 格式文件之间进行相互的数据转换。

```
99  /// <summary> 创建XML文件 ...
104     public void CreateXML(string fileName,string strFileData){
105         StreamWriter writer;                                  //写文件流
106 
107         //string strWriteFileData = Encrypt(strFileData);    //是否加密处理
108         string strWriteFileData = strFileData;               //写入的文件数据
109         writer = File.CreateText(fileName);
110         writer.Write(strWriteFileData);
111         writer.Close();                                       //关闭文件流
112     }
113 
114     /// <summary> 读取XML文件 ...
119     public string LoadXML(string fileName){
120         StreamReader sReader;                                 //读文件流
121         string dataString;                                    //读出的数据字符串
122 
123         sReader = File.OpenText(fileName);
124         dataString = sReader.ReadToEnd();
125         sReader.Close();                                      //关闭读文件流
126         //return Decrypt(dataString);                         //是否解密处理
127         return dataString;
128     }
```

图 26.8　XML 核心操作类 XmlOperation.cs 脚本代码(D)

图 26.9 定义了 XmlOperation.cs 脚本中的辅助方法。

```
130     //判断是否存在文件
131     public bool hasFile(String fileName){
132         return File.Exists(fileName);
133     }
134 
135     //UTF8字节数组转字符串
136     public string UTF8ByteArrayToString(byte[] characters  ){
137         UTF8Encoding encoding  = new UTF8Encoding();
138         string constructedString  = encoding.GetString(characters);
139         return (constructedString);
140     }
141 
142     //字符串转UTF8字节数组
143     public byte[] StringToUTF8ByteArray(String pXmlString ){
144         UTF8Encoding encoding  = new UTF8Encoding();
145         byte[] byteArray  = encoding.GetBytes(pXmlString);
146         return byteArray;
147     }
148 }
```

图 26.9　XML 核心操作类 XmlOperation.cs 脚本代码(E)

图 26.10 中的 TestXML.cs 是 XML 读写测试类，其中 Start() 为 Unity 的事件函数，本类需要赋值给 Unity 层级视图中的空对象来获得运行的条件。

```
19 using UnityEngine;
20 using System.Collections;
21 using System.Collections.Generic;
22 public class TestXML : MonoBehaviour {
23     //关卡数据集合
24     public List<LevelData> listLevelData = new List<LevelData>(); //关卡数据集合
25     //数据持久化路径
26     static string _fileName;
27 
28     void Start () {
29         _fileName = Application.persistentDataPath + "/UnityProjectLevelData";
30 
31         //建立测试用例
32         TestCase();
33         //存储对象到XML
34         StoreDateToXMLFile();
35         //读取测试
36         ReadDateFromXMLFile();
37     }
```

图 26.10　XML 测试类 TestXML.cs 脚本代码(A)

图 26.10 中的第 29 行代码定义了 XML 文件的路径与文件名称，读者可以通过打印出“_FileName”的方式，来查看 XML 存储的具体格式与内容，如图 26.11 所示。

```
<?xml version="1.0" encoding="utf-8"?>
<ArrayOfLevelData xmlns:xsi="http://www.w3.org/2001/XMLSchema-instance" xmlns:xsd="http://www.w3.org/2001/XMLSchema">
    <LevelData>
        <LevelNumber>0</LevelNumber>
        <IsUnlock>true</IsUnlock>
        <LevelName>第一关</LevelName>
        <LevelDetailInfos>
            <DemandOfPass>消除2课红钻石</DemandOfPass>
            <DetailContent>需要同时消除2课以上的红色钻石，时间5分钟内完成</DetailContent>
        </LevelDetailInfos>
    </LevelData>

    <LevelData>
        <LevelNumber>1</LevelNumber>
        <IsUnlock>true</IsUnlock>
        <LevelName>第二关</LevelName>
        <LevelDetailInfos>
            <DemandOfPass>消除5课红钻石</DemandOfPass>
            <DetailContent>需要同时消除5课以上的红色钻石，时间2分钟内完成</DetailContent>
        </LevelDetailInfos>
    </LevelData>
</ArrayOfLevelData>
```

图 26.11　本示例中生成的 XML 文件

图 26.12 中的“TestCase”为测试用例方法，即手工方式添入必要的测试数据，用来生成 XML 中的测试内容。“StoreDateToXMLFile”方法是先序列化测试数据实例对象，然后通过调用 XML 操作核心类方法（“CreateXML”）生成 XML 测试文件。

```
30    /// <summary>
31    /// 定义初始化测试用例数据
32    /// </summary>
33    public void TestCase(){
34        LevelDetailInfo levelDetailInfo0=new
35            LevelDetailInfo("消除2课红钻石", "需要同时消除2课以上的红色钻石，时间5分钟内完成");
36        LevelDetailInfo levelDetailInfo1 = new
37            LevelDetailInfo("消除5课红钻石", "需要同时消除5课以上的红色钻石，时间2分钟内完成");
38        listLevelData.Add(new LevelData(0, true, "第一关", levelDetailInfo0));
39        listLevelData.Add(new LevelData(1, true, "第二关", levelDetailInfo1));
40    }
41
42    /// <summary>
43    /// 存储数据到XML文件
44    /// </summary>
45    public void StoreDateToXMLFile()
46    {
47        //对象序列化
48        string s = XmlOperation.GetInstance().SerializeObject(listLevelData, typeof(List<LevelData>));
49        print("持久化xml 数据 s=" + s);
50        print("创建XML文件_fileName=" + _fileName);
51        //创建XML文件且写入数据
52        XmlOperation.GetInstance().CreateXML(_fileName, s);
53        print("创建XML完成");
54    }
```

图 26.12　XML 测试类 TestXML.cs 脚本代码(B)

图 26.13 中的“ReadDateFromXMLFile”方法，从字面含义就能猜出是读取 XML 的测试方法。首先从 XML 文件中读取数据流字符串，然后进行反序列化操作生成我们需要的对象集合，最后循环打印出测试结果。

```
56   /// <summary>
57   /// 从XML文件中读取数据
58   /// </summary>
59   public void ReadDateFromXMLFile(){
60       try{
61           //读取数据
62           string strTemp = XmlOperation.GetInstance().LoadXML(_fileName);
63           //反序列化对象
64           listLevelData = XmlOperation.GetInstance().DeserializeObject
65               (strTemp, typeof(List<LevelData>)) as List<LevelData>;
66
67           //读取出来
68           foreach (LevelData dataItem in listLevelData){
69               print("");
70               print("关卡序号： " + dataItem.LevelNumber);
71               print("关卡名称： " + dataItem.LevelName);
72               print("关卡锁定： " + dataItem.IsUnlock);
73               print("过关要求： " + dataItem.LevelDetailInfos.DemandOfPass);
74               print("详细说明： " + dataItem.LevelDetailInfos.DetailContent);
75           }
76       }
77       catch{
78           print("系统读取XML出现错误，请检查");
79       }
80   }
```

图 26.13　XML 测试类 TestXML.cs 脚本代码(C)

26.3　本章练习与总结

本章讲解了 PlayerPrefs 与 XML 两种数据持久化技术，特别花了很大篇幅介绍了具备实战价值的 XML 技术。本章提供的 XML 持久化技术示例，不仅仅可以应用在单机环境中，也可以配合 Unity 提供的 WWW 类与 C# 的套接字(Socket)技术(本书第 28 章有详细介绍)，把 XML 文件作为传输的中间介质，从而升级改造为客户端与服务器模式的“网游”持久化技术。

第 27 章 预加载与对象缓冲池技术

○ 本章学习要点

“对象缓冲池”技术是游戏开发领域中的一个高级知识点，它的出现主要解决游戏开发过程中由于大量游戏道具的生成与销毁而造成系统瓶颈的问题。关于游戏项目中的性能优化策略，我们使用了整整一个章节（第 20 章）进行了详细的讨论与论述，而本章所要讨论的问题其实就是 Unity 引擎中针对脚本性能优化而推荐的优秀解决方案。

预加载是整个对象缓冲池技术的实现原理与实现前提，本章使用两个优秀的示例，具体讲解两类对象缓冲池的实现原理与使用方法。

○ 本章主要内容

- 概述
- 简单对象缓冲池技术
- 高级对象缓冲池技术
- 本章练习与总结

27.1 概述

对象缓冲池技术不是 Unity 专用的技术，它来自软件开发中对于数据库的优化方案，从“数据库连接缓冲池”经过改造与变化而来。由于在做 CS/BS 软件开发的过程中，我们写的软件系统都一定要与数据库打交道，而频繁地访问数据库又是一件非常消耗数据库资源的问题（数据库服务器所能同时被“连接”访问的次数都是有限的，而且系统申请连接数据库也是比较耗费时间的）。所以软件开发领域出现了“数据库连接缓冲池”技术，也就是系统中首先提前建立一个数据库连接访问“池”（本质就是一个“集合”，如: List<>），“池”中预先存放了一定数量的连接数据库的实例，当我们在需要使用数据库连接的时候，首先查看“池”中是否有现成的“连接实例”，如果有，直接从“池”中获取即可，避免了反复申请连接与断连接等费事操作，大大提高了系统效率。

游戏开发项目中同样存在相同的问题，而且或许更加突出与严峻。我们的游戏项目如果要开发的“高大上”，则必然需要使用大量“次时代”游戏道具与大量游戏粒子特效等。但是大量游戏道具与粒子系统的出现，必然会导致频繁的创建、克隆、销毁游戏对象，这就很大程度地消耗了大量 CPU 资源，使得游戏出现明显“卡顿”现象。

后来聪明的游戏研发人员就考虑是否需要把销毁的游戏对象进行“隐藏”，也就是可以使用脚本“Gameobject.SetActive(false)”禁用游戏对象，当我们再次需要使用此游戏对象的时候则进行启用即可（使用 Gameobject.SetActive(true)），这就形成了一个优化的基本观点，使用“隐藏”代替“销毁”。

再后来我们就考虑是否在真正的游戏场景开始之前，就把需要用到的大量游戏对象与粒子系统等，提前加载到一个“池”中，然后需要的时候再直接从“池”中取得，避免了使用的时候进行大量“克隆”操作，影响系统效率，造成游戏操作过程中的“卡顿”现象。这就形成了“预加载”的概念。

把以上两种方式（“禁用”、“启用”脚本与“预加载”）结合起来，就形成了我们今天要研究的“对象缓冲池”的基本原理。

27.2　简单对象缓冲池技术

如图 27.1 所示，我们使用一个“射击木箱靶墙”的小场景，结合一个最简单的对象缓冲池脚本，演示与说明简单对象缓冲池的具体实现原理和基本应用方法。

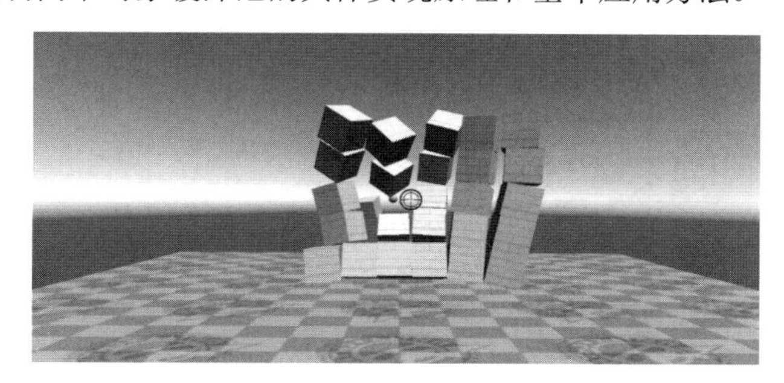

图 27.1　简单对象缓冲池示例场景

首先我们来研究与解释一个最简单的对象缓冲池脚本，代码如图 27.2 所示。

```
1  /*
2   *
3   *  Title:  学习“对象缓冲池”管理
4   *
5   *          对象缓冲池管理器
6   *
7   *  Descripts:
8   *         基本原理:
9   *         通过池管理思路，在游戏初始化的时候，生成一个初始的池存放我们要复用的元素。
10  *         当要用到游戏对象时，从池中取出；不再需要的时候，不直接删除对象而是把对象重新回收到“池”中。
11  *         这样就避免了对内存中大量对象的反复实例化与回收垃圾处理，提高了资源的利用率。
12  *
13  *  Author: Liuguozhu
14  *
15  *  Date:  2015
16  *  Version: 0.1
17  *  Modify Record:
18  */
19 using UnityEngine;
20 using System.Collections.Generic;
21 public class ObjectPoolManager : MonoBehaviour{
22         public GameObject ObjPrefab;                                  //池中所使用的元素预设
23         public Transform TranObjPrefabParent;                         //池中所使用的元素预设的父对象
24         public int InitialCapacity;                                   //初始容量
25         private int _startCapacityIndex;                              //初始下标
26         private List<int> _avaliableIndex;                            //可用“池”游戏对象下标
27         private Dictionary<int, GameObject> _totalObjList;            //池中全部元素的容器
```

图 27.2　对象缓冲池 ObjectPoolManager.cs 脚本代码(A)

从 ObjectPoolManager.cs 脚本的头注释中可以清楚地查看到本脚本的基本原理说明："在游戏初始化的时候，生成一个初始的"池"，存放我们要复用的元素。当要用到游戏对象时，从池中取出。不再需要的时候不直接删除对象，而是把对象重新回收到"池"中，这样避免了对内存中大量对象的反复实例化与回收垃圾处理，提高了资源利用率。"

脚本字段定义中比较重要的是"_totalObjList"，它是实际存储"池"元素的容器集合，而"_avaliableIndex"则是记录当前"池"中所有可以使用的"池"元素的下标数值。

图 27.3 中定义的"Awake()"事件函数的作用是初始化"池"容器集合，以及初始化"池"，即"expandPool()"方法实例化指定数量的被禁用的"游戏对象预设"提前放入集合中。图 27.3 中的"PickObj()"方法是从"池"中取得一个可用的游戏对象（预设）。其原理如图 27.3 中的 53 行代码所示，把指定 id 序列号的游戏对象预设"激活"（使用 "SetActive(true)"）。

```
30        /// <summary>
31        /// 初始化缓冲池
32        /// </summary>
33        void Awake(){
34            _avaliableIndex = new List<int>(InitialCapacity);
35            _totalObjList = new Dictionary<int, GameObject>(InitialCapacity);
36            //初始化池
37            expandPool();
38        }
39
40        /// <summary>
41        /// 取得游戏对象。
42        /// </summary>
43        /// <returns></returns>
44        public KeyValuePair<int, GameObject> PickObj(){
45            //容量不够，进行"池"扩展
46            if (_avaliableIndex.Count == 0)
47                expandPool();
48            //取得一个可用的池下标数值
49            int id = _avaliableIndex[0];
50            //"可用池下标"集合，删除对应下标
51            _avaliableIndex.Remove(id);
52            //设置"池"对象可用。
53            _totalObjList[id].SetActive(true);
54            //从"池"中提取一个对象返回。
55            return new KeyValuePair<int, GameObject>(id, _totalObjList[id]);
56        }
```

图 27.3　对象缓冲池 ObjectPoolManager.cs 脚本代码(B)

图 27.4 中的 RecyleObj() 方法是回收指定 id 序号的游戏对象重新回到"池"中，本质就是如图 27.4 中的 64 行代码所示，把指定序号的游戏对象预设重新禁用。71~89 行代码是"expandPool()"扩展池方法。其目的是当游戏刚开始或者"池"中的元素不够使用的时候，扩展容器类中元素的数量。代码 78 行使用"Instantiate()"通过复制"原型预设"（变量"ObjPrefab"）的方法扩充新的游戏对象预设元素，加入到"_totalObjList"这个容器类集合中，其查找用的元素下标数值则存储在"_avaliableIndex"集合中。

这样，一个简单的"对象缓冲池"就解释完毕了，如何使用呢？需要读者在基本理解上述脚本的原理上，写其他的测试脚本调用相关方法来使用。也就是说核心的"对象缓冲池"脚本，只是一个"中间件"，不能单独运行，需要我们写脚本来使用。如图 27.5 所示，我们使用本书第 25 章讲解的射击场景，运用与测试对象缓冲池的实际效用。

```
58      /// <summary> 回收游戏对象 ...
62      public void RecyleObj(int id) {
63          //设置对应对象不可用（即：放回池操作）
64          _totalObjList[id].SetActive(false);
65          //指定Id的游戏对象下标，重行进入可用“池”下标集合中
66          _avaliableIndex.Add(id);
67      }
68      /// <summary> 扩展池 ...
71      private void expandPool(){
72          int start = _startCapacityIndex;
73          int end = _startCapacityIndex + InitialCapacity;
74          for (int i = start; i < end; i++){
75              //加入验证判断，避免在多个请求同时触发扩展池需求
76              if (_totalObjList.ContainsKey(i))
77              continue;
78              GameObject newObj = Instantiate(ObjPrefab) as GameObject;
79              //生成的池对象增加父对象，容易查看与检查。
80              newObj.transform.parent = TranObjPrefabParent.transform;
81              //每一个生成的对象，设置暂时不可用。
82              newObj.SetActive(false);
83              //下标记入“池”可用下标集合中。
84              _avaliableIndex.Add(i);
85              //新产生的对象，并入本池容器集合中。
86              _totalObjList.Add(i, newObj);
87          }
88          //扩展“初始下标”。
89          _startCapacityIndex = end;
```

图 27.4　对象缓冲池 ObjectPoolManager.cs 脚本代码(C)

```
1   /*
2    *  Title:  学习“对象缓冲池”技术
3    *
4    *  Descripts:
5    *          射击代码实现
6    *
7    *  Author: Liu guozhu
8    *  Date:  2014.03
9    *  Version: 0.1
10   *  Modify Record:
11   *          [描述版本修改记录]
12   */
13  using UnityEngine;
14  using System.Collections;
15  using System.Collections.Generic;
16
17  public class ShottingUseBufferPool : MonoBehaviour{
18      public Texture Texture_ShootingCursor;                  //射击瞄准星
19      public GameObject GO_CubeOrigianl;                      //射击原型物体
20      public Transform Tran_TargetWallParentPosition;         //靶墙数组父对象
21      public Transform Tran_BulletParentPosition;             //子弹数组父对象
22      private Vector3 _VecRayPosion;                          //射线透射的坐标
23
24      public GameObject GoPoolManager;                        //池管理器
25      public GameObject GoBulletPrefabsOriginal;              //子弹原型(预设)
26      private ObjectPoolManager boPoolManager;                //池管理器对象
27      private GameObject goCloneBullete;                      //克隆的子弹
```

图 27.5　使用对象缓冲池技术的射击主脚本(A)

图 27.5 中的“ShottingUseBufferPool.cs”脚本是在本书第 25 章中提及的“RayDemo.cs”脚本的基础上加入“对象缓冲池”技术改造升级之后的脚本实现。其中图 27.52 中的 24~27 行是运用“对象缓冲池”新加入的字段。

图 27.6 中，“Start”事件函数的主要作用是建立“射击靶墙”，“OnGUI”事件函数则主要是绘制射击光标。

```
29 ⊞  /// <summary>初始化场景 ...
32 ⊟  void Start(){
33        //隐藏鼠标。
34        Screen.showCursor = false;
35        //取得池管理器
36        boPoolManager = GoPoolManager.GetComponent<ObjectPoolManager>();
37        //建立射击目标靶墙
38        for (int j = 1; j <= 5; j++){
39            for (int i = 1; i <= 5; i++){
40                GameObject goClone = (GameObject)Instantiate(GO_CubeOrigianl);
41                goClone.transform.position = new Vector3(GO_CubeOrigianl.transform.position.x + i,
42                    GO_CubeOrigianl.transform.position.y + j, GO_CubeOrigianl.transform.position.z);
43                //确定子弹的父对象
44                goClone.transform.parent = Tran_TargetWallParentPosition;
45            }
46        }
47    }//Start_end
48
49 ⊞  /// <summary> 绘制射击光标 ...
52 ⊟  void OnGUI(){
53        Vector3 vecPos = Input.mousePosition;
54        GUI.DrawTexture(new Rect(vecPos.x - Texture_ShootingCursor.width / 2,
55            Screen.height - vecPos.y - Texture_ShootingCursor.height / 2, Texture_ShootingCursor.width,
56            Texture_ShootingCursor.height), Texture_ShootingCursor);
57    }//OnGUI_end
```

图 27.6　使用对象缓冲池技术的射击主脚本(B)

图 27.7 中的第 73 行代码取代原先的创建“子弹”，而是从“缓冲池”取得已经存在的“预设对象”（调用“PickObj()”），第 76 行的 SenMessage()函数的作用是传递给“子弹”所在的对象脚本，此子弹在缓冲池中的“序号”目的是当子弹超出摄像机视野范围的时候，主动“回收”子弹实例。

```
59 ⊞  /// <summary> 射击逻辑处理 ...
62 ⊟  void Update(){
63        //射线处理
64        Ray ray = Camera.main.ScreenPointToRay(Input.mousePosition);
65        RaycastHit hit;
66        if (Physics.Raycast(ray, out hit)){
67            //获取射线碰撞到碰撞体的方位
68            _VecRayPosion = hit.point;
69        }
70        //如果鼠标单击左键，则发射子弹。
71        if (Input.GetMouseButtonDown(0)){
72            //创建子弹
73            KeyValuePair<int, GameObject> kvObj = boPoolManager.PickObj();
74            if (kvObj.Value != null){
75                goCloneBullete = kvObj.Value;
76                goCloneBullete.SendMessage("ReceiveBulletID", kvObj.Key);
77            }
78            //添加子弹刚体
79            if (!goCloneBullete.GetComponent<Rigidbody>()){
80                goCloneBullete.AddComponent<Rigidbody>();
81            }
82            //子弹的位置
83            goCloneBullete.transform.position = new Vector3(Camera.main.transform.position.x,
84                Camera.main.transform.position.y, Camera.main.transform.position.z + 0.3F);
85            //给子弹加“力”
86            goCloneBullete.rigidbody.AddForce((_VecRayPosion - goCloneBullete.transform.position) * 10F,
87                ForceMode.Impulse);
```

图 27.7　使用对象缓冲池技术的射击主脚本(C)

如图 27.8 所示，使用“OnBecameInvisible”方法实现当子弹离开摄像机视野范围，子弹再次自动回收到“缓冲池”中的操作。图 27.8 中的“ReceiveBulletID”方法是接收“ShottingUseBufferPool.cs”脚本中用 SendMessage() 传来的子弹序号数据，用于回收子弹使用。

```
21 using UnityEngine;
22 using System.Collections;
23
24 public class DestroyObjUseBufferPool : MonoBehaviour {
25     public GameObject GoPoolManager;                          //池管理器
26     private ObjectPoolManager _PoolManagerObj;                //对象池管理器
27     private int _IntBulletID = 0;                             //子弹ID编号
28
29     void Start(){
30         _PoolManagerObj = GoPoolManager.GetComponent<ObjectPoolManager>();
31     }
32
33     /// <summary>
34     /// 游戏对象超出摄像机可视范围，则此对象进行“回收”。
35     /// </summary>
36     void OnBecameInvisible(){
37         _PoolManagerObj.RecyleObj(_IntBulletID);
38     }
39
40     /// <summary>
41     /// 接收本脚本所属对象的ID编号，用于回收使用。
42     /// </summary>
43     /// <param name="intBulleteNumber"></param>
44     public void ReceiveBulletID(int intBulleteNumber){
45         _IntBulletID = intBulleteNumber;
46     }
47 }
```

图 27.8　使用对象缓冲池技术的“子弹”回收脚本

以上 3 个核心脚本介绍完毕，更详细内容请读者查阅随书本章节示例项目。本项目程序运行之后，我们就会发现在正式开始射击之前，所有的指定数量的“子弹预设”就已经创建完毕，只不过是“禁用”状态，当开始射击的时候随着子弹的射击，其“子弹缓冲池”列表中子弹预设对象的状态（“启用”或者“禁用”）也在不断变化，如图 27.9 所示。

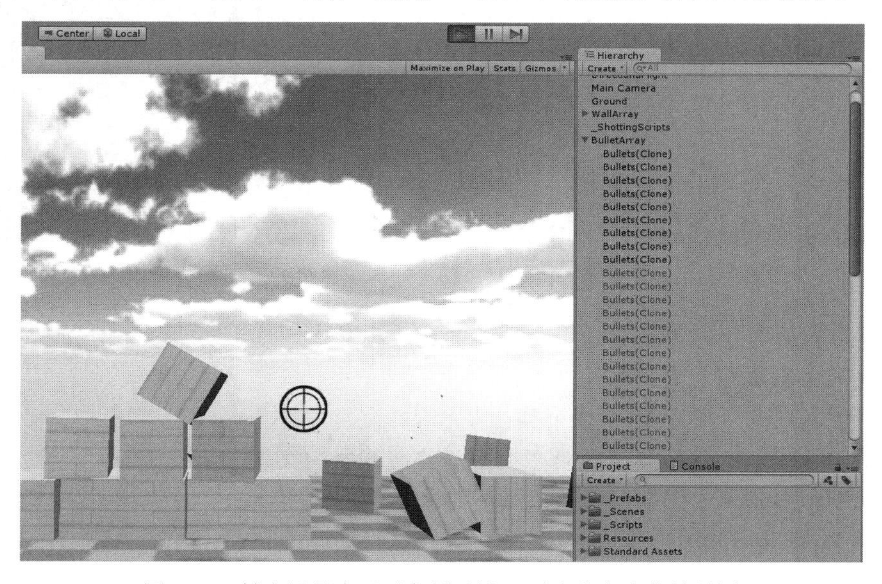

图 27.9　射击场景中“对象缓冲池”列表状态变化效果图

27.3　高级对象缓冲池技术

上节我们介绍了简单对象缓冲池的实现原理与实验项目讲解，读者是否发现有什么不方便使用的地方，或者功能需求上的缺失呢？

总结上节中对象缓冲池的不足之处，如下所示：

（1）对象缓冲池使用的时候必须把一个名为“缓冲对象 id 号”传给“缓冲对象”所在的脚本，否则不能正确回收“对象”。

（2）对象缓冲池不支持多“类”对象的缓冲池处理，即如果射击项目中增加“子弹”、“飞弹”、“炮弹”等不同种类的游戏对象，就不能直接应用了。

（3）对象缓冲池中的对象必须明确回收条件，不能自动按照时间进行“回收”处理。

为了解决以上对象缓冲池的不足，我们来研发更加高级的对象缓冲池来解决以上所有问题，目的就是既要使用简单，又要功能强大。

图 27.10 就是应用高级对象缓冲池的项目（注：本项目就是本书“实战项目篇”中的“不夜城跑酷”项目。），从图中的方框中可以看出这个对象缓冲池支持多类型对象缓冲处理，而且本项目中已经有了自动按照指定时间自动“回收”缓冲对象的能力，其功能已经大大提升了。

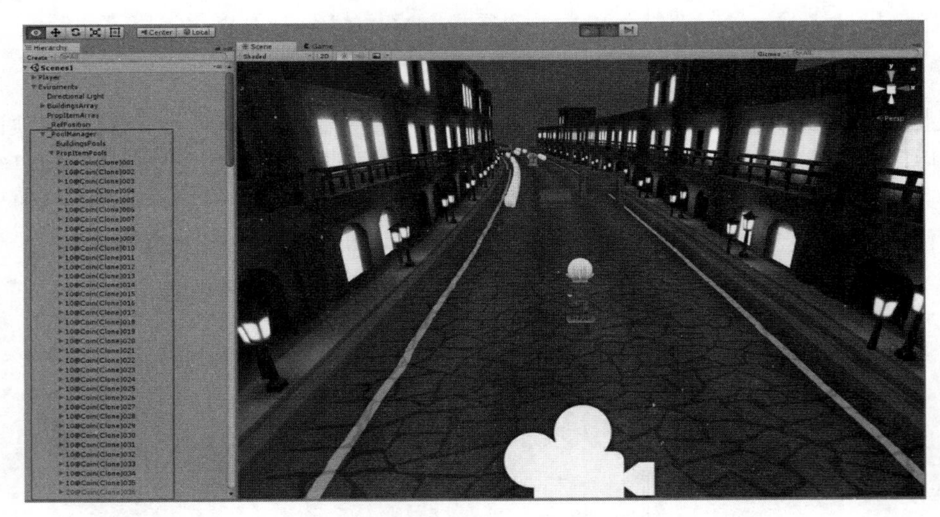

图 27.10　高级对象缓冲池应用场景效果图

现在就从代码的层级来介绍这个缓冲池的构成与基本原理。功能强大但脚本相对比较简单，核心仅两个脚本四个类，结构如下：

脚本：“Pools.cs”包含以下 3 个类：

➢ 类 Pools　　作用：负责多类型对象缓冲器的实现。

➢ 类 PoolOption　作用：负责单类型对象缓冲器的实现。

➢ 类 PoolTimeObject 作用：辅助功能，时间处理。

脚本：“PoolManager.cs”

➢ 类 PoolManager 作用：负责多类型复合对象缓冲器，使用到前面 3 个类的方法调用。

图 27.11 给出了 Pools.cs 脚本完整的头注释，利于相互学习与借鉴。

```
 1 /*
 2  *
 3  *  Title:  学习“高级对象缓冲池”技术
 4  *
 5  *          多模缓冲池管理器
 6  *
 7  *  Descripts:
 8  *
 9  *  Author: Liuguozhu
10  *
11  *  Date:  2015
12  *
13  *
14  *  Version: 0.1
15  *
16  *
17  *  Modify Record:
18  *        [描述版本修改记录]
19  *
20  *
21  */
22 using UnityEngine;
23 using System.Collections;
24 using System.Collections.Generic;
```

图 27.11　高级对象缓冲池 Pools.cs 脚本(A)

图 27.12 给出了脚本中 27.12 中的第 3 个类的简略定义。为了使读者更好的理解，我们先从类“PoolOption”（图 27.12 中的第 178 行代码）开始介绍，这个类负责单类型对象缓冲器的具体实现。

```
 26 /// <summary>
 27 /// 多模缓冲池管理器
 28 /// “多模”这里含义就是支持多个模型（即：多类型）游戏对象的缓冲池处理
 29 /// </summary>
 30 public class Pools : MonoBehaviour [...]//Pool.cs_end
171
172 /// <summary>
173 /// 单模缓冲池管理器。
174 /// “单模”含义就是仅支持单个类型游戏对象的缓冲池处理
175 /// 功能： 激活、收回、预加载等。
176 /// </summary>
177 [System.Serializable]
178 public class PoolOption[...]//PoolOption.cs_end
349
350 /// <summary>
351 /// 池时间
352 /// </summary>
353 //[System.Serializable]
354 public class PoolTimeObject{
355     public GameObject instance;
356     public float time;
357 }//PoolTimeObject.cs_end
```

图 27.12　高级对象缓冲池 Pools.cs 脚本(B)

图 27.13 中定义了 PoolOption 类的字段与“预加载”（PreLoad）方法，183 行与 185 行代码中的“ActiveGameObjectArray”和“InactiveGameObjectArray”是核心容器类集合，分别存放“活动游戏对象（预设）”与“非活动游戏对象（预设）”。 其中“预加载”方法的作用是复制指定游戏对象，然后重命名后对此对象做“禁用”处理（图中的第 200 行代码），最后加入“非活动游戏对象”集合中。

```
178 public class PoolOption{
179     public GameObject Prefab;                                              //存储的“预设”
180     public int IntPreLoadNumber = 0;                                       //初始缓冲数量
181     public int IntAutoDeactiveGameObjectByTime =30;                        //按时间自动禁用游戏对象
182     [HideInInspector]
183     public List<GameObject> ActiveGameObjectArray = new List<GameObject>();    //活动使用的游戏对象集合
184     [HideInInspector]
185     public List<GameObject> InactiveGameObjectArray= new List<GameObject>();   //非活动状态（禁用）的游戏对象集合
186     private int _Index = 0;
187 
188     /// <summary>
189     /// 预加载
190     /// </summary>
191     /// <param name="prefab">“预设”体</param>
192     /// <param name="positon">位置</param>
193     /// <param name="rotation">旋转</param>
194     /// <returns></returns>
195     internal GameObject PreLoad(GameObject prefab, Vector3 positon, Quaternion rotation){
196         GameObject obj = null;
197         if (prefab){
198             obj = Object.Instantiate(prefab, positon, rotation) as GameObject;
199             Rename(obj);
200             obj.SetActive(false);                                          //设置非活动状态
201             //加入到“非活动游戏对象”集合中。
202             InactiveGameObjectArray.Add(obj);
203         }
204         return obj;
```

图 27.13　高级对象缓冲池 Pools.cs 脚本(C)

图 27.14 中的“激活游戏对象”（Active）是 PoolOption 类的重要方法。当我们需要从缓冲池中提取出一个游戏对象时，首先从“非活动游戏集合”容器中取出下标为 0 的游戏对象，然后经过方位调整后（游戏对象应有的位置、旋转和缩放等信息）加入“活动池”容器中，并且正式“启用”此对象（设置 SetActive(true)），然后返回。

```
207     /// <summary>激活游戏对象 ...
213     internal GameObject Active(Vector3 pos, Quaternion rot){
214         GameObject obj;
215 
216         if (InactiveGameObjectArray.Count != 0){
217             //从“非活动游戏集合”容器中取出下标为0的游戏对象
218             obj = InactiveGameObjectArray[0];
219             //从“非活动游戏集合”容器中移除下标为0的游戏对象
220             InactiveGameObjectArray.RemoveAt(0);
221         }
222         else{
223             //“池”中没有多余的对象，则产生新的对象
224             obj = Object.Instantiate(Prefab, pos, rot) as GameObject;
225             //新的对象进行名称“格式化”处理
226             Rename(obj);
227         }
228         //对象的方位处理
229         obj.transform.position = pos;
230         obj.transform.rotation = rot;
231         //新对象正式加入“活动池”容器中。
232         ActiveGameObjectArray.Add(obj);
233         obj.SetActive(true);
234 
235         return obj;
236     }
```

图 27.14　高级对象缓冲池 Pools.cs 脚本(D)

图 27.15 中的“Deactive”是“禁用游戏对象”方法，通过活动与非活动集合的操作，以及设置对象“禁用”来实现。图中的其他方法以统计集合中的数据为重点，这里为了突出基本原理不做介绍。

```
238 ⊞	/// <summary> 禁用游戏对象 ...
242 ⊟	internal void Deactive(GameObject obj){
243		ActiveGameObjectArray.Remove(obj);
244		InactiveGameObjectArray.Add(obj);
245		obj.SetActive(false);
246	}
247 ⊞	/// <summary> 统计两个“池”中所有对象的数量 ...
250 ⊟	internal int totalCount{
251 ⊟		get {
252			int count = 0;
253			count += this.ActiveGameObjectArray.Count;
254			count += this.InactiveGameObjectArray.Count;
255			return count;
256		}
257	}
258 ⊞	/// <summary> 全部清空集合（两个“池”） ...
261 ⊟	internal void ClearAllArray(){
262		ActiveGameObjectArray.Clear();
263		InactiveGameObjectArray.Clear();
264	}
265
266 ⊞	/// <summary> 彻底删除所有“非活动”集合容器中的游戏对象。 ...
269 ⊟	internal void ClearUpUnused(){
270		foreach (GameObject obj in InactiveGameObjectArray){
271			Object.Destroy(obj);
272		}
273		InactiveGameObjectArray.Clear();
```

图 27.15　高级对象缓冲池 Pools.cs 脚本(E)

关于 PoolOption 类的重要功能就介绍到这里。为了使此对象缓冲池可以容纳多种类型的游戏对象，我们在 PoolOption 类的基础之上又“包裹”了一层代码，即 Pools 类，从而实现对多种游戏对象类型的支持，代码如图 27.16 所示。

```
27	/// 多模缓冲池管理器
28	/// “多模”这里含义就是支持多个模型（即：多类型）游戏对象的缓冲池处理
29	/// </summary>
30 ⊟public class Pools : MonoBehaviour {
31		[HideInInspector]
32		public Transform ThisGameObjectPosition;			//本类挂载游戏对象位置
33		public List<PoolOption> PoolOptionArrayLib = new List<PoolOption>();	//“单模缓冲池”集合容器
34
35
36 ⊟	void Awake(){
37			PoolManager.Add(this);					//加入“多模复合池”管理器
38			ThisGameObjectPosition = transform;
39			//预加载
40			PreLoadGameObject();
41		}
```

图 27.16　高级对象缓冲池 Pools.cs 脚本(F)

图 27.16 中的 33 行代码就是包含 PoolOption 类的泛型集合，从而实现多类型对象缓冲的支持。图中的第 40 行代码中的“PreLoadGameObject”是预加载方法，即多类游戏对象的预加载。

图 27.17 中的“PreLoadGameObject”与“BirthGameObject”分别是 Pools 类中关于“多模”对象缓冲池中的“预加载”与“生成单个游戏对象”的方法，其基本原理是通过调用 PoolOption 中的相关方法来实现。

```
66  /// <summary> 预加载（多模） ...
69  public void PreLoadGameObject(){
70      for (int i = 0; i < this.PoolOptionArrayLib.Count; i++) {            //“多模”集合
71          PoolOption opt = this.PoolOptionArrayLib[i];                       //“单模”集合
72          for (int j = opt.totalCount; j < opt.IntPreLoadNumber; j++) {
73              GameObject obj = opt.PreLoad(opt.Prefab, Vector3.zero, Quaternion.identity);
74              //所有预加载的游戏对象规定为Pool类所挂游戏对象的子对象。
75              obj.transform.parent = ThisGameObjectPosition;
76          }
77      }
78  }
79  /// <summary> 创建游戏对象（“多模”集合） ...
90  public GameObject BirthGameObject(GameObject prefab, Vector3 pos, Quaternion rot){
91      GameObject obj=null;
92      //循环体为定义的“种类”数量
93      for (int i = 0; i < PoolOptionArrayLib.Count; i++){
94          PoolOption opt = this.PoolOptionArrayLib[i];
95          if (opt.Prefab == prefab){
96              //激活指定“预设”
97              obj = opt.Active(pos, rot);
98              if(obj == null) return null;
99              //所有激活的游戏对象必须是本类所挂空对象的子对象。
100             if (obj.transform.parent != ThisGameObjectPosition){
101                 obj.transform.parent = ThisGameObjectPosition;
102             }
103         }
104     }//for_end
```

图 27.17　高级对象缓冲池 Pools.cs 脚本(G)

图 27.18 中的“RecoverGameObject”方法是“多模”状态下的“回收”缓冲池对象方法。

```
109 /// <summary>
110 /// 收回游戏对象（“多模”集合）
111 /// </summary>
112 /// <param name="instance"></param>
113 public void RecoverGameObject(GameObject instance){
114     for (int i = 0; i < this.PoolOptionArrayLib.Count; i++) {
115         PoolOption opt = this.PoolOptionArrayLib[i];
116         //检查自己的每一类“池”中是否包含指定的“预设”对象。
117         if (opt.ActiveGameObjectArray.Contains(instance)){
118             if (instance.transform.parent != ThisGameObjectPosition)
119                 instance.transform.parent = ThisGameObjectPosition;
120             //特定“池”回收这个指定的对象。
121             opt.Deactive(instance);
122         }
123     }
124 }
125 /// <summary>
126 /// 销毁无用的对象（“多模”集合）
127 /// </summary>
128 public void DestoryUnused(){
129     for (int i = 0; i < this.PoolOptionArrayLib.Count; i++){
130         PoolOption opt = this.PoolOptionArrayLib[i];
131         opt.ClearUpUnused();
132     }
133 }
```

图 27.18　高级对象缓冲池 Pools.cs 脚本(H)

下面我们来介绍 Pools 类中关于定时回收对象的基本原理，如图 27.19 所示。

图 27.19 中的“ProcessGameObject_NameTime”是 Pools 类中的“时间戳”方法，即系统根据开发人员的要求指定特定种类游戏对象的存活时间，到时间就会自动回收缓冲池对象。

```
48     /// <summary>
49     /// 时间戳处理
50     /// 主要业务逻辑:
51     /// 1>:  每间隔10秒种，对所有正在使用的活动状态游戏对象的时间戳减去10秒。
52     /// 2>:  检查每个活动状态的游戏对象名称的时间戳如果小于等于0，则进入禁用状态。
53     /// 3>:  重新进入活动状态的游戏对象，获得预先设定的存活时间写入对象名称的时间戳中。
54     /// </summary>
55     void ProcessGameObject_NameTime(){
56         //循环体为定义的“种类”数量
57         for (int i = 0; i < PoolOptionArrayLib.Count; i++)
58         {
59             PoolOption opt = this.PoolOptionArrayLib[i];
60             //所有正在使用的活动状态游戏对象的时间戳减去10秒
61             //检查每个活动状态的游戏对象名称的时间戳如果小于等于0，则进入禁用状态
62             opt.AllActiveGameObjectTimeSubtraction();
63         }//for_end
64     }
```

图 27.19　高级对象缓冲池 Pools.cs 脚本(I)

图 27.20 中的 PoolManager.cs 脚本是包含 Pools 脚本，管理更大范围的对象缓冲器。

```
25 public class PoolManager : MonoBehaviour {
26     //“缓冲池”集合
27     public static Dictionary<string, Pools> PoolsArray = new Dictionary<string, Pools>();
28     /// <summary>
29     /// 加入“池”
30     /// </summary>
31     /// <param name="pool"></param>
32     public static void Add(Pools pool){
33         if (PoolsArray.ContainsKey(pool.name)) return;
34         PoolsArray.Add(pool.name, pool);
35     }
36     /// <summary>
37     /// 删除不用的
38     /// </summary>
39     public static void DestroyAllInactive(){
40         foreach (KeyValuePair<string, Pools> keyValue in PoolsArray){
41             keyValue.Value.DestoryUnused();
42         }
43     }
44     /// <summary>
45     /// 清空“池”
46     /// </summary>
47     void OnDestroy(){
48         PoolsArray.Clear();
49     }
50 }
```

图 27.20　高级对象缓冲池 PoolManager.cs 脚本

关于 Pools 与 PoolManager.cs 源代码的原理就介绍到这。关于缓冲池脚本插件的部署与使用方法，笔者在实战项目篇中的“不夜城跑酷”项目第 7 节“对象缓冲池管理”中有具体的讲解，本节不再赘述。

27.4　本章练习与总结

本章我们学习了对象缓冲池技术，此技术是基于 Unity 引擎非常重要的性能优化手段。首先我们介绍了“预加载”的概念，然后基于此介绍了对象缓冲池的来历与基本原理。在此基础上，笔者提供了两种截然不同、简单与复杂的缓冲池技术实现。

针对简单的对象缓冲池，笔者使用简单的射击小示例进行讲解。功能强大且源码复杂的缓冲池插件，笔者在实战项目篇中的“不夜城跑酷”第 7 节中结合具体项目做了详细的讲解。相信通过本章的学习，读者对于利用缓冲池技术优化项目和项目调优等会有深入的认识与掌握。

第 28 章 网络基础

○ **本章学习要点**

随着人们物质生活的不断提高，人们对于精神生活的要求越来越高，并且永无止境地不断发展。游戏产业从 20 世纪 50 年代诞生之日起，就开始经历着不断变革与不断的变化之中，且这一趋势呈加速变化之中。

游戏的种类不断丰富，样式不断变化，从单机走向网络，从个人电脑发展为移动平台为代表的多种平台，“百家争鸣”。尤其明显的是，游戏的网络化，多人参与在游戏中的分量越来越重，所以也对游戏研发人员的素质提出了更高的要求。

本章针对 Unity 引擎实际游戏开发过程中，研发人员可能遇到的各种实际问题，分别就网络的概念与原理、多线程技术、套接字（Socket）编程、网络下载 WWW 类、资源动态加载 AssetBundle 技术，以及 Network 等进行详细讨论。

○ **本章主要内容**

- 网络概述
- 多线程技术
- 套接字 Socket 技术
- 网络下载 WWW 类
- 本章练习与总结

28.1 网络概述

游戏的网络化，尤其是以移动平台为代表的网络游戏，由于其参与性高，互动性强，越来越受到广大玩家的青睐。这也就要求广大游戏研发人员对于网络的掌握与运用提出了更高的要求。

本章立足零基础编程开始，首先从网络的基本原理、多线程和套接字开始进行讲解，然后开始讨论 Unity 公司提供的 WWW 下载工具类的使用、资源打包动态加载技术 AssetBundle 运用等。对于实现网络游戏中游戏的网络通信部分，Unity 公司虽然提供了 NetWork 类（本质是 Socket 的简单封装）用于负责游戏中“远程过程调用”与“状态同步”的实现，但是由于其自身的技术不够强大，目前不足以支持 MMO（Massive Multiplayer OnLine 大型多人在线）级的网游开发。所以目前多数游戏公司采取自己研发基于 Socket 的网络解决方案或者使

用第三方插件或解决方案等。例如，Exit Games 公司的 Photon 产品，支持多平台高性能可扩展的多人在线网络游戏解决方案。所以本章基于篇幅与实用的原则，对于 NetWork 就不做重点介绍了。

28.2 多线程技术

学好网络技术，就不能不提多线程技术，对于稍微复杂一点的网络通信来说，多线程技术是学习“套接字”（Sockect）网络编程的必要前提。

现在先来讲一下什么是“进程”，什么是“线程”。

- 进程：简单来说是指在系统中正在运行的一个应用程序，通过资源管理器我们可以看到对进程的描述，如图 28.1 所示。
- 线程：线程是系统分配处理器时间资源的基本单元。

一个进程可以只有一个线程，也可以由多个线程组成，由多个线程组成的进程称为多线程。多线程技术是现代软件开发中非常重要的软件开发技术之一。

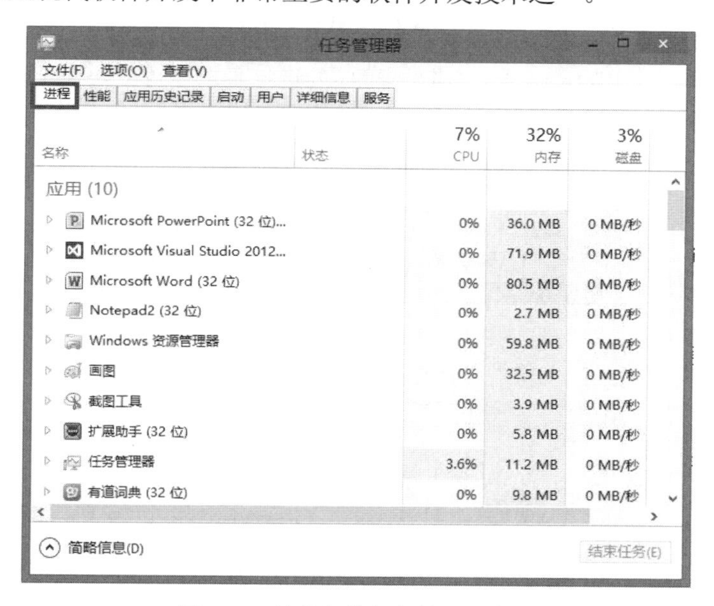

图 28.1　计算机的任务管理器窗口

28.2.1　多线程的定义

关于多线程，C#提供了 Thread 类来进行多线程的实例化操作，Thread 的构造函数如下定义。

例如：Thread th1 = new Thread(Thread1); // Thread1 是定义的一个线程方法

解释：这里“th1”定义的是多线程实例，“Thread1”则是多线程方法。注意这里的“Thread1”后面没有括号。

现在我们给出一个简单的多线程测试示例，代码如图 28.2 所示。

```
26 namespace Multithreading{
27     class Demo1{
28         static void Main(string[] args){
29             Thread th1 = new Thread(Thread1);                    //创建一个线程
30             Thread th2 = new Thread(Thread2);
31             Thread th3 = new Thread(Thread3);
32             th1.Start();
33             th2.Start();
34             th3.Start();
35             Console.ReadLine();
36         }
37 
38         static void Thread1() {
39             for (int i = 0; i < 1000; i++){
40                 Console.WriteLine("线程1"+"现在执行的次数：  "+i);
41             }
42         }
43         static void Thread2(){
44             for (int i = 0; i < 1000; i++){
45                 Console.WriteLine("线程2" + "现在执行的次数：  " + i);
46             }
47         }
48         static void Thread3(){
49             for (int i = 0; i < 1000; i++){
50                 Console.WriteLine("线程3" + "现在执行的次数：  " + i);
51             }
52         }
```

图 28.2　多线程示例

本章随书资料中给出的是纯 VS 项目，程序的运行是单击 VS 快捷工具栏中的“运行”按钮或者是按组合键“Ctrl+F5”（即按住 Ctrl 键的同时按下 F5 键）运行程序，如图 28.3 所示。

图 28.3　运行 C#多线程程序

图 28.2 中我们开启了 3 个多线程方法，三个方法在程序运行后会同时运行，我们需要多运行几次，可以发现每一次运行的结果是完全不同的。所以我们经过测试得出结论：多线程的本质就是线程之间的“同时”运行，这是多线程中最重要的概念。

28.2.2　多线程的优先级

多线程的最基本特性是线程之间无规律的同时运行，但是有的时候，我们希望指定的线程可以先得到执行，即线程的优先级概念。

多线程的优先级共分 5 级，如下：

- Highest　　　　最高级别优先
- AboveNormal　　在 Highest 级别后，Normal 之前
- Normal　　　　默认情况下初始为 Normal
- BelowNormal　　在 Normal 之后，在 Lowest 之前

➢　Lowest　　　　　　在 BelowNormal 之后，最低

我们在图 28.2 的基础上增加线程的优先级定义，如图 28.4 所示。

```
26 namespace Multithreading{
27     class Demo1{
28         static void Main(string[] args){
29             Thread th1 = new Thread(Thread1);              //创建一个线程
30             Thread th2 = new Thread(Thread2);
31             Thread th3 = new Thread(Thread3);
32             th1.Start();
33             th2.Start();
34             th3.Start();
35
36             //学习优先级
37             th1.Priority = ThreadPriority.Highest;         //指定 "th1" 为优先级最高
38             th2.Priority = ThreadPriority.Normal;
39             th3.Priority = ThreadPriority.Lowest;
40
41             Console.ReadLine();
42         }
```

图 28.4　多线程示例中增加优先级

图 28.4 中我们定义了多线程的优先级，多次运行结果会发现，每次运行结束显示的都是“线程三”落到最后，如图 28.5 所示。

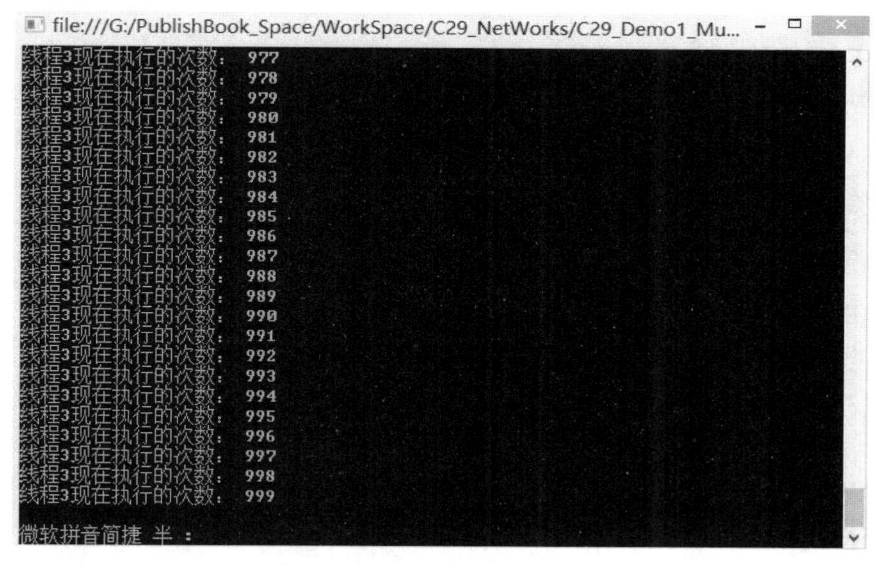

图 28.5　线程优先级运行结果

28.2.3　多线程的状态控制

多线程具备重要的状态控制机制，分别是以下 4 种状态：

➢　Start()　　　开始

➢　Abort()　　　终止

➢　Join()　　　阻塞

➢　Sleep()　　　休眠

现在编写一个状态控制的演示示例，代码如图 28.6 所示。

```
26    public class Demo2{
27        public static void Main(){
28            Demo2 obj = new Demo2();
29            obj.Display();
30            Console.ReadLine();
31        }
32        public void Display(){
33            Thread th1 = new Thread(Th_1);
34            Thread th2 = new Thread(Th_2);
35            th1.Start();
36            th2.Start();
37            Console.WriteLine();
38        }
39        public void Th_1(){
40            for (int i = 0; i < 100; i++){
41                Console.WriteLine("我是线程一：  "+i);
42                if(i>=30){
43                    Thread.CurrentThread.Abort();            //终止
44                }
45            }
46        }
47        public void Th_2(){
48            for (int i = 0; i < 2; i++){
49                string str = "你好吗？ 现在是什么时候了，还不学习？";
50                foreach (char c in str){
51                    Console.Write(c);
52                    Thread.Sleep(500);                       //睡眠0.1秒
```

图 28.6　演示多线程的状态控制示例代码

图 28.6 的运行结果如图 28.7 所示，你会发现“线程一”不会按照 For 的规定去循环 100 次，实际的运行结果只是 30 次，而文字“你好吗？现在……”这句话间隔 0.1s 打印出一个字。

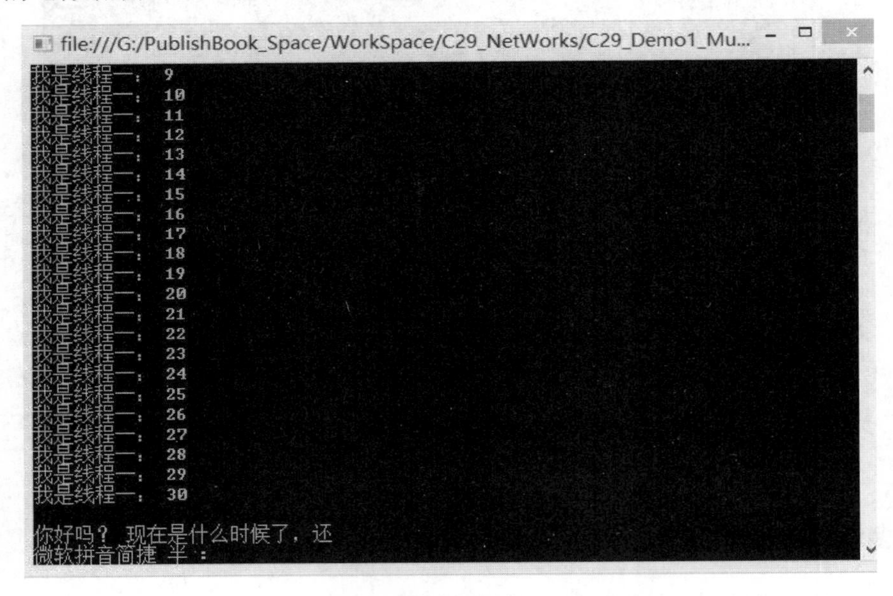

图 28.7　演示多线程的状态控制示例结果

28.2.4　多线程的线程同步

线程同步是多线程中非常重要的一个概念。所谓同步，是指线程之间存在的先后执行顺序的关联关系。试想如果多个线程同时访问一个资源，同时读写会造成怎样的后果？这就如同如果让两个人必须同时拿一把刷子来刷墙，结果会怎样？

所以 C#的多线程中引入一个“锁”的概念，如果一个线程读或者写资源的时候，其他线程就被“锁”住不能访问，当这个线程完成工作后就解开“锁”，允许其他线程进行读写。

这种机制 C#称为线程的“同步”。

线程的同步示例如图 28.8 所示。

```
26      public class Demo3{
27          public static void Main(){
28              TestThreadClass ttc = new TestThreadClass();
29              Thread ta = new Thread(new ThreadStart(ttc.Add));
30              ta.Name = "tA";
31              ta.Start();
32
33              Thread tB = new Thread(new ThreadStart(ttc.Add));
34              tB.Name = "tB";
35              tB.Start();
36              Console.ReadLine();
37          }
38      }
39      //测试线程类
40      public class TestThreadClass{
41          private object obj = new object();
42          private int num=0;
43
44          public void Add(){
45              while (true){
46                  lock (obj){                                //线程“锁”
47                      num++;
48                      Thread.Sleep(100);
49                      Console.WriteLine(Thread.CurrentThread.Name + ":" + num);
50                  }
51              }
52          }
```

图 28.8　演示多线程同步代码

图 28.8 中定义了两个线程，但这两个线程都同时进行累加打印“num”变量，这个就是“竞争”性资源，必须用 C#提供的“lock”关键字来“锁”住资源。运行结果如图 28.9 所示，如果注释掉图 28.8 中的 46 行与 50 行，则运行输出结果就不连续，出现错误打印结果，如图 28.10 所示。

图 28.9　演示多线程加“同步锁”结果

图 28.10　演示多线程不加“同步锁”结果

28.3　套接字 Socket 技术

28.3.1　网络基础知识

Socket，即“套接字”编程，是目前网络编程最基础、最基本的技术要求，同时也是理解网络编程的必经之路。我们首先普及一下网络基本知识。

我们先来关心一个问题，即在网络中计算机之间如何互相找到？为了解释这个问题，我们来学习一下概念。

➢　TCP/IP 协议

TCP/IP 即传输控制协议/网际协议，是一组网络通信协议的总称，它规范了网络上的所有通信设备，尤其是一个主机与另一个主机之间的数据交换格式，以及传送方式。

➢　IP 地址

IP（Internet Protocol）是 Internet 网络设备之间传输数据的一种协议。IP 地址就是给每个连接在因特网上的主机（或路由器）分配一个在全世界范围内唯一的标识符。

➢　端口

端口（Port）标识某台计算机上的进程。

目前，网络数据传输虽有很多种协议与规范，但以下两种网络协议是最重要的。

1. TCP 协议

TCP（传输控制协议）是 TCP/IP 体系中面向连接的运输层协议，在网络中提供全双工的和可靠的服务。TCP 协议最主要的特点是：

（1）是一种基于连接的协议。

（2）保证数据准确到达。

（3）保证各数据到达的顺序与数据发出的顺序相同。

2. UDP 协议

UDP 是一个简单的、面向数据报的无连接协议，提供了快速但不一定可靠的传输服务。UDP 协议最主要的特点是：

（1）是基于无连接的协议，没有生成连接的系统延迟，所以速度比 TCP 更快。

（2）支持一对一连接，也支持一对多连接，可以使用广播的方式多地址发送。

（3）与 TCP 的报头比是 8：20，这使得 UDP 消耗的网络带宽更少。

（4）协议传输的数据有消息边界，而 TCP 协议没有消息边界。

28.3.2　Socket 定义

Socket（套接字）是支持 TCP/IP 协议的网络通信的基本操作单元。可以将套接字看作不同主机间的进程进行双向通信的端点，它构成了单个主机内及整个网络间的编程界面。

Socket 类的构造函数定义为：

Socket localSocket = new Socket(AddressFamily.InterNetwork, SocketType.Stream, ProtocolType.Tcp);

其中 Socket 构造函数中的部分重要参数如表 28.1 所示。

表 28.1　Socket 构造函数参数列表

SocketType	ProtocolType	说　明
Dgram	UDP	无连接通信
Stream	TCP	面向连接的通信
Raw	ICMP	Internet 控制报文协议
Raw	RAW	简单 IP 包通信

28.3.3　面向连接的 Socket

面向连接的套接字中，使用 TCP 协议建立两个 IP 地址端点之间的会话。一旦建立了这种连接，就可以在设备之间可靠地传输数据。为了建立面向连接的套接字，服务器和客户端必须分别进行编程。

建立 Socket，面向连接的通信有以下 6 个步骤，如图 28.11 所示。

步骤 1：建立一个套接字。

步骤 2：绑定本机的 IP 和端口作为服务器端。

步骤 3：Listen()方法监听网络上是否有人给自己发东西。

步骤 4：建立客户端套接字 Connect 服务器端。

步骤 5：服务端监听到客户端连接请求，使用 Accept 来接收这个连接。

步骤 6：利用 Send/Receive 执行操作。

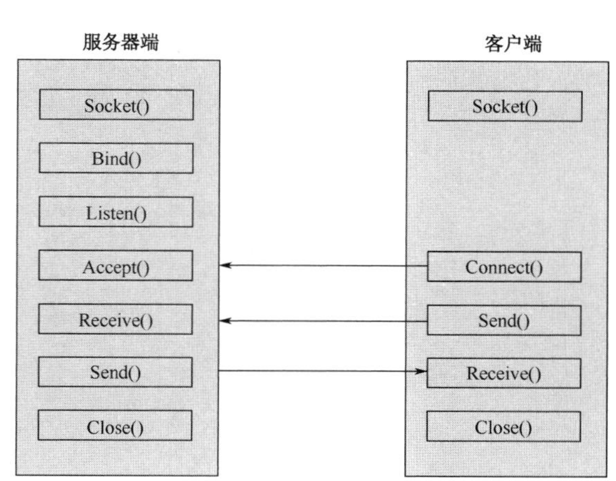

图 28.11　Socket 面向连接的通信步骤

28.3.4 无连接的 Socket

UDP 协议使用无连接的套接字，无连接的套接字不需要在网络设备之间发送连接信息。必须用 Bind 方法绑定到一个本地地址/端口对上。完成绑定之后，该设备就可以利用套接字接收数据了。由于发送设备没有建立到接收设备地址的连接，所以收发数据均不需要 Listen 和 Connect 方法。

建立 Socket，无连接的通信有以下 3 个步骤，如图 28.12 所示。

步骤 1：建立一个套接字。

步骤 2：绑定本机的 IP 和端口作为服务器端。

步骤 3：UDP 不需要 Listen 和 accept，直接使用 SendTo/ReceiveFrom 来执行操作（和 TCP 的执行方法有区别，因为 UDP 不需要建立连接，所以在发送前并不知道对方的 IP 和端口，因此需要指定一个发送的目标位置才能进行正常的发送和接收）。

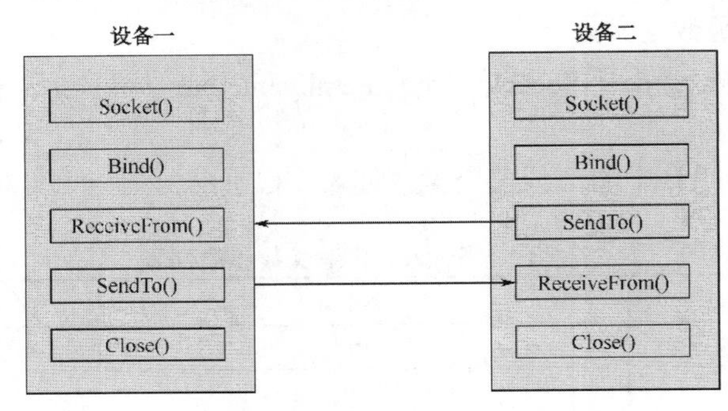

图 28.12　Socket 无连接通信步骤

28.3.5 同步 Socket

我们通过以上章节了解了网络的基本知识与面向连接的 TCP 通信协议与面向无连接的 UDP 通信协议。现在我们就来通过学习同步 UDP 示例项目，进一步学习 Socket 的具体代码功能，如图 28.13 所示。

```
35    public class UDPSending{
36        public void Display(){
37            //定义发送字节区
38            byte[] byteArray=new byte[100];
39            //定义网络地址
40            IPEndPoint iep=new IPEndPoint(IPAddress.Parse("127.0.0.1"),1000);
41            Socket socketClient=new Socket(AddressFamily.InterNetwork,SocketType.Dgram,ProtocolType.Udp);
42            //发送数据
43            Console.WriteLine("请输入发送的数据:");
44            EndPoint ep=(EndPoint)iep;
45            while(true){
46                string strMsg=Console.ReadLine();
47                //字节转换
48                byteArray=Encoding.Default.GetBytes(strMsg);
49                socketClient.SendTo(byteArray,ep);          //发送数据
50                if(strMsg=="exit") {
51                    break;
52                }
53            }
54            socketClient.Shutdown(SocketShutdown.Both);
55            socketClient.Close();
56        }
57        public static void Main(){
58            UDPSending obj = new UDPSending();
59            Console.WriteLine("----发送端---");
60            obj.Display();
61        }
```

图 28.13　同步 UDP 发送端代码

图 28.13 中是同步 UDP 通信协议的发送端代码。第 40 行定义了测试通信的地址与端口号，地址“127.0.0.1”表示本机，是为了容易测试而定义的，实际的双机通信可以填写真正的 IP 地址。第 49 行代码可以看到使用 Socket 实例的“SendTo()”方法进行发送数据。需要注意的是，Socket 通信结束后，需要使用 54 行与 55 行的代码关闭数据通信连接，否则会出现内存泄露，影响性能。

```
36      class UDPReceive{
37          public void Display(){
38              //定义接受数据区
39              byte[] byteArray = new byte[100];
40              //定义网络地址
41              IPEndPoint iep = new IPEndPoint(IPAddress.Parse("127.0.0.1"),1000);
42              Socket socketServer = new Socket(AddressFamily.InterNetwork,SocketType.Dgram,ProtocolType.Udp);
43              socketServer.Bind(iep);                    //地址绑定（服务器端）
44              //接受数据
45              EndPoint ep = (EndPoint)iep;
46              while(true){
47                  int intReceiveLength= socketServer.ReceiveFrom(byteArray, ref ep);
48                  string strReceiveStr=Encoding.Default.GetString(byteArray, 0, intReceiveLength);
49                  Console.WriteLine(strReceiveStr);
50              }
51          }
52          public static void Main(string[] args){
53              UDPReceive obj = new UDPReceive();
54              Console.WriteLine("----接受端---");
55              obj.Display();
56          }
57      }
58  }
```

图 28.14　同步 UDP 接收端代码

图 28.14 是同步 UDP 接收端代码，这里同步的含义是发送端只能发送，接收端只能接收，两者必须同一时刻进行。图中的 47 行代码演示了 Socket 实例使用“ReceiveFrom()”方法来接收数据。

现在我们开始进行同步 UDP 接收与发送端的测试，现在我们同时打开两个 VS（Visual Studio 开发工具），分别启动各自项目，如图 28.15 所示进行测试通信。

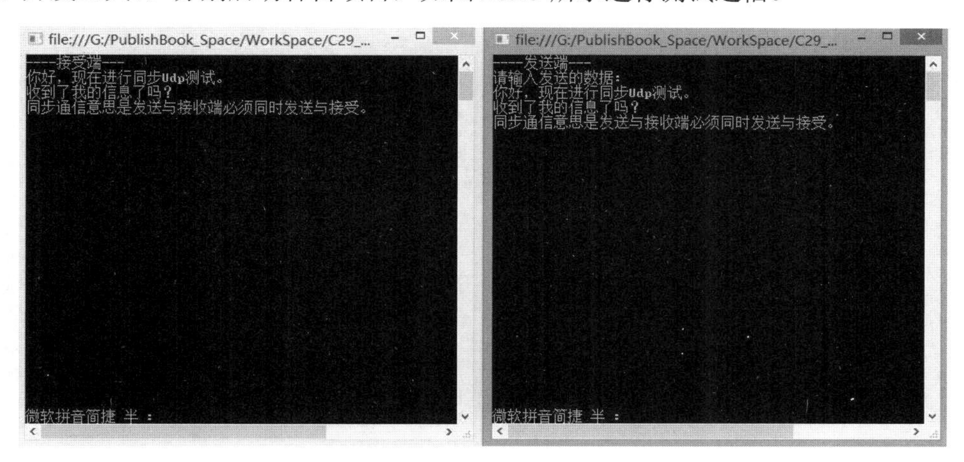

图 28.15　同步 UDP 通信测试

28.3.6　异步 Socket

同步 UDP 接收与发送最大的缺点是程序只能单向接收或者发送，不能同时接收与发送，所以不具备实用价值。这样我们就考虑如何进行改进。

改进的基本思路就是引入多线程机制，可以在同一个进程（程序）中使用两个线程，分别处理接收线程与发送线程，这种机制称为异步 Socket，示例代码如图 28.16~图 28.19 所示。

```
21  using System;
22  using System.Threading;
23  using System.IO;
24  using System.Text;
25  using System.Net;
26  using System.Net.Sockets;
27
28  namespace ConsoleQQ{
29      public class QQSir{
30          bool boolSendingFlag = true;
31          bool booReceiveingFlag = true;
32          IPEndPoint iep = null;
33          IPEndPoint iep_Recieve = null;
34          Socket socketClient = null;
35          Socket socketServer = null;
36          byte[] byteSendingArray = null;
37          byte[] byteArray_Receive = null;
38
39          /* 发送线程方法 */
40          public void SendingData()...
67          /* 接收线程方法 */
68          public void ReceiveData()...
88          /* 分别开启“接收”与“发送”线程 */
89          public void Display()...
95          public static void Main(string[] args)...
100     }
101 }
```

图 28.16　异步 UDP 通信示例代码(A)

```
39          /* 发送线程方法 */
40          public void SendingData(){
41              Thread.Sleep(500);                                    //休眠0.5秒
42              if (boolSendingFlag){
43                  //定义发送字节区
44                  byteSendingArray = new byte[100];
45
46                  //定义网络地址
47                  iep = new IPEndPoint(IPAddress.Parse("127.0.0.1"), 1002);
48                  socketClient = new Socket(AddressFamily.InterNetwork, SocketType.Dgram, ProtocolType.Udp);
49                  boolSendingFlag =false;                           //控制标志位
50              }
51
52              //发送数据
53              Console.WriteLine("请输入发送的数据:");
54              EndPoint ep = (EndPoint)iep;
55              while (true){
56                  string strMsg = Console.ReadLine();
57                  //字节转换
58                  byteSendingArray = Encoding.Default.GetBytes(strMsg);
59                  socketClient.SendTo(byteSendingArray, ep);
60                  if (strMsg == "exit"){
61                      break;
62                  }
63              }
64              socketClient.Shutdown(SocketShutdown.Both);
65              socketClient.Close();
```

图 28.17　异步 UDP 通信示例代码(B)

```
67        /* 接收线程方法 */
68        public void ReceiveData(){
69            if (booReceiveingFlag){
70                //定义接受数据区
71                byteArray_Receive = new byte[100];
72
73                //定义网络地址
74                iep_Recieve = new IPEndPoint(IPAddress.Parse("127.0.0.1"), 1001);
75                socketServer = new Socket(AddressFamily.InterNetwork, SocketType.Dgram, ProtocolType.Udp);
76                socketServer.Bind(iep_Recieve);
77                booReceiveingFlag = false;                //控制标志位
78            }
79
80            //接受数据
81            EndPoint ep = (EndPoint)iep_Recieve;
82            while (true){
83                int intReceiveLength = socketServer.ReceiveFrom(byteArray_Receive, ref ep);
84                string strReceiveStr = Encoding.Default.GetString(byteArray_Receive, 0, intReceiveLength);
85                Console.WriteLine(strReceiveStr);
86            }
87        }
```

图 28.18　异步 UDP 通信示例代码(C)

```
89        /* 分别开启“接收”与“发送”线程 */
90        public void Display(){
91            Thread ThSending = new Thread(SendingData);
92            Thread ThReceiving = new Thread(ReceiveData);
93            ThReceiving.Start();
94            ThSending.Start();
95        }
96        public static void Main(string[] args){
97            QQSir obj = new QQSir();
98            Console.WriteLine("----异步通讯, A 先生---");
99            obj.Display();
100       }
101   }
102 }
```

图 28.19　异步 UDP 通信示例代码(D)

图 28.16~图 28.19 显示了“QQSir.cs”类的完整源代码定义。其中大部分代码相信读者在学习了以上内容之后，应该可以基本看懂，这里不再赘述。同时启动随书本章节项目中的“QQSir.cs”与“QQLady.cs”两个类实例，这样就可以进行异步通信测试了，如图 28.20 所示。

图 28.20　异步 UDP 通信测试

图 28.20 演示了异步 UDP 的通信测试，但是“界面”不够美观与实用。我们在学会 Socket

的基本通信原理后，完全可以使用其他技术来给 Socket 穿上全新的漂亮“外套”，如随书项目中给出了一个基于异步 Socket 实现原理的 QQ 通信程序，如图 28.21 所示。

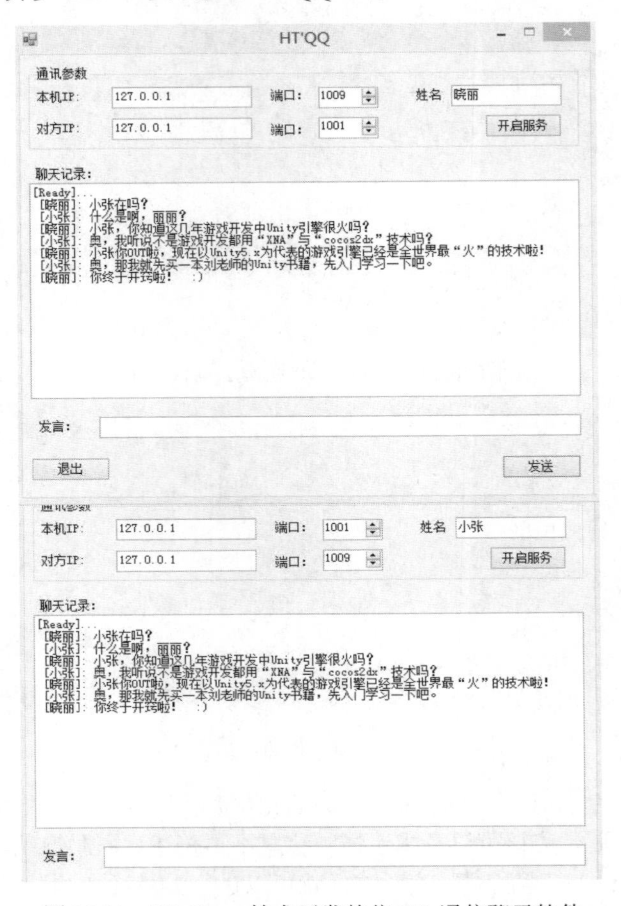

图 28.21　WinForm 技术开发的仿 QQ 通信聊天软件

图 28.21 是基于微软 WinForm 开发的仿 QQ 通信聊天软件，聪明的您也一定会想到可以使用 UGUI 实现游戏界面中关于聊天功能模块的技术实现。

28.4　网络下载 WWW 类

WWW 是一个 Unity 网络开发中使用概率非常高的工具类，主要提供一般 Http 访问的功能，以及动态从网上下载图片、声音、视频和 Unity 资源等。

目前（2017 年）主要支持的协议有 http://、https://、file://、ftp://（只支持匿名账号），其中 file://便是访问本地文件。

❖ 温馨提示

更多内容请查阅 Unity 官方文档 http://docs.unity3d.com/ScriptReference/WWW.html。

现在我们给出一个 WWW 类的简单演示示例，学习 WWW 类的基本使用方式，如图 28.22 和 28.23 所示。

```
18 using UnityEngine;
19 using System.Collections;
20
21 public class WWWDemo1 : MonoBehaviour{
22     public GameObject goCube;                          //立方体
23     public GameObject goSphere;                        //球体
24     private Texture2D TxtDownloadTextures;             //需要下载的贴图
25
26
27     //下载本机贴图
28     public void DownLoadTexturesByWWW(){
29         StartCoroutine("StartDownLoadTexture");
30     }
31
32     //从互联网下载贴图
33     public void DownLoadTexturesFromHTTP(){
34         StartCoroutine("StartDownLoadTextureFromHTTP");
35     }
```

图 28.22　WWW 类下载资源脚本代码(A)

```
37     //下载本机资源
38     IEnumerator StartDownLoadTexture(){
39         //定义本机资源
40         WWW loadloadTexture =
41             new WWW("file://" + Application.dataPath + "/Resources/Textures/DarkFloor.jpg");
42         //等待下载
43         yield return loadloadTexture;
44         //下载的贴图直接赋值指定的游戏对象
45         goCube.GetComponent<Renderer>().material.mainTexture = loadloadTexture.texture;
46     }
47
48     //从互联网下载资源
49     IEnumerator StartDownLoadTextureFromHTTP(){
50         //定义本机资源（注意：如果WWW 对应URL链接资源失效，请自行更换一个有效地址，不影响本示例演示效果）
51         WWW loadloadTexture =
52             new WWW("http://a2.qpic.cn/psb?/V13LFf3X1J1DOB/vWI26TtGrHrDAVDeH*okj5i3U8zBeUA1Tf6hR8BzbSO!/b/dAoA
53
54         //等待下载
55         yield return loadloadTexture;
56         //下载的贴图直接赋值指定的游戏对象
57         goSphere.GetComponent<Renderer>().material.mainTexture = loadloadTexture.texture;
58     }
```

图 28.23　WWW 类下载资源脚本代码(B)

图 28.22 和图 28.23 演示了 WWW 类通过本机与互联网分别下载资源的示例，代码相对比较好理解，不再赘述。

新建一个场景，把图 28.22 中的“WWWDemo1.cs”脚本配合 Unity 的 UGUI 技术创建一个演示场景，这样效果将更加直观易理解，如图 28.24 和图 28.25 所示。

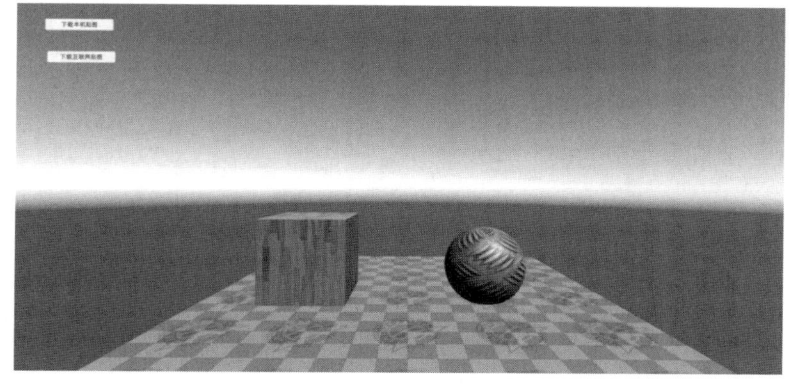

图 28.24　WWW 下载资源效果图(A)

图 28.24 中搭建了一个测试场景，当用户运行程序时，显示以上默认贴图效果。现在单击左上角“下载本机资源”按钮自动赋值给图中游戏对象，效果如图 28.25 所示。

图 28.25　WWW 下载资源效果图(B)

28.5　本章练习与总结

本章主要讨论了网络游戏中使用到的必要知识点。从多线程的基本概念到 Socket（套接字）编程，从 Socket 基本原理到同步、异步 UDP 数据传输的实现，最后讲解了 Unity 中使用概率非常高的下载连接类 WWW，它本质上就是 Sockect 的一种简易封装，使用它可以很容易地进行网络下载与相关服务。

网络编程是一个非常庞大的话题，从网络编程 Socket 的基本原理到 Unity 封装的 NetWork，从对 MMO 级网游支持的 Photon 产品，或中小游戏企业自己去封装与研发一套通信协议，都是可以采取的方案。但是笔者认为，从来就没有最好的技术，只有最适合自己项目的解决方案与最佳实践。

第 29 章 AssetBundle 资源动态加载

○ 本章学习要点

据国外 AppAnnie 统计，2016 年中国的 iOS 手游市场正式超越美国，成为了全球第一，中国也成为了当之无愧的全球第一大手游市场。

目前，随着国内“王者荣耀”、“阴阳师”、“球球大作战”等明星级手游的崛起，这种强交互性、注重社交性设计的的网络游戏更为年轻人喜爱。那么游戏中的更新技术便成为游戏研发人员所必备的知识技能，本章结合 Unity 引擎的 AssetBundle 技术向读者展示游戏更新的基本原理、开发过程和应用技巧等。

Unity 引擎的 AssetBundle 本质上就是一种资源管理的技术，通过动态加载与卸载资源，极大地节约了游戏所占的空间，而且这种技术也实现了游戏发布后关于资源的后续更新与完善，所以这也是一种游戏的实时更新技术。

○ 本章主要内容

- 网 AssetBundle 概述
- 创建 AssetBundle
- 下载 AssetBundle
- AssetBundle 的加载
- AssetBundle 依赖关系
- 本章练习与总结

29.1 AssetBundle 概述

现在的网络游戏，如果所有的资源文件都存储在本机，势必会显著的增加安装文件的尺寸，尤其是以“手游”（手机游戏）为代表的移动端游戏类型，受制于手机的小内存与存储空间，不可能安装文件做得很大。其次，资源的动态加载也可以解决，按照不同用户信息有选择地下载个性化的资源信息，增强其游戏可玩性。

基于 Unity 引擎的动态加载，即 AssetBundles 技术。使用它可以使得玩家在进入游戏时可以先加载部分资源，如一些开始的场景文件，直到玩家进入场景的其他部分时，再加载其他资源。这样不仅可以提高速度，还可以减少内存资源的消耗。

AssetBundles 可以把 Unity 中所创建的文件或任何资源导出成一种特定的文件格式，这

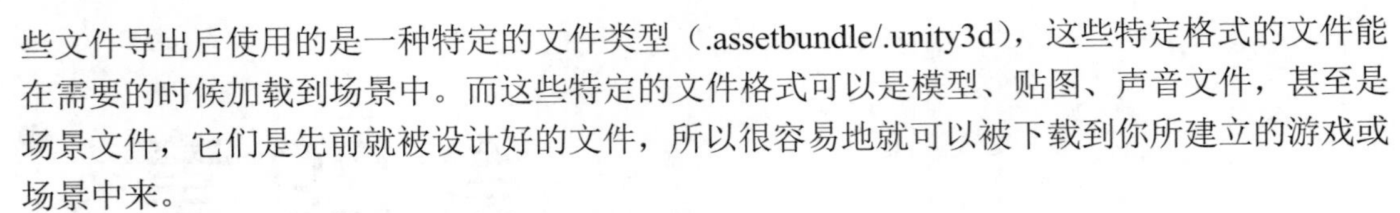

些文件导出后使用的是一种特定的文件类型（.assetbundle/.unity3d），这些特定格式的文件能在需要的时候加载到场景中。而这些特定的文件格式可以是模型、贴图、声音文件，甚至是场景文件，它们是先前就被设计好的文件，所以很容易地就可以被下载到你所建立的游戏或场景中来。

总体来说，AssetBundles 可以分为以下几个部分：

（1）创建 AsetBundles。

（2）上传资源服务器端。

（3）下载 AssetBundles 资源。

（4）加载与卸载 AssetBundles 资源。

29.2 创建 AssetBundle

早期基于 Unity 4.x 版本期间，创建 AssetBundle 是一件需要写大量代码且容易出错的事情。但到了 Unity 5.x 以后，这一过程已经大大简化（注：Unity 4.x 版本创建的 AssetBundle 方法可以见本书第 1 版 29.5 节的讲解）。

基于 Unity 5.x 版本创建 AssetBundle，可以分为以下 3 大步骤

➢ 第 1 步：首先定位需要打包与加载的资源，资源可以是任意类型（如贴图、材质、音频、预设等）。在项目视图中单击资源，在属性窗口下方可以看到资源预览。在 AssetBundle 后面输入需要打包的“AssetBundle 名称”（这里的示例为“texturesab”）。如图 29.1 所示。

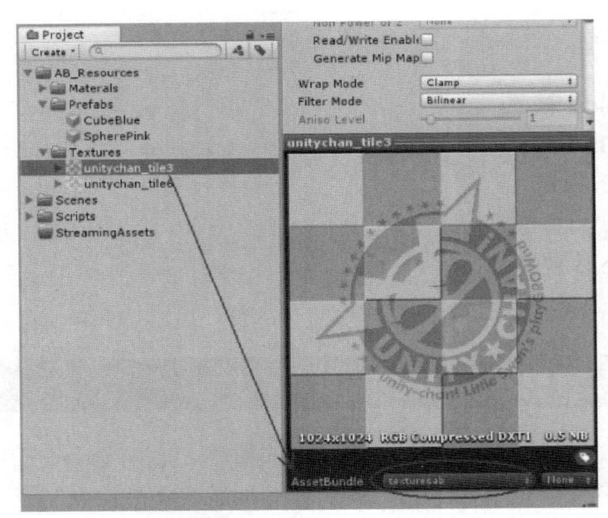

图 29.1　给贴图资源添加“AssetBundle 名称”

➢ 第 2 步：现在编写打包脚本（BuildAssetBundle.cs），在编写前首先确认脚本定义在“Editor”的特殊文件夹下，具体的脚本源码如图 29.2 所示。

```
23 -public class BuildAssetBundle{
24 -    /// <summary>
25       /// 打包生成所有AssetBundles
26       /// </summary>
27       [MenuItem("AssetBundleTools/BuildAllAssetBundles")]
28 -    public static void BuildAllAB()
29       {
30           //(打包)AB的输出路径
31           string strABOutPathDIR = string.Empty;
32 
33           strABOutPathDIR = Application.streamingAssetsPath;
34           if (!Directory.Exists(strABOutPathDIR)){
35               Directory.CreateDirectory(strABOutPathDIR);
36           }
37           //打包生成
38           BuildPipeline.BuildAssetBundles(strABOutPathDIR,BuildAssetBundleOptions.None,
39               BuildTarget.StandaloneWindows64);
40       }
41 
42  }//Class_end
```

图 29.2　AssetBundle 打包源码

➢ 第 3 步：脚本 BuildAssetBundle.cs 中的第 38 行“BuildPipeLine.BuildAssetBundles(string outputPath, BuildAssetBundleOptions , BuildTarget)”是打包核心 API。此方法是将我们之前在属性视图中定义的所有（AssetBundle）包名称进行打包。此方法参数如下。

■ outputPath：打包资源的输出路径。

■ BuildAssetBundleOptions: AssetBundle 创建选项。

■ BuildTarget：创建目标平台。

BuildAssetBundle.cs 编写后，在 Unity 编辑器顶部会出现“AssetBundleTools/BuildAll AssetBundles”的二级菜单。单击“BuildAllAssetBundles”后开始打包，大约几秒后在项目视图的 StreamingAssets 目录下我们可以看到打好包的文件名称，如图 29.3 所示。

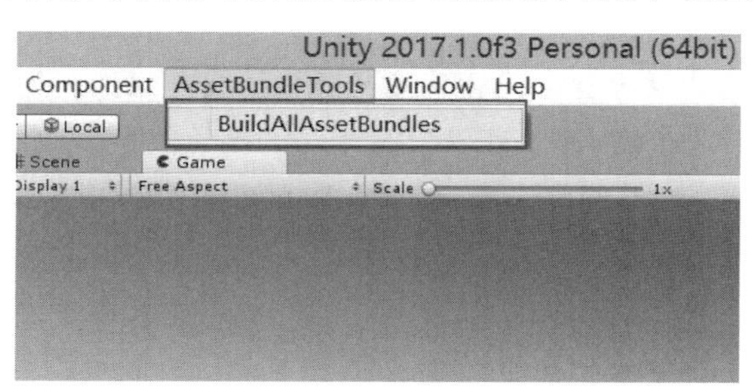

图 29.3　单击“BuildAllAssetBundles”

29.3　下载 AssetBundle

Unity 目前提供了两种通过 WWW 类下载 AssetBunde 文件的方法。

第 1 种是“缓存机制”。采用这种机制下载的 AssetBundle 文件会存入 Unity 引擎的缓存区，通过 WWW 类的静态方法 LoadFromCacheOrDownload 实现下载。当下载 AssetBundle 包文件时，系统会首先检查本地的缓存目录中是否有该资源，当下载资源不在本地目录时（或者版本较低）才会下载新的资源数据。（个人认为）这种机制国内公司采用较少，所以笔者重点讲解第 2 种方式。

第 2 种是“非缓存机制”。采用这种机制下载的 AssetBundle 文件不会存入 Unity 引擎的缓存区。下面演示此种下载方式的源代码，如图 29.4 所示。

```
66    IEnumerator LoadPrefabsFromAB(string ABURL,string assetaName="",Transform showPos=null)
67    {
68        //参数检查
69        if (string.IsNullOrEmpty(ABURL))
70            Debug.LogError(GetType()+ "/LoadPrefabsFromAB()/ 输入参数 'AssetBundle URL' 为空，请检查！");
71        using (WWW www=new WWW(ABURL)){
72            yield return www;
73            AssetBundle ab = www.assetBundle;
74            if (ab!=null){
75                if (assetaName == ""){
76                    //实例化主资源
77                    if (showPos!=null){
78                        //确定显示方位
79                        GameObject tmpClonePrefabs=(GameObject)Instantiate(ab.mainAsset);
80                        tmpClonePrefabs.transform.position = showPos.transform.position;
81                    }
82                    else {
83                        Instantiate(ab.mainAsset);
84                    }
85                }
86                else {
87                    //实例化指定资源
88                    if (showPos != null){
89                        //确定显示方位
90                        GameObject tmpClonePrefabs = (GameObject)Instantiate(ab.LoadAsset(assetaName));
91                        tmpClonePrefabs.transform.position = showPos.transform.position;
92                    }
```

图 29.4　非缓存机制下载演示源代码

以上代码中是通过 WWW 类的实例方法 www.assetBundle 实现下载的。WWW 类通过方法参数“ABURL”得到一个网页链接请求，71 行代码“using(WWW www=new WWW(ABURL))”是一种“语法糖”的用法，目的是为了在使用完毕时释放资源。72 行和 73 行代码 “yield return www;”保证 WWW 下载结束后得到 assetBundle 资源。79 行和 90 行代码表示如果没有指定 AssetBundle 名称，则实例化主资源，否则实例化指定名称的资源。

❖ 温馨提示

“语法糖”是 C#语言中关于语法简化写法的称呼。它可以给我们带来方便，是一种便捷的写法，编译器会帮我们做转换。而且可以提高开发编码的效率，在性能上也不会带来损失。例如，上面的 using 用法，实质上就是 try fiannaly 的用法，using(WWW www=new WWW(ABURL)) 语法等价以下写法。

```
WWW www=null;

Try{
www=new WWW(ABURL);

}fiannaly{
www.dispose();
}
```

29.4　AssetBundle 的加载与卸载

在应用 AssetBundle 资源前，AssetBundle 首先需要通过 WWW 下载到本地，然后 AssetBundle 在 Unity 引擎的帮助下自动解压缩，这一过程也称为“内存镜像”。最后需要加载 AssetBundle 到内存区域中，通过相关操作，最终创建具体的游戏对象才能显示与应用。现画如下示意图进行详细描述（见图 29.5）。

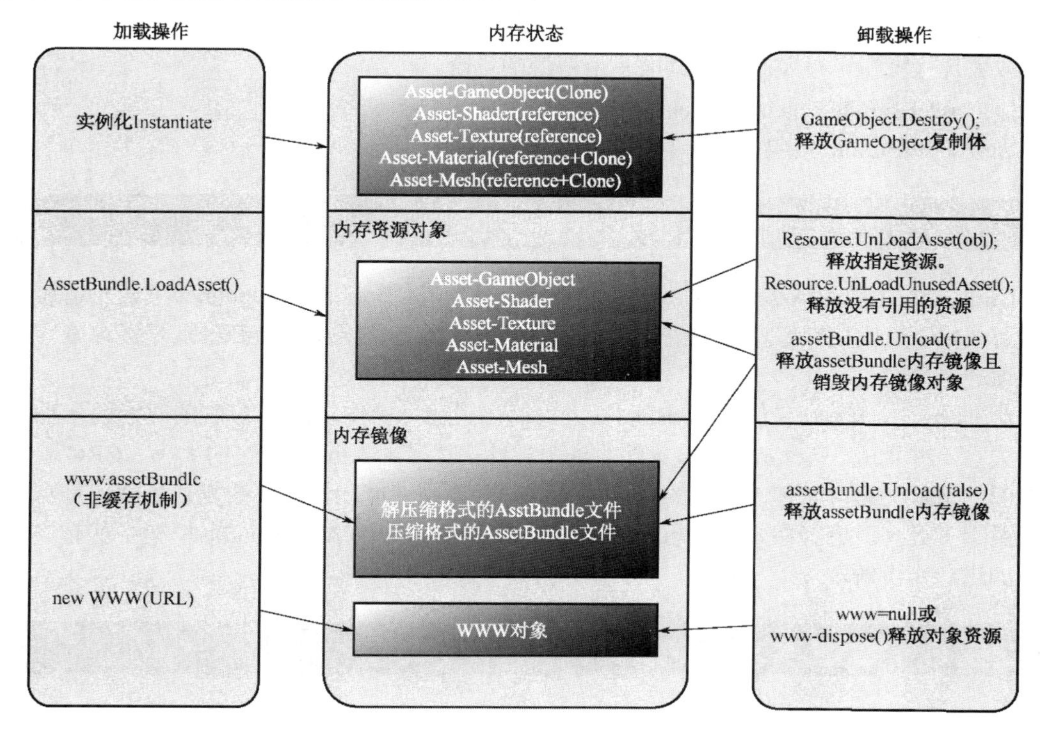

图 29.5　AssetBundle 原理示意图

AssetBundle 原理示意图描述如下。

图 29.5 详细描述了 AssetBundle 整个完整的加载与应用过程。首先通过脚本 new WWW(URL) 下载网络（或本地磁盘）链接资源，得到 WWW 对象。针对 WWW 对象，如果我们要销毁，则需要使用 www.dispose()方法，或者使用 using“语法糖”来让 C#自动管理销毁过程。

然后我们应用脚本 www.assetBundle，如图 29.4 中第 73 行代码所示，得到 AssetBundle 实例，本实例存储在内存镜像中，系统会自动对压缩格式的 AssetBundle 做解压缩过程。

其次通过代码“assetBundle.LoadAsset(assetName)”，通过指定参数 assetBundle 名称，加载指定 assetBundle 到内存区域，这个时候对于 Shader 和 Texture 等格式类型，可以直接应用赋值给游戏对象，而对于“游戏预设”（GameObject 类型）需要使用 Instantiate()复制后应用。

对于“游戏预设”，我们可以使用 GameObject.Destroy()销毁复制体资源。对于内存镜像资源，我们使用 assetBundle.Unload(false)可以清理，或者使用 assetBundle.Unload(true)，不仅清理内存镜像，连同内存资源对象一并销毁处理。

最后，对于内存资源对象中指定的资源，可以使用 Resources.UnLoadAsset(obj)释放资源。对于程序中一直没有使用的资源也可以应用 Resources.UnLoadUnusedAsset()来释放。

值得一提的是，Unity 2017.x 提供了 3 种不同的方法来加载已经下载的数据资源。

- assetBundle.LoadAsset();

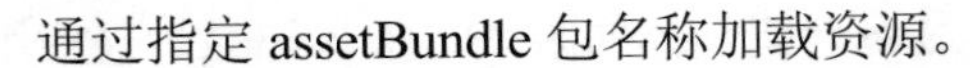

通过指定 assetBundle 包名称加载资源。

- assetBundle.LoadAssetAsync();

异步加载模式。与上述类似，但是加载过程不会同时阻碍主线程的运行，这特别适合需要读取大尺寸资源，以及一次性读取多个资源的场合。

- assetBundle.LoadAllAssets();

加载 assetBundle 中包含的所有资源对象。

29.5 AssetBundle 依赖关系

Untiy 4.x 之前的 AssetBundle 系统需要自己写很多代码（BuildPipeline），从而增加了很多学习成本。正确处理好资源的依赖关系从而保证资源完整而又不会产生重复资源是一件比较麻烦的事情。

从 Unity 5.x 开始，新的 AssetBundle 大大简化了这一操作。Unity 打包的时候会自动处理依赖关系，并生成一个*.manifest 文件，这个文件描述了 assetbundle 包的大小、CRC 验证、包之间的依赖关系等。但 Untiy 的依赖关系处理并不是万能的，对一些复杂处理还是需要研发人员手工处理。笔者在本书最后一章（第 30 章）所讲解的 AssetBundle 框架中就有对依赖关系的进一步讲解。

29.6 本章练习与总结

AssetBundle 是基于 Unity 引擎开发网络游戏的必学内容。本章描述了从创建、下载，以及如何正确加载 AssetBundle 做了各环节讲解。推荐广大读者结合本章配套学习资料理解与掌握 AssetBundle 的基本应用技巧，以及适用范围等。

虽然本章的讲解相对较少，但 AssetBundle 却是一个涉及面很广的复杂技术体系。想进一步深入理解 AssetBundle 的读者可以参考本书最后章节“AssetBundle 框架设计”，相信对 AssetBundle 技术会有一个更深入的了解与掌握。

第 30 章 AssetBundle 框架设计

○ **本章学习要点**

AssetBundle 技术在 Unity 引擎的网络开发中占据重要地位，不仅是大型网络游戏热更新的标配技术，同时也是中小网游甚至单机游戏（包含虚拟现实等项目）的重要优化技术体系。

AssetBundle 技术非常重要，但是却不是容易掌握的技术。本章总结项目开发中应用 AssetBundle 技术可能遇到的各种问题，然后给出解决方案。最后按照方案设计了一套工程化实用全自动打包和加载管理框架。

本章为深入掌握 AssetBundle 提供了良好的应用范例，但是如果针对 Unity 初学者却有一定的学习难度。本部分技术讲解可以作为大中专院校、研究生、专业培训机构选修章节。

○ **本章主要内容**

- AssetBundle 框架整体设计
- 自动化创建 AssetBundle
- 单一 AssetBundle 包的加载与管理
- AssetBundle 整体管理
- 本章练习与总结

30.1 AssetBundle 框架整体设计

目前（基于 Unity 2017.x）AssetBundle 技术虽然比之前的版本有了很大改进，但是仍然无法进行工程化实战开发，分析有如下部分原因。

- 第 1：实战项目中成百上千的大量资源需要打包处理，不可能使用手工维护的方式给每个资源添加 assetbundle “包名称”。
- 第 2：Unity 维护 AssetBundle 包的依赖关系不是很完善，主要体现在 Unity 仅仅维护包与包之间的依赖关系记录上（通过每个包创建的*.manifest 文本文件实现）。如果要加载一个有多重依赖项的 AssetBundle 包，则要手工写代码，需要把底层所有依赖包关系预先进行加载才可以。
- 第 3：AssetBundle 包的商业应用涉及很多步骤，即 AB 包的加载、AB 包依赖关系（要求：不遗漏、不重复）、资源的提取与释放等。手工及简单写代码实现功能，将是一项繁重海量的工作，效率低下。

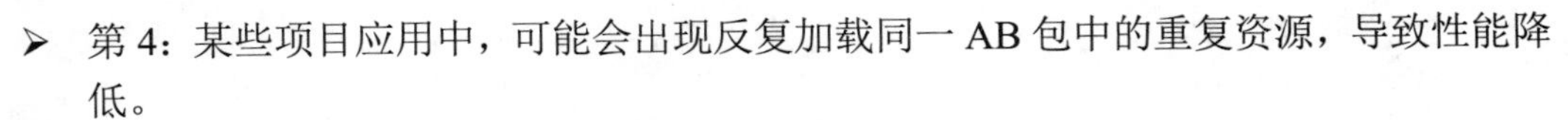

- 第 4：某些项目应用中，可能会出现反复加载同一 AB 包中的重复资源，导致性能降低。

分析以上问题，特制定如下解决方案与思路。

- 第 1：（针对上述第 1 条）开发专门标记脚本，自动给指定目录下的所有合法资源文件（预设、贴图、材质等）添加标记。
- 第 2：（针对上述第 2 条）通过写专门的脚本读取 Unity 自动创建的*.manifest 文件。自动分析与维护 AssetBundle 包之间的依赖关系，使得包的依赖关系可以实现循环依赖和自动化加载。
- 第 3：（针对上述第 3 条）开发针对 AssetBundle 的专门框架。按照一定的严格流程解决 AB 包加载、复杂依赖、资源提取释放等事宜，尽可能让最终使用的框架人员只关心输入与输出结果部分，屏蔽内部的复杂性。
- 第 4：（针对上述第 4 条）开发的 AssetBundle 框架中，需要对 AssetBundle 包之间，以及 AssetBundle 包内的资源做缓存设计，并且提供参数开关，让研发使用者自行决定是否应用缓存加载。

按照以上解决思路，特开发一套 AssetBundle（注：为方便起见，后面简略称呼“AB”）框架项目。此项目包含 Unity 编辑器中自动标记脚本、创建与销毁打包资源、单一 AB 包加载与测试脚本、专门读取 manifest 维护 AB 包依赖关系，实现递归依赖加载机制的脚本等。详情如图 30.1 的“AssetBundle 框架设计原理”所示。

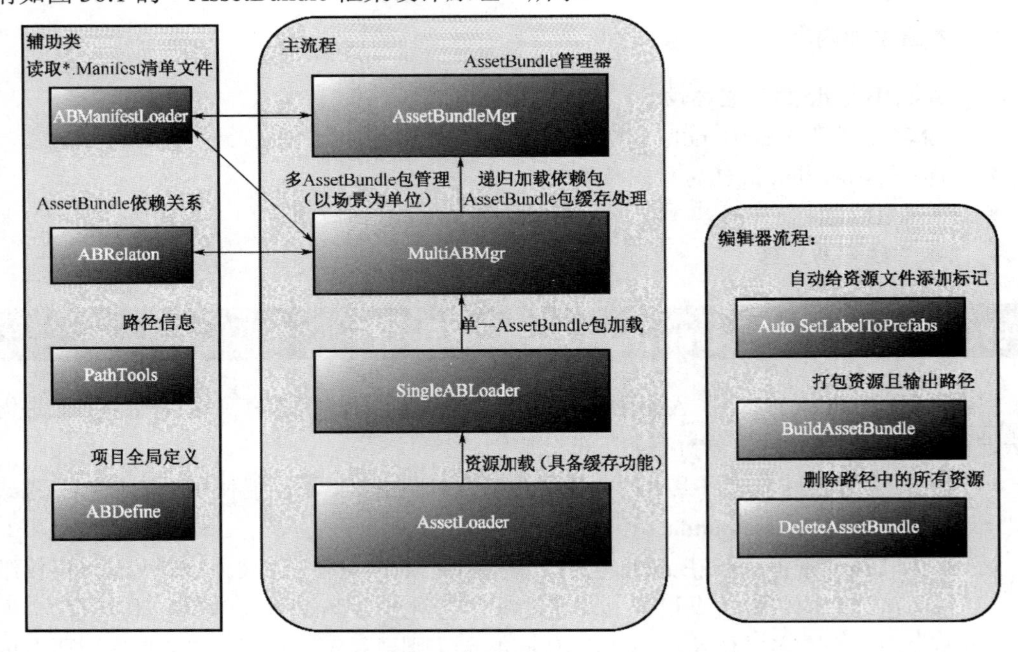

图 30.1　AssetBundle 框架设计原理图

图 30.1 所示的 AB 框架总体可以分为以下 3 大部分。

- 第 1 部分：自动化创建 AssetBundle。

本部分对应图 30.1 中的“编辑器流程”部分，因为本部分的所有操作都是在 Unity 编辑器阶段操作的。一共 3 个脚本分别是“自动给资源文件添加标记”（对应开发 AutoSetLabelToPrefabs.cs 脚本）、“打包资源且输出路径”（BuildAssetBundle.cs 脚本）、“删除路径中的所有资源”（DeleteAssetBundle.cs）。这部分我们在 30.2 节详细讲解。

➢ 第 2 部分：单一 AssetBundle 包的加载与管理。

本部分对应图 30.1 中“主流程”最下面两个脚本：“单一 AssetBundle 包加载”（SingleABLoader.cs）与“资源加载脚本”（AssetLoader）。这部分内容主要封装了对于单一 AB 包的操作（WWW 下载、获取 AB 包、加载 AB 包内资源、释放 AB 包资源等）。本部分我们在 30.3 节详细讲解。

➢ 第 3 部分：AssetBundle 整体管理。

本部分对应图 30.1 中的其余部分（除了以上的第 1、2 部分外）， 这部分内容也是本 AB 框架的重点与难点。主要针对多个有严格依赖关系的 AB 包，通过查询系统创建的 Manifest 文件，获取各个 AB 之间的依赖关系。框架采用递归的算法，先从最底层的 AB 包开始加载，然后依照逐级依赖关系，加载完成所有的 AB 包，并且维护加载包的唯一性。本部分将在 30.4 节详细讲解。

30.2 自动化创建 AssetBundle

关于自动创建 AssetBundle，本节共分为以下 3 个脚本进行讨论：

- “自动给资源文件添加标记”（AutoSetLabelToPrefabs.cs）
- “打包资源且输出路径”（BuildAssetBundle.cs）
- “删除路径中的所有资源”（DeleteAssetBundle.cs）

30.2.1 自动给资源文件添加标记

我们在上一章（29 章）学习了基本的 AssetBundle 知识点。了解到给资源打包必须事先给资源做“标记”，标记的名称就是打包之后的包名。并且经过测试我们也能发现多个资源打相同包名就能得到一个含有多个资源的 AB 包。

在实际的网络游戏运行过程中，一个大型游戏可能含有海量资源，而移动端设备一般内存与性能较低（相对于 PC）。为了权衡起见，我们一般对大量的 AB 包按照“场景”进行分类，也就是说一个游戏在场景开始前只加载本场景用到的资源 AB 包即可。这样我们对于资源包名的命名规则就确立为“场景名称”+“功能文件夹名”即可。结合 Unity 规定，我们进一步确立为包名称=“场景名称/功能文件夹名”。

确定了包名称的命名规则，我们先来开发给资源文件自动添加标记的编辑器脚本，脚本这里命名为 AutoSetLabelToPrefabs.cs。其总体的脚本开发思路如下。

- 1：定位需要打包资源的文件夹根目录。
- 2：遍历每个场景文件夹
  - 遍历本场景目录下所有的目录或者文件。如果是目录，则继续递归访问里面的文件，直到定位到文件。
  - 找到文件，修改 AssetBundle 的标签（Label），具体用 AssetImporter 类实现，修改包名与后缀。

```
34        [MenuItem("AssetBundleTools/Set AB Label")]
35        public static void SetABLabels(){
36            //需要给AB做标记的根目录
37            string strNeedSetABLableRootDIR = string.Empty;
38            //目录信息
39            DirectoryInfo[] dirScenesDIRArray = null;
40
41            //清空无用AB标记
42            AssetDatabase.RemoveUnusedAssetBundleNames();
43            //定位需要打包资源的文件夹根目录。
44            strNeedSetABLableRootDIR = PathTools.GetABResourcesPath();
45            DirectoryInfo dirTempInfo = new DirectoryInfo(strNeedSetABLableRootDIR);
46            dirScenesDIRArray = dirTempInfo.GetDirectories();
47            //遍历每个"场景"文件夹（目录）
48            foreach (DirectoryInfo currentDIR in dirScenesDIRArray){
49                //遍历本场景目录下的所有的目录或者文件,
50                //如果是目录，则继续递归访问里面的文件，直到定位到文件。
51                string tmpScenesDIR = strNeedSetABLableRootDIR + "/" + currentDIR.Name;
52                DirectoryInfo tmpScenesDIRInfo = new DirectoryInfo(tmpScenesDIR);  //场景目录信息
53                int tmpIndex = tmpScenesDIR.LastIndexOf("/");
54                string tmpScenesName = tmpScenesDIR.Substring(tmpIndex+1);         //场景名称
55
56                //递归调用与处理目录或文件系统，如果找到文件，修改AssetBundle 的标签（label）
57                JudgeDIROrFileByRecursive(currentDIR,tmpScenesName);
58            }//foreach_end
59
60            //刷新
61            AssetDatabase.Refresh();
```

图 30.2　AutoSetLabelToPrefabs 自动标记 AB 包名(A)

图 30.2 中的第 34 行源码使用[MenuItem("…")]，这是 UnityEditor 中的特性。首先需要说明一点，使用这个特性，你必须把它放到工程目录下的 Assets/Editor 文件夹下，且在脚本源码中导入命名空间"using UnityEditor"。

MenuItem 特性允许你添加菜单项到主菜单，且 MeenuItem 特性会将所有的静态方法转变为菜单命令（MenuItem 特性作用于静态方法），如图 30.3 所示。

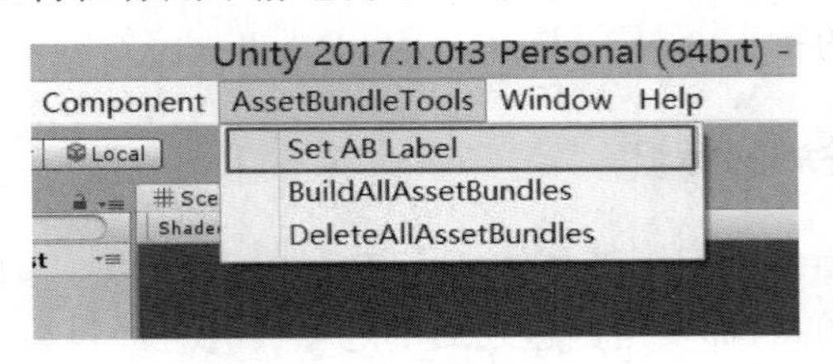

图 30.3　MenuItem 特性

图 30.2 中的 57 行代码调用静态方法"JudgeDIROrFileByRecursive()"，这个方法是一个递归静态方法。功能是判断给定的目录信息是目录还是文件，如果是文件，则调用图 30.4 中的第 89 行的代码"SetFileABLabel()"方法修改 AB 包名，如果是目录，则继续递归调用下一层目录，直到找到最终的文件资源。以上逻辑参看图 30.4 中的 84~95 行代码。

"SetFileABLabel()"是具体负责标记 AB 包名的静态方法。包名的规则是"场景名称"+"功能文件夹名"，这个规则是由图 30.5 中 113 行的 GetABName()方法具体完成的。在"SetFileABLabel()"方法中，具体设置 AB 包名称的是 Unity 的系统类 AssetImporter。如图 30.5 中的 119 行和 120 行代码所示，使用 AssetImporter 实例的 assetBundleName="包名字符串"完成包名主设置。使用 AssetImporter 实例的 assetBundleVariant="xxx"可以设置包名的扩展名。扩展名称可以不写，但对于需要标定不同类型的包，如普通 AB 包、场景包、各种不同版本包，是需要标明不同类别以示区分的。

```
69          /// 递归调用与处理目录或文件系统
70          /// 1: 如果是目录，则进行递归调用。
71          /// 2: 如果是文件，则给文件做“AB标记”
72          /// </summary>
73          /// <param name="dirInfo">目录信息</param>
74          /// <param name="scenesName">场景名称</param>
75          private static void JudgeDIROrFileByRecursive(FileSystemInfo fileSysInfo,string scenesName){
76              if (!fileSysInfo.Exists) {
77                  Debug.LogError("文件或目录名称： " + fileSysInfo.Name + " 不存在，请检查！");
78                  return;
79              }
80
81              //得到当前目录下一级的文件信息集合
82              DirectoryInfo dirInfoObj = fileSysInfo as DirectoryInfo;
83              FileSystemInfo[] fileSysArray = dirInfoObj.GetFileSystemInfos();
84              foreach (FileSystemInfo fileInfo in fileSysArray) {
85                  FileInfo fileInfoObj = fileInfo as FileInfo;
86                  //文件类型
87                  if (fileInfoObj!=null){
88                      //修改此文件的AssetBundle的标签
89                      SetFileABLabel(fileInfoObj, scenesName);
90                  }
91                  //目录类型
92                  else {
93                      //递归下一层
94                      JudgeDIROrFileByRecursive(fileInfo, scenesName);
95                  }
```

图 30.4　AutoSetLabelToPrefabs 自动标记 AB 包名(B)

```
99          /// <summary>
100         /// 修改文件的AssetBundle 标记
101         /// </summary>
102         /// <param name="fileInfo">文件信息</param>
103         /// <param name="scenesName">场景名称</param>
104         private static void SetFileABLabel(FileInfo fileInfo,string scenesName){
105             //AssetBundle 包名称
106             string strABName = string.Empty;
107             //(资源)文件路径（相对路径）
108             string strAssetFilePath = string.Empty;
109
110             //参数检查
111             if (fileInfo.Extension == ".meta") return;
112             //得到AB包名
113             strABName = GetABName(fileInfo, scenesName).ToLower();
114             /* 使用AssetImporter 类，修改名称与后缀 */
115             //获取资源文件相对路径
116             int tmpIndex = fileInfo.FullName.IndexOf("Assets");
117             strAssetFilePath = fileInfo.FullName.Substring(tmpIndex);
118             //给资源文件设置AB名称与后缀
119             AssetImporter tmpAssetImportObj = AssetImporter.GetAtPath(strAssetFilePath);
120             tmpAssetImportObj.assetBundleName = strABName;  //设置AB包名
121             if (fileInfo.Extension==".unity")               //设置AB包扩展名称
122                 tmpAssetImportObj.assetBundleVariant = "u3d";
123             else
124                 tmpAssetImportObj.assetBundleVariant = "ab";//AB资源包
125         }
```

图 30.5　AutoSetLabelToPrefabs 自动标记 AB 包名(C)

30.2.2　打包资源且输出路径

图 30.3 中的第二项“BuildAllAssetBundles”菜单是给所有已经标记了 AB 包名的资源文件来正式打包资源的。如图 30.5 所示，使用 Unity 系统类 BuildPipeline 的 BuildAssetBundles()方法实现 AB 打包。

BuildAssetBundles()方法的两个参数解释如下：

第 1 个参数“strABOutPathDIR”表示打包的输出路径，也就是打包之后的 AB 包存储在项目的什么路径下。图 30.6 中的第 36 行代码，笔者定义了一个辅助类 PathTools.cs，把可能涉及的不同平台（PC、Android、iOS）的差异性给封装了起来，以适应发布不同平台之用。

第 2 个参数“BuildTarget.StandaloneWindows64”表示打包的不同平台，如果是笔者定义的 StandaloneWindows64 参数，则表示在 64 位 Windows 的环境下发布项目使用。这里读者最终打包使用的环境需要通过本参数进行正确设置，因为不同环境下打出的 AB 包是不能通用的。

```
25    public class BuildAssetBundle
26    {
27        /// <summary>
28        /// 打包生成所有AssetBundles
29        /// </summary>
30        [MenuItem("AssetBundleTools/BuildAllAssetBundles")]
31        public static void BuildAllAB()
32        {
33            //(打包)AB的输出路径
34            string strABOutPathDIR = string.Empty;
35
36            strABOutPathDIR = PathTools.GetABOutPath();
37            if (!Directory.Exists(strABOutPathDIR))
38            {
39                Directory.CreateDirectory(strABOutPathDIR);
40            }
41            //打包生成
42            BuildPipeline.BuildAssetBundles(strABOutPathDIR,BuildAssetBundleOptions.None,
43                BuildTarget.StandaloneWindows64);
44        }
45
46    }//Class_end
```

图 30.6　打包脚本 BuildAssetBundle

30.2.3　删除路径中所有资源

对于已经打包成功的输出路径，如果需要二次重新打包，则需要删除已有包体。这部分逻辑比较简单，如图 30.7 所示。

```
25    public class DeleteAssetBundle
26    {
27        [MenuItem("AssetBundleTools/DeleteAllAssetBundles")]
28        public static void DeleteAllABs()
29        {
30            //(打包)AB的输出路径
31            string strNeedDeleteDIR = string.Empty;
32
33            strNeedDeleteDIR = PathTools.GetABOutPath();
34            if (!string.IsNullOrEmpty(strNeedDeleteDIR))
35            {
36                //参数true 表示可以删除非空目录。
37                Directory.Delete(strNeedDeleteDIR, true);
38                //去除删除警告
39                File.Delete(strNeedDeleteDIR + ".meta");
40                //刷新
41                AssetDatabase.Refresh();
42            }
43        }
44    }//Class_end
```

图 30.7　删除脚本 DeleteAssetBundle

30.3　单一 AssetBundle 包的加载与管理

框架设计原理图（见图 30.1）中的主流程，由 4 个核心类组成，配合辅助类库完成框架主体功能。本节先来阐述关于框架的基础功能实现：“单一 AB 包的加载与管理”。

“单一 AB 包的加载与管理”分为两个组成脚本。

- AssetLoader.cs （AB 包内资源加载）：完成 AB 包内资源加载、（包内）资源缓存处理、卸载与释放 AB 包、查看当前 AB 包内资源等，如图 30.8 所示。
- SingleABLoader.cs （WWW 加载 AB 包）：完成 WWW 加载、定义（加载完毕）回调函数，以及通过引用 AssetLoader.cs 脚本调用卸载与释放 AB 包、查看当前 AB 包内资源等功能，如图 30.9 所示。

```
28    public class AssetLoader : System.IDisposable{
29        //当前AssetBundle
30        private AssetBundle _CurrentAssetBundle;
31        //容器键值对集合
32        private Hashtable _Ht;
33
34        其他部分
66        private T LoadResource<T>(string assetName, bool isCache) where T:UnityEngine.Object{
67            if (_Ht.Contains(assetName)){
68                return _Ht[assetName] as T;
69            }
70
71            T tmpTResource = _CurrentAssetBundle.LoadAsset<T>(assetName);
72            if (tmpTResource!=null && isCache)
73            {
74                _Ht.Add(assetName, tmpTResource);
75            }
76            else if(tmpTResource==null)
77            {
78                Debug.LogError(GetType() + "/LoadResource<T>()/参数tmpTResource==null!,请检查！");
79            }
80
81            return tmpTResource;
82        }
```

图 30.8　AssetLoader 源代码

如图 30.8 所示，AssetLoader 类中定义了“_CurrentAssetBundle”字段，表示当前操作的 AssetBundle 对象引用。66 行定义的泛型方法“LoadResource<T>()”实现了两大核心功能。第 1 是完成 AB 包中资源的获取，见 71 行的 LoadAsset<T>()方法。第 2 就是通过定义的 Hashtable 对象（32 行）实现资源的缓存处理，这样对于反复加载同一个 AB 包中的资源可以极大地提高效率。

```
24    public class SingleABLoader:System.IDisposable
25    {
26        //引用类： 资源加载类
27        private AssetLoader _AssetLoader;
28        //委托： 加载完成
29        private DelLoadComplete _LoadCompleteHandle;
30        //AssetBundle名称
31        private string _ABName;
32        //AssetBundle 下载路径
33        private string _ABDownloadPath;
34
35        其他部分
55        public IEnumerator LoadAssetBundle(){
56            using (WWW www = new WWW(_ABDownloadPath)){
57                yield return www;
58                if (www.progress >= 1){
59                    //加载完成,获取AssetBundel实例
60                    AssetBundle abObj = www.assetBundle;
61                    if (abObj != null){
62                        _AssetLoader = new AssetLoader(www.assetBundle);
63                        if (_LoadCompleteHandle != null)
64                            _LoadCompleteHandle(_ABName);
65                    }
66                    else{
67                        Debug.LogError(GetType() + "/LoadAssetBundle()/WWW 下载出错, 请检查 AssetBundle URL :
68                    }
```

图 30.9　SingleABLoader 源代码

如图30.9所示，SingleABLoader类的主要功能就是完成WWW加载AssetBundle的功能，见 55~68 行代码定义的“LoadAsetBundle()”方法。这个类中特别值得注意的是，加载一个几兆的 AB 包在网络环境下是相对比较耗时的，因为不能让其他所有程序都在等待这个下载过程，所以在本方法的 29 行定义了一个委托类型，用以实现完成 AB 加载后的“回调函数”功能。

本章的两个核心类编写完成后，可以写一个测试类用以开发功能的测试。以下就在本框架内部专门定义了测试类“SingleABLoader_TestClass”脚本，功能如图 30.10 所示。

```
25    public class SingleABLoader_TestClass:MonoBehaviour {
26        //引用类
27        SingleABLoader loaderObj = null;
28        //AB包名称
29        private string _ABName1 = "commonscenes/prefabs_1.ab";
30        //AB包内资源名称
31        private string _AssetName = "Cylinder";
32
33
34        private void Start(){
35            loaderObj = new SingleABLoader(_ABName1, LoadCompleate);
36            //加载AB资源包
37            StartCoroutine(loaderObj.LoadAssetBundle());
38        }
39
40        private void LoadCompleate(string abName){
41            Debug.Log("abName= " + abName + " 调用完毕！");
42            //加载资源
43            UnityEngine.Object tmpCloneObj= loaderObj.LoadAsset(_AssetName,false);
44            Instantiate(tmpCloneObj);
45
46            //显示AB包内资源
47            string[] strArray = loaderObj.RetrivalALLAssetName();
48            Debug.Log("包内所有资源");
49            foreach (string item in strArray)
50            {
51                Debug.Log(item);
52            }
```

图 30.10　AB 包加载测试类

图30.10中定义的测试类需要继承MonoBehaviour，并且挂载游戏对象运行。首先在Start()事件函数中使用协程调用 SingleABLoader 实例的 LoadAssetBundle() 方法，用以 WWW 加载 AB 包。当指定 AB 包加载完毕后，定义的回调方法“LoadCompleate()”会自动运行。此时再加载指定资源且复制后，游戏对象就会显示在 Game 视图中，代码见图 30.10 中的第 43 行。

30.4　AssetBundle 整体管理

在基本掌握 AB 框架关于单一 AB 包的加载与管理原理之后，我们现在来讨论框架的核心部分“AB 整体管理”。这部分是本框架的重点与难点，如图 30.11（方框框起来）所示。

AB 框架的整体管理主要包含两大部分。

第一：主流程的 AssetBundleMgr 脚本。通过调用辅助类“ABManifestLoader”来读取 Unity 提供的 Manifest 清单文件。这个清单文件是编辑器打包脚本（BuildAssetBundle.cs）批量打包时所产生的记录整个项目所有 AB 包依赖关系的文本文件。本框架为了管理海量 AB 包资源，整个项目以“场景”为单位进行管理，然后每个“场景”再处理 AB 包的加载与管理。

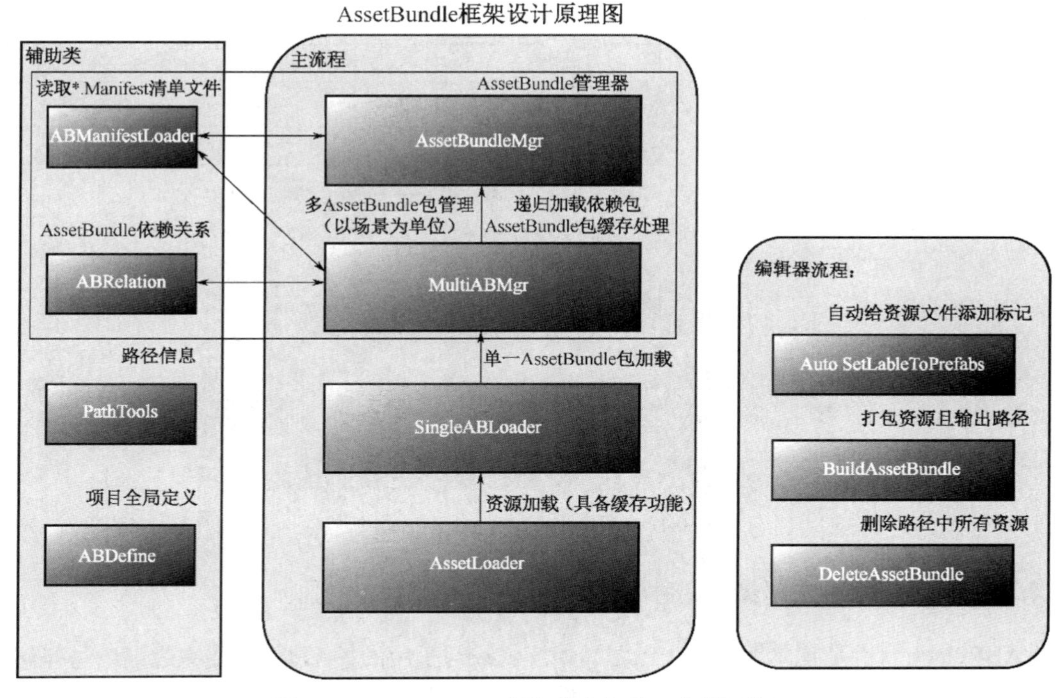

图 30.11　AssetBundle 框架核心部分（方框标注）

第二：主流程的 MultiABMgr 脚本。这个脚本通过获取 Manifest 清单文件，循环遍历需要加载 AB 包所有的底层依赖包。然后给每个 AB 包都记录相关依赖与引用关系，这些关系都记录在对应的 ABRelation 对象中。

为了更加清晰地阐明这部分框架的核心内容，笔者逐项（4 个类）给出详细说明。

30.4.1　读取项目清单文件

ABManifestLoader 类负责读取项目清单文件。主要功能是读取清单文件（整个项目所有 AB 包依赖关系），并且数据存储在自身“AssetBundleManifest”实例中。本类的核心方法如下。

- LoadManifestFile()　:　　是加载 Manifest 清单文件的协程类
- GetABManifest():　　返回“AssetBundleManifest”系统类实例
- RetrivalDependences():　　查询清单文件中所有的依赖项目
- IsLoadFinish:　　只读属性，清单文件是否加载完成

图 30.12 所示，ABManifestLoader 类主要通过 LoadManifestFile()方法完成对于清单文本文件的加载操作。其中第 76 行代码的“ABDefine.ASSETBUNDLE_MANIFEST”是一个常量，其值是固定数值“AssetBundleManifest”。第 76 行代码返回 AssetBundleManifest 类的实例，供主流程的 AssetBundleMgr 脚本与 MultiABMgr 类使用。

```
26    public class ABManifestLoader:System.IDisposable {
27        //本类实例
28        private static ABManifestLoader _Instance;
29        //AssetBundle（清单文件）系统类
30        private AssetBundleManifest _ManifestObj;
31        //AssetBundle 清单文件路径
32        private string _StrManifestPath;
33        //读取Manifest清单文件的AssetBundle
34        private AssetBundle _ABReadManifest;
35        //是否加载完成
36        private bool _IsLoadFinish;
37        /* 只读属性 */
38        public bool IsLoadFinish{
39            get { return _IsLoadFinish; }
40        }
41        #region
67        /// 加载Manifest清单文件
68        public IEnumerator LoadManifestFile(){
69            using (WWW www = new WWW(_StrManifestPath)){
70                yield return www;
71                if (www.progress >= 1){
72                    //加载完成,获取AssetBundel实例
73                    AssetBundle abObj = www.assetBundle;
74                    if (abObj != null){
75                        _ABReadManifest = abObj;
76                        _ManifestObj=_ABReadManifest.LoadAsset(ABDefine.ASSETBUNDLE_MANIFEST) as AssetBundleManifest;
77                        _IsLoadFinish = true;
```

图 30.12　ABManifestLoader 类源代码

30.4.2　AssetBundle 关系类

ABRelation.cs 是记录所有 AB 包之间相互依赖与引用的关系类，主要完成记录与存储指定 AB 包中所有的依赖包与引用包的关系集合。本类可以分为两个操作。

- 依赖关系操作：AddDependence()；RemoveDependence()；GetAllDependences()。
- 引用关系操作：AddReference()；RemoveReference()；GetAllReference()。

ABRelation 类的源码结构相对比较简单，如图 30.13 所示。

```
26    public class ABRelation
27    {
28        //AssetBundle 名称
29        private string _ABName;
30        //所有依赖包名
31        private List<string> _LisAllDependenceAB;
32        //所有引用包名
33        private List<string> _LisALLReferenceAB;
34
35        /// 构造函数
36        public ABRelation(string abName)...
42
43        /* 依赖关系 */
44        依赖关系
90
91        /* 引用关系 */
92        引用关系
138
139   }//Class_end
140 }
```

图 30.13　ABRelation 源代码

30.4.3　AssetBundle 总管理类

AssetBundleMgr 是一个脚本，其核心功能是提取“Menifest 清单文件”的数据，以“场景”为单位，管理整个项目所有的 AssetBundle 包。本脚本的核心字段与方法如下所示。

- 核心字段
- “Dictionary<string, MultiABMgr>_DicAllScenes”，保存项目中的所有场景资源（一

个“场景”包含若干 AB 包）。

- 核心重要方法

- 通过 Awake() 事件函数，调用 ABManifestLoader.GetInstance().LoadManifestFile()，加载 Manifest 清单文件。
- “LoadAssetBundlePackage();”，加载 AssetBundle 指定包，功能实现如下：
  - 等待 Manifest 清单加载完成，确保 Manifest 清单文件加载完毕。
  - 获取清单文件系统类实例。
  - 调用 MultiABMgr 类实例方法“LoadAssetBundles()”加载 AB 包。
- “LoadAsset();”，加载 AB 包内资源。通过调用 MultiABMgr 类实例方法“LoadAsset()”提取指定 AB 包内资源。

```
62    public IEnumerator LoadAssetBundlePackage(string sceneName, string abName, DelLoadComplete loadAllABCompleteHandle){
63        //参数检查
64        if (string.IsNullOrEmpty(sceneName) || string.IsNullOrEmpty(abName)){
65            Debug.LogError(GetType()+ "/LoadAssetBundlePackage()/scenenName Or abName is Null ,请检查! ");
66            yield return null;
67        }
68        //等待Manifest清单加载完成
69        while (!ABManifestLoader.GetInstance().IsLoadFinish)
70            yield return null;
71        //获取“AssetBundle（清单文件）系统类”
72        _ManifestObj = ABManifestLoader.GetInstance().GetABManifest();
73        //参数检查
74        if (_ManifestObj==null){
75            Debug.LogError(GetType() + "/LoadAssetBundlePackage()/_ManifestObj==null,请先确保加载Manifest清单文件! ");
76            yield return null;
77        }
78        //如果不包含指定场景，则先创建
79        if (!_DicAllScenes.ContainsKey(sceneName)){
80            CreateScenesAB(sceneName,abName, loadAllABCompleteHandle);
81        }
82        //调用下一层（“多AssetBundle管理”类）
83        MultiABMgr tmpMultiABMgrObj =_DicAllScenes[sceneName];
84        if (tmpMultiABMgrObj==null){
85            Debug.LogError(GetType()+ "/LoadAssetBundlePackage()/tmpMultiABMgrObj==null , 请检查! ");
86        }
87        yield return tmpMultiABMgrObj.LoadAssetBundles(abName);
88    }
```

图 30.14　AssetBundleMgr 脚本核心方法源代码

图 30.14 中的 LoadAssetBundlePackage() 是 AssetBundleMgr 脚本的核心方法，主要完成加载 AssetBundle 指定包。其具体功能实现是：首先 69 行与 70 行代码循环等待 Manifest 清单加载完成，确保 Manifest 清单文件加载完毕。72 行代码获取清单文件系统类实例“_ManifestObj”用于检查加载是否成功。最终经过一系列处理后 87 行代码调用下一层封装类 MultiABMgr 的实例方法“LoadAssetBundles()”开始加载 AB 包。

30.4.4　多 AssetBundle 管理类

MultiABMgr 是一个场景中负责多个 AB 包管理的核心类。其主要功能是获得 AB 包之间的依赖关系，使用递归方式遍历整个场景调用与加载所有的 AB 包。本类核心字段与方法如下所示。

- 核心字段

- “Dictionary<string, ABRelation> _DicABRelation;”，缓存 AB 包依赖关系集合。
- “Dictionary<string, SingleABLoader> _DicSingleABLoaderCache”，“单个 AB 加载实现类”缓存集合。

○ 核心方法

■ LoadAssetBundles()调用 AB 包，功能如下。

◆ 查询当前 AB 包所有的依赖关系。ABManifestLoader.GetInstance().RetrivalDependences (abName);

◆ 遍历当前 AB 包所有依赖的底层 AB 包名，通过调用 AddDependence() 方法，写入 ABRelation 实例的依赖缓存集合。

◆ 遍历当前 AB 包的底层 AB，通过调用 AddReference() 方法，写入 ABRelation 实例的引用缓存集合。

◆ 通过引用实例_DicSingleABLoaderCache，调用下层 SingleABLoader 类实例的 LoadAssetBundle()方法，加载 AB 包。

■ LoadAsset()，通过引用实例_DicSingleABLoaderCache，调用下层 SingleABLoader 类实例的 LoadAsset()方法，加载 AB 包中资源。

图 30.15 定义了核心方法 LoadAssetBundles()。首先第 89 行代码查询当前 AB 包所有的（下级）依赖关系。90~96 行代码遍历当前 AB 包所有依赖的底层 AB 包名，通过调用 AddDependence() 方法，写入 ABRelation 实例的依赖缓存集合。95 行代码则是对当前依赖的包名，写入对应的依赖关系，同样存储在 ABRelation 实例的引用缓存集合中。最后 101 行代码，通过引用实例_DicSingleABLoaderCache，调用下层 SingleABLoader 类实例的 LoadAssetBundle()方法，从而实现加载 AB 包。

```
80        public IEnumerator LoadAssetBundles(string abName)
81        {
82            if (!_DicABRelation.ContainsKey(abName))
83            {
84                ABRelation abRelationObj = new ABRelation(abName);
85                _DicABRelation.Add(abName,abRelationObj);
86            }
87            ABRelation tmpABRelationObj = _DicABRelation[abName];
88            //得到指定AB包所有的依赖关系
89            string[] strDepencedArray = ABManifestLoader.GetInstance().RetrivalDependences(abName);
90            foreach (string item_Depence in strDepencedArray)
91            {
92                //添加“依赖”项
93                tmpABRelationObj.AddDependence(item_Depence);
94                //添加“引用”项
95                yield return LoadReference(item_Depence,abName);
96            }
97
98            //真正的AB包加载
99            if (_DicSingleABLoaderCache.ContainsKey(abName))
100           {
101               yield return _DicSingleABLoaderCache[abName].LoadAssetBundle();
102           }
103           else {
104               _CurrentSingleABLoader = new SingleABLoader(abName, CompletLoadAB);
105               _DicSingleABLoaderCache.Add(abName,_CurrentSingleABLoader);
106               yield return _CurrentSingleABLoader.LoadAssetBundle();
```

图 30.15　MultiABMgr 类核心方法源代码

30.5 本章练习与总结

本章一开始笔者首先总结与讨论了商业网游开发中关于应用原始 AssetBundle 过程中可能存在的各种不适用问题，继而给出笔者个人的经验总结。然后在此基础上给出 AB 框架的

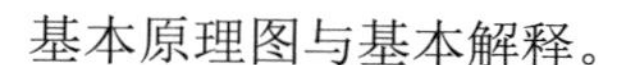

基本原理图与基本解释。

为了更加清晰地描述框架原理，本章分为 3 部分（30.2~30.4），详细阐述了 AB 框架的基本工作原理与适用条件。由于本章的复杂性，建议读者在翻阅学习的过程中最好配合所属章节的框架源码资源同步阅读。

希望本章的学习给读者以技术上的进一步提高，技术永远没有尽头，希望本章技术讲解可以起到抛砖引玉的作用，最终大家技术予以共同进步。

附录 A

全国 Unity 游戏研发职位笔试/面试真题集锦

A：算法题库集锦

- 递归输出 F 数组，1, 2，3，5，8，... 该数组的生成规律是每一个数字都是前两个数字的和，1+2=3，2+3=5, 3+5=8, 5+8=13，...切记，一定是递归实现，而不是循环实现。
- 写出 Shell 排序、快速排序、堆排序三种算法的原理，并写出冒泡排序的代码。
- 3 点 15 分，时针与分针的夹角是多少度？
- *N* 个元素取出最大（小）的 *K* 个元素，请说明思路及算法？
- 给定一个十进制正整数 *N*，计算转换成 2 进制后该数含有 1 的个数的总和为 78。
- 写算法：输入整数，求其二进制。
- 算法：有 *A* 元，一瓶水 *B* 元，*C* 个瓶盖可以换一瓶水，求一共能有多少瓶水？
- 算法："int a=1;int b=2;" 求不借助辅助变量，交换两个值。
- 给定含有 1001 个元素的数组，其中存放了 1~1000 之内的整数，只有一个整数是重复的，请实现一个函数，快速找出这个数。
- 请实现一个函数，将一个字符数组中间连续多个空白字符（空格）替换为一个空白字符，并去除两端的空白字符。
- 请写一段伪码，实现用深度优先的顺序遍历一个连通图（可能有环路）。
- 现在已有一个能随机生成 1～5 的整数的函数（均匀分布），请使用该函数实现另一个能随机生成 1～7 的整数的函数（同样要求均匀分布）。
- 给你两个完全相同的玻璃球，它们可以从一幢 100 层楼中的任意一层抛下做自由落体。玻璃球可能很坚硬，从第 100 层楼落下都不会碎，但也可能很脆，从第 1 层楼落下就碎了。请问需要抛多少次才能确定玻璃球不会被摔碎的最高楼层（两个玻璃球都允许在过程中被摔碎）？
- 给定一个数组 *N*={1, 2, 3, 4, 5, 6, 7, 8, 9, 10}，请用控制台应用程序打印出所有两两元素的和，如输出 1+2=3，1+3=4，...
- 给定一个数组 *N*={1, 2, 3, 4, 5, 6, 7, 8, 9, 10}，请用控制台应用程序在打印出所有两两元素的和里面，找出只出现过两次的和，如 5 就只出现了 2 次，1+4=5，2+3=5，请列出所有出现过两次的和。

B：C#语言基础题库集锦

- 简述值类型与引用类型的区别。
- C#中所有引用类型的基类是什么？
- 请简述 ArrayList 和 List<Int>的主要区别。
- 请简述 GC（垃圾回收）产生的原因，并描述如何避免。
- 请描述 Interface 与抽象类之间的不同。
- 请简述关键字 Sealed 用在类声明和函数声明时的作用。
- 简述 private、public、protected、internal 的区别。
- 实现一个 revert 函数，它的功能是将输入的字符串在原串上倒序后返回。
- 反射的实现原理是什么？
- 简述重载与 override 的区别。
- 简述 String/StringBuilder 的异同。
- 简述 static、const、virtual、abstract、override 的含义与区别。
- 简述 C#中的容器有哪些？说明其功能。
- 简述 C#中的普通容器与泛型容器的区别？哪个执行效率高。
- 简述 unsafe 关键字的功能和适用场合？
- 简述 static 与 define 的区别？
- short a=1，a=a+1 和 a+=1 哪个正确，为什么？
- 简述 C#的反射。
- 给定一个字符串，删除字符串中重复出现过的字符，如给定“ABCDEEAA”，输出“BCD”，就是把重复出现过的字符都去掉，只留下出现过一次的字符，要求兼容正常输入。
- 给你一个单词 A=begin，任意交换单词 A 中字母的顺序得到另外一个单词，请输出所有可能的单词组合，如果 A=cat，那么请输出 cta、act、tac、tca、atc，包括原单词，总共 6 种不同的组合，现在 A=begin，请列出所有组合。
- 有一个整数数组，请求出两两之差绝对值最小的值。记住，只要得出最小值即可，不需要求出是哪两个数，如数组是[1, 4, 8]，那么两两之差的绝对值为 4-1=3、8-1=7、8-4=4，那么最小的差值绝对值是 3，程序里给定的数组是[1，3，5，7，9，12，14，18，25，30]，不需要获取输入。
- 控制台获得两个字符串，A=“21DSAF”，B=“2DA”，在 A 中找出所有 B 的字符删除掉，然后输出 C，“21DSAF”中删除“2DA”剩下 C=“1SF”，要求能够兼容正常输入。
- 给定一个正整数 N，输出 1~N 的所有数字，然后统计所有这些数字里出现过 1 的次数，如输入“3，1 2 3，1”出现了 1 次，输入“11，1 2 3 4 5 6 7 8 9 10 11,1”出现了 4 次，要求能够兼容正常输入。
- 1024 的阶乘，就是 1*2*3*4*.....*1024，统计结果数字末尾零的个数，这个数字非常大，无法通过正常得到乘积的方法来计算零的个数，请使用其他方法求出末尾零的个数。

- 控制台程序输出您的期望正式薪资，即转正以后的工资，然后请用程序输出小于等于您期望薪资的最小质数，质数就是因子只有 1 和它本身，如 2 是质数，只有 1 和 2 能整除 2，13 是质数，只有 1 和 13，20 不是质数，因为有因子 2 和 5。
- 比如期望薪资 1500，小于等于 1500 的质数是 1499，1499 只有 1 和 1499 因子，没有任何其他因子可以整除 1499。

期望薪资 1900，小于等于 1900 的最大质数是 1899；
期望薪资 2300，小于等于 2300 的最大质数是 2297；
期望薪资 2700，输出质数 2699；
期望薪资 3100，输出质数 3089；……
以上质数都是只有 1 和它本身的因子，没有任何其他数字可以整除该数。

- 代码实现冒泡法排序。

C：Unity 基础理论题库集锦

- 简述.Net 与 Mono 的关系。
- Unity 3D 是否支持多线程程序？如果支持，需要注意什么？
- Unity 3D 的协程和 C#线程之间的区别是什么？
- 简述四元数的作用，以及四元数对欧拉角的优点。
- 简述向量的点乘、叉乘，以及归一化的意义？
- 简述点乘和叉乘的区别。
- 简述矩阵相乘的意义及注意点。
- 请简述如何在不同的分辨率下保持 UI 的一致性。
- 简述 Render 的作用，描述 MeshRender 和 SkinnedMeshRender 的关系与不同。
- 简述 SkinnedMesh 的实现原理。
- 在场景中放置多个 Camera 并同时处于活动状态会发生什么？
- 简述 Prefab 的作用如何在移动环境的设备下恰当地使用它？
- 如何销毁一个 UnityEngine.Object 及其子类？
- 为什么 Unity 3D 中会在组件上发生数据丢失的情况？
- 如何安全地在不同的工程间迁移 asset 数据（3 种方法）？
- 简述 MeshCollider 和其他 Collider 的一个主要不同点。
- 当一个细小的高速物体撞向另一个较大的物体时会出现什么情况？如何避免？
- 简述 OnEnable、Awake、Start 运行时的顺序。哪些可能在同一个对象周期中反复的发生？
- 请简述 OnBecameVisible 及 OnBecameInvisible 的发生时机，以及这一对回调函数的意义。
- Unity 3D 如何获知场景中需要加载的数据？
- 简述 MeshRender 中 material 和 sharedmaterial 的区别。

- 画出 D3D9 可编程渲染管线渲染流程示意图。
- 简述 awake 与 start 的执行顺序。
- 碰撞和触发有什么不同，碰撞有几个阶段，写出碰撞阶段的函数？
- 什么是 prefab？一般用来做什么？
- 简述 Alpha Blend 的工作原理。
- 简述 A*算法？
- 请描述游戏动画有哪几种，以及其原理。
- 写出光照计算中 diffuse 的计算公式。
- lod 是什么，优缺点是什么？
- 简述两种阴影判断的方法与工作原理。
- Vertex Shader 是什么？怎么计算？
- MipMap 是什么？作用是什么？
- 简述 Unity 3D 中碰撞器和触发器的区别。
- 简述物体发生碰撞的必要条件。
- 简述 CharacterController 和 Rigidbody 的区别。
- 简述物体发生碰撞时，有几个阶段，分别对应的函数。
- 简述 Unity 3D 中几种施加力的方式。
- 什么叫作链条关节？
- 物体自旋转使用的函数叫什么？
- 物体绕某点旋转使用的函数叫什么？
- Unity 3D 提供了几种光源，分别是什么？
- Unity 3D 从唤醒到销毁有一段生命周期，请列出系统自己调用的几个重要方法。
- 物理更新一般在哪个系统函数里？
- 移动相机动作在哪个函数里，为什么在这个函数里？
- 当游戏中需要频繁创建一个物体对象时，我们需要怎么做来节省内存？
- 如何销毁一个 UnityEngine.Object 及其子类？
- 为什么 Unity 3D 会出现组件上数据丢失的情况？
- 如何动态地添加网络资源？
- 如何给物体添加新的材质？
- 如何解析 XML 和 JSON 数据？
- 简述物体旋转、缩放和平移的函数。
- 画出固定管道渲染的图形。
- 请写出一个函数，使用递归，查找出一个 GameObject 下的任意层级的指定名称的物体。
- 简述 OnAnimatorMove()的意义和实际用处。
- 简述 Animator.MatchTarget 的意义和实际用处。
- 请用一段代码来说明四肢部分的 IK 在 Unity 中的实际用法。
- 简述为 rigidBody.velocity 赋值或者使用 rigidBody.AddForce()函数，两者在改变物体运动速度时的不同特点。

- 简述 LateUpdate 的用场及原理。
- 分别简述 Resources 文件夹、StreamingAssets 文件夹的意义，以及它们的不同之处。
- 碰撞有几个阶段，分别是哪几个阶段？
- 简述刚体和角色控制器的区别。
- 游戏动画有哪几种，这些动画的原来是什么？
- 什么是 Nomal Mapping，它有什么优点？
- Socket 是什么，常用的使用过程是怎样的？
- NGUI 中，监听 Button 的 Click 事件有几种，请举例。
- Unity 3D 实现 2D 游戏，有几种方式？
- Unity 3D 中系统默认的函数有哪些？
- 物理更新和移动摄像机分别在哪个函数中运行，为什么？
- 在运行模式下，如何保存 GameObject，包括属性和子物体？请给出思路。

D：Unity 实践类题库集锦

- 写出至少 3 种设计模式，并说说在哪些情况下适用。
- 你所知的编程（设计）模式有哪些？简述。
- 简述你所知道的设计模式。
- 如何使用 WWW 加载资源并使用该资源，并分析这一过程的内存开销。
- 假如让你设计一个连连看游戏的算法，你会怎么做，要求说明：
  - 怎样用简单的计算机模型来描述这个问题。
  - 怎样判断两个图形能否相消。
  - 怎么求出相同图形之间的最短路径，转弯最少，经过的格子数目最少。
- 简述 2048 游戏的编程思路。
- 如何制作手榴弹？
- 弹道轨迹、弧线怎么做？
- 世界坐标系下的矩阵 m，求转化到屏幕坐标系下的矩阵是多少？
- 射击时，子弹有延时，怪物有移动，如何判断子弹能打中敌人？
- 简述傅里叶变换的原理与适用场合。
- 什么是 Unity 3D 中的预处理？
- NGUI/UGUI 开发“背包”系统。
- 使用网络系统（Socket 等）开发类似 QQ 的聊天室项目。
- 在手机上，假如当玩家正在进行游戏的时候接听了一个电话或者按下 Home 键暂时离开游戏，然后重新回到游戏中的时候，这时我们希望在脚本中知道玩家离开游戏并且重新回来了，应该如何实现？
- 简述游戏运行时的主要性能消耗点，以及对应的优化方法。
- 简述 Vector3.MoveTowards、Vector3.RotateTowards、Vector3.Lerp，以及 Vector3.SmoothDamp 的区别。
- 什么是敌人的 AI？

- 谈谈弗洛伊德算法。
- Unity 3D 能否实现 C#中的代理模式，如果能，用代码举例。

E：逻辑推理/智力题库集锦

- 假设你有一整衣柜的 T 恤衫，要找其中一件很困难。怎样整理你的衣柜，能让你找到任意一件 T 恤衫都很容易？
- 如果需要你向一个八九岁的孩子解释什么是数据库，你怎样能用不超过三句话让他理解？
- 有 100 个硬币，其中有一个质量较轻，如何用最少的方法，找到这个硬币？
- 有若干条相同的绳子，但是它们的材质不均匀。点燃一根绳子，从头烧到尾是一个小时。那么，你如何记录一个小时十五分钟？
- 有十二个硬币，其中的一个不知道轻重，有一个天平，没有砝码。你如何只称量三次，找出那个硬币，并知其是轻还是重？

附录 B
Unity 开发常见错误与分析

教授 Unity 初级课程的时候，经常被学生问及一些非常简单的 Unity 出错信息如何解决。现就这些问题总结整理，给读者一张 Unity 开发排错、易错清单，部分重要内容清单如下。

➢ 问题 1：

当脚本添加游戏对象时，弹出的出错窗口："Can't add script....."。

解答：

原因是 Unity 规定脚本的文件名称必须与类名相同，否则报错。请更改 Unity 脚本的名称。

➢ 问题 2：

在学生学习导航寻路的过程中，在运行过程中遇到的运行时的错误信息："SetDestination can only be called on an active agent that has been placed on a NavMesh"。

解答：

典型的导航寻路错误。主要原因是你需要导航的游戏对象，放置的位置不对。要么 *y* 轴远离了"地面"（NavMesh），要么离开了烘焙的"地面"。请检查与更改相关寻路主角的 *Y* 轴位置。

➢ 问题 3：

用户在运行游戏工程的过程中发现没有声音，并且计算机硬件没有问题，在 Unity 的 Console 窗口中有如下信息大量显示："There are 2 audio listeners in the scene"。

解答：

原因是你当前的场景中存在 2 个以上的"Audio listeners"，请只保留一个即可，多余的删除。一般也都发生在学员引入 Unity 自带的"第一人称/第三人称"角色的时候发生的现象。你可以把主摄像机的 Audio Listener 组件暂时禁用或者删除掉即可。

➢ 问题 4：

程序运行过程中最容易出现的一个错误信息："NullReferenceException: Object reference not set to an instance of an object"。

解答：

这是典型的"空引用错误"，本质是原本需要实例化的游戏对象没有成功加载。程序后面的指令已经在用上面没有实例化的对象。具体问题还需要具体分析，看是否什么组件没有加载，或者一些 GetCompont()与 Resource.Load() 等方法的路径名称不正确等。

➢ 问题 5：

程序运行过程中出现的一个错误信息："MissingReferenceException: The object of type

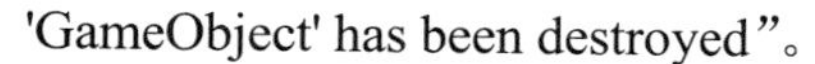

'GameObject' has been destroyed”。

解答：

缺少引用异常。通常原因是由于指定的游戏对象已经销毁了，而其他代码还要访问（调用）而造成的错误。

➢　问题 6：

程序运行过程中出现的一个错误信息："InvalidCastException: Cannot cast from source type to destination type”。

解答：

无效的转换异常，不能从源类型转换到目标类型。 需要读者仔细检查程序中的强制转换是否合理，C# 的“装箱拆箱”是否正确等。

➢　问题 7：

“UnassignedReferenceException: The variable goLineRedDiamend_Prefab of 'ScenceManager' has not been assigned”。

解答：

未分配引用异常。通常是脚本中的 public 类型字段，在游戏运行过程中没有给予附加相对应的“预设”或者游戏对象所造成的。即是由于没有给脚本的公共字段添加参数造成的。

➢　问题 8：

在做关于 Animation 帧动画时出现的错误：“AnimationEvent has no function name specified”。

解答：

在 Animation 中你定义了一个事件，而没有给事件添加对应的“事件方法”，导致出错。

➢　问题 9：

使用 Unity 编辑界面时在 Console（控制台）窗口中经常出现警告信息：“There are inconsistent line endings in the 'xxx.cs' scripts , …” 。

解答：

打开 VS(Visual Studio)，单击 VS 菜单“文件”→“高级保存选项”设置编码。行尾改为“Windows(CRLF)”即可。如果想所有的脚本都不出现这种烦人的警告信息，可以打开 Unity 的脚本模板，然后打开 VS，做以上相同的操作即可，保证以后再也没有烦人的警告信息（提示：更改 Unity 脚本模板方法的具体步骤可以参考本书 8.2.3 节的叙述）。

附录C

游戏开发职位简历模板

简历模板一

姓名		性别		
年龄		出生日期		
所在城市		从事行业		
专业		毕业学校		
学历		身份证		
民族		QQ		
实习经历	时间	公司名称	职位	
培训经历	培训时间	培训机构	培训内容	
	2015.1.1-2015.5.1	Unity 培训中心	Unity 3D 游戏应用开发	
项目经验	项目	基于二战前线塔防游戏的开发		
	开发	目标：参与完成二战前线塔防游戏的开发。 难点：EZ-GUI 插件的运用、UGUI/NGUI 的使用，实现不同 Scene 之间的切换、玩家的寻路、图片的显示控制、DrawCall 的控制，以及其他细节。 思路：游戏中包含多个 Scene 和游戏对象，先把每个游戏对象的大概功能实现了，再把每个游戏对象联系起来，最后把各个工程合在一起。游戏功能主要是通过代码来实现的，所以还要尽量提高代码的可重用性，减少代码的冗余。 参与情况：游戏界面的制作、各个按钮的委托、不同 Scene 之间的切换、计分及其存储、音乐的添加、工程的合并和测试。		
	其他项目	基于中国兵团游戏的开发、贪吃蛇、小蜜蜂、拼图、扫雷等		
职业技能	Unity 3D 、FlASH、Dreamweaver 、PS、C#、C 语言			
自我评价	优点：在校期间，参与了校组织部，组织过一些活动，担任过班干部，学习能力强，善于思考，为人踏实，有上进心，有较好的沟通能力，有责任心，承受能力强，有较强的纪律性和团队协作精神，对未来有一定的规划。 缺点：有点强迫症，做任何事情都想做到最好。			

<table>
<tr><td>相关证书</td><td colspan="4">计算机三级网络管理员、普通话二级甲等</td></tr>
<tr><td>联系方式</td><td>手　机</td><td></td><td>电子邮箱</td><td></td></tr>
<tr><td>项目名称</td><td colspan="3">项目截图</td><td>项目介绍</td></tr>
<tr><td>二战前线塔防游戏</td><td colspan="3"></td><td>二战前线游戏是一款塔防小游戏，单击鼠标控制人物移动（遇敌可自动射击），单击方块格子，再选择炮台进行建造，单击炮台再单击 upgrade 升级炮台，单击 sell 出售。共十六关。
利用 Unity 3D 进行开发设计，总体利用 EZ-GUI 进行界面优化，从而减少 Draw Calls 的使用，减少代码冗余，以便在手机平台可以运行这个小游戏。
本次游戏开发的难点就是不同游戏场景的切换、各个按钮委托的实现、图片格式及其大小的控制、Draw Calls 的控制、各种武器功能的实现、玩家的寻路，以及分数、金钱和关卡的保存，武器攻击范围的确定等</td></tr>
<tr><td>外籍军团</td><td colspan="3"></td><td>主界面自带 GUISkin 完成图片大小布局。胜利条件：玩家生存，基地生存，敌方基地爆炸。反之则失败。
敌人刷新通过布点，在一定时间内随即刷新。AI 寻路通过点乘和胶囊投射找到最近的路线。
玩家通过 G 键切换武器装备，有手枪、机枪、火箭筒、空中支援。
雷达通过世界坐标转局部坐标制作。特效使用了爆炸粒子包</td></tr>
</table>

简历模板二

个人概况

姓名：　　　　　　　　性别：　　　　　　　　年　　龄：
手机：　　　　　　　　邮箱：　　　　　　　　政治面貌：

外语水平

CET-6　能较准确阅读计算机相关英文文档

教育背景

2009.9-2013.6　　中国科技大学
2014.11-2015.3　　Unity 培训中心　　　　　Unity 3D 培训 5 个月

求职目标

Unity 开发工程师

专业技能

◆ 熟练掌握 Unity 游戏引擎和 UGUI、NGUI、SM2、itween 等各种 Unity 3D 插件
◆ 熟练运用 C#语言编程，熟悉 C 语言、C++、Javascript 语言
◆ 熟练操作 Photoshop 及办公软件

项目经验

项目一：City Burst
开发平台：Windows
开发工具：Unity 3D 引擎
项目描述：

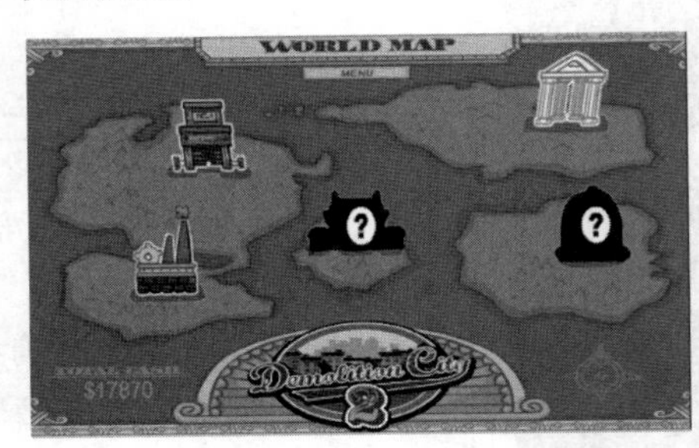

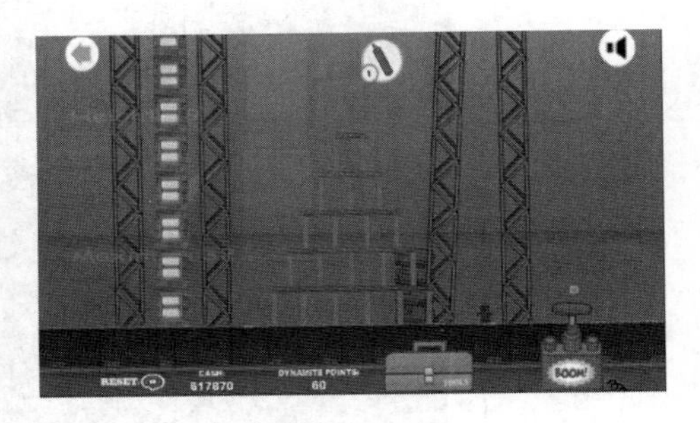

这是一款类似于愤怒的小鸟的 2D 益智类游戏，该游戏基于 Flash 平台，名为“爆破”。在界面的设计上，使用了最常用的 Unity 插件 NGUI；通过代码控制 NGUI 中的贴图和摄像机的 Size 实现了自适应屏幕；游戏中物块的炸裂通过销毁和生成并改变其 UV 实现；鉴于这是一款 2D 游戏，在游戏中爆炸效果和破碎效果的实现上用了 Unity Native 2D 制作序列帧动画和不规则碰撞器；使用 Xml 保存游戏的进度和过关得分情况；游戏中的玩家可以通过单击屏幕放置炸弹炸毁目标建筑来取得游戏的胜利。

项目二：外籍军团
开发平台：Windows
开发工具：Unity 引擎
项目描述：

这是一款第一人称射击类游戏，此款游戏涉及的内容包括游戏界面、主角的控制、敌人AI、粒子特效、胜利与失败条件等。游戏界面使用Unity插件NGUI制作；主角的控制用角色控制器组件（Character Controller）来完成第一人称视角的制作，而角色的移动、发射子弹与打击敌人的动作通过播放Animations实现其效果；敌人的AI是该游戏的难点部分，首先创建敌人Prefab，并通过使用Instantiate()方法克隆游戏对象，借用弗洛伊德算法实现敌人的自动搜索最优路径，代码控制敌人攻击行为。

其他项目：3D魔方、Jump Game、打字游戏、扫雷等

自我评价

◆ 专业技能：　大学期间就对编程有浓厚兴趣，通过5个月的Unity培训，现已熟练掌握Unity引擎和C#语言，有单独开发一款简单游戏和与其他人合作开发大型游戏的能力。

◆ 其他方面：　善于与他人交流，有很强的团队合作意识，有很强的进取心和责任心，能吃苦耐劳，对自己喜欢的职业（程序员）有充分的热情和梦想。

附录 D
Unity 4.x/5.x/2017.x 升级差异总结

目前，整理 Unity 4.x 项目升级 Unity 5.x 及 Unity 2017.x 的过程中出现的各种常见异常问题，与大家经验共享。按照问题出现的版本分为 Unity 5.x 升级到 Unity 2017.x，以及 Unity 4.x 升级到 Unity 5.x 两种情形。

➢ Unity 5.x 升级 Unity 2017.x 容易出现的问题。

❍ 问题 1：Unity 开发导航寻路的源代码中原本定义的“NavMeshAgent”类，系统已经不再识别。

■ 解答：

应该是从 Unity 5.6 以上版本，导航寻路中的大量 API 类已经封装到新的命名空间“UnityEngine.AI”下。也就是说程序开头使用 Using 导入命名空间 UnityEngine.AI 即可。

❍ 问题 2：项目升级到 Unity 2017.x 的过程中，源代码中的“Application.LoadLevelAsync()”（也包括“Application.LoadLevel()”），系统提示已经过时，如何处理？

■ 解答：

这个问题应该是 Unity 5.3 以上版本就已经发生了变化。以上脚本可以通过导入“Using UnityEngine.SceneManagement”命名控件，然后改为如下代码。

```
SceneManager.LoadSceneAsync("");     //异步场景转换
SceneManager.LoadScene("");          //同步场景转换
```

❍ 问题 3： 项目升级到 Unity 2017.x，导航寻路失效，不再有反应。

■ 解答：

Unity 5.6 之后的版本，其导航寻路的底层 API 做了重写，所以原本导航寻路的 Nav Mesh 需要重新做导航烘焙才可解决。

❍ 问题 4：项目升级到 Unity 2017.x 后，烘焙的场景变得格外高亮（不正常）。

■ 解答：

Unity 2017.x 的光影系统内部 Shader 等算法进一步优化与改善，所以在 Unity 5.x 中烘焙的场景应该再次重新烘焙，就可显示正常光影效果。

➢ Unity 4.x 升级 Unity 5.x 容易出现的问题

❍ 问题 1：Unity 4.x 项目升级到 Unity 5.x 中，3D 模型其材质丢失，成为“白模”。

■ 解答：

Unity 5.x（包含 Unity2017.x）中采用基于物理着色（PBS）的材质系统，所以 3D 模型升级后需要手工重新赋值材质与贴图等。

❍ 问题 2：Unity 4.x 项目中的 Nav Mesh 升级报错：“NavMesh asset format has changed.

Please rebake the NavMesh data.”。

■　解答：

按照字面含义，重新对静态物体进行新的导航烘焙即可。

❍　问题 3：Unity 4.x 项目天空盒子升级后显示混乱。

■　解答：

找到项目中的“标准资源”（Standard Assets）单击天空盒子的材质，出现提示信息“This texture contains alpha, but is not RGBM(Incompatible with HDR[高动态光照渲染])”，单击“Fix Now”进行自动修复即可。

❍　问题 4：　Unity 4.x 升级后出现某些 3D 模型不显示的“严重”问题。

■　解答：

由于 Unity 5.x 与 Unity 4.x 版本的底层编码变化较大，Unity 5.x 已经不能正确识别部分老“预设”，从而造成不显示问题。此时我们找到对应模型的“原型”3D 模型，重新建立“预设”在场景中的原位置进行重新加载即可（注意与原来的方位需要一致才可以）。

❍　问题 5：　Unity 4.x 项目升级后部分 Animation 动画失效，即不动，没有反应。

■　解答：

我们在 Unity 5.x 中把 Animation 动画重新编辑与应用即可。

❍　问题 6：Unity 4.x 的布料模拟升级到 Unity 5.x 无法应用，也找不到原来的组件了。

■　解答：

Unity 5.x（包含 Unity 2017.x）中废弃了 Interactive Cloth 与 Cloth Renderer 组件，转而使用 Cloth 与 Skinned Mesh Rederer 组件代替（注：详情请查阅本书 11.5.5 节内容）。

❍　脚本问题汇总。由于脚本升级过程中造成的各种异常现象汇总如下。

■　光标锁定脚本

Screen.lockCursor = true; //Unity4.x 传统写法

Cursor.lockState = CursorLockMode.Locked;//Unity5.x（2017.x）等价替换

■　脚本 AddComponent()、GetComponent() 问题

例如 1：

GoNeedAddScriptsObj.AddComponent("类名称");// Unity4.x 传统写法

GoNeedAddScriptsObj.AddComponent<DynamicAddScripts>();//必须用泛型代替

例如 2：

GoCreatObj.Renderer.Material.color=Color.red;// Unity4.x 传统写法

GoCreatObj.GetComponent<Renderer>().material.color = Color.red//Unity5.x（2017.x）等价替换

例如 3：

AddComponent(“脚本字符串”); Unity 4.x 中，这种 API 写法可以实现动态加载脚本功能。而到了 Untiy 5.x，则被否决，禁止使用，替代写法为：GoNeedObj.AddComponent(System.Type.GetType(“脚本字符串”);。

■　脚本 Animation 播放动画问题

例如：

this.animation.Play("xxx"); // Unity4.x 传统写法

this.GetComponent<Animation>().Play("xxx"); // Unity5.x（2017.x）等价替换

■ 脚本刚体组件写法

例如：

con.gameObject.collider.xx(); // Unity4.x 传统写法，已经被否决。

con.gameObject.GetComponent<Collider>().xxx();//Unity5.x（2017.x）等价替换

■ 关于 AssetBounds 错误信息

报错信息：“UnityEngine.AssetBundle.Load(string)' is obsolete: 'Method Load has been deprecated. Script updater cannot update it as the loading behaviour has changed. Please use LoadAsset instead and check the documentation for details.”

解答：

分析以上错误信息，表明 AssetBundle.Load(“”) 这个 API 已经否决，不再允许使用。替代写法是 AssetBundle.LoadAsset (“”)。

附录 E

Unity 特殊文件夹一览表

目前 Unity 是手游开发利器，其 Unity 编辑器功能强大。Unity 编辑器为了更好地服务于程序开发，系统定义了若干特殊的文件夹。其名称是固定的，现对常用且重要的一些文件夹及其功能列举如下。

- Resources　　项目资源文件夹
- StreamingAssets　　只读非压缩文件夹
- Plugins　　插件目录
- Editor　　编辑区文件夹
- Gizmos　　Unity 编辑时绘图目录
- Editor Default Resources　　编辑器默认资源文件夹

现在就重要文件夹逐项讲解。

A: Resources 项目资源文件夹

➢ 作用：

编辑和运行时都可以通过 Resource.Load()直接读取。

➢ 功能：

可以在根目录下，也可以在子目录里，只要名子叫 Resources 就可以。比如目录 /xxx/xxx/Resources 和 /Resources 是一样的，无论多少个叫 Resources 的文件夹都可以。Resources 文件夹下的资源不管你用还是不用，都会被打包进.apk 或者.ipa。

➢ 其他：

Resources.LoadAssetAtPath() 可以读取 Assets 目录下任意文件夹下的资源，它可以在编辑时或者编辑器运行时用，但不能在真机上用，它的路径是“Assets/xx/xx.xxx”，必须是这种路径，并且要带文件的后缀名。

B: StreamingAssets 只读非压缩文件夹

➢ 作用：

项目只读非压缩文件夹。

➢ 功能：

这个文件夹下的资源也会全都打包在.apk 或者.ipa 中。它和 Resources 的区别是

Resources 会压缩文件，但是 StreamingAssets 不会压缩，它会原封不动地被打包进最终发布的包中。并且它是一个只读的文件夹，就是程序运行时只能读不能写，它在各个平台下的路径是不同的。

C: Plugins 插件目录

➢ 作用：

插件目录

➢ 功能：

如果做手机游戏开发，一般 Andoird 或者 iOS 要接一些 SDK。可以把 SDK 依赖的库文件放在这里，比如.dll /.so/ .jar/.a 文件等。这样打完包以后就会自动把这些文件打到最终发布的包中。

D: Editor 编辑区文件夹

➢ 作用：

编辑区文件夹。

➢ 功能：

Editor 文件夹可以在根目录下，也可以在子目录里，只要名子叫 Editor 就可以。比如目录/xxx/xxx/Editor 和/Editor 是一样的，无论多少个叫 Editor 的文件夹都可以。Editor 下面放的所有资源文件或者脚本文件都不会被打进最终的发布包中，并且脚本也只能在编辑时使用。一般会把一些工具类的脚本（如图集打包脚本）放在这里，或者是一些编辑时用的 DLL 等。

E: Gizmos 编辑时 Unity 的绘图目录

➢ 作用：

Unity 编辑时的绘图目录。

➢ 功能：

可以在 Scene 视图里给某个坐标绘制一个 Icon，例如，如下代码:

```
void OnDrawGizmos() {
    Gizmos.DrawIcon(transform.position, “0.png”, true); //仅在 Unity 编辑期可见。
}
```

F: Editor Default Resources 编辑器默认资源文件夹

➢ 作用：

编辑器默认资源文件夹。

➢ 功能：

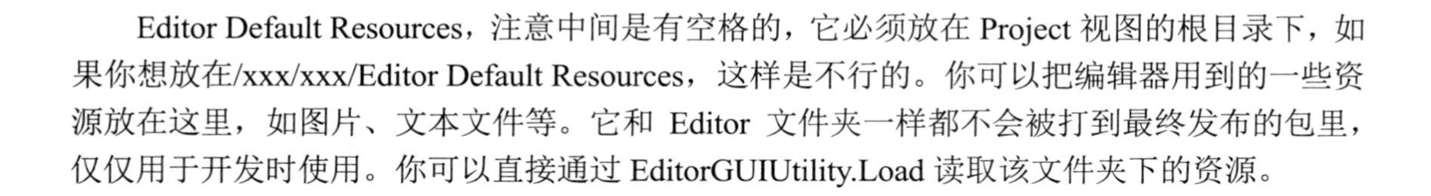

Editor Default Resources，注意中间是有空格的，它必须放在 Project 视图的根目录下，如果你想放在/xxx/xxx/Editor Default Resources，这样是不行的。你可以把编辑器用到的一些资源放在这里，如图片、文本文件等。它和 Editor 文件夹一样都不会被打到最终发布的包里，仅仅用于开发时使用。你可以直接通过 EditorGUIUtility.Load 读取该文件夹下的资源。

附录 F

游戏开发对 C#语言知识点基本要求

在基于 Unity 引擎游戏开发（及虚拟现实）的教学过程中，经常被问到零编程经验与两三年编程经验的学员是否还要学习 C#语言，以及学习哪些内容的问题？

这个问题可以细化为：对于初学者而言，C# 编程语言要学习多少，掌握哪些内容才能较好地应用 Unity 引擎写自己的编程脚本。而对于有两三年以上的 IT 编程经验学员来说，也经常顾虑自己的 C#编程知识体系，是否足够应付大中型商业项目开发所需的语言要求。所以笔者决定在本次书籍改版（第 2 版）中加入本部分内容介绍，方便广大学员参考。

为方便广大读者了解自己需要掌握的 C#知识体系，笔者把开发人员粗略分为 3 个阶段：第一，无编程基础学员；第二，初级编程经验学员；第三，中级编程人员。现在就以上 3 大阶段学员为基础，列举每个阶段学员需要学习的知识体系，以及达成的目标等。

A：无编程基础学员

达成目标：学习必备 C#基础，利用 Unity 开发小型单机游戏（或虚拟现实）项目

适用人员：零基础编程“小白”（无任何编程基础）

需要掌握的知识体系如下所示：

1. C#语言入门基础

- 计算机的基本原理
- C#编程语言的基本元素
- 变量/常量
- 数据类型
- 三大运算符（算术/关系/逻辑）
- 表达式与数据类型优先级关系
- 数据类型的转换
- C#流程控制语句
  - 判断语句： if/ if...else/if...else if.../switch...case
  - 循环语句： While / Do...While/ For / Continue/Break
- C#数组定义与基本应用

2. C#面向对象编程

- 什么是类、对象，以及类与对象的关系
- 访问修饰符: public /private/protected/internal

- 构造函数
- 方法的定义
- static 关键字
- 继承的概念与 base、this 关键字
- 析构函数
- 命名空间
- 方法重载、方法重写定义与关键字应用
- 抽象类与抽象方法
- 接口与多重接口
- 值类型与引用类型的定义与区别
- Ref/Out 关键字的定义与引用
- 属性
- 字符串与常用类（StringBuider、Math、DateTime、Random）
- 普通集合（ArrayList、HashTable 的定义与灵活应用）
- 泛型集合（List<T>、Dictionary 的定义与灵活应用）
- 异常处理与调试

B：初级编程经验学员

达成目标：完善 C#知识体系，利用 Unity 开发中大型单机项目

适用人员：初级编程人员（注：即 1~2 年编程经验）

需要掌握的知识体系如下所示：

1. Net 框架与 C#基础底层原理
   - .Net 框架与 CRL 公共语言运行时的基本原理
   - CLR 公共语言运行时
   - CLR 与 C#程序的编译过程
   - 使用 Dotfuscator /Reflector6 反编译查看
   - 数组内存分配机制
   - 类实例化内存分配机制
2. 多维数组与交错数组的定义与应用
3. 可变参数 params 的定义与适用范围
4. C#中形参与实参的概念原理
5. 里氏替换原则（LSP）
6. 类的属性与底层原理
7. Is 与 As 运算符
8. 结构体与类的区别与应用
9. 字符串的“驻留性”底层原理
10. 灵活应用枚举类型与本质原理
11. 索引器

12. C#自定义集合
13. 掌握 yield return 与常用迭代器接口 IEnumerable<T>等
14. 掌握 Using 自动释放的原理与应用
15. 泛型集合与泛型约束
16. 委托与事件的定义和基本应用

C：中级编程经验学员

达成目标：进一步完善 C#知识点，利用 Unity 开发大中型游戏（包括虚拟现实）网络项目等。

适用人员：中级编程人员

需要进一步掌握以下知识体系或者更多：

1. C#系统委托
   - Action 委托
   - Func 委托
   - Predicate 委托
2. 匿名方法
3. Lambda 表达式
4. 掌握事件与委托的区别与不同适用场合
5. IO 操作
   - 目录操作 Directory 类使用
   - 文件操作 File 类使用
   - 路径操作 Path 类使用
   - 掌握二进制文件读写规则
   - 文本文件读写的定义与应用
   - 掌握序列化与反序列化技术
6. 掌握正则表达式规则与应用
7. 掌握反射与类的动态调用
8. 了解 C#预定义特性
   - Obsolete 特性
   - Conditional 特性
   - Serializable 特性
   - NonSerialized 特性
   - DLLImport 特性
9. 掌握基本 Linq 关于对象集合的查询技术

灵活编写 Linq 基本查询、联合查询、查询结果排序和分组查询等。

10. 掌握多线程技术
    - 定义多线程
    - 多线程传参

- 线程优先级与状态
- 线程的状态控制
- 前台、后台线程的定义与适用场合
- 了解线程死锁与同步的概念及解决方式
- 了解线程池技术
- 了解任务

11. 套接字 Socket 编程

- Socket 基础理论知识
- 掌握面向连接与无连接套接字的区别与适用场合
- 同步与异步套接字的编程与应用